Die Chemie
in ihrer Anwendung
auf
Künste und Handwerke

dargestellt

von

J. A. Chaptal
Mitglied und Schatzmeister des Senats, Groß-Officier der Ehrenlegion, Mitglied des National-Instituts in Paris, Professor Honorarius der Medizinischen Schule zu Montpellier u. s. w.

Aus dem Französischen übersetzt.

Mit Anmerkungen begleitet

von

Sigismund Friedrich Hermbstädt
Königl. Preuß. Geheimen Rathe u. s. w.

Zweyter Band
welcher den dritten und vierten Theil des Originals enthält.
Mit einem Kupfer.

Berlin,
in der Realschulbuchhandlung, 1808.

Anwendung der Chemie
auf
Künste und Manufakturen.

Dritter Theil.

Fünftes Kapitel.

Von den Säuren.

Obgleich die Analyse uns die Grundbestandtheile der meisten Säuren kennen lehrt, daß wir sie folglich bey den zusammengesetzten Körpern vornehmen können; so haben wir doch geglaubt, ihnen hier ihren Platz anweisen zu müssen, weil sie bey chemischen Operationen die am kräftigsten wirkenden Mittel sind; weil man einige von ihnen noch nicht hat zersetzen können, und weil fast alle, bey ihrer Verbindung mit andern Körpern, sich wie einfache Substanzen verhalten.

Man ist allgemein darüber einig, den Namen Säure solchen Körpern zu geben, denen die nachstehenden Eigenschaften eigenthümlich sind.

1) Das was man in der Sprache des gemeinen Lebens sauerschmeckend nennt, heißt in der Kunstsprache der Chemie Säure, so daß Sauer und Säure, säuerlich und gesäuert, gleichbedeutend sind.

2) Die Verwandtschaft des Wassers mit den Säuren ist sehr auffallend: bey Auflösung der meisten von ihnen in Wasser, wird Wärme erzeugt, und die dunstförmige Ausdehnung aller, wird durch dieses Mittel beschränkt, selbst bey denen, welche ihrer Natur nach sehr elastisch sind, wie die Flußsäure, die Salzsäure, und die Kohlensäure, die ihre Elasticität sogleich verlieren, wenn man sie mit Wasser in Berührung setzt, und sodann ihrer Verflüchtigung einen bedeutenden Widerstand entgegensetzen.

3) Die Säuren färben mehrere Arten von Pflanzenpigmenten roth, wie die Lackmustinktur, und das Malven- und Veilchenblau.

Man kann von diesen letztern die Blume selbst, und auch den daraus gepreßten Saft gebrauchen; aber insofern man das zweyte wählt, werfe man den untern Theil der Blätter weg, der gelb ist, weil sonst dieses Gelb mit dem Blau des oberen Theiles, Grün hervorbringen würde.

Man bedient sich dazu ferner des sogenannten Veilchensyrups, den man aber vor seiner Anwendung in Wasser zergehen läßt; denn ohne diese Vorsicht würden die concentrirten Säuren ihn in eine schwammige Kohle verwandeln, ohne ihn merklich zu röthen.

Das Lackmusblau ist noch empfindlicher, als das aus Veilchen; man nimmt die daraus gezogene Tinktur selbst, oder damit gefärbtes Papier *). Diese Tinktur muß nur ein schwaches und leichtes Ansehen haben. Sie erscheint roth, oder violett, wenn sie zu stark ist **). Ich benutzte mit Vortheil die aus

*) Man bereitet sich das Lackmuspapier, wenn man einen Theil feines Lackmus mit 12 Theilen destillirtem Wasser in einem zinnern Kessel ansiedet, dem man den sechzehnten Theil so viel Kali zugesetzt hat, als man Lackmus gebrauchte. Man gießt die blaue Tinktur durch Leinwand, erhält sie bey 60° Reaumur, und legt dann Blätter von feinem Velinpapier so lange hinein, bis solche eine himmelblaue Farbe angenommen haben; worauf sie an der Luft getrocknet werden. H.

**) Man hat bis diesen Augenblick geglaubt, daß das Lackmus, welches im Handel vorkommt, den Färbestoff zu den blauen Schminklappen lieferte, welche in *Grand-Gallangues* bey Montpellier bereitet, und nach Holland versandt werden, weil man nur den Holländern das Geheimniß zutraute, diesen Färbestoff auszuziehn, und ihn auf eine Erde aufzutragen, wodurch das Lackmus in Pasten gebildet wird †).

Ich war der erste, der diesen irrigen Glauben berichtiget hat.

1) Das Blau der gedachten Lumpen schien mir so zerstreut und in so geringem Maaße vorhanden, daß ich nicht begriff, wie die Holländer es mit Nutzen ausziehn konnten.

2) Der daraus gezogene Saft, wenn auch noch so sehr gesättiget von dem in diesen Lumpen enthaltenen Färbestoffe, färbte die erdigen Substanzen, auf die ich ihn aufzutragen versuchte, nicht sonderlich.

3) Ich

†) Hier in Berlin hat der Kaufmann Herr Braumüller schon während 20 Jahren eine Lackmusfabrik errichtet, in welcher das feinste Lackmus producirt wird. Eben so hat weit früher Ferber (Beyträge zur Mineralgeschichte verschiedener Länder rc. 1. Band. S. 380 rc.) eine genaue Beschreibung geliefert, wie man in Holland, theils aus der Orseille (Lichen Roccella) theils aus der Parelle (Lichen Parellus) das Lackmus bereitet, nach welcher Methode auch Herr Braumüller operirt.

H.

der blauen Blume der Iris gezogene Tinktur; sie wird roth Säuren, und grün durch Alkalien. Man bedient sich dieser

3) Ich wußte überdieß, daß diese Lumpen Käsehändlern geliefert wurden, die sich ihrer bey ihrem Gewerbe bedienten.

4) Die Analyse hatte mir bewiesen, das in dem Lackmus Kali und kohlensaure Kalkerde vorhanden sey, so auch, daß er eine viel reichere Masse von Färbestoff enthalte, als die Schminklappen.

Nach allen diesen Angaben urtheilte ich, daß das Blau des Lackmus nicht dasselbe sey, das aus den Tüchern von Grand-Gallargues gezogen wird, und ich versuchte sie mittelst der Arten von Flechten zu verfertigen, welche man zur Bereitung des Orseille gebraucht. Diese Pflanzensubstanz anzuwenden, bin ich durch folgendes Raisonnement veranlaßt worden.

Die Parelle (Lichen Parellus) oder das Ampferkraut aus Auvergne, welches in großer Zahl auf den Felsen der Departemens Puy-de-dôme, Cantal de la Lozère, de l'Aveyron, de l'Ardêche, de l'Isère, de la Drôme u. s. w. wächst, und welches die Engländer, an der ganzen Küste von Italien entlang, gefunden haben, wird zur Fabrikation der Orseille gebraucht; vorzüglich aber im Département Puy-de-dôme und in Lyon, hat dieser kostbare Zweig der Industrie sich verbreitet. Man bereitet dort diesen violetten Lackmus, indem man die Flechten mit Urin und mit Kalk durchbeitzen läßt. Da aber nun die Farbe der Orseille mir der des Lackmus sehr ähnlich, und nur in so fern davon verschieden schien, als sie roth in sich enthielt, welches, verbunden mit blau, violett hervorbringt: da andrerseits ich bey der Analyse des Lackmus blau, auch etwas Pottasche vorfand, die in der Orseille nicht vorhanden war, so schloß ich, daß die Pottasche wohl dürfte angewendet werden können, um die Entwickelung der rothen Farbe zu verhindern. Nun war mein Argwohn nur durch die Erfahrung zu rechtfertigen, und dieß gelang mir in kurzer Zeit.

Ich ließ das Parellmoos in verschiedenen Verhältnissen mit Urin und Pottasche gähren; und ich bemerkte bald nach meinen ersten Versuchen, daß, um recht bedeutende Resultate zu erhalten, man eine ansehnliche Quantität Flechten anwenden müsse, weshalb ich zu jedem meiner Versuche 6 Pfund davon nahm.

Zuerst mischte ich Alkali, Urin, Flechte und Kreide, und gab mir Mühe, sie zusammen zur Gährung zu bringen; aber ich habe dadurch nichts hervorbringen können, als einen Teig von bräunlichvioletter, ziemlich unangenehm in's Auge fallender Farbe.

Dann vermischte ich die Flechte zu Pulver gestoßen, mit Pottasche: beförderte die Gährung durch Hinzuthuung von Urin, und erhielt dadurch einen Teig von einem etwas in's Violette spielenden Blau, dessen ich mich mit Nutzen bey allen Versuchen in meinem Laboratorio bediente, da er bald eine angenehme blaue Farbe erhält, wenn er erst recht mit Wasser eingerührt worden ist.

 Ich

dieser Tinktur in den mittäglichen Provinzen Frankreichs, um das Veilchensyrup damit blau zu färben.

4) Was

Ich habe bemerkt: 1) daß man die Flechte sorgfältig aussuchen, gehörig von einander lesen und zerreiben muß; 2) daß das Alkali zu gleichen Theilen mit der Flechte gemischt werden müsse, und die Pottasche den Vorzug verdiene. 3) Daß der Urin nach und nach zuzugießen sey, und nach dem jedesmaligen Bedürfniß; zu viel oder zu wenig, schadet dem Gelingen des Versuchs. 4) Daß die passendste Temperatur zwischen 15 und 25 Grad Reaumur ist. 5) Daß der Teig gewöhnlich eine rothe Farbe annimmt, die von selbst wieder verschwindet, oder die man auch wegschaffen kann, wenn man eine neue Quantität von Alkali, oder recht in Fäulniß übergegangenen Urin hinzufügt.

Ich gestehe, daß das von mir fabricirte Lackmus nie die Güte dessen erreicht hat, das in den Handel kommt, es ist mir immer unmöglich gewesen, ihm den röthlichen Schein zu benehmen, der zwar bey der Auflösung verschwand; der mir aber nicht erlaubte, mein Produkt dem Holländischen gleich zu setzen. Dieß hat mich bewogen, die Details meines Verfahrens so lange zu verschweigen, bis neue Erfahrungen, oder der Zufall, mir befriedigerende Resultate lieferten.

Ich habe mich also begnügt, meine Arbeiten in meinen "Anfangsgründen der Chemie" im Artikel "Säuren" zu verzeichnen.

Die Eroberung von Holland hat uns die Werkstätten dieser industriösen Nation eröffnet, und wir haben nun dort mit eigenen Augen die Proceduren wahrnehmen können, mit denen das Geheimniß bis dahin, jenes Land bereichert hatte. Die Bereitung des Lackmus gehörte zu dieser Zahl, und die Details die man uns hierüber gegeben hat, reduciren sich auf folgendes, welches meine Ideen über die Grundbestandtheile dieser Farbe, und die Mittel, sie zu verfertigen, bestätiget. Der einzige Unterschied beruhet in der Verschiedenheit der dazu angewandten Moosart. Die Holländer nämlich, bedienen sich der Orseille (Lichen roccella der canarischen Inseln, oder des grünen Vorgebirges, und des schwedischen Mooses.

Es ist dieß die nämliche Flechte von den canarischen Inseln, welche sie zur Bereitung der Kräuter- oder canarischen Orseille gebrauchen. Linné beschreibt es folgendergestalt: Lichen fruticulosus, solidus, aphyllus, sobramosus, tuberculis alternis.

Man trocknet und putzt diese Pflanzen.

Man pulverisirt sie mittelst eines Mühlsteins.

Man siebt dieß Pulver durch ein Haarsieb, und bringt das wieder unter den Mühlstein, was noch nicht zermalmt ist.

Man thut dieß Pulver ferner in einen Trog von 12 Fuß Länge, 3 Fuß und 2 Fuß Breite im Boden, der oben erweitert ist.

Man mischt zur Hälfte wohlgestoßene Pottasche zu dem Pulver der Flechte. Die Vermischung bewirkt man mit hölzernen Spateln.

Man

4) Was die Säuren hauptsächlich characterisirt, ist die bedeutende Wirkung die sie auf fast alle Körper äußern: sie streben unaufhörlich danach, sich zu verbinden; sie verlieren ihre ätzende Eigenschaften bey diesen Verbindungen, sie bilden Neutralsalze mit Alkalien, Erden, Metallen u. s. w.; sie vereinigen sich mit Oelen, sie zersetzen sich, wenn sie auf Vegetabilien wirken u. s. w. Diese große Verwandtschaftsfähigkeit der Säuren, hat den berühmten Newton bewogen, sie als Körper die anziehen und wieder stark angezogen werden, zu bezeichnen. Diese Verwandtschaftsfähigkeit ist es ferner, welche verursacht, daß man die Säuren selten für sich allein bestehend findet. Sie ist es endlich, welche die Chemiker veranlaßte, sie als gegenwirkende Mittel, oder als solche anzuwenden, die zur Mischung oder Zersetzung, zur Vereinigung oder Trennung thätig sind.

Die Herbheit des Geschmacks ausgenommen, gibt es Körper, die alle Eigenschaften der Säuren besitzen; das im Wasser aufgelöste Schwefelwasserstoffgas (Hydrothionsäure) zum Beyspiel röthet Lackmustinktur, es verbindet sich mit alkalischen und erdigen Basen, es zersetzt die Seife, und vertritt die Stelle des Oels bey den Alkalien; es schlägt zum größten Theil den Schwefel in Auflösungen von Schwefelkali und Schwefelkalk nieder, und

Man befeuchtet diese Mischung mit menschlichem Urin; der von Thieren hat nicht genug Ammonium.

Die Gährung entsteht, und man gießt Urin zu, um den zu ersetzen, welcher verdunstet.

Sobald die Masse eine rothe Farbe bekommt, gießt man sie in einen zweyten, dem ersten ähnlichen Trog, um. Man gießt noch mehr Urin zu, schüttelt sie um, und nach einigen Tagen nimmt sie eine blaue Farbe an.

Man vertheilt diesen Teig in kleine Kübel, die in der Mitte durchgeschnittenen Tonnen ähnlich sehen; mischt dazu sorgfältig, wenigstens ein Drittheil vortrefflicher Pottasche, und thut Urin darauf.

Diese Vertheilung mäßiget die Gährung, und temperirt die Hitze, die zu stark, der Güte des Teiges nachtheilig werden würde. Diese Periode erfordert viele Sorgfalt.

Der Teig bekommt dann eine prächtige blaue Farbe.

Man vermischt ihn mit Kreide, um den Preis zu verringern.

Man legt ihn endlich in kleine längliche Kasten, die man auf eine eiserne Platte setzt, stellt diese auf fichtene Bretter, und läßt ihn auf einem sehr luftigen Boden trocknen †). A. d. V.

†) Wie man die Fabrikation der Orseille mit Vortheil veranstalten kann, findet man in meinem Magazin für Färber ꝛc. 1ster Band 1802, beschrieben. H.

und strebt mit dem Reste eine dreyfache Verbindung zu bilden *). Die Säuren scheinen im Allgemeinen nichts zu seyn, als verbrannte Körper. Scheele hatte diese Wahrheit schon vor 1775 vorausgesehen, wenn er, in der zweyten Ausgabe seiner chemischen Abhandlung über Luft und Feuer, sagt:

"Es ist mir wahrscheinlich, daß alle Säuren ihren Ursprung der Feuer-Luft verdanken."

Lavoisier hat über die Richtigkeit dieser Behauptung gar keinen Zweifel mehr gelassen, denn er hat die Existenz der Feuer-Luft oder des Sauerstoffgas in allen Säuren bewiesen, zu deren Analyse er gelangt ist.

Nachdem die Analyse mehrerer Säuren das Resultat ergeben hatte, daß ihnen der Sauerstoff zur Basis diene, hat man ihn als das einzige säureerzeugende Princip betrachtet. Herr Berthollet glaubte nicht, diese Lehre so gradehin annehmen zu dürfen: 1) weil die Analyse der Blausäure ihm keinen Sauerstoff zeigte; 2) weil der Schwefel-Wasserstoff die Eigenschaften der Säuren in sich vereiniget, ohne Sauerstoff zur Basis zu haben; 3) weil es eine zu gewagte Voraussetzung seyn würde, wenn man annehmen wollte, daß alle die Säuren, die man noch nicht zersetzt hat, nothwendigerweise dieselbe Basis haben müßten, als diejenigen, deren Analyse man bereits gemacht **).

Die Substanz, mit welcher in den bekannten Säuren der Sauerstoff vereinigt ist, nennt man das säurefähige Substrat der Säure. Also sind der Kohlenstoff, der Schwefel, der Phosphor, die Substrate der Säuren, welche davon den Namen führen.

Der Sauerstoff ist nicht immer einem einzelnen Grundstoffe beygemischt; die Säuren haben zuweilen deren zwey, wie zum Beyspiel die Pflanzensäuren; und auch drey, wie die, welche dem Thierreich angehören †).

Hier-

*) Jene Eigenschaften bestimmen nicht nur den sauren Charakter des Schwefelwasserstoffes, sondern sie beweisen auch, daß er selbst eine wahre Säure ausmacht, die von den Deutschen Chemikern Hydrothionsäure genannt worden ist. Wenn man indessen an der Existenz des Sauerstoffes in der Hydrothionsäure zweifelt; so ist dieser Zweifel nur schwach gegründet, da keine strikte Beweise für dessen Aechtheit vorhanden sind. H.

**) Ich sehe gar nicht ein, warum es nicht erlaubt seyn, das Daseyn des Sauerstoffes in allen Säuren voraussetzen zu dürfen, weil man ihn noch nicht aus allen hat abscheiden können. Es mangelt uns ja nur an der Kenntniß derjenigen Mittel, welche mit den säurefähigen Substraten jener Säuren, oder mit dem darin enthaltenen Sauerstoff selbst, in stärkerer Anziehung stehen. H.

†) Eigentliche thierische Säuren gibt es wohl nicht: denn diejenigen, welche man in den animalischen Substanzen antrifft, finden sich

gemei-

Hieraus folgt, daß die Säuren nicht allein der Zahl und der Natur ihrer Substrate nach, sondern auch durch die verschiedenen quantitativen Verhältnisse, die unter allen ihren Bestandtheilen Statt finden, abwechselnd von einander erscheinen.

Es gibt jedoch einen Punkt der Sättigung, des säureerzeugenden Princips und des Substrats, durch den die Säure selbst in ihrem eigentlichen Zustande entsteht, und in diesem Zustande kennt man sie auch gewöhnlich im Handel und den Laboratorien. Man ist selbst; indem man den Grund zu der neuen chemischen Kunstsprache legte, darin übereingekommen, durch die Endung des Namens der Säure, die Verhältnisse zwischen ihren Grundbestandtheilen auszudrücken. Um jene verschiedenen Zustände der Säuern auszudrücken, ändert man die Endigung des Namens vom säurefähigen Substrat ab. Z. B. Schwefelsäure und schwefelige Säure; so wie Phosphorsäure und phosphorige Säure; nebst Salpetersäure und salpetriger Säure ꝛc.; und man nennt überhaupt die Säure eine vollkommene, wenn das Substrat mit dem Sauerstoff gesättigt ist; hingegen eine unvollkommene, wenn das Substrat nicht mit dem Sauerstoff gesättigt ist. Man fügt endlich dem Namen der Säure das Beywort oxydirt hinzu, wenn darin der Sauerstoff im Uebermaaße vorhanden ist *).

In Gefolge dieser ersten Gesetze der chemischen Nomenclatur, hat man mit besondern und generischen Namen, jede der Verbindungen belegt, welche die Säuren bey diesen verschiedenen Graden der Sättigung mit den Grundstoffen bilden, und die Worte schwefelsaure Salze (Sulfates); schweflichsaure Salze (Sulfites), und oxydirtschwefelsaure Salze (Sulfates sur-oxygénés); und eben so salpetersaure Salze (Nitrates), salpetrigsaure Salze (Nitrites), und oxydirtsalpetersaure Salze (Nitrates sur-oxygénés) festgestellt, je nachdem jene Salze durch die eine oder die andere Art der Säure gebildet worden sind.

Es

gemeiniglich auch in den Vegetabilien, und den Produkten des Mineralreichs gegenwärtig. Man kann daher nur sagen: es gibt Säuren mit einem einfachen, mit einem zweyfach gemischten, mit einem dreyfach gemischten Substrat. H.

*) Es ist eine unrichtige Vorstellung, wenn man glaubt, daß eine vollkommene Säure durch den Beytritt des Sauerstoffes übersäuert werden könne. Wir sehen sehr deutlich, daß z. B. die Salzsäure, wenn sie mit Sauerstoff verbunden wird, alle saure Eigenschaften einbüßt, und einen ganz neuen Körper darstellt, der zwar sehr ätzend, aber nicht sauer ist. Man bezeichnet daher viel besser eine solche Verbindung durch das Beywort oxydirt: z. B. oxydirte Salzsäure ꝛc. H.

Es ereignet sich oft, daß in einer Säure das Verhältniß ihrer Grundbestandtheile sich verändert, und solche durch die zuvorgenannten Zustände durchgeht; indem sie ihre Wirkung auf Substanzen äußert; die ihr dargeboten werden; so daß die Verbindungen, welche daraus entstehen, sie, die Säure, nicht mehr in ihrer ursprünglichen Gestalt darstellen. Die Zersetzung läßt sich zuweilen so vollständig bewirken, daß das Substrat ganz abgesondert übrig bleibt, und daß der Sauerstoff selbst in die neuen Verbindungen übergeht.

Ein Hauptkennzeichen der Säuren, ist: daß sie sich mit Alkalien vollkommen sättigen; so daß das Zusammengesetzte, welches daraus entsteht, weder die Eigenschaften der Säure noch des Alkali, mehr zeigt.

Allen Säuren ist diese Eigenschaft aber nicht im nämlichen Grade eigen, und nach dieser Verschiedenheit des Einflusses auf eine gleiche Quantität alkalischer Basis, kann man die Verwandtschaftsfähigkeit der mannigfaltigen Säuren beurtheilen. Eine Säure ist also um so viel stärker, als eine gleichwichtige Masse davon, eine mehr oder minder große Quantität von Alkali, zu sättigen im Stande ist.

Man muß jedoch die Stärke einer Säure und ihre Kraft unterscheiden; sie kann nämlich durch eine größere oder kleinere Quantität von Wasser verdünnet, und folglich die Quantität von Säuremasse, die sich in der Sphäre der Thätigkeit befindet, vergrößert oder vermindert, und ihre Wirkung daher stärker oder schwächer werden; wodurch also ihre Kraft verändert wird, ohne daß diese Veränderung auf ihre Stärke Einfluß hat, die nach der Totalwirkung der Masse zu berechnen ist.

Erster Abschnitt.

Von der Kohlensäure.

Unter allen Säuren ist keine so allgemein verbreitet, als die Kohlensäure. Sie befindet sich in der atmosphärischen Luft und scheint unzertrennlich von ihr zu seyn, weil man sie damit, und fast immer in den gleichen Verhältnissen, in jeder Höhe, gemischt findet; sie bildet einen Grundbestandtheil des Kalksteins und der kalkartigen Substanzen, die einen großen Theil des Erdballs bedecken; sie wird täglich erzeugt durch die Zersetzung thierischer und pflanzenartiger Gegenstände, durch das Athemhohlen, durch das Verbrennen, durch Gährung u. s. w.

Man trifft diese Säure in drey Zuständen an: als Gas, in Auflösung durch Wasser, und in Verbindung mit Erden, Alkalien u. s. w.

Die gasartige Kohlensäure ist in der Atmosphäre vorhanden, wo die Analyse sie in dem Verhältniß von 200 erkennen ließ, und an allen solchen Orten, wo sich häufige Lager von pflanzenartigen Gegenständen finden; sie macht sich oft los aus dem Innern der Erde, wo sie aus ähnlichen Ursachen erzeugt wird, und veranlaßt Phänomene, die für die Physiker sowohl, als für das Volk, so lange, Gegenstände des Erstaunens waren, bis die Chemie sie mit ihrem Licht beleuchtete: und so haben die Hundsgrotte bey Neapel, und der Puy-de-la-Ponte bey Neyrac im Vivarais *), durch die Eigenthümlichkeit, daß sie angezündete Körper, die man hineinhält, verlöschen machen, und Thiere, die in sie hinabgelassen werden, ersticken, Staunen und Verwunderung erregt.

Zuweilen gehen die Blasen der Kohlensäure, wenn sie aus der Erde kommen, durch Wassermassen, und bringen darin ein fortwährendes Wallen hervor: das Wasser zieht dann einen Theil von der Säure an sich, und der Ueberschuß vermischt sich mit der atmosphärischen Luft, der dadurch eine schädliche Beschaffenheit mitgetheilt wird: morastige Gegenden bieten viele solcher Beyspiele dar. Der See Avernus, an den Virgil den Eingang zur Hölle versetzte, und über den Vögel nicht ungestraft fliegen können, der Teich von Massilargues, bekannt unter dem Namen des Bouillens, der Boulidon-de-Perols, nahe bey Montpellier und andere Oerter, deren einzelne Aufzählung nicht vonnöthen ist, zeigen Phänomene dieser Art.

Die gasartige Kohlensäure, die schwerer als die atmosphärische Luft, so wie sehr geneigt ist, sich in Wasser aufzulösen, und sich mit dem Kalk, und den Alkalien zu verbinden, kommt auf eine natürliche Weise wieder aus dem Schooß der Atmosphäre, und setzt sich an die Körper die die Oberfläche unsres Erdbodens bedecken, oder löst sich darin auf, oder endlich vereiniget sich mit ihnen; so kann man sie auch aus der Mitte der Atmosphäre herabziehen, um sie durch die Proceduren, welche die Chemie an die Hand gibt, zu trennen, und in völliger Einfachheit darzustellen.

Wenn die Kohlensäure sich ganz, oder doch wenigstens beynahe ganz von fremder Beymischung frey, vorfindet; so kann man sie leicht schöpfen und damit Gefäße anfüllen, die man in das

*) Eben so die sogenannte Dunsthöhle bey Pyrmont. H.

das Laboratorium trägt, um dort sie einer genaueren Prüfung zu unterwerfen. Es ist hinreichend, zu diesem Zwecke eine Flasche mit Wasser in eine kohlensaure Atmosphäre zu bringen, und sie dort zu öffnen, um die Flüssigkeit, die sie enthält, herauslaufen zu lassen; es ist klar, daß, so wie das Wasser abläuft, die Kohlensäure dessen Stelle einnimmt, und wenn man dann das Gefäß sorgfältig zupfropft; so kann man sie weit transportiren. Kalk, Kalkwasser, reine Alkalien, in Gefäße gefüllt und in einer mit Kohlensäure geschwängerten Atmosphäre ausgesetzt, verbinden sich schnell mit ihr, und bilden kohlensaure Salze, die sich leicht zersetzen lassen, welches noch ein Mittel an die Hand gibt, nicht allein einen ungesunden Ort von der Säure, die ihn verpestet, zu reinigen, sondern die Verhältnisse und die Natur der gasartigen Mischungen zu analysiren und zu bestimmen.

Wenn die Kohlensäure, in Wasser aufgelöst, die zahlreiche Classe von mineralischen Wassern bildet, die man Sauerbrunnen nennt; so kann man sie davon trennen.

1) Durch Umschüttelung der Flüssigkeit in einer Bouteille, die man damit zu zwey Drittheilen anfüllt, und an deren Hals man eine nasse Blase anbringt, um das Gas, wie es sich nach und nach entwickelt, darin aufzufangen. Dieß Verfahren, welches Herr Venel zuerst vorgeschlagen und ausgeführt hat, ist sehr unvollkommen. 2) Durch die Destillation einer namhaften Quantität Wassers, in dem pneumatisch-chemischen Apparat, wie Bergmann vorschlägt. 3) Durch Verbindung der Säure mit Kalkwasser oder mit reinen Alkalien, und nochmalige Zersetzung derselben durch fixe Säuren, wie die Schwefelsäure. Dieß letztere Verfahren ist das einzig genaue, die beyden ersten geben nur Verhältnisse, die der Wahrheit nahe kommen *).

Aus den Grundsätzen und Mitteln zur Analyse, die wir eben vorgetragen, ergibt sich schon, daß, sobald die Kohlensäure, mit einer Basis natürlich verbunden ist, mit der sie eine unausdehnsame Zusammensetzung bildet, die Destillation und vorzüglich die Einwirkung der andern Säuren, sie davon trennen und in ihrer einfachen Gestalt darstellen können.

Die

*) Das beste Mittel die Quantität der Kohlensäure in einem Mineralwasser zu bestimmen, bleibt immer die, daß man eine gegebene Quantität des Wassers in eine davon voll werdende Retorte füllet, und diese aus einem Sandbade in Verbindung mit einem pneumatischen Quecksilberapparat destillirt. Wird die Destillation über Wasser veranstaltet, dann saugt das Wasser freylich eine Portion Kohlensäure ein; man müßte dann die Destillation über siedend heißem Wasser vornehmen. H.

Die Kohlensäure besitzt alle charakteristische Kennzeichen der Säuren; 1) sie röthet Lackmustinktur, 2) und sättiget alkalische Basen.

Es ist Bergmann, dem wir die ersten Erfahrungen über das Säureartige dieser Substanz verdanken, die er Luftsäure nannte; nach ihm hat man sie bald mit dem Namen kreidige, mephitische und Kohlensäure belegt; Benennungen, die alle von der Natur ihrer Zusammensetzungen, von ihren Wirkungen, oder ihrem Substrat hergenommen sind.

Diese gasartige Säure tödtet plötzlich Thiere, die in eine damit angefüllte Atmosphäre gebracht werden. Bergmann hat bemerkt, daß Thiere, welche an diesem Gifte gestorben, von dem Augenblicke an, wo sie von der tödtlichen Ohnmacht befallen werden, kein Zeichen von Reitzbarkeit mehr blicken lassen. Schon vor ihm hatte man die Beobachtung gemacht, daß Gliedmaßen, die man in diese Säure tauchte, darin erstarrten, und vielleicht könnte man aus dieser Ursache die Wirkungen herleiten, die die im Uebermaaß genoßnen gegohrnen Getränke hervorbringen; so wie die Stumpfheit, die deren Folge zu seyn pflegt; eben so die besänftigende Kraft eines krampfstillenden Mittels, aus einer plötzlich bewirkten Mischung von Citronensaft und Wermuthsalz *), die es nur der Wirkung zu danken hat, welche die Entwicklung der Kohlensäure hervorbringt.

Diese Säure ist der Verbrennung der Körper so nachtheilig als dem Einathmen; sie löscht alle entzündeten Körper aus, die man hineinhält, und ihre Wirkung auf brennende Körper ist noch schneller, als die, welche sie auf die Respiration lebendiger Wesen äußert; dieß bietet auch ein sicheres Mittel dar, sich vor ihren schädlichen Einflüssen zu sichern; denn, sobald man irgend eine Luft für schädlich, durch ihre Verbindung mit einer zu großen Quantität von Kohlensäure hält; so kann man sich über seinen Argwohn dadurch Gewißheit verschaffen, daß man eine brennende Kerze ihr nahe bringt: brennt sie fort; so hat man durchaus keine Gefahr zu befürchten.

Die Eigenschaft dieser Säure, sich schnell mit Kalk und den reinen Alkalien zu verbinden, gibt ferner Mittel an die Hand, um an Oertern die davon vergiftet sind, die Luft zu reinigen; man darf nämlich nur den Boden und die Mauern mit den genannten Flüssigkeiten besprengen, benetzen, oder sie in deren

Umfang

*) Das Wermuthsalz ist nichts anders, als unreines mildes Kali, welches von der Pottasche nicht verschieden ist. Die Wirkung einer Mixtur aus mildem Kali und Citronensaft, gründet sich bloß auf die dabey sich entwickelnde gasförmige Kohlensäure. H.

Umfang hinstellen. Die Wirkung des Ammoniums, des Kali, und des reinen Natron ist so schnell, daß man nicht einmal nöthig hat, in einem mit unserm Gas angefüllten Gewölbe seine Schritte zu beschleunigen, wenn man, je nachdem man vorwärts geht, von diesen Flüssigkeiten, vor sich hin, ausgießt.

Diese gasartige Säure ist auch schwerer als die atmosphärische Luft, woher es kommt, daß sie sich in den Tiefen niederschlägt; diese ausgezeichnete Schwere macht ferner, daß sie die atmosphärische Luft verdrängt, daß man sie endlich von einem Gefäß in das andre gießen, und dadurch für die, welche an den Anblick solcher Phänomene nicht gewöhnt sind, um so überraschendere Erscheinungen hervorbringen kann, als diese Flüssigkeit unsichtbar ist.

Herr Kirwan hat ihre Schwere in Vergleichung mit der der atmosphärischen Luft nach dem Verhältniß, wie 68,74 zu 45,69, und Lavoisier wie 69,50 zu 48,81 ausgemittelt. Ein franz. Cubikzoll von diesem Gas wiegt beynahe $\frac{7}{10}$ Gran, bey einer Temperatur von 10 Graden und unter dem Barometerdruck von 28 Zoll.

Es ist jetzt außer allem Zweifel daß die Kohlensäure eine Verbindung von Sauer- und Kohlenstoff ist, man bringt sie überall bestimmt durch Verbrennen des Kohlenstoffs hervor.

Ihre Zersetzung ist nicht auf eine große Zahl von Erfahrungen gegründet, doch haben wir mehrere directe über diesen Gegenstand; Herr Tennant hat in einem Memoire, welches er im März 1791 vor der königl. Gesellschaft in London verlas, mitgetheilt, daß, nachdem er Phosphor mit Marmor, zusammen in einer Retorte zum Rothglühen gebracht, er daraus Kohlenstoff und Phosphorsäure entwickelt habe; Herr George Pearson theilte der nämlichen Gesellschaft unterm 24sten May 1792 folgende Thatsachen mit: daß 200 Gran Phosphor und 800 Gran kohlensaures Natron, in einer gläsernen Röhre zusammen erwärmt, 32,4 Kohlenstoff und phosphorsaures Natron gaben; das kohlensaure Kali und die erdigen kohlensauren Salze liefern Resultate gleicher Natur; die Alkalien und die reinen Erden geben aber keinen Kohlenstoff. Herr Clouet indem er Eisen mit kohlensaurem Kalk behandelt, erhält dadurch Stahl, dessen einer Grundbestandtheil Kohlenstoff ist. Wollten wir von diesen positiven Erfahrungen zu den Phänomenen übergehn, welche die Natur uns darbietet; so würden wir finden, daß die Pflanzen die Kohlensäure einsaugen, wenn man sie ihnen in kleinen Quantitäten zuführt, daß sie sie zersetzen, und daß der Kohlenstoff einen

Stoff zu ihrer Ernährung liefert, während der Sauerstoff daraus entbunden wird.

Man hat das Verhältniß des Kohlenstoffs zum Sauerstoff wie 28 zu 72 geschätzt.

Kaum wurde diese Säure bekannt, als die Aerzte ihre Eigenschaften mit Enthusiasmus erhoben, und daraus eine Art von Universal-Arzeney machten. Man hat sie nach und nach als ein auflösendes Mittel gegen den Blasenstein, als ein Specificum gegen den Krebs u. s. w. angewendet, und es ist dann erfolgt, was man täglich sieht, das heißt, nachdem die Eigenschaft eines Mittels, die die Erfahrung nicht bestätiget, bis zum Uebermaaße erhoben worden, hat man sich bald ganz davon abgewandt, ohne dabey stehen zu bleiben, welche Wirkung es in einigen dazu geeigneten besondern Fällen wohl haben könnte. Jetzt kann man, wenn man sich eine richtige und sehr genaue Vorstellung von den Heilkräften dieser Säure bilden will, sie in zwey Zuständen betrachten: 1) in dem Zustande als Gas, und 2) in dem Zustande ihrer Auflösung im Wasser. Im ersten Falle tödtet sie die Reitzbarkeit, und gibt, bey weisem Gebrauch, ein sehr wirksames besänftigendes Mittel ab, im zweyten aber tritt sie in die Classe der schwachen Säuren, und wird mit Nutzen gegen Fäulniß angewandt.

Zweyter Abschnitt.

Von der Schwefelsäure.

Die Schwefelsäure ist seit dem funfzehnten Jahrhunderte bekannt: **Basilius Valentin** erwähnte ihrer unter dem Namen **Vitriolöl**, und erzählte, daß er sie aus dem grünen Vitriol entwickelt habe.

Die characteristischen Eigenschaften dieser Säure sind folgende:

1) Sie röthet Pflanzenpigmente sehr, mit Ausnahme des Indigo, welches sie auflöst, ohne seine Farbe zu verändern.

2) Sie ist geruchlos, durchsichtig wie Wasser, und fühlt sich fett an wie Oel, von dieser letzten Eigenschaft schreibt sich der ihr beygelegte, sehr uneigentliche Name Vitriolöl her.

3) Sie hat einen sehr sauren und ätzenden Geschmack.

4) Sie erfordert nach **Bergmann**, eine dreyfach so große Hitze als Wasser, um zum Aufsieden gebracht zu werden. **Erxleben** hat diesen Grad von Hitze auf 546 Fahrenheit, 228,44 Reau-

Reaumur geschätzt. Bey diesem Grad von Hitze steigt sie in weißen Dünsten in die Höhe, die man leicht in einen Recipienten condensiren lassen kann, wo sie dann eine sehr weiße und reine Flüssigkeit bildet.

5) Sie schwärzt und verkohlt thierische- und Pflanzensubstanzen.

6) Ihr specifisches Gewicht beträgt, wenn sie stark concentrirt ist, fast das doppelte von reinem Wasser. Auf der Baumeschen Flüssigkeitswaage zeigt sie 66 Grad *). Sie mischt sich unter Erwärmung mit Wasser; diese Wärme kann bis auf 95 Grad Reaumur getrieben werden, in dem man 1 Pfund Säure, auf 3 Unzen Wasser gießt **). Die Mischung dieser beyden Flüssigkeiten erzeugt kein Aufsieden; selbst wenn sie zu einem höhern Grade von Hitze gebracht wird, als der des kochenden Wassers, weil sie dichter, mithin weniger zum Verdunsten geneigt ist. Aber wenn man eine oben gebogene Röhre in das Wasser stellt, auf welches man die Säure gießt, so erhält die Hitze, welche darin erregt wird, die Kraft, das in der Röhre enthaltene Wasser zum Sieden zu bringen, und es sucht sich dann zu beyden Seiten derselben in Gestalt des Dampfes einen Ausweg.

Die Herrn Lavoisier und Laplace haben die Beobachtung gemacht, daß, während der Mischung von zwey Pfunden Schwefelsäure zu 1,87058 specifischen Gewicht, mit $1\frac{1}{2}$ Pfund Wasser, beyde zu 0 Grad Wärme gerechnet, die aus der Verbindung entstehende Hitze 3 Pfund, 2 Unzen, 2 Drachmen Eis schmolz, welches so viel Eis beträgt, als 2 Pfund, 5 Unzen, 7 Drachmen, 43 Gran siedenden Wassers geschmolzen haben würden †).

Die Eigenschaften der Schwefelsäure haben sie sowohl zum Gebrauch in den Gewerben, als zur Anwendung in unsern Labora-

*) Gute kaufbare Schwefelsäure (Vitriolöl) zeigt eine specifische Dichtigkeit von 1,850 gegen reines Wasser. In diesem Zustande ist solche (nach Klaproths Bestimmung) aus 74,4 trockner Säure, und 25,6 Wasser gemengt. Die trockne Säure hingegen ist aus 43,3 Schwefel als Substrat, und 57,7 Sauerstoff zusammengesetzt. H.

**) Gießt man gleiche Theile rauchende Schwefelsäure und Wasser bey einer Temperatur von 10° Reaum. zusammen, so entsteht in der Regel eine Temperaturerhöhung von 100 Grad Reaum.; oft sahe ich, wenn die Säure wasserfreyer war, noch höhere Temperaturen hervorkommen. H.

†) Hierbey ist zu bemerken, daß diese Berechnung nach franz. Gewicht gemacht ist, wovon die Unze 572 Gran enthält. H.

boratorien sehr empfehlenswerth gemacht, von einer Seite ist ihr Verwandtschaftsverhältniß mit den verschiedenen Basen von ausgezeichneter Bedeutung, und in dieser Rücksicht gebraucht man sie mit Erfolg, um die andern Säuren zu trennen, und von ihren Verbindungen zu entbinden. Von der andern Seite ist es eine der unausdehnsamsten Säuren, die uns bekannt sind, und diese Eigenschaft gibt ihr einen entscheidenen Vorzug, weil sie in ihrer Wirkung mit der Substanz, die man mit Hülfe ihrer, entfernen oder verflüchtigen will, kein, dieser fremdartiges Produkt hervorbringt.

Diese Säure ist übrigens in Ueberflusse vorhanden, die Kunst kann sie mit großer Oeconomie erzeugen und überall zusammensetzen; da sie endlich seit langer Zeit bekannt ist, so stehen ihre Eigenschaften und Verbindungen völlig fest, so daß sie für den Chemiker eines der anwendbarsten Mittel bildet.

Erster Artikel.

Von der Art, die Schwefelsäure zu verfertigen, oder zu extrahiren.

Obgleich die Schwelsäure sich täglich in den mannigfaltigen Operationen erzeugt, die auf der Oberfläche oder im Innern des Erdbodens vorgehen, indem wir täglich geschwefelte, Metalle, Alkalien und Erden in schwefelsaure Salze übergehen sehen; so zeigt sich diese Säure doch selten in ihrer einfachen Gestalt; indem die Stärke ihrer Verwandtschaftsfähigkeit sie sogleich in neue Basen verwickelt, mit denen sie, so wie sie sich entwickelt, Neutralsalze bildet.

Bis jetzt hat man sie nur in vulkanischen Gegenden, frey von Verbindungen mit andern Körpern, oder wenigstens nur so schwach mit fremden Basen verwickelt vorgefunden, daß die Eigenschaften der Säure vorherrschend waren: Baldassari hat sie in einer Grotte des Berges San-Amiato nahe bey den Bädern von San-Felipe, in San-Albino, und am See Travallo beobachtet. Er erzählt, daß sie sich in einer Efflorescenz, oder in der Form eines feinen Fadengewebes dargestellt habe. Vandelli berichtet, in den Gegenden von Viterbo und Siena finde man die Schwefelsäure in Wasser aufgelöst. Dolomieu hat sie in einer Grotte des Aetna bemerkt.

Es scheint nach den Beobachtungen der Naturforscher, daß fast in jedem Falle, wo man diese Säure in dem Zustande der

Efflorescenz findet, sie nichts als stark oxydirter Schwefel sey, wie man ihn sublimirt in den Gefäßen vorfindet, in denen man diese Säure durch Verbrennen erzeugt. Sublimirt man den Schwefel um das Produkt zu erzeugen, das im Handel unter der Benennung Schwefelblumen vorkommt, so säuert sich der Schwefel zwar nur ein wenig, aber doch so, daß Waschen in Wasser ihm die mitgetheilten Eigenschaften der Säure nicht raubt.

Also hat die Existenz der Schwefelsäure in der Nähe von Vulkanen, und an allen Orten wo fortwährend Schwefeldämpfe aufsteigen, nichts auffallendes.

Die Schwefelsäure, welche Gegenstand des Handels ist, ist ganz ein künstliches Produkt.

Wir können füglich alle Proceduren, diese Säure zu verfertigen, auf zwey Hauptgattungen reduciren, die eine, wo man sie aus Zusammensetzungen entwickelt, in denen sie bereits völlig ausgebildet erscheint, die andere, wo man sie durch Verbindung des Schwefels mit Sauerstoff erzeugt.

§. 1. Entwickelung der Schwefelsäure, durch Destillation schwefelsaurer Salze.

Die Natur liefert uns häufig und zu geringen Preisen schwefelsaure Salze mit Eisen, Kupfer, Kalk, Talkerde, Thonerde und Natron.

Alle diese Salze enthalten Schwefelsäure in verschiedenen Verhältnissen, aber die Stärke in Verwandtschaft, die diese Säure mit ihrer Basis verbindet, ist so groß, daß sie ohne eine Zwischenwirkung nur mit der größten Mühe entwickelt werden kann, vorzüglich wenn man sie rein, und ohne Beymischung erhalten will.

Die Destillation ist das einzige, bis jetzt zur Trennung der Säure von einigen ihrer Basen angewandte Mittel, und die einzige Procedur, durch die man den Handel seit geraumer Zeit mit diesem Artikel bereichert hat. Dem schwefelsauren Eisen (dem Eisenvitriol) hat man allgemein bey dieser Operation den Vorzug gegeben, weil es sehr häufig und wohlfeil ist, und seine Schwefelsäure leichter fahren läßt, als alkalische oder erdige schwefelsaure Salze.

Man fängt damit an, dieß Salz zu trocknen, und ihm durch ein heftiges Feuer, alle sein Kristallisationswasser zu benehmen;

nehmen; dann pulverisirt man es *), und füllt es in eine steinerne Retorte, die man in einem guten Reverberirofen anbringt, welche man mit einem großem Recipienten versieht. Man legt nach und nach das Feuer an, und es entwickeln sich bald weiße Dämpfe, welche nichts sind, als Ueberreste des Kristallisationswassers durch eine kleine Quantität Säure gesäuert; dann wechselt man mit dem Recipienten, wenn man die Säure noch concentrirter auffangen will. Die Säure, die nun herausgeht, verdickt sich immer mehr und mehr durch die Destillation, und die letzten Reste stellen sich in Eisgestalt dar, woher es kommt, daß man ihr den Namen eisartiges Vitriolöl gegeben hat. Was in der Retorte bleibt, ist rothes Eisenoxyd, das im Handel Kolkotar genannt wird.

Um dieser Operation in den Laboratorien guten Erfolg zu verschaffen, muß man mehrere Tage hindurch ein lebhaftes Feuer unterhalten.

Glauber versichert, daß die Schwefelsäure, welche durch die Destillation des schwefelsauren Zinks erhalten wird, rein, wenig gefärbt, und leichter daraus zu erhalten ist, als die aus schwefelsaurem Eisen.

Die erdigen schwefelsauren Salze geben ihre Säure sehr schwer von sich. Destillirter Alaun gibt nur ein säuerliches Wasser, und zerlegt sich nicht vollständig durch Wärme. Neumann und Baume waren dessen gewiß, und ich habe mich selbst davon überzeugt.

Der schwefelsaure Kalk hält seine Säure noch stärker fest, und Marggraf hat selbst die Erfahrung gemacht, daß es der Berührung mit irgend einem entzündlichen Stoffe bedarf, um die Zersetzung dieses Salzes zu bewirken; aber dann ist die Säure zum Theil zerlegt und in den Zustand der schweflichten Säure gebracht.

§. 2. Von der Erzeugung der Schwefelsäure, durch Verbrennen des Schwefels.

Man kann den Sauerstoff dem Schwefel in zweyen verschiedenen Gestalten beybringen, in Gas und in fester Gestalt. Jeder-

*) Wenn der bis zur Weiße kalzinirte Eisenvitriol völlig pulverisirt wird, dann läßt er die Säure äußerst schwer von sich. Besser ist es, den kalzinirten Vitriol nur in Stücke einer Nuß groß zu zerschlagen; oder das zartere Pulver mit grobem Sande zu mengen, wodurch das Zusammenbacken vermindert, und die Ausscheidung der Säure begünstigt wird. H.

Jederman weiß, daß, wenn man Schwefel in der atmosphärischen Luft verbrennt, sich daraus eine sehr flüchtige, pikante, einen erstickenden Geruch an sich tragende, saure, und zur Verbindung mit alkalischen Basen geschickte Substanz, entwickelt.

Stahl, der uns nicht allein das Mittel diese Säure zu erzeugen, sondern die Natur der Verbindungen, deren sie hauptsächlich fähig ist, kennen gelehrt hat, nannte sie schweflichte Säure, (Spiritus sulfuris per campanam).

Man bereitet die schweflichte Säure durch reines und einfaches Verbrennen des Schwefels, oder durch Desoxygenation der Schwefelsäure, durch Metalle, Phosphor und Kohlenstoff.

Durch diese letzten Proceduren jedoch gewinnt man selten sehr reine schweflichte Säure weil die Metalle das Wasser zersetzen, und sich also Wasserstoffgas, gemischt mit der schweflichten Säure, entwickelt.

Die Herrn Fourcroy und Vauquelin, denen wir wichtige Erfahrungen über die schweflichte Säure verdanken, destilliren einen Theil Quecksilber mit einem Theil concentrirter Schwefelsäure; man fängt, nach ihnen die Schwefelsäure, die in ihrer natürlichen Gestalt aufsteigt, in eine erste Flasche Wasser auf, während das schweflichsaure Gas sich in einem umgekehrten Gefäße in das Quecksilber, oder in eine zweyte Flasche Wasser zieht; je nachdem man nun wünscht, es in der Gestalt als Gas, oder in Flüssigkeit zu haben.

Wenn es darauf ankommt, die schweflichte Säure zum Gebrauche der Künstler oder Handwerker zu entwickeln, wo es keines so hohen Grades von Reinheit bedarf, so destillirt man die Schwefelsäure mit Sägespänen oder gehacktem Stroh.

Die schweflichte Säure hat einen starken, durchdringenden Geruch.

Sie ist weder fähig zum Einathmen noch zum Verbrennen.

Ihre specifische Dichtigkeit beträgt nach Bergmann 0,00246, und nach Lavoisier 0,00251.

Der Cubikzoll davon wiegt 1,508 Gran (10,83638 centim. Cubus). Ihr Geschmack ist stark, hitzig, pikant, sauer, unangenehm, in der Kehle brennend, und zum Husten reitzend.

Die schweflichte Säure zersetzt die Salpetersäure; so auch die oxydirte Salzsäure, und geht in den Zustand der Schwefelsäure über.

Die schweflichte Säure verbindet sich mit Alkalien und Erden. Die Herrn Berthollet, Fourcroy und Vauquelin haben diese Verbindungen kennen gelehrt.

Im

Im Allgemeinen haben die schweflichtsauren Salze einen pikanten Geschmack, indem ihre Säure analog ist. Sie werden durch Feuer zersetzt, und verwandeln sich in schwefelsaure Salze durch die Berührung der Luft oder die Einwirkung einiger Säuren.

Die schweflichte Säure wird dazu gebraucht, Seide und einige wollene Substanzen zu bleichen, die man zu diesem Zwecke durchnäßt in verschlossenen Zimmern den Dämpfen des verbrannten Schwefels aussetzt. Es scheint als ob bey dieser Operation die schweflichte Säure sich zersetze, und der in ihr enthaltene Sauerstoff den Färbestoff der gebleichten Gegenstände verschlinge, während der Schwefel sich entbindet.

Es ist jetzt bekannt, daß mehrere Körper, die man mit verbrennlichen Substanzen digerirt, ihnen den Sauerstoff, der einen ihrer Grundbestandtheile ausmacht, abgeben, um damit ein wahrhaftes Verbrennen zu erzeugen. Die Salpetersäure durch Hitze über Schwefel digerirt, zersetzt sich zum Theil darin und formirt eine kleine Quantität Schwefelsäure.

Scheele hatte behauptet, daß die oxydirte Salzsäure den Schwefel nicht säuren könne. Hagemann hat aber beobachtet, daß wenn man den Dampf dieser Säure auf eine halbe Drachme Schwefel richtet, diese flüssig wird, und eine klare Auflösung bildet, die doppelt so schwer wiegt, als sie in ihrem ursprünglichen Zustande war, aber er fügt hinzu, der Schwefel werde nur aufgelöst und nicht zersetzt, weil ein wenig zugegoßnes Wasser ihn augenblicklich niederschlägt.

Von einer andern Seite hat sich Herr Guyton-Morveau wieder davon überzeugt, daß der Schwefel sich durch die Zersetzung der oxydirten Salzsäure ohne Hinzutreten der Wärme in Schwefelsäure verwandelt.

Bey dieser Verschiedenheit der Resultate habe ich meine Zuflucht zu eigenen Versuchen genommen, und hier ist, was sie mich lehrten:

1) Oxygedirte Salzsäure, in Dunstform, auf sehr klein gestoßenen Schwefel geleitet, löst ihn nach und nach auf, und steigt mit ihm, in Gestalt eines weißen Dampfes, in die Höhe, dessen Geruch, aus einer gewissen Entfernung eingeathmet dem einiger in Fäulniß übergehender Pflanzenarten gleichkommt; während er in der Nähe die Mitte hält, zwischen dem von verbranntem Schwefel und der oxydirten Salzsäure. Dieser Dampf verdickt sich schwer, er säuert Wasser, und die Analyse hat mir darin viel Salzsäure und einige Atome von Schwefelsäure gezeigt. Ich habe dieß Experiment oft wiederholt; indem ich die

Säure in einen Recipienten, mit zwey Mündungen hineinziehen ließ, dessen innere befeuchtete Wände, überall mit Schwefel belegt waren; und ich fing dann das Produkt in einen zweyten, sehr weiten Recipienten auf, an dessen Mündung eine gekrümmte Röhre angebracht war, die ich in Wasser ragen ließ.

2) Oxydirte Salzsäure, die man durch Wasser gehen läßt, zu welcher man zuvor sublimirten Schwefel gemengt hat, bringt in dem Schwefel gar keine Veränderung hervor.

3) Oxydirte Salzsäure bringt in einer Auflösung von Schwefelkali einen gelben Niederschlag hervor, welches Schwefel ist.

Der in gewissen Metalloxyden enthaltene Sauerstoff kann das Verbrennen des Schwefels erleichtern, ohne ihn in Schwefelsäure zu verwandeln; wenigstens in Verhältniß des darin befindlichen Sauerstoffs.

Da unter allen Metalloxyden das des Braunsteins dasjenige ist, das man mit der größten Oeconomie anwenden kann, und da es auch mit besonderer Leichtigkeit seinen Sauerstoff von sich gibt, so habe ich für zweckmäßig erachtet, seine Wirkung auf den Schwefel zu untersuchen.

1) Gleiche Theile Schwefel und Braunsteinoxyd destillirt in eine Retorte, an welchen ich einen Recipienten angebracht hatte, dessen innern Wände mit Wasser befeuchtet waren, gaben viel weiße schweflichte Dämpfe von sich, von denen ein Theil sich in den Recipienten condensirte, und mir 3 Unzen für eine Temperatur von 22 Graden specifischer Dichtigkeit, auf 3 Pfund von der Mischung gerechnet, lieferte.

Diese concentrirte Säure ergab nur einige Gran Schwefelsäure, was in der Retorte blieb, war weiß, und locker, von schmutzigem Ansehn und lieferte mir geschwefelten und schwefelsauren Braunstein, mit Schwefel und Natron vermischt.

Gren hat aus einem gleichen Versuche ähnliche Resultate erhalten.

2) Braunsteinoxyd vermischt, mit Schwefel auf dem Heerde der Bleykammern, erleichtert die Verbrennung; aber damit die Wirkung davon sich merklich zeige, muß das Verhältniß des Braunsteins zum Schwefel wenigstens die Hälfte betragen. Es schien mir, daß die schicklichste Form, die man dieser Mischung geben könne, um ihre Verbrennung zu bewirken, die von Kugeln wäre, die man verfertiget, indem man beyde Substanzen mit einer Quantität Wassers befeuchtet, die hinreichend ist, ihr die Consistenz eines Teiges zu geben. Man macht von diesen Kugeln nur dann Gebrauch, wenn sie trocken sind; aber,

obgleich

obgleich der Braunstein seine Farbe und seinen Sauerstoff im Verbrennungsprocesse verliert, so erhält man doch fast nichts als schweflichte Säure.

Man kann aus den zahlreichen Versuchen, die ich gemacht habe, die Metalloxyde bey der Verbrennung des Schwefels, zum Behuf der Fabrikation der Schwefelsäure anzuwenden, schließen, daß keines von ihnen mit Nutzen zu diesem Zwecke angewandt werden kann, denn, obgleich sie wohl die Verbrennung beschleunigen; so sind sie doch zur Production der Schwefelsäure unthätig.

Einige bekannte Thatsachen, und die Natur der Grundbestandtheile des Wassers bestimmten mich, den Einfluß dieses Fluidums auf die Verbrennung des Schwefels zu prüfen, und ich habe hierüber folgende Erfahrungen gemacht.

1) Ich knetete den Schwefel mit Wasser und brannte diesen Teig auf einem Heerde in einer Bleykammer. Die Flamme, die dieß gibt ist weißer und anhaltender als die des Schwefels allein, die Condensation der Dämpfe leichter und das Produkt an Masse reicher; das Wasser säuert sich schwach; aber ich habe dieß Zwischenmittel nicht für vortheilhaft in der Anwendung gehalten, weil das Produkt der Concentration gesäuerten Wassers fast null ist.

2) Ich habe ferner Schwefel in Gefäßen mit Röhren geschmolzen, um die Entzündung zu verhindern, dann goß ich Wasser auf den noch flüssigen und recht heißen Schwefel, bald tropfenweise bald nur so, daß der Dampf ihn bestrich, und ich bemerkte, daß von dem Augenblicke, wo das Wasser die Oberfläche des geschmolzenen Schwefels berührte; sich daraus ein weißer und dicker Dunst entwickelte, der, in Recipienten gesammelt und condensirt, mir nichts zeigte als ein Wasser ohne Geschmack und Schwefelsublimat.

3) Wenn man Wasser tropfenweise auf eine Masse entzündeten Schwefels fallen läßt, so vergrößert sich die Flamme und wird weiß, aber doch liefert das Produkt der Verbrennung nicht mehr concentrirte Säure, als der ohne Beymischung verbrannte Schwefel.

Ich hatte geglaubt, daß wenn man reinen Sauerstoff zur Verbrennung des Schwefels anwendete, man dadurch Schwefelsäure erhalten würde, ohne daß eine andere Substanz noch hinzutrete; aber die Erfahrung hat bald mich von dieser Täuschung zurückgebracht; denn sowohl, wenn ich den Schwefel im Sauerstoffgas selbst verbrannte, als wenn ich dessen Strom,

auf

auf eine Fläche in Brand befindlichen Schwefels leitete, war das Resultat immer sich gleich, das heißt, es zeigte sich, daß man durch dieß Mittel wohl die Verbrennung beschleunigen, aber nicht wirklich Schwefelsäure hervorbringen könne.

Aus allen Experimenten, die ich über die Verbrennung des Schwefels gemacht habe, läßt sich schließen:

1) Daß die sehr veränderlichen Verhältnisse, des zur Verbrennung einer bestimmten Portion Schwefels anwendbaren Sauerstoffgas, mehr oder weniger die Verbrennung beschleunigen, ohne doch die Masse der producirten Schwefelsäure merklich zu vermehren.

2) Daß Körper, deren Basis Sauerstoff ist, und die ihn bey einer mäßigen Hitze von sich geben, wie z. B. einige der Metalloxyde, mehr oder minder zur Verbrennung beytragen, ohne Schwefelsäure hervorzubringen.

3) Daß solche Substanzen, die, wenn sie mit Schwefel im Verbrennen in Verbindung gebracht werden, ihm, unter Erregung einer heftigen Hitze ihren Sauerstoff mittheilen, die einzigen, zur Verwandlung des Schwefels in Schwefelsäure geschickten, sind.

Nach diesen Grundsätzen treten an die Spitze der zur Vermischung mit dem Schwefel fähigen Substanzen, das salpetersaure und das übersaure salzsaure Kali.

Und es läßt sich aus den zuvor mitgetheilten Resultaten schon schließen, entweder, daß die Verbindung des Schwefels mit dem Sauerstoff einen sehr hohen Grad der Temperatur erfordert, um Schwefelsäure hervorzubringen, oder daß die Schwefelsäure eine große Dosis Wärmestoff als nothwendige Bedingung ihrer Erzeugung bedarf.

Ich bezweifle nicht, daß man nicht dahin sollte gelangen können Schwefelsäure auch aus einer geringern Quantität von salpetersaurem Kali zu gewinnen, wenn man die Verbrennung der Mischung nur mittelst stark geheitzter Körper oder in solchen Oefen oder Röhren bewirkt. In diesem Falle wirkt die Hitze des Heerdes vortheilhaft mit derjenigen zusammen, welche die Zersetzung des Salpeters zu dem Ende hervorbringt, die Verbindung des Sauerstoffs mit dem Schwefel und das Entstehen der Schwefelsäure zu bewirken.

Salpetersaures Kali verdient den Vorzug vor dem oxydirten salzsauren Kali, weil es gewöhnlicher ist, und seine Zersetzung der Schwefelsäure, die durch das Verbrennen producirt wird, wenig fremde Bestandtheile beymischt.

Aber

Aber dennoch ist Vorsicht nöthig bey der Wahl des Salpeters, welcher in den Handel kommt; denn er ist in der Regel mehr oder minder mit fremdartigen Stoffen gemischt. Wenn man z. B. den rohen Salpeter gebraucht; so findet sich darunter ein großer Theil der nicht zum Verbrennen taugt, also auch nicht zur Erzeugung der Schwefelsäure.

Man kann nicht einmal Materien, die dem salpetersauren Salze fremd sind, als gleichgültig bey der Mischung ansehen; denn, wenn dieß der Fall wäre, würde es genügen, sich diese zu berechnen, um das wahrhafte salpetersaure Salz in den gehörigen Verhältnissen anzuwenden. Es ist genug, zu wissen, daß die erwähnten fremden Materien salzsaure Salze sind, die bey ihrer Zersetzung eine Portion von Schwefelsäure einsaugen, während die Salzsäure in Dämpfen in die Höhe steigt, und sich dem Wasser der Bleykammer beymischt. Es ist also vortheilhaft, den geläuterten Salpeter anzuwenden.

Ich habe gesehen, daß man dem Schwefel in einigen Fabriken salpetersaures Kali, in verschiedenen Verhältnissen, beymischt, man nimmt dazu ein Fünftheil bis ein Zehntheil von dem Gewicht des Schwefels. Doch ist die Wahl der Dosis nicht gleichgültig: je stärker das Verhältniß des Salpeters ist, desto stärker ist die Hitze, desto leichter der Dampf zu condensiren und desto weniger pikant der Geruch der sich entwickelnden Säure; wenn jedoch das Verhältniß des Salpeters zu überwiegend ist, so hat dieß, außer dem Nachtheile, daß die ungeheure Hitze die sich erzeugt, einen Theil des Schwefels in Natura verflüchtiget, und daß das Residuum, welches bleibt, so beträchtlich ist, daß es eine größere Quantität der Säure, die geradezu verloren geht, zurückbehält, noch den, daß die über das Bedürfniß große Portion des Salpeters, die Schwefelsäure, die man producirt, beträchtlich vertheuert. Wenn dagegen aber der Salpeter wieder in zu geringem Maaße vorhanden ist; so geht fast aller Schwefel in den Zustand schweflichter Säure über.

Es gibt also einen Punkt, bey welchem man stehen bleiben, und Verhältnisse, die man kennen muß; ich habe die Erfahrung gemacht, daß es die zweckmäßigste Proportion sey, dem Gewichte nach, zwischen $\frac{1}{7}$ und $\frac{1}{8}$ Salpeter auf die Masse des anzuwendenden Schwefels zu rechnen.

Nachdem man den Gebrauch verlassen, schwefelsaure Salze zu destilliren, um die Säure daraus zu ziehen, verbrannte man Mischungen von Salpeter und Schwefel in ungeheuern Glaskugeln, in denen man eine Wasserschicht bereit hielt, um die Dämpfe zu condensiren und aufzulösen, und pfropfte sorgfältig die

die Oeffnung zu, sobald die Mischung sich entzündete, um den Verlust eines Theiles der Dämpfe zu verhindern.

Dieß frühere Verfahren machte bald einem anderen Platz, welches darin besteht, die Verbrennung in Zimmern zu bewirken, die mit Bley ausgelegt sind; deren Einrichtung zwar kostspieliger, aber dennoch vorzuziehen ist, wei sie gestatten mehr in's Große zu gehen, und weil sie, einmal angelegt, wenig Aufwand zur Erhaltung und Reparatur bedürfen.

Man gibt diesen Bleykammern gewöhnlich die Gestalt eines länglichten Vierecks, das mit einem auf beyden Seiten abhängigen Dache bedeckt ist. Die Größe wird abwechselnd nach dem Zweck des Fabrikanten bestimmt, und zuweilen auch durch den Raum, in dem man sie errichten will. Im Allgemeinen schienen mir Zimmer 20 oder 25 Fuß an jeder Seite lang, und 15 Fuß hoch, die Zweckmäßigsten zu deren Anlage.

Da diese Kammern dem ausgesetzt sind, die Dämpfe oder die Flüssigkeiten, welche sie enthalten, zu verlieren, oder verdünsten zu lassen; so muß man sie dergestalt isoliren, daß man ihnen von allen Seiten, von oben und von unten beykommen könne, und daher sie in einem großen Gebäude auf steinernen Würfeln 5 oder 6 Fuß vom Boden der Mauern und dem Dache entfernt, errichten; ferner müssen alle gelöthete Stellen von außen sichtbar seyn, um sie desto leichter repariren zu können, und das Zimmerwerk endlich muß Festigkeit genug haben, um von dem beständigen Druck der Bleyplatten nicht niedergebogen zu werden. Man befestiget die dünnen Bleytafeln an der inneren Fläche des Zimmerwerks; indem man kleine Haken von dem nämlichen Metall daran löthet, die man mittelst eiserner Nägel an den Seitenpfosten des Zimmerwerkes anbringt.

Da das Bley sehr kostbar ist, so hat man jederzeit versucht, dieß Metall durch eine Substanz zu ersetzen, die die Säure nicht angreifen, und die der Hitze, welche die Verbrennung der Mischung hervorbringt, widerstehen kann.

Man hat hinter einander Glasplatten, glasirte Ziegel und glasartige Steine hierzu in Vorschlag gebracht, und selbst mehrere Vorrichtungen zum Verbrennen von diesen Materialien gebaut; aber man ist immer wieder auf den Gebrauch des Bleys zurück gekommen, weil alle andere versuchte Mittel, weder die Solidität, noch die Dauer, noch die Leichtigkeit bey der Anwendung darboten, als die großen Bleyplatten *).

Ich

*) In den deutschen Schwefelsäurefabriken, ist man von den Bleyplatten abgegangen, und wendet Glastafeln an, die mit einem, der

Ich selbst habe mit Sorgfalt eine Kammer von 80 Fuß Länge, 40 Breite, und 50 Höhe errichtet, und deren Wände mit einer Lage von Gips bekleidet, auf die ich wieder mehrere Lagen von einer siedenden Tünche anbrachte, die ich bereitete: indem ich zu gleichen Theilen Terpenthin, Harz und gelbes Wachs mischte. In dieser Kammer habe ich achtzehen Monate ununterbrochen gebrannt; aber nachdem einmal plötzlich das Dach dieses ungeheuren Gebäudes eingestürzt war, hatte ich nicht den Muth, eine Vorrichtung wieder herzustellen, die mich sechs Monate angestrengter Arbeit gekostet, und meine Gesundheit bedeutend angegriffen hatte.

In der Art die Mischung des Schwefels zu brennen, finden auch Verschiedenheiten in den verschiedenen Werkstätten Statt; in einigen entzündet man die Mischung von außen, und bringt sie, sobald sie in Brand ist, mittelst eines Wagens hinein, auf der die Gefäße stehen, in denen sie enthalten ist; in andern brennt man im Innern der Kammer selbst, in deren Boden ein Raum ausgespart wird, um darauf den Heerd zu errichten. Ich habe es zuerst so gemacht; aber ich bin dann darauf gekommen, Oefen außerhalb der Kammer zu errichten, durch welche, mittelst über dieselben angebrachter Rauchfänge, der Dampf in das Innere geleitet wird.

Die beyden ersten Methoden sind wenig von einander unterschieden; doch macht die erste mehr Umstände; das Fahren selbst und die Unterhaltung eines Wagens sind kostspielig und um so mehr, als Eisen und Holz leichter angegriffen werden.

Die zweyte Methode ist einfacher, und ich habe mich ihrer lange bedient, ehe ich auf die dritte fiel, die den Vorzug vor allen verdienet *).

Doch

der Säure widerstehbaren Kitt in einander befestiget sind. Auch kann man sie mit Bley fassen, und die Fassung mit jenem Kitt überziehen. Da bey der Verbrennung des Schwefels durch Hülfe des Salpeters, allemal Salpetersäure ausgeschieden wird, welche das Bley angreift, so ist dieses Metall allemal nachtheilig, weil solches die concentrirte Schwefelsäure mit Bley verunreiniget. H.

*) Diese letztgenannte Verfahrungsart findet sich auch in den deutschen Fabriken angewendet. Der Schwefel brennt in einem mittelst dem innern Raume des Ofens communicirenden Raume, dessen Boden mit Porzellan ausgelegt ist, dessen von Außen zu gehende Oeffnung nur 6 Zoll ins Gevierte ist, und der mit einem höhern Bret verschlossen wird. Auf dem Boden dieses Raumes, der 5 Fuß über der Grundfläche des Ofens errichtet ist, brennt das Gemenge aus Schwefel und Salpeter. Durch den äußern Luftzug werden die Dämpfe immer nach Innen zu getrieben, welches den Erfolg sehr begünstiget. H.

Doch muß man sehr aufmerksam seyn auf den Bau des Ofens, denn er wird nicht allein mit der größten Leichtigkeit baufällig; sondern er bringt sehr verschiedene Wirkungen hervor; je nachdem er mehr oder weniger anzieht. Ich habe die Erfahrung gemacht, daß man in dem Verhältniß, in welchem der Ofen anzog, aus der nämlichen Mischung nach Willkühr, Schwefelsublimat, flüssiger Schwefel, oder schweflichte, endlich Schwefelsäure erhalten konnte.

Um die Condensation der Dämpfe zu erleichtern, hat man den Gebrauch angenommen, eine Wasserschicht auf den Boden der Kammern zu gießen; in einigen Fabriken begnügt man sich aber auch damit, von Zeit zu Zeit mit solchen, vermittelst einer Pumpe die Wände zu netzen *).

So lange die wirkliche Verbrennung dauert; suchen die sehr ausgedehnten Dämpfe durch alle Wege, die ihnen offen stehn, sich einen Ausweg, aber sobald sie sich condensiren, dringt die äußere Luft in die Kammer, und es ist selbst vortheilhaft, kleine Oeffnungen auszusparen, die man leicht eröffnen kann, um dieß Eindringen zu erleichtern.

Sobald die Dämpfe nun hinlänglich condensirt sind, sieht man in diesem Zustande, wenn man eine Thür aufmacht, ein sehr penetrantes Gas ausziehen, welches nichts anderes ist, als schweflichte Säure, vermischt mit einigen Theilen von salpetrigem Gas das roth wird, wenn sie die äußere Luft berührt.

Wenn der Dampf, welcher aus der geöffneten Thür zieht, weiß ist, so ist dieß ein sicheres Zeichen der nicht vollständig geschehenen Condensation. Man muß vorsichtigerweise die Thür wieder verschließen, denn selbst, ohne Rücksicht darauf, daß das Herausziehen der Dämpfe ein Verlust seyn würde, so könnten sie auch den Nachbarn lästig werden, und die Pflanzen in der umliegenden Gegend verbrennen.

Das Produkt der Verbrennung ist von zweyerley Art: 1) die Säure, die eine flüssige Lage auf dem Boden der Kammer bildet; 2) die auf dem Heerde übriggebliebene.

Man nimmt das saure Wasser nicht eher weg, als bis es 40 bis 50 Grade auf dem Bauméschen Areometer (1,200 specifische Dichtigkeit) anzeigt. Wenn man es früher herausnimmt, so wird nicht allein die Concentration desselben langwieriger und kostspieliger; aber die concentrirte Säure auch nicht von so guter Quali-

*) In deutschen Fabriken leitet man durch Hülfe eines außerhalb des Ofens angebrachten bleyernen Kessels, Wasserdampf mittelst hölzerner Röhren in den innern Raum des Ofens. H.

Qualität, in Rücksicht der schwefelsauren Salze, die alsdann geneigter sind, in der Säure aufgelöst zu bleiben.

Was in dem Ofen bleibt, sind, wenn der Verbrennungsproceß gehörig vor sich gegangen, nichts als weiße Krusten, welche fast ganz aus schwefelsaurem Kali bestehen. Ist die Verbrennung aber schlecht erfolgt, so sind die Krusten bräunlich, so ist noch viel Schwefel in Natura in ihnen zu unterscheiden, und man bringt sie dann wieder auf den Heerd, um sie mit Hülfe einer neuen Mischung vollständig zu trennen.

Die Säure, die aus den Kammern kommt, oder in der Sprache der Fabrikanten, die Cultur aus den Kammern, kann nicht zu allem gebraucht werden, weil es keinen Indigo auflöset, und salpeter- und salzsaure Salze nicht ohne Hülfe der Wärme zersetzt; aber in diesem ersten Zustande kann man es dazu anwenden, Eisen und Zink, Behufs der Fabrikation schwefelsaurer Salze aufzulösen, um Leinewand, bevor sie gegründet werden soll, vom Schmutz zu reinigen und auszulaugen, in einem Worte zu jedem Gebrauch, den man vom Vitriolöl, wenn man es durch Hinzuthuung von Wasser bis unter 45 Grad nach dem Baumeschen Areometer gebracht hat, machen kann.

Um die Concentration der Schwefelsäure zu bewirken, bedient man sich gewöhnlich gläserner Retorten, im Sandbade; aber ich habe eine Methode angenommen, die mir immer schneller zum Zwecke zu führen, und ökonomischer schien. Ich bringe nämlich das Wasser aus den Kammern in großen Bleykesseln bis auf 60 Grad, und beendige dann die Concentration in steinernen Retorten, die ich in Galeerenöfen dem bloßen Feuer aussetze.

Wenn die Säure den gehörigen Punkt ihrer Concentration erreicht hat, muß sie 66 Grad zeigen, und weiß, wie Wasser seyn. Wenn sie nicht so weit concentrirt ist, behält sie einige Atome von Salpetersäure übrig, die Indigo in seiner Auflösung grün färben, und kann also zu diesem Behuf nicht angewendet werden.

Sind alle Operationen mit Sachkenntniß geschehen, so erhält man an concentrirter Säure, wenigstens das Doppelte des Gewichts von dem gebrauchten Schwefel.

Man fährt in einigen Gegenden von Deutschland noch immer fort, durch Destillation von schwefelsaurem Eisen, Vitriolöl zu fabriciren; zu diesem Endzweck, wie wir bereits bemerkt haben, fängt man damit an, das schwefelsaure Salz zu kalziniren, und destillirt es es dann in steinernen Retorten; es ergibt sich hieraus 1) ein wenig schweflichtes Gas; 2) Sauerstoffgas;

3) eine dichte Flüssigkeit, die sich in dem Recipienten ansetzt. Diese Flüssigkeit ist ein saurer Dunst, der sich in Nebel auflöst; sobald er an die Luft kommt, und dessen Dämpfe, wenn sie sich condensiren, weiße und durchsichtige Kristalle in Gestalt von viereckigten Tafeln, bilden. Hierbey ist zu bemerken, daß schlecht calcinirtes Schwefelvitriol, in dem noch ein Ueberrest von Kristallisationswasser geblieben, keine Säure gibt; wenn gleich bey dem nämlichen Feuer, welches beweiset, daß durch die Kalzination das schwefelsaure Salz oxydirt, und seine Zusammensetzung verändert wird, daß sie der Säure nun Eigenschaften mittheilt, und daß, wenn man es nachher destillirt, ein Theil des durch die Kalzination fixirten Sauerstoffs der Säure verbunden bleibt, während ein andrer in der Gestalt von Gas verfliegt. Die Destillation der Schwefelsäure auf Braunstein liefert auch eine rauchende Säure, aber weniger als die des schwefelsauren Eisens.

Diese rauchende Säure ist unter dem Namen Eisöl oder nordhausensch- oder sächsisch- rauchendes Vitriolöl bekannt.

Es scheint also, als ob der Schwefel in seinem Uebergange zu dem Zustande als Säure, dreyer Grade der Oxydation fähig wäre: 1) als schweflichte, 2) Schwefel, 3) rauchende Säure.

Die rauchende Schwefelsäure gefriert, und kristallisirt sich leicht bey einer Temperatur von einigen Graden unter Null, aber in diesem Zustande hat sie doch keine Aehnlichkeit mit dem rauchenden Eisöle.

Wenn man die rauchende Säure mit Wasser verdünnt, verliert sie diese Eigenschaft, ohne sie wieder erhalten zu können.

Diese rauchende Säure ist in den Künsten besonders in der Färberkunst der vorzuziehn, die aus der Verbrennung des Schwefels entsteht, aber auch viel theurer, als diese letztere.

Wir werden Gelegenheit haben, von dem Gebrauch der Schwefelsäure zu handeln, wenn wir an die Lehren von der Färbung und von andern Operationen kommen, wo sie als haupt- oder mitwirkendes Mittel gebraucht wird.

Dritter Abschnitt.

Von der Salpetersäure.

Die Salpetersäure gibt einen starken und unangenehmen Geruch von sich.

Sie theilt der Haut und weißer Seide, eine dauerhafte gelbe Farbe mit.

Sie zerstört vollständig die blaue Farbe der Malven und Veilchen.

Die Säure die in den Handel kommt, zeigt 30 bis 45 Grad nach dem Baumeschen Areometer (1,140 spec. Dichtigkeit. H).

Sie ist gewöhnlich von gelber Farbe, oft weiß und zuweilen von einem orangenartigen Roth; wenn sie concentrirt wird, läßt sie Dämpfe in die Höhe steigen, die durch Berührung der äußern Luft roth werden *).

Sie zerlegt sich leicht auf allen brennbaren Körpern, und producirt in ihrer Wirkung viel rothe Dämpfe.

Die Salpetersäure wird im Handel unter dem Namen Scheidewasser und Salpetergeist, nach dem verschiedenen Grade ihrer Concentration genannt.

Sie ist in ihrer ursprünglichen unvermischten Gestalt nirgends vorzufinden; aber sie bildet sich täglich durch einen Zusammenfluß von Umständen, die wir in der Folge auseinandersetzen werden, und tritt in dem Augenblick, indem sie sich erzeugt, in Verbindung mit den sie umgebenden Körpern, aus welchen Verbindungen man sie extrahirt, um sie zum Gegenstande des Handels zu bereiten. Gewöhnlich bedient man sich zu diesem Zwecke erdiger und alkalischer salpetersaurer Salze.

Die Substanzen die man zur Zersetzung der salpetersauren Salze bisher angewendet hat, sind Schwefelsäure; schwefelsaures Eisen und die Lehm oder Bolarerden, welche mehr oder weniger Ocher oder Eisenoxyd enthalten.

Wenn man sich der Schwefelsäure bedienen will, so thut man das salpetersaure Kali, zu Pulver gestoßen, in eine Retorte, gießt von der Schwefelsäure soviel als die Hälfte seines Gewichtes beträgt, darauf; bringt einen Recipienten an die Retorte an, und erleichtert die Operation durch Hülfe des Feuers **). Die Destillation kann im Sandbade oder auch am freyen Feuer erfolgen; im ersten Falle nimmt man gläserne, nicht beschlagene Retorten, im zweyten, irdene, oder von Glas, aber beschlagen.

Wenn

*) Reine verkaufbare Salpetersäure, so wie sie unter dem Namen Scheidewasser im Handel vorkommt, ist allemal klar wie Wasser. Nur wenn sie unrein, oder nicht hinreichend mit Wasser verdünnt ist, zeigt sie eine gelbe Farbe, und stößt im letztern Fall röthliche Dämpfe aus, welche in salpetrigsauren Dünsten bestehen. H.

**) Ich habe immer bemerkt, daß, um den Salpeter vollkommen zu zersetzen, gegen 2 Theile desselben, wenigstens $1\frac{1}{4}$ concentrirte Schwefelsäure angewendet werden muß. H.

Wenn man die Schwefelsäure, die in den Handel kommt, ohne sie zu verdünnen, gebraucht; so entwickelt sich die Salpetersäure in fast trockenen Dämpfen und es entsteht daraus eine sehr condensirte Säure; die Gefäße erhitzen sich beträchtlich, so daß die Condensation beschwerlich fallen würde, wenn man nicht den Recipienten mit nassen Tüchern bedeckte, oder ihn etwa bis ein Drittel seines Umfanges tief, in einen, mit Wasser angefüllten Zober hielte *). Wenn man aber die Schwefelsäure vor ihrer Anwendung, mit Wasser verdünnt, oder sie so nimmt, wie sie aus der Bleykammer kommt, so wird die Operation dadurch ruhiger, aber auch die Säure schwächer, und die Destillation geht langsamer vor sich.

In allen Werkstätten, wo man Scheidewasser für den Handel bereitet, hat man die Gewohnheit, die salpetersauren Salze mittelst Thon oder Bolarerden zu zersetzen **).

Bey der Wahl dieser Erden ist große Vorsicht von Seiten dessen, der Scheidewasser destilliren will vonnöthen. Wenn sie roth aussehen, sehr zerreiblich und gemischt mit kleinen Formen von Eisenerz sind, sind sie am besten zu gebrauchen. Doch müssen sie auch nicht zu trocken seyn, sonst zersetzen sie sich nur unvollkommen, und es bedarf dann auch einer zu sehr großen, und lange unterhaltenen Hitze, um die Operation zu Ende zu bringen. Diejenigen rothen Erdarten, deren Oberfläche glänzend und fast fettig erscheint, verdienen den Vorzug. Auch gibt es graue von rothen Adern durchschnittene Thonerden, die, wenn sie gleich nicht so vorzüglich sind, als die nur erwähnten, doch mit Vortheil gebraucht werden können; die, deren man sich in Paris bedient, sind von dieser Art.

Im Allgemeinen ist es nothwendig, daß eine Erde, die zur Destillation von Salpeter dienen soll, ein Eisenoxyd enthalte, das fähig ist, durch Feuer einen höhern Grad von Oxydation zu erlangen, woraus sich erklären läßt, weshalb alle gebrauchte Erden nach der Operation röther aussehen.

Die Retorten zum Destilliren sind entweder irdene oder gläserne; in Paris kennt man nur die erstern, und die Retorten, oder die irdenen Gefäße, deren man sich daselbst zur Destillation

*) Alle diese Umstände sind nicht erforderlich, wenn man die Destillation nur recht langsam von statten gehen läßt. H.

**) Der Thon oder die Bolarerden sind die ungeschicktesten Mittel zur Ausscheidung der Säure aus dem Salpeter. Es wird bey ihrer Anwendung viel Brennmaterial verschwendet; es wird ein Theil der Salpetersäure völlig zerlegt; und man gewinnt immer nur eine sehr schwache Säure. H.

tion des Scheidewassers bedient, sind nur klein; dagegen man im mittäglichen Frankreich grüne Glase, die man Chambouringtäler nennt, gebraucht, und die Retorten dort einen so ansehnlichen Umfang haben, daß jede von ihnen 75 bis 80 Pfund, der Mischung faßt, und 20 bis 30 Pfund Säure gibt.

Diejenigen Oefen, die man Galeerenöfen nennt, sind nur in Ansehung der Größe der Retorten und der Natur des darin Gebrannten von einander verschieden. Gewöhnlich bestehen sie aus zwey parallel laufenden Mauern, zwischen die man eiserne, oder von Erde gemachte Bögen anbringt, um die Retorten fest zu halten.

Diese Retorten, vorzüglich die gläsernen, müssen mit vieler Sorgfalt beschlagen werden; zu dem Ende thut man Thonerde, nachdem man sie zuvor klein gemacht und fast ganz zerrieben, in eine Molde, benetzt sie mit Wasser, um sie zum Zergehen zu bringen, und sobald als sie einen geschmeidigen, weichen und von Brocken freyen Teig bildet, so nimmt man sie aus der Molde heraus, um sie mit frischem Pferdemist zu mischen, knetet dann die Mischung sorgfältig und fährt damit fort, bis Mist und Thon dem Auge nur als eine Masse erscheinen. Den dadurch gewonnenen Kitt trägt man mit freyer Hand auf, und sieht vorzüglich darauf, ihn auf die Oberfläche des Glases so anzubringen, daß er aufklebt, und daß die ganze Bedeckung eine Lage von ganz gleicher Dicke ohne alle Blasen bilde. Den Kitt überhaupt läßt man nach Verschiedenheit der Jahreszeit oder des Clima's entweder an der Sonne, oder in einem heißen Zimmer trocknen.

Der Salpeter ist dasjenige Salz, das man allgemein zur Destillation des Scheidewassers anwendet; aber, da die verschiedenen Zustände, in denen es sich befinden kann, Säuren von ganz verschiedener Gattung hervorbringen; so ist es unumgänglich nothwendig, die verschiedenen Arten des Salpeters kennen zu lehren, deren man sich in den Werkstätten bedient, um daraus die der Säuren zu deduciren, welche aus ihnen entstehen.

Der Salpeter, wie er aus der Werkstatt der Salpeterfabrikanten hervorgeht, wird roher Salpeter genannt; er enthält außer salpetersaurem Kali, salpetersaurer Kalk- und salpetersaure Talkerde, so wie erdige und alkalische salzsaure Salze.

Wenn man dagegen mittelst Proceduren, die wir bey dem Artikel, salpetersaure Salze näher beschreiben werden, das salpetersaure Kali von allen diesen fremden Salzen gereiniget hat, so bekommt dann der Salpeter den Namen des raffinirten.

Außer

Außer dem Salpeter in diesen beyden Zuständen verkauft man noch den Scheidewasser-Destillateurs eine verdickte Mutterlauge, die man *recuit* im mittäglichen Frankreich nennt, gekochten Salpeter und eine Art von Salpeterkörnern, und von der Consistenz des Honigs, die grober Salpeter heißt.

Diesen letztern beyden Substanzen, der gekochte Salpeter und der grobe Salpeter erfordern, von Seiten unsrer, einige Details über ihre Bereitung, damit man ihre Natur kennen und auf die Qualität des Scheidewassers schließen lerne, die sie zu erzeugen fähig sind.

Die Lauge der salpetersauren Erden, enthält außer dem salpetersauren Kali, dessen Verhältnisse bis in das unendliche abwechseln, viel erdige oder alkalische Salze, die nicht leicht zur Kristallisation geneigt sind, so daß, wenn man den ersten Anschuß von Kristallen des salpetersauren Kali's abgenommen hat, und das Uebriggebliebene, bis zur Consistenz eines Teiges oder Extractes verdunstet, bildet sich eine körnige Masse, der sogenannte grobe Salpeter.

Wenn man dagegen durch mehrere hintereinander folgende Abdampfungen und Kristallisationen, alles salpetersaure Kali, das man aus einer Lauge ziehen kann, hinweggeschafft hat, so verdickt man die Mutterlauge bis 45 Grad, und verkauft sie, unter dem Namen gekochter Salpeter, den Destillateurs, um die Säure daraus zu ziehen.

Dieser letztern beyden Versuchungsarten bedient man sich in der Grafschaft Venaissin, (jetzt Departement von Vaucluse) wo man, bevor sie mit Frankreich vereiniget war, fast alles Scheidewasser verfertigte, das in den zahlreichen Fabriken der mittäglichen französischen Provinzen gebraucht wurde. Nunmehr aber, wo dort die französische Verfassung in Hinsicht der Fabrikation und des Verkaufes von Salpeter eingetreten, sind die Salpetersieder zu Maaßregeln und Proceduren genöthiget worden, die ihrem frühern Verfahren gerade zuwider sprechen; indem sie durch die Verpflichtung, alles Produkt ihrer Fabrikation an die Regie abzuliefern, die nur salpetersaures Kali duldet, außer Stand gesetzt werden, gekochten Salpeter und groben Salpeter zu machen. Aber dennoch muß man eingestehn, daß die Destillation des Scheidewassers hierbey viel verloren hat, da es anerkannt ist, daß man aus dem gekochten Salpeter und dem groben Salpeter mit Leichtigkeit und Oekonomie ein Scheidewasser bereitete, welches zur Färberey das beste, und so vortrefflich ist als man nur wünschen konnte, und da man dieß jetzt, wo man den Salpeter aus den Magazinen

der

der Regie nehmen muß, weder um den nämlichen Preis, noch immer in der nämlichen Güte zu erhalten im Stande ist *).

Die Natur der Säure und die Procedur bey ihrer Destillation sind verschieden nach dem Zustande, in dem sich der Salpeter befindet, welchen man dabey gebraucht; ist dieß der reine, so kann man die Verhältnisse zwischen dem Salz und der Bolarerde nach den Resultaten bestimmen, welche folgende Experimente mir ergeben haben.

Zweyhundert Pfund reiner Salpeter, und 200 Pfund Bolarerde, sorgfältig gemischt und destillirt, gaben wenig salpetriges Gas, Kohlensäure und 75 Pfund reine Säure von 40 Grad und sehr weiß. Der Rest zeigte viel nicht zersetzten Salpeter.

Es geht aus diesem ersten Versuche hervor, daß die Proportion des Bolus, zu gleichen Theilen mit dem Salpeter nicht hinreichend ist, denn man steigerte die Hitze bis auf den Punkt des Glasschmelzens; es ergibt sich daraus ferner, daß die Säure nicht eher rauchend wird, als bis man den Bolus in einer größern Proportion dazu anwendet.

Hundert und funfzig Pfund reiner Salpeter, und 300 Pfund Bolarerde, mit gleicher Sorgfalt destillirt, gaben ein wenig minder Kohlensäure, ein wenig mehr salpetriges Gas, und 126 Pfund 8 Unzen Salpetersäure zu 39 Grad.

Hundert und funfzig Pfund Salpeter, und 400 Pfund Bolarerde gaben viel rothe Dämpfe die bis an das Ende fortdauerten, von sich, und 131 Pfund Salpetersäure zu 41 Grad.

Hundert Pfund Salpeter, und 300 Pfund Bolarerde gaben 87 Pfund gelbliche Säure zu 39 Grad.

Man kann aus diesen Versuchen ersehen, daß, wenn man sich einer rothen trocknen, reinen Bolarerde bedient, die im Bruch fettig anzufühlen ist, wie die, welche einige schlammige Eisenminen enthalten, man diese Erde in dem Verhältniß von zwey oder drey Theilen ihrer auf einen Theil Salpeter anwenden muß.

Diese Verhältnisse sind es, welche bey reinem Salpeter Statt finden, aber nach der Qualität des Salzes, das man gebraucht, abgeändert werden müssen. Wenn man zum Beyspiel rohen Salpeter destillirt; so verhält sich die Quantität des darin enthal-

*) Wohlfeil für den Destillateur mag jenes Scheidewasser wohl gewesen seyn, aber rein gewiß nicht; denn es muß der Natur der Sache gemäß, stets mit Salzsäure verunreinigt seyn. H.

enthaltenen Salpeters, wie 4 oder 5 zu eins, und der Ueberrest ist salzsaures Natron, das sich schwer zersetzen läßt; so daß in diesem Falle zwey Theile Erde auf einen Theil Salpeter ein gehöriges Verhältniß bilden, um das ganze salpetersaure Salz zu zersetzen.

Wenn man groben Salpeter bearbeitet, kann man das Verhältniß um ein Zehn- und selbst um ein Achttheil vermehren, wenn er nicht gehörig trocken ist.

Und was den gekochten Salpeter betrifft, der 45 Grad zeigt; so knetet man diese syrupartige Flüssigkeit mit Erde und bildet daraus einen trockenen Teig, den man in die Retorten thut, das Verhältniß, welches man dabey beobachtet, ist gewöhnlich 30 Theile gekochter Salpeter auf 20 Theile Erde.

Aber da der gekochte Salpeter zu 45 Grad der Concentration gebracht, viel Masse gibt; so habe ich es für vortheilhafter gehalten, ihn in einem großen Kufel, mittelst des Verdunstens zu verdicken, und ihn dann wie groben Salpeter zu destilliren.

In Paris bedient man sich zur Destillation des Salpeters einer fetten, schmierigen Erde von graulichem Ansehen, und mit einigen rothen Adern, die man in der Gegend von Vandres findet. Man trocknet sie in Oefen, indem man sie hineinschiebt, sobald man die glühenden Kohlen herausgenommen, und zerbröckelt sie, indem man sie durch ein Sieb von Weidenholz siebt. Dann macht man die Mischung von ungefähr 180 Pfund dieser Erde, mit 80 Pfund zerstoßenem Salpeter, und füllet damit die irdenen Gefäße zur Destillation des Scheidewassers an, die man auf einen Galeerenofen zu 32 bis 36 in zwey Reihen aufstellt, und benetzt die Mischung einigemal, wenn man eine schwache Säure von 22 bis 25 Grad gewinnen will.

Die chemische Wahrnehmung, nach der es feststeht, daß salzsaurer Kalk fast unzersetzlich durch Bolarerde ist, während die salzsaure Talkerde sich leicht zersetzt, hat mich darauf gebracht, zu der Mischung von Salpeter und Erde noch Kalk hinzuzuthun, um dadurch die Talkerde niederzuschlagen, und alle erdige salpetersaure Salze in salpetersauren Kalk zu verwandeln. Dieß Verfahren, das wir Herrn Berard, meinem Zögling und Associé bey den Fabriken chemischer Gegenstände, die ich in Montpellier errichtet hatte, verdanken, wird jetzt in mehrern dergleichen angewendet. Durch dieß Mittel erhält man bey der Destillation nur reine Salpetersäure, die man aus allen Arten des Salpeters ziehen kann, und woraus den Scheidewasser-Brennern ein großer Vortheil erwächst. Man kann daher selbst

mit

mit dem rohen Salpeter nach Willkühr reine Salpetersäure zum Gebrauch der Hutmacher und Goldarbeiter gewinnen, oder auch salpetersaure Salzsäure für die Färber.

Welche Gattung es Salpeters man aber auch anwende, und welches Verhältniß zwischen der Erde und dem Salze man wähle, so mache man die Mischung mit Genauigkeit entweder mit einer Schaufel oder einer Krücke zum Umrühren des Kalks, stoße die Erde und den Salpeter wohl, und vertheile nachher die so gehörig zubereitete Mischung zu gleichen Theilen in die Retorten, vermittelst eines blechernen Trichters mit einer weiten Mündung.

Da es zu beschwerlich seyn und auch zu sehr in das Kleinliche gehen würde, jeden Augenblick den Salpeter, die Erde und die Mischung von neuem zu wiegen; so bedient man sich solcher Maaße, deren Umfang man bereits kennt. Der Irrthum hierbey wird nie so bedeutend seyn, daß dadurch der Fabrik Nachtheil erwachse oder die Quantität der Produkte gefährdet würde.

Sobald nun die Retorten mit der Mischung angefüllt sind, bringt man sie in die Galeerenöfen; indem man sie auf Bögen ruhen läßt, und sie leise neigt, damit der Schnabel einer jeden nach außen gekehrt sey, um einen Recipienten daran anbringen und lutiren zu können. Man bedeckt dann die Retorten mit den Scherben deren, die bereits ihre Dienste geleistet haben, so daß sie eine Wölbung bilden, welche auf den Mauern des Galeerenofens und dem Rücken der Retorten ruhen. Dann breitet man auf der ganzen Oberfläche eine Lage von Asche aus, die man etwas mit Wasser befeuchtet, um alle die Spalten damit zu verstopfen, welche die übel verbundenen einzelnen Stücke dieser Kuppel lassen könnten. Man läßt am Ende des Galeerenofens eine längliche Oeffnung, um den Zug zu begünstigen und als Rauchfang zu dienen.

Endlich wenn die Vorrichtung so verfertiget ist, und man die Recipienten an die Retorten angebracht hat, ohne sie jedoch daran zu lutiren, zündet man ein Feuer an, das man sorgfältig nach und nach steigert, um die Retorten nicht zum Platzen zu bringen. Der erste Eindruck der Hitze äußert sich auf die Retorten, welche der Spitze der Galeere am nächsten sind; nach und nach nimmt sie im Innern zu, und stufenweise bringt man das Brennmaterial immer weiter nach hinten.

Die ersten aufsteigenden Dämpfe sind fast durchaus wässericht; diese condensiren sich schwer.

 Sobald

Sobald die Dämpfe anfangen, sich zu röthen und nach Säure zu riechen, nimmt man die Recipienten ab, um das gesäuerte Wasser oder das Phlegma welches sie enthalten, in eigne Gefäße aufzufangen; dann setzt man sie wieder an, und kittet ihre Fuge an die Retorte mit demselben Kitt, mit dem man die Retorten beschlagen.

Es dauert nicht lange und die Recipienten füllen sich mit rothen Dämpfen an *), diese lösen sich in der Säure auf, welche sich condensirt, und theilen dieser Säure eine grünliche Farbe mit.

So wie die Wärme zunimmt, erhitzt sich der Recipient und die rothen Dämpfe füllen dessen Umfang in dem Maaße aus, daß man nicht mehr hindurch sehen kann, nur bemerkt man einzelne Striemen von Säure, die an den innern Wänden hinunterlaufen, und die Operation hat auf diese Weise ihren Fortgang, bis sie zu Ende ist.

Wenn man bemerkt, daß einige Retorten weniger arbeiten, legt man das Feuer dicht dabey an und bringt eine beträchtliche Aspiration rings herum hervor; indem man in der Gegend des Halses der Retorten zwey kleine Zuglöcher durchsticht. Diese Register verschließt man aber, wenn der Destillationsproceß wieder im Gange ist.

Man erkennt, daß die Operation vollendet ist: 1) wenn der Recipient kalt wird. 2) Wenn die Dämpfe, welche dessen ganzen Umfang erfüllen sich condensiren und er im Innern wieder klar erscheint. 3) Wenn, indem man durch den Recipienten in das Innere der Retorte sieht, man dieß durch die Röthe, welche sie angenommen, deutlich erkennen kann.

Dann nimmt der Arbeiter, welcher die Operation dirigirte, das Feuer von dem Roste weg und läßt die Thüre des Ofens offen, um die Abkühlung zu beschleunigen.

Wenn die Vorrichtung gehörig abgekühlt ist, um auseinandergenommen werden zu können, so sägt man den Kitt ab, welcher die Retorte mit dem Recipienten verband, und nimmt den letztern weg, um dessen Produkt in eigene Gefäße zu gießen.

Die Trichter, deren man sich in den Fabriken des mittäglichen Frankreichs bedient, um die Säuren ohne Verlust daran und ohne Gefahr davon befürchten zu müssen, umzugießen, haben

*) Ich setze hierbey voraus, daß man sich gläserner Recipienten bediene, um den Lauf der Operation besser beobachten zu können.
Anm. des Verf.

ben Ränder die obenzu nach innen gebogen sind, und bilden also eine umgestürzte Rinne. Bey dieser Anstalt vermeidet man, daß, was zuweilen geschieht, die Säure an den Wänden vergossen in die Höhe steigt, und über die Ränder des Trichters läuft; denn sie fließt gleich zurück in das Innere, sobald sie die Rinne berührt, von der wir eben gehandelt.

Die Produkte einer Destillation können wir sämmtlich auf zwey Gattungen reduciren; nämlich das, was in der Retorte geblieben ist, und die Säure, welche in den Recipienten übergegangen ist.

Das Residuum in der Retorte ist von dreyerley Art, in Gemäßheit der Proceduren, deren man sich zur Zersetzung des Salpeters bedient hat.

Hat man nämlich die Schwefelsäure als Hülfsmittel angewandt; so ist das Residuum ein schwefelsaures Kali, das man bis jetzt in den Gewerben wenig gebraucht hat, aber woraus man nunmehr einen bedeutenden Nutzen zu ziehen sucht, theils, indem man es mit schwefelsaurer Alaunerde verbindet, um Alaun hervorzubringen; theils um die Mutterlaugen in den Salpetersiedereyen zu zersetzen.

Hat man Bolarerde zur Zersetzung des Salpeters genommen; so zeigt sich das Residuum nach der Destillation in Gestalt einer stark calcinirten Erde, mit ein wenig salzsauren Salzen gemischt, die sich bey der Zersetzung und aus der alkalischen Basis der Salpetersäure entwickelt, die mit jener Erde eine so innige Verbindung bildet, daß sie durch die Auslaugung nicht davon getrennt werden kann. Von dieser Erde die den Namen Scheidewasser-Erde oder Erde der Scheidewasserbrenner führt, kann man den nämlichen Gebrauch machen, als von der Puzzolan-Erde, und wenn man Kalk hinzuthut, daraus einen Mörtel bereiten, der zu Bauten unter dem Wasser und zum Antünchen von Bassins und Wasserkufen sehr geschickt ist.

Es ist nun schon über 20 Jahre her, daß ich das Mittel angegeben, die Fabrikation der Scheidewasser und des Alauns gleichzeitig zu bewirken, das heißt, beyde Produkte mittelst einer Operation zu verfertigen: ich nehme nämlich einen Thon der reich an Alaun ist, aber kein Eisen enthält, trockne und zerbröckele ihn gehörig und vermische ihn mit Salpeter und Schwefelsäure, die 40 Grad zeigt, zu gleichen Theilen; dann geht die Destillation gewöhnlichermaßen vor sich, die Salpetersäure steigt in den Recipienten und das Residuum darf nur ausgelaugt werden

werden und sich krystallisiren, um einen Alaun von der besten Gattung zu liefern *).

Die Säure, welche man durch die Destillation des Salpeters erhält hat eine verschiedene Quantität; je nachdem der Salpeter dessen man sich bedient, mehr oder weniger rein ist.

Reiner Salpeter gibt eine reine Säure, die dazu gebraucht werden kann, Quecksilber aufzulösen und so das sogenannte Geheimniß der Hutmacher zu bilden, und die man gleichfalls zu der delikaten Operation des Goldscheidens anwendet, woher sie die Namen Hutmacher- und Goldscheider-Scheidewasser erhalten **).

Die rohen Salpeterarten, die Mutterlaugen, der gekochte Salpeter, und der grobe Salpeter liefern salpetersaure Salzsäure, aus der hauptsächlich das in den Handel kommende Scheidewasser besteht. Man bedient sich desselben hauptsächlich zur Auflösung von Zinn und zur Bereitung dessen, was die Färber Scharlach-Composition nennen.

Selten ist es, daß das Scheidewasser nicht mehr oder weniger Salzsäure enthält, dessen Quantität man kennen lernen, und es davon befreyen muß, um es zu gewissen Operationen; hauptsächlich zur Scheidung des Goldes vom Silber anwenden zu können: das üblichste Mittel um die Salzsäure zu trennen, ist, daß man eine Auflösung von salpetersaurem Silber auf die Säure gießt, die erst blaß und endlich völlig weiß wird, je nachdem mehr oder weniger Salzsäure darin enthalten ist; dann die Flüssigkeit abklären läßt und so lange aufgelöstes Silber hinzugießt, bis sich kein Niederschlag mehr bildet.

Dann läßt man das Klare der Flüssigkeit von dem Bodensatze ablaufen, der nichts weiter ist, als unauflösliches salzsaures Silber, und die so gereinigte Säure führt dann den Namen niedergeschlagenes Scheidewasser. Destillirt man die Säure, welche

*) Diese Verfahrungsart Alaun zu gewinnen, ist zwar chemisch richtig, aber nicht ökonomisch gut, denn da man hier 18 Theile Wasser anwenden muß, um einen Theil des fertig gebildeten Alauns auszulaugen, so muß man hernach viel Wässerigkeit verdampfen, um die Alaunlauge krystallisirbar zu machen. H.

**) Durch die gewöhnliche Reinigungsart, gewinnt man nie einen völlig reinen Salpeter. Soll dieser erhalten werden, so muß man der mit Wasser gemachten Auflösung des Salpeters so lange in Salpetersäure aufgelöstes Silber zusetzen, bis dadurch kein Niederschlag mehr in der Auflösung bewirkt wird; und man muß dann die Lauge wieder krystallisiren. Nur in diesem Fall kann man eine völlig reine Salpetersäure erwarten, die Silber ohne Trübung auflöset. H.

welche auf dem Bodensatz schwimmet; so hat man den Vortheil, sie noch reiner zu erhalten, weil man sie dadurch von der wenigen Schwefelsäure befreyet, die sie noch enthalten kann und die mit dem Silber ein auflösliches Salz bildet. Es ist indessen gut, zu wissen, daß die Schwefelsäure minder gefährlich, als die Salzsäure ist, und daß sie fast ohne alle üble Folgen in der Salpetersäure existiren kann; jedoch freylich nur in geringer Quantität.

Es gibt Brenner die ihr Scheidewasser mit essigsaurem Bley niederschlagen, und dieß scheint insofern vorzüglicher, als die Anwendung des salpetersauren Silbers, als es sowohl mit der Salz- als mit der Schwefelsäure unauflösliche Salze bildet; aber Herr Berthollet hat erwiesen, daß salzsaures Bley durch Salpetersäure sich dergestalt auflösen lasse, daß es zum Theil in der Säure zurückbleibt, und in diesem Falle gibt es bey der Destillation selbst ein wenig Salzsäure, wie Herr Prieur beobachtet hat.

Das reine Scheidewasser, dessen man sich in den Münzen bedient, zeigt 36 bis 45 Grade, das, welches man für die Hutmacher bereitet, nur 32 bis 36.

Das Scheidewasser, welches zum Gebrauch der Färber bestimmt ist, muß ein wenig Salzsäure enthalten, und um der Mischung dieser beyden Säuren willen hat man es salpetersaure Salzsäure genannt; ist die Salzsäure darin in zu geringem Maaße vorhanden, so frißt das Scheidewasser das Zinn nur an, und die Färber wollen es dann nicht; indem sie sagen es schlägt nieder. Enthält es dagegen zu viele Salzsäure; so stumpft die Composition den Scharlach ab, statt ihn klarer darzustellen und seine Farbe zu erhöhen. Es sind also die Verhältnisse zwischen den beyden Säuren genau zu beobachten, und der grobe Salpeter von Avignon ist die Materie, die bis jetzt mir am vortheilhaftesten bey dieser Fabrikation anzuwenden zu seyn schien.

Was die Operation der Bereitung des Scheidewassers zum Gebrauch der Färber sehr schwer und anscheinend sehr zweifelhaft macht, ist von einer Seite die große Verschiedenheit der Salpeterarten, und von der andern die große Mannigfaltigkeit der Behandlung dieser Säure durch die Färber. In Frankreich verdünnt man das Scheidewasser mit Wasser, bevor man es gebraucht; in Spanien im Gegentheil bedient man sich dessen in seiner ganzen Stärke. Die einen beklagen sich in der Regel über die Schwäche der Säure, während die andern sie immer stark genug finden, obgleich man sie ihnen 4 und selbst 6 Grad unter der Qualität der französischen liefert. In einem Lande,

oft

oft in der nämlichen Stadt löst ein Färber Salmiak oder Kochsalz in Scheidewasser auf, und sein Nachbar nimmt es ohne alle Vermischung; es ist also klar, daß das nämliche Scheidewasser in den beyden Werkstätten ganz verschieden beurtheilt werden wird.

Alle diese Verschiedenheiten im Detail sind es, die einen Destillirer der noch Neuling in seiner Kunst ist, außer Fassung bringen. Und so ist es nur Kenntniß aller verschiedenen Arten des Geschmacks, aller Gewohnheiten, aller Verfahrung weisen, die nur Frucht einer langen Praxis seyn kann, die den alten Fabriken immer den Vorzug vor den neuen gibt.

Das von den Färbern angewandte Scheidewasser zeigt gewöhnlich 30 bis 35 Grad. In Paris versendet man es in steinernen Flaschen; in den mittägigen Provinzen Frankreichs aber in Cavetten von grünem Glase die 20 bis 25 Pfund enthalten und von denen 10 auf eine Kiste gerechnet werden.

Den ersten Schritt zur Analyse der Salpetersäure verdanken wir Lavoisier. Im Jahre 1776 gelang es diesem berühmten Chemiker, diese Säure in zwey sehr bestimmte Grundbestandtheile zu zerlegen: ein Pfund Salpetersäure auf Quecksilber destillirt auf dem hydropneumatischen Apparate lieferte ihm eine Unze, 7 Quentchen $2\frac{1}{2}$ Gran Sauerstoffgas, eine Unze, $51\frac{1}{4}$ Gran nitröses Gas und 13 Unzen 18 Gran Wasser.

Nach der Operation hatte das Quecksilber das nämliche Gewicht und die nämliche Gestalt als zuvor. Die Wiedervereinigung dieser drey Produkte in den nämlichen Verhältnissen gab dieselbe Quantität Säure wieder, die zum Experimente genommen worden war.

Eine gleiche Zersetzung der Salpetersäure findet in allen den den Fällen statt, wo sie eine directe Wirkung auf metallische Substanzen, und auf Pflanzen- und thierische Stoffe äußert; aber in den beyden letztern Fällen verbindet sich der Sauerstoff mit dem Kohlen- oder Wasserstoff und bildet Kohlensäure und Wasser; so daß man ihn nicht rein erhält, wie, wenn man ihn auf Metalle wirken läßt. Der rothe Dampf, welcher sich entwickelt, wenn die Operation in freyer Luft vorgenommen wird, ist das nämliche Gas, welches, wenn man es über dem Wasser auffängt, und der Berührung der atmosphärischen Luft entzieht, unsichtbar bleibt.

Aber es blieb uns noch übrig, die Natur dieses nitrösen Gas zu untersuchen; und wir verdanken hierüber Herrn Cavendish eine schöne Erfahrung, durch die er bewiesen, daß dieß Gas nicht eine einfache, sondern eine aus Sauerstoff und Stick-

stoff

stoff zusammengesetzte Substanz sey; er füllte nämlich in gläserne Gefäße 7 Theile Sauerstoffgas, die er erhalten, ohne Salpetersäure dazu anzuwenden, und 3 Theile Stickstoffgas; und dann leitete er den electrischen Funken mitten durch diese Mischung, die nach und nach an Umfang abnahm, endlich aber sich in Salpetersäure verwandelte.

Seit jener Zeit haben die Herren van Marum und Lavoisier dieß Experiment wiederholt, und die früher daraus gezogenen Resultate bestätiget.

Andere Chemiker haben auf andern Wegen gleiche Zwecke erreicht: Herr Milen von der Königlichen Societät in London erzeugte nitröses Gas, indem er Ammoniumgas durch Oxyd von Braunstein leitete, den er in einem Flintenlaufe rothgeglüht.

Da das nitröse Gas ihm beständig beywohnende characteristische Eigenschaften, und besondere nur bey ihm gewöhnliche Merkmale hat, so gehen wir zu deren Prüfung über.

Herr Kirwan gibt seine specifische Dichtigkeit zu 54 gegen Sauerstoffgas an, das er zu 50 rechnet. Herr Davy schätzt sie zu 50 gegen die des Sauerstoffgas zu 51; woraus Herr Berthollet mit Grunde schloß, daß diese beyden Gasarten nur einer schwachen Verbindung fähig wären, und daß folglich die Zersetzung des nitrösen Gas keinen großen Schwierigkeiten unterworfen seyn müsse.

Die Herren Priestley und Cavendish haben beobachtet, daß das nitröse Gas sich in Wasser auflöse. Dieß Phänomen schien anfänglich nur eine Folge der Verwandlung eines Theils von diesem Gas in Salpetersäure durch seine Verbindung mit dem Sauerstoffgas, welches das Wasser in Auflösung erhält; indem es dadurch leicht gesäuert wird; aber Herr Davy hat bewiesen, daß 100 Maaß ausgekochten und reinen Wassers 11,8 salpetriges Gas verschlucken können, ohne irgend einen Geschmack anzunehmen, noch Pflanzenpigmente zu röthen, welches auf die Vermuthung bringt, daß das Wasser an und für sich selbst mit auflösender Kraft auf dieß Gas wirke, die nothwendigerweise durch den Theil des Gas vermehrt wird, der der Verbindung mit dem vom Wasser fast unzertrennlichen Sauerstoff fähig ist, und daß sodann sich eine Säure erzeuge.

Das nitröse Gas löst sich leicht und häufig in Salpetersäure auf, und die Verschiedenheit der Farben, in denen diese Säure vorkommt, ist von den Verhältnissen abhängig, in denen jenes sich darin befindet. Wir haben bereits bemerkt, daß, während des Fortschreitens der Scheidewasserbrennerey, man die Säure

durch

durch die Absorption des nitrösen Gas, das sich in jedem Momente der Operation entwickelt, oft die Farbe verändern sieht; zuerst ist das schwach gesäuerte Wasser im Recipienten weiß, nach und nach färbt es sich grün, vom grünen geht es zu der gelben und von der gelben zur rothen Farbe über; in diesem letzten Zustande ist das nitröse Gas im Uebermaaße darin vorhanden; es sucht sich dann einen Ausweg, und bringt durch seine Berührung mit der Luft und seine Verbindung mit dem Sauerstoff einen rothen, erstickenden und in Wasser sehr auflöslichen Dampf hervor.

Die Salpetersäure löset von nitrösem Gas eine Quantität auf, die um so viel größer als das Maaß des darin enthaltenen Wassers geringer ist. Aus diesem Grunde, um die Auflösung des Gas zu erleichtern, sucht man das bereits übergegangene Phlegma hinweg zu nehmen, sobald das nitröse Gas bey der Destillation sich zu entwickeln und die Recipienten zu röthen anfängt.

Die Salpetersäure, die aufgelöstes Gas in sich enthält, absorbirt leicht den Sauerstoff, und nach und nach geht das ganze nitröse Gas in Salpetersäure über, welches die specifische Dichtigkeit der Säure vermehrt, und sie zu jedem Gebrauche zu dem man sie anwendet, kräftiger macht.

Wärme, Alkalien und Wasser vertreiben das nitröse Gas aus seiner Auflösung in der Säure. Metalle, Pflanzen und thierische Stoffe auf die man die Salpetersäure wirken läßt, entwickeln daraus eine noch größere Quantität, durch die Zersetzung eines Theiles der Säure, und die Fixirung eines Theils des darin enthaltenen Sauerstoffs auf diese Basen.

Die Auflösung des schwefelsauren Eisens absorbirt das nitröse Gas, verliert dann seine Durchsichtigkeit und nimmt eine schwärzliche Farbe an. Diese Eigenschaft ist sehr nützlich geworden um das nitröse Gas von andern gasartigen Substanzen zu scheiden. Herr von Humboldt hat hiervon eine falsche Anwendung gemacht, indem er annimmt, daß das nitröse Gas jederzeit mit einem Theil von Stickstoffgas verbunden sey, von dem er es durch dieß Mittel befreyen will. Herr Berthollet aber hat gezeigt, daß dieß Stickgas sich nur zufälligerweise darin vorfinde, und daß die Absorption des nitrösen Gas, die beständig Statt findet, jenen berühmten Physiker zu seinem Wahn verführt hätte.

Die Substanz die sich bis jetzt zur Zersetzung des nitrösen Gas am wirksamsten erwiesen, ist Eisen. Die Holländer haben beobachtet, daß dieß Gas, wenn man es auf Eisen stehen läßt, selbst

selbst ohne Zuthun der Wärme zuerst in den Zustand von oxydirtem Stickgas, und endlich in reinen Stickstoff übergienge. Wir haben bereits gesagt, daß Herr Milen durch nitröses Gas, das er durch einen im Feuer zum Rothglühen gebrachten Flintenlauf streichen ließ, in welchen er Eisenfeile gestreut, oxydirtes Stickgas und reinen Stickstoff erhalten habe, und daß das oxydirte Stickgas, welches er nun zum zweytenmale über Eisenfeile streichen ließ, sich in reines Stickgas verwandelte.

Herr van Marum, indem er durch den electrischen Funken nitröses Gas auf Eisen zersetzte, behielt als Residuum an reinem Stickstoff 0,46 des ursprünglichen Gehalts, aber es bildete sich ein gelbes Pulver, das eine kleine Quantität Säure enthielt, welches die Verhältnisse ein wenig verändert.

Herr Berthollet, indem er nitröses Gas durch eine Mischung von Eisenfeile, Schwefel und einer kleinen Quantität Wasser zersetzte, erhielt 0,44 als Residuum. Er bemerkt, daß sich dabey etwas Ammonium gebildet, wodurch dieß Residuum verringert worden wäre.

Herr Davy schloß aus allen Thatsachen die in Hinsicht der Zersetzung des nitrösen Gas fest gestellt worden, daß seine Grundbestandtheile in folgenden Verhältnissen vorhanden wären: 44 Theile Stickgas und 56 Sauerstoffgas dem Gewicht nach.

Wenn in dem eben erwähnten Falle das nitröse Gas nicht vollkommen zersetzt wird, bildet es die eigne Gasart, die die Holländischen Chemiker gasartiges Stickstoffoxyd oder oxydirtes Stickgas nennen, die Priestley unter dem Namen von dephlogistisirtem Salpetergas beschrieben, und die Herr Davy, dem wir eine wichtige Arbeit über diese Substanz verdanken, unter der Benennung oxydirter Stickstoff anführt.

Alle Substanzen die dem nitrösen Gas den Sauerstoff entziehen können, sind auch zur Erzeugung des oxydirten Stickstoffgas geschickt.

Was dieß Gas ausgezeichnetes characterisirt, ist die Eigenschaft, beym Verbrennen der Körper eben so lebhaft zu wirken, als das Sauerstoffgas; mit dem Unterschiede jedoch, daß diese Wirkung in ihrer vollen Kraft sich nur auf stark schon im Brande begriffne Körper äußert, welches, ohne Zweifel, daher kommt, daß entweder eine starke Verwandtschaft oder eine lebhafte Hitze erforderlich ist, um dieß Gas zu zersetzen und den Sauerstoff so daraus zu entwickeln, daß es zum Verbrennen tauglich werde. Deshalb ist es auch nicht respirabel für Vögel, die die Function des Einathmens nicht unterbrechen oder Ein-

halt

halt darin thun dürfen ohne daß es ihnen gefährlich werde, wogegen es die menschliche Respiration verträgt.

Nach einer Beobachtung von Priestley löst sich dieß Gas in Wasser auf, und entwickelt sich daraus mittelst Aufwallens, ohne irgend eine Veränderung; eben so bleibt es davon frey, wenn man es auch mit Sauerstoffgas oder mit nitrösem Gas vermischt.

Wenn Metalle die Salpetersäure zersetzen, erzeugt sich nitröses Gas oder oxydirtes Stickgas oder eine Mischung von beyden; je nachdem die Säure stark ist.

Die holländischen Chemiker nehmen an, daß Metalle, die die Salpetersäure zersetzen, nitröses Gas hervorbringen, wenn die Säure concentrirt ist; und oxydirtes Stickstoffgas, wenn sie sehr mit Wasser durchmengt ist. Aber es scheint, daß die Production des nitrösen Gas hauptsächlich von der Energie abhängt, mit welcher die Säure sich auf Metall zersetzt, und daß man, nach Willkühr, eine oder die andere dieser Gasarten erhalten kann; je nachdem man die Wirkung der Säure langsamer oder schneller erfolgen läßt.

Durch die Zersetzung und Erzeugung der Salpetersäure haben wir die Verhältnisse der Grundstoffe, aus denen sie in ihren verschiedenen Zuständen besteht, sehr genau kennen gelernt.

Aus den Experimenten des Herrn Cavendish über die Erzeugung der Säure geht hervor, daß die Proportion des Sauerstoffs gegen den Stickstoff ist, wie 253 gegen 100. Aber wenn man nach dem Gewicht, statt nach dem Umfang rechnet; so ergibt sich das Verhältniß von 25 Stickstoff auf 75 Sauerstoff, wogegen das des nitrösen Gas von 44 Stickstoff auf 56 Sauerstoff, ist.

Vierter Abschnitt.

Von der Phosphorsäure.

Die Natur zeigt die Phosphorsäure in Verbindung mit Metallen, Erden und Alkalien; aber nirgends als freye Säure als im Urin, wie Herr Bertholler bemerkt hat *).

Man

*) Herr Prof. Einhof hat solche auch in dem sauren Humor, in dem Wasser der Torfmoore, und in den Exkrementen vom Hornvieh, im freyen Zustande angetroffen. Man sehe Hermbstädts Archiv der Agrikulturchemie rc. erster und zweyter Band. H.

Man gewinnt sie durch Verbrennung oder die Oxydation des Phosphors.

Die Verbrennung aber kann auf verschiedene Art bewirkt werden:

Lavoisier schlug 1774 vor, den Phosphor mittelst eines Brennglases unter einer, über Quecksilber umgestürzten Glocke zu verbrennen; es formiren sich dann eine große Anzahl von weißen Flocken, die sich von allen Seiten an den Wänden der Glocke ansetzen; dieß ist die geronnene Phosphorsäure, die sich, sobald sie mit der feuchten Luft in Berührung kommt, in eine zähe und geruchlose Flüssigkeit auflöst.

Der nämliche Chemiker räth, die Wände der Glocken, in denen die Verbrennung geschieht, zu benetzen, um die sauren Dämpfe, so wie sie sich entwickeln, aufzulösen und zu fixiren.

In allen Fällen, wo die Verbrennung des Phosphors schnell und eigentlich mit Deflagration geschieht, entgeht ein Theil desselben dem Verbrennen und löst sich in der sich erzeugenden Säure auf.

Deshalb hat man zu der langsamen Verbrennungsmethode bey Bereitung der Phosphorsäure seine Zuflucht genommen.

Um sich das Verbrennen des Phosphors recht genau vorstellen zu können, muß man wissen, daß bey der Temperatur der atmosphärischen Luft er sich zum Theil im Stickgas auflöst, und in einem Zustande außerordentlicher Zertheilung als Gas darin bleibt, so daß er dadurch für die Einwirkung des Sauerstoffs, der ihn eigentlich verbrennt, empfänglicher wird. Durch diese erste Verbrennung vermehrt sich die Hitze und entzündet sich der Rest des Phosphors; und überhaupt verbrennt sich der Phosphor leichter und bey einer niedrigeren Temperatur in einer mit Stickgas vermischten Luft, als in dem reinen Sauerstoffgas. Das Stickstoffgas, wenn es mit Phosphor angefüllt ist, vermehrt seine ursprüngliche Masse um ein Vierzigtheil und wird leuchtend.

Das Verbrennen des Phosphors bey einer niedrigen Temperatur wird also durch die Zwischenwirkung des Stickstoffs hervorgebracht; aber, wenn die Temperatur zu 30 Graden steigt, so geschehen Deflagration und Verbrennung direct durch den Sauerstoff.

Man muß also, wenn man die Phosphorsäure durch langsames Verbrennen hervorbringen will, eine Vorrichtung anwenden, bey der es zulässig, die Luft immer wieder zu erneuern

neuern, ohne daß ein Zug hinzu komme, und diese Vorrichtung in einer Temperatur von 15 Graden erhalten; die zweckmäßigste besteht aus einem Trichter, den man auf eine Flasche setzt und mit einem Papier bedeckt, in das man kleine Löcher sticht, um in diese Phosphorstäbchen zu stecken; man verdankt sie Herrn Sage. Es währt nicht lange und man sieht die Oberflächen des Phosphors sich mit einer Schicht von Flüssigkeit bedecken, die nach und nach in die Flasche läuft.

Phosphor, auf dieser Vorrichtung verbrannt, producirt sein dreyfaches Gewicht an Phosphorsäure.

Die Herren Lavoisier und Laplace haben berechnet, daß 100 Gran Phosphor durch das Verbrennen 65,62 Sauerstoff verschlucken.

Man kann den Phosphor noch dadurch verbrennen, daß man einige Säuren mit ihm zersetzt.

Herr Westrumb hat beobachtet, daß die oxydirte Salzsäure den Phosphor entzündet, und die Erzeugung seiner Säure bewirkt.

Lavoisier machte 1780 bekannt, daß man durch Zersetzung von 2 Pfund Salpetersäure, deren Gewicht gegen destillirtes Wasser sich verhalte, wie 129,895 zu 100,000 auf 2 Unzen 6 Quentchen Phosphor, 8 bis 9 Unzen Phosphorsäure erhalten könne.

Wenn man Salpetersäure mit Phosphor in verschlossenen Gefäßen zersetzt, so wird dadurch fast immer gephosphortes Wasserstoffgas erzeugt, welches sich im Innern des Apparats entzündet.

Es scheint nach einem Experimente des Herrn Wiegleb, daß die Salpetersäure sich mit dem Phosphor zersetzen kann; selbst wenn er in irgend einer Basis verwickelt ist; wenn man in einem gläsernen Mörser 100 Gran Phosphor und 480 Gran reines und trocknes salpetersaures Kali zu Pulver stößt, so erfolgt plötzlich ein sehr lebhaftes Verpuffen.

Herr Sage hat beobachtet, daß man die meisten Metalloxyde mittelst Phosphors wieder herstellen könne, und daß in allen diesen Fällen Erzeugung von Phosphorsäure Statt finde.

Es scheint, als ob der Phosphor noch die Eigenschaft hätte, Wasser zu zersetzen; vorzüglich wenn man seiner Wirkung durch mäßige Hitze und langsames Digeriren nachhilft.

Die Phosphorsäure ist weiß, geruchlos und von einem sauren, wenn gleich nicht ätzenden Geschmack.

Sie röthet Pflanzenpigmente und stellt die Farbe deren wieder her, die von Alkalien angegriffen worden.

Ihr specifisches Gewicht ist verschieden nach dem Grade ihrer Concentration. Man kann sie bis zur Verglasung entwässern, und unter dieser Gestalt kann sie dreymal so schwer werden, als ein gleiches Maaß Wasser. Wenn die Säure diesem Zustande am nächsten kommt, so ist sie dick, syrupartig und fließt wie Oel.

Die Phosphorsäure zersetzt sich nicht, wenn sie bey heftigem Feuer destillirt wird, es verfliegen daraus: 1) das Wasser, welches einige Atomen von Säure mit sich hinwegnimmt; 2) einige in der Säure aufgelöste Phosphortheile.

Die noch nicht bis zur Trockenheit concentrirte Phosphorsäure löst sich unter Entwickelung von Wärme in Wasser auf. Bey Lavoisier, der 4 Quentchen dieser Säure in syrupartiger Consistenz mit einer gleichen Quantität Wasser vermischte, stieg der Thermometer von 8 auf 14½ Grad. Lassone und Cornette die eine Unze Säure nahmen, deren Dichtigkeit sich gegen Wasser wie 19 zu 8 verhielt, vermehrten dadurch die Hitze um 38 Grad.

Fünfter Abschnitt.

Von der Salzsäure.

Die Salzsäure ist in den Künsten und Gewerben noch unter dem Namen Salzgeist oder Meersalzsäure bekannt. Die Benennung Salzsäure hat sie darum erhalten, weil das Kochsalz oder das salzsaure Natron die Substanz ist woraus man sie abscheidet.

Diese Säure hat einen pikanten Geruch, fast dem des Safrans ähnlich, wenn man ihn von ferne einathmet; sie ist im Allgemeinen leichter als die Schwefel- und Salpetersäure, ihre gewöhnliche Concentration, um sie zum Gebrauch im Handel fähig zu machen, ist zwischen dem 20sten und 22sten Grade auf der Baumeschen Flüssigkeitswaage, sie gibt, wenn sie concentrirt wird, einen weißlichten Dunst von sich, der nur dann bemerklich wird, wenn man die Gefäße aufpfropft, in denen sie enthalten ist.

Diese Säure schlägt Silber und Quecksilber aus ihren Auflösungen in Salpetersäure nieder, und bildet mit diesen Metallen in Wasser unauflösliche Salze. Sie wirkt sehr kräftig auf Metalloxyde und fast gar nicht auf die meisten regulinischen Metalle.

Sie ist zur Ueberladung mit Sauerstoff sehr geneigt, wodurch ihre Elasticität sehr vermehrt, ihr Geruch sehr beissend, und sie in den Stand gesetzt wird, Metalle aufzulösen, um mit ihnen ätzende Salze zu bilden, die fast alle in der Hitze flüchtig und größtentheils teigartig und von einer butterartigen Consistenz sind.

Die Salzsäure kann aus ihren Verbindungen in Gestalt von trockenen Dämpfen entwickelt werden, die sich im Wasser begierig und mit Erwärmung auflösen.

Fast alle in den Künsten und Gewerben vorkommende Salzsäure, wird durch die Zersetzung des salzsauren Natron des Kochsalzes) abgesondert, aber diese Zersetzung ist unendlich schwieriger als die der salpetersauren Salze wenn man mit Bolarerden operirt, und sie bleibt immer unvollständig.

Weiße Thonerde und weiße quarzhaltige Kieselsteine sind nicht im Stande diese Säure zu entwickeln: 10 Pfund Kiesel zu Pulver gestoßen, und bey einem heftigen Feuer mit 2 Pfund Salz destillirt, gaben mir nichts als eine zusammengebackene Masse, die wie Glätte aussah, das in dem Recipienten gesammelte Phlegma war nicht von merklicher Säure.

Calcinirte Bolarerden trennen die Säuren nicht vom Küchensalze, wie auch das Verhältniß der Mischung und das Maaß der angewandten Hitze s. y. Dieselben calcinirten Erden bringen auch keine bessere Wirkung hervor, wenn sie mit Wasser benetzt werden.

Die beste Bolarerde zur Zersetzung der salzsauren Salze in dem Verhältniß von 2 zu 1 mit salzsaurem Natron vermischt und in Retorten und eine Vorrichtung, die der zum Scheidewasserbrennen völlig ähnlich seyn muß, destillirt, zersetzt zum Theil das Kochsalz. Diese Zersetzung aber ist nie vollständig, und die Säure, die man in den Recipienten erhält, immer schwach, wenn man sie nicht entwässert, um die letzten aufsteigenden Dämpfe besonders zu sammeln.

Fünf und zwanzig Pfund Salz und 50 Pfund Erde, haben mir nie mehr als 10 bis 15 Pfund Säure zu 18 Grad gegeben.

Die Schwierigkeit, das salzsaure Natron durch Vermittelung der Bolarerden zu zersetzen, hat gemacht, daß man von diesem Verfahren ab, und zur Schwefelsäure übergegangen ist, die drey größere Vorzüge gewährt: sie mischt nämlich der Säure, die sich in dem Recipienten condensirt, kein fremdartiges Produkt bey; sie ist die gewöhnlichste und wohlfeilste aller Säuren, die man zu diesem Behuf anwenden könnte; sie bildet endlich mit der alkalischen Basis des salzsauren Salzes ein Salz, das man im Handel unter dem Namen des Glaubersalzes liefert; nachdem

dem es aufgelöst worden und sich krystallisirt hat, und aus dem man das Natron mittelst der Proceduren extrahiren kann, von denen wir bey dem Artikel Natron bereits gehandelt haben.

Damit aber die Zersetzung durch die Schwefelsäure alle Vortheile vereinige die man wünschen kann, sind Vorsichtsmaaßregeln nöthig, von denen der Brenner unterrichtet seyn muß.

Wenn man die concentrirte Säure, die in den Handel kommt, gebraucht, so erhitzt und bläst die Mischung sich auf, und die Säure geht in den Zustand trockner, weißer fast nicht zu sperrender Dämpfe über; so daß man Gefahr läuft, daß die Gefäße zerbrechen, daß die Mischung von der Retorte in den Recipienten steige, und daß man nicht im Stande sey, alle Dämpfe zurückzuhalten und zu condensiren. In diesem Falle ist es am besten, sich des Woulfschen Apparates zu bedienen, und die Dämpfe, Behufs ihrer Auflösung durch Wasser zu leiten. Man zersetzt das Salz; indem man ihm die Hälfte seines Gewichtes an Schwefelsäure beymengt, und thut in die Flaschen des Apparats Wasser von gleichem Gewichte als das angewendete Salz. Diese Procedur ist fast allgemein gebräuchlich in den Laboratorien *).

In den Künsten aber, wo die Oekonomie in der Fabrikation der Produkte und die Einfachheit der Mittel die nothwendigsten Erfordernisse sind, bereitet man die Salzsäure durch ein anderes Verfahren.

An der Stelle der concentrirten Säuren bedient man sich nämlich des Wassers aus den Bleykammern zu 40 Grad, und vermischt sie mit gestoßenem Küchensalz von gleichem Gewicht. Die Mischung zersetzt sich nur durch Hülfe der Wärme, so daß man die Säure in die Retorte gießen, das gestoßene Boysalz hinzuthun und den Apparat verlutiren kann, ohne irgend einen Verlust an Salzsäure befürchten zu dürfen; an jeder Retorte wird ein Recipient angebracht, den man in Wasser ragen läßt, und um jeden unangenehmen Zufall zu vermeiden, gibt man den ersten elastischen Dämpfen Luft; indem man eine gekrümmte Röhre an die Tubulatur des Recipienten so anbringt, daß sie in eine mit Wasser angefüllte Flasche ragt. Die sauren Dämpfe condensiren sich dann, und man erhält Säure von ungefähr gleichem

*) Soll eine vollkommene Zersetzung des Kochsalzes bewerkstelligt werden, so muß man gegen 2 Theile desselben wenigstens $1\frac{1}{4}$ concentrirte Schwefelsäure anwenden. H.

gleichem Gewichte, als das angewendete Salz. Die Säure zeigt 20 bis 22 Grad *).

Die sicherste und einfachste Art, den Apparat zu verlutiren, besteht darin, daß man eine leichte Lage von fettem Lutum auf die Stelle anbringt, wo der Recipient sich mit der Retorte verbindet, und sie mit dem nämlichen Lutum befestiget, der zur Beschlagung der Retorten gebraucht wird. Dieses erhärtet sich bey dem ersten Eindruck den die Wärme darauf macht, und hält das andere so fest, daß nichts von den Dämpfen entweichen kann, und man nie Reparaturen daran nöthig hat.

Es ist vorsichtig von Anfang hierin sparsam mit dem Feuer umzugehn, und die Hitze nur nach und nach zu steigern, um böse Zufälle zu vermeiden; aber eine lange Erfahrung hat mich belehrt, daß diese einfache Procedur alle nur wünschenswerthe Vorzüge vereiniget.

Andere destilliren im Sandbade, und lutiren mit der größten Vorsicht mehrere aludellartig zusammengefügte Ballons an die Retorten; aber diese complicirten Vorrichtungen sind unnütz, und zeugen in den Werkstätten, in denen man sich ihrer bedient, nur von dem Luxus der Mittelmäßigkeit.

Ueber die Natur der Grundbestandtheile der Salzsäure haben wir bis jetzt nur noch Hypothesen. Dennoch sehen wir sie fast überall sich erzeugen; sie ist fast unzertrennlich von der Salpetersäure, und es ist wahrscheinlich, daß man nicht säumen werde genauere Kenntnisse von einer Substanz zu erwerben, die so häufig in der Natur vorhanden, und für die Chemie, so wie für die Künste und Gewerbe von so großem Nutzen ist.

Wie es sich nun auch mit ihren Grundbestandtheilen verhalte, wir haben fast erst in unsern Tagen die Erfahrung gemacht, daß wenn man sie mit einer neuen Dosis Sauerstoff in Verbindung bringt, man ihr dadurch besondere Eigenschaften mittheilt, die sie zu einer der sonderbarsten und für die Künste sehr wichtigen Säure machen; dem berühmten Scheele von Köping verdanken wir diese interessante Entdeckung; er machte sie 1774 in den Memoiren der Akademie von Stockholm bekannt, und benannte die sonderbare Produktion dephlogistisirte

*) Weit regelmäßiger operirt man, wenn man 4 Pfund trocknes Kochsalz in eine Retorte schüttet, dann $2\frac{1}{2}$ Pfund Schwefelsäure darauf gießt, die vorher mit 3 Pfund Wasser gemengt worden ist, und nun alles zur völligen Trockne überdestillirt. Man gewinnt in der Retorte an 5 Pfund reine starke Salzsäure, und die Operation geht sehr gut von statten. H.

gistisirte Meersalzsäure. Heut zu Tage ist sie allgemein unter dem Namen oxydirte Salzsäure bekannt.

Dieser berühmte Mann schränkte sich nicht darauf ein, uns die Art, diese Säure zu extrahiren, kennen zu lehren, sondern er stellte auch ihre Haupteigenschaften durch genaue Experimente fest, und erfuhr auf diesen Wege daß sie Kork gelb färbe, daß sie Pflanzenpigmente unwiderbringlich zerstöre, Metalle oxydire und in allen diesen Fällen den Character und die Eigenschaften der Salzsäure wieder annehme.

Nach diesem berühmten Chemiker hat man nicht allein die Mittel zur Fabrikation dieser Säure vereinfacht, aber auch von ihren Eigenschaften die glücklichste Anwendung in den Künsten zu machen gelernt, und ist dabey inne geworden, daß man seit langer Zeit sie erzeugt hatte, ohne es zu wissen; sowohl bey Bereitung der salpetersauren Salzsäure, als bey der Verbindung der Salzsäure mit Metalloxyden, und daß der größte Theil der mit diesen Substanzen gebildeten Salze ihr ihre Schärfe, Kausticität und Flüchtigkeit verdankten.

Heut zu Tage macht man von der oxydirten Salzsäure einen so allgemeinen Gebrauch und sie hat sich in der chemischen Doctrin eine so glänzende Laufbah eröffnet, daß man in einer Chemie auf Künste und Gewerbe angewendet, nicht umhin kann, ihr einen eigenen Artikel zu widmen.

Will man die oxydirte Salzsäure zum Gebrauch im Laboratorio erzeugen; so thut man in eine Retorte im Sandbade einen Theil wohl gestoßenes Braunsteinoxyd, auf welches man drey Theile concentrirte Salzsäure gießt; dann bringt man an der Retorte den Woulfischen Apparat, der aus einem Recipienten und drey oder vier halb mit Wasser angefüllten Mittelfläschchen bestehet, an, und geht sobald der Apparat lutirt ist, indem man das Sandbad heiß macht, zur Destillation über.

Ich befolge noch ein einfacheres Verfahren wenn ich nur eine oder zwey Flaschen von dieser Säure machen will; ich fülle nämlich die Mischung in eine Medicinflasche und verschließe diese mit einem Korkstöpsel, der genau paßt und in dessen Mitte eine gekrümmte Röhre angebracht ist, deren eines Ende in diese Phiole, das andere aber in eine mit dem Wasser, das gesäuert werden soll, angefüllte Flasche reicht. Man befördert die Operation durch Wärme; indem man heiße Asche oder glühende Kohlen unter die Medicinflasche legt. (s. Tab. 1. Fig. 1)

Die Nothwendigkeit, dieß Verfahren zu vereinfachen und minder kostspielig zu machen, um die Säure mit desto größerem

Vortheil in den Künsten anwenden zu können, hat darauf gebracht, der erst erwähnten Mischung folgende zu substituiren: zwey Theile Schwefelsäure, drey Theile getrocknetes und wohl gestoßenes salzsaures Natron, und ein Theil äußerst sorgfältig pulverisirter Braunstein. Dabey ist es nothwendig, die Säure bis etwa zur Hälfte ihres Gewichtes mit Wasser zu verdünnen, und das Oxyd wie das salzsaure Salz gehörig zu mengen, weil man ohne diese Vorsicht nur gewöhnliche Salzsäure erhalten würde.

Die oxydirte Salzsäure, welche in dem Recipienten in Gasform übergeht, hat eine gelbliche Farbe, einen starken, unangenehmen, sehr reitzenden und zusammenziehenden Geruch, der die Kehle einschnürt und einen trockenen Husten hervorbringt, dem, wenn dieß Gas zu lange eingeathmet wird, selbst Blutspeyen folget.

Das Wasser, das gewöhnliche Bindungsmittel dessen man sich bedient, um dieß Gas zu fixiren, nimmt bey der Temperatur der Atmosphäre nur eine geringe Quantität davon in sich auf, wie Andreas Gallisch bewiesen hat; aber sie bewirkt eine viel größere Auflösung desselben, wenn man die Temperatur erniedriget; es ist hinreichend, sie bis auf drey Grad unter dem Gefrierpunkt herabzustimmen, um diese Säure im concreten Zustande zu erhalten; sie sieht dann aus, wie Honig, der in einer Flüssigkeit zergangen ist. Dieser concrete Zustand ist eine wahrhafte Krystallisation der Säure, man erkennet daran die Gestalt eines vierwinkligen, sehr schräg abgestumpften und in Rautenform auslaufenden Prisma's. Man sieht auch wohl auf der Oberfläche der Flüssigkeit sechsseitige hohle Pyramiden. Es genügt, wenn man die Gefäße mit gestoßenem Eise umlegt, um die oxydirte Salzsäure im concreten Zustande zu erhalten.

Bey dieser Operation ist zu befürchten, daß das Lutum oder die Pfropfen nichts durchlassen; daß die Materie nicht anschwelle und in den Recipienten übersteige, daß der Ueberrest sich nicht so verdicke, daß er seine Flüssigkeit verliert, und daß die Gefäße nicht platzen.

Im erstern Falle kündigt sich der Abgang der Gasmaterie durch den Geruch an, und man lernt die Oeffnung, durch die sie auszieht, kennen, wenn man an den Tubulaturen mit dem Bart einer Feder herumfährt, den man in Ammonium getränkt; sobald nämlich der Ammoniumdunst sich mit dem oxydirtsalzsauren Gas in Berührung setzt, bildet sich eine Wolke weißlicher und dichter Dämpfe, die das Loch anzeigen durch welches das saure Gas dringt.

Wenn

Wenn die Materie in dem Grade anschwillt, daß zu fürchten ist, sie werde in die Flaschen oder Recipienten übersteigen, welches die Folge zu sehr concentrirter Schwefelsäure und auch der zu großen Hitze seyn kann, so öffnet man die Thür des Heerdes und sucht die Hitze durch alle mögliche Mittel zu mäßigen.

Das Residuum verdickt sich, wenn man das Feuer zu lange unterhalten hat, wenn man den Braunstein in zu großen Dosen genommen, oder wenn man dasselbe auf dem Sandbade vollkommen kalt werden läßt, ohne es auszugießen; es gibt kein anderes Mittel diesem Uebelstande abzuhelfen als dieß Residuum in lauwarmem Wasser aufzulösen.

Wenn die Gefäße einen Riß bekommen, was begegnen kann, wenn das Glas darin Fehler hat, wenn man zu heiße, oder zu concentrirte Schwefelsäure hineingießt, oder wenn man eine zu jähe Hitze macht; so ist dafür kein Mittel, als diese Gefäße wegzunehmen, die Mischung in eine neue Destillirkolbe umzugießen und die Operation sorgfältig fortzusetzen. Ich habe dieß Manövre oft in einer Werkstätte gemacht, wo ich auf dem nämlichen Ofen vier große Retorten am freyen Feuer hatte.

Heut zu Tage, wo die ubersaure Salzsäure in einigen Fabriken sehr häufig gebraucht wird, bereitet man sie in denselben im Großen, mittelst eines eben so einfachen als ökonomischen Verfahrens: in der Färbekunst der Herren Berthollet, Vater und Sohn (2te Ausgabe, 1stes Buch, S. 211) findet man die Beschreibung des gewöhnlichen Verfahrens bey ihrer Bereitung, wir aber wollen uns darauf einschränken, etwas von der Vorrichtung anzuführen, die Herr **Widmer** in der schönen Fabrik von gedruckter Leinwand des Herrn **Oberkampf** in **Jouy** eingerichtet hat.

Ein großer gläserner Recipient a (Tab. I. Fig. 2.) der bestimmt ist, die Mischung aufzunehmen, ruht auf einem flachen Sandbade b dessen Ränder nicht die Wände des Ofens cc berühren; so daß das Brennmaterial auf einen Rost dd gelegt den Recipienten in allen seinen Punkten erwärmt. Der Recipient endigt in einen langen Hals ee der aus dem Ofen kommt; indem er durch den Rauchfang der Kuppel geht.

An dem langen Halse dieses Recipienten bringt man eine gläserne gekrümmte Röhre ff an, die durch eine in den Bauch g angebrachte Tubulirung in eine Flasche ragt; aus dem Halse dieser Flasche aber erhebt sich eine Röhre hh die eben so lang als die Auffangungswanne tief ist; und aus der Mitte des Bauchs an der der ersten Tubulirung entgegengesetzten Seite befindet sich eine

eine andere Tubulirung, in welcher eine gekrümmte, rechtwinklige Röhre ii eingekittet ist, welche in die Auffangungswanne herabsteigt und sich durch einen gekrümmten Schnabel ll unter den untersten Boden öffnet, von dem wir sogleich sprechen werden Alle diese Röhren sind mit fettem Lutum, nassen Blasen und Binfäden befestiget. In die Flasche pp thut man Wasser, so daß die Sicherheitsröhre da hineinragen kann.

Die Auffangungswanne mm die so genannt wird, weil sie bestimmt ist, das Produkt der Operation zu fassen, ist viereckig, von beynahe 5 bis 6 Fuß (2 Metres) Tiefe, auf 3 oder 4 Fuß (1½ Metres) im Durchmesser, sie ist von Bruchsteinen erbaut und ihr Inneres zeigt drey umgekehrte steinerne Böden (calottes) nnn die gleich weit von einander abstehen und Zwischenräume haben, so breit, als jede einzelne dick ist; sie ist endlich angefüllt mit Wasser. Die gläserne Röhre, die in diese Wanne hinabreicht, ist eingefaßt in eine Fuge oder Rinne, die auf der Mauer angebracht ist, ihre gekrümmte Extremität, wie wir bereits bemerkt, öffnet sich unter dem untersten Boden, und das durch diese Röhre hergeführte Gas verdrängt das Wasser, welches sich in der Höhlung des Bodens befindet, und nimmt dessen ganzen Umfang ein; es vermischt sich mit oder löst sich in der Flüssigkeit auf, in einer um so größeren Quantität, als das Gewicht der Wassersäule, die seine Elasticität zu überwinden hat, bedeutender ist Die nicht aufgelöste Portion Gas nimmt den Weg durch eine Rinne die es unter die Höhlung des zweyten Bodens führt, verdrängt das Wasser daraus und löst zum Theil sich darin auf: aber das was fortlauft geht durch eine andere Rinne unter den dritten Boden, dessen Wasser auch noch verdrängt wird, und endlich fängt sich das wenige nicht fixirte Gas in einem Trichter der auf die Oeffnung des dritten Bodens umgestülpt ist, auf, und verliert sich oberhalb der Dächer des Hauses, wohin es mittelst einer langen gläsernen Röhre geführt wird.

Die Steine aus denen die Wanne so wie die drey Böden gemacht sind, müssen mit einer Tünche von Wachs, Harz und Terpenthin, die man mit einander schmilzt und mit dem Pinsel aufträgt, stark angefirnißt seyn. Dieß ist der nämliche Firniß, den ich angegeben, um damit die Wände der Mauern in den Kammern zu bekleiden, die bestimmt sind, in den Vitriolöl-Fabriken das Bley zu ersetzen.

Um die Säure aus der Auffangungswanne heraus zu ziehen, bedient man sich eines gläsernen Hebers ooo, dessen kürzester Arm bis an deren Boden reicht und daran festgemacht, während der andre an seiner Extremität mit einem Korkstöpsel zugepfropft

gepfropft ist, den man nur herausziehen darf, um daß die Flüssigkeit herauslaufen könne. Diese Flüssigkeit aber wird in eine bleyerne Röhre aufgefangen, die in einen sehr beweglichen und geschmeidigen ledernen Schlauch ausläuft, damit man mittelst dessen nach Willkühr die Säure in den Bottich leiten kann, in dem sie gebraucht werden soll. So wie nun die Säure abläuft, gießt man immer Wasser in die Auffangungswanne nach.

Man sieht aus der Beschreibung dieser Vorrichtung daß das nach und nach aus der Höhlung der drey Böden verdrängte Wasser dem Gas große Flächen darbietet; daß von einer andern Seite die Verdrängung des Wassers und sein Emporsteigen in die Wanne, die davon eine Folge ist, einen Druck veranlassen, der sehr beträchtlich und immer auf dasselbe Gas einwirkend ist; so daß die Auflösung auf eine vortheilhafte Art vor sich gehen muß.

Man sieht ferner daraus, daß die concentrirteste Säure auf dem Boden der Wanne seyn muß, da der Druck daselbst stärker ist und das Gas dort ohne Schmälerung ankommt, woher es kommt, daß man die Säure, wenn man sie gebrauchen will, beständig vom Boden der Wanne abzieht.

Herr Decroisilles hat ein scharfsinniges Mittel zur Bestimmung der Stärke der übersauren Salzsäure vorgeschlagen, nämlich, die Quantität zu untersuchen, die davon erforderlich ist, um einer gegebenen Masse, von in Schwefelsäure aufgelöstem Indigo die Farbe zu benehmen.

Man kann das oxydirtsalzsaure Gas in alkalische Auflösungen oder in Wasser aufnehmen das mit Kalk oder mit kohlensaurer Kalkerde gemengt wird, diese Substanzen verstecken in der That seinen üblen Geruch, aber sie schwächen dafür auch seine Kraft *).

Die übersaure Salzsäure zersetzt sich an der Luft und am Lichte, man muß sie daher gebrauchen sobald sie fertig ist, oder sie in wohl zugepfropften Gefäßen und an dunkeln Oertern aufbewahren.

Diese Säure trennt sich mit so großer Leichtigkeit von ihrem Sauerstoffgas, daß es genug ist, sie mit andern, sehr verbrennlichen Körpern in Berührung zu setzen, um eine Entzündung hervorzubringen.

Der

*) Das in Paris übliche sogenannte *Eau de javelle* ist nichts als oxydirte Salzsäure in Verbindung mit einem Alkali; man gebraucht es in der Wirthschaft zum Ausmachen von Fruchtflecken aus leinenem Zeuge. Anm. des Verf.

Der häufigste Gebrauch, den man bis jetzt davon gemacht, war zum Bleichen von Leinen, Hanf und Baumwolle, und zwar wurde sie als Basis bey dieser wichtigen Operation angewendet; Herrn Berthollet verdankt man diese schätzbare Entdeckung, die nicht allein ein schöneres Weiß, als die ehemaligen Proceduren; sondern auch den Vortheil gewährt, daß die Operation weniger lang dauert, und die Zeuge weniger angreift.

Diese Entdeckung ist übrigens nicht mehr eine bloße Operation für Laboratorien, sondern ein wahres Eigenthum der Künste, und alle große Bleichen sind jetzt nach diesem Grundsatze eingerichtet. Da das Verfahren bey dem Bleichen aber in wechselsweiser Anwendung von Laugen und Eintauchung in übersaure Salzsäure besteht; so wollen wir damit anfangen, die einfachste Art des Einlaugens darzustellen.

Wir haben vor einigen Jahren die Proceduren bekannt gemacht, deren sich die Orientalen beym Bleichen ihrer Baumwolle bedienen; ich selbst habe dieß Verfahren in Montpellier mit dem größten Nutzen angewandt, und es ist bis jetzt das einzige dort bekannte; man kann also annehmen, daß es in seinen Wirkungen sich beständig gleich, und in seinen Resultaten als vortheilhaft bewährt haben müsse. Es besteht aber in der Anwendung eines großen ovalen Kessels von etwa 6 Fuß (2 Mètres) Höhe auf 5 Fuß ($1\frac{2}{5}$ Mètres) im Durchmesser. Der Boden dieses Kessels ist von Kupfer, so wie die Seitenwände von dem gleichen Metall eine Höhe von 18 Zoll ($\frac{1}{2}$ Mètre) erreichen. Das übrige des Ofens, in dem er angebracht ist, muß aus guten Quadersteinen bestehen, und die obere Oeffnung des Kessels 18 Zoll ($\frac{1}{2}$ Mètre) im Durchmesser enthalten, und mit einem kupfernen Deckel oder einem runden Stein verschlossen werden. An die Brustung des Kessels, der die Basis zu dieser Art von papinianischem Topfe macht, legt man ein gitterartiges Gestelle von Stücken Holz in kleinen Zwischenräumen von einander. Unter diesem ovalen Kessel aber befindet sich der Heerd des Ofens, durch welchen die zur Operation nöthige Wärme hervorgebracht wird.

Man fängt die Operation gewöhnlich bey einem Vorrathe von 3 bis 400 Pfund Baumwolle in Fäden an, die man Strähne nennt, und laugt zuerst 100 Pfund pulverisirte alicantische Soda mit einer Quantität Wasser ein, die gerade so viel Lauge gibt, daß sie 2 bis 3 Grade zeigt. Dann breitet man eine Lage Baumwolle in einen Trog aus, und besprengt sie dergestalt mit dieser Lauge, daß sie stark und überall gleich naß dadurch werde; zu diesem Endzweck tritt man sie zusammen, indem man mit hölzernen Pantoffeln an den Füßen so lange darauf herumstampft,

bis

bis sie überall wohl von der Feuchtigkeit durchzogen ist; dann trägt man diese erste Lage in den Kessel, und breitet sie auf den Stangen aus, aus denen das Gitterwerk besteht, von welchem wir zuvor gesprochen. Eine zweyte Lage bereitet man gleichergestalt, und legt sie auf die erste in den Kessel. So fährt man fort, bis man alle Baumwolle verarbeitet hat, verschließt sodann den Kessel und verstopft ihn an seiner Mündung mit Werg damit die Dämpfe nicht heraus können; ein großer Theil von der Lauge, die die Baumwolle benetzte, läuft dann in den untern Kessel und bildet darin eine Schicht, die ihn vor den zerstörenden Wirkungen des Feuers zu schützen im Stande ist. Man zündet hierauf das Feuer auf dem Heerde an, bringt die Lauge in Aufwallung, und erhält sie in diesem Zustande durch sechs und dreyßig Stunden. Die Wärme theilt sich der ganze Masse mit, das Alkali, das alle Theile derselben bedeckt, verschluckt den Färbestoff; und nach sechs und dreyßig Stunden hat die Baumwolle eine sehr angenehme weiße Farbe erhalten. Man wäscht sie nunmehr sorgfältig und breitet sie drey oder vier Tage hindurch auf eine Wiese aus; dann wäscht man sie wieder, und kann sie endlich gebrauchen.

So endigt die Operation des Bleichens der Baumwolle, die zu Geweben angewandt werden soll.

Wenn man ihr aber eine schönere weiße Farbe geben will, zieht man sie durch eine Lauge von oxydirter Salzsäure, legt sie gleichfalls auf einer Wiese aus und gibt ihr etwas blau.

Diese Art der Einlaugung ist ohne Zweifel die vortheilhafteste und zugleich die ökonomischste. Der beständige Grad der Wärme, die der ganzen Masse mitgetheilt wird, ist von 85 bis 90 Graden, während die der gewöhnlichen Beuchen nie mehr als 70 oder 72 beträgt.

Die ganze Masse wird auch auf eine einförmige Weise in Action gesetzt, da über der gewöhnlichen Art zu beuchen sich eine Menge von Ausfluchtsörtern bilden, durch die die Flüssigkeit davon geht, und ein großer Theil des Stoffes, seiner Wirksamkeit entzogen wird.

Ich habe diese Art des Verfahrens auch bey dem Beuchen im Hause vorgeschlagen und ausgeführt: das erste Experiment dieser Art wurde in der Fabrik der der Gebrüder Bawers, aux bons-hommes bey Passy an 200 Paar Bettlaken gemacht, die aus dem Hôtel-Dieu in Paris genommen waren. Dieß Leinenzeug wurde vollkommen gereiniget und gebleicht, und die Ausgabe, über die man genaue Rechnung hielt, verglichen

gegen

gegen die, welche das gewöhnliche Verfahren verursacht haben würde, verhielt sich wie 4 zu 7. Ich habe das Experiment auch wiederholt, indem ich gleiche Theile Seife und Natron nahm, und die Leinwand erlangte dadurch noch eine größere Weiße; diese letztere Methode verdient immer den Vorzug, wenn man feines Leinen zu bearbeiten hat. Wenn die Leinewand so gebeucht ist, so braucht man sie nur noch sorgfältig in reinem Wasser auszuwaschen.

Seitdem ich dieß Verfahren bekannt gemacht, haben die Herren Cadet de Vaux, Curandau, und andere darauf studirt, alle Details desselben zu erweitern, und es ist ihnen gelungen, es eben so leicht als vortheilhaft zu machen.

Herr Widmer hat der vorgetragenen Beüchprocedur noch die Einrichtung hinzugefügt, daß er mittelst einer Pumpe die Lauge des untersten Kessels auf den Laugenkessel oben hinauf pumpt, von wo aus sie sich durch vier Röhren verbreitet, die ihrer Länge nach mit einer Reihe kleiner Löcher durchbort sind, um sie daraus auf die ganze Oberfläche zu ergießen; diese Röhren aber werden durch eine an dem Körper der Pumpe angebrachte Bewegung in ein cirkelförmiges Drehen versetzt. Die Lauge filtert sich durch die Lage von Stoff oder Fäden durch, und fällt dann wieder in den Kessel von wo aus die Pumpe sie von neuem hebt.

Diese Vorrichtung hat den Vorzug, daß sie beständig in der Wärme siedenden Wassers beucht, und sowohl Zeitökonomie als Ersparniß an Brennmaterial bey der Operation zur Folge hat. Das längste Beuchen dieser Art dauert nicht sechs Stunden.

Da die Lein- und Hanffäden unendlich schwerer zu bleichen sind, als Baumwollene, so gibt man ihnen zwey Beuchen, ehe man sie in die Säure bringt.

Man wäscht die Fäden sehr sorgfältig, indem man sie aus dem großen Kessel zieht, und legt sie in einen Korb aus, den man in ein Bad von übersaurer Salzsäure taucht, und den man zu nach einander folgenden malen mittelst eines Krahns in die Höhe zieht; und mit diesem Manoeuvre fährt man fort, indem man, wie die erste Säure an ihrer Stärke verliert, neue zugießet, bis daß die Fäden keine Weiße mehr annehmen.

Dann geht man zu einer zweyten Wäsche, von dieser zu einer dritten Beuchung, und von dieser zu einem neuen Eintauchen über.

Man erneuert die Beuchungen bis auf sieben; indem man die Eintauchungen in die Säure einschaltet, welche man nach dem vierten male beträchtlich schwächer braucht. Nach jeder Operation aber wäscht man.

Gewöhnlich geht man nach der vierten Eintauchung, und nach dem Herausziehn aus der Wäsche zu einem leicht gesäuerten Bade von saurer Milch, oder so schwacher Schwefelsäure über, daß sie nur etwa so sauer wie Citronensäure ist. Hierin taucht man die Fäden, eine Handvoll um die andere, und wirft sie dann in einen andern Kessel, wo man sie einen oder zwey Tage stehen läßt, nachdem man die Vorsicht gebraucht, alles was an Fäden vorhanden ist, in dieß Bad unterzutauchen.

Die Wäsche welche diesem schwefelsauren Bade vorangeht, und die darauf folgt, muß mit mehrerer Sorgfalt bewirkt werden, als die vorhergehenden.

Nach der Beuchung die auf das Bad in der Säure folgt, folgt, breitet man die Fäden sechs Tage hindurch auf die Wiese aus, um ihnen eine gelbliche Farbe zu benehmen, die die Wirkung der Luft und des Lichtes leichter zerstören, als die übersaure Salzsäure.

Man wäscht wieder und geht zur übersauren Salzsäure, und dann zum gesäuerten Wasser über, und wiederholt nach und nach die Operation des Beuchens, des Bades in der oxydirten Säure und im gesäuerten Wasser bis zur achten und letzten Beuchung, bey welcher man etwas Seife in der alkalischen Lauge auflöst.

Man bleicht dann wieder drey Tage hindurch auf der Wiese, und endiget mit dem Durchziehen durchs Blau auf folgende Weise:

Man läßt schönes Schmalteblau in reinem Wasser zergehen, und schöpft von diesem blaugetränkten Wasser, das man durch ein seidenes Haarsieb in einen mit klarem Wasser angefüllten Kessel laufen läßt. Der Arbeiter zieht dann alle Fäden durch dieß Wasser, drückt sie wieder aus, und thut von dem blaugetränkten Wasser in dem Maaße hinzu, als das im Bade sich erschöpft. Dann trägt man die Fäden auf eine Winde, und läßt sie an der freyen Luft trocknen. Wenn man Gaze oder Linon blau färben will, thut man etwas Stärke in Wasser hinzu.

Die Baumwolle erfordert weder eine so große Folge von Operationen, noch eine so starke Säure, als Leinen oder Hanf; sie braucht höchstens drey oder vier Eintauchungen.

Die Zeuge von Zwirn oder von Baumwolle erfordern einige Modificationen in der Manipulation eher als im Verfahren. Haupt-

Hauptsächlich aber ist es unumgänglich nöthig, sie durch Kochen vom Firnis zu befreyen; bevor man sie einer andern Operation unterwirft. Diese Scheidung des Firnis geschieht folgendergestalt:

Man läßt sie einige Tage in mit Wasser angefüllten Kesseln; und es entsteht dann eine Gährung, die den Leim (die Schlichte) zerstört, womit die Weber die Fäden der Kette überziehen, um den Lauf des Kammes zu erleichtern. Die Scheidung vom Firnis dauert nach Verhältniß der Temperatur mehr oder weniger lange.

Um die Stoffe zu waschen, kann man zwey Rollen von Holz gebrauchen, deren man eine auf die andere auf Pfähle stützt, die in einem Strom stehen; die erste hat Reifen, die mit ihrer Achse parallel laufen; der Cylinder paßt mit seinen Zapfen in eine Fuge, die in den Pfählen angebracht ist; diese Zapfen passen aber nicht genau in die Fuge, so daß der obere Cylinder freyes Spiel darin hat, um auf den untern mit seinem ganzen Gewicht zu wirken.

Wenn man nun ein Stück Leinwand waschen will, so macht man ein Ende davon zwischen den Cylindern fest, und indem man die Kurbel, die einen der Zapfen trägt, umdrehen läßt, läuft die Leinwand rasch zwischen den Cylindern herum und wird durch die Schwere und die rinnenförmigen Einschnitte des obersten, der mit seinem ganzen Gewicht darauf druckt, stark ausgepreßt.

Herr Decroisilles, welcher einer der ersten war, der die Baumwollenbleichen mittelst oxydirter Salzsäure angelegt, und der bis jetzt noch ein Weiß geliefert hat, das seine Concurrenten Mühe hatten, nachzuahmen, legt die Baumwolle in große Kübel, und gießt die Salzsäure darüber.

Man hat fast in allen Werkstätten den Versuch gemacht, dem unerträglichen Geruch dieser Säure abzuhelfen, und zwar bald durch kohlensaure Kalkerde, bald durch reinen Kalk oder durch Alkalien; aber wenn dieß geschieht, so gereicht es den Kräften der Säure immer zum Nachtheil. Unter allen Substanzen ist die, die ihren Eigenschaften am wenigsten gefährlich, und dennoch geschickt ist, den üblen Geruch zu verbessern, die Kreide; auch vermischt man sie mit der Säure in allen Fabriken, bevor man davon Gebrauch macht.

Da diese Säure sich leicht zersetzt, und also ihr Transport dadurch fast unmöglich gemacht wird, so hat man sich gezwungen gesehen, wenn man sie an Fabriken versenden wollte, sie

entwe-

entweder mit Kalk oder mit Alkalien zu verbinden; in beyden Fällen ist sie weniger kräftig, und ihre Wirkung langsamer; aber da sie concentrirter ist, zersetzt sie sich weniger leicht. Der, der davon Gebrauch machen will, muß also die Vor- und Nachtheile gehörig gegen einander abwägen.

Diese Säure ist auch für die Färbereyen und Fabriken von gedruckter Leinwand durch ihre Kraft, Pflanzenpigmente zu zerstören, von großem Nutzen. Man kann, mittelst ihrer ein Stück Leinwand auf der das Dessein verdruckt ist, der Farbe wieder berauben, und ihr ihre ursprüngliche Weiße wiedergeben.

Indem ich von den oben angeführten Eigenschaften der oxydirten Salzsäure ausgieng, habe ich ihren Gebrauch erweitert und sie als Mittel angegeben, Kupferstiche und alte Bücher, so wie den Teig oder die Lumpen, die zur Papierfabrikation angewendet werden, wieder weiß zu machen.

Herr Loysel hat neue Details angegeben, den Teig der Papiermacher zu bleichen. Was das Bleichen der Kupferstiche anlangt, so ist es genug, sie einige Minuten hindurch in die Säure zu tauchen und dann durch Wasser zu ziehen, um ihr allen Geruch zu benehmen. Es versteht sich von selbst, daß, in so fern von einem Buche die Rede ist, man es auseinanderheften und wieder in Bogen legen muß.

Diese Säure hat ferner die Eigenschaft, Dinte zu zerstören, ohne jedoch der Druckerschwärze, die von einer ganz andern Composition ist, nachtheilig werden zu können; man bedient sich ihrer daher, um Dintenflecke, und in Bücher oder Kupferstiche eingeschriebene Namen auszumachen, die sehr oft deren Werth vermindern.

Man kann sie noch mit Vortheil gebrauchen die verpestete Kerkerluft zu reinigen, und überhaupt alle tödtliche Miasmen, die die gewöhnlichsten Ursachen der ansteckenden Krankheiten sind, zu zerstören und zu verbrennen. Man hat fernerhin hierzu salpetrige Salzsäure angewandt, und wir verdanken selbst Herrn Guyton-Morveau die ersten Belehrungen über die mit der letztern angestellten Versuche; aber es ist außer Zweifel, daß die oxydirte Salzsäure besser als alle ist; denn sie ist nicht allein elastischer und evaporabler; sondern sie verbrennt und zerstört auch alle Miasmen, die sie berührt, und ich glaube, daß wenn man sie zur Anwendung aller übrigen Säuren vorzöge, sie viel größere Wirkungen hervorbringen würde. Die einzige Unannehmlichkeit, die mit ihrem Gebrauch verknüpft ist, ist der unerträgliche Geruch den sie verbreitet, wo sie vorhanden ist, und die Unmöglichkeit, es an dem Orte auszuhalten, wo sie grade in Dampfgestalt verbreitet wird *).

Sechster Abschnitt.

Von der salpetersauren Salzsäure.

Das, was man im Handel Königswasser nennt, ist die Mischung der beyden Säuren von denen wir bereits gesprochen, nämlich der Salpeter- und der Salzsäure. Man hat dieser Mischung den Namen Königswasser (Goldscheiderwasser) gegeben, weil es die einzige Säure ist, die das Gold, den König der Metalle, auflöst.

Das Königswasser zeichnet sich durch einen Geruch aus, der wenig von dem der oxydirten Salzsäure unterschieden ist.

Es hat gewöhnlich eine gelbe Farbe.

Man erhält diese gemischte Säure durch mehrere Proceduren, die wir nacheinander beschreiben werden.

1) Die Destillation des rohen Salpeters liefert eine salpetersaure Salzsäure, deren man sich zur Auflösung des Zinns und Goldes bedienen kann.

2) Die bloße Mischung der beyden Säuren in dem Verhältnisse von einem Theile Salzsäure auf drey Theile Salpetersäure, gibt Königswasser.

Diese Mischung hebt den Thermometer um 3 Grade, und, wenn er die Temperatur wieder angenommen, so ist sie weder verdichtet, noch haben beyde sich wechselseitig durchdrungen. Bey Herrn Guyton-Morveau brachte die Mischung von zwey Theilen Salpetersäure, 1,209 an specifischer Schwere, mit einem Theil Salzsäure von 1,126 specifischer Schwere, unter einem Thermometerstande von 15 Graden eine Hitze von 3 Graden hervor, deren specifische Schwere, 1,1795 betrug, während sie nach der Berechnung, 1,1813 haben sollte. Er schreibt diesen geringen Unterschied der durch die Wärme verursachten Verdünnung zu, und schließt daraus auf das Nicht-Vorhandenseyn einer

*) Eine Zusammenstellung aller der verschiedenen Anwendungsarten der oxydirten Salzsäure, zum Bleichen baumwollener und leinener Zeuge, findet man in den verschiedenen Bänden meines Magazins für Färber und Bleicher rc., so wie in meinen allgemeinen Grundsätzen der Kunst zu bleichen rc. Berlin 1804. H.

einer Vermehrung an Dichtigkeit oder wechselseitigem Durchdringen. Die Säuren, welche in dem Augenblicke, wo sie in einander gemischt werden, weiß, wie Wasser, aussehen, färben sich kurz hernach gelb; und es zeigt sich ein leichtes Aufwallen, welches seinen Ursprung der Entwicklung einiger Blasen oxydirter Salzsäure verdankt.

3) Man erhält noch Königswasser, wenn man salpetersaure mit salzsauren Salzen oder Salzsäure mit salpetersauren Salzen destillirt.

Im erstern Falle schlägt Baume vor, in einer Vorrichtung im Sandbade 2 Unzen salzsaures Natron mit 4 Unzen reiner Salpetersäure, bey einer Temperatur von 35 oder 40 Grad zu destilliren.

Man kann statt des salzsauren Natrons salzsaures Ammonium nehmen, aber dann muß die Zersetzung im Kalten geschehen. 4 Unzen pulverisirtes salzsaures Ammonium gemischt mit beynahe 16 Unzen Salpetersäure geben ein vortreffliches Königswasser; aber die Mischung arbeitet lange, und man muß den Dämpfen einen Ausweg verstatten, sonst zersprengen sie die Gefäße.

Boerhave räth zur Erzeugung eines guten Königswassers, zwey Theile Salpetersäure über einen sehr reinen salpetersauren Kalis zu destilliren.

Cornette hat sich durch Versuche überzeugt, daß 6 Quentchen rauchende Salzsäure, 4 Quentchen salpetersauren Natrons vollkommen zersetzen, und daß die Dämpfe, die dabey aufsteigen, die des Königswassers wären. Siehe die Memoiren der Akademie der Wissenschaften von 1778.

Indem man Salpeter- und salzsaure Salze zugleich durch Schwefelsäure zersetzt, erhält man Königswasser. Boerhave hat sehr gutes gewonnen, indem er zwey Theile Salpeter, und 5 Theile salzsaures Natron, und 3 schwefelsaures Eisen mit einander destillirte.

Aber welche Art des Verfahrens man auch wähle, so scheint es, als ob die Verhältnisse abwechselnd seyn müssen, nach dem Gebrauch, den man von dem Produkt machen will.

Die Erfahrung hat gelehrt, daß ein Königswasser aus drey Theilen Salpetersäure, und einem Theil darin aufgelösten Salmiak das geschickteste zur Auflösung des Goldes ist.

Brandt hat (in den Stockholmer Memoiren von 1753) Salpetersäure mit Golde zu erhitzen, und dann nach und nach

Küchen-

Küchensalz hinzu zu thun, gerathen. Er behauptet, daß die Auflösung hiernach besser und schneller vor sich gehe.

Die Chemiker, welche an der Auflösung des Platins gearbeitet haben, haben die nämliche Mischung, aber von gleichen Theilen Salpeter- und Salzsäure proponirt.

Macquer empfiehlt ein sehr mit Salzsäure geschwängertes Königswasser, wenn es dazu dienen soll, Zinn aufzulösen. Das, welches ein Drittheil Salzsäure enthält, kann ein gleiches Gewicht von Zinn, ohne Niederschlag in Auflösung erhalten.

Das Königswasser hat Eigenschaften die keiner der Säuren, aus denen es zusammengesetzt ist, angehören. Sobald die Mischung beyder Säuren vor sich gegangen, sieht man Blasen entstehen und zerplatzen, die oxydirte Salzsäure sind, während die Flüssigkeit sich gelb färbt. Es scheint außer Zweifel zu seyn, wie Herr Berthollet berichtet, daß eine Portion des Sauerstoffs der Salpetersäure sich auf die Salzsäure überträgt, und einen Theil davon in den oxydirten Zustand verwandelt, woher der sich entwickelnde Geruch, die entstehenden Blasen und die aufsteigenden Dämpfe rühren; dann löst sich ein Theil der Salpetersäure, in den Zustand von nitrösem Gas verwandelt, in den beyden Säuren auf, und färbt sie gelb.

Es ist nicht die oxydirte Salzsäure, die die besonderen Wirkungen des Königswassers hervorbringt, weil sie verraucht, es ist auch nicht das nitröse Gas weil es durch die Wirkung des Metalls abgeschieden wird; aber es ist das Zusammentreffen beyder Säuren, der Salpeter- und der Salzsäure, deren eine sich zersetzt und ihren Sauerstoff dem Metall abgibt während die andere das Oxyd, je nachdem es sich entwickelt, auflöst.

Siebenter Abschnitt.

Von der Flußsäure.

Obgleich diese Säure erst seit 1771 bekannt und ihre Anwendung in den Künsten nicht häufig ist; so glaube ich doch, davon sprechen zu müssen, weil sie Eigenschaften hat, die keine andre mit ihr theilet, und weil ich voraussehe, daß, wenn ich sie den Künstlern bekannt mache, sie nicht säumen werden, Nutzen daraus zu ziehen und sie mit Erkenntlichkeit der Reihe von kostbaren Geschenken zuzuzählen, die die Chemie täglich den Künsten macht.

Man

Man extrahirt diese Säure aus dem Flußspath (Glasspath, phosphorischen Spath, Flußkalk,) woher ihr Name, Flußsäure rühret.

Schon im Jahre 1768 hatte der berühmte Marggraf in den Memoiren der Berliner Akademie bekannt gemacht, daß 8 Unzen weißer und grüner Flußspath calcinirt und destillirt mit 8 Unzen Schwefelsäure und 3 Unzen Wasser ein weißes Sublimat gebildet, und die Retorte so durchlöchert habe, als wenn mit Schrot darauf geschossen worden wäre. Aber Scheelen war es vorbehalten einige Jahre später zu beweisen, daß dieß die Wirkung einer besondern Säure wäre, die Glas anfräße und den Quarz auflöse, und die, in Verbindung mit Kalk den Flußspath bildet, aus dem die Schwefelsäure ihn vertreiben und unter der Gestalt von weißen, pikanten ꝛc. Dämpfen erscheinen lassen kann.

Um diese Säure zu bereiten und zu extrahiren, fängt man also damit an, den Spath zu calciniren und zu Pulver zu stoßen; man schüttet ihn dann in eine Retorte, gießt ein gleiches Gewicht von concentrirter Schwefelsäure darauf, und rührt dann die Mischung durch die Tubulatur der Retorte mit einer gläsernen Röhre so lange, bis die ganze Masse mit Säure befeuchtet, oder davon durchdrungen ist. Man läßt die Retorte in das Sandbad ragen, bringt einen Recipienten daran an, in den man eine Quantität Wassers von gleichem Gewichte als der genommene Spath gethan, lutirt die Verbindungen genau und erwärmt gehörig die Vorrichtung.

Es währt nicht lange und man sieht weiße Dämpfe aus der Mischung hervorsteigen, und die Retorte anfüllen, die Mischung schäumt, und die Dämpfe, die fortfahren, sich zu entwickeln, fixiren sich an den Wänden des Recipienten und der Retorte, oder lösen sich im Wasser auf, welches sie säuern.

Kaum hatte Scheele diese Entdeckung bekannt gemacht, als einige Chemiker auftraten, um seine Meinung zu bestreiten; die einen betrachteten diese Säure wie eine natürliche Verbindung der Salzsäure mit irgend einer erdigen Substanz; andere hielten ihre Erscheinung bloß für eine Modification der bey dem Experimente gebrauchten Schwefelsäure.

Die erstern stützten ihre Meynung 1) auf den besondern Geruch der Flußsäure, der mit dem der Salzsäure viele Aehnlichkeit hat. 2) Darauf, daß die Flußsäure Silber und Quecksilber in ihren Auflösungen niederschlüge.

Die andern gründeten sich hauptsächlich darauf, daß die producirte Säure den angewendeten Spath an Gewicht überträfe.

Scheele erwiederte den ersten, daß die Präcipitation der Metalle nur dann Statt fände, wenn die Säure ein wenig Salzsäure enthielte.

Die, welche die zweyte Meynung unterstützten; sind durch die Portion von Kieselerde getäuscht worden, die die Säure der Retorte oder dem Recipienten entziehet, welches natürlich das Gewicht der zur Destillation übergehenden Säure vermehren muß.

Es ist jetzt außer allem Zweifel, daß die Flußsäure eine Säure eigner Art ist, die alle characteristische Eigenschaften der Säure in sich vereiniget und für sich allein die erstaunenswürdige Eigenthümlichkeit hat, die Kieselerde auf dem ersten Wege aufzulösen und zu verflüchtigen. Das Häutchen, welches sich über die Oberfläche des Wassers im Recipienten in das sich die Säure auflöset, bildet, rührt von der Kieselerde her, die die Säure, so wie sie sich auflöset, fahren läßt.

Man kann dieß Phänomen sehr interessant machen, wenn man die Extremität der Retorte oder einer Röhre, durch die die mit Kieselerde geschwängerte Flußsäure in Dämpfen verfliegt, in Wasser ragen läßt; bey jeder platzenden Blase sieht man weiße Häutchen, die in die Flüssigkeit emporsteigen, und deren Anzahl bald eine halbdurchsichtige Masse bildet, die in der Flüssigkeit schwimmet; diese Masse ist aber nichts als sehr ausgebreitete Kieselerde.

Die Säure erhält die Kieselerde übrigens nicht allein durch diejenige, welche die Basis der gläsernen Gefäße ausmacht; sondern auch durch den Flußspath selbst, der selten davon frey ist.

Um eine vollkommen reine Säure zu erhalten, hatte Scheele vorgeschlagen metallene Gefäße zu den Destillationen anzuwenden und Meyer hat diese Idee zur Ausführung gebracht; er nahm drey zinnerne Gefäße von gleichem Umfange und that in jedes eine Mischung von drey Theilen Schwefelsäure und einem Theile von in einem metallenen Mörser gestoßenen Flußspath; dann fügte er einer dieser Mischungen eine Parthie gestoßenen Glases, der zweyten, einen Theil pulverisirten Quarzes, der dritten aber nichts hinzu, und hing über jede der Mischungen einen in Wasser getränkten Schwamm auf, worauf er die Gefäße wohl verschloß und sie einer gemäßigten Hitze aussetzte: eine halbe Stunde darauf, war der erste Schwamm mit einer kieseligen Kruste bedeckt; zwölf Stunden später zeigte sich das nämliche Phänomen

an

an dem zweyten und der dritte zeigte nicht die geringste Spur von Kieselerde, selbst nicht nach Verlauf von mehrern Tagen.

Nach diesen Resultaten ist es für erwiesen anzunehmen, daß man beynahe reine Flußsäure erhalten kann, wenn man Gefäße von Bley oder Zinn *) anwendet; ich sage beynahe reine, weil die Erfahrung gelehrt hat, daß die am stärksten krystallisirten und am weißesten aussehenden Flußspathe immer ein wenig Kieselerde enthalten und von sich geben. Der Ammoniak läßt in denen, die man für die reinsten halten kann, immer einige Atome davon entdecken. Bergmann fand davon 1,600 in Säure, deren specifisches Gewicht zu 1,064 gegen die des Wassers zu 1,000 angenommen.

Man bewahrt diese Säure in metallenen Gefäßen oder gläsernen Flaschen auf, deren ganze innere Oberfläche mit Wachs überzogen ist.

Schon haben die Künste die Kraft, welche diese Säure besitzt, Kieselerde aufzulösen, benutzet, um auf Glas zu graviren und Namenszüge auf diese Weise einzugraben, oder Scalen anzugeben.

Die Herren Klaproth und Puymaurin haben fast zu gleicher Zeit dieß Mittel vorgeschlagen, das die Künstler bereits weiter vervollkommnet.

Man bestreicht nämlich die Oberfläche des Glases mit einer Lage Kupferstecherfirniß; zeichnet dann das, was man ätzen will; indem das Glas überall wo man einen Strich gemacht, von dem Firniß frey wird, und gießt sodann die Flußsäure darüber, die sich in das Glas mehr oder weniger tief, je nachdem sie stark ist, oder man sie längere oder kürzere Zeit darauf stehen läßt, einfrißt. Man sieht, daß dieß Verfahren ganz das nämliche ist, als bey dem Kupferstechen mit Scheidewasser. Statt die Säure im flüssigen Zustande anzuwenden, darf man nur die Platte den Dämpfen derselben aussetzen, das Einbeitzen wird dadurch noch befördert.

Herr Luther von Wolfenbüttel empfiehlt als einen noch bessern, als den Firniß der Kupferstecher, Hausenblase an.

Ist die Säure nicht sehr stark, so muß man ihrer Wirkung durch Erhöhung der Temperatur um einige Grade zu Hülfe kommen, welches man dadurch bewirken kann, daß man die Platte

 an

*) Auch selbst zinnerne Retorten werden von der Flußsäure angegriffen und durchbohrt, wenn man sie darin entwickelt, wie ich mich zu meinem großen Nachtheil davon überzeugt habe. H.

an einen warmen Ort bringt und sie so lange da stehen läßt, bis man glaubt, daß sie tief genug angefressen ist.

Diese Art zu stechen wird sich sehr empfehlen, um die Scalen oder Grade auf allen gläsernen Instrumenten anzuzeigen, welche der Luft, dem Wasser oder der Reibung ausgesetzt sind; man darf ihre Beschädigung oder Zerstörung nicht befürchten.

Siebenter Abschnitt.

Von der Boraxsäure.

Diese Säure, die wir bis auf die jetzigen Zeiten unter dem Namen Hombergs stillendes (Sedativ-) Salz kennen, macht entweder einen der Grundbestandtheile des Borax aus, indem es in Verbindung mit dem Natron vorhanden ist.

Nichts destoweniger hat man doch aber auch diese Säure im freyen Zustande in einigen Gewässern Italiens vorgefunden; Hocfer hat sie theils aus dem Wasser des Sees Cherchiajo bey Monterotondo in der untern Provinz von Siena und dem des Sees CastelNovo gezogen; das erste, sehr heiße und einen Schwefeldampf von sich gebende, lieferte ihm 3 Unzen dieser Säure aus 120 Pfund Wasser, das zweyte gab 120 Gran auf 12280, die zur Analyse gebraucht wurden. Dieser Chemiker vermuthet übrigens, daß die Seen von Lasso, von Montecerbelloni u. s. w. dieselbe auch enthielten.

Unabhängig von der Existenz dieser Säure in den Gewässern von denen wir eben sprachen, findet man sie auch in natürlichen alkalischen oder erdigen Verbindungen, wie z. B. dem Lüneburger cubischen Quarz Boraciten, wo Herr Westrumb sie in dem Verhältniß von sechs Zehntheilen mit Kalk, Talkerde, Thonerde und Kieselerde gemischt, vorfand.

Aber alle diese Thatsachen, welche beweisen, daß die Boraxsäure allgemeiner verbreitet ist, als man geglaubt, haben noch nicht dahin geführt, sie in gehörig großer Quantität zu erhalten, um sie mit Nutzen extrahiren zu können, und es ist ausschließlich die Zersetzung des Borax, durch welche man sie bis jetzt gewonnen hat.

Es war 1702, als Homberg zuerst den Borax zersetzte, indem er ihn mit calcinirtem schwefelsauren Eisen destillirte. Er nannte Sedativsalz, was heut zu Tage Boraxsäure heißt.

Lemery der Sohn entdeckte kurze Zeit nachher, daß man die Boraxsäure aus dem Borax durch Zwischenwirkung der Schwefel- Salpeter- und Salzsäure ziehen könne.

Geoffroy bewies ferner, daß Natron die Basis des Borax ausmache.

Baron lehrte, daß auch die Pflanzensäuren den Borax zersetzen könnten.

So haben sich im Laufe weniger Jahre unsre Erfahrungen über diese Production dergestalt vermehrt, daß ihnen seit jener Epoche wenig mehr hinzugetreten ist.

Das Verfahren, dessen man sich allezeit bedient, um diese Säure zu extrahiren, ist zweyfach, Sublimation und Kristallisation.

Die erste dieser beyden Methoden wird auf folgende Weise angewandt. Man stellt einen mit einem Helm versehenen gläserne Destillirkolben auf ein Sandbad, thut in den Kolben die Quantität pulverisirten Borax, die man zersetzen will, und gießt die Hälfte seines Gewichtes an concentrirter Schwefelsäure darauf. Sobald die Wärme auf die Mischung zu wirken anfängt, steigt daraus ein blätterartig geformtes, sehr weißes Salz in die Höhe, das sich an den Wänden der Gefäße ansetzt, und wovon ein Theil oben auf der Mischung liegen bleibt, wo er eine ziemlich dicke, aus Blättern oder Schuppen die bis sechs Linien im Durchmesser haben, bestehende Lage bildet.

Dieß sublimirte Salz ist die Boraxsäure. Was auf dem Boden des Kolbens bleibt, ist schwefelsaures Natron.

Wenn man auf dem Wege der Kristallisation verfährt, so läßt man den Borax in warmem Wasser auflösen und gießt Schwefelsäure in Uebermaaß darauf *); die Mischung erhitzt sich und durch das Abkühlen bleibt ein Bodensatz von Salz in dünnen und runden Blättern, deren eines an dem andern klebt. Man trennt diesen Niederschlag sorgfältig von einander und läßt ihn

*) Am besten gelingt die Ausscheidung der Boraxsäure, wenn man 4 Theile Borax in 16 Theilen siedendem Wasser auflöst, die Auflösung filtrirt, und ihr denn $2\frac{1}{2}$ Theil concentrirte Schwefelsäure (Vitriolöl) beysetzt, die vorher mit ihrem gleichen Gewicht Wasser verdünnet war. Sie mischt sich mit dem Natron im Borax zu Glaubersalz, und die Boraxsäure scheidet sich in glänzenden kristallinischen Blättern aus, die mit kaltem Wasser ausgesüßt werden müssen. Die rückständige Flüssigkeit gibt, wenn sie verdunstet wird, erst noch eine Portion Boraxsäure, sodann aber Glaubersalz. H.

ihn auf ungeleimtem Papier trocknen, er wird dann sehr weiß, silberartig, leicht, und gleicht sehr dünnen Platten eines schönen weißen Glimmers.

Man befreyt diese Säure durch wiederholte Auflösungen und Kristallisationen von allem, was sie von den Materien, die zu ihrer Zubereitung gedient, noch in sich enthalten könnte.

Diese Säure ist sehr geneigt, sublimirt zu werden, oder in die Luft zu verfliegen; sobald sie mit dem Wasser in Vereinigung kommt, und deshalb muß man ihr Aufwallen in den verschiedenen Operationen, die man mit ihr vornimmt, vermeiden, aber, sobald sie von Wasser frey ist, hat sie die größte Unausdehnsamkeit und verglast sich bey einem heftigen Feuer, ohne sich zu verflüchtigen.

Ein Pfund destillirten Wassers löst davon 183 Gran bey einer Wärme zum Aufwallen auf.

Diese Säure verändert sich nicht in der Luft, sie röthet blaue Pflanzenpigmente, und hat einen salzigen und kühlenden Geschmack.

Alkohol löst sie leichter auf als Wasser, und die Flamme dieser Auflösung nimmt alsdann eine schöne grüne Farbe an.

Das Glas, das durch Schmelzung dieser Säure hervorgebracht wird, ist weiß, durchsichtig und ein wenig teigartiger, als das des Borax. Es zieht die Feuchtigkeit der Luft nicht an sich; aber es wird nach einigen Tagen leicht dunkel.

Diese Säure kann den Borax in dem, wozu er gebraucht wird, ersetzen, sie erleichtert, wie dieser, die Schmelzung der Metalle und kann dazu dienen, sie aneinander zu löthen.

Das Glas ist dem Salze vorzuziehen, weil dieß letztere, indem es anschwillt, die Stücken Metall, die man zusammen löthen will, auseinandertreibt, ihre gegenseitige Lage verändert und dadurch die Pläne des Künstlers stört, so daß, wenn er es gebrauchen will, die größte Sorgfalt von seiner Seite nöthig ist *).

Achter

*) Die Boraxsäure ist mannigfaltigen Untersuchungen unterworfen worden um sie zu zersetzen, oder um sie zu erzeugen. Exchaquet glaubt gefunden zu haben, daß sie aus Thonerde und Phosphorsäure zusammengesetzt sey, welches aber (Hermbstädts chem. Versuche und Beobachtungen rc. 2ter Band 1789) keinesweges der Fall ist. von Crell hat späterhin bewiesen, daß solche Spuren von Kohlenstoff erkennen läßt. Noch ist es aber gar nicht ausgemacht, ob sie eine wirkliche Säure, oder ein Produkt der Mischung aus andern Materien ist; sie verdienet also in Hinsicht ihrer Grundmischung noch näher untersucht zu werden. H.

Achter Abschnitt.

Von der Weinsteinsäure.

Es war 1770 als der berühmte Scheele lehrte, die Weinsteinsäure aus der Verbindung zu extrahiren, die sie mit dem Kali in dem Produkte bildet, das man in den Künsten unter dem Namen Weinsteinrahm und säuerliches weinsteinsaures Kali kennt.

Dieser große Chemiker räth, 2 Pfund Kristalle von Weinsteinrahm in Wasser aufzulösen, und nach und nach Kreide bis zur völligen Sättigung hinzuzuwerfen; es bildet sich dann ein Niederschlag, der ein wahrer, geruchloser und unter den Zähnen krachender weinsteinsaurer Kalk ist; diesen thut man nun in einen Destillirkolben, gießt 9 Unzen Schwefelsäure, und 5 Unzen Wasser darauf, und unterhält die Digestion zwölf Stunden hindurch; indem man die Vorsicht beobachtet, von Zeit zu Zeit umzuschütteln; dadurch wird die Weinsteinsäure frey, und man trennt sie dann im Ganzen von dem fast unauflöslichen schwefelsauren Kalk, indem man sie mit kaltem Wasser einrührt; man filtrirt sie, und erhält durch die Evaporation 11 Unzen concreter Säure. Die Evaporation muß aber bis zur syrupartigen Consistenz gebracht werden; sonst erhält man keine Kristalle. Um sich davon zu überzeugen, daß diese Säure nicht mit Schwefelsäure vermischt ist, rathen Retzius und Bergmann einige Tropfen aufgelöstes Bley in die Flüssigkeit fallen zu lassen; es bildet sich dann augenblicklich ein weißer Niederschlag, der durch Hinzuthuung von Salpetersäure verschwindet, wenn es ein weinsteinsaures Bley, und der bleibt, wenn es ein schwefelsaures Salz ist Wenn diese Kennzeichen das Vorhandenseyn von ein wenig Schwefelsäure anzeigen, so reiniget man sie, indem man sie mit ein wenig Kreide digeriren läßt.

Um diese Säure in Kristallen zu erhalten, räth Bergmann, sie in Syrupsconsistenz evaporiren zu lassen und die Auflösung an einem kühlen Orte auszustellen; Parker versichert, daß es hinreichend ist, mit der Evaporation nur sparsam umzugehen. Dieß letztere Verfahren lieferte mir sehr schmale Kristalle, die mir von der Figur sehr verlängerter Achtecke auszugehen schienen. Durch das Bergmannsche Verfahren erhielt ich Büschel aus viereckigen prismatischen Kristallen, die in vierseitige sehr lange Pyramiden ausliefen, gebildet. Ich habe diese Säure auch in dreyeckigen Plättchen gewonnen die auf einem Winkel ruhten *).

Die

*) Am regelmäßigsten kristallisirt diese Säure, wenn die Auflösung derselben so langsam wie möglich an der warmen Luft verdunstet wird.

Die mit Wasser verdünnte Auflösung dieser Säure schimmelt auf die Länge, wie alle Pflanzensubstanzen.

Die Kristalle der Weinsteinsäure zersetzen sich nicht an der Luft, sie werden schwarz auf dem Feuer, und lassen eine schwammige Kohle zurück, die durch eine stärkere Hitze wieder weiß wird.

Diese Säure, in dem hydropneumatischen Apparate destillirt, gibt Kohlensäure und Wasserstoffgas. Sie hat einen sehr pikanten Geschmack, verwandelt Veilchen-, Malven- und Lackmusblau in Roth, scheidet die Kohlensäure aus ihren Verbindungen mit den Alkalien und löst die Thonerde mit Leichtigkeit auf; diese letztere Verbindung bildet sich übrigens, wenn man bey mehreren zur Färberey gehörigen Operationen weinsteinsaures Kali mit Alaun anwendet *).

Neunter Abschnitt.

Von der Citronensäure.

Die Citronensäure ist in reichlichem Maaße in den Citronen enthalten; aber zum Theil darin mit einem Extractiv-Stoff und Aepfelsäure vermischt, von dem man sie befreyen muß, wenn man sie rein haben will.

Scheele war der erste, der diese Säure in fester Gestalt erhielt. Er schlägt vor, sie mit Kalk zu verbinden, sie durch dieses Mittel von dem schleimigen Princip zu trennen, und das citronensaure Salz, durch in Wasser verdünnte Schwefelsäure im Uebermaaße zu zersetzen. Die Citronensäure löst sich in dem Wasser auf, das zur Vermengung mit der Schwefelsäure gedient hat.

Waschen und filtriren scheiden die Citronensäure gänzlich, die man in unglasurten irdenen Gefäßen unter der Temperatur siedenden Wassers evaporiren läßt. Herr Dizé hat bemerkt, daß es nützlich sey, die Evaporation alle zwey Tage zu suspendiren, um den wenigen schwefelsauren Kalk niederschlagen zu lassen,

wird. Sie bildet alsdann größtentheils große vierseitige Säulen, die wie Strahlen aus einem gemeinschaftlichen Mittelpunkte ausgehen, und gegen das Licht gehalten sehr durchscheinend sind. H.

*) Wird die Weinsteinsäure mit Salpetersäure gekocht, so geht sie nach und nach in Citronensäure, in Aepfelsäure, in Kleesäure und in Essigsäure über. Das Letztere erfolgt auch dann, wenn solche in Vermengung mit 2 Theilen zerriebenem Braunstein, und einem Theil Schwefelsäure destillirt wird. H.

lassen, der in der Flüssigkeit durch die Citronensäure in Auflösung gehalten wird.

Die Kristalle, die eine erste Evaporation erzeugt, sind schwärzlich, eine Folge der Reaction der Schwefelsäure, je nachdem sie sich condensirt, man löst daher zu drey verschiedenen Malen diese Kristalle wieder auf, filtrirt und evaporirt sie, und dann erscheinen sie weiß, regelmäßig und in Gestalt von rhomboidalischen Prismen, deren Seiten unter einem Winkel von etwa 120 bis 60 Graden von beyden Seiten in einen Scheitel von vier trapezoidalischen Seiten auslaufen.

Die Schwefelsäure muß im Uebermaaße angewendet werden, um, gegen das Ende der Evaporation, das wenige von schleimigem Stoff, der in der Verbindung geblieben ist, zu zersetzen.

Hundert Theile Citronensaft absorbiren 6½ kohlensauren Kalk.

Der citronensaure Kalk den man daraus zieht, macht den fünften Theil des Citronensaftes aus, aus dem er kommt.

Die reine und kristallisirte Citronensäure bedarf gleicher Theile kohlensaurer Kalkerde, um sich damit zu sättigen.

Eine Unze destillirtes Wasser löst 1½ Unze Citronensäure auf, und es erzeugt sich eine Kälte von 13 Graden. Siedendes Wasser löst das Doppelte seines Gewichtes davon auf.

Vierzig Gran dieser Säure aufgelöst in 3 Pfund Wasser, und mit einer gehörigen Quantität Zucker versüßt, geben eine vortreffliche Limonade.

Georgies hat (in den Stockholmer Memoiren von 1774) ein Verfahren gelehrt, die Citronensäure von ihrem Uebermaaß an Extractivstoff zu befreyen, ohne ihre Eigenthümlichkeiten zu verändern; er füllte eine Flasche mit Citronensaft an, pfropfte sie mit einen Korkstöpsel zu, und verwahrte sie im Keller; der Saft conservirte sich vier Jahre ohne zu verderben, die schleimigen Theile hatten sich in Flocken niedergeschlagen, und die Säure war so klar, wie Wasser. Um die Säure zu entwässern, setzte er sie dem Froste aus; bemerkte aber dabey, daß die Kälte nicht zu stark seyn müsse, damit nicht alles in eine Masse zusammen friere. Man kann die Eisstücke abnehmen, so wie sie sich bilden: die ersten haben einen süßen, die letzten einen etwas sauren Geschmack. Diese so concentrirte Säure ist acht mal stärker als zuvor. Es bedarf davon nur 2 Quentchen, um 1 Quentchen Kali zu sättigen. Im Handel, wenn man die Citronensäure zum Gebrauch in den Künsten bereitet, läßt man den Citronensaft gähren,

gähren, damit er vom Extractivstoff frey werde, und er wird dann sehr klar.

Man bedient sich dessen häufig in den Seidenfärbereyen: 1) um das Roth des Saflors aus seiner Auflösung in Alkalien niederzuschlagen, und ponceau, incarnat, die feinen Rosa's u. s. w. hervorzubringen, oder ein rothes Pflanzenpigment, wenn man solches auf Talk niederschlägt. 2 Um die Aurorafarbe, die aus der Auflösung des Orleans in einem Alkali entsteht, so zu färben, daß sie in's Orange spielt.

Man gebraucht sie auch noch in den Leinwanddruckereyen, so, wie sie die Fleckausmacher zur Vertilgung der Rostflecke anwenden.

Wenn diese Säure allgemeiner werden, oder man dahin gelangen könnte, sie den Künstlern um geringere Preise zu liefern, ist es nicht zu bezweifeln, daß man ihre Anwendbarkeit nicht noch ausgedehnter sollte machen können, und es ist zu wünschen, daß man sich mit diesem Gegenstande in den Ländern beschäftigen möge, in denen die Citronen im Ueberflusse vorhanden sind, und wo man selbst den Saft bereitet, um ihn durch den Handel zu verbreiten *).

Zehnter Abschnitt.

Von der Aepfelsäure.

Es ist wiederum Scheele, dem wir die Entdeckung dieser Säure verdanken: er machte sie 1785 in den Crellschen Annalen bekannt.

Da er sie das erstemal aus Aepfeln zog, gab er ihr den Namen Aepfelsäure. Diese Säure ist ohne Widerrede die verbreiteteste von allen aus dem Pflanzenreiche uns bekannten: sie befindet sich fast überall: die süßesten Produkte, in denen man sie am wenigsten vermuthen sollte, enthalten sie im Ueberfluß, und aus ihrem, von der Vegetation fast unzertrennlichen Daseyn, lassen sich, wie wir bald sehen werden, viele Phänomene erklären, die den Vegetabilien eigenthümlich sind.

Der

*) In Deutschland wachsen zwar keine Citronenbäume im Freyen, aber die Citronensäure wird uns im Safte der Johannisbeeren reichlich dargeboten, der ganz die Stelle des Citronensaftes vertreten kann. Auch der Saft der Berberitzenbeeren, kann in Färbereyen statt des Citronensaftes benutzt werden, und es ist eigentlich nicht nothwendig, jenen theuren oft verdorbenen Citronensaft aus Italien und Spanien kommen zu lassen. H.

Der berühmte Scheele zog die Aepfelsäure aus Aepfeln, indem er deren Saft mit einem Alkali sättigte: dieß zuerst erhaltene äpfelsaure Salz zersetzte er mit essigsaurem Bley, süßte den Niederschlag aus, und goß so lange verdünnte Schwefelsäure darauf, bis die Flüssigkeit einen sauren und freyen Geschmack, ohne Beymischung von Flüssigkeit annahm. Man filtrirt das Ganze, um die Aepfelsäure von dem schwefelsauren Bley zu trennen. Diese Säure ist sehr rein, bleibt immer in flüssigem Zustande, und kann nie in einen concreten gebracht werden.

Sie unterscheidet sich übrigens von der Citronensäure durch folgende Kennzeichen: 1) die Citronensäure kristallisirt sich leicht während die Aepfelsäure der Annahme einer festen Gestalt beständig entgegenstrebt.

2) Die Aepfelsäure mit Salpetersäure behandelt, gibt Sauerkleesäure, die reine und von allem Extractivstoff aber freye Citronensäure, nicht.

3) Der citronensaure Kalk ist fast unauflöslich in siedendem Wasser, der äpfelsaure Kalk aber auflöslicher.

4) Die Aepfelsäure schlägt Auflösungen von salpetersaurem Bley, so wie von Silber und von Quecksilber, nieder; die Citronensäure bewirkt keine Veränderung derselben.

5) Die Aepfelsäure wird durch die Citronensäure aus dem Kalk entsetzt.

Der berühmte Scheele hat uns folgende Tabelle von Früchten hinterlassen, die sie rein oder in Vermischung mit andern Säuren liefern.

Der ausgedruckte Saft der Früchte

des Saurachs Berberis vulgaris — Hollunderflieders Sambucus nigra — dornigen Pflaumbaums Prunus spinosa — Sperberbaums Sorbus aucuparia — gewöhnlichen Pflaumbaums Prunus domesticus der unreifen Weintrauben	liefern viel Aepfelsäure und wenig oder gar keine Citronensäure.
des Stachelbeerstrauchs Ribes grossularia — rothen Johannisbeerstrauchs Ribes rubrum — Heidelbeerstrauchs Vaccinium mirtillus — gewöhnl. Elsbeerstrauchs Crategus aria — Kirschbaums Prunus cerasus — Erdbeerstrauchs Fragaria vesca — Brombeerstrauchs Rubus chamemorus — Himbeerstrauchs Rubus idaeus	scheinen zur Hälfte von der einen und zur Hälfte von der andern zu enthalten.

des

des Moosbeerstrauchs Vaccinium oxicoccos
— Heidelbeerstrauchs mit rother Frucht Vaccinium Vitis idaea
— kleinen schwarzen traubenartigen Vogelkirschen-Baums Prunus padus
— steigenden Nachtschattens Solanum dulcamara
— wilden Rosenstocks
— Citronenbaums

} geben viel Citronensäure und wenig oder gar keine Aepfelsäure.

Scheele hat ferner bewiesen, daß man aus Zucker Aepfelsäure erhalten kann; es genügt, um sich davon zu überzeugen, wenn man verdünnte Salpetersäure auf den Zucker gießt, und sie so lange damit kocht, bis der Zucker braun wird. Man schlägt alsdann die ganze Säure, die dadurch hervorgebracht worden, durch Kalkwasser nieder, bindet die Säure, die in der Flüssigkeit frey geblieben, mittelst Kreide; und zersetzt sie durch essigsaures Bley. Die Schwefelsäure entwickelt hierauf die Aepfelsäure; indem sie sich mit dem Kalk verbindet. Der Saft des Zuckerrohrs und der letzte Syrup, der beym Raffiniren dieser Substanz bleibt und den man Zuckersyrup (Mélasse) nennt, enthalten freie Aepfelsäure. Das Daseyn dieser nicht kristallisirbaren Säure ist Schuld an der Schwierigkeit, den genannten Syrup zu kristallisiren; und aus dem nämlichen Grunde rührt die Nothwendigkeit her, Kalk zum Raffiniren des Zuckers zu gebrauchen.

Scheele fand diese Säure auch noch im Arabischen Gummi, der Manna, dem Milchzucker, dem Gummi Tragant, dem Kraftmehl, dem Galläpfelextract, dem Petersilienöl, dem wässerigen Aloe- und Coloquinthen-Extract, dem Rhabarber und dem Opium; aber da er sie nur dann erhielt, wenn er jene Substanzen mit Salpetersäure behandelte, so ist nicht erwiesen, daß sie von Natur darin vorhanden sey, da sie auch durch die Zersetzung der Salpetersäure entstanden seyn kann *).

Hausenblase, Eyweiß, Eydotter und Blut mit sehr concentrirter Salpetersäure behandelt, gaben Scheele Zuckersäure und Aepfelsäure.

Es gibt wenige Pflanzen und vegetabilische Produkte, die nicht Aepfelsäure enthielten; wenn die ausgedruckten Pflanzensäfte durch Wärme eingedickt werden, dennoch der eigentlichen

*) Es ist nicht nur zu vermuthen, sondern es ist ganz gewiß, daß alle jene Körper nur als säurefähige Substrate angesehen werden müssen, die durch den Sauerstoff der Salpetersäure, erst in wirkliche Säuren umgeändert werden. H.

lichen Verdickung wiederstehen, und fast beständig eine syrupartige Consistenz zeigen, oder zerfließen wenn man sie bey einer anhaltenden Hitze trocknet; so sind diese Phänomene wahrscheinlich alle dieser Säure zuzuschreiben. Es genügt, um in dieser Meinung zu bestärken, die Beobachtung, daß fast alle jene Säfte, wenn sie eingedickt werden, eine sehr bedeutende Säure annehmen, und daß die sauersten allgemein diejenigen sind, die am meisten der Eindickung widerstehen. Uebrigens ist es bekannt, daß diese Säure mit den Alkalien und der Talkerde zerfließende Salze bildet.

Alle Weine, die ich bis jetzt habe analysiren können, haben mir diese Säure frey ergeben: die süßesten Weine röthen blaues Papier, wenn man es einige Zeit darin getaucht läßt; selbst im Most ist sie enthalten. Die Weine des Nordens ergeben übrigens mehr davon als die des Süden, und dieser Ursache habe ich die Verschiedenheit der Branntweine beygemessen, die aus jenen, und die aus den mittäglichen Gegenden kommen. Die erstern röthen blaues Papier, und es ist sehr schwer, ihnen diese Säure, selbst durch wiederholte Destillationen zu benehmen; die andern geben nur höchst selten Beweise, von dem Vorhandenseyn einer Säure in ihrer Composition.

Sobald die Weine in den Essigzustand übergehen, verschwindet die Aepfelsäure, und findet sich die Essigsäure darin nur von dem Augenblicke an, vor, wo die Essigwerdung vollendet ist.

Die Weine die nicht vollkommen sauer geworden, liefern auch nur einen Branntewein von schlechter Qualität, weil die darin vorhandene Aepfelsäure bey der Destillation mit übergehet, und diese Thatsachen können viel Licht über die verschiedene Qualität der Branntweine, und über die Destillirkunst verbreiten *).

Eilfter Abschnitt.

Von der Essigsäure.

Die am allgemeinsten verbreitete und nützlichste aller Säuren ist die Essigsäure, bekannter unter dem Namen Essig: ihr öconomischer Gebrauch, ihre Anwendung in den Künsten, ihre tägliche Entstehung durch das Verderben der Weine, haben diese Säure allbekannt gemacht.

Ihre

*) Daß die Aepfelsäure bey der Destillation des Weins zu Branntewein mit übergehen soll, läßt sich durch keinen Beweis rechtfertigen. Wohl aber thut dieß die Essigsäure, die dem Branntewein einen Aethergeruch erhält, und seine gute Beschaffenheit erhöhet. H.

Ihre Kennzeichen sind folgende: ein eigenthümlicher und starker, aber nicht reitzender Geruch.

Eine Farbe der des Weines ähnlich, aus dem er entstanden, und klar wie Wasser, wenn er destillirt worden.

Eine Concentration, gewöhnlich von 4 bis 6 Graden.

Das von selbst stattfindende Verderben geistiger Getränke liefert fast allen Essig, dessen man sich in den Künsten und in der Küche zur Bereitung der Speisen bedient.

Wir werden die verschiedenen Bedingungen zur Essigerzeugung kennen lehren: einige sind nothwendig, alle günstig dazu; den Grad des Einflusses, den diese und jene haben, wird unser Vortrag näher entwickeln.

Erste Bedingung. Daß im Weine eine Portion Gährungs- oder vegeto-animalischer Stoff vorhanden seyn müsse *).

Die Fabrikanten von Orleans ziehen den Wein, der schon ein Jahr alt ist, dem eben erst gekelterten vor; weil dieser letztere noch einem Reste geistiger Gährung unterworfen ist, der den Uebergang in Säure verhindert. Aber der der von allem darin enthaltenen vegeto-animalischen Stoffe frey ist, geht nicht mehr in's Saure über, er verliert seine Farbe aber ohne sauer zu werden. Diese Erfahrung habe ich an den alten und sehr feurigen Weinen des mittäglichen Frankreichs gemacht, indem ich sie lange Zeit hindurch der Sonne aussetzte. Es ist bekannt, daß man das Entstehen des Essigs dadurch befördert, daß man den Wein mit Holz vom Weinstock, Weintrauben, und grünem Holze u. s. w. digeriren läßt.

Es scheint, wenn man alle diese auf das Entstehen des Essigs einwirkende Umstände zusammen nimmt, daß man nicht umhin kann, den vegeto-animalischen Stoff wenigstens als ein zwischenwirkendes oder ein Gährungsmittel bey der Verwandlung des Weines in Essig zu betrachten.

Zweyte Bedingung. Es muß ein geistiger Stoff vorhanden seyn.

Wir wissen, daß nur solche Körper, die eine geistige Gährung erfahren, einer freywilligen Verwandelung in Essig fähig sind: wie die Weine, die Aepfel- und Birnmoste, das Bier, der Ratafia u. s. w. Die Weine, die am reichsten oder ergiebigsten an Alkohol sind, liefern die besten Essige.

Das

*) Siehe weiter unten unter dem Artikel Gährung, welchen Begriff wir mit dem Ausdruck vegeto-animalischer Stoff verbinden. A. d. V.

Das alleinige Hinzutreten von Alkohol zu Substanzen die Extractivstoff enthalten, bringt darin eine saure Gährung hervor: Stahl hatte schon bemerkt, daß, wenn man Rosen oder Mayblumen mit Alkohol befeuchtete und sie in Gefäße that, in denen man sie von Zeit zu Zeit umrütteln konnte, dieß Essig gab.

Der nämliche Chemiker lehrt noch, daß wenn man, nachdem man Citronensaft mit Krebsaugen gesättiget, Alkohol mit der Flüssigkeit vermischt, die auf dem davon entstandenen Niederschlage schwimmt, und das Ganze einer sanften Temperatur aussetzt, daraus Essig entstehe.

Nachdem man den Wein, durch Destilliren, von allem Alkohol, den er ergeben kann, befreyet; so ist es hinreichend, wenn man das Uebriggebliebene damit besprengt, um eine gute Essiggährung zu veranlassen. Der der Gährung mit überlassene Extractivstoff allein faulet, und der Alkohol allein erfährt keine Veränderung; ihre Mischung aber geht in eine saure Gährung über.

Ich habe diese Grundsätze durch directe Experimente festgestellt:

1) Zwey Pfund Weingeist zu 12 Graden, den ich sorgfältig mit etwa 300 Gran Bierhefen und etwas in Wasser aufgelöster Stärke vermischte, gaben einen außerordentlich starken Essig.

Die Säure hatte sich schon den fünften Tag nach begonnenem Experimente entwickelt.

2) Gleiche Quantitäten von Hefen und Stärke, mit einander in Wasser durchmengt, haben Essig erzeugt; aber die Säure hat sich langsamer darin entwickelt und der Essig hat nie die Stärke des vorigen erreicht.

Dritte Bedingung. Es muß Berührung der Luft hinzutreten.

Keine Alkoholartige Materie geht in saure Gährung über, wenn nicht die Berührung der äußern Luft hinzutritt: in gläsernen Gefäßen wohl verschloßnen Weine, Weinbeertrestern in gut verstopften Fässern conserviren sich darin ohne irgend eine nachtheilige Veränderung aber sie werden sogleich sauer, als die äußere Luft hinzukommt. Diesem Grundsatze scheint eine Erfahrung von Becher zu widersprechen, der Essig in verschlossenen Gefäßen bereitet haben will, aber diese isolirte Erfahrung lauft allem gerade zuwider, was die genaueste Beobachtung uns täglich zeigt: Rozier z. B. hat gesehen, daß die Luft sich immer in dem Momente absorbirte, wo der Wein sauer zu werden anfing. So ist es überall bekannt, daß wenn der Wein in einem halb ange=

angefüllten Fasse säuert, die äußere Luft mit Gezische hineinstürzt, sobald man ihr eine Communication eröffnet.

Wenn man in der Sprache des gemeinen Lebens, die oft nur ein kräftiger Ausdruck wirklicher Thatsachen ist, andeuten will, daß der Wein sauer geworden; so sagt man: er hat Luft bekommen. Dieser Ausdruck, der auf die genaue Beobachtung des Hergangs der Sache gegründet ist, ist um mehrere Jahrhunderte der neuen Doctrin über das Entstehen des Essigs vorausgeeilt.

Vierte Bedingung. Ein anhaltender Grad von Wärme zwischen 18 und 20° Reaumur.

Der Uebergang in Essigsäure geschieht sehr oft bey einer Temperatur unter 20 Graden aber dann langsamer, und die Erfahrung hat gelehrt, daß eine von 18 bis 20 Graden am vortheilhaftesten wäre. In den Essigfabriken hat man die Vorsicht, die Hitze immer in solchem Grad durch Oefen zu erhalten, wenn die Atmosphäre sie nicht mit sich bringt.

Fünfte Bedingung. Das Daseyn eines sauren Ferments.

So lange die Stoffe, aus denen ein Körper besteht, in ihren richtigen Verhältnissen, oder ihrem natürlichen Gleichgewichte sind, erfolgt keine Veränderung desselben. Aber, wenn man einen dieser Stoffe die Oberhand gewinnen läßt, oder, wenn man einen fremden hinzubringt, wird das Gleichgewicht aufgehoben, so wie die Reihe der Verwandtschaften verändert, und man gibt dadurch Veranlassung zu Bewegungen und Reactionen, die die Materie der ersten Zusammensetzung verändern, dieß ist die erste Wirkung der Sauerteige.

Man kann den Gang, den die neuen Operationen nehmen sollen, selbst leiten oder beherrschen, und im Voraus das Resultat, welches daraus folgen soll, bestimmen, wenn man Gährungsmittel von dieser oder jener Gattung anwendet, so wirken Essighefen, und Tonnen die davon durchzogen sind, entscheidend förderlich auf Erzeugung des Essigs.

Sechste Bedingung. Eine leichte Bewegung.

Man weiß, daß man den Wein, um ihn vor allen nachtheiligen Veränderungen zu bewahren, vor Erschütterungen in Acht nehmen, und an solchen Oertern aufbewahren muß, wo die Luft ruhig und die Temperatur frisch und gleich ist.

Eine kleine, in Intervallen der Tonne, in der sich der Wein befindet, mitgetheilte Bewegung, ein Stoß in der Luft, sey er veranlaßt wodurch er wolle, wenn er nur fähig ist, eine leichte Erschütterung in der Flüssigkeit hervorzubringen, sind sehr gewöhnliche Ursachen der in dem Weine erfolgenden Veränderungen. Darum erhält sich auch in den wenig tiefen Kellern so wie in denen, über denen irgend ein lärmendes Gewerbe getrieben wird, oder täglich Wagen rollen, der Wein nur schwer. Es ist wahrscheinlich, daß die Wirkung des Gewitters auf den Wein aus keinem andern Grunde herrüge.

In allen diesen Fällen ist die erste Wirkung der Bewegung, daß mit dem Weine Weinstein, Hefen, Extractivstoff und im Allgemeinen alle die Grundstoffe wieder gemengt werden, die durch die Ruhe einen Bodensatz desselben bilden daß also dadurch seine Reinigung oder Abklärung unmöglich wird, und alle diese Materien, wenn sie in eine Flüssigkeit wieder zurückgeführt werden, die einmal davon gereiniget war, und von neuem mit der Luft in Berührung kommen, liefern eben so viel Sauerteige zur Gährung.

Diese Lehre stimmt vollkommen mit den Vorsichtsmaaßregeln überein, die man nimmt, um den Wein vor nachtheiligen Veränderungen zu bewahren, man läßt ihn einen Bodensatz machen, gießt ihn um, und behandelt ihn mit Erweißstoff, um ihn durch diese Operationen von allen Stoffen zu befreyen, die seine saure Gährung veranlassen könnten. Nachdem ich nun die vorzüglichsten Bedingungen kennen gelehrt, unter denen gegohrne Flüssigkeiten in Essig übergehen, habe ich nur noch die Erscheinungen, unter denen dieß statt hat, zu beschreiben.

1) Es erzeugt sich eine Bewegung in der Masse und eine Art von Erschütterung unter allen Theilen, aus denen sie besteht, die selbst dem Auge sichtbar ist.

2) Es entwickelt sich Wärme: ich habe sie zu 25 und 26 Graden in großen flüssigen Massen emporsteigen sehen.

3) So erheben sich auch und verschwinden wieder kleine Blasen, die eine Mischung von Alkohol und Kohlensäure enthalten.

4) Die Flüssigkeit wird trübe, man sieht in ihr Streifen herumziehen und sich bewegen, die bald in die Höhe steigen, bald niedersinken, sich theilen und sich wieder in einem Bodensatz vereinigen, der, seiner Consistenz nach, einem Brey ähnlich ist und mit Kraft an allen Körpern hängt, die er berührt.

Wenn alle diese Phänomene aufgehört und der Bodensatz sich gebildet hat, so wird die Flüssigkeit klar und der Essig ist fertig.

Bey der Verwandlung des Weines in Essig verschwindet der Alkohol durchgängig: und wenn die Destillation des Essigs manch-

manchmal welchen erzeugt, so kommt dieß daher, weil der Uebergang zum Essig noch nicht vollständig bewirkt ist. Ich habe immer gefunden, daß gute Essige keinen enthielten.

Die geistigen oder alkoholischen Liqueurs sind alle der sauren Gährung unterworfen, und die, die den meisten Alkohol liefern, geben den besten Essig.

Wir werden uns hier begnügen, vom Wein- und Frucht-Essig zu sprechen, und über die Fabrikation beyder so viel als nöthig, in das Detail gehen.

Erster Artikel.

Von der Weinessig-Fabrikation.

In den Ländern, in denen viel Weinbau getrieben wird; vorzüglich in heißen Klimaten, wie im mittäglichen Frankreich, beschäftiget man sich weniger mit den Mitteln zur Fabrikation des Weinessigs als mit denen, zur Verhütung des Umschlagens des Weines, und ungeachtet aller der Sorgfalt, die man in letzterer Hinsicht anwendet, übersteigt die Quantität des Weines, der sauer wird, um vieles die Quantität des Essigs, die man zu verzehren im Stande ist.

Aber in kältern Klimaten, in denen der Wein kostbarer ist, hat man die Essigfabrikation zu einer besonderen Kunst gemacht.

Das älteste Verfahren das bekannt geworden, ist das, dessen Beschreibung Boerhaave uns hinterlassen hat: es besteht darin, daß man zwey hölzerne Kübel an einen warmen Ort setzt, und in einer kleinen Entfernung von dem Boden derselben einen Rost oder eine Flechte anbringt. Auf diese Flechte legt man nun eine mittelmäßig zusammengedrückte Schicht von grünen Weinästen und endigt damit, daß man die Tonne mit Weinbeerkämmen anfüllt. Wenn die Vorrichtungen in den Kübeln so getroffen, füllt man die eine ganz, die andre aber nur zur Hälfte mit Wein an. Nach vier und zwanzig Stunden füllt man in die halbvolle Tonne die Flüssigkeit der anderen, und wieder vier und zwanzig Stunden darauf gießt man die volle Tonne in die wieder leer gemachte, um, und erneuert dieß Manoeuvre alle Tage, bis der Essig fertig ist.

Durch dieß Mittel ermäßiget man durchgängig die Gährung, erhält die gährende Masse in einer gehörigen Bewegung und die Vollendung des Essigs ist in 15 oder 20 Tagen bewirkt. Die Wärme der Werkstätte muß von 18–20 Grad Reaum. seyn.

Fast

Fast aller Essig des nördlichen Frankreichs wird in Orleans bereitet, und die Fabrikate dieser Stadt haben eine solche Celebrität erlangt, daß man das Verfahren, welches man daselbst beobachtet, für das beste halten muß. Es reducirt sich dasselbe aber nach Angabe der Herren Prozet und Parmentier, zweyer befugten Richter in diesem Fache, auf folgendes:

In den Fabriken von Orleans gebraucht man Tonnen, die beynahe 400 Maaß Wein (400 Litres) fassen; man gibt dabey denjenigen den Vorzug, die schon zur Essigfabrikation gedient haben und die man Essigmutter nennt *).

Diese Tonnen setzt man in drey Reihen, eine über die andre, und an ihrem obern Ende werden sie mit einer Oeffnung von 2 Zollen im Durchmesser durchbohrt, die immer offen bleibt.

Von der andern Seite hält der Essigbrauer den Wein der zu Essig bestimmt ist, in Tonnen, in welche zuvor Schichten von Buchenspänen gelegt worden, auf welche die feinen Hefen sich absetzen und an denen sie hängen bleiben Von diesen Tonnen zieht er den sehr klaren Wein ab, um ihn in Essig zu verwandeln.

Man fängt nun damit an, in jedes Mutter-Faß 100 Maaß guten siedenden Essig zu gießen und läßt ihn acht Tage darauf stehen. Dann mischt man damit noch in jeder Mutter 10 Maaß Wein, und fährt fort, alle acht Tage eine gleiche Quantität hinzuzugießen, bis die Gefäße voll sind. Dann läßt man den Essig funfzehn Tage stehen, bevor man ihn verkauft.

Man füllt die Mutter niemals weiter als bis zur Hälfte ab, und gießt nach und nach wieder zu, wie wir bereits gesagt, um neuen Wein in Essig zu verwandeln.

Um zu beurtheilen, ob die Mutter arbeitet, haben die Essigbrauer die Gewohnheit, eine Faß-Daube in den Essig zu stecken und sie sogleich wieder herauszuziehn. Sie sehen, daß die Gährung im Gange und zwar in großer Thätigkeit ist, wenn sich an die benetzte Spitze der Daube Schaum oder die sogenannte Essigblume angesetzt hat, und sie gießen mehr oder weniger neuen Wein in kürzern oder längern Intervallen hinzu, je nachdem der Schaum mehr oder minder beträchtlich war.

Im Sommer ist die Wärme der Luft hinreichend, um den Proceß der Essigbereitung zu befördern; aber im Winter macht man mittelst eines Ofens eine anhaltende Hitze von 18 Graden.

*) Man lese auch darüber Hermbstädts Anleitung zur Kenntniß und Fabrikation des Essigs ꝛc. Berlin 1807. Auch dessen allgemeines Handbuch der Fabrikenkunde ꝛc. Berlin 1807, ersten Bandes erstes Heft. H.

In den meisten Landwirthschaften unterhält man an einem Orte von einer gemäßigten und gleichen Temperatur eine Tonne, die man die Essigtonne nennt, in die man den Wein gießt, den man sauer werden lassen will, und hält sie immer angefüllt; indem man durch neuen Wein den Essig, den man davon abzieht, wieder ersetzt. Um diese vortreffliche Anstalt zu machen, ist es hinreichend, nur einmal eine Tonne guten Essig zu kaufen.

In allen Weinländern macht man Essige von den Weinkämmen, dem Traubenmark, dem Ueberbleibsel von der Destillation u. s. w.

Wenn man Weinkämme an der Sonne stark trocknen läßt, und sie dann mit einem starken Weine tränkt, entwickelt sich daraus eine saure Gährung.

Das Traubenmark, wenn man dessen Saft ausgedrückt, erhitzt sich durch Berührung der Luft, und alle Flüssigkeit, die es enthält, geht in Säure über.

Noch gibt das Residuum der Weindestillation einen leichten Essig.

Um den Essig abzuklären, ist es hinreichend, wenn man auf eine Standflasche Essig ein Glas voll siedender Milch gießt, und die Mischung umschüttelt; es bildet sich dadurch ein Bodensatz, der Essig wird rothgelb (paillet) und conservirt sein aromatisches, welches er durch die Destillation verliert.

Zweyter Artikel.

Von der Fabrikation des Bier-Essigs.

Unstreitig ist der Wein-Essig der beste von Allen. Da aber diese Säure die Basis einiger wichtigen Zubereitungen, wie z. B. des essigsauren Bleyes, Bleyweißes und des Schieferweiß ausmacht, so ist man darauf gekommen, sie durch Verwandlung von Bier in Essig zu gewinnen, und das Verfahren, dessen man sich dabey bedient, ist so ökonomisch, daß zahlreiche Fabriken dieser Art im Norden existiren, und sich zur Verfertigung ihrer Fabrikate nur des Bier-Essigs bedienen.

Ich will das Verfahren beschreiben, das ich im Norden von Frankreich (in Belgien) gesehen habe, und damit schließen, einige Modifikationen dieser Methode, die in andern Ländern des nördlichen Europa üblich sind, anzuführen.

In Gent, wo mir die Fabrikation sehr vollkommen schien, nimmt man:

1440 Pfund Luft-Malz von Gerste.
540 — Waitzen.
390 — Buchwaitzen (Bled de carasin).
2370 Pfund *).

Diese Körner werden gestampft, durcheinandergemengt und in einen Kufel geworfen; man gießt dann 27 Tonnen Flußwasser darauf und läßt das Ganze drey Stunden hindurch aufsieden, welchemnächst man 18 Tonnen gutes Bier erhält, das man abzieht.

Man gießt auf dieselben Körner noch 8 Tonnen Wasser, läßt es 16 bis 18 Stunden kochen und zieht es dann ab. Diese zweyte Operation gibt das sogenannte Halbbier.

Das ganze Gebraude gibt fast 24 Tonnen Bier.

Dieß, so bey dem Brauer zubereitete Bier wird zu dem Essigbrauer gebracht, der es in Pipen vertheilt, von denen jede etwa 3 Tonnen faßt. Zu diesem Behuf bedient man sich nur der Tonnen, in denen spanische Weine oder Branntweine gewesen.

Diese Barils oder Pipen werden eines an das andere auf Gestelle gelegt, auf denen sie 1 Fuß über dem Boden erhaben sind. Man setzt sie an einem sehr offenen Orte der Sonne dergestalt aus, daß kein Körper ihre directen Strahlen unterbrechen oder schwächen kann. Die Tonnen sind übrigens oben mit einer Oeffnung von sechs bis acht Quadratzollen versehen.

Einige Essigbrauer lassen das gute und das Halbbier, jedes besonders gähren, und erhalten dadurch Essige von zweyerley Gattung, die sie dann untereinander mischen, um nur eine einzige in den Handel zu geben. Andre machen die Mischung des guten und des Halbbiers vor der Gährung. Es ist gleichgültig, welche von beyden Methoden man befolge.

Die Barils sind nur bis ½ Fuß von ihrer Oeffnung an gerechnet, voll. Diese Vorsicht ist unerläßlich, um das Ueberlaufen des Bieres während der Gährung zu verhüten.

Die Barils müssen immer offen bleiben; Nachts und bey regnigtem Wetter deckt man ihre Oeffnung mit Ziegelsteinen zu.

Gewöhnlich fangen die Essigbrauer ihre Fabrikation gegen das Ende des May's an und der Essig ist dann nach 4 oder 5 Monaten fertig. Gegen Ende des Septembers zieht man ihn ab, um ihn in die Magazine zu bringen.

Jede

*) Das Genter Pfund ist gleich 432 Gram. 825.
Es verhält sich zum Hectograme wie 17313 zu 4000.
Zum Pariser Pfunde aber verhält es sich wie 13 zu 10.
A. d. V.

Jede Tonne Bier hält 140 Genter Pots, die nur 120 Pots Essig geben; so daß das ganze Gebraude 2880 Pots Essig liefert *).

Einige Essigbrauer bedienen sich statt des Waitzens, des Roggens, Habers oder großer Bohnen; aber sie erhalten daraus auch einen Essig schlechterer Qualität. Es ist durch eine lange Erfahrung bestätiget, daß die obenerwähnten Fruchtarten und Verhältnisse den besten Essig geben, und man kann ohne Nachtheil des Products davon nicht abgehn.

Wenn man die Kosten der Operation nach dem Mittelpreise der Tonnen, der Lebensmittel, des Arbeitslohns und der Zinsen vom Capital berechnet; so kommt das Bier ungefähr 1 Decime oder 2 Sols der Litre oder die Pinte zu stehen.

Ueberall läßt man die Kornarten gähren, um Bier davon zu bereiten; aber immer ohne Beymischung von Hopfen. Es gibt Länder im Norden, wo man die saure Gährung durch Sauerteige hervorbringt, die ihrer Natur nach in den verschiedenen Oertern und Werkstätten von einander abwechselnd sind: hier nimmt man frischgebacknes Brot das man mit Essig benetzt und einige Zeit conservirt ehe man es gebraucht; dort bedient man sich des Sauerteigs vermischt mit Rosinenstengeln oder verdorbenen Rosinen; nachdem man das Ganze mit gutem Essig angefeuchtet.

Anderwärts läßt man den Waitzen keimen, und trocknet ihn an der Sonne und nicht in einer Darre, um einen weißeren und angenehmer riechenden Essig zu erhalten. Man zerstößt ihn, wenn er trocken ist, und legt ihn in einen Kübel. Dann gießt man auf 110 Pfund Malz eine Tonne kochendes Wasser, die ungefähr so viel faßt, als ein Burgunder Faß. Nachdem dieß eine Viertelstunde zusammen digerirt, schüttelt man es sorgfältig um und läßt es ungefähr eine Stunde ruhig stehen; dann zieht man das Flüssige ab. Der Kübel hat einen doppelten Boden mit Löchern, die mit einer Lage von Stroh bedeckt sind, auf der das Malz liegen bleibt, und die Flüssigkeit die durchläuft ist filtrirt. Man läßt sie in hölzerne Gefäße von mehreren Fußen Breite, auf einen Fuß Höhe gerechnet, laufen, und von einem

Gefäße

*) Der Genter Pot ist gleich einem Litre 151; oder er verhält sich zum Litre wie 1151 zu 1000.

Drey und zwanzig Gentner Pots machen beynahe zwanzig Litres aus †). A. d. V.

†) Ein Litre ist ungefähr so viel als der Umfang von 2 Pfund reinem Wasser, wovon $2\frac{1}{4}$ Pfund auf ein Berliner Quart gehen. Ein Genter Pot ist so viel als $1\frac{17}{23}$ Pfund Wasser also ungefähr $1\frac{3}{4}$ Pfund. D.

Gefäße in das andre fließen; indem man sie unaufhörlich mit einer durchlöcherten Schaufel umrührt.

Sobald die Flüssigkeit nun durch Abkühlung die laue Temperatur frischgemolkener Milch angenommen hat, gießt man sie in einen großen Bottich und thut Bierhefen hinzu, damit sie in Weingährung übergehe; es gehören wenigstens 24 Stunden dazu, um diese Gährung hervorzubringen. Dann thut man dieß Bier in Tonnen, die man nur zu drey Viertheilen anfüllt und deren Zapfen man offen läßt. Diese Tonnen werden in einer heißen Stube einer beständigen Wärme ausgesetzt und man läßt sie darin ungefähr 1 Monat oder 6 Wochen gähren. Man klärt den Essig ab; indem man ihn durch Filtrirsäcke von Wolle seihet *).

Dritter Artikel.

Von Fabrikation des Essigs durch Destillation vegetabilischer und animalischer Substanzen.

Die Essigsäure wird nicht allein durch Gährung, wie wir eben sahen hervorgebracht, sondern ist auch zuweilen das Produkt der Destillation einiger animalischen Materien, und vorzüglich von Pflanzensubstanzen, die sie in hinreichend großer Quantität liefern, um in den Künsten davon einen vortheilhaften Gebrauch machen zu können.

Durch die Analyse sind die Herren Fourcroy und Vauquelin zu der Ueberzeugung gelangt, daß die branstige Zuckersäure, die branstige Holzsäure und die branstige Weinsteinsäure nichts wären, als Essigsäure mit etwas empyreumatischem Oele verunreiniget, von dem man sie nur scheiden darf, um die Essigsäure in sehr reiner Gestalt zu erhalten. Diesen beyden geschickten Chemikern ist es gelungen, der Essigsäure des Weines alle charakteristische Kennzeichen der erwähnten Säuren mitzutheilen; indem sie auf dem warmen und selbst auf dem kalten Wege in reiner Essigsäure die empyreumatischen Oele der drey Substanzen auflösten, die diese Säuren enthalten.

Von einer andern Seite hat Herr Thenard bewiesen, daß die zoonische Säure, die Herr Berthollet durch die Destillation von

*) In Deutschland fabricirt man einen dem Weinessig sehr gleichkommenden Essig aus Honig oder Zucker, die man in Wasser auflöst, Weinstein und Branntewein zusetzt, und den Sauerteig als saures Ferment anwendet. Eine nähere Beschreibung davon findet man in Hermbstädts Anleitung zur Fabrikation des Essigs &c. Berlin 1808. H.

von Muskelfleisch erhielt, nichts wäre als Essigsäure, in der ein animalischer Stoff der sich einem öligen Zustande näherte, aufgelöst war.

So erzeugt sich die Essigsäure täglich durch Destillation, und so ist sie diejenige, deren, immer in thierischen oder Pflanzensubstanzen enthaltenen Elemente sich mit der größten Leichtigkeit verbinden.

Von der Essigsäure, die man durch die Destillation von Pflanzensubstanzen erhält, hat man in den Künsten schon sehr glückliche Anwendungen zu machen gelernt. Aber obgleich alle Theile der Pflanzen diese Säure liefern, die man nach dem Theile, den man der Destillation unterwarf, mit verschiedenen Namen nannte, so liefern alle doch nicht die gleichen Quantitäten. Die harten Holzarten geben am meisten davon, und die Weise, deren man sich zu ihrer Verkohlung bedienet, gibt dem Künstler ein oeconomisches Mittel an die Hand, sie sich zu verschaffen. Man darf nur in weite, in frischer Kälte gehaltene Recipienten, wie z. B. in Tonnen, die zwey Drittheil ihrer Höhe ins Wasser ragen, die Dämpfe auffangen, die während der Verkohlung in Rauchgestalt aufsteigen; diese aber durch eiserne Röhren, ähnlich den Ofenröhren, leiten, und man erhält durch dieses sehr ökonomische Verfahren eine Säure, die 4 bis 6 Grade auf dem Aërometer zeigt, schwärzlich aussieht, einen brandigen Geruch von sich gibt, das Eisen auflöst, und deren Auflösung, wenn sie kalt wird, bis 20 und 22 Grad zeigt.

Diese Säure zieht man dem Essig zu allem Gebrauch in der Färberey und Leinwanddruckerey vor; sie enthält ein Oel, das ein vortreffliches Aetzmittel für Leinwand und Kattun abgibt, und schon vertritt es die Stelle der Essigsäure in den Färbereyen, in denen man sich seiner bedient, um das, was man Schwarzbrühe oder Schwarzbeitze nennt, zu machen, das Aetzmittel für schwarz, violett, schwarzbraun, lila, nankinggelb ꝛc. Die Farben, die man nach Anwendung dieses Aetzmittels aufträgt, sind viel kräftiger, lebhafter und fester, als die welche das gewöhnliche essigsaure Eisen hervorbringt *).

Die unter dem Namen branstige Holzsäure bekannte Essigsäure, zog man aus Holz; die branstige Zuckersäure aus allen gezuckerten und und fadeschmeckenden zähen Schleimen, und die Weinsteinsäure aus destillirtem Weinstein.

Unab-

*) Nähere Anleitung zum Gebrauch dieser Säure in der Färberey, findet man in Hermbstädts Grundriß der Farbekunst ꝛc. 2te Auflage 1807; so wie in Herbmstädts Magazin für Färber, Kattundrucker und Bleicher, 1ster bis 6ter Band. Berlin 1806 bis 1807. H.

Unabhängig von diesen dreyen Säuren, die hauptsächlich die Chemiker beschäftiget haben, ist es bekannt, daß alle Pflanzensubstanzen, sie seyen von welcher Art sie wollen, ein saures Produkt von derselben Natur geben, als die von denen wir nur gesprochen. Man kann daher den Grundsatz aufstellen, daß die Destillation der Vegetabilien immer ergebe.

Wenn man die Essigsäure, die durch Destillation erzeugt wird, bey der Färberey gebrauchen will, so ist es unnütz, ja würde selbst ihrer Güte nachtheilig seyn, wenn man das Oel, das in ihr aufgelöst ist; von ihr trennen wollte. Aber wenn man sie sehr rein zu haben wünscht, so kann man dieß bewirken, wenn man sie durch Kohle filtrirt, dann mit Kali sättiget und das essigsaure Salz durch Destillation zersetzt. Auf welche Art man aber auch den Essig gewonnen, muß man ihn noch einigen besonderen Vorbereitungen unterwerfen, bevor man ihn gehörig gebrauchen kann.

Der Essig enthält nämlich immer eine mehr oder weniger große Quantität von Extractivstoff, von dem man ihn durch die Destillation befreyen muß: ohne diese Vorsicht würde er in seine Verbindungen einen fremden Stoff mit übertragen, der nicht allein der Qualität des Produktes nachtheilig werden, aber auch die Wirkung der Säure auf die Körper, mit denen man sie in Verbindung bringt, vermindern würde.

Die Destillation geschieht in gläsernen Gefäßen, wenn man nur eine geringere Quantität gewinnen will, und in kupfernen Helmen, wenn man für Handwerker oder für den Handel arbeitet.

Sie fängt bey der Temperatur des siedenden Wassers an, aber die ersten Produkte sind schwach, und die concentrirteste Säure ist die, welche zuletzt kommt.

Der destillirte Essig ist weiß wie Quellwasser, und wirksamer als der, der diese Operation nicht ausgestanden.

Der destillirte Essig hat ferner die Unannehmlichkeit, daß er lange Zeit den Geruch des Feuers an sich trägt, aber diese Unannehmlichkeit kann nur in so fern in Betracht kommen, als man ihn an Speisen gebrauchen will. Man kann ihn übrigens vor diesem Geschmack bewahren, wenn man ihn im Wasserbade destillirt, und das Wasser des Bades durch eine starke Auflösung eines Salzes, wie z. B. durch salz= und salpetersaure Kalke, oder die Mutterlauge von jedwedem Salze verdichtet,

tet, damit er selbst einen größern Grad von Hitze bekomme, als den des kochenden Wassers *).

Man kennt im Handel zweyerley Arten von Essig: den weißen, den man von weißem Wein gemacht, oder von rothem auf Mark von weißen Trauben gesäuertem, und den rothen, der aus dem zu Essig gewordenen rothen Wein entsteht.

Der Essig hat die Fähigkeit, den riechenden Stoff der Pflanzen aufzulösen und in sich zu bewahren; man kann ihn daher wohlriechend machen, und diese in ihren Grundsätzen ganz einfache Kunst ist zu einem beträchtlichen Handelszweige geworden. Lavendel, Thymian, Rosmarin, Citronen, Estragon (Dragun) sind die Substanzen, mit denen man gewöhnlich den Essig destillirt, um ihm ihren Geschmack zu geben. Die meisten dieser Essige werden durch Infusion verfertiget, und man filtrirt sie dann mit der größten Sorgfalt, um alle fremdartigen Stoffe davon zu trennen, die ihre Farbe oder Qualität verändern könnten. Man kann den Essig noch durch die Mischung mit dem besonders extrahirten aromatischen Pflanzenstoff wohlriechend machen. Man nennt in der Regel die Essige die auf Pflanzen infundirt worden, componirte. Die Arzeneykunst, wie die der Toilette haben sich aber diese Bereitungsmethode zu Nutze gemacht, um die wohlriechenden Essige zu angenehmen Verbindungen mit Medicamenten oder Riechwassern zu gebrauchen.

Man bedient sich des Essigs auch zur Conservation von Fleisch, Früchten und Gemüsen. Herr Parmentier bemerkt hierüber, daß er das in diesen Substanzen enthaltene Wasser verdränge, und sich mit ihren Grundbestandtheilen, vorzüglich ihrem Gallert verbinde.

Man bereitet daraus auch einen Syrup; ein eben so heilsames als angenehmes Getränk.

Man hat die Gewohnheit den Essig durch Gefrieren zu concentriren: man trennt durch dieses Mittel eine Portion des wässerigen Stoffs davon, der sich in Eisscheiben verwandelt; die man wegnimmt so wie sie entstehen.

Aber wenn man sich einen noch reinern und gut entwässerten Essig verschaffen will, so destillirt man die Produkte, die ihn als Grundbestandtheil enthalten, wie essigsaures Kupfer, oder kri-

stallisir-

*) Um den destillirten Essig völlig frey von einem branstigen Geruch zu erhalten, darf derselbe nur über gepulverte Kohle destillirt werden, die man dem rohen Essig gleich bey der Destillation zusetzt. Zehn Pfund Kohle auf einen Oxhoft Essig, sind hierzu völlig hinreichend. H.

stallisirter Grünspan und zur Trockne verdicktes essigsaures Kali, wie Stahl vorschlägt. Westendorf hat angerathen, essigsaures Kali mit der Hälfte seines Gewichtes an Schwefelsäure zu destilliren, um eine sehr concentrirte Säure zu erhalten.

Lowitz hat dieß Verfahren vervollkommnet, indem er drey Theile essigsaures Kali mit vier Theilen Schwefelsäure destillirte. Man destillirt dann wieder das Produkt der ersten Destillation mit essigsaurer Schwererde, die die Schwefelsäure, die sich etwa noch darin befinden könnte, fesselt, und die Essigsäure ist dann so verdickt, daß sie sich in Kristalle verwandelt.

Es bleibt uns noch übrig, von den Modificationen zu handeln, die diese Säure in den verschiedenen Zuständen erleidet, in denen man sie findet, und von den Umständen, die ihre Entstehung begünstigen.

Eine Erfahrung, die ich 1781 gemacht habe, und die in den Memoiren der Akademie der Wissenschaften zu Paris für das Jahr 1786 abgedruckt ist, kann uns einigen Aufschluß über die Erzeugung der Essigsäure gewähren *).

Man stellt unmittelbar über den Deckel, der in Gährung gesetzten Trauben, flache, mit reinem Wasser angefüllte Gefäße; nach drey oder vier Tagen wird dieß Wasser sauer, und man füllt es dann auf Bouteillen, um es an einen ruhigen Ort von einer Temperatur von ungefähr 20 Graden zu setzen. Diese Bouteillen pfropft man nicht zu, und nach Verlauf eines Monats, zuweilen auch früher oder später, entwickeln sich Flocken aus der Flüssigkeit, es entsteht darin eine leichte Gährung, sie nimmt den Geschmack und den Geruch des Essigs an, die Flocken sinken zu Boden, die Flüssigkeit wird klar, und der Essig ist fertig.

Es ist hierbey zu bemerken, daß, wenn man sich anstatt des reinen Wassers eines solchen bedient, das aus einem Graben kommt, oder sonst irgend eines solchen, in dem erdigte schwefelsaure Salze aufgelöst sind, die Erscheinungen nicht mehr die nämlichen bleiben. Die Schwefelsäure wird dann einer Zersetzung unterworfen, die sich ankündiget durch einen Geruch von geschwefeltem Wasserstoffgas, und durch einen Niederschlag von Schwefel in Natura.

Es ist außer Zweifel, daß bey diesem Experimente die Gährung des Essigs auf Rechnung der Wirkung des im Wasser aufgelösten

*) Dieß Experiment gibt immer die nämlichen Resultate, wenn man mit sehr kräftigen Weinen, wie z. B. den des südlichen Frankreichs, operirt. A. d. V.

gelösten Alkohols und einer darauf übertragenen Portion von Extractivstoff zu setzen ist. Die Existenz dieser beyden Stoffe in demselben wird durch die Analyse bewährt. Der Geruch des Alkohols, der sich um einen Kübel her ankündiget, in dem Trauben gähren, macht es leicht begreiflich, wie Wasser, welches neben den gährenden Trauben steht, denselben einsaugen müsse; das Daseyn des Extractivstoffs ist schwerer einzusehen, doch ist er einmal vorhanden, und man muß annehmen, daß diese Substanz durch den Alkohol oder die Kohlensäure mit verflüchtigt worden.

Bey diesem Experimente über die Entstehung des Essigs zeigt das in einem Punkte desselben sich producirende geschwefelte Wasserstoffgas an, daß Wasser sich zersetze, um zugleich Sauerstoff und Schwefelsäure hervorzubringen.

Folgende Experimente, deren Resultat die Erzeugung von von Essigsäure war, geben über deren Natur noch näheren Aufschluß.

Scheele erhielt Essig; indem er Zucker und Gummi mit Braunsteinoxyd und Salpetersäure behandelte.

Der nämliche Chemiker hat beobachtet, daß die letzten Resultate der Zersetzung von Säuren durch Alkohol, bey der Formation der verschiedenen Arten von Aether, Essigsäure sey.

Er hat ferner gesehen, wie Zucker äure mit Salpetersäure zersetzt, sich in Essig verwandelte. Hermbstädt hat das nämliche Experiment mit Weinsteinsäure gemacht.

Scheele bewirkte den Uebergang von Galläpfelsäure in Essigsäure durch Salpetersäure.

Crell, der Alkohol mit Schwefelsäure und Braunstein aufsieden ließ, erhielt Essig und Stickgas.

Wenn man einige Monate hindurch eine Mischung von Alkohol und Zuckersäure mit einander digeriren läßt wird aus beydem zusammen, Essig.

Wenn man Salpetersäure mit dem Alkohol vermischt, erhält man nach Willkühr Zuckersäure oder Salpetersäure; nur daß zu der letztern eine stärkere Dosis als zu der ersteren erforderlich ist.

Herr Berthollet hat im Jahre 1785 bekannt gemacht, daß oxydirte Salzsäure den Alkohol in Zucker, Essig und Wasser verwandeln könne, indem er sich von seinem Sauerstoff trenne.

Der Saft der Bäume zeigt Essigsäure, wenn er mehrere Stunden hindurch ruhig in Gefäßen gestanden. Erhitzte Lohe gleichfalls. Die Wässer in welchen Gemüse, als Kohl, Mohrrüben, Steckrüben, Kartoffeln, Gurken und die Schoten der Schminkbohnen eingeweicht werden, sind stark essiggesäuert.

Scheele hatte unsre Säure auch aus saurer Milch gezogen und die Herren Fourcroy und Vauquelin sie in der Fleischbrühe und den thierischen Gallerten; so wie in dem Urin der Säugethiere gefunden.

Es geht aus den zahlreichen Erfahrungen, die bis diesen Augenblick über diese Säure gemacht worden, hervor, daß sie das Produkt der Gährung der Destillation und der Zersetzung der Salpetersäure und oxydirten Salzsäure mit Pflanzenstoffen oder andern aus solchen Substanzen gezogenen Säuren ist.

Es folgt daraus, daß das Radical dieser Säure überall im Pflanzenreiche zu suchen sey; daß es hinreicht, wenn irgend ein Grund ihm Sauerstoff darbietet, um die Säure hervorzubringen, und daß ihre Zusammensetzung endlich aus Wasserstoff, Kohlenstoff und Sauerstoff, in uns noch unbekannten Verhältnissen, zu bestehen scheint.

Wasserstoff und Kohlenstoff sind in dem Alkohol und in dem Extractivstoff der Pflanzen enthalten: aber der Wasserstoff hat in dem ersteren, und in dem letzteren der Kohlenstoff die Oberhand; so daß wenn man sie besonders oxygenesirte, der Alkohol viel Wasser und wenig Essigsäure, der Extractivstoff viel Kohlensäure und wenig Essigsäure geben würden. Wenn aber beyde Stoffe vereiniget sind, und man sie, durch welches Verfahren es sey, oxygenesirt; so erzeugen sich Wasser und Kohlensäure, die diese beyden Stoffe in die gehörige Verhältnisse bringen, um in Essigsäure überzugehen.

Die Destillation des essigsauren Kupfers (Kupferkristall, kristallisirter Grünspan) gibt eine sehr pikante und so concentrirte Essigsäure, daß das letzte, was zur Destillation kommt, die Haut zerfrißt, wie Herr Bonvoisin beobachtet hat (s. die Memoiren der Königl. Akademie zu Turin, von 1788 und 1789).

Man hat geglaubt, daß diese Säure von dem gewöhnlichen Essig verschieden sey; ich selbst habe den Beweis geführt, daß sie viel weniger Kohlenstoff enthalte; aber Herr Darracq hat gezeigt, daß das Uebermaaß von Kohlenstoff im Essig von dem Extractivstoffe herrühre, mit welchem er vermischt ist, und daß, wenn man ihn davon frey gemacht, beyde Zustände der Säure, durch nichts von einander unterschieden wären, als durch den Grad der Concentration; so, daß man jetzt nur ein Essigsaures kennt, das man Essigsäure nennt.

Zwölfter Abschnitt.

Von der Sauerkleesäure.

Dem berühmten Bergmann verdanken wir die Entdeckung dieser Säure. Er machte sie am 13ten Junius 1776 in einer Thesis bekannt, die er in Upsala durch Arvidson vertheidigen ließ *).

Diese Säure war zuerst unter dem Namen Säure des Zukkers und zuckerige Säure bekannt, und man betrachtete sie wie eine Modification der Salpetersäure, weil man sie durch eine Wirkung dieser Säure auf den Zucker erhielt.

Heut zu Tage nennt man sie allgemeine Sauerkleesäure, weil es anerkannt die nämliche Säure ist, die sich, in Verbindung mit dem Kali in dem Sauerkleesalze findet.

Das von Bergmann beschriebene Verfahren diese Säure zu extrahiren oder hervorzubringen, ist folgendes:

Man thue in eine tubulirte Retorte im Sandbade einen Theil gestoßenen Zucker, und drey gewöhnlicher Salpetersäure, oder solcher, deren specifisches Gewicht gegen die des Wassers sich wie 1,560 zu 1,000 verhält. Der Zucker löst sich sogleich auf, es steigen röthliche Dämpfe in die Höhe, und die Mischung fängt mächtig an zu sieden. Sobald dieses Brausen gestillt ist, unterhält man das Feuer, und die Flüssigkeit nimmt bald eine braune Farbe an. Man gießt dann eine gleiche Quantität Salpetersäure darauf, und fährt fort sieden zu lassen.

Wenn die Flüssigkeit nun gehörig verdichtet ist, (was man an einigen kleinen Kristallen merkt, die sich auf der Oberfläche zeigen, oder dann bilden, wenn man eine kleine Quantität davon kalt werden läßt), so gießt man sie in eine Schaale, und es formiren sich vierseitige, lange und schmale Kristalle.

Man thut die Mutterlauge wieder in die Retorte, und gießt eine neue Quantität Salpetersäure darauf. Man evaporirt wie das erstemal, und kann eine zweyte Lage von Kristallen abheben.

Wenn man so mit dieser Procedur fortfährt, so bringt man viel Aepfelsäure hervor, und gegen das Ende der Operation producirt sich nichts als Kohlensäure.

Ich

*) Eigentlich ist Scheele der Entdecker der Kleesäure, er theilte seine Entdeckung an Bergmann mit, der solche nur weiter ausgeführt hat. H.

Ich habe es viel vortheilhafter gefunden, sogleich 9 Theile Salpetersäure auf einen Theil Zucker zu nehmen, die Zersetzung der Salpetersäure geht vollständiger vor sich, und das Produkt an Sauerkleesäure ist reichhaltiger. Nach der Abnahme der ersten Lage von Kristallen, und wenn die Mutterlaugen von neuem auf das Feuer gebracht worden sind, füge ich noch ein Drittheil von der ganzen Masse des zuvor genommenen Zuckers hinzu: es entwickelt sich eine neue Quantität nitröses Gas das röthliche Dämpfe gibt, und ich erhalte eine neue Quantität von Kristallen.

Ich evaporire dann wieder die Mutterlaugen, und thue Zucker oder Säure nach Nothdurft hinzu.

Aber die ersten Kristalle sind benetzt von Salpetersäure, von der man sie durch Auflösungen in Wasser und successive Kristallisationen befreyen muß. Wenn das Aufwallen stark ist, so hat dieß einen ansehnlichen Ausfall zur Folge, denn diese Säure verfliegt dermaßen, daß wenn die Evaporation im Sandbade bey offenen Gefäßen geschieht, es schwer ist, in deren Nähe zu bleiben, wegen des Brennens auf der Haut und in der Nase, das diese Ausflüsse bey der Verflüchtigung hervorbringen.

Die reguläre Form der gereinigten Kristalle der Sauerkleesäure, ist die eines vierflächigen Prisma, das in zweyseitige Gipfel ausläuft.

Der Zucker ist nicht die einzige Substanz, die das Radical dieser Säure liefert: Bergmann hat sie aus arabischem Gummi gezogen, in dem Verhältnisse von ungefahr einem Viertheil des angewandten Gummi. Alkohol, das er mit seinem dreyfachen Gewichte an Salpetersäure behandelte, lieferte ihm davon drey Achttheile seines Gewichtes.

Zwey Unzen Manna, mit zwölf Unzen Salpetersäure zu 32 Grad behandelt, gaben mir zwey Quentchen, sechs und sechzig Gran an Sauerkleesäure.

Eine Unze sechs Quentchen Extract von Waitzenmehl, das ich mit 16 Unzen Salpetersäure zu 36 Graden zersetzen ließ, gab mir vier Quentchen sechs und dreyßig Gran Sauerkleesäure.

Der Extract des Roggenmehls lieferte mir ein Drittheil weniger, und der von Gerstenmehl ein Viertheil weniger, als das letztere, obgleich es dem Geschmack nach, zuckeriger war.

Zwey Unzen Extract, die ich auch einem Pfund von der weißen Art der Beta zog, und mit 8 Unzen 41 Grad behandelte, gaben drey Quentchen vier Gran Sauerkleesäure.

Eine

Eine Unze Pastinakextract und 8 Unzen Salpetersäure zu 41 Grad, gab davon sechs und dreyßig Gran.

Rosinenextract gibt ein Achttheil Säure, der von Ahorn ein Quentchen zwey und zwanzig Gran auf die Unze, und der des Eschenbaums aus unsern mittäglichen Provinzen, nahe an zwey Quentchen.

Acht Unzen Salpetersäure zu 40 Grad lieferten davon zwey Quentchen sechs und dreyßig Gran auf die Unze arabischen Gummi; aus dem Gummi Tragant erhielt ich weniger.

Herr Berthollet hat diese Säure in kleiner Quantität aus der Baumwolle, und in größerer auch geringerer aus Seide, Wolle, aus der Haut, den Sehnen, den Haaren, dem Gallert, dem Weißen und Gelben vom Ey, und dem Leim u. s. w. gezogen.

Hermbstädt hat bewiesen, daß man die Tamarinden, Citronen, Pflaumensaft-, die Birn-, Johannisbeer-, die Berbisbeer- und Sauerampfersäure durch Zersetzung mit Salpetersäure in Sauerkleesäure verwandeln könne.

Scheele hat durch Salpetersäure die Galläpfelsäure in Sauerkleesäure verwandelt.

Man kann daher von der Sauerkleesäure annehmen, daß sie ein Radical zur Basis habe, das fast in allen thierischen und Pflanzensubstanzen vorhanden ist, und nur des Sauerstoffs bedarf, um in den Zustand der Säure überzugehn. Die Leichtigkeit, mit der man von diesen Säuren eine in die andre verwandelt; indem man ihnen mehr oder weniger Sauerstoff hinzufügt, oder mehr oder weniger Kohlen- oder Wasserstoff davon abnimmt, erlaubt keinen Zweifel darüber, daß nicht alle ein gemeinschaftliches Radical haben sollten, das nur in seinen Verhältnissen in Hinsicht des darin enthaltenen Sauerstoffs und der beyden Radicalien unter sich, von einander abweicht.

Man hat freye Sauerkleesäure in den Härlein der Kichererbsen gefunden; diese artige Bemerkung verdankt man den Herren Deyeux und Proust.

Die Sauerkleesäure vereinigt alle characteristische Eigenschaften der Säuren; ihr Geschmack ist sehr stark; es sind davon nur sieben Gran nöthig, um ein Maaß voll Wasser merklich zu säuern; ein einziger Theil davon aufgelöst in 1920 Theilen Wasser röthet blaues Zuckerpapier, und ein Theil davon aufgelöst in 3600 Wasser färbt die sehr verdünnte Lackmustinktur roth.

Diese Säure ist sehr auflöslich in Wasser, und bringt in jeder Flüssigkeit eine sehr merkliche Kälte hervor. Siedendes

Wasser

Wasser löst sein Ganzes; kaltes, die Hälfte seines Gewichtes von dieser Säure auf, wenn sie eine Temperatur von 12 Graden hat.

Hundert Theile siedendes Alkohol nehmen sechs und funfzig von der Säure in sich auf.

Die Kristalle der Sauerkleesäure verlieren durch die Wärme drey Zehntheile an Kristallisationswasser.

Die wesentlich characteristischen Eigenschaften der Sauerkleesäure, auf welche sich der gewöhnliche Gebrauch gründet den man davon macht, sind: 1) die Eigenschaft, den vorzüglichsten bekannten Säuren den daran gebundenen Kalk zu benehmen; 2) die Leichtigkeit, mit der sie das Eisenoxyd auflöst.

Die erste dieser Eigenschaften gibt ihr einen vorzüglichen Werth als gegenwirkendes Mittel, um das Vorhandenseyn eines Kalksalzes, das sich in irgend einer Flüssigkeit in Auflösung befindet, anzuzeigen und festzustellen. Aber der sauerkleesaure Ammoniak wirkt als ein noch kräftigeres Gegenmittel, als die nicht in einer Verbindung begriffene Säure; wenn man einen kleinen Kristall von sauerkleesaurem Salze über der Oberfläche gewöhnlichen Wassers so schwebend erhält, daß es damit in Berührung kömmt, so zeigt sich den Augenblick nachher, eine weiße Wolke unmittelbar unter demselben, welche schon die Zersetzung des erdigen Salzes beweiset, und wenn man den Kristall von sauerkleesaurem Salze in das Wasser wirft, läßt es eine Wolke hinter sich die die Linie anzeigt, die es genommen, und die langsame oder schnelle Zersetzung, welche vor sich gegangen.

Aber hauptsächlich durch die Eigenschaft, welche die Sauerkleesäure besitzt, Metalloxyde aufzulösen, ist sie für die Künste wichtig. Schon gebraucht man in den Fabriken von gedruckter Leinwand große Massen davon, um den Aetzstoff von einigen Theilen der Zeuge wegzubeitzen. Nämlich, anstatt daß man das Aetzmittel mit einer Platte auf die Leinwand aufträgt und so eine Zeichnung darauf anbringt, bedeckt man sie ganz mit dem Aetzmittel, und gießt dann die Säure, die gehörig mit Gummi versehen seyn muß, auf die Theile derselben die man weiß erhalten will, und die Säure zerstört das Aetzmittel, so daß die Farbe, da wo dieses erst war, nicht mehr faßt. Vermittelst dieses Verfahrens druckt man die sandig punktirten und alle delicate Dessins die man mit der Platte nicht ausführen konnte. Man sieht leicht ein, daß, wenn man durch diese Säure den Aetzstoff von einigen Theilen des Zeuges ganz wegbeitzen kann, es noch leichter ist, dadurch dessen Kraft zu ermäßigen und in das Gleichgewicht zu bringen; so daß man alle Arten von Nüan-

Nüancen auf eine Leinwand anbringen könnte, die man zuvor ganz in das Aetzmittel getränkt; es kommt nur darauf an, daß man in der Stärke der Säure abwechselt, deren man sich hinterher als Hülfsmittel bedient.

Die Sauerkleesäure ist die Substanz, deren man sich am zweckmäßigsten bedienen kann, um Dintenflecke aus den Kleidern, der Wäsche rc. auszumachen. Es ist dazu weiter nichts erforderlich, als einen kleinen Kristall auf dem zuvor mit Wasser benetzten Fleck zu zerreiben, und es löst sich sogleich auf. Auch kann man sich einer starken Auflösung der Säure in Wasser, bedienen.

Dreyzehnter Abschnitt.

Von der Benzoe-Säure.

Balsame sind Harze in einer natürlichen Verbindung mit einer riechenden und festen Säure.

Die Naturgeschichte bietet hauptsächlich dreyerley Arten davon dar; den Benzoe-Balsam, den Peruanischen Balsam und den Storax-Balsam.

Aus einem jeden dieser Balsame kann man eine feste Säure ziehen; aber man wendet zu diesem Gebrauch nur den Benzoe an, und die daraus gewonnene Säure, heißt Benzoe-Säure.

Man kennt im Handel zwey verschiedene Arten des Benzoe, den mandelartigen und den gewöhnlichen; der erstere besteht aus den schönsten Tropfen dieses Balsams, die durch einen Gluten oder Saft von der nämlichen Gattung, aber braunerer Farbe, mit einander verbunden sind, welches der Masse das Ansehn von Nougat (Mandelgebackenem) gibt. Der zweyte ist der Saft selbst, ohne Beymischung dieser schönen Tropfen.

Der Benzoe, wenn er auf Kohlen gethan wird, schmilzt, entzündet sich schnell und verbreitet im Brennen einen starken und aromatischen Geruch. Aber wenn man ihn bloß erwärmt, ohne ihn anzubrennen, so bläst er sich auf und gibt noch einen angenehmern, wenn gleich sehr starken Geruch von sich.

Der Benzoe, wenn er zerrieben und mit Wasser aufgekocht wird, liefert ein auflösliches Salz, das, wenn es kalt wird, in lange nadelförmige Kristalle anschießt. Durch dieß Mittel jedoch kann man nicht das ganze, in dem Benzoe enthaltene saure Salz extrahiren, weil das Harz, welches vom Wasser nicht durchdrungen werden kann, einen Theil davon vor der Wirkung dieses auflösenden Mittels sichert.

Man

Man hat daher zur Sublimation seine Zuflucht genommen, um das Salz vom Harze zu scheiden; zu diesem Zwecke thut man grob gestoßenen Benzoe in einen gläsernen Destillirkolben; setzt diesen Kolben in das Sandbad, und geht mittelst einer steigenden Wärme zur Sublimation über. Das saure Salz trennt sich von der Masse und formirt in dem ganzen Umfange des Gefäßes einen Anflug von langen sehr weißen Nadeln.

Einige Apotheker thun den Benzoe in eine Schüssel, bedecken diese mit einer zweyten Schüssel und lutiren sie mit Papier aneinander, machen eine kleine Oeffnung gegen die Mitte der obersten Schüssel zu, und bringen den ganzen Apparat auf das Feuer. Die Hitze verflüchtigt das saure Salz, das man ablöst, wenn die Gefäße kalt geworden sind; indem man die beyden Schüsseln wieder auseinander bringt.

Diese Verfahrungsarten liefern nicht alles Salz, das in dem Benzoe enthalten ist, ein großer Theil davon verfliegt in die Luft; auch ist dieß Salz im Handel sehr theuer.

Um es in größerer Quantität zu gewinnen, fange ich damit an, den Benzoe in einer Retorte zu destilliren, und lasse allen Balsam in den Recipienten übergehn; dann lasse ich das Wasser auf dem desorganisirten Produkte aufkochen und kann sodann das Salz leicht abtrennen, welches sich durch das Abkalten und die Evaporation niederschlägt.

Scheele hat angerathen, die Benzoesäure durch Kalkwasser zu extrahiren; er zersetzt das daraus entstehende benzoesaure Salz durch Salzsäure und trennt die Säure davon; indem er sie in der Auflösung des salzsauren Kalks kristallisiren läßt.

Die Benzoesäure wird mit der Zeit braun; ja es ist selten, daß man sie recht weiß erhält, wenn man sie durch Wasser auszieht; dieß rührt von einer Portion Oel her, die fast unzertrennlich mit ihr verbunden ist, aber von der man sie doch befreyen kann, wenn man sie mit Kohle vermischt und sie nachher durch Anwendung der gehörigen Wärme sublimirt.

Die Benzoesäure, wenn sie sublimirt, oder durch das Feuer in Dämpfe verwandelt wird, hat einen sehr durchdringenden aromatischen Geruch, der zum Husten reizt; vorsichtigerweise muß man die Gefäße, in denen man ihn sublimirt, erst dann eröffnen, wenn sie kalt geworden sind; man setzt sich sonst der Gefahr aus, einen Theil des Salzes zu verlieren und die sehr reitzenden Dämpfe einzuathmen.

Dieß saure Salz röthet blaues Papier. — Es entwickelt die Säure aus kohlensauren Salzen und bildet vollkommene Verbindungen mit metallischen, erdigen und alkalischen Basen.

Man hat die Benzoesäure in dem Urin der Thiere gefunden, die sich von Früchten nähren: die Herren Deyeux und Vauquelin haben 1792 beobachtet, daß die Verdickungen, die sich in dem Bodensatze des Zimmtwassers bilden, die Eigenschaften der Benzoesäure haben, und Scheele war von der Analogie überrascht, die er zwischen dem sublimirten sauren Salz der Galläpfel und der Benzoesäure fand.

Vierzehnter Abschnitt.

Von der Blausäure.

Bis hierher hatte man geglaubt, daß die Blausäure sich ausschließlich in thierischen Substanzen vorfande, aber Herr Schrader Apotheker in Berlin, und Herr Vauquelin haben sie durch Destillation gestoßener bitterer Mandeln und Pfirsichblätter im Wasserbade gewonnen. Der französische Chemiker zog sie auch noch aus Abricosenkernen, und es ist wahrscheinlich, daß die Pfirsichblätter, Blumen und Kernen, so wie die Kerne der Pflaumen und Kirschen sie enthalten, weil sie eine auffallende Analogie des Geruchs damit haben.

Aber die thierischen Substanzen sind bis jetzt die einzigen geblieben, aus denen man die Blausäure, welche in den Künsten angewendet wird, gezogen hat, und obgleich die Destillation des Bluts und die Wirkung der Salpetersäure auf den Eyweißstoff, den thierischen Leim und die thierische Faser sie hervorbringen; so ist sie hauptsächlich dadurch extrahirt worden, daß man ihr eine alkalische Basis darbot, und sodann entwickelt man sie aus diesen neuen Verbindungen, wenn man sie rein erhalten, oder auf andere Basen übertragen will *).

1) Kali zu gleichen Theilen mit getrocknetem Ochsenblute gemischt, und so lange in einem Schmelztiegel calcinirt, bis die Mischung

*) Man hat die Blausäure freylich bisher nur aus Blut, Horn, Haaren und andern animalischen Substanzen bereitet, aber man erhält sie daraus nie so rein als aus den oben genannten Pflanzenprodukten, weil sie im ersten Fall, an Alkalien gebunden, immer schon etwas Eisen eingemengt enthält. Man würde daher wenigstens dann, wenn die Blausäure als Prüfungsmittel für das Eisen angewendet werden soll, das blausaure Kali aus einem der obigen Materialien bereiten müssen. Ich habe es versucht das bittre Mandelwasser so lange mit ätzendem Kali zu mischen, bis dieses schwach vorwaltet, und dann durch's gelinde Abdunsten und Kristallisiren der Flüssigkeit, ein schönes blausaures Kali erhalten, das völlig eisenfrey ist. H.

Mischung keine Flamme mehr gibt und sich in eine rothe Kohle verwandelt, nimmt die Blausäure in sich auf, und bildet damit ein in Wasser auflösliches blausaures Kali, das man von allen Stoffen, die es verunreinigen, befreit; indem man die rothglühende Kohle des Tiegels in's Wasser wirft, und sodann den Bodensatz der Flüssigkeit von derselben trennet, welchemnächst man ein sehr reines blausaures Kali erhält.

Diese Auflösung der Blausäure, die man lange Zeit hindurch phlogistisirtes Alkali, und flüssiger färbender Stoff des Berliner Blau, auch Blutlauge genannt hat, hat die Fähigkeit, Kristalle vom blausauren Kali zu liefern, wenn man sie durch Evaporation verdichtet.

Diese Auflösung von blausaurem Kali zu dem man Schwefelsäure hinzuthut, laßt bey der Destillation eine gasartige Substanz fahren, deren Geruch dem der bittern Mandeln ähnlich, und die nichts als Blausäure ist, während zu gleicher Zeit sich ein wenig blausaures Eisen niederschlägt. Bey diesem Experimente überträgt das blausaure Kali sogleich seine alkalische Basis der Schwefelsäure, und die freygewordene Blausäure verflüchtigt sich durch die Hitze; aber man kann diese Säure eben so aus dem niedergeschlagenen blausauren Eisen entwickeln, wenn man Schwefelsäure wieder mit dem Residuum destillirt, so daß nichts als schwefelsaure Salze und Eisenoxyd zurück bleiben und alle Blausäure in den Recipienten übergeht.

2) Da diese Säure in naher Verwandtschaft mit einigen Metalloxyden stehet; so hat Scheele dem wir die Entdeckung derselben, und die Mittheilung einiger in Rücksicht auf ihre Verbindungen sehr interessante Thatsachen verdanken, sich mit Erfolg des rothen, durch Salpetersäure bereiteten Quecksilberoxyds bedient, um daraus ein blausaures Quecksilber zu bereiten, aus dem die Säure leicht zu extrahiren ist.

Dieser berühmte Chemiker that in einen gläsernen Destillirkolben zwey Unzen blausaures Eisen, eine Unze rothes Quecksilberoxyd, sechs Unzen Wasser, ließ die Mischung einige Minuten mit einander aufkochen und schüttelte sie fortwährend um; die Flüssigkeit nimmt so eine gelbe, in das grünliche spielende Farbe an. Man bringt das ganze auf ein Filtrum, und gießt auf das Residuum ein wenig heißes Wasser, um es gehörig auszuwaschen.

Diese Flüssigkeit ist ein blausaures Quecksilber, das einen metallischen Geschmack hat, das weder durch Säure, noch durch Alkalien niedergeschlagen, noch durch etwas anderes zersetzt werden

den kann, als durch ein langes Digeriren mit andern metallischen Substanzen.

Man gießt diese Auflösung in eine Flasche, in die man eine halbe Unze nicht oxydirte Eisenfeile gethan, fügt drey Quentchen Schwefelsäure hinzu, und schüttelt sie mehrere Minuten hindurch, worauf die Mischung durch die Reduction des Quecksilbers ganz schwarz wird. Die Flüssigkeit hat übrigens dann ihren Quecksilbergeschmack verloren, und den von Pfirsichblüthe angenommen. Man scheidet diese sehr flüchtige Blausäure durch Destillation an einem gemäßigten Feuer.

Scheele räth an, die Vorrichtung gut zu verlutiren, etwas Wasser in den Recipienten zu thun, kleine Gefäße anzuwenden, um so wenig als möglich an Säure zu verlieren, und die Condensation durch eine kalte Temperatur zu befördern.

Die Blausäure hat eigenthümliche Eigenschaften, durch welche man sie von einer jeden andern unterscheiden kann:

1) ihr Geruch ist dem von bittern Mandeln ähnlich.

2) Ihr Geschmack ist süßlich, und bringt eine Wärme im Munde hervor, indem er zum Husten reitzt.

3) Sie raubt allen Säuren ihr Eisen, und bildet blaues blausaures Eisen.

4) Sie schlägt Oel und Schwefel aus ihren Verbindungen mit einem Alkali nieder.

5) Sie ist sehr flüchtig, sehr elastisch, und wird durch Wärme nicht zersetzt.

Herr Berthollet der diese Säure und ihre Verbindungen mit dem beobachtenden Blicke geprüft, der alles umfaßt und aufklärt, hat aus seinen Experimenten die Folgerung gezogen, daß sie aus Wasserstoff, Kohlenstoff und Stickstoff zusammengesetzt sey. Die bloße Destillation der verschiedenen alkalischen oder erdigen blausauren Salze unterstützt diese Meinung: sie bringt nichts hervor als Wasserstoffgas, Stickgas, Ammoniak und ein wenig Kohlenstoff *).

Wenn die Destillation der metallischen blausauren Salze nach Scheele's eigenen Beobachtungen, Kohlensäure gibt, so kommt dieß daher, weil die darin in dem Zustande von Oxyden enthaltene Metalle den zur Erzeugung der Kohlensäure nöthigen Sauerstoff liefern.

Herr

*) Da jene Säure selbst das Lackmuspapier schwach röthet, so ist es sehr wahrscheinlich, daß auch der Sauerstoff eines ihrer bildenden Elemente ausmacht. H.

Herr Fourcroy der durch die Destillation von zehn Theilen Blutwasser und einem Salpetersäure, Stickgas, nitröses Gas, blausaures Gas und Kohlensäure erhielt, schloß daraus, daß die Blausäure auch Sauerstoff enthielte, den sie aus der Salpetersäure zöge, weil das Blutwasser, wenn es allein destillirt wird, keine Blausäure gibt; Herr Berthollet hat hierauf erwiedert, daß durch Wirkung der Salpetersäure unter gewissen Umständen auch Ammonium geschieden würde, ohne daß man daraus schließen könne daß es Sauerstoff enthalte *). Es scheint mir auch, als ob in dem Experimente des Herrn Fourcroy die Kohlensäure durch den Sauerstoff der Salpetersäure hervorgebracht worden, und die Blausäure doch davon frey seyn könne; übrigens sind die Eigenschaften, welche die reine Blausäure hat, die Eisen-, Kupfer-, Quecksilber- und Silber-Oxyde zu reduciren; die Kraft der metallischen blausauren Salze bey der Destillation Kohlensäure zu erzeugen, während die alkalischen blausauren Salze solche nicht ergeben; die Nothwendigkeit, dem blausauren Quecksilber einen Körper darzubieten, der den Sauerstoff des Oxyds in sich aufnehme, damit die Blausäure in einen freyen Zustand versetzt werde, Erscheinungen, die mit der Existenz des Sauerstoffs in dieser Säure nicht vereinbar scheinen.

Die Art der Wirkung der oxydirten Salzsäure auf die Blausäure gibt fernere Beweise für die Nichtexistenz von Sauerstoff in derselben. Wenn man nämlich diese beyden Säuren mit einander vermischt, so wird die erste gewöhnlich Salzsäure, und die zweyte bekommt einen viel stärkeren Geruch und wird viel flüchtiger, während ihre Verwandtschaft mit dem Kalk und den Alkalien sich schwächt **). In diesem Zustande schlägt sie das Eisen grün nieder, und dieß Grün wird nur dann erst wieder blau, wenn man durch Einwirkung des Lichtes oder der schweflichten Säure den Sauerstoff, welchen die oxydirte Salzsäure entlassen hatte, verdränget, oder fesselt.

Blausäure, wenn sie von oxydirter Salzsäure durchdrungen ist, und dem Lichte ausgesetzt worden, nimmt den Geruch eines aromatischen Oeles an, und sammelt sich auf dem Grunde des Wassers in eine kleine Quantität nicht entzündlichen Oeles, das bey einer leichten Wärme verdunstet. Wenn man das Experiment

*) Daß auch das Ammonium Sauerstoff enthält, der den bildenden Bestandtheil desselben ausmacht, ist jetzt durch Herrn Davys schöne Erfahrungen völlig bestätiget. H.

**) Dieß bewiese doch in der That weiter nichts, als daß die Blausäure der oxydirten Salzsäure den Sauerstoff entziehet, um selbst in den oxydirten Zustand überzugehen. H.

ment wiederholt, kann man die Blausäure vollkommen zersetzen, und dann wird diese Art von Oele fest, und verwandelt sich in Kristalle. Eisen und schweflichte Säure stellen sie nicht wieder her.

Die mit Sauerstoff gesättigte und mit Kalk oder Kali vermischte Blausäure läßt Ammonium fahren, und es bildet sich Kohlensäure, die sich mit dem Kali oder dem Kalk vereinigt.

Die Zersetzung der Blausäure durch Sauerstoff liefert also Kohlensäure und Ammoniak, und alles deutet mithin darauf hin, daß der Sauerstoff nicht zu deren Elementen zu rechnen ist.

Funfzehnter Abschnitt.

Von der Galläpfelsäure.

Die Abkochung von Galläpfeln röthet blaues Papier, die Farbe des Lackmus, der Malven und der Rettige; diese Thatsachen waren bekannt, aber kein Chemiker vor Scheele hatte diese Säure so extrahirt, daß ihre besondern Eigenschaften hätten festgestellt werden können.

Dieser berühmte Chemiker räth, Pulver von Galläpfeln mit Wasser zu infundiren und es vier oder fünf Tage hindurch, so lange diese Infusion dauert, umzuschütteln, dann die Flüssigkeit zu filtriren, und in einem gläsernen Ballon der Luft auszusetzen bis sich ein beträchtlicher Niederschlag bildet, den man in kaltem Wasser auswäscht, dann in warmem Wasser auflöst, filtrirt und bey einer gemäßigten Wärme evaporirt. Während der Evaporation schlägt sich ein Theil in Gestalt eines feinen Sandes nieder, während ein anderer Theil auf dem Boden Kristalle in einer sternförmigen Figur bildet. Dieß saure Salz ist grau, und es ist selbst bey wiederholten Auflösungen, Filtrirungen und Kristallisationen unmöglich, es weißer zu machen.

Der nämliche Chemiker hat durch Destillation aus den Galläpfeln noch ein saures Wasser gezogen, und beobachtet, daß, gegen das Ende, daraus ein flüchtigsaures Salz in die Höhe stieg, an welchem sublimirten Salze er den Geschmack und den Geruch der Benzoesäure fand.

Herr Deyeux hat späterhin erwiesen, daß es einer ein wenig stärkeren, als der Hitze des kochenden Wassers bedürfte, um am Halse der Retorte, in der die Destillation desselben geschieht, das saure Salz zu sublimiren.

Herr Proust der sich auch noch mit diesem Gegenstande beschäftiget hat, hat ein Mittel angegeben, diese Säure sehr rein zu erhalten; es besteht darin, eine Auflösung von salpetersalzsaurem Zinn auf eine Abkochung von Galläpfeln zu gießen; es bildet sich, fast in demselben Augenblicke ein sehr reichlicher, gelblicher Niederschlag, und die oben auf schwimmende Flüssigkeit enthält Galläpfelsäure, Salzsäure und salzsaures Zinn; der Niederschlag ist eine Verbindung von Gerbstoff mit Zinnoxyd.

Man läßt geschwefeltes Wasserstoffgas durch die Auflösung gehen, um das darin bleibende Zinn niederzuschlagen, dann die Flüssigkeit mehrere Tage stehn, filtrirt und evaporirt in einer gläsernen Kapsel, bis die Galläpfelsäure durch das Erkalten in Kristalle anschießt.

Herr Berthollet hat erwiesen, daß man diese Säure erhalten könne, wenn man eine Infusion von Galläpfeln in verschlossenen Gefäßen und gegen die Luft verwahrt stehen ließe.

Vergeblich hat dieser berühmte Chemiker jedoch versucht, eine ähnliche Säure aus dem Sumach, aus grünen Nußschaalen und vielen andern adstringirenden Sachen zu ziehen; es scheint als ob sie nur in dem Gallapfel wäre, und dieß ist es, was ihr Eigenschaften gibt, die kein adstringirendes Mittel in dem nämlichen Grade besitzt *).

Diese Säure hat einen sauern Geschmack, wie alle andern, und röthet blaue Farben, die gewöhnlich zu den chemischen Proben angewendet werden.

Sie löst sich in drey Theilen kochenden Wassers auf und schlägt bey dem Kaltwerden in Kristallen nieder.

Siedendes Alkohol löst ein gleiches Gewicht davon auf.

Diese Säure schlägt Gold aus seinen Auflösungen, grün; Silber, braun; Quecksilber, orangegelb; Kupfer, braun; Eisen, schwarz; Bley, weiß; und Wißmuth citronengelb nieder.

Platina, Zink, Zinn, Kobalt und Braunstein werden dadurch nicht verändert.

Dieß saure Salz zersetzt sich durch wiederholte Sublimationen.

Wir

*) Alle diese Substanzen halten Gallussäure in sich, sie ist aber darin mit vielem Gerbestoff eingehüllet. Wendet man die Extraktion jener Substanzen an, um Leder damit zu gerben, so zieht dieses den Gerbestoff an, und die Gallussäure bleibt dann mit den übrigen extraktiven Theilen verbunden zurück. H.

Wir wollen uns in dem, was über die Säuren zu sagen war, auf das Vorstehende beschränken: es gibt deren noch andere, von denen wir sogleich, bey der Lehre von der Oxydation der Metalle, Gelegenheit zu sprechen haben werden. Mehrere aber übergehen wir mit Stillschweigen; sowohl weil sie von keinem Nutzen sind, als auch, weil sie, als Produkte einer Destillation oder Resultate der Zersetzung der Salpetersäure auf eine Pflanzen- oder thierische Substanz durch unaufhörliche Abwechselungen in den Verhältnissen zwischen dem Sauerstoff und den Radicalien, oder unter den Radicalien selbst, bis in das Unendliche vermehrt werden können.

Dritter Titel.

Von der Vermischung und Verbindung der Körper unter einander.

Bis hierher haben wir die Körper in ihrem einfachen Zustande, oder in ihre Gestalt als Grundstoffe betrachtet: dieß war das einzige Mittel ihre Eigenschaften festzustellen, die man nothwendig kennen muß, um die Wirkung ihrer Verbindungen verfolgen, und die Resultate aller der Zersetzungen, von denen wir täglich Zeugen sind, analysiren zu können. Wenn wir aber die Säuren zu der Classe der einfachen Körper gerechnet, da doch der größte Theil von ihnen offenbar zusammengesetzt ist; so ist dieß darum geschehen, weil diese Substanzen sehr geneigt zu Verbindungen sind, weil sie uns als Haupt- oder Zwischenmittel bey fast allen unsern Operationen dienen, und weil es fast unmöglich ist sich mit der Analysis oder Synthesis zu beschäftigen, ohne zu den Säuren seine Zuflucht zu nehmen.

Erstes Kapitel.

Von der Vermischung der Gasarten unter sich.

Erster Abschnitt.

Von der Vermischung des Sauerstoffgas mit dem Stickgas. (Der Atmosphäre der Erde, atmosphärischen Luft).

Die atmosphärische Luft ist diejenige Masse von Flüssigkeit in der wir uns bewegen und Athem schöpfen.

Zu allen Zeiten war sie ein Gegenstand für die Studien der Naturforscher; aber alle ihre Untersuchungen haben nur dazu gedient, uns nur einige physische Eigenschaften derselben kennen zu lehren. Der neuern Chemie war es vorbehalten, ihre Natur festzustellen, ihre Grundstoffe nachzuweisen, und ihre Anwendung durch die Analyse und die Resultate ihrer Entstehung und Zersetzung zu bestimmen.

Der Chemiker kann die Atmosphäre unter viererley Beziehungen betrachten:

1) in Rücksicht ihrer Wirkung auf andre elastische Flüssigkeiten.

2) In Betracht des Einflusses ihres Gewichts auf die chemischen Operationen.

3) In Hinsicht ihrer Natur und der Verhältnisse ihrer Grundstoffe.

4) In Betreff der Verbindung ihrer Grundstoffe mit den andern Substanzen.

Die gasartigen Flüssigkeiten haben nicht allein eine sehr bestimmte Wirkung auf feste und flüssige Körper, sondern auch eine sehr kräftige untereinander.

Herr Cavendish (Erfahrungen über die Luft in den Philosophical Transactions von 1784) hat beobachtet, daß, wenn man eine Mischung von zehn Theilen atmosphärischer Luft, und einem Kohlensäure, mit einer gleichen Masse von destillirtem Wasser hin und her bewegte, dieß der Luft nur die Hälfte ihrer Kohlensäure entziehe, eine gleiche Quantität von Wasser aber auf die nämliche Art angewendet, entziehe wieder nur die Hälfte der übriggebliebenen Kohlensäure u. s. w. Herr Berthollet hat die Erfahrung gemacht, daß, wenn bey der Verbrennung eines kohligen Wasserstoffgas, ein Residuum bliebe, dieß beynahe ein Zehntheil der entstandenen Kohlensäure enthielte; obgleich man es mit einer sehr beträchtlichen Quantität von Wasser in Bewegung setzte. Durch eine Folge der Einwirkung der Luft auf die Kohlensäure raubt sie dem Wasser diejenige, welche im aufgelösten Zustande enthalten seyn kann. Alle die eudiometrischen Proceduren, durch welche man sucht, alles, in einer gegebenen Quantität atmosphärischer Luft enthaltene Sauerstoffgas zu extrahiren, um dessen Verhältnisse zu bestimmen, reichen nicht zu, um sie vollkommen von einander zu scheiden. Die Herren Vassali und Volta haben gesehen, daß das Wasserstoffgas und die Kohlensäure sich nach und nach mit der atmosphärischen Luft so vermischten, daß sie sich zu gleichen Theilen darin vertheilten; Herr Volta hat selbst beobachtet, daß in Folge dieser auflösenden Wirkung das Wasserstoffgas in die atmosphärische Luft hinabstiege, um sich mit derselben zu vermischen *).

Diese Verwandtschaft zwischen den Gasarten erklärt auch, warum die in der Atmosphäre viertausend Toisen über der Erde geschöpfte Luft Herrn Gay-Lüssac die nämlichen Verhältnisse unter ihren Grundbestandtheilen gezeigt hat, als die Luft auf der Oberfläche der Erde.

Alles dieses beweiset, daß in der Mischung der Gasarten eine Art von Sättigung vorgeht, und daß, wenn die respectiven Anziehungen wenig von einander abwechseln, wie die, welche zwischen dem Stickstoff und dem Sauerstoff Statt finden, man ihre Mischung fast in allen Höhen in den nämlichen Verhältnissen vorfindet.

Der zwischen den Mischungen der Flüssigkeiten und der Gasarten stattfindende Unterschied, ist, daß bey den erstern Condensation, Abwechselung in der Temperatur und der Masse Statt findet, während bey der wechselsweisen Wirkung der Gasarten, man keines dieser Phänomene wahrnimmt; es sey denn, daß eine Verbindung vorhanden wäre.

Man muß zwischen der Verbindung der verschiedenen Gas und ihrer Mischung den gehörigen Unterschied machen. Die Verbindung zieht Condensation nach sich und gibt neuen Eigenschaften das Daseyn. Die Mischung ändert nicht an den eigenthümlichen Eigenschaften der Gas wenn sie schwache Verminderungen, oder Modificationen erleiden; so ist dieß nur der Verwandtschaft zuzuschreiben die sie einander nähert. Die Mischung setzt einen bleibenden Zustand eines Gas mit besondern Eigenschaften fest, die von denen der Körper an denen sie bestehen ganz verschieden sind, ohne daß jedoch eine Verbindung vorhanden wäre.

Die Verbindungen einiger Gas unter einander führen der Erde diejenigen Substanzen wieder zu, die durch nach und nach erfolgte Zersetzungen sich davon erhoben hatten. Das Ammoniak verbindet sich darin mit der Kohlensäure, der Wasserstoff und Stickstoff mit dem Sauerstoff und der Atmosphäre, welche die gasartigen Flüssigkeiten die aus unserm Boden aufsteigen, und diese gibt sie ihm bald in dem Zustande einer Verbindung wieder.

Wir

*) Dieß muß die Besorgnisse deren beruhigen, die glauben, daß das Wasserstoffgas, welches durch die Zersetzung der Körper erzeugt wird, fortwährend zur obern Atmosphäre aufsteige, um dort eine besondere Atmosphäre zu bilden und endlich die Oberfläche der Erde an einem Grundbestandtheile der Körper zu erschöpfen.
Anm. des Verf.

Wir haben bereits gesagt, daß die Dämpfe nichts sind, als im Wärmestoff aufgelöste Flüssigkeiten, die durch Trennung des auflösenden Stoffes von ihnen; oder durch ihre Verbindung mit andern Körpern daraus niedergeschlagen werden können. Wir haben alle diese Phänomene zu untersuchen; vorzüglich in Rücksicht auf das Wasser, um der großen Rolle willen, die dieß in allen Operationen der Natur und Kunst spielet.

Ist die Temperatur höher als die, welche erforderlich ist, um eine Flüssigkeit in den Zustand des Aufwallens zu bringen, so bleibt die Flüssigkeit beständig in Dampfgestalt, und verhält sich wie die andern gasartigen Flüssigkeiten, wie Herr Gay-Lüssac bewiesen hat.

Wenn die Temperatur einer liquiden Flüssigkeit zum Grade des Aufwallens gebracht, und sie darin erhalten worden ist, und wenn man dann den Druck vermindert, so erweitert sich der Dampf wie ein andres Gas, wenn man ihn dagegen vermehrt, so läßt er einen Theil seiner Flüssigkeit niederschlagen, bis daß der Druck, dem von 28 Zoll Quecksilber, oder dem der Atmosphäre entspricht.

Das Wasser, welches sich in der Luft auflöst, nimmt darin einen elastischen Zustand an; Herr Delüc hatte schon bemerkt, daß die feuchte Luft leichter sey als die trockene, und erklärte daraus das Fallen des Quecksilbers im Barometer bey feuchter Witterung.

Leroy, ein berühmter Arzt aus Montpellier, hat gelehrt, daß das Wasser in der Luft sich ungefähr so auflöse, wie Salz in einer Flüssigkeit. Herr von Saussüre hat diese Behauptung modificirt, und bewiesen, daß die Masse der Luft vom Wasser in Gemäßheit seines Drucks und seiner Temperatur afficirt wird, und daß bey einer Temperatur von 15 Graden ein Cubikfuß Luft, nur eilf Gran Wasser in Auflösung erhalten könne. Diese Quantität vermindert sich bey erniedrigter Temperatur. Dieser berühmte Physiker hat noch bewiesen, daß die Quantität des Wasserdampfes dem Gewichte nach immer die nämliche in dem gleichen Raume bleibe, welche auch die Quantität der Luft sey, und daß die Temperatur allein Abwechselungen in dieser Quantität hervorbringe.

Es folgt aus den Experimenten, die bis hierher von den Herren Saussüre, Delüc, Volta, Berthollet u. a. gemacht worden:

1) daß die Luft die evaporablen Flüssigkeiten durch ihre Verwandtschaftsfähigkeit auflöse.

2) Daß in dieser Auflösung jene die Gestalt elastischer Flüssigkeiten annehmen.

3) Daß in diesem Zustande sie alle Eigenschaften der Flüssigkeiten überhaupt haben.

Es folgt hieraus, daß das durch die Luft in Auflösung erhaltene Wasser durch den elastischen Zustand, welchen sie ihm verschafft, die nämlichen Eigenschaften erwirbt, welche es hat, wenn es durch die Wärme in Dämpfe verwandelt wird.

Die Luft hat also die Eigenschaft, das Wasser im elastischen Zustande zu erhalten, und ihm die Eigenschaften eines permanenten Gas bis zu dem Punkte seiner Sättigung mitzutheilen.

Diese Grundsätze finden auf die Auflösung jeglicher Art von Flüssigkeiten, in den gasartigen Flüssigkeiten, Anwendung.

Es folgt ferner hieraus, daß der elastische Dampf des Wassers durch die Steigerung der Temperatur über den Punkt des Aufwallens die nämlichen Erweiterungen, als die übrigen Gasarten, erfahren müsse.

Herr von Saussüre hat, indem er die Quantitäten des Wassers, die er in trockener Luft auflöste, und den Zuwachs an Ausdehnung, der daraus entsprang, mit einander verglich, erwiesen, daß eine beständige Verbindung zwischen dem erzeugten Dampfe und der Ausdehnung vorhanden sey, und daß die Schwere dieses Dampfes bey gleicher Temperatur und gleichem Druck sich gegen die der Luft, wie 10 zu 14 verhielte. Daher hat Lavoisier aus seinen Experimenten geschlossen, daß die specifische Schwere der Luft, bey einem Barrmeterstande von 10 Graden sich gegen die des Wasser wie 842 zu 1 verhielte. Dieß gibt, wenn man die Vermehrung der Masse des Wasserdampfes von 10 Thermometergraden bis zu 80 auf ein Drittheil anschlägt, eine specifische Schwere von 1570.

Die Flüssigkeiten welche in den Dampfzustand übergehn, nehmen fast immer einen Theil der Substanzen, die sie aufgelöst in sich enthielten, mit sich fort. Dieß kann man in den Werkstätten bemerken, in denen man Auflösungen metallischer Salze evaporirt, um sie zur Kristallisation zu bringen. Es ist dieß eine Folge der Verwandtschaft der Auflösungsmittel mit den Salzen; eine Verwandtschaft, die so mächtig ist, den Widerstand, welchen die Schwere der salzigen Materien leistet, zu überwinden.

1) Nachdem wir bereits von den Modificationen gehandelt, denen die Elasticität der Atmosphäre die Gesetze der Verwandtschaft unterwirft, wollen wir uns darauf beschränken, nur noch ein Weniges über den Einfluß ihrer Schwere bey den chemischen Operationen anzuführen.

Wenn

Wenn man die Schwere der Atmosphäre verringert, so lösen sich die Gase nicht allein in minderer Quantität in den Flüssigkeiten auf, sondern die selbst, die darin in Auflösung waren, entweichen.

Alle die Ursachen welche die Elasticität eines Gas vermehren, mindern seine Tendenz zu Verbindungen: diese Elasticität aber wird durch den Wärmestoff oder durch Verringerung des Gewichtes der Atmosphäre vermehrt.

Man kann daher die Schwere der Atmosphäre wie eine immer wirksame Ursache betrachten, die sich der Verflüchtigung entgegen setzt; und die Körper, welche mit einer gehörigen Elasticität begabt sind, um unter der Gestalt von Gas zu erscheinen, in Auflösung, im Zustande der Verbindung oder selbst in flüssigem Zustande erhält, so daß wenn wir für einen Augenblick annehmen könnten, daß die Atmosphäre aufhöre, mit ihrer Schwere auf die Körper, die sich auf der Oberfläche der Erde befinden, zu drücken, wir fast alle in den Flüssigkeiten aufgelöste Gase sich daraus entwickeln, den größten Theil der Verbindungen sich lösen, und mehrere Flüssigkeiten sich evaporiren, und in den permanenten Zustand von Dämpfen übergehen, sehen würden.

Die Chemiker und Physiker haben gesucht, aus dieser Eigenschaft der Atmosphäre Nutzen zu ziehen, um ihre Wirkung auf die Körper zu verändern; sie vermehren oder vermindern die Auflösungskraft der Flüssigkeiten, lassen diese nämlichen Flüssigkeiten nach Willkühr evaporiren oder condensiren, indem sie den Druck der Atmosphäre modificiren; und diese physische Kraft ist zugleich eines der großen Triebräder des Physikers, wie ein Hauptbehelf des Chemikers geworden.

Die Herren Laplace und Lavoisier haben wichtige Bemerkungen über die Evaporisation des Aethers und Alkohols im leeren Raume gemacht; sie haben daraus geschlossen, daß die elastische Kraft des Dampfes nach Maaßgabe der Temperatur wächst, und daß die Flüssigkeit von dem Augenblicke an, in den Gaszustand übergeht, in welchem seine Ausdehnung stärker wird, als der Druck der Atmosphäre.

2) Die atmosphärische Luft ist aus zweyen gasartigen Flüssigkeiten zusammen gesetzt, aus Sauerstoffgas und Stickgas, die unter sich die Art von Verbindung bilden, die Herr Bertholler bey elastischen Flüssigkeiten Auflösung genannt hat, und die in diesem Zustande die Dimensionen erhalten, welche jeder Art von Gas eigenthümlich sind.

Es war 1774 als der berühmte Lavoisier durch ein directes Experiment bewies, daß geschmolzenes Zinn in verschlossenen, mit gemeiner Luft angefüllten Gefäßen sich zum Theil oxydirte, daß es sich an Gewicht vermehrte, daß die Luft, die in den Gefäßen blieb, nicht mehr zum Verbrennen taugte, daß ein Theil der in den Gefäßen enthaltenen Luft absorbirt werde, und das der Zuwachs am Gewichte des Metalls, mit dem Gewichte der absorbirten Luft im Verhältniß stehe.

Nach ihm hat Priestley Zinn, Bley und Eisen in verschlossenen Gefäßen, vermittelst eines starken Brennglases oxydirt, und beständig dabey bemerkt, daß die Luft der Gefäße sich ungefähr um ein Viertheil verminderte, und daß wenn die Luft aufhörte sich zu vermindern, das Metall auch keine Veränderungen mehr erlitt.

Wenn man eine bestimmte Quantität Quecksilber einer gemäßigten Hitze aussetzt, und mit einer nahmhaften Quantität von Luft in Berührung bringt, die man sorgfältig erneuert, um das Metall in Oxydation zu erhalten, so nimmt das Quecksilber nach und nach die Gestalt eines grauen; dann rothen Pulvers an; vermehrt sich merklich an Schwere, und diese Vermehrung entspricht sehr genau der absorbirten Quantität von Luft. Wenn man das so umgewandelte Quecksilber destillirt und die gasartigen Produkte davon im hydro-pneumatischen Apparate sammelt; so erhält man eine Masse von Gas, gleich der, die absorbirt worden ist, und das Quecksilber erscheint wieder in seiner ursprünglichen Gestalt. Die Luft, welche durch diese Destillation producirt wird, ist geschickter zur Verbrennung und zur Respiration, als die atmosphärische; vermischt mit der, welche in den Gefäßen geblieben, in denen das Quecksilber calcinirt worden, gibt es diesem letztern alle die Eigenschaften der atmosphärischen Luft wieder, die es verloren hatte.

Alle Metalle können durch den electrischen Funken verbrannt werden, und in allen diesen Fällen findet Absorption eines Theiles der Luft und verhältnißmäßige Vermehrung der Schwere des Metalls Statt. Herr van Marum hat bewiesen, daß der electrische Funke die Metalle nur in einer mit Sauerstoff geschwängerten Luft calcinire.

Wenn man Phosphor in einer bestimmten Masse von Luft verbrennt; so ist das Produkt der Verbrennung sauer; es wiegt mehr als der gebrauchte Phosphor, es findet eine Absorption von Luft Statt, und das Residuum wird untauglich zum Verbrennen.

Die nämlichen Resultate ergeben sich bey Verbrennung von Schwefel, Kohlen und von Oelen; aber in diesen letztern Fällen, evaporisiret das Produkt der Verbrennung sich und die Verbindung eines Theils der Luft, mit dem verbrannten Körper; obgleich eben so reell, ist doch nicht so anschaulich.

Ein brennender Körper, den man in eine gläserne, mit gemeiner Luft angefüllte Glocke thut, deren Ränder in das Wasser eines Kübels tauchen, erweitert sogleich die Luft der Gefäße; aber nach und nach vermindert sich die Flamme und endlich verlöscht sie und das Wasser steigt verhältnißmäßig in die Höhe, um den entstehenden leeren Raum auszufüllen.

Die Thiere haben noch die Fähigkeit, durch ihre Respiration die Luft zu verändern und einen Theil davon zu absorbiren.

In einer unzähligen Reihe von Fällen zersetzt und scheidet sich so die atmosphärische Luft in zwey Hauptelemente, deren eines man nach und nach Feuerluft, Lebensluft, Sauerstoffgas, dephlogistisirte Luft, so wie das andere Stickgas, Salpeterstoffgas, Kali zeugendes Gas, mephitisches Gas genannt hat.

Das erstere ist einleuchtend zur Respiration und zur Verbrennung geeignet: daher die Benennungen, Feuerluft, Lebensluft. Auch ist es der säureerzeugende Stoff fast aller Säuren, was ihm den Namen Sauerstoffgas verschafft hat.

Das zweyte taugt weder zur Verbrennung noch zur Respiration, es bildet die Basen der Salpetersäure und des Ammoniums, und dieß ist der Ursprung der Benennungen unter denen es bekannt ist.

Da es unter vielen Umständen von Erheblichkeit ist, beurtheilen zu können, unter welchen Verhältnissen die beyden Gasarten in der Zusammensetzung der Atmosphäre vorhanden sind; so hat man sich viel mit den Mitteln beschäftigt, auf eine einfache und genaue Weise alles Sauerstoffgas abzuziehn und diese Wissenschaft ist die Eudiometrie.

Die Eudiometer deren man sich bedienet, theilen sich in zwey Hauptgattungen; durch die eine Art vermischt man mit einer bestimmten Masse atmosphärischer Luft eine gasartige Substanz, die fähig ist, mit dem Sauerstoff ein unausdehnsames oder ein in Wasser unauflösliches Produkt zu bilden; man schließt auf das Verhältniß des Sauerstoffgas aus der Verminderung der Masse von Luft, die man zuvor versucht hat. Diese Art, die atmosphärische Luft zu analysiren, macht den wesentlichen Theil der Methode des Herren Volta aus, die darin besteht, eine gewisse Quantität von Wasserstoffgas mit einer bestimmten Masse atmosphärischer Luft zu mischen, wonächst die Mischung durch den electrischen Funken entzündet wird und sich Wasser erzeugt; die Verminderung der Masse gibt sodann das Verhältniß des Sauerstoffs zu erkennen.

Bey der zweyten Art von Eudiometer verbindet man den Sauerstoff mit einem verbrennlichen, einfachen und festen Körper und schließt auf das Verhältniß des Sauerstoffs:

1) Aus der Verminderung der gebrauchten Luft.

2) Durch die Schwere der hervorgebrachten Zusammensetzung.

Das nitröse Gas, das hintereinander fast alle Chemiker nach Priestley, der es zuerst bekannt machte, angewendet haben, liefert ein Mittel zur Eudiometrie der ersten Gattung. Seine Wirkung gründet sich darauf, daß dieß nitröse Gas in den Zustand der Salpetersäure übergeht, wenn es Sauerstoff aufnimmt; so daß, wenn man in Röhren über dem Wasser eine bestimmte Masse atmosphärische Luft und nitröses Gas mischt, sich Säure erzeugt, die sich in Wasser auflöst. Aller Sauerstoff wird bey dieser Verwandlung verbraucht und es bleibt nichts zurück, als das Stickgas. Aber Fontana und vorzüglich Ingenhouß haben nach Maaßgabe der Bewegung, der Temperatur, der Dimensionen der Vorrichtung, der Eigenschaften des Wassers u. s. w. eine große Verschiedenheit in den Resultaten erhalten. Herr Cavendish hat einen Theil dieser Uebelstände dadurch beseitiget, daß er das nitröse Gas, eine Blase nach der andern, in die Luft steigen ließ, aber es geht aus den Beobachtungen dieses großen Physikers hervor, daß es fast unmöglich ist, zur Vergleichung taugliche Resultate zu erhalten. Herr von Humboldt hatte geglaubt, daß die nitrösen Gase untereinander nur durch die Verhältnisse einer mehr oder minder beträchtlichen Quantität freyen Stickstoffs abwechselten, und darum vorgeschlagen, diese Quantität dadurch zu bestimmen, daß man das nitröse Gas durch schwefelsaures Eisen absorbiren ließe und so von Stickgas schiede; aber Herr Berthollet hat erwiesen, daß kein Stickgas im nitrösen Gas vorhanden sey, und daß das, welches man durch die Wirkung des schwefelsauren Eisens erhalte, durch die Zersetzung des nitrösen Gas auf schwefelsaurem Salze entstehe. Herr Berthollet hat zu gleicher Zeit gezeigt, daß die mehr oder minder große Stärke, mit welcher die Säure sich zersetzt, nitröses Gas ergebe, das mehr oder weniger mit Sauerstoff geschwängert sey, und daß dieß die Verschiedenheit der nitrösen Gase unter sich begründe, woraus er folgerte, daß unter allen eudiometrischen

schen Verfahren das mit dem nitrösen Gase eines der unzuverlässigsten sey.

Unter den Substanzen, die sich mit dem Sauerstoff verbinden, verdienen, bey den eudiometrischen Experimenten, die den Vorzug, welche ein unausdehnsames Produkt, ohne Entwicklung von Gas, noch Verschluckung von Stickgas bilden. Ein sulphurisirtes Alkali in einer kleinen Quantität Wasser aufgelöst, ist einer der vollkommensten Eudiometer, der nur den Uebelstand hat, daß viel Zeit zur Vollendung der Operation erfordert wird; doch kann man sie durch Rütteln beschleunigen.

Die Herren Achard, Reboul und Seguin haben nach einander eudiometrische Apparate in Vorschlag gebracht, deren Einrichtung auf der Verbrennung des Phosphors beruhet: aber die schleunige und ungestüme Art, wie der Phosphor brennt, kann unangenehme Folgen nach sich ziehen, und bey einem langsamen Brennen löst das Stickgas von dem Phosphor auf, wie Herr Berthollet gezeigt hat und der Phosphor nimmt darin einen elastischen Zustand an, aus dem eine Vermehrung der Masse des Stickstoffs entstebt; so daß man das Verhältniß des Sauerstoffgas nach dem Residuum nicht bestimmt anzugeben im Stande ist. Herr Berthollet hat diese Vermehrung der Masse die die Folge der Auflösung des Phosphors im Stickgas ist, auf ungefähr $\frac{1}{40}$ angegeben.

Herr Davy hat ein andres eudiometrisches Mittel in Vorschlag gebracht, nämlich salzsaures Eisen in nitrösem Gas getränkt: diese Auflösung bewirkt die Absorption des Sauerstoffgas in einigen Minuten; aber man muß den Augenblick der größten Verringerung erfassen, weil das nitröse Gas zum Theil zersetzt wird und nach Maaßgabe sich das Eisen-Salz oxydirt, nitröses Gas und Stickgas sich entwickeln.

Die Beobachtungen, die die Herren Cavendish und Davy in England; Herr Berthollet in Aegypten: Herr Macarty in Spanien; Herr Beddoes an der Luft der Küste von Guinea; und Herr Gay-Lussac an Luft die er 4000 Toisen über Paris geschöpft, in Vergleichung mit der Luft auf der Oberfläche der Erde gemacht haben, haben bewiesen, daß in Rücksicht auf das Verhältniß ihrer Elemente kein bedeutender Unterschied in der atmosphärischen Luft Statt finde.

Herr Macarty der mit einem sulphurisirten Körper auf die Luft operirt hat, gibt das Verhältniß des Sauerstoff wie 21 bis 23 für 100 an. Die Probe mit dem Voltaischen Eudiometer gibt nur 20 zu erkennen. Herr Berthollet fand 22 und einen Bruch. Herr Davy schlägt das Verhältniß des Sauerstoffs zu 21.

 Die

Die atmosphärische Luft enthält immer ein wenig Kohlensäure, die man zu 0,01 angibt. Herr von Saussüre hat in der Luft auf dem Gipfel des Montblanc davon vorgefunden.

Andre Substanzen vermischen sich, oder lösen sich in der Luft auf; aber einige bringen keinen Unterschied in den eudiometrischen Resultaten hervor; obgleich unsre Sinne ihn stark andeuten. So hat eine mit geruchreichen Pflanzenkörperchen oder mit Ausflüssen faulender Substanzen geschwängerte Luft, Herrn Cavendish keine Verschiedenheit von der gewöhnlichen Luft entdecken lassen.

Zweytes Kapitel.

Von der Verbindung und der Mischung der Erden untereinander.

Die Natur zeigt uns fast nirgends die ursprünglichen Erden im Zustande absoluter Reinheit; nicht allein sind sie auf der Oberfläche der Erde, wo alles in Bewegung ist, und wo das Leben nur durch eine Bewegung und durch unaufhörliche Veränderungen die in den Körpern Statt finden und jeden Augenblick Mischungen, Verbindungen und Zersetzungen hervorbringen, existiret, in gemischtem Zustande; sondern der Kern unsrer Erde, der rein von allen diesen Veränderungen zu seyn scheint, ist selbst aus einer ungeheuern Steinmasse zusammengesetzt, in der alle Stoffe gemischt und verwirrt sind.

Es ist mit den Erden nicht, wie mit den Metallen, diese ungleich vertheilt in einigen Punkten des Erdballs, und wegen ihrer Schwere auch schwer aus ihrem Sitze zu entfernen; finden sich fast überall in isolirter Masse vor und scheinen hinabgeflossen oder gestürzt in Spalten und Ritzen, die die Steinmassen ihnen darboten; nur das Eisen, welches den Veränderungen sehr unterworfen ist, die Luft und Wasser in ihm hervorbringen können, und das von ihnen afficirt, einen sehr getheilten Körper bildet, mußte leicht fortgezogen werden können vom Wasser und sich vermischen mit allen den Körpern, die dieß durchdringt, woher es kommt, daß dieß Metall fast überall vorgefunden wird.

Die erdigen, leichten, zerreiblichen, theilungsfähigen und durch die Wirkung des Wassers fortgezogenen Materien sind immer ein Spiel dieser Flüssigkeit, die sie durchdringt, der Winde, die sie verwehen, und des Wechsels der Temperatur durch die jeden Augenblick ihre Festigkeit verändert und modificirt wird. Wenn also auch die Natur alle Urerden geschieden und in bestimmte

stimmte Gränzen eingeschlossen hätte; so würden doch die Meteore sie bald vermischt und verwirrt haben.

Obgleich eine große Verschiedenheit zwischen den erdigen Mischungen und den metallischen Mischungen Statt findet, weil in diesen letzteren, Durchdringung und Verbindung Statt findet, so darf man die erstern doch nicht wie Spiele des Zufalls betrachten; denn alsdann würde nichts beständiges noch regelmäßiges in der Composition des erdigen Theiles des Erdbodens Statt finden, und jede Classification unnütz werden, die Mischungen die das Ungefähr einen Tag hervorbringt, würden die am vorigen Tage Stattgefundenen zerstören, und die einmal feststehenden Analysen und physischen Eigenschaften würden nur für den Augenblick nützliche Resultate liefern. Die Verwandtschaft ist eine Kraft, die sich jeden Augenblick äußert; sie wirkt ununterbrochen auf alle Körper; die sehr getheilten erdigen Stoffe erfahren die fortwährende Einwirkung derselben, die sie verdichtet, sie in bestimmte und beständige Verhältnisse vereiniget, und drucken den meisten, durch die Kristallisation, das Siegel der Vollkommenheit auf. So sieht man steinige Kristalle sich erzeugen, die der Analyse fortwährend die nämlichen erdigen Stoffe darbieten, während die Mischungen sich verhärten, welches eine Verdichtung ihrer Theile anzeigt, die eher durch die Verwandtschaft, als durch die Schwere oder durch irgend eine andre mechanische Ursache bewirkt seyn kann.

Wenn ich mich darauf einlassen wollte, alle die erdigen Mischungen, die die Natur uns darbietet, kennen zu lehren, so würden wir dadurch ein Bild aller mineralischen Produktionen unsers Erdbodens erhalten. Ich werde mich darauf einschränken, von dem zu sprechen, was einen directern Einfluß auf die Künste hat.

Erster Abschnitt.

Von der Mischung der Erden, in Beziehung auf Vegetation.

Die Erde ist nicht der Stoff, welcher den Pflanzen Nahrung gibt, aber sie hält deren Wurzeln fest, und nimmt ihre vorzüglichsten Nahrungsmittel in sich auf, um sie ihnen nach Nothdurft zukommen zu lassen. Unter dieser doppelten Beziehung muß sie einen Character haben, und Eigenschaften in sich vereinigen, die keine der ursprünglichen Erdarten zeigt, und die nur bey wohlgeordneten Mischungen Statt finden können.

Die

Die gewöhnlichsten Erdarten sind die Kalkerde, die Thonerde, die Kieselerde und die Talkerde. Die beyden erstern die von einander sehr verschiedene Eigenschaften haben, theilen ihren hervorstechenden Character fast allen Erden mit, welche zur Vegetation dienen.

Die Erdarten in denen die Thonerde in überwiegendem Maaße vorhanden ist, sind alle fetten, teigartigen Thonerden, sie springen auf, wenn sie trocken werden, sie saugen Wasser mit Leichtigkeit ein, und sind geschickt, mit der Scheibe und den Händen so bearbeitet zu werden, daß sie alle mögliche Gestalten annehmen.

Die Erden, die Kalk in hervorstechendem Verhältnisse enthalten, sind porös, leicht, sehr durchdringlich dem Wasser, und gut zu verarbeiten; sie bilden einen Teig, der fast keine Consistenz hat, erfahren keine bedeutende Verminderung durch das Feuer, aber werden durch dasselbe zertheilt, während die Kalkerde darin Härte erlangt, und an Masse vermindert wird.

Die erstern nehmen das Wasser begierig in sich auf, und halten es hartnäckig fest; die kalkigten nehmen es eben so an, aber lassen es mit größerer Leichtigkeit wieder fahren. Die erstern bekommen Spalten, theilen und öffnen sich durch die Wirkung einer brennenden Sonnenhitze, oder eines trockenen Windes; die andern trocknen aus, ohne eine so ansehnliche Verminderung zu erfahren.

Die Luft dringt leicht durch die Kalkerde, und kann die Keime in einer gewissen Tiefe beleben, während sie faulen wenn man sie in einen lehmigten Boden bringt.

Ein lehmiger Boden hält die Instrumente zum Pflügen in sich fest, und öffnet sich ihnen nur schwer; selten findet man auch nur eine Jahreszeit, in der seine Bearbeitung mit Vortheil zu bewirken wäre; wenn solche Erde nämlich trocken ist, bietet sie dem Pfluge unübersteigliche Schwierigkeiten dar, und wenn sie feucht ist, klebt sie an alles an, was mit ihr in Berührung kommt. Hineingesäete Körner faulen durch die verlängerte Wirkung der Feuchtigkeit, und wenn die Pflanze auch wirklich erst aus der Erde ist, und die Hitze oder der Wind ihre Oberfläche austrocknen so wird der Stengel doch so von der sich härtenden Erde zusammengedrückt, daß es ihm unmöglich ist, sich ferner zu entwickeln.

Die Kalkerden sich leichter zu bearbeiten, Luft und Wasser durchdringen sie ohne Schwierigkeit; sie erlauben den Wurzeln die nöthige Ausdehnung, um sich entferntere Nahrungssäfte zuführen,

führen, und sich eine feste Haltung geben zu können. Aber das Wasser, welches ohne Widerstand hineindringt, verläßt sie auch mit gleicher Leichtigkeit wieder. Eine Erde von solcher Gattung befindet sich abwechselnd im Zustande der Ueberschwemmung oder der Austrocknung, und die Pflanze, unfähig bey allen diesen Abwechselungen zu bestehen, schmachtet und geht aus in einem so gearteten Boden, sobald die Trockenheit oder die Feuchtigkeit nur einigermaßen lange währen.

Von diesen beyden Erdarten ist also weder die eine noch die andere der Vegetation förderlich, auch zeigt die Natur sie uns nie in dem Zustande absoluter Reinheit; sie bilden überall Gemenge, in denen ihre Verhältnisse bis ins Unendliche abwechseln, welches zu einer großen Verschiedenheit in den Erdarten Veranlassung gibt, und mehrere Gattungen derselben hervorbringt, je nachdem ein oder der andere Bestandtheil vorherrscht.

Das beste Erdreich zum Fortkommen der Pflanzen ist ein solches, welches folgende Eigenschaften vereinigt:

1) daß es porös genug sey, um den Wurzeln zu gestatten, daß sie sich ausbreiten, sich in kleine Aeste theilen, und in der Ferne die Nahrungssäfte in sich aufnehmen, deren die Pflanze bedarf.

2) Daß es fest genug sey, um der Pflanze einen festen und soliden Halt zu gewähren.

3) Daß es die Fähigkeit besitze, Wasser einzusaugen und lange genug in sich zu bewahren, um dem Bedürfniß der Pflanze damit genügen zu können.

Die eigentlichen Kalk- und Thonerden vereinigen nicht diese drey Eigenschaften. Die einen sind trocken und heiß, die andern feucht und kalt. Die Kalkerden nehmen Wasser auf und lassen es fahren mit gleicher Leichtigkeit, so daß die Pflanzen in ihnen der Alternative ausgesetzt sind, zu viel Wasser zu erhalten, oder zu vertrocknen. Die Thonerden nehmen das Wasser auf und behalten es in sich, so daß eine Pflanze in solchem Boden, wenn er gleich voll von Wasser ist, doch vor Dürre vergehen kann.

Diese schlechte Beschaffenheit beyder, kann durch Vereinigung ihrer wechselseitigen Eigenschaften gehoben werden, und die Vermengung dieser zwey Gattungen gibt die angemessensten Verhältnisse zu einer für die Vegetation tauglichen Erde.

Man gehe nicht so weit, aus dem eben gesagten zu schließen, daß zu der Composition einer guten Erde nicht andere Bestandtheile sollten gehören können, als die zwey erwähnten; Sand,

Gyps-

Gypsschutt und die Kieselerde können zur Verbesserung des Thons mit dem gleichen Nutzen angewendet werden, als die Kalkerde.

Tillet hat der Akademie der Wissenschaften 1774 die Resultate von vier und funfzig erdigen Mischungen mitgetheilt, die er zur Cultur des Getraides gebraucht; es geht daraus hervor, daß die der Vegetation günstigste Mischung aus drey Achttheilen Töpferthon, zwey Achttheilen Flußsand und drey Achttheilen Muschelmergel, alles wohl zerrieben und durch einander gemenget, bestehe.

Es scheint mir, daß, wenn von diesen Grundsätzen ausgegangen wird, man leicht beurtheilen könne, auf welche Weise ein Boden zu düngen und zu verbessern sey; es ist nämlich leicht daraus zu schließen, daß die Mittel dazu nach der Natur des Erdreichs abwechselnd gewählt werden müssen, und daß es die erste Sorge eines Ackerbauers seyn müsse, sein Land wohl kennen zu lernen, um die Methoden zu seiner Verbesserung darnach wählen zu können *).

Zweyter Abschnitt.

Von der Vermischung und Verbindung der Erden in Beziehung auf die Töpfer-Arbeit.

Keine der ursprünglichen Erden, wenn sie für sich allein behandelt wird, stellt eine solche Vereinigung der gehörigen Eigenschaften dar, um daraus gute Töpfer-Arbeit verfertigen zu können; und wir verdanken wiederum einer wohlgeordneten Mischung einiger von ihnen dieses Produkt der Künste.

Wir werden unter dem generischen Namen Töpfer-Arbeit alle dahin einschlagende Kunstprodukte, von den gröbsten an, bis zur Bereitung des Porzellains, begreifen; es ist überall die Mischung zweyer oder dreyer Erdarten, und der einzige Unterschied in den Resultaten kommt von der Wahl der Erden, von der bey ihrer Bereitung angewandten Sorgfalt, von den Verhältnissen in denen man sie anwendet, von der Natur ihrer Glasur und von dem Feuer her, dem sie ausgesetzt werden.

Es

*) Da der Herr Verfasser diesen wichtigen Gegenstand nur sehr flüchtig abgehandelt hat, und ich mich nicht gern selbst ausschreiben mag, so weise ich die Leser, welchen eine ausführlichere Abhandlung dieses Gegenstandes interessiren möchte, auf Hermbstädts Grundsätze der experimentalen Kammeralchemie ꝛc. Berlin 1808. H.

Es gibt also einige allgemeine Principien, die bey allen diesen Operationen Statt finden, und die sie, so zu sagen, an einen gemeinschaftlichen Stamm knüpfen, und es sind diese Principien, die wir kennen lehren müssen, um Verfahrungsarten wieder daran zu binden, die, wenn sie gleich in der Praxis isolirt und von einander getrennt, da stehen, aus den nämlichen Grundgesetzen herrühren, und durch die nämliche Doctrin aufgeklärt werden müssen.

Wir können den Thon als die Basis bey allen Töpferarbeiten betrachten; die Eigenschaft welche er besitzt, sich in Wasser zu zertheilen, und einen Teig zu bilden, der mit den Händen bearbeitet, gedreht, gedruckt u. s. w. werden kann, und dadurch leicht alle Gestalten, die man ihm geben will, annimmt und behält; die Eigenschaft ferner, sich im Feuer so zu härten, um am Feuerstahl Funken zu geben, in das Glas Streifen zu ziehn, und sich durch Anwendung eines heftigen Feuers so zu verbinden, daß er, ohne in Fluß zu gerathen, eine glatte und fast glasartige Oberfläche bildet, und sich nicht wieder im Wasser auflösen und zertheilen kann, haben ihr den Vorzug vor allen andern Erdarten verschafft.

Aber diese Erde ist nicht frey von Unbequemlichkeiten in ihrer Anwendung, sie erleidet Verminderung durch das Kochen, und verträgt nur schwer einen etwas plötzlichen Uebergang von der Kälte in die Wärme. Man hilft diesen Fehlern ab, indem man sie mit Sand oder mit Kieselerde mischt, die, infusibel wie sie, im Feuer nicht merklich an Masse verliert, und eine Art von Gerüste bildet, das, indem es so zu sagen die kleinen Thontheilchen isolirt, ihnen erlaubt, ohne üble Folgen den wechselseitigen Uebergang von der Wärme zur Kälte zu ertragen.

Uebrigens bildet die Mischung dieser beyden Substanzen durch die Wirkung des Feuers selbst eine Art von Zusammensetzung, deren Eigenschaften von den ihrer Grundbestandtheile verschieden seyn können.

Wenn man die Haupteigenschaften der gebrannten Erden näher untersucht, so wird man den Grund einsehen, weshalb sie bey plötzlicher Veränderung der Witterung dem Zerbrechen mehr oder weniger ausgesetzt sind; in der That ist es bekannt, daß die erdigen Körper schlechte Wärmeleiter sind, so daß wenn man den Wärmestoff auf die Oberfläche bringt, er darauf seine Wirkung in Zusammenziehung oder Erweiterung äußert; ohne im nämlichen Grade das ganze Gewebe durchdringen zu können; es müssen also darin ungleiche Anstrengungen von Kräften Statt finden, die dahin abzielen, das Ganze zu zersprengen.

Diese

Diese Wirkung ist noch merklicher, wenn die Töpferwaare eine große Ungleichheit der Dicke hat. Aber wenn man die Poren oder kleinen Oeffnungen mittelst Sand vermehrt, so circulirt die Flüssigkeit der Wärme freyer, die Masse erhitzt sich gleichmäßiger und beynahe zu gleicher Zeit, und das Gefäß widersteht der alternativen Wirkung der Wärme und der Kälte. Man theilt ihm diese Eigenschaft noch dadurch mit, daß man die Wärme nach und nach und gradweise anbringt; die Veränderungen bewirken sich dann langsam, und in allen Punkten zu gleicher Zeit.

Aber die Thonerde ist selten rein, sondern ihrer Natur nach gemengt mit Kalk, Kieselerde, Magnesia, Eisenoxyd, Kupfer, Braunstein u. s. w; und es ist die Art dieser Vermengungen, und die Verhältnisse zwischen den sie bildenden Körpern, welche den Thonerden unendliche Veränderungen in ihren Eigenschaften beylegen.

Unter der Zahl dieser natürlichen Vermengungen gibt es solche, die nur der Hand des Töpfers bedürfen, um zu nützlichen Gefäßen geformt zu werden. So sieht man die Werkstätten der groben Töpfer-Arbeit errichtet auf der Thonschicht, die den Stoff dazu hergibt; aber öfter noch erfordern diese Thonerden eine besondere Bearbeitung und eine Vermischung mit andern Erdarten, um davon den Gebrauch machen zu können, zu dem sie bestimmt sind.

Im Allgemeinen schließt man nur nach gehörig gemachten Versuchen von der Qualität einer Thonerde, und bestimmt die Natur und Verhältnisse der Substanzen, die man hinzuzufügen hat, um gute Töpferwaare zu erhalten.

Es ist fast überflüssig noch zu bemerken, daß man nicht die nämlichen Qualitäten von allen Thonarbeiten verlangen kann, da nämlich diese Qualitäten nach der Verschiedenheit des davon zu machenden Gebrauchs verschieden seyn müssen; also wäre es lächerlich, von einer zu Wasserleitungsröhren, Dachziegeln oder Pflasterziegeln zu gebrauchenden Erde zu fordern, daß sie ein heftiges und plötzliches Feuer aushalte, ohne von dem Wechsel der Hitze und Kälte zu leiden. Es ist in diesem Fall hinreichend, wenn das Gemenge einen solchen Grad von Härte erreicht, daß das Wasser es weder erweichen noch durchdringen könne.

Die Thonerden dagegen, welche bestimmt sind, ein heftiges Feuer und den schnellen Uebergang der Kälte in Hitze zu ertragen, wie die, aus denen Retorten, Trichter und Oefen gemacht werden, müssen außer diesen Eigenschaften noch, von allen

allen den Körpern, die man mittelst ihrer im Feuer bearbeitet, nicht angegriffen werden dürfen.

Die irdenen Gefäße deren man sich in der Küche bedient, würden nur einen sehr eingeschränkten Nutzen haben, wenn sie nicht, ohne eine nachtheilige Veränderung zu erfahren, könnten aus der Wärme in die Kälte gebracht werden, und ihre Masse nicht fest genug wäre, um von keiner Flüssigkeit durchdrungen zu werden.

Wenn man einen reinen Thon hat, der die nöthigen Eigenschaften besitzt, um die Basis eines guten irdenen Geschirres zu werden; so kann man ihn durch zweckmäßige Mischungen zu jedem Gebrauch geschickt machen. Ein guter Thon hat folgende Eigenschaften:

1) Er zertheilt sich, oder schmelzt im Wasser, ohne einen Kern zurück zu lassen.

2) Er schlägt sich nieder in dieser Flüssigkeit, ohne daß etwas übrig bleibt was deren Durchsichtigkeit störet.

3) Der Bodensatz, welcher sich im Wasser bildet, wenn er bis zur Consistenz eines weichen Teiges ausgetrocknet ist, muß geschmeidig und biegsam genug seyn, um ihn mit der Hand bearbeiten und drehen zu können.

4) Die Masse muß weder ihre Form, noch ihre Consistenz verlieren, wenn man sie an der Luft trocknet.

5) Sie muß hart werden durch die Wärme, ohne zu bersten, aus der Form zu kommen, oder zu schmelzen.

6) Sie muß ohne nachtheilige Veränderung, wenn sie gebrannt ist, den Uebergang von der Kälte zur Wärme und von der Wärme zur Kälte aushalten können.

Ein mit allen diesen Eigenschaften ausgestatteter Thon ist eine natürliche Mischung verschiedener Erden; denn keine für sich allein besitzt sie alle.

Wenn eine leichte Beymischung von Eisenoxyd, Kalk oder Gyps sich in der Erde vorfindet, von der wir so eben gesprochen; so zeigen die Töpferwaaren, die man daraus bereitet, eine glänzende Oberfläche und einen glänzenden Bruch, während sie eine solche Härte erlangen, daß man Feuer mit ihnen anschlagen kann, und im Bruche wie Glas sind. Diese irdenen Gefäße haben ferner einen guten Klang, und man kann ätzende Flüssigkeit darin aufbewahren, ohne daß sie davon angefressen oder verdorben werden. Sie würden offenbar vor allen bekannten thönernen Gefäßen den Vorzug verdienen, wenn sie ohne üble Folgen den plötzlichen Uebergang von der Hitze zur Kälte ertragen könnten. Diese irdenen Gefäße nennt man aber thö-

nerne

nerne oder Steingut, sie kommen dem Porzellainbiscuit sehr nahe, von dem sie im Wesentlichen nur durch das Körnige, die Farbe und den Mangel an Halbdurchsichtigkeit unterschieden sind.

Der gewöhnlichste Thon, den man Lehm und Töpferthon nennt, und aus dem man fast überall die groben irdenen Gefäße macht, ist eine natürliche Mischung von Alaunerde, Kieselerde, Kalkerde und ein wenig Eisenoxyd. Die Kieselerde ist häufig darin vorherrschend; Thonerde enthält sie etwa zur Hälfte; wenigstens ist dieß die Mittelzahl im Durchschnitt, die ich als Resultat aller Analysen erhalten, welche ich von dieser Erde gemacht habe.

Wenn der Thon zu reichhaltig an Thonerde ist; so hat man die Gewohnheit, gestoßene Kiesel oder Sand damit zu mischen, um die Fehler dadurch zu verbessern die er als zu reiner Thon hat. Pott hatte bereits die Beobachtung gemacht, daß, wenn man Sand mit Thon vermischt, es vortheilhafter ist, solchen zu nehmen, der von einer mäßigen Dicke, welches die Theorie bestätiget, die wir bereits über die Durchdringlichkeit der Gefäße von der Wärme aufgestellt haben.

Oft wendet man, statt des Sandes gebrannten Thon an; diese Mischung verdient den Vorzug bey der Fabrikation von Trichtern und Schmelztiegeln, die bestimmt sind, geschmolzene Alkalien zu fassen, weil diese Substanzen sonst den Sand angreifen und Glas damit bilden möchten.

Wenn die Thonerde schädliche Materien enthält, von denen man sie befreyen will; so sucht man sie sorgfältig aus, und wirft alle Ocheradern und geschwefelte Eisentheile, so wie alle andre Materien, wodurch sie verunreinigt wird, weg. Durch Hülfe des Wassers kann man sie dann auch noch von der Kalkerde, die oben auf schwimmt, und dem Sande, der sich niederschlägt, befreyen.

Dieß sind ungefähr die allgemeinen Principien der Kunst in Thon zu arbeiten, und obgleich in gesellschaftlicher Rücksicht eine ungeheure Verschiedenheit Statt findet zwischen dem groben irdenen Geschirre, dessen der gemeine Mann sich bedient, und dem Porzellain, mit dem der Reiche seine Tafel und seine Gemächer schmückt; so ist es nichts destoweniger dennoch wahr, daß in beyden Fällen die Natur, die Vorbereitung und die wirkliche Bearbeitung der Erden; so wie die Behandlung des Feuers nur in einigen Rücksichten von einander verschieden sind. Nachdem ich also das vorgetragen, was die Wissenschaft uns an Grundsätzen darbietet, die auf die Töpferarbeit Anwendung finden; bleibt uns nur noch übrig, uns mit einigen Details zu beschäftigen,

tigen, die wesentlich zu jedem der verschiedenen Theile dieser Kunst gehören.

Die Wahl der Erden und die Verhältnisse in ihrer Mischung ist nach der Natur der Sachen von einander verschieden, die man daraus bereiten will. Aber, wenn Wahl und Mischung einmal geschehen, so weicht das Verfahren bey der weitern Behandlung der Erde, der Bearbeitung des Teigs und dem Brennen des daraus Geformten nur in sofern von einander ab; als der Künstler bey diesen verschiedenen Operationen eine größere oder geringere Sorgfalt anwendet.

Die Vorbereitung der Erden schränkt in allen Fällen sich darauf ein, ihnen durch Wasser, womit man sie tränkt, eine außerordentliche Ausdehnung zu geben. Man macht sie zu dieser vorläufigen Operation geschickt; indem man sie durch Thonschlägel, oder Mühlen, oder durch andre mechanische Vorrichtungen, zerschlägt oder pulverisirt.

Das Wasser dessen man sich bedient, muß rein seyn; vorzüglich bey feiner Arbeit, und aus diesem Grunde nimmt man in mehreren Porzellainfabriken nur Regenwasser.

Man läßt sodann die Erden längere oder kürzere Zeit, nach ihrer Natur und nach Maaßgabe des daraus zu bereitenden Werkes, im Wasser liegen, oder faulen. Je länger man die Erde in der Grube läßt, um desto besser ist sie bereitet. Nicht allein die Grundstoffe von Erdharz oder die vegetabilischen, die in einigen Erdarten vorhanden sind, werden dadurch zerstört; sondern die Schwefelsalze, die darin vorhanden seyn können, werden zersetzt, und es geschieht fast immer, daß sich nach Verlauf einer gewissen Zeit, geschwefeltes Wasserstoffgas entwickelt.

Durch ihren Aufenthalt in der Grube erhalten die Erden mehr Geschmeidigkeit und Haltbarkeit; so daß man sie mit größerer Leichtigkeit bearbeiten kann. Aus diesem Grunde thut man in den schönen deutschen Fabriken die Erden nur zweymal im Jahre zum faulen hinein, und wählt dazu die Zeit der Aequinoctien, weil man den allgemeinen Glauben hat, daß das Regenwasser in diesen beyden Jahreszeiten am meisten mit zur Gährung geschickten Materien geschwängert ist.

Wenn man die Erden zu delicaten und kostbaren Arbeiten, wie z. B. zum Porzellain vorbereitet; so gebraucht man die Vorsicht, mit Sorgfalt alles daraus zu entfernen, was dem Teige nachtheilig werden könnte und nur solche Werkzeuge dazu anzuwenden, durch die ihnen keine schädliche Substanz beygemischt werden kann. Man reiniget selbst die Erde mittelst eines sehr

einfa-

einfachen Verfahrens, nachdem man sie nämlich klein gemacht, und in sehr reinem, z. B. Regenwasser, durchmengt; so thut man sie in eine cylindrische Tonne von drey bis vier Fuß, an deren oberen Theil Hähne angebracht sind, die sieben Zoll einer über dem andern stehen; so daß der niedrigste ungefähr zwey oder drey Zoll über den Boden hervorragt. Man füllt diese Tonne mit dem eingerührten Thon an; rüttelt den flüssigen Teig sorgfältig um, und nach einigen Secunden Ruhe, damit der Sand sich niederschlagen könne, öffnet man den obern Hahn, um alles was sich oben befindet, ablaufen zu lassen; öffnet dann den zweyten, dann den dritten, und zieht auf diese Weise die ganze Flüssigkeit ab, welche die Erde in Mengung enthält.

Man gießt die abgeklärte Flüssigkeit in Gefäße von gebrannter Erde, läßt durch Stillestehn den darin enthaltenen Thon sich niederschlagen; klärt das Wasser wiederum ab und nimmt die Thonerde heraus, um sie im Schatten, und geschützt vor Staub, trocknen zu lassen.

Aus diesem Thon, in gehörigen Verhältnissen mit kalzinirten klein gestoßenen und pulverisirten Kieselsteinen, mit zerriebenen Scherben, oder mit gebranntem und gesiebten Gyps und andern für nothwendig gehaltenen Materien vermischt, wird die Composition des Porzellains bereitet, aber diese Composition noch mehrere male durch ein Haarsieb gesiebt. Man befeuchtet diese Mischung sodann mit Regenwasser um einen Teig daraus zu bilden, den man in große Schüsseln oder bedeckte Tonnen thut. Diesen Teig nennt man die Masse. Es erzeugt sich bald darin eine Gährung, die ihren Geruch, ihre Farbe und ihre Consistenz verändert. Es bildet sich darin geschwefeltes Wasserstoffgas, ihre Farbe verwandelt sich aus weiß in dunkelgrau, und die Materie wird körniger und feiner. Je älter die Masse ist, um desto besser schlägt sie ein. Man gebraucht die Vorsicht, sie von Zeit zu Zeit mit Regenwasser zu befeuchten, damit sie nicht zu trocken werde.

Die Dosen oder die Verhältnisse der Mischung, und die Kunst die Masse gehörig zu bearbeiten, machen das Geheimniß fast einer jeden Fabrik aus.

Es ist unnöthig zu bemerken, daß die Sorgfalt, die man auf die Vorbereitung der Erde anwendet, in dem Verhältnisse von einander verschieden ist, als die Sachen es sind, die man daraus bereiten will. Man begnügt sich bey groben Töpfer-Arbeiten die Erde in Gruben unter freyem Himmel faulen zu lassen, und befeuchtet sie mit ganz gemeinem Wasser; wenn man

man sie dann gebrauchen will, so nimmt man aus der Grube eine solche Quantität, als man gerade zum Verarbeiten nöthig hat.

Die zweyte Operation des Töpfers hat den Zweck, dem Teige die Form zu geben die man wünscht, und man bewirkt dieß auf dreyfache Weise:

1) durch Bearbeitung mit der Hand.

2) Durch Formen.

3) Durch Hülfe der Töpferscheibe.

Die Wahl des einen oder des andern dieser Mittel steht nicht in der Macht des Handwerkers allein, sondern die Natur des zu bereitenden Werkes, dessen Umfang und Form bestimmen zur Anwendung dieser oder jener Methode.

In jedem Falle gibt man dem Teige, wenn er zur Bearbeitung gehörig vorbereitet ist, die nöthige Vollendung; indem man ihn mit Oel rc. erweicht, und ihn mit den Händen durcharbeitet und stark knetet, und selbst auf Tischen ausgebreitet, mit großen runden Hölzern schlägt; dieß letztere nennt man eigentlich die Erde kneten.

Durch diese mechanischen Operationen versichert man sich, daß die ganze Erdmasse gehörig zertheilt und gehörig gemischt sey, und in allen Punkten eine gleiche Consistenz habe.

Diejenigen Werke, welche man mit den Händen arbeitet, sind:

1) alle Bildhauer-Arbeiten, die man sodann brennt, um ihnen die gehörige Härte zu geben; Büsten und einige Verzierungen gehören zu dieser Gattung.

2) Die guten Schmelztiegel, denn durch dieß Mittel knetet man die Erde besser, als es auf der Scheibe geschehen kann.

Die Sachen welche man in der Form arbeitet, sind Dach- Mauer- und Pflastersteine. Die hölzerne oder eiserne Form hat die Gestalt die den Stücken, die darin verfertigt werden sollen, bestimmt ist; sie ist aber an beyden Seiten offen, und also eigentlich nur ein Rahmen, durch den den verschiedenen darin abgeformten Stücken immer gleiche Dimensionen ertheilt werden. Man macht von diesem Rahmen auf einem Tische Gebrauch, dessen Oberfläche man mit etwas Sand oder Asche bestreut, um zu vermeiden, daß der Teig anklebe, füllt ihn dann mit der präparirten Erde an, die überflüssige aber, die über die Ränder des Rahmens ragt, nimmt man mittelst einem Schaber ab, den man darüber laufen läßt, indem man ihn mit beyden Händen aufstützt.

Fast

Fast alle Gefäße von cylindrischer Form oder die hohl sind, werden auf der Scheibe gedreht; man fängt damit an den Teig anzufeuchten, den man drehen will, und knetet ihn mit den Händen, um ihn so weich zu machen, als man ihn zu haben wünscht. Dann nimmt der Arbeiter eine solche Quantität davon, als er zu dem Stücke das er machen will, gebraucht. Diesen länglich gezogenen Teig legt er auf die Mitte des horizontalen Rades, dem er eine kreisförmige Bewegung gibt, indem er mit dem Fuße auf das untere, mit dem obern parallellaufende, und sich an der nämlichen Axe bewegende, Rad tritt, und es dadurch treibt; und mit den Händen, mit denen er den Teig stark zusammendruckt, bringt er sein Machwerk aus dem Groben, das er mit hölzernen Werkzeugen vollendet, die er gegen die Wände des zu verfertigenden Stückes anstemmt, welches sich durch die dem Rade gegebene Bewegung cirkelförmig und schnell herumdreht, so daß die Wirkung dieser mechanischen Hülfswerkzeuge auf allen Punkten der Circumferenz gleich ist; so gebraucht der Arbeiter wechselsweise nach einander seine Hände und seine Werkzeuge, um sein Werk zu vollenden.

Wenn man auf die vollkommenste Weise einem Stücke die Vollendung der letzten Hand geben will, bringt man es, nachdem es gehörig ausgetrocknet, wieder auf die Scheibe, um durch verschiedene sehr scharfe stählerne Instrumente seine Formen delicater, und seine Seiten feiner zu machen. Dieß nennen die Arbeiter abdrehen.

Oft vereiniget man mehrere dieser Verfahrungsarten bey Verfertigung eines Werkes. Nachdem man z. B. die Hauptformen eines Stückes angegeben, taucht der Arbeiter es in Wasser, und legt es dann in eine Form von Gyps; dann druckt er mittelst eines nassen Schwammes, auf alle Theile der Oberfläche der Masse, und dadurch diese in die Form ein, und diese nimmt dadurch deren Gestalt überall an. Dann nimmt man die abgeformten Figuren heraus, um sie trocken werden zu lassen.

Die Arbeit des Töpfers welcher Figuren zu machen hat, ist nicht so langwierig, erfordert aber mehrere Geschicklichkeit; der Modelleur hat, wie der, der auf der Scheibe arbeitet, Gypsformen, in die er den Teig gießt, und nachdem er ihn einige Zeit darinnen gelassen, damit er einige Consistenz gewinne, zieht er die abgeformten Figuren wieder heraus. Selten kann man aber diese Figuren auf einmal ganz abgeformt herausnehmen, und dann formt man sie theilweise, und kittet die einzelnen Theile an einander. Man vollendet ihre Bearbeitung mit Werkzeugen von Elfenbein, einem Pinsel und einem Schwamm, und läßt sie dann trocken werden.

Es

Es ist nicht nöthig zu bemerken, daß die Formen die Hand eines sehr geschickten Bildhauers erfordern; jedes Stück wird übrigens mit einer Nummer versehn, um dessen Stelle zu erkennen.

Verzierungen, Blumen, Früchte, Laubwerk werden in besondern Formen gemacht, und mit zerlassenem Teige befestigt.

Ein dritte, bey allen Arten von Töpfer-Arbeit statt findende Operation ist das Brennen; die Construction der Oefen weicht von einander ab, nach der Verschiedenheit der darin zu bereitenden irdenen Gefäße; im Allgemeinen sind es runde, vierecktige, oder thurmförmige, deren Inneres zwey wohl von einander geschiedene Theile zeigt, die durch eine Wölbung getrennt werden, in der sich mehrere Löcher befinden, um die Flamme durchstreichen zu lassen.

Man kann fast ohne Unterschied, jede Art von Brennmaterial zum Brennen der groben Töpfer-Arbeit anwenden; aber im Allgemeinen gibt man dem den Vorzug, welches eine große Flamme gibt, und wenn man Porzellain brennt, nimmt man dazu nur weißes sehr trockenes und in Scheite von gleicher Größe geschnittenes Holz.

Das Brennen des Porzellains und aller feinen Thonarbeiten erfordert einige besondere Vorsichtsmaaßregeln: man ist dabey genöthigt jedes Stück in ein, aus einem sehr porösen und dem Feuer Widerstand leistenden Teige verfertigtes Etui oder Kapsel einzuschließen; durch dieß Mittel wird sowohl dem, daß die gebrannten Stücke nicht eines in das andere laufen, als auch dem Schaden vorgebeugt, den der Rauch der Farbe zufügen könnte.

Das Feuer bey dem Porzellainbrennen dauert gewöhnlich sechs und dreyßig bis acht und vierzig Stunden. Man urtheilt von dem Zustande in dem sich das Brennen befindet nach einigen Probestücken, die man an schicklichen Orten hinlegt, und die man von Zeit zu Zeit herausnimmt, um sie zu untersuchen.

Es ereignet sich oft, daß die Porzellainstücke an den Sand ankleben, mit dem man den Boden der Kapsel bestreuet hat, um deren unmittelbare Berührung zu vermeiden, und man hilft dann diesem Uebelstande ab, indem man das beschmutzte Stück auf ein eisernes Rad bringt, das mit pulverisirtem im Wasser zergangenem Schmergel bestrichen ist, und man vertilgt dadurch vollkommen den schon halb verglasten Sand. Dieß ist der Grund um dessen willen der Fuß der porzellainenen Gefäße, an der Stelle wo er auf dem Sande gestanden, nie mit Glasur bedeckt ist *).

Es gibt solche irdene Gefäße, die nach dem ersten Brennen schon den Grad von Vollkommenheit erreichen, dessen sie bedürfen, wie die Oefenkacheln, die Tiegel, die einmal gebrannten Erden ꝛc. Aber diejenigen welche bestimmt sind Flüssigkeiten zu enthalten und ihrer Natur nach nicht geschickt mit einemmal gut gebrannt zu werden, sind porös, und würden den Zweck den man mit ihnen beabsichtet übel erfüllen wenn man sie nach dem ersten Brennen gebrauchen wollte. Man hat die Gewohnheit ihre Oberfläche mit einer glasartigen Schicht zu überziehen, die kein Durchdringen des Wassers zuläßt, und diese glasige Tünche nennt man Glasur bey den groben Töpferarbeiten, Email bey dem Fayence und Verglasung bey dem Porzellain.

Die Glasur des groben irdenen Geschirrs wird mit Bley verfertigt; man gebraucht zu diesem Zwecke Bleyoxyde, wie Mennig und Glätte, oder besser noch geschwefeltes Bley, welches die Mineralogen Bleyglanz nennen, das im Handel so wie in der Sprache der Töpfer, Bleyglas heißt.

Welche aber auch die Natur der Substanz seyn mag, aus der die Glasur bereitet wird; so bedient man sich ihrer nur erst dann, wenn sie so zerrieben ist, daß sie einige Zeit lang im Wasser gemengt bleiben kann, und trägt sie auf die Oberfläche des zuvor wohl ausgetrockneten Geschirres, entweder wenn man alle Flächen desselben damit bedecken will, so auf, daß man es in damit angefülltes Wasser taucht, oder man bestreicht nur einzelne Theile, die man glasuren will, abgesondert, und isolirt mit diesem Wasser.

Ich habe Gelegenheit gehabt, mich zu überzeugen, daß in den meisten Werkstätten zur Verfertigung der gemeinen Töpfer-Arbeit, man damit anfängt, die zu glasurenden Stücke im Schatten trocken werden zu lassen, und daß, wenn sie den gehörigen Grad von Consistenz erreicht haben, man sie in Wasser taucht, in dem eine fette, sehr zertheilte und zuvor durch einen seidenen Sieb gesiebte Erde gemengt ist; und man zieht dann schnell die Stücke heraus, die durch diese Operation mit einer leichten Lage

*) Es findet sich zuweilen, daß die Gefäße während dem Brennen eine gelbe Farbe annehmen. Dieß ist gemeiniglich eine Folge der Feuchtigkeit des gebrauchten Holzes. Sein feuchter Zustand veranlasset, daß sich eine Portion Rauch verflüchtiget, welcher sich an die Geschirre anlegt und sich verdichtet, die davon eine gelbe Farbe annehmen, welche aber durch ätzende Kalklauge davon getrennt werden kann. H.

Lage dieser Erde bedeckt werden. Die Farbe dieser Erde legt den Grund zu der Farbe des Geschirres, und wenn man diese grün haben will so thut man etwas Kupferfeile hinzu.

Auf diese fette Erde, wenn sie schwach abgetrocknet ist, kann man den Bleyglanz anbringen, wenn man Wasser, das mit diesem Mineral geschwängert ist, darauf gießt; aber fast überall mischt man ihn mit gleichen Theilen Sand, man zerstößt die Mischung dieser beyden Substanzen so fein, daß sie unfühlbar werden, rührt sie mit Wasser ein und bekleidet damit die Theile des Gefäßes die man glasuren will.

Es ist leicht einzusehen, daß man durch dieß Mittel den Ueberzug eines irdenen Gefäßes nach Willkühr verändern und nuanciren könne, es kommt nur darauf an, abgesondert auf den verschiedenen Theilen der Oberfläche desselben, entweder fette, gelbe, weiße oder rothe, oder solche Erden die mit oder ohne Kupferfeile vermischt sind, aufzutragen.

Einige Töpfer bringen die Glasur nur erst dann an, wenn die Stücke zum erstenmal im Feuer gewesen; sie gebrauchen dann weniger davon, und glasuren auch nur solche Stücke die den Vorzug haben, dem Feuer widerstanden zu seyn; aber das zweyte Brennen, welches dadurch nöthig gemacht wird, erfordert neue Arbeit, und zehrt viel mehr Brennmaterial auf; dem Künstler liegt es also ob, die Vortheile und Nachtheile beyder Methoden gegen einander abzuwägen.

Man kann einigen Geschirren eine schwarze glasige Farbe geben, wenn man in den wohlgeheitzten Ofen, im Augenblicke der größten Gluth, pulverisirte Steinkohle wirft und dann den Zug des Ofens mäßigt, so daß er sich mit einem dicken Rauch anfüllt, der sich an die Stücke ansetzt und eine Lage darauf bildet, die sich verglast, sobald man den Luftzug wieder herstellt.

Wenn man Kochsalz in einen wohlgeheitzten Ofen wirft, so verflüchtigt sich das Salz und haftet zum Theil auf der erweichten Oberfläche der Geschirre, wo es den Anfang zu einer Verglasung hervorbringt.

Diese beyden letzten Mittel sind nur dann anwendbar, wenn die Oefen sehr glühend sind, oder die Geschirre einem heftigen Strome des Feuers ausgesetzt werden können ohne zu springen oder zu schmelzen. In den gewöhnlichen Oefen unsrer Töpfer wäre es unmöglich sie anzuwenden.

Ich habe mich lange damit beschäftiget, den Bleyglanz durch Glasuren zu ersetzen, die eben so vortheilhaft in der Anwendung und minder kostspielig wären. Ich habe mich zuerst des gestoßenen Glases bedient, und sehr genügende Resultate erhalten.

Ich fange damit an, mit außerordentlicher Sorgfalt weiße Glasscherben kleinzustoßen, und wenn ich sie zu einem sehr feinen Staube gemacht, so streue ich es dann auf die Oberfläche des mit einer schwachen Lage fetten Lehmes nach dem früher beschriebenen Verfahren bestrichenen Gefäßes.

Man kann diesen Glasstaub auch mit fetter Erde mischen, das ganze mit Wasser einrühren und die getrockneten Stücke hineinstecken; dieß zweyte Verfahren ist mir sehr gut gelungen.

Diese Glasur deckt gut, sie ist mit keiner Gefahr verbunden, sie ist sehr ökonomisch und erfordert keinen sehr bedeutenden Grad von Hitze. Seit 1782 habe ich sie bekannt gemacht und im Großen anwenden lassen, und man hat einen nützlichen Gebrauch davon in den Töpfer-Werkstätten der Normandie, des Languedoc und der Grafschaft Venaissin davon gemacht *).

Noch habe ich mich mit Erfolg der vulkanischen Produkte bedient, die ich mit der nämlichen Sorgfalt und durch das nämliche Verfahren behandelte, als die anderen Glasuren. Im Jahre 1785 überreichte ich dem General-Controleur der Finanzen eine ansehnliche Quantität von Lavaflaschen, und irdenes, mit Lava glasurtes Geschirre; damit man sie prüfen und ihre Güte beurtheilen könne; die Resultate der damit gemachten Versuche waren sehr günstig. Herr Jourmy hat aus dieser Entdeckung großen Nutzen gezogen; indem er sie zur Fabrikation der Hygioceramen (Gesundheitsgeschirre H.) anwendete. (S. sein von dem Institut gekröntes Memoire).

Der Email mit dem man die irdenen Geschirre bedeckt, die man Fayence nennt, ist nichts als Bleyglas, undurchsichtig gemacht durch Zinnoxyd, das, um zur Verglasung überzugehen, einen größeren Grad von Hitze erfordert als die übrigen mit ihm vermengten Materien.

Jeder Künstler hat ein eignes Recept und Verfahren, um seinen Email zu machen, aber alle nehmen zur Basis Zinn und Bley

*) In Berlin verfertigt der verdienstvolle Ofenfabrikant Herr Feilner eine bleyfreye Glasur, aus kalzinirtem Natron, das er mit Sand zur Glasmasse schmelzt, das Glas pulverisirt, und solches als Glasur gebraucht, die völlig ohne Nachtheil für die Gesundheit, und so dauerhaft ist, daß sie selbst scharfen Säuren widerstehet. H.

Bley, welches sie oxydiren, und mit schmelzbarem Sande vermischen.

Die Composition, welche mir den schönsten Email lieferte, ist folgende: man fängt damit an, sorgfältig gleiche Theile von Bley und Zinn zu kalziniren: wenn beyde Metalle in den oxyden Zustand übergegangen und nichts mehr als ein feines Pulver sind; so zerreibt und siebt man sie sorgfältig; läßt sie mit Wasser aufsieden, und gießt das Wasser dann ab wenn sich der Bodensatz gebildet hat; gießt auf diesen Bodensatz eine neue Quantität Wasser, mit der man ihn einrührt, klärt das Wasser ab, welches die am besten zertheilten Theile gemengt enthält, und läßt wieder einen Bodensatz sich bilden. Man zerreibt denn das Residuum, siebt es durch, und behandelt es auf gleiche Weise mit Wasser, und indem man diese Folge von Operationen mehreremale wiederholt, bringt man die Totalität zu dem gleichen Grade von Feinheit und Dünne, und trocknet dann dieß Pulver, um nach Bedarf davon Gebrauch zu machen.

Von einer andern Seite kalzinirt man sehr weiße, und von jeder fremden Beymischung freye Kiesel und gereinigt Weinsteinsalz.

Wenn diese Materien so vorbereitet worden; so wiegt man 100 Theile mit Bley und Zinn gemengtes Oxyd, 100 Theile jener Fritte und 200 Theile kohlensaures Kali ab, mischt diese drey Substanzen gut durcheinander und läßt sie in einem Tiegel schmelzen.

Mercet hat vorgeschlagen, statt des Zinnoxyds, weißes Spießglanzoxyd zu nehmen. So hat Darcet bemerkt, daß man einen schönen Email erhielte wenn man weißen Thon mit Gyps mischt. Aber diese Verfahrungsarten sind noch nicht gehörig erprobt, um in die Werkstätten aufgenommen zu werden.

Man färbt den Fayence-Email durch Hinzufügung verschiedener Metalle zur Composition.

Composition der farbigen Emails.

	Farbe.
1) Drey Unzen Zefra und sechzig Gran kalzinirten Kupfers, zu sechs Pfund Email Composition	azurblau.
2) Sechs Pfund weißer Email, drey Unzen oxydirtes Kupfer, sechs und neunzig Gran Zefra, acht und vierzig Braunstein	türkisblau.
3) Sechs Pfund weißer Email, drey Unzen oxydirtes Kupfer, sechszig Gran Hammerschlag	grün.

4) Sechs

	Farbe.
4) Sechs Pfund weißer Email, drey Unzen Zefra, drey Unzen Braunstein	glänzend schwarz dunkelblau.
5) Sechs Pfund weißer Email, sechs Unzen rother Weinstein, drey Unzen Braunstein	sehr glänzendes schwarz.
6) Sechs Pfund weißer Email, drey Unzen Braunstein	purpur.
7) Sechs Pfund weißer Email, drey Unzen Weinstein, zwey und siebenzig Gran Braunstein	gelb.
8) Sechs Pfund weißer Email, drey Unzen Messingoxyd, sechzig Gran Zefra	meergrün.
9) Sechs Pfund weißer Email, zwey Unzen Braunstein, acht und vierzig Gran Kupferoxyd.	violett.

Welche aber auch die Farbe des Emails sey, so stößt man es, wenn man es gebrauchen will, klein, zerreibt es, rührt es mit Wasser ein, und gießt dieß Wasser, welches das Email enthält, auf die Gefäße, die bereits einmal gebrannt worden, das Wasser saugt sich dann in die Masse des Gefäßes ein, und das Emailpulver bleibt an der Oberfläche kleben. Man brennt sie dann zum zweyten Mal, und stärker als das erste Mal, um das Email zu schmelzen.

Da es darauf ankommt dem Fayence seine schöne weiße Farbe zu conserviren; so brennt man es in Kapseln, wie das Porzellain.

Da die Fabriken thönerner Waaren des Herrn Wedgwood überall einen großen Ruf unter dem Namen englischer Erde, englischen Steinguts, englischen irdenen Zeuges erhalten; so glauben wir die hauptsächlichsten Compositionen, aus denen ihre Farben bestehen, anzeigen zu müssen. Sie können bey uns wohl nachgemacht werden, wo dieser Zweig der Indüstrie große Fortschritte macht.

1) Materialien der Farben.

Nummer 1. Weiße Erde aus Ayorca, in Nordamerika, die eine halbe Stunde roth geglüht worden.

Nr 2. Eine Auflösung von Gold in salpetersaurer Salzsäure, niedergeschlagen durch Kupfer; der Niederschlag wird wohl ausgewaschen.

Nr. 3. Eine Mischung von zwey Unzen geschwefeltem Spießglanz; zwey Unzen Zinnasche; sechs Unzen Bleyweiß; das Ganze kalzinirt mit Reaumurschem Glase.

Nr 4. Acht Unzen Smalte; eine Unze kalzinirten Borax; vier Unzen Mennig; eine Unze salpetersaures Kali; zusam-

zusammengemischt und im Ofen rothgeglüht bis zum Fayence=biscuit.

Nr. 5. Schwefelsaures Eisen, bis zum Rothglühen durch zwey Stunden kalzinirt, gewaschen und getrocknet.

Nr. 6. Bleyweiß.

Nr. 7. Kalzinirte und gepulverte Flintensteine.

Nr. 8. Schwarzes Braunsteinoxyd.

Nr. 9. Zefra.

Nr. 10. Schwarzes Kupferoxyd.

2) Mischung der Farben.

A. Glänzend schwarz. Wird componirt aus drey Unzen von Nummer 8; drey Unzen von Nr. 9; drey Unzen von Nr. 10 und sechs Unzen von der grünen Farbe F.

B. Roth. Zwey Unzen von Nr. 1; zwey Unzen von Nr. 3; eine Unze von Nr. 5 und drey Unzen von Nr. 6.

C. Orange. Zwey Unzen von Nr. 1; vierzehn Unzen von Nr 3; eine halbe Unze von Nr. 5 und vier Unzen von Nr. 6.

D Dunkelschwarz. Eine Unze von Nr. 4; zwey Unzen von Nr. 8 untereinandergemischt.

E Weiß. Zwey Unzen von Nr. 1 und zwey Unzen von Nummer 6.

F Grün. Eine Unze von Nr. 1; zwey Unzen von Nr. 3 und fünf Unzen von Nr. 4.

G. Blau. Eine Unze von Nr. 1 und fünf Unzen von Nr. 4.

H. Gelb. Nr. 3 allein.

3) Auftragen der Farben (Bronze).

I. Wenn die Gefäße so weit fertig sind, um gebrannt zu werden, ohne doch trocken zu seyn, so zerreibt man ein wenig Pulver von Nr. 2 mit Terpenthinöl, und tüncht die Gefäße mittelst eines Schwammes oder Pinsels damit an. Dann polirt man sie und läßt sie brennen, worauf man sie wieder polirt.

4) Auftragen der Bronze auf Biscuit, das keiner großen Hitze ausgesezt werden darf.

K. Man mischt 4 Unzen von Nr. 6, und eine von Nr. 7; trägt eine Lage von diesem Pulver auf die Biscuits auf, und läßt sie in einem ordinairen Fayence=Ofen so warm werden, bis diese Lage schmilzt. Dann trägt man das Pulver Nr. 2 auf und läßt die Gefäße brennen.

5) Auf=

5) Auftragung des glänzenden Schwarz nach Art der etrurischen Vasen auf rothe Gefäße.

L. Man zerreibt die Farbe A mit Terpenthinöl; füllt damit die Dessins aus und läßt die Gefäße dann so lange brennen bis die schwarze Farbe zu schmelzen anfängt.

6) Eine andere Art des Verfahrens mit L.

M. Man macht den Grad des Dessins mit schwarzer Farbe auf rothen Gefäßen, und trägt dann die rothe oder eine andre Farbe auf; man zerreibt jedoch immer die Farben mit Terpenthinöl und läßt die Gefäße brennen.

7) Noch eine andre Art des Verfahrens mit L.

M. Man macht den Grund eines schwarzen Biscuits mit dem Roth B, oder dem Orange O, und glasurt dann mit der schwarzen Farbe D, mit oder ohne Hinzufügung andrer Farben.

Die Porzellain=Glasur ist eine glasige und durchsichtige Masse, die genau auf alle Punkte der Oberfläche aufgetragen werden, und mit dem Teige zusammenschmelzen muß, ohne aufzureißen oder abzuspringen.

Der Graf von Milly, der in seinem Werke über das Porzellain drey Compositionen der Glasur bekannt gemacht hat, nimmt immer die nämlichen Materien, ohne anders, als in den Verhältnissen abzuweichen.

	1ste Composition.	2te Comp.	3te Comp.
Sehr weißer Quarz	8 Theile.	17 Theile.	11 Theile.
Weiße Scherben	15 ——	16 ——	18 ——
Kalzinirte Gypskristalle	9 ——	7 ——	12 ——

Man wendet ferner zur Glasur nur reine und farbenlose Materien an. Auch bedient man sich des Feldspaths.

Welche Art der Composition man aber auch wählt, so reibt man immer mit der größten Sorgfalt die Substanzen, aus denen sie besteht, rührt ihren Staub in Wasser ein und macht einen Teig daraus, den man wie die Porzellainmasse beitzen läßt

Will man sich ihrer nun bedienen, so läßt man sie im Wasser dergestalt zergehen, daß sie eine mittlere Flüssigkeit annimmt, und taucht in diese Flüssigkeit das Porzellainbiscuit. (Man bezeichnet mit diesem Namen das Porzellain, welches schon den ersten Grad im Feuer bekommen hat.

Figuren und im Allgemeinen diejenigen Porzellain=Arbeiten, die weder gemahlt, noch dem Wasser ausgesetzt zu werden

den brauchen, haben keine Glasur nöthig, und man gebraucht sie im Biscuit Zustande.

Wenn das Biscuit aber die Glasur bekommen hat, so ist es weißes Porzellain, und in diesem Zustande zu jedem Gebrauch anwendbar.

Bis hierher haben wir die Fabrikation irdener Gefäße nur in Beziehung auf ihren Nutzen betrachtet; die Kunst hat jedoch diesen kostbaren Zweig unserer Industrie so vervollkommt, daß man dahin gelangt ist, in Thon mit einer erstaunenswürdigen Eleganz und Präcision, die zusammengesetztesten Dessins auszuführen.

Die Schönheit der Formen, die Correctheit der Zeichnung und der Glanz der Farben in dem Porzellain von Sèvres, und dem der Herren Dilh und Guerard erregt täglich Bewunderung.

Unter diesen Wunderwerken der französischen Industrie gehören einige der Zeichenkunst, andre der Chemie an, und es sind hauptsächlich diese Letztern, die uns beschäftigen werden.

Die Auftragung der Farben auf das Porzellain läßt sich aus vielen sehr interressanten Gesichtspunkten betrachten, von der einen Seite in Rücksicht der Natur und der Wahl der Farben, und von der andern in Hinsicht der Kunst sie aufzutragen und zu verschmelzen.

Die Farben werden alle aus der Reihe der Metalloxyde gewählt, sie allein haben Unausdehnsamkeit genug, um vom Feuer nicht zerstört zu werden. Was mehr ist, die Metallfarben, die in der Regel, wenn sie aufgetragen werden, matt aussehen, bekommen Glanz durch das Brennen.

Man schmilzt die Farben durch ein Schmelzmittel ein, das verschieden in den verschiedenen Fabriken ist; die folgende Composition ist eine der gewöhnlichsten:

Glasstaub, frey von Bley 4 Quentchen
Calcinirter Borax 2 Quentchen 12 Gran
Gereinigter Salpeter 4 Quentchen 24 Gran.

Man mischt und zertheilt diese Materien sorgfältig, und verglast sie in einem Schmelztiegel.

Sodann zerreibt man dieß Glas und verschmilzt es mit der Farbe. Man bedient sich des Gummis oder des Spiköls als Vehicul zur Auftragung derselben auf das zu färbende Stück. Zu diesem Zweck nimmt man einen Pinsel und alle gewöhnliche Mittel zum Malen.

Das Goldoxyd welches man Goldniederschlag des Cassius nennt, bringt purpur hervor.

Gold durch Zinn und Silber niedergeschlagen, gibt violett.

Kupfer aus seinen Auflösungen in Säuren durch Alkalien niedergeschlagen, liefert ein schönes Grün.

Eisensafran und Colchotar geben die rothen Farben.

Zefra macht blau.

Weiß oxydirtes Spießglanz mit Bleyglas vermischt, bringt gelb hervor.

Braun und schwarz werden von Hammerschlag und starken Dosen Zefra gemacht.

Das Chromeoxyd gibt ein schönes Grün.

Herr Brongniart Generaldirector der Porzellainfabriken von Sevres hat diesen Zweig der Industrie bereits durch einige sehr wichtige Vervollkommnungen bereichert, und die Porzellanfabrikation darf sich große Erweiterungen von dem Eifer und den Einsichten dieses geschickten Physikers versprechen.

Dritter Abschnitt.

Von den mineralischen Verbindungen in Rücksicht auf die Erzeugung des Glases.

Wir haben in dem ersten Bande dieses Werkes bereits von der Wirkung der Wärme auf eine große Anzahl einfacher oder zusammengesetzter mineralischer Substanzen gehandelt; hier wird uns nun die Art beschäftigen, wie man das Glas bereitet.

Das Glas bietet eine große Verschiedenheit in seinen Eigenschaften dar, aber da diese wesentlich von den Verhältnissen der dazu angewandten Materien, und vorzüglich von den verschiedenen Graden der Reinheit derselben abhängig ist, so werden wir uns damit begnügen die allgemeinen Grundsätze zu lehren, auf denen die Bereitung des Glases und die hauptsächlichsten dabey statt findenden Operationen beruhen.

Reine Substanzen verglasen nur schwer, und das daraus bereitete Glas ist gewöhnlich trocken und leicht zerbrechlich. Aber die nämlichen Substanzen, wenn sie mit einander gemengt werden, werden dadurch leichter zum Schmelzen gebracht. Alaun und Kalk die abgesondert nicht verglasungsfähig sind, gehen leicht in Glas über wenn eine Vermengung beyder Statt findet.

Die Alkalien erleichtern die Schmelzung und die Verglasung aller erdigen Grundstoffe. Um dieser Eigenschaft willen macht

macht man von diesen Salzen Gebrauch, um daraus die Basis der Composition der Glasarten zu bilden, die wir täglich benutzen.

Außer dem Grade von Schmelzbarkeit, welche die Alkalien den erdigen Substanzen mittheilen, theilen sie dem Glase, das aus ihrer Mischung mit den Erden entsteht, eine Geschmeidigkeit mit, die erlaubt es zu bearbeiten, zu blasen, auszudehnen und zu hämmern so lange es warm und weich ist.

Die Werkstätten in denen man das Glas fabricirt, sind unter dem Namen Glashütten bekannt. Die Compositionen, die Bearbeitungen, die Oefen wechseln in den verschiedenen Werkstätten nach der Natur des darin fabricirten Glases ab, daher die Benennungen, die verschiedene Glasarten haben, als Bouteillenglas, Fensterglas, Kristallglas, Becherglas, Spiegelglas u. s. w.

Aber welches auch die Natur des Glases sey, das man fabricirt, so gibt es Grundsätze, die wesentlich aus der Wissenschaft fließen, die auf alle Glasarbeiten Anwendung finden, und nach denen alle dabey vorkommende Arbeiten dirigirt werden.

Diese allgemeinen Grundsätze haben alles das zum Gegenstande, was auf die Fabrikation der Tiegel, auf die Composition der Materie, die Construction des Ofens, die Leitung des Feuers und die Art das Glas zu bearbeiten, Bezug hat. Wir werden einen Blick auf alle diese großen Gegenstände wenden.

Erster Artikel.

Von der Fabrikation der Schmelz- oder Glas-Häfen.

Gute Tiegel oder Häfen bürgen für den Erfolg des Glasmachens. Diese Wahrheit kann nur der recht einsehen, der den Verlust den Tiegel, die platzen oder laufen, verursachen können, die Zeit die man dabey verliert, und die Schwierigkeiten übersieht, die es macht, wenn man sie wieder ersetzen muß.

Der Thon macht die Basis der Glastiegel. Aber da die Qualität der Thonarten sehr verschieden ist, weil sie von Natur und immerwährend in verschiedenen Verhältnissen mit Kalk, Kieselerde, Eisen und Magnesia gemischt sind, die sie mehr oder weniger schmelzbar machen, muß man den Thon untersuchen, bevor man ihn anwendet.

Die Eigenschaften eines guten Thons zu Glashäfen bestehen darin:

1) daß er sich nicht verglase, wenn er auch mehrere Tage an der heißesten Stelle des Ofens stehen muß.

2) Daß er seine Form behalte, ohne sich zu sacken, oder weich zu werden.

3) Daß er sich leicht verarbeiten und formen lasse.

4) Daß er sich im Feuer zusammenziehe, ohne zu bersten oder aufzuspringen.

5) Daß er durch das Brennen einen großen Grad von Härte und Dichtigkeit annehme.

Wenn man alle diese Eigenschaften in einem Thon gefunden, so muß man ihn auslesen, um alles fremdartige oder schädliche heraus zu werfen. Zu diesem Zwecke säubert man ihn sorgfältig von den Feuersteinchen und allen kleinen farbigen Adern; die Stücke die mit Ocher gefärbt sind, braucht man nur abzukratzen, und sie vom Färbestoffe zu reinigen.

Nachdem man nun mit der Hand oder auch mit dem Messer alle sichbaren Mängel abgeputzt hat, läßt man den Thon in Wasser zergehn und faulen, und siebt ihn dann durch um die schweren, groben und unauflöslichen Theile davon zu trennen.

Sand, Quarz und Glimmer schaden den Eigenschaften des Thons nicht merklich, hauptsächlich wenn sie nur in kleiner Quantität darin vorhanden sind, aber die Beymischungen von Kalk, Gyps, Feuersteinen und Metalloxyden, machen ihn untauglich zur Glasbereitung.

Da die Wände des Tiegels nicht dicker seyn müssen, als erforderlich ist, um ihn fähig zu machen, dem Andrang der darin enthaltenen Materie, und den bey der Arbeit ihm mitgetheilten Stößen Widerstand zu leisten; so hat Herr Loysel vorgeschlagen, die Haltbarkeit des Thons dadurch zu berechnen, daß man daraus kleine Stöckchen in Form von Parallelopipeden mache, sie bey einer Temperatur von 25 Graden trockne, und eine ihrer Extremitäten auf einen Diameter von sechs Linien reducire. Diese Extremität soll man in eine cubische Höhlung einschließen, und in einem Abstande von achtzehn Linien mit einer Waagschaale verbinden, auf die so lange Gewichte gelegt werden, bis das Stäbchen zerbricht. Er hat auf diesem Wege die Erfahrung gemacht, daß guter Thon, den man zu Tiegeln von drey Fuß im Durchmesser, auf drey Fuß sechs Linien Dicke anwendet, nur durch ein Gewicht von sechs und funfzig Unzen; so wie solcher, aus welchem Schmelzhäfen von acht Fuß im Durchmesser gemacht werden, durch ein Gewicht von vier und zwanzig Unzen, zum Brechen gebracht werden kann.

Wird

Wird hingegen der Thon allein angewendet, so ziehet er sich überaus stark zusammen, und man vermischt ihn daher in der Composition der Häfen mit Bruchstücken von zerschlagenen, und von aller verglasten Materie wohl gereinigten Tiegeln, oder mit stark gebranntem Thon.

Man hütet sich wohl vor der Anwendung von Sand zu der Composition der Tiegel, weil das Alkali, das man zur Fabrikation des Glases gebraucht, sonst seine Wirkung darauf übertragen, ihn auflösen, und so die Tiegel schnell zerstören würde.

Nachdem man den Thon wohl zubereitet, mischt man ihn mit dem Teig den man aus den Bruchstücken der zerriebenen Tiegel gewonnen, und bildet daraus einen Teig von der Consistenz, daß eine bleyerne Kugel von vier Unzen an Gewicht, wenn sie aus einer Höhe zwischen 66 Fuß und 83 Zollen herabfällt, mit ihrem ganzen Diameter darin versinken könne.

Man knetet diesen Teig mit der größten Sorgfalt an einem dazu geschickten Orte, wo er vor Staub, und vor der Beymischung jeder fremden Materie geschützt ist.

Wenn der Teig so zubereitet ist, so kann man von einem oder dem andern der nachfolgenden Verfahren Gebrauch machen, um den Tiegel zu verfertigen:

1) In einigen Glashütten hat man eine hölzerne Form, inwendig mit einem starken und sehr angespannten Leinwand versehen. An der innern Fläche dieser Leinwand klebt man Rollen vom Teig an, und erhebt nach und nach die Wand des Hafens, indem man die Dicke der Thonmasse nach und nach vermindert, und zwar vom Boden bis zur obern Kante.

2) In andern Glashütten hat der Arbeiter nur ein hölzernes rundes Brett, das ein wenig breiter ist als der Tiegel werden soll, und er formt bloß mit den Händen und ohne Form seinen Tiegel auf dieser Art von Stütze *).

Diese letzte Methode verdient vor der ersten den Vorzug, weil der Arbeiter seinen Teig auf allen Punkten handhabt und bearbeitet, so daß er in dem Tiegel selbst keine Spalten noch Sprünge läßt, und alle Theile desselben vollkommen und einförmig verbindet. Dieß Verfahren ist hauptsächlich in solchen Glashütten anzuwenden, wo man schwarzes Glas bereitet, weil diese Composition die Tiegel mehr anfrißt als jede andern.

Wenn

*) Diese letztere Verfahrungsart ist auch in deutschen Glashütten gebräuchlich, und es werden, wenn nur der Hafenmacher Geschicklichkeit besitzt, hierdurch alle Vortheile erreicht. H.

Wenn die Tiegel fertig sind, läßt man sie im Schatten und bey einer Temperatur von 10 bis 15 Graden, nach dem Reaumurschen Thermometer trocknen. Man fürchtet gleich sehr eine zu starke Hitze, die den Tiegel zum Platzen bringt, und eine zu lebhafte Kälte, die ihn dem Verfrieren aussetzt; so muß man auch sorgfältig die Feuchtigkeit und den Luftzug vermeiden, und das Zimmer, das zum Trocknen dient, muß verschlossen gehalten, und selten geöffnet werden.

Wenn die Tiegel anfangen trocken zu werden, so schließt man sie an einem verschlossenen Orte ein, den man in einer beständigen Wärme von 25 bis 30 Graden erhält. Von da nimmt man sie nur erst dann weg, wenn man sie gebrauchen will. Zu diesem Zweck setzt man sie nach und nach einer Rothglühehitze aus, und in diesem Zustande kann man sie in den Ofen schieben, das heißt: sie die Feuerprobe passiren lassen. Die Vorsicht erfordert, daß, so bald sie in ihrer Stelle sind, man sie doch nicht eher mit Composition anfüllt, als bis man sie vier und zwanzig Stunden hindurch der stärksten Hitze ausgesetzt hat.

Zweyter Artikel.

Von der Construktion der Glasöfen.

Man bereitet die Masse die zu Ziegeln für Glasöfen bestimmt ist auf die Weise, daß man rohen Thon mit gebranntem Thon oder Scherben von Tiegeln vermischt; auch kann man statt des gebrannten, weißen und unschmelzbaren Quarz, oder einen sehr strengflüssigen Sand nehmen.

Um die Quarzstücke genauer zu zerstoßen, läßt man sie im Feuer roth glühen, und löscht sie, so bald sie roth sind, wieder in Wasser. Diese Operation macht sie pulverartig, ohne ihrer Eigenschaft der Strengflüssigkeit zu schaden.

Auch macht man die Ziegel, indem man in Verhältnissen, die die Erfahrung am besten bestimmen lehrt, rohen wohlgefaulten Lehm mit dem strengflüssigen Stoffe mischt.

Man bedient sich ziemlich allgemein der Ziegel, ohne sie brennen zu lassen, und begnügt sich damit, wenn sie an der Luft so trocken geworden, daß eine aus einer Höhe zwischen 25 und 45 Fuß herabfallende Bleykugel nur bis zur Hälfte ihres Durchmessers darin einsinke.

Die Glasöfen errichtet man überall in der Mitte sehr geräumiger Hallen, damit die Arbeiten und der Dienst darin leichter werde.

Der Zug des Ofens wird durch vier Luftzüge bewirkt, die von der Aussenseite der Halle hinreichen, und sich unter einem rechten Winkel in dem Roste des Heerdes vereinigen.

Die innere Form der Oefen ist fast immer die eines Vierecks, oder eines rechtwinkligen Parallelogramms, dessen breiteste Seiten mit Tiegeln besetzt sind, die man auf Kanten oder Bänken placirt. Den Zwischenraum den man zwischen diesen Bänken läßt, bildet den Rost, worauf das Brennmaterial gelegt wird. Man gibt dem Feuer Nahrung durch Oeffnungen, welche man in den engsten Seiten anbringt, und leert und füllt die Tiegel durch Löcher, die sich über ihnen befinden und mit ihnen in Verbindung stehn, damit sie leichter daraus bedient werden können.

Der Ofen läuft oben in eine Wölbung aus, die sich auf die beyden längsten Seiten aufstützt, und mit Löchern durchbohrt ist, um einem gehörigen Luftzuge Raum zu geben, und der Flamme den Zugang zu eröffnen, die auch noch zugleich Archen (Mischungen zur Glasmasse) heiß macht, welche vor den Winkeln, oder über der Wölbung aufgestellt werden.

Als Ludewig der Neunte, nach seiner Rückkehr von den Kreuzzügen, einigen Edelleuten, die in seinem Gefolge gewesen waren, das Privilegium ertheilte, grünes Glas und Kristallglas zu bereiten, ohne daß es ihrem Adel Abbruch thun solle; so wurden die häuptsächlichsten Etablissements dieser Art im mittäglichen Frankreich errichtet, und auch in der Folge beständig von Edelleuten besorgt, so wie man darin auch ohne Abänderung die äußern Formen und die bizarren Compositionen jener Zeit beybehalten hat. Die Oefen sind rund mit dem Heerde in der Mitte, die Wölbung ist offen in der Mitte, um der Flamme den Durchgang zu verstatten, und sie in einen oberen und auch gewölbten Raum zu leiten, der dazu dient, das Glas das man dort absetzt nach Maaßgabe wie man es bläst, auszuglühen. Die Adlichen arbeiten ausschließlich in solchen Glashütten; sie begnügen sich mit einem sehr mäßigen Gehalt, und vernachlässigen oder verachten, in Gemäßheit ihrer Grundsätze, alle Geldvortheile die sie aus Glasbläsereyen ziehen könnten, die von andern, als zu ihrer Caste gehörigen Subjecten geleitet würden *).

Dritter

*) In gut eingerichteten deutschen Glashütten erbauet man die Oefen aus feuerfesten, mit Sand versetzten Thonsteinen. Man bringt den Luftzug auf einer Seite an, und gibt der obern Wölbung des Ofens eine elliptische Form, um die Hitze auf die darin zu bearbeiteten Masse zurück zu werfen bevor solche aus dem Schornstein entweicht. Man schmelzt in den deutschen Glashüt-

ten

Dritter Artikel.

Von der Wahl der Materien die zur Composition des Glases gebraucht werden.

Die Kieselerde und die Alkalien machen überall die Basis des Glases, die andern hinzutretenden Substanzen sind, so zu sagen, nur Nebensachen, theils, um den Schmelzungsprozeß zu erleichtern, theils, um dem Glase die Farbe zu benehmen und es zu reinigen, theils, um ihm besondre Eigenschaften mitzutheilen.

Die Kieselerde und die reinsten Alkalien geben das weißeste Glas und diese Composition dient zur Basis und zur Regel bey allen Operationen der Glasfabrikation.

Aber die Kieselerde sowohl als das Alkali sind nirgends in reinem Zustande vorhanden, und nur durch mühsame, beschwerliche und kostbare Proceduren kann man es zu dem nöthigen Grade von Reinheit bringen. Auch nimmt man gewöhnlich diese Materien, so wie sie in der Natur und im Handel sich darbieten. Nichts destoweniger ist man so vorsichtig, bey der Verschiedenheit unter welcher beyde Substanzen vorkommen, diejenigen unter ihnen zu wählen, von denen die Erfahrung bewährt hat, daß sie immer das Produkt ergeben, welches man aus ihnen zu erhalten wünscht.

Nichts destoweniger muß man bey einigen delicaten Arbeiten, wie bey Fabrikation des Kristall- und Spiegelglases, das Alkali des Handels von allen fremdartigen Körpern reinigen die darin enthalten seyn können.

Im Allgemeinen ist der weiße Sand der reinste, aber auch der strengflüssigste; die farbigen Sande schmelzen mit viel grösserer Leichtigkeit.

Die Soda von Alicante nimmt den ersten Rang unter allen Soden, die in den Handel kommen, ein. Man gebraucht sie zu den delicaten Operationen bey der Glasmacherey.

Die sicilianische Asche, die Soda von Narbonne, weiße Asche von Aigues-Mortes, die Soda aus der Normandie, werden

ten mit Holz, mit Torf und mit Steinkohlen, da wo grünes oder Bouteillenglas gearbeitet wird. Die weißen Glashütten arbeiten allein bey Holzfeuer. Auch in den deutschen Glasöfen stehen die Häfen auf steinernen Bänken, und die Einrichtung ist von der Art, daß wenn ein Glashafen verunglückt, derselbe herausgenommen, und durch einen andern ersetzt werden kann, ohne daß die Arbeit unterbrochen wird. H.

den nach ihren respectiven Eigenschaften zur Fabrikation aller gewöhnlichen Arten weißen Glases gebraucht.

Die Pottasche und das Küchensalz sind auch sehr geschickt zur Verwandlung in Glas, man bedient sich der Pottasche vorzüglich in den meisten Fabriken von Trinkgläsern und weißen Flaschen.

Die Asche der Feuerheerde mit Salz geschmolzen, machen die gewöhnlichste Composition des Bouteillen-Glases aus. Wenn der Sand sehr schmelzbar ist so kann man sich der ausgelaugten Asche bedienen. Ich habe vortreffliches schwarzes Glas aus Laugenasche und Flußsand, gemischt mit gleichen Theilen Quarz und Lavastücken, bereiten gesehen.

Die in den Alkalien enthaltenen Neutralsalze gehen zur Schmelzung über, und schwimmen auf der Oberfläche der Materie in Gestalt einer sehr flüssigen Flüssigkeit, die man sorgfältig mit einem Löffel abschöpft, bevor man das Glas zu bearbeiten anfängt. Diese Vorsicht ist nur in sofern erforderlich als man mit Soda arbeitet, die viel Meersalz enthält, wie die von Aigues-Mortes, Frontignan u. s. w. Die Glashütten, in denen man diese Salze gebraucht trieben einen ansehnlichen Handel mit diesem Salze, das man unter dem Namen Glassalz verkaufte, bis die Salzsteuer das Meersalz mit einer ungeheuren Auflage belegte. Das Glassalz ist auch noch unter dem Namen Glasgalle bekannt, und wenn die Materie nicht gehörig geschmolzen oder wenn das Kochsalz nicht evaporirt worden, so findet man mehrere Körner davon zerstreut im Glase, welches der Solidität und Schönheit der daraus bereiteten Gefäße schadet *).

Wenn man die Soda reinigen will, um sie zu delicaten Operationen tauglich zu machen, so löst man sie in Wasser auf, um durch

*) In deutschen Glashütten schmelzt man das weiße oder Kristallglas aus 3 Theilen weißem eisenfreyen Sande, und einem Theil reiner Pottasche zusammen, auch setzt man zuweilen etwas Arsenik zu. Das Spiegelglas wird aus demselben Sande mit Pottasche, Weinstein und Salpeter geschmolzen. Die grünen Glashütten bedienen sich bloß der mit Kalk gemengten ausgelaugten Holzasche, so wie solche in den Seifensiedereyen abfällt, mit gemeinem Sande und Kochsalz gemengt. Einige gebrauchen auch bloß Torfasche, Sand und Kochsalz. Eben so verarbeitet man in deutschen Hütten die alten Glasscherben, die mit Sand und Asche wieder zusammengeschmolzen werden, mit großen Vortheil. Nur die weißen Glashütten liefern Glasgalle, die in der Regel ein unreines schwefelsaures Kali ausmacht. H.

durch eine erste Operation alles was unauflöslich darin ist, zu scheiden; man evaporirt und concentrirt sodann die Auflösung bis zum 40sten Grade des Baumeschen Aerometers, um die fremdartigen Salze, die kristallisiren, niederzuschlagen; verdickt dann die übrigbleibende Flüssigkeit bis zur Trockenheit und gewinnt durch dieß Mittel ein sehr reines Sodasalz. Man könnte es selbst in Kristallen erhalten, wenn man die Evaporation auf der Stufe einer syrupartigen Consistenz anhielte.

Die Verhältnisse der Materien, aus denen die Composition des Glases besteht sind verschieden nach der Natur des Sandes, der Reinheit der Alkalien, der Qualität des Glases und des Grades der Wärme des Ofens. Die Erfahrung muß vorschreiben und bestimmen, was das Zweckmäßigste ist; je schmelzbarer der Sand ist, um desto weniger ist an Alkali erforderlich; je reiner das Alkali ist, um desto mehr Sand wird zur Composition gebraucht.

Um die Schmelzung der Materien zu erleichtern und dem Glase mehr Geschmeidigkeit, eine größere Dichtigkeit und eine geringere Härte zu geben, thut man zu der Composition Bleyoxyd in abwechselnden Verhältnissen, je nachdem der Zweck ist, den man damit hat. Man zieht die Mennige zu dieser Art von Anwendung vor, und bedient sich derselben in allen Glashütten in denen man Kristall macht.

Das Braunsteinoxyd, wird unter dem Namen Glasseife gebraucht, um dem Glase die Farbe zu benehmen. Ich vermuthe, daß seine Wirkung wesentlich mit der Leichtigkeit zusammenhängt, mit der es seinen Sauerstoff von sich gibt, der dann mit den färbenden Stoffen in Verbindung tritt und sie zerstört.

Zuviel Mennig macht das Glas gelb; man hilft diesem Fehler durch ein wenig Kobaltoxyd ab welches seinerseits, wenn es im Uebermaaße vorhanden ist, eine blaue Färbung macht.

Zuviel Braunstein färbt das Glas violett und bringt violette Streifen oder Bänder in der Dicke des Glases hervor. Man verbessert diesen Mangel dadurch, daß man in die geschmolzene Masse einen brennbaren Körper wirft.

Unter gewissen Umständen kommt eine sonst erprobte Composition nur schwer zum gehörigen Schmelzen, welches daher rühren kann, daß entweder dem Zuge des Ofens etwas im Wege stehet, oder daß das Feuer nicht gehörig geleitet wird; in diesem Falle nimmt man seine Zuflucht zum Borax oder Arsenik, um die Schmelzung wieder in den Gang zu bringen Man thut diesen letztern auf den Boden des Topfes und rüttelt ihn

darin

darin so lange herum, bis er in Dampfgestalt evaporirt wird; er dringt dann durch die ganze Masse, setzt sie in Bewegung und beschleuniget das Schmelzen derselben. Der Arsenik dient, außer dem Vortheil den er gewährt zur Erleichterung des Schmelzens beyzutragen, auch hauptsächlich dazu, die grüne Farbe des Glases zu zerstören.

Man färbt das Glas mit Metalloxyden; Kobalt macht blau; Braunstein, violett; Spießglanzglas gelb; der Goldpurpur des Cassius, purpurroth; Chromeoxyd oder Kupferoxyd, grün. Man bringt einen Wechsel der Farben durch die Mischung dieser Oxyde hervor, und man kann dadurch alle Nüancen erhalten, die man zu haben wünscht *).

Vierter Artikel.

Von dem Schmelzen der Materien aus denen die Composition des Glases besteht.

Das Schmelzen dieser Materien zerfällt in zwey Hauptoperationen:

1) Die Frittebereitung.
2) Das Schmelzen selbst.

Wenn man die Materien, aus denen die Composition besteht, in die Tiegel würfe, ohne sie durch eine vorläufige starke Kalzination dazu vorbereitet zu haben; so würden die Tiegel durch das Wasser, das sich beym ersten Eindruck des Feuers entwickelt, in kurzer Zeit zerstört, und die Schmelzung durch die zu große Schmelzbarkeit des Alkali's, das auf die Oberfläche steigen würde, fast unmöglich werden, das Glas aber sich färben und der Teig dergestalt anschwellen, daß er den Rand des Tiegels überträte. Um allen diesen Uebelständen vorzubeugen, bereitet man in allen Glashütten zuvörderst eine Fritte aus der Materie, bevor man zu ihrer Schmelzung in Tiegeln schreitet.

Diese Operation wird mit den Materien vorgenommen, entweder, wenn sie abgesondert, oder schon im Zustande der Vermischung und Composition sind. Die zweyte Methode verdient aus den oben von mir angeführten Gründen, den Vorzug.

Die Bereitung der Fritte geschieht in Oefen die in der Halle der Glashütte angebracht sind, und die sehr oft mit dem Schmelzofen

*) In deutschen weißen Glashütten färbt man das Glas durch Smalte blau, durch Grünspan grün, durch hineingeworfenes Birkenholz hyacinthgelb; auch erzeugt man durch Smalte und Birkenholz ein schönes dunkelgrünes Glas. H.

ofen in Verbindung sind, von dem sie die Wärme durch Oeffnungen erhalten, die am Anfange der Wölbung und an den Winkeln angebracht sind. Man nennt sie dann Fritt-Archen.

Man unterwirft die Materien einige Zeit hindurch der Hitze, indem man sie in der Rothgluth erhält, und gibt ihnen oft durch dieß einzige Mittel einen Anfang teigartiger Schmelzung, die die Theile der Composition so untereinander verbindet, daß sie nur ein Ganzes ausmachen.

Die Fabrikanten des Kristallglases von denen wir bereits gesprochen, geben ihrer Composition die Gestalt von Kugeln, um deren Fritte genauer zu bewirken.

Es gibt andre Fabrikanten die die wohlgemischte Composition mit der Vorsicht auf den Boden der Arche werfen, daß sie nur eine so dünne Lage bilde, um daß die Kalzination auf alle ihre Theile gleichmäßig wirken könne.

Wenn man sie in den Ofen schieben will, gibt man dem Heerde eine neue Thätigkeit, und macht das Feuer drey oder vier Stunden zuvor an, ehe man die Composition in die Tiegel thut.

Man füllt die Tiegel zu zwey und selbst zu drey verschiedenen malen an, und thut nur dann erst neue Composition hinzu, wenn die erste bereits geschmolzen ist.

Sobald der Tiegel angefüllt ist, unterhält man das Feuer sorgfältig eine längere oder kürzere Zeit, nach Verhältniß der Schmelzbarkeit der Composition und des Zuges des Ofens. Zehn bis zwölf Stunden sind hinreichend zur gehörigen Schmelzung der Masse. Aber, wenn auch gehörig geschmolzen, ist sie darum doch nicht zur Bearbeitung fertig; es ist dazu noch nöthig, daß sie sich reinige, daß sie sich von den zahlreichen, im Teige zerstreuten Blasen befreye, und diese Wirkung kann nur dadurch hervorgebracht werden, daß man die Materie einige Stunden hindurch in einer sehr flüssigen Schmelzung erhält. Diese Methode nennt man das Affiniren.

Von dem Augenblicke an, wo das Glas affinirt, oder zur Bearbeitung reif ist, löscht man das Feuer, d. h man vermindert die Hitze des Feuers, indem man von dem Brennmaterial nichts mehr auf den Heerd thut. Die glasige Masse nimmt sodann ein wenig mehr Consistenz an, was die Arbeit erleichtert.

Fünfter Artikel.

Von der Bearbeitung des Glases in den Glashütten.

Die Bearbeitung des Glases ist sehr einfach, und setzt dessenungeachtet, eine große Erfahrung voraus, denn man darf nicht hoffen ein vorzüglicher Künstler in diesem Fache zu werden, wenn man nicht von früh an, an diese Art von Arbeit gewöhnt war.

Man kann alles was die Glasarbeit betrifft, auf die Kunst es zu blasen und die, es zu gießen, reduciren.

Das Blasen gläserner Gefäße geschieht durch einen hohlen, etwa fünf Fuß langen eisernen Stock, mittelst dessen der Arbeiter aus dem Tiegel die Quantität von Glas schöpft, die er zu seiner Operation gebraucht; die Luft die er aus seiner Brust durch das Innere des Stockes in die von ihm gesammelte Masse bläst, dehnt das Glas auseinander, und sodann gibt er dieser Glasmasse nach Maaßgabe, als sie sich durch seinen Hauch ausdehnt, die Gestalt und die Dimensionen die er haben will. Zirkel, Scheere und andere eiserne oder hölzerne Werkzeuge werden dann mit Einsicht angewandt, um diesem Glase die Façon zu geben, es abzurunden, oder auszudehnen. Man hat die Vorsicht, es an die Ofenöffnung zu bringen, sobald es kalt geworden, und man nimmt es wieder weg, sobald es weich wird, und zu fließen anfängt.

Die Weichheit des Glases, so lange es in der Rothgluth erhalten wird, bildet einen solchen Contrast mit seiner Zerbrechlichkeit, wenn es kalt geworden, daß man einige Mühe hat, es zu begreifen wie man es knetet, es schweißt und es auseinander zieht, wenn man dieses erstaunenswürdige Verfahren nicht selbst mit angesehen hat.

Es ist viel von der Hämmerbarkeit des Glases gesprochen worden, man hat Untersuchungen angestellt, um diese so wichtige Kunst wieder aufzufinden, von der man geglaubt, daß die Alten sie gekannt hätten, und man hat nicht einsehen wollen, daß es kein Metall gibt, daß geschmeidiger und geschickter zum Hämmern wäre als das Glas, wenn es sich im Zustande des Rothglühens befindet, und daß diese Kunst, welche man bey den Alten sucht, täglich bey Uns in jeder Glashütte ausgeübt wird.

Das Gießen des Glases geschieht, indem man das geschmolzene Glas auf eine kupferne Platte gießt, die ganz eben seyn muß, und dann mit einer Richtschnur über die fließende Masse fährt, um der ganzen Platte eine gleichförmige Dicke zu geben.

Auf diese Weise bereitet man das gegossene Glas zu Spiegeln. Diese Operation hat viel Aehnlichkeit mit der, wenn man auf Sand Metallplatten gießt.

Wenn das Glas weniger zerbrechlich werden soll, muß man es sehr langsam abkühlen lassen; diese letzte Operation nennt man das Verkühlen. In den großen Glashütten, in denen schwarzes Glas bereitet wird, verkühlt man das Glas in Oefen, die man in den Winkeln der Halle bereitet, in denen sich der Schmelzofen befindet; man erhält diese Oefen im Rothglühen, wenn man das Glas hineinlegt, das man verkühlen will, und so bald sie voll sind, schließt man ihre Oeffnungen, um die Hitze darin von selbst fallen zu lassen.

In kleinern Glashütten ist der Kühlofen gewöhnlich auf dem Schmelzofen oder zur Seite desselben angebracht, so daß er durch den Strom der Flamme geheitzt wird, die aus dem Ofen strömt; es ist, eigentlich zu sagen, nur der Anfang eines sehr erweiterten Kamins, der unmerklich enger wird; je nachdem man sich vom Heerde entfernt, so daß das Glas, welches man auf seinen Grund legt, sich nach und nach, so wie man es gegen Außen hinzieht, abkühlet. Das Glas wird hier sehr unvollkommen abgekühlt, weil die Abkühlung zu schnell erfolgt.

Sechster Artikel.

Von dem Brennmaterial dessen man sich in den Glashütten bedient.

Man gebraucht ein doppeltes Brennmaterial in den Glashütten, Holz und Steinkohlen. (In Deutschland auch Torf).

Die Anwendung der Steinkohlen ist sehr vortheilhaft; aber sie färbt das Glas, indem sie einen Ruß hervorbringt, der sich auf das geschmolzene Glas setzt, es durchdringt und gelb färbt. Wenn man also weißes oder Kristallglas bearbeiten will, so hat man die Vorsicht, die Tiegel zu bedecken, denen man nur eine Oeffnung gegen den Eingang zu läßt, und dieß nennt man, bey verdeckten Tiegeln arbeiten.

Bedient man sich des Holzes, so muß man es sorgfältig trocknen lassen, die Arbeit geht dann schneller von Statten, und das Schmelzen leichter vor sich. Hagebüchen, Büchen und Eichenholz sind drey Holzarten, die den ersten Rang bey Heitzung der Schmelzöfen einnehmen. Die harzreichen Holze machen zu viel Rauch.

Die Bedienung des Feuers in einer Glashütte erfordert einen thätigen und einsichtsvollen Arbeiter, man muß sich sorgfältig davor hüten, das Feuer zu verstopfen, oder es daran mangeln zu lassen; vielmehr muß man es durch Zulegen von Brennmaterial in kleinen Quantitäten auf einmal und in kleinen Zwischenräumen unterhalten.

Das ordinaire weiße Glas hat eine spec. Dichtigkeit gegen Wasser, wie 23 : 10; die des Thons und Alkalis ist wie 25 : 10; die des Kalks und Kali wie 27 : 10. Metalloxyde vermehren seine Dichtigkeit.

Drittes Kapitel.

Von den Verbindungen der Metalle unter einander, oder von den Metallversetzungen.

Unter allen Mineralsubstanzen sind die, welche die Natur am isolirtesten hervorbringt, die Metalle, und obgleich wir einige unter ihnen finden, die in natürlichen Verbindungen mit andern stehen, so können wir doch im Allgemeinen den Grundsatz aufstellen, daß man sie fast überall für sich allein bestehend findet und daß die hauptsächlichsten Materien, die mit ihnen in Vereinigung oder Verbindung sind, Schwefel und Sauerstoff sind.

Aber sobald die Metalle extrahirt, oder von ihren Mineralisationsmitteln befreyt sind, und von dem Augenblick an, wo sie durch ein künstliches Verfahren in den metallischen Zustand verwandelt worden, kann man sie versetzen, und durch die Verbindung oder Versetzung mehrerer, Compositionen bilden, mit denen die Künste sich bereichert haben.

Diese Combination, diese wechselseitige Schmelzung, dieses innige Durchdringen zweyer oder mehrerer Metalle nennt man Versetzung. Man hat die Benennung Amalgama für die einzige Auflösung von Metallen durch Quecksilber gewählt.

Aber damit eine Versetzung vor sich gehe, muß man die Vereinigung und das Zusammentreffen mehrerer Umstände veranlassen: Erstens ist es nothwendig, wenn die Versetzung Statt haben soll, daß wenigstens eines der Metalle sich in geschmolzenem Zustande befinde, und es ist das, welches sich im Schmelzen befindet, oder welches, wenn man sie versetzt, zuerst schmilzt, welches man als das die andere Auflösende betrachten kann. Zweytens müssen die Metalle im metallischen Zustande seyn; denn oxydirt widerstehen sie jeder Versetzung.

Es

Es ist leicht zu begreifen, daß alle Metalle sich nicht mit gleicher Leichtigkeit versetzen; diese so wie alle andere chemische Operationen, ist den besondern und sehr verschiedenartigen Gesetzen der Verwandtschaften unterworfen, die zwischen den Metallen unter einander Statt finden.

Es gibt solche Metalle, welche bis jetzt durch die Kunst nicht haben versetzt werden können, die jedem Durchdringen unter einander widerstehen, und sich so zu sagen abstoßen, während andre nur in eine unmittelbare Berührung mit einander gesetzt zu werden brauchen, um daß sogleich ihre Vereinigung und Versetzung Statt habe; das Quecksilber gibt hiervon Beyspiele.

Es ist aus diesen Grundsätzen eine sehr natürliche Folge zu ziehen, nämlich: daß die Versetzung einen Körper eigner Art bildet, dessen Eigenschaften nach der Natur der Elemente aus denen er besteht, weder voraus gesehn, noch daraus hergeleitet werden können, welches beweiset, daß die Versetzungen wahrhafte Verbindungen, und keine bloße Lösungen noch bloße Mengungen sind, wie man wohl glauben könnte.

Die Prüfung und Vergleichung der meisten bekannten Metallversetzungen zeigt fast überall folgende Merkmale, die man als Folgesätze betrachten kann, welche sich aus den Thatsachen reduciren lassen, die man bey den Versetzungen bemerkt:

1) die Geschmeidigkeit der Versetzung ist immer geringer, als die der Theile aus denen sie besteht. Die Vereinigung zweyer sehr weichen Metalle gibt oft eine sehr harte Versetzung.

2) Die specifische Dichtigkeit einer Versetzung gibt selten ein Mittelverhältniß zwischen denen der versetzten Metalle. Glauber und Becher hatten bereits bemerkt, daß die specifischen Dichtigkeiten der Metallversetzungen wesentlich von der unter einander verglichenen Dichtigkeit ihrer metallischen Elemente verschieden sey.

3) Die Schmelzbarkeit zeigt ihrerseits wiederum große Verschiedenheiten, aber im Allgemeinen sind die Versetzungen viel schmelzbarer als jedes der Metalle, aus denen sie bestehen.

4) Die Härte der Versetzungen ist in der Regel stärker als die der Metalle, aus denen sie bestehen, ich sage nur in der Regel, weil die Quecksilberamalgamen eine Ausnahme von dieser allgemeinen Regel zu begründen scheinen.

5) Die Flüchtigkeit der Metalle wird in diesen Verbindungen modificirt, und in der Regel vermindert. Der, für sich allein, so flüchtige Arsenik leistet starken Widerstand, wenn er mit der Platina oder andern Metallen versetzt ist.

6) Je-

6) Jede Versetzung nimmt Farben an, die nicht mehr die Verbindung der Farben der Metalle sind, aus denen sie besteht. Sie sind stets viel lebhafter.

Wir müssen daher die Versetzungen der Classe von Composition zurechnen, deren Eigenschaften sich nicht strenge aus den bekannten Merkmalen der Metalle herleiten lassen, aus denen sie bestehen; eine Versetzung ist daher eine neue Composition oder Verbindung, deren Elemente die dazu genommenen Metalle sind.

Der Unterschied zwischen den Verbindungen der Salze und den metallischen Versetzungen ist darin gegründet, daß bey den letztern der Punkt der Sättigung nicht so bestimmt ist, als bey den erstern, und daß die Composition immer die characteristischen Eigenschaften der Stoffe behält, aus denen sie besteht, während in den Salzen eine Sättigung der entgegengesetzten Eigenschaften ihrer Elemente Statt findet, und das Product der Verbindung keine der Eigenschaften der Säuren und Alkalien, aus denen sie bestehn, mehr zeigt.

Die wechselseitige Verwandtschaft der Metalle, der die Phänomene der Versetzungen zuzuschreiben sind, ist in verschiedenen Fällen so stark, daß es hinreicht die Metalle in Berührung zu bringen, um eine Versetzung hervor zu bringen, wenn nämlich eines der Metalle flüssig ist.

In mehreren Fällen begnügt man sich, nur Metallplatten gegen die wohlpolirten Oberflächen anderer Metalle zu halten, um eine Adhäsion hervor zu bringen, die einer Versetzung gleich zu stellen ist, weil sie hauptsächlich von der respectiven Verwandtschaft der beyden Metalle abhängig ist.

Wir werden uns viel weniger mit der Abhandlung alles dessen, was die Chemiker bereits über die Versetzungen gelehrt haben, beschäftigen, als damit, aus ihren Arbeiten und der täglichen Erfahrung in den Künsten, das Auszugsweise mitzutheilen, was die bürgerliche Gesellschaft interessiren kann.

Unter der großen Zahl der Versetzungen gibt es solche, deren Gebrauch sehr allgemein ist, und von diesen wird in den folgenden Artikeln hauptsächlich die Rede seyn.

Erster Abschnitt.

Von der Verbindung des Kupfers mit dem Arsenik (weißes Kupfer).

Unter allen Metallen ist das Kupfer dasjenige, welches die meiste Anlage zur Versetzung hat, und diese Art von Geschlechtsverein

verein mit den meisten metallischen Materien, hat ihm von Seiten der Adepten den Namen Venus verschafft.

Der Arsenik bildet mit dem Kupfer eine weißliche und sehr harte Versetzung.

Man kann diese Versetzung direct hervorbringen, wenn man entweder Arsenik mit Kupfer, oder dieß letztere Metall mit Arsenik-Kali verschmilzt.

Aber, obgleich man diese beyden Substanzen zu gleichen Theilen verwendet, so ist es doch selten, daß die Farbe in der Folge ganz verschwinde; sondern die Zersetzung behält immer einen Anstrich von der Kupferfarbe.

Um der Versetzung gänzlich die Farbe zu benehmen, muß man das Schmelzen unter Anwendung der nämlichen Verhältnisse, vier oder fünfmal wiederholen. Dann bekommt es eine silberähnliche weiße Farbe, ohne doch ihre Härte und Sprödigkeit zu verlieren.

Läßt man den Arsenik zum Theil in einer gehörigen Wärme evaporiren; so nimmt das Kupfer seine Geschmeidigkeit wieder an, und behält dessen ungeachtet die weiße Farbe.

Wenn die Operation recht wohl gelungen ist, so kann man auf den ersten Blick das weiße Kupfer von dem Silber nicht unterscheiden *), aber an den verschiedenen Eigenschaften eines jeden dieser Metalle kann man ihren Unterschied leicht erkennen.

Das weiße Kupfer wird zur Fabrikation einer Menge von Kostbarkeiten und von Meublen und Hausgeräth, wie z. B. Leuchtern, Kaffeekannen, Vasen u. s. w. gebraucht.

Zweyter Abschnitt.

Von der Versetzung des Kupfers mit dem Zink (gelbes Kupfer, Messing, Tombak, Semilor, Manheimer Gold, Prinzmetall,) Verzinnung durch Zink.

Die Versetzung von Zink mit Kupfer ist sehr leicht; die Verschiedenheit der Verhältnisse zwischen den beyden Grundstoffen bringen eine solche Verschiedenheit in der Farbe und der Qualität der Versetzung hervor, daß man jeder dieser Verbindungen besondere Benennungen gegeben hat.

Die

*) Das weiße Kupfer besitzt zwar im Anfang seiner Politur sehr viel Aehnlichkeit mit dem zwölflöthigen Silber, hat aber die Eigenschaft, an der Luft leicht schwarz anzulaufen. Man hebt diesen Fehler aber durch eine leichte Versilberung. H.

Die Versetzung dieser beyden Metalle hat zuvörderst eine große Geschmeidigkeit und übrigens oxydirt sie sich nicht leicht, welche beyde Eigenschaften ihren Gebrauch in den Künsten dergestalt vervielfältiget haben, daß es weniger gibt die von häufigerer Anwendung und nützlicher wären.

Diese Versetzung, vorzüglich wenn sie leicht erwärmt wird, ist so geschmeidig, daß man sie in sehr feine Fäden ziehen kann. Sie ist übrigens geschmeidiger auf dem Drahtzieheisen, als unter dem Hammer; schlägt man darauf, wenn sie warm ist; so wird sie hart und pulverisirt sich. Unter diesem Verhältnisse behält sie die hauptsächlichsten Eigenschaften des Zinks.

Die Versetzung des Kupfers und des Zinks kann durch die directe Schmelzung beyder Metalle bewirkt werden. Herr von Saussüre hat vorgeschlagen, das Kupfer in einem Tiegel von Graphit zu schmelzen und dann den in Papier gewickelten Zink hineinzuwerfen; man bedeckt dann das Ganze mit Phosphorglase, läßt die Versetzung in eine Form laufen und streut noch Phosphorglas darüber, bevor sie gerinnt. Man gebraucht dabey die Vorsicht den Zink nicht hinzuzuthun, so lange das Kupfer im Sieden ist.

In den Werkstätten aber, wo man sie für den Handel bereitet, nimmt man natürliches Zinkoxyd dazu, vorzüglich solches das man Galmey und Galmeystein nennt.

Unter allen Schwedischen Messingfabriken ist die von Norköping in Ostgothland die beträchtlichste; sie hat vier Schmelzereyen, und in jeder derselben vier Oefen zu acht Tiegeln ein jeder, die man alle zwölf Stunden herauszieht, um die Masse in Tafeln zu gießen. Jede Tafel wiegt 540 Pfund schwedisches Gewicht. Man zieht den Galmey aus Schlesien, Polen, Ungarn und zuweilen aus dem Limburgschen.

Die Galmeyminen aus der Grafschaft Derby in England, und die aus dem Limburgschen versehen fast alle Messingfabriken in Europa mit Galmey. In der Gegend von Wirks-Worth und von Bousall (in der Grafschaft Derby) gewinnt man eine große Quantität von Galmeystein, der sich in engen Adern in einer geringen Tiefe unter der Erde befindet, er ist oft mit Bleystufen vermischt, welches seiner Güte schadet. Man hat mehrere Arten davon, braunen, gelben und einen fast weißen.

Da die Adern sich in verschiedenen Gemeinen befinden, so verkaufen die Arbeiter, welche den Galmey fördern, ihn einer Gesellschaft, die, wenn sie ihn ausgesucht und Stücke von Nußgröße daraus gemacht ihn auf dem Rost in einem Reverberirofen

ofen brennt. Das Feuer wird durch vier bis fünf Stunden unterhalten, und man bearbeitet auf einmal zehn bis zwölf Centner. Die großen Stücken legt man bey Seite, und den Ueberrest siebt man durch. Das Produkt wird in Kästen ausgewaschen. Dann läßt man den Galmey trocken werden, zerreibt ihn unter einem Mühlstein und verkauft ihn in diesem Zustande.

Die Messingfabriken in Graslitz, zu Kubisch im Voigtlande, zu Achenrain bey Briccleggе im Tyrol, zu Cheadle in der Grafschaft Stafford, zu Stolberg, im Jülichschen im Roer-Departement unterscheiden sich nur wenig in ihren Verfahrungsweisen. Ueberall machen kalzinirter Galmey und Kohlen den Kitt aus in den man die Kupferplatten thut; die stattfindenden Verschiedenheiten sind nur einige Modifikationen in der Construktion der Oefen, der Form und des Umfangs der Tiegel, der Leitung des Feuers u. s. w. Wir werden uns folglich darauf einschränken, die Verfahrungsart im Jülichschen zu beschreiben.

In der Gemeine Stollberg, zwey Lieues von Achen, gibt es mehrere Messingfabriken. Ihre Zahl betrug acht und dreyßig vor der Revolution, welche dieß Land an Frankreich brachte.

Das Kupfer welches dort gebraucht wird, zieht man aus Norwegen, Ungarn, Schweden, der Levante und aus Cornwall.

Der Galmey wird aus Vieille-Montagne, nahe bey Achen, bezogen. Man gewinnt ihn auch in der Landschaft Corneli-Münster bey Stollberg.

Man mischt vierzig Pfund rothes Kupfer und fünf und sechszig Pfund kalzinirten und pulverisirten Galmey mit der doppelten Masse kalzinirter Kohle. Man füllt die Tiegel mit dieser Mischung an, und stellt sie in zwey Reihen in den Ofen.

Man unterhält zwölf Stunden hindurch ein lebhaftes Feuer, und gießt sodann die Materie auf den Sand.

Das Messing welches man durch diese erste Operation erhält, ist grob, ungleich und hart.

Man reiniget es folgendergestalt:

Man thut in den Tiegel eine Lage Galmey und Kohlen in den oben angeführten Verhältnissen unter einander gemischt, legt darauf wieder eine Lage Messing, und darauf eine zweyte Lage von Kohle, dann wieder Messing, das man noch einmal mit Kohle bedeckt, und so immer fort, bis der Tiegel voll ist.

Man heitzt zwölf Stunden hinter einander, und gießt dann die geschmolzene Materie auf Massen von Granit, die man zuvor

vor erwärmt, und ihre Oberfläche mit Kuhmist eingerieben hat. Die Breite und Dicke der Platten bestimmt man durch mehr oder weniger dicke eiserne Barren, die man mittelst eines andern übergesetzten Granitblocks befestigt, den man wiederum durch Hülfe eines Klobens in die Höhe heben kann.

Vierzig Pfund Kupfer, geben fünf bis sechs und funfzig Pfund Messing.

Ein Theil dieses Messings wird zum Drathziehen bestimmt, zu dem Ende schneidet man es mit einer großen Scheere in Fäden oder lange schmale Streifen, und macht diese Streifen zur Bearbeitung auf der Drahtwinde geschickt, daß man sie in Haufen in den Ofen steckt, und sie in ein Talgbad taucht.

Die Messingfäden werden zu Saiten für Instrumente, zu Sieben, zu Nadeln gebraucht.

In den schwedischen Fabriken werden die Messingtafeln, die für die Drahtwinde bestimmt sind, zuerst zu wiederholten malen auf die Plattmühle gebracht, und jedesmal in einem Reverberirofen wieder geglüht. Sie werden sodann auf dem Amboß mittelst eines kleinen Hammers, der durch Wasser getrieben wird, zurecht gehämmert, und dann mit einer großen Handscheere in Stangen, die in die Drahtwinde passen, geschnitten.

Die Rammelsberger Minen, im Niederharz, liefern eine so ansehnliche Quantität von Ofenbruch, (oxydirtem Zink) der sich an die Wände des Ofens ansetzt daß man ihn anstatt des wirklichen Galmey's gebrauchen kann, um Kupfer in Messing zu verwandeln.

Gellert hat ein Verfahren angegeben, Messing mit der Blende (geschwefeltem Zink) zu bereiten, aber dieß Messing wurde leicht zerbrechlich und bekam keine schöne Farbe. Die Herren Duhamel und Jars haben diese Arbeit wieder hervorgesucht, und erhielten sehr schönes Messing, indem sie nur kalzinirte Blende nahmen. Ich selbst hatte mich davon überzeugt, daß, wenn die Blende nicht zuvor von allem Schwefel befreyt wurde, den sie enthält, das Messing schwarz und sehr zerbrechlich wurde.

Messing das einem heftigen Feuer ausgesetzt wird, zersetzt sich; das Zink verbrennt und verflüchtiget sich, und es bleibt nichts übrig, als das Kupfer.

Man kann das Zink vom Kupfer scheiden, wenn man das Messing in Salpetersäure auflöst, und mit caustischem Alkali niederschlägt, welches das Zinkoxyd auflöst, und das Kupferoxyd unangetastet läßt.

Wenn

Wenn man gelbes Kupfer in verschiedenen Verhältnissen mit rothem Kupfer schmilzt, so entstehen daraus geschmeidige Versetzungen, deren Farbe mehr oder minder dem Golde gleicht, woher die Namen Semilor, Manheimer Gold, Prinzmetall, Tombak u. s. w.

Gleiche Theile Messing und rothes Kupfer, bilden ein geschmeidiges Metall, von etwas blasser Goldfarbe.

Drey Fünftheile rothes und zwey gelbes Kupfer, geben eine Versetzung, die sich der Farbe des Goldes nähert, und damit verwechselt werden kann.

Ein Theil gelbes und zwey rothes Kupfer bringen ein höheres Goldgelb hervor *).

Wenn man anstatt des gelben Kupfers Zink nimmt, und es durch Schmelzen mit Kupfer versetzt, kann man gleichfalls Manheimer Gold gewinnen. Doch muß man in diesem letztern Falle, sowohl um den Verlust eines guten Theils von Zink zu vermeiden, als um die Verbindung zu erleichtern, die beyden geschmolzenen Metalle mit einer Schicht Kohlen bedecken. Das vortheilhafteste Verhältniß für diese Composition ist, wenn man einen Theil Zink auf zwey rothen Kupfers nimmt, dann die Mischung mit Kohlenstaub bestreut, und sie zum Schmelzen bringt.

Die Leichtigkeit mit welcher der Zink sich mit dem Kupfer versetzt, hat die Idee hervor gebracht, sich seiner statt des Zinns bey Verzinnungen zu bedienen, und es geht aus den dießfälligen Versuchen des Herrn Malouin hervor, daß dieß Metall sich mit mehrerer Gleichförmigkeit auf dem Kupfer ausbreite, als das Zinn, daß es mit mehrerer Kraft daran hänge, und durch die Hitze schwerer flüssig gemacht werde.

Man hat hingegen eingewendet, daß die vegetabilischen Säuren solches auflösen, und der Gesundheit nachtheilige Salze bilden können. Herr Laplanche hat jedoch alle Besorgnisse, die dieserhalb möglich wären, zerstreut; indem er durch Versuche, die er an sich selbst machte, bewies, daß die Zinksalze in viel stärkern Dosen eingenommen, als man an Speisen bekommen kann

*) Man kann dergleichen Compositionen ins Unendliche vervielfältigen, wenn man die beyden Metalle, Zink und Kupfer, in den quantitativen Verhältnissen gegen einander abändert. Immer muß aber hierbey darauf gesehen werden, daß das Kupfer, so wie der Zink frey von Bley sind, weil sonst die Farben und der Glanz der Metallmischungen dadurch außerordentlich gestört werden. H.

kann, die in mit Zink verzinnten Gefäßen bereitet worden, nicht im geringsten gefährlich wären *).

Da das specifische Gewicht des rothen Kupfers, sich zu dem des Wassers verhält, wie 77,880 zu 10,000; die des gelben, wenn es durch die Drahtwinde gegangen, 88,755; der Cubikfuß würde also 621 Pfund 7 Unzen 7 Quentchen 26 Gran und vom rothen Kupfer 545 Pfund 2 Unzen 4 Quentchen 35 Gran wiegen.

Die specifische Dichtigkeit des geschmolzenen gelben Kupfers ist 83,958; der Cubikfuß würde mithin 587 Pfund 11 Unzen 2 Quentchen 26 Gran wiegen.

Das gelbe Kupfer ist also dichter als das rothe, und der Druck des Zieheisens vermehrt die Dichtigkeit des erstern von einem Fünftheil zu einem Siebentheil, während die des rothen nur ein Achttheil gewinnt.

Es geht hieraus hervor:

1) daß die specifische Dichtigkeit der Versetzung die der beyden Metalle, aus denen sie bestehet, überwiege.

2) Daß die Dichtigkeit durch den Druck vermehrt wird.

Man kann also den Schluß machen, daß bey der Versetzung wechselseitiges Durchdringen und Bildung eines neuen zusammengesetzten Körpers Statt finde, dessen Eigenschaften sich aus der Kenntniß deren, welche die Elemente, aus denen er besteht, besitzen, sich nicht reduciren lassen.

Dritter Abschnitt.

Von der Versetzung des Kupfers mit dem Zinn (Erz, Bronze) Verzinnung.

Die Versetzung dieser beyden Metalle bildet Erz oder Bronze, je nachdem sie eine größere oder geringere Quantität von Zinn in sich enthält. In der Regel geben fünf und siebenzig Theile rothes Kupfer, geschmolzen mit fünf und zwanzig Theilen Zinn, Glockenmetall.

Wenn

*) Dieß ist ein unrichtiger Satz. Man hatte die Absicht auf einer Fabrikanstalt von verzinntem Blech, das Zinn mit Zink zu versetzen, oder auch das Zink selbst hierzu anzuwenden, und ich bekam die damit überzogenen Bleche zur Untersuchung. Ich fand, daß die schwächsten Pflanzensäuren das Zink auflösten, und Brechen erregende Auflösungen destillirten, die, wenn das Zinksalz darin in sehr kleinen Quantitäten vorhanden war, wenigstens Uebelkeit erregten. H.

Wenn man Artilleriestücke verfertigen will, nimmt man dazu das Kupfer in einem stärkeren Verhältnisse, um die Versetzung weniger zerbrechlich zu machen.

Oft thut man Zink, Spießglanz und andre Metalle hinzu, aber diese Zusätze scheinen überflüssig. Die Glockengießer haben die Leichtgläubigkeit der Menge oft gemißbraucht, indem sie vorgaben, daß sie der Versetzung eine gewisse Quantität von Silber hinzu fügten, um sie helltönender zu machen; aber sie verstanden es, das Silber welches sie angeblich zur Operation gebrauchten, auf eine geschickte Art in ihren eigenen Nutzen zu verwenden *).

Die Versetzung des Kupfers und des Zinns hat folgende Eigenschaften:

1) sie hat einen hellern Klang, als die dazu angewandten Metalle.

2) Sie ist härter, als jedes von ihnen für sich allein genommen.

3) Sie ist schmelzbarer als Kupfer, und bey weitem weniger als Zinn.

4) Sie ist weniger oxydirbar, und nicht so geschmeidig als die beyden Metalle, aus denen sie besteht.

Poerner hat in Hinsicht ihrer bemerkt, daß viel Kupfer und wenig Zinn, und viel Zinn und wenig Kupfer ein Metall gibt, das sich hämmern läßt; aber daß, wenn man von gleichen Theilen an, bis auf acht oder zehn Kupfer auf einen von Zinn versetzt, man dadurch harte Versetzungen gewinnt. Diese Härte wird über und unter den angegebenen Verhältnissen vermindert.

Diese Versetzung hat eine größere specifische Dichtigkeit als die, welche aus der Verbindung ihrer Dichtigkeiten für sich allein genommen, hervorgehen mußte. Macquer hat beobachtet, daß zwey Unzen einer, aus vier Fünftheilen sehr reinen rothen Kupfers, und eines Fünftheils eben so reinen Zinns, sieben und ein Zehntheil, mehr an specifischer Dichtigkeit haben, als die nämliche Quantität dieser Metalle, wenn sie nicht versetzt wären, haben würden.

Tillet

*) Die Möglichkeit einer solchen Betrügerey setzt eine schlechte Aufsicht voraus. Man kann sie leicht ausmitteln, wenn man ein solches Metallgemisch in reiner Salpetersäure auflöst, und der klaren Auflösung eine Auflösung von Kochsalz zusetzt, wobey, wenn kein Silber im Metall vorhanden war, alles klar bleibt, im entgegengesetzten Fall aber ein käsiger Niederschlag gebildet wird. H.

Tillet hat die Erfahrung gemacht, daß die Farbe des Kupfers durch seine Versetzung mit einem Viertheil Zinn verschwinde, und man kann vernünftiger Weise, dieß Phänomen nur der Durchdringung oder der innigen Verbindung dieser beyden Metalle zuschreiben.

Das Zinn setzt sich dem Kupfer an, und bildet darauf eine Lage, die es vor der Oxydation und der ätzenden Wirkung der Säuren, den Salzen, den fettigen Substanzen u. s. w. schützt; und durch Hülfe der Verzinnung ist man dahin gekommen, Kupfergeschirre zur Bereitung von Speisen tauglich zu machen.

Ein kupfernes Gefäß verzinnen, heißt also, seine Oberfläche mit einer Zinnlage bekleiden.

Die Theorie der Verzinnung beruht auf einfachen Grundsätzen, deren Kenntniß viel Licht über diese Kunst verbreitet.

Das erste Princip, um die Güte einer Verzinnung zu begründen, ist, daß beyde Metalle sich im metallischen Zustande befinden müssen, um sich einander gehörig anfügen und einen innigen Zusammenhang mit einander bilden zu können.

Es folgt aus dieser Grundregel, daß die Operation, welche dem Auftragen des Zinns vorangehen muß, darin besteht, die Oberfläche des Kupfers so zu reinigen und zu poliren, daß keine Spur von Oxydation bleibe und daß es überall eine metallische Oberfläche zeige. Diese vorbereitende Maaßregel heißt in der Kunstsprache, dem Metall seine Farbe geben.

Die Mittel, deren man sich zur Farbegebung des Metalles bedient, bestehen darin, daß man dessen Oberfläche mit eisernen Instrumenten stark abkratzt, oder sie mit Säuren ätzt, die das Oxyd auflösen, mit welchem sie bedeckt seyn kann.

Sobald dieß zuerst bewerkstelliget ist, läßt man das Zinn in dem Gefäße welches man verzinnen will, und das man auf glühende Kohlen setzt, um es in gehöriger Wärme zu erhalten, schmelzen, und bestreicht die Oberfläche des Gefäßes mit dem geschmolzenen Metalle, mittelst altem Leinen oder Werg. Man thut sodann einige kohlige Körper, z. B. Harze, hinzu, um die Oxydation, die durch die Wärme begünstigt wird, zu vermeiden, oder zu zerstören. Statt der Harze kann man auch salzsaures Ammonium (Salmiak) und alle ölige oder fettige Körper anwenden. Der Salmiak hat einen Vorzug, den kein andrer Körper mit ihm gemein hat; nämlich, daß er mit ein wenig Ruß versehen ist, den er bey der Sublimation aufgenommen, und übrigens eine sehr entschiedene ätzende Kraft besitzt; mithin also zugleich die Eigenschaften hat, die Farbe herzustellen und der Oxyda-

Oxydation zu widerstreben; auf diese doppelte Eigenschaft gründen sich auch die Arbeiter, die ihn anwenden. Und wir können daraus die Ursachen des Unterschiedes herleiten, den alle Künstler zwischen dem durch Ruß geschwärzten, und dem durch eine zweyte Sublimation wieder weiß gewordenen Salmiak machen: der erste nämlich wird bey Verzinnungen, der zweyte, bey der Färberey vorgezogen, weil es im erstern Falle eines Körpers bedarf, der das Metall reinigt und der Oxydation zuvorkommt, im anderen aber nur eines reinen und farbenlosen Salzes.

Damit die Verzinnung alle Vortheile gewähre, die man davon zu erwarten berechtiget ist, muß sie das Kupfer vollständig bedecken, auf welches man sie aufträgt, um dieß Metall der ätzenden Wirkung del Salze, der Fette und der Oele zu entziehen. Die Verzinnung mit bloßem Zinn, wenn sie sorgfältig geschieht, hat diesen Vortheil wohl, ist aber mit dem Uebelstande verbunden, daß sie bey einer mäßigen Hitze schon flüssig wird, wodurch vorzüglich die Chemiker bewogen worden sind, auf Mittel zu denken, um an der Stelle des Zinnes, Zink zu gebrauchen.

Vierter Abschnitt.

Von der Versetzung des Zinns mit dem Eisen. (Weiß Blech), verzinntes Eisen).

Das Eisen wird leicht rostig und dieser Uebelstand würde dessen Anwendung sehr enge Gränzen setzen, wenn man nicht das Mittel gefunden hätte, dem dadurch zuvorzukommen, daß man seine Oberfläche mit einer Lage von Zinn bedeckt. Es heißt dann verzinntes Eisen, und wenn es in dünnen Blättern verzinnt ist, weiß Blech.

Bey der Verzinnung des Eisens sind die nämlichen Vorsichtsmaaßregeln erforderlich, als bey der des Blechs, d. h. das Metall muß eben so gut gereiniget und glänzend gemacht werden, um sorgfältig der Oxydation der Oberflächen zuvorkommen zu können, und zwar in dem Augenblicke wo sie mit der Zinnlage bekleidet werden. Man erreicht diese Zwecke, wenn man die Eisenplatten mit Thon begießt, und sie sodann in Wasser taucht, das man durch darin zur sauren Gährung gebrachtes Roggenmehl säuerlich gemacht *). Man begießt sie dann zum zweytenmale;

*) In deutschen Fabriken hat man die mit 18 bis 20 Theilen Wasser verdünnte Schwefelsäure zur Reinigung der Metallplatten die verzinnt werden sollen angewendet. Der Erfolg ist sehr gut, und die Methode wohlfeiler. H.

tenmale; wischt sie recht trocken ab, und setzt sie einem sehr warmen Orte aus.

Es gibt eiserne Geräthe die man nur durch die Feile reinigen kann; und wiederum andere, und dieß ist zwar die größte Anzahl, die man mit Salmiak reinigen muß Die Art, dieß Salz anzuwenden ist verschieden in den verschiedenen Werkstätten; einige lösen es in Wasser auf und tauchen die zu verzinnenden Stücke in die Auflösung. Andre setzen die eisernen Stücke den Dämpfen des Salmiaks aus, der verflüchtigt wird, indem man ihn auf Kohlen streut. Andre noch erwärmen zuerst ihre Stücke und reiben sie mit dem Salmiak selbst ein.

Aber auf welche Weise man auch das Eisen gereinigt habe, so genügt es, um es nochmals zu verzinnen, wenn man es in ein Zinnbad taucht und es so lange darin umdreht bis die gereinigten Oberflächen, mit einer fest anhängenden Lage von diesem Metalle bedeckt sind.

Auf diese Art werden eine Menge von Gegenständen verzinnt, z. B. Gebisse an Zäumen, Steigbügel, Schnallen am Geschirre u. s. w.

Aber wenn man für den Handel die weißen Blechplatten anfertiget; so bedient man sich dabey eines Verfahrens, das, obgleich es nur wenig von dem eben beschriebenen abweicht, doch mit einigem Detail erzählt zu werden verdient.

Wir werden uns darauf einschränken, um von diesem Verfahren ein Beyspiel zu geben, das, welches in einer der ersten Fabriken Böhmens, die zwischen Heinrichs Grün und Graslitz liegt, angewendet wird, zu beschreiben.

Man fängt, wie überall damit an, das Eisen das verzinnt werden soll, durch den Ambos in Blätter zu schlagen. Statt dieses Amboses kann man auch die Walzmühle gebrauchen, oder wenigstens die Operation durch sie beendigen, welches den Vortheil gewährt, daß man gleichere Flächen erhält.

Um hierauf die Blätter des geschlagenen oder schwarzen Eisens zu reinigen und zur Annahme des Zinns vorzubereiten, hat man ein gewölbtes Bad, in der Mitte darin unterhält man ein fortdauerndes Kohlenfeuer; rund herum stehen Gefäße mit Wasser angefüllt, welches durch darin gegohrnes Roggenmehl gesäuert worden; man thut 1154 Cubikzoll Mehl in jede Kufe und das Wasser, womit es eingerührt wird, wird in kurzem sauer. Die Hitze der Stube ist übrigens so stark, daß man es nur mit einiger Beschwerde darin aushalten kann *).

*) Daß man in allen diesen Fällen statt des gesäuerten Roggenmehls, mit mehrerm Vortheil mit Wasser verdünnte Schwefelsäure anwenden kann, bedarf kaum einer Erinnerung. H.

Man thut 300 Blätter in jede Kufe und stellt sie senkrecht darin auf, darin bleiben sie vier und zwanzig Stunden, worauf man sie in ein neues säuerliches Wasser, das heißt in solches, worin man eben Mehl gethan, tauchet. Sie bleiben darin noch vier und zwanzig Stunden und man zieht sie endlich heraus, um sie in eine sehr alte Lauge zu thun; in die man alle vierzehn Tage einen Hut voll Mehl wirft; also bringen die Blätter in Allem drey mal vier und zwanzig Stunden in der Stube zu.

Wenn man sie aus der Stube herausnimmt, so thut man sie in Kufen die mit reinem Wasser angefüllt sind, wo sie bleiben, bis man sie reinigen will, was mit Sand und Wasser so lange geschieht, bis keine schwarze Flecken mehr zu sehen sind.

Sie werden dann wieder in Wasser gelegt, und bleiben darin so lange, bis sie verzinnt werden sollen.

Das eigentliche Verzinnen geschieht dann auf folgende Weise: man läßt 18 Zentner Zinn in einem eisernen Kessel schmelzen, und wenn es in gutem Schmelzen ist; thut man ein wenig Talg auf die Oberfläche des Bades und gießt ein wenig reines Wasser darauf, welches ein Aufwallen verursacht, und es zum Schäumen bringt. Dann bringt man 100 Blätter ganz nasses Eisen auf den Schaum, und läßt sie nach und nach in das Bad fallen, indem man sie mit Zangen einsenkt und sie platt auf den Boden legt; man bringt sodann 100 andere Blätter auf die nämliche Weise hinein, läßt sie eine Viertelstunde darin liegen, rührt alles mit einem Stocke wohl um; nimmt mit einem Löffel den Talg und das Wasser ab, welches man in eine Terrine gießt, zieht sodann die Blätter, eins nach dem andern mit den nämlichen Zangen heraus und legt sie horizontal auf zwey eiserne Stangen, wo sie durch Stifte festgehalten werden.

Dann nimmt ein Arbeiter die Blätter, eines nach dem andern, und taucht sie in einen Raum des Kessels, welchen man durch eine in vertikaler Richtung hineingebrachte eiserne Platte hervorbringt, und von der Masse fast ganz isolirt; zieht sie dann wieder heraus und bringt sie auf einen, den vorhergehenden ähnlichen, eisernen Rost, auf welchem sie abtropfen. Eine Frau empfängt sie eine nach der andern, reiniget sie mit einem Stücke Zeug und reibt sie mit Sägespänen ab. Das abgelaufene Zinn thut man wieder in den Kessel hinein; legt Talg darauf, und gießt Wasser über das Ganze. Man beobachtet dabey die Vorsicht, den Kessel nie leer zu lassen.

Nachher bringt man die Blätter weißen Blechs in die Nähe des Ofens, damit sie warm bleiben; eine Frau reiniget sie in

Kasten

Kasten mit Haberkleien; eine andere Frau nimmt sie dieser ab und macht das nämliche Manoeuvre. Diese Frauen haben jede ein Stück alten Zeuges in jeder Hand, und eine dritte Frau vollendet endlich das Putzen mit einem Stücke feinerer Leinwand. Man nimmt gewöhnlich zwey Pfund Kupfer und ein hundert und vierzig Pfund Zinn.

Wenn das Zinn zu warm ist, so wird die Farbe der Verzinnung gelb, und wenn es zu wenig, so setzt sich zuviel davon auf die Blätter an.

Da die Blätter an dem Rande, gegen den hin das Zinn abgelaufen ist, da die Platten aus den Bade herausgenommen und horizontal gelegt worden, eine dickere Lage von Verzinnungsstoff haben; so verbessert man diese Ungleichheit auf zweyerley Art:

1) indem man unter diese Platten ein wenig glühende Kohlen thut, damit das am Rande im Uebermaaße vorhandene Zinn weich werde und ablaufe.

2) Indem man den dicksten Rand in einen kleinen Kessel taucht; in dem sich geschmolzenes Zinn befindet, und dann mit Moos abreibt, um das was sich an den Seiten zuviel befindet, loszumachen.

Wenn die Verzinnung fertig ist, nimmt man 30 oder 40 Blätter zusammen, klopft sie von oben und unten mit einem platten Hammer auf einem großen Stücke Holz, und glättet durch dieß Mittel die Oberflächen derselben, vereiniget sie sodann und verbindet sie mit einander. In der Mitte biegt man sie ein wenig, um ihnen die Krümmung zu geben.

Man gebraucht zu 300 Blättern ein Pfund Talg und vierzehn Pfund Zinn, wenn die Platten klein sind, das heißt eilf Zoll, zwey Linien Länge auf acht und einen halben Zoll Breite haben.

Fünfter Abschnitt.

Von der Versetzung des Zinns mit dem Quecksilber. (Belegung des Spiegelglases).

Das Quecksilber löset das Zinn mit einer solchen Leichtigkeit auf, daß es zur Amalgamation dieser beyden Metalle hinreicht, wenn sie mit einander in Berührung gebracht werden; ein zinnernes Stäbchen, mit einem Ende in eine Kapsel voll Quecksilber getaucht, zieht dieses Metall an, durchdringt sich damit, und in Kurzem steigt das Quecksilber bis an das andere

Ende

Ende des Stäbchens, und bildet seiner ganzen Länge nach mit demselben eine sehr leicht zerbrechliche Versetzung.

Diese große Verwandtschaft zwischen diesen beyden Metallen, hat die Veranlassung zu ihrer Anwendung zur Belegung des Spiegelglases gegeben, durch welche demselben die Eigenschaft mitgetheilt wird, die Objekte rein und lebhaft zurückzustrahlen.

Um einen durch die gewöhnlichen Proceduren zuvor gehörig polirten und eingerichteten Spiegel zu belegen, fängt man damit an, ihn mit ausgelaugter und gut durchsiebter Asche zu reinigen, reibt ihn dann mit einem Flanelllappen, und trocknet ihn endlich mit einem sehr reinlichen leinenen ab. Damit das Amalgama überall gehörig fasse, und an allen Flächen gehörig hafte, mit einem Worte, damit der Spiegel in Hinsicht einer Belegung fehlerfrey werde, muß die Oberfläche sehr nett und reinlich, ohne Staub noch Talg- Oel- oder Wachsflecken seyn.

Man nimmt sodann ein geschlagenes Zinnblättchen, dünn wie Papier und macht ein Röllchen daraus, um es bequemer handhaben zu können. Dieses Röllchen legt man auf eine recht glatte Marmortafel, deren Fläche größer seyn muß, als das aufzuwickelnde Blatt. Dieser Marmor oder Stein ruht auf einem Tisch mit Rändern, um den eine Fuge läuft, die bestimmt ist, das überflüssige Quecksilber aufzunehmen. Einige runde Ausschnitte werden in diesen Rändern angebracht, damit das überflüssige Metall dadurch in hölzerne Wannen ablaufen könne, die rings umher aufgestellt sind. Der Tisch ist dabey völlig im Ebenmaaße gestellt, und so, daß er mittelst eines Schwengels nach Willkühr, um mehrere Zolle geneigt werden kann.

Man wickelt das Zinnblatt auf, und trägt es mit einem Lineal auf den Stein auf, welches an dem Ende wo es auf das Zinn drückt, polirt und gerundet seyn muß, um die Blasen und Runzeln, welche sich erzeugen könnten, hinwegzubringen.

Man glättet sogleich dieß Blatt, indem man es mit einem in Quecksilber getauchten Zwirnknäuel reibt.

Sodann gießt man viel Quecksilber auf das Zinnblatt, und klebt einen Papierstreifen auf den untern Rand des Blattes.

Wenn alles so eingerichtet ist, nimmt man den Spiegel, der auf zwey hölzernen Stangen, die an den Rändern des Tisches fest gemacht sind, ruhet, bringt dessen eine Extremität auf die Lage von Zinn und Quecksilber, und läßt ihn sodann dergestalt horizontal darauf hingleiten, daß er einen Einschnitt in die Quecksilberlage macht, und die obere Platte, vor sich hin, weg-

wegstößt. Das Quecksilber welches durch den an den untern Rand geklebten Rand fest gehalten wird, läuft ab und fließt an beyden Seiten herunter.

Nochmals legt man auf den Spiegel in beynahe gleichen Entfernungen, mehrere hölzerne mit schweren Gewichten belastete Platten; man bedient sich zu diesem Zwecke zuweilen bleyerner Platten, die man auf Flanell legt, damit sie keine Risse in das Glas machen. Diese Gewichte läßt man sechs bis acht Stunden liegen, damit alle Punkte der Oberfläche des Spiegels einen innigen Zusammenhang mit dem Amalgama bekommen.

Sobald man die Gewichte abgenommen, trägt man den Spiegel auf einen andern hölzernen recht glatten Tisch, wo man ihn geneigt ruhen läßt. Er wird darauf mit Haken fest gehalten, damit er nicht herunterfalle, wenn man den Tisch beugt.

In dieser horizontalen Lage läßt man ihn vier und zwanzig Stunden, und hebt den Tisch sodann um sechs Zoll höher, nur auf einem seiner Winkel, um das Quecksilber abtropfen zu lassen. So bleibt er wieder vier und zwanzig Stunden, ohne daß daran gerührt wird, und von vier und zwanzig Stunden zu vier und zwanzig Stunden hebt man ihn immer um sechs Zoll jedesmal in die Höhe, bis er perpendikulär steht.

Dann setzt man ihn gegen die Wand, immer auf einem Winkel gestützt, wo man ihn noch einige Zeit stehen läßt, damit alles nicht recht fest amalgamirte Quecksilber ablaufen könne.

Es fehlt viel daran, daß die Spiegelbelegung eben so adhärent sey, als die Verzinnung der Metalle; im erstern Falle ist es nur ein Auftragen oder ein Nebeneinanderstellen einer sehr einfachen Versetzung auf eine Fläche von Glas, mit dem das Metall keine sehr merkliche Verwandtschaft hat, während bey der Verzinnung der Metalle, Verwandtschaft, Auflösung und wechselseitiges Durchdringen Statt findet, so daß, um zwey durch Verzinnung mit einander verbundene Metallplatten zu trennen, man nicht allein das Gewicht der Luft überwinden; sondern noch die Kraft der Affinität besiegen muß, die aus zweyen Körpern einen macht, in einem Worte, daß man genöthiget ist, den neuen sich erst gebildeten Körper zu zerstören, um dessen Elemente von einander zu trennen.

Sechster Abschnitt.

Von der Versetzung des Goldes mit dem Quecksilber.

Um das Gold mit dem Quecksilber zu amalgamiren, reicht es hin, sie mit einander in Berührung zu bringen; das Gold wird augenblicklich weiß, das Quecksilber verliert seine Flüssigkeit, und in kurzer Zeit löst das Quecksilber das Gold auf, und das Amalgama bildet eine zerbrechliche, nach den Verhältnissen mehr oder weniger flüssige Masse.

Das gewöhnliche Amalgama des Goldes mit dem Quecksilber, wird auf folgende Weise gemacht: man thut in einen marmornen Mörser einen Theil Blattgold und sieben Theile Quecksilber, reibt diese Mischung mit einem gläsernen Stößel bis das Gold verschwindet, und wäscht dieß Amalgama mehrere male in laulichtem Wasser.

Diese auflösende Kraft des Quecksilbers wurde die Veranlassung dazu, daß man sich dieses Metalls bediente, um das Gold aus seinen Minen zu ziehn, und um es von allen Materien mit denen es vermengt seyn kann, zu befreyen. Dieß Amalgamationsverfahren, ist um so viel sicherer, weil das, seiner Natur nach, fast nicht zu oxydirende Gold, sich fast überall, im Metallzustande zeigt, so daß es hinreichend ist, wenn man die Substanzen, die solches enthalten, wohl zerreibt, und sodann mit Quecksilber vermischt, um alles darin vorhandene zu gewinnen.

Man macht gewöhnlich das Amalgama mit Wasser in Trögen durch Mühlsteine, welche die Materie zertheilen; und wenn das Amalgama fertig ist, thut man es in einen Destillirapparat, um das Quecksilber, welches evaporirt wird, vom Golde zu scheiden, das fest in der Retorte zurück bleibt.

Sehr oft wäscht man, bevor man zum Amalgamationsverfahren selbst übergeht, die Materie, die das Gold enthält, um die erdigen Theile davon zu scheiden, die, als die leichteren vom Wasser fortgezogen werden.

Das Quecksilber dient fast immer zum Zwischenmittel, um Gold auf andre Metalle, vorzüglich auf Kupfer, aufzutragen, wie wir im folgenden Abschnitt sehen werden.

Sieben=

Siebenter Abschnitt.

Von der Versetzung des Goldes mit dem Kupfer. (Vergoldung im Feuer oder auf Metalle, Goldkalk, von Gold eingelegte Figuren).

Wenn man ein kupfernes Stück vergolden will, so fängt man immer damit an, es gehörig vorzubereiten, das heißt, zu putzen oder zu reinigen; zu dem Ende reibt man es mit Sand, und läßt es sodann einige Zeit in, mit vielem Wasser verdünntem, Scheidewasser, das schon dadurch in den Zustand gekommen wo es in der Kunstsprache zweytes Wasser heißt. Nachher läßt man es warm werden; sobald dieß geschehen, bringt man Goldblättchen darauf, die man mit einem Stöpsel von Baumwolle einreibt; man befestigt und polirt sie mit Blutstein oder mit dem Polirstahl. Diese unmittelbare Verbindung zweyer glatten und vollkommen metallischen Flächen auf einander, bringt keinen zu festen Zusammenhang hervor, auch hat diese Vergoldung nicht den Ruf als sehr solid; und man wendet dies Verfahren nur bey den Gegenständen an, die wenig gehandhabt, und Stößen oder Reibungen ausgesetzt werden.

Die Vergoldung durch zertheiltes Gold ist unendlich solider, hier ist es das Quecksilber, welches das Zwischenmittel zwischen dem Golde und dem Kupfer ausmacht. Um Vergoldungen auf diese Weise zu veranstalten, reiniget man das Stück, daß man vergolden will, auf die eben beschriebene Art, und taucht es sodann einen Augenblick in eine sehr verdünnte Quecksilberauflösung. Das Stück wird ganz weiß durch den Niederschlag des Quecksilbers auf das Kupfer; man wäscht es sodann in Wasser ab, und trägt sodann wieder eine recht gleiche Lage von Goldamalgama und Kupfer darauf auf.

Wenn die ganze Oberfläche mit diesem Amalgama gehörig bedeckt ist, bringt man das Stück auf ein Kohlenfeuer, um das Quecksilber evaporiren zu lassen.

Bemerkt man, während es auf dem Feuer kocht, daß irgend ein Punkt der Oberfläche nicht gehörig mit dem Amalgama bedeckt ist, so hilft man diesem Fehler dadurch ab, daß man eine neue Schicht davon auf die Stelle aufträgt.

Will man die Goldschicht dichter machen, so taucht man das Stück von neuen in die verdünnte Quecksilberauflösung, trägt eine zweyte Schicht Amalgama auf, die man, wie die erste erwärmt und durch dieß einfache Manoeuvre kann man das Stück mit einer so dicken Goldschicht belegen, als man will.

Man

Man polirt und glättet sodann den Auftrag mit Blutstein.

Wenn die Vergoldung blaß und matt ist, so erhöht man sie durch Glühwachs, welches nichts ist, als eine Composition von gelbem Wachse, armenischem Bolus, Grünspan und Alaun. Es ist hinreichend, wenn man das Stück mit dieser Composition einreibt, und es sodann erwärmt, um das Wachs flüssig zu machen.

Noch gibt es eine dritte Art um Gold auf Kupfer aufzutragen, und diese Vergoldung nennt man matte Vergoldung (or haché). Diese Benennung rührt her von einer unzähligen Menge kleiner Ritzen, die man im vollsten Sinne des Wortes mit einen Hackemesser macht, das aus einer kurzen und breiten in Holz oder Horn eingefaßten stählernen Klinge besteht.

Man trägt zehn oder zwölf Goldschichten auf, um diese Ritzen zu bedecken, statt daß zur einfachen Vergoldung nur drey oder vier erforderlich sind.

Diese Vergoldung ist sehr schön und dauernd.

Man macht noch eine sehr schöne Vergoldung auf Metalle, und vorzüglich auf Silber, wenn man Leinwand in die Goldauflösung taucht, und sie sodann verbrennt, um ihre Asche aufzubewahren. Diese Asche, wenn sie befeuchtet und auf das Silber mit einem Lumpen aufgetragen wird, läßt daran kleine Theilchen Gold sehr fest kleben.

Man wäscht das Stück, um den erdigen Theil davon abzubringen, und bringt das Gold durch Glätten zum Heraustreten, indem man die Fläche mit Blutstein polirt.

Diese Art der Vergoldung ist sehr ökonomisch, die Zierrathen an Fächern, Tabatieren und andern Kleinodien sind nichts, als auf diese Weise vergoldete sehr dünne Silberplatten.

Man hat vorgeschlagen, das Gold dergestalt auf Metall zu bringen, daß man Aether darauf auftrage, der dem Königswasser sein Gold entzogen hat; aber dieß Verfahren schien mir immer nur eine sehr unvollkommene Vergoldung abzugeben, und ich bezweifle, ob man dadurch jemals dahin gekommen seyn mag auf irgend eine Metallfläche eine Bedeckung von Gold aufzutragen.

Das Gold versetzt sich noch durch Schmelzen mit dem Kupfer, und dieser Versetzung bedient man sich zum Löthen, wenn dieß bey den Arbeiten in diesem kostbaren Metalle vorkommt. Diese Versetzung ist, wenn gleich viel härter, doch viel schmelzbarer als reines Gold. Um dieser Härte willen, die das Gold annimmt, wenn man es mit ein wenig Kupfer versetzt, fügt man demsel-

demselben auch dieß letztere Metall bey, wenn Kleinodien, Geschirre und Münzen daraus bereitet werden sollen. Das Kupfer erhöht selbst die Farbe des Goldes und eine kleine Quantität davon verringert dessen Geschmeidigkeit nicht merklich.

Achter Abschnitt.

Von der Versetzung des Silbers mit dem Kupfer. (Versilberung im Feuer).

Um das Kupfer mit einer Silberlage zu bedecken, fängt man damit an, das Metall mit schwachem Scheidewasser zu reinigen; sodann bearbeitet man es mit Bimsstein, das heißt, man putzt es ab; indem man es in Wasser mit Bimsstein polirt. Man läßt das Stück von neuem warm werden, und taucht es, ehe es sich vollständig abkühlt, wieder in schwaches Scheidewasser, so daß man ein leichtes Zischen im Augenblick des Eintauchens wahrnimmt.

Alle diese Operationen geben dem Stücke, außerdem, daß sie es vollständig reinigen, kleine Rauhigkeiten, die es dazu stimmen, die Silberblättchen mit mehrerem Nachdruck aufzunehmen und festzuhalten.

Wenn das Stück so vorbereitet ist, stellt man es auf einen eisernen Schaft oder auf einen Rahmen von dem nämlichen Metalle, der Docke heißt, und dazu dient, es bequem auf dem Feuer handhaben zu können. Sobald es aufgesetzt ist, erhitzt man es, oder läßt es blau anlaufen, und von dem Augenblick an, wo es blau ist, belegt man es, das heißt, bringt man die Silberblättchen daran an; zu dem Ende nimmt man zwey Blätter mit der linken Hand durch Zangen, die Feder-Zangen genannt werden, und mit der andern übertüncht oder trägt man durch den Polirstahl auf.

Wenn das Stück an einer Stelle von dem Feuer zu sehr angegriffen wird; so bemerkt man dieß durch eine Art von schwarzem Staube, der sich auf der Oberfläche bildet und den man mit einer Art von Bürste aus dünnen Messingfäden hinwegnimmt.

Wenn das Stück ferner mit zwey Silberplatten beschlagen ist, erwärmt man es von neuem und beschlägt es mit vier neuen, die man, wie die beyden ersteren durch einen Polirstahl fest macht. So fährt man fort mit vier und vier, oder sechs und sechs Blättern, nach einander zu belegen, bis zu zwanzig oder sechzig herauf, nach dem Grade der Schönheit oder der Solidität die man der Versilberung bestimmt.

Die

Die Silberblätter deren man sich bedient, sind fünf Quadratzoll lang.

Um das Werk zu beendigen, polirt man es noch vollkommen mit einem Polirstahl.

Will man eine sehr solide und schöne Versilberung machen; so hackt man die Fläche auf die nämliche Weise wie bey der Vergoldung gesagt worden; und das so versilberte Kupfer wird dann mattes Silber (Argent haché, genannt.

Alles Silber welches in unsern Münzen gebraucht wird; so wie das, aus dem man Geschirre bereitet, wird mit ein wenig Kupfer versetzt. Das Silber wird dadurch weniger geschmeidig, aber härter und elastischer.

Die Goldschmiede bedienen sich noch der Versetzung des Silbers und Kupfers zur Löthung von silbernen Stücken. Diese Versetzung ist unendlich schmelzbarer als das Metall, und dieß hat zu ihrer Anwendung die Veranlassung gegeben. Man erkennt das Vorhandenseyn des Kupfers leicht an der Eigenschaft der Löthungen, Grünspan anzusetzen *).

Neunter Abschnitt.

Von der Versetzung des Bleyes mit dem Zinn. (Schlaglot der Bleyarbeiter).

Das Bley versetzt sich sehr gut mit dem Zinn und die Versetzung ist schmelzbarer als jedes der beyden Metalle aus denen sie besteht.

In der Regel besteht das Schlaglot aus einem Theil Zinn mit zwey Theilen Bley geschmolzen. Aber man kann das Verhältniß des Bleyes vermindern und dann das machen, was man starkes

*) Eine der wichtigsten Arten von Versilberung, die man vom Verfasser nicht angegeben findet, ist die wirkliche Plattirung des Kupfers mit Silber, so daß aus dem verbundenen Metall, Platten geschlagen und gewalzt, und diese zu Geräthschaften verarbeitet werden können. Man erreicht diesen Zweck, indem man eine Platte Kupfer von 4 Zoll Dicke, deren Oberfläche wohl polirt ist, mit einer Platte Silber von $\frac{1}{2}$ Zoll Dicke belegt. Zwischen beyde Flächen bringt man etwas Borax, oder auch kalzinirtes Natron, heftet die Metallfläche mit einem Draht zusammen, und setzt sie nun der Glühhitze aus. Hierbey schmelzen beyde Metalle mit ihren Flächen so fest zusammen, daß sie während dem Hämmern und Walzen, ohne sich abzusondern, sich immer gleichförmig ausdehnen. H.

starkes Schlaglot nennt; so auch es vermehren, welches hauptsächlich bey dem Löthen von Gefäßen geschiehet die dazu bestimmt sind, Säuren zu enthalten, weil das Bley schwerer aufgelöst oder angefressen wird als das Zinn.

Zinnerne Geräthe sind selten frey von der Versetzung mit Bley. Die Zinngießer thun es in größerem oder geringerem Maaße hinzu, um den Preis der Materie zu verringern.

Zehnter Abschnitt.

Von der Versetzung des Bleyes mit dem Spießglanz. (Buchdrucker-Schrift).

Das Spießglanz gibt fast allen Metallen mit denen es versetzt werden kann, Härte.

Wenn man Spießglanz mit Bley schmilzt, theilt es ihm in dem Maaße mehr Härte mit, als das Verhältniß groß ist.

Aus der Versetzung dieser beyden Metalle wird die Buchdruckerschrift gebildet. Einige Versuche die ich mit dieser Composition gemacht, haben mich die Versetzung von 80 Theilen Bley auf 20 Spießglanz, als die vollkommenste kennen gelehrt: ein größeres Maaß von Spießglanz macht die Versetzung zu hart, zu trocken, und zu zerbrechlich; ein geringeres aber zu weich.

Gmelin hat eine lange Reihe von Erfahrungen über die Verbindung des Spießglanzes mit dem Bley gemacht, woraus er folgende Schlüsse zieht:

1) Gleiche Theile dieser Metalle gaben eine poröse Versetzung die unter dem Hammer springt.

2) Ein Theil Spießglanz und zwey Theile Bley bringen ein dichteres und zerbrechlicheres Metall hervor.

3) Ein Theil Spießglanz und drey Theile Bley erzeugen ein Metall, härter als Bley und geschickt gehämmert zu werden.

4) Ein Theil Spießglanz und acht Theile Bley bilden eine Versetzung, die schmelzbarer und härter als Bley, aber tauglich zu hämmern ist.

5) Ein Theil Spießglanz und zwölf Theile Bley endlich machen eine harte und dichte Versetzung, die in Blätter geschlagen werden kann.

Eilfter Abschnitt.

Von der Versetzung des Bleyes mit dem Zink.

Gmelin hat Bley mit Zink versetzt und sich überzeugt, daß das Bley durch dieß Mittel Glanz und Härte gewinnt.

Um zu verhindern daß der Zink nicht anbrenne, wenn man ihn auf geschmolzenes Bley wirft, thut man mit dem Zink zugleich Talg in den Tiegel und nimmt ihn vom Feuer, sobald man sieht daß der Zink geschmolzen ist.

Viel Zink mit Bley versetzt gibt ein blätterichtes Metall, das härter ist als Bley und sich sehr gut hämmern läßt, auch zugleich einen lebhaften Glanz hat.

Zwey Theile Zink und ein Theil Bley bilden eine geschmeidige, biegsame und sehr harte Versetzung.

Gleiche Theile von Bley und Zink bringen eine Versetzung hervor, die sehr gut zur Politur, hart und helltönend ist.

Die Versetzung von einem Theile Zink auf acht Theile Bley nähert sich dem Bley, ist aber härter, helltönender, leichter zu hämmern und nimmt die Politur besser an.

Im Allgemeinen gibt der Zink dem Bleye stets Glanz, Härte und einen hellen Klang, in welchen Verhältnissen er auch damit versetzt worden seyn möge.

Zwölfter Abschnitt.

Von der Versetzung des Quecksilbers mit Zinn und Zink.

Kienmayer hat folgendes Amalgama kennen gelehrt: zwey Theile Quecksilber, ein Theil Zink und einer Zinn. Man schmilzt sowohl den Zink als das Zinn, vermischt sie sodann mit dem Quecksilber, rüttelt die Mischung in einer hölzernen Schachtel um, die von innen mit Kreide ausgeschmiert ist, und stößt sie dann zu einem feinen Pulver.

Dieß Pulver gebraucht man allein oder mit Fett zusammen gerührt, um die Polster der Electrisirmaschine damit zu bestreichen. Die Wirkung davon ist wunderbar.

Dreyzehnter Abschnitt.

Von der Versetzung des Kupfers mit Silber und Quecksilber.

Man schmilzt und körnt gleiche Theile Silber und Kupfer, und destillirt sie mit salzsaurem Quecksilber.

Das Quecksilber geht in den Recipienten über.

Man thut das Uebrigbleibende in einen Tiegel, schmilzt, es, wirft Eisenfeile darauf, und erhält es lange Zeit im Schmelzen.

Diese Versetzung ist sehr helltönend, weiß wie Silber, und sehr geschmeidig.

Vierzehnter Abschnitt.

Von der Versetzung der Platina mit Kupfer und Zinn.

Herr Rochon verband Platina mit Kupfer und Zinn, und machte daraus telescopische Reflexionsspiegel, die in ihrer Wirkung die um vieles übertrafen, welche man vor ihm in Stahl gearbeitet hatte.

Diesen Vorzug verdanken sie der Dichtigkeit und Unveränderlichkeit der Platina.

Funfzehnter Abschnitt.

Von der Versetzung des Wißmuths mit Bley und Zink.

Newton, Muschenbroek und Homberg hatten bereits bemerkt, daß diese drey Metalle eine sehr schmelzbare Versetzung lieferten.

Aber Darcet hat die Verhältnisse aufgefunden, auf die diese Schmelzbarkeit sich gründet, die so groß ist, daß die Versetzung in warmem Wasser unter dem Siedepunkte noch flüssig wird. Diese Verhältnisse sind acht Theile Wißmuth, fünf Theile Bley und drey Theile Zinn *).

Viertes Kapitel.

Von der Scheidung der Metalle.

Man hat seit langer Zeit der Operation, durch die Gold und Silber eines von dem andern getrennt werden, den Nahmen Scheidung gegeben; aber da die Versetzungen der verschiedenen Metalle häufig durch Natur und Kunst hervorgebracht werden, und

*) Außer Darcet hat auch Valentin Rose (der Vater) das Verhältniß der Metallgemenge zu dem leichtflüssigen Metall angegeben. Seine Beschreibung davon ist im Stralsunder Magazin abgedruckt. er gibt zwey Theile Bley, ein Theil Zinn und ein Theil Wißmuth als das beste Verhältniß an. H.

und es uns wichtig ist, die Mittel zu ihrer Trennung zu kennen; so werden wir den Ausdruck Scheidung in allgemeinerm Sinne gebräuchen, und ihn auf alle die Operationen anwenden, durch die jene Trennungen bewirkt werden.

Es kann in diesem Kapitel nur von den Verfahrungsarten die Rede seyn, die in den Werkstätten der Künstler üblich sind, und ich werde mit Stillschweigen alle die chemischen Mittel übergehen, die von einem geschickten Analytiker angewendet werden können, um einige Atomen verschiedener Metalle die in einer mineralischen Masse mit einander in Verwickelung sind, zu entdecken, und von einander zu trennen.

Da alle Metalle sich weder zu den Säuren, noch zu dem Sauerstoff gleich verhalten, und ihre Flüchtigkeit im Feuer, und die Grade ihrer Schmelzbarkeit unendlich von einander abweichen; so können wir diese natürlichen Eigenschaften benutzen, um sie aus ihren Zersetzungen zu trennen, und ich glaube mit Consequenz alle die Verfahrungsweisen, die die Kunst anwenden kann, um ihre Scheidung zu bewirken, auf fünf Gattungen reduciren zu können.

Erster Abschnitt.

Von der Scheidung durch Säuren.

Wir haben bereits bemerkt, daß alle Säuren nicht auf gleiche Weise auf alle Metalle wirken; es gibt metallische Körper, die sich nur in einer sehr kleinen Anzahl von Säuren auflösen lassen, andere, die fast durch alle aufgelöst werden.

Man kann also aus dieser anerkannten Eigenschaft den Nutzen ziehen, aus einer metallischen Versetzung gewisse Metalle zu scheiden, ohne die anderen zu berühren.

Aber damit die Wirkung der angewendeten Säure frey, und das Metall, das sie aufzulösen im Stande ist, bis auf das letzte Atom austrennen könne, ist es erforderlich, daß die Metalle in gehörigen Verhältnissen versetzt seyen, ohnedieß könnte das zur Auflösung fähige nur in so schwachem Maaße vorhanden seyn, daß es der Einwirkung der Säuren entzogen werden würde. Um diesem Uebelstande vorzubeugen, pflegt man vor der Operation der Scheidung, sich darüber Gewißheit zu verschaffen, daß die Metalle wirklich in einem gehörigen Verhältnisse gegen einander stehen, oder sie durch Hinzufügung eines Theiles von einem auflöslichen Metall dahin zu bringen, wenn das Verhältniß nicht so, als man es wünscht, befunden wird.

Noch

Noch ist es eine unerläßliche Bedingung, daß die Säuren rein seyn müssen; ohne dieß Erforderniß ist ihre Wirkung nicht zu berechnen, und die Operation nicht mehr genau.

Wenn die Säure keine sehr energische Wirkung auf das Metall äußert, so ist es nützlich:

1) die Versetzung zu zertheilen, um die Berührungspunkte zu vermehren, welches dadurch bewirkt wird, daß man sie entweder in dünne Platten schneidet, zu Puvler stößt, oder zu Körnern macht.

2) Der Wirkung der Säure durch Wärme nachzuhelfen.

Die gewöhnlichste Scheidungsoperation ist die, durch welche man Gold von Silber, Kupfer und andern Metallen, mit denen es versetzt seyn kann, scheidet. Wenn man zum Beyspiel von dem Gehalt des Goldes urtheilen will, so versetzt man das, welches versucht werden soll, mit vier Theilen reinen Silbers, welches man Inquart oder Quartation nennt. Man kann selbst, wie Herr Sage vorgeschlagen hat, diese Versetzung mit zwey und einem halben Theile Silber, gegen einen Theil Gold machen.

Das Gesetz schreibt vor, wenigstens mit vier und zwanzig Gran Gold zu arbeiten, erlaubt zwar bis auf zwölf, verbietet aber bis auf sechs herabzusteigen, und zwar wegen der Schwierigkeit, die Theilungen zu würdigen, die aus diesen kleinen Quantitäten entspringen.

Man thut die beyden Metalle in eine Bleyplatte, die von jeder Versetzung frey seyn, und das vierfache Gewicht der beyden Metalle haben muß, und schreitet zur Probe auf der Kapelle wie gewöhnlich; das Bley steigt in Rauchgestalt in die Höhe, und absorbirt sich zum Theil in den porösen Theilen der Kapelle. Es bleibt nach dem Verschwinden des Bleyes nichts übrig, als ein feines Korn, welches Gold und Silber enthält. Schon durch diese erste Operation ist die Scheidung des Bleyes vor sich gegangen; aber es bleibt dann noch übrig, das Silber welches noch mit dem Golde vereinigt ist, zu trennen, damit man sehen könne was es verloren, und folglich, was es an fremden Körpern enthalten habe.

Zu diesem Ende schlägt man das Metallkorn platt und gleich dünne, rollt es in eine Cylinderform zusammen, und thut es sodann in einen kleinen Destillirkolben, in den man sechs Quentchen reine Salpetersäure gießt, die man mit Bezug auf diesen davon zu machenden Gebrauch Scheidewasser nennt. Diese Säure zeigt gewöhnlich 35 bis 40 Grad auf der Bauméschen Flüssigkeitswaage. Sobald der Kolben erwärmt ist, wird der Metallcylinder braun, und das Silber löst sich auf, und nach funfzehn Minuten unterbricht man die Operation, das heißt, man gießt die Auflösung ab, und thut eine Unze sehr reiner und ein wenig concentrirterer Säure als die erste hinzu, um die Portionen Silber aufzunehmen, die etwa der Auflösung noch entgangen seyn könnten. Man gießt nach 15 bis 20 Minuten das Fluidum wieder ab, und wäscht den Cylinder mit lauwarmem Wasser aus, trocknet sodann den Cylinder in einem Tiegel, wiegt ihn sorgfältig, und schließt aus der Verminderung des ursprünglichen Gewichts auf die Quantität fremder Materie, die er enthalten. Aber um Vergleichungspunkte zu haben, nimmt man an, daß das sehr reine Gold vier und zwanzig Karat enthalte, theilt die Karate in Zweyunddreißigtheile, so daß, wenn man die Operation der Scheidung an vier und zwanzig Gran versetzten Goldes gemacht, und nach der Operation der Goldcylinder nur zwey und zwanzig wiegt, man sagen kann, daß der ausprobirte Gehalt des Goldes zwey und zwanzig Karat beträgt, das heißt, daß sich ein Zwölftheil fremdartiger Materie in dem Golde befunden, welches man bearbeitete.

Zweyter Abschnitt.

Von der Scheidung der Metalle durch die Oxydation.

Die Metalle haben nicht alle eine gleiche Verwandtschaft mit dem Sauerstoff, so daß es welche unter ihnen gibt, die der Oxydation kräftig widerstehn, während andre sich mit dem Sauerstoff verbinden, und zwar mit solcher Leichtigkeit, daß man Mühe hat, sie vor seiner Wirkung zu schützen.

Es gibt Metalle, wie das Eisen, die sich an der Luft oxydiren, und das Wasser und die Säuren zersetzen, um sich ihres Sauerstoffes zu bemächtigen, und wieder andere, für die die Wirkung der Wärme fast nothwendig ist, wie Bley und Zinn, die bey der Temperatur der Atmosphäre bis auf ein Geringes, ihren metallischen Glanz behalten, während sie, sobald sie geschmolzen werden, sich mit Oxyd bedecken *).

Es gibt auch wieder andere, die so wenig Verwandtschaft mit dem Sauerstoff haben, daß die Schmelzung selbst ihre Oxydation

*) Auch das Bley gehört zu denjenigen Metallen, die sich schon an der Luft schnell oxydiren. Es beschlägt bald mit einem grauen Oxyd, und wenn solches dem einwirkenden Sauerstoffgas nur Fläche genug darbietet, gehet dasselbe nach und nach ganz in den oxydirten Zustand über. H.

dation nicht würde hervorbringen können: Gold, Silber, Platina gehören zu dieser Zahl.

Man kann also diese beständige und characteristische Eigenschaft dazu benutzen, um gewisse Metalle aus einer Versetzung zu trennen, ohne diejenigen zu verändern, die mit ihnen in Vereinigung sind. Und, nach dem was wir eben bemerkt haben, ist es auf verschiedene Weise möglich, bey dieser Scheidung zu verfahren:

1) Durch Wirkung der Luft mit Unterstützung von Wärme.

2) Durch die Zersetzung von Säuren.

3) Durch die Zusammenbringung eines oxydirten Metalles mit einem andern Metall, das dessen Sauerstoff aufnehmen könne.

Wenn es darauf ankommt, ein fast nicht zu oxydirendes Metall, wie Gold, Silber, Platina, von andern sehr oxydirbaren Metallen zu trennen; so darf man nur die Versetzung schmelzen, und sie hinreichend lange Zeit bey einem Grade von Wärme erhalten, der fähig ist, die Metalle, die dafür empfänglich sind, vollkommen zu oxydiren; sodann bleibt entweder das Oxyd, welches sich erzeugt, in Verbindung mit den nicht veränderten Metallen, und in diesem Falle trennt man es durch das Durchsieben, vorausgesetzt, daß es fast beständig pulverisirt ist; indem man die oxydirte Lage, so wie sie sich bildet, abschabt und wegnimmt, oder das Oxyd verflüchtigt sich in Dampf, wie bey der Versetzung des Bleyes mit dem Silber und Golde.

Es kann auch noch der Fall eintreten, daß die versetzten Metalle beyde in dem Grade oxydirbar sind, daß das nämliche Oxydationsverfahren sie nicht von einander trennen könne; aber wenn dieß ist, so kann man noch die größere oder geringere Leichtigkeit benutzen, die diese Oxyde bey ihrer Reduction beweisen, um eine Trennung zu bewirken, die nach dem ersten Verfahren unmöglich schien; so könnte also die Versetzung von Zinn und Kupfer durch die Schmelzung sich gänzlich oxydiren; aber wenn die Mischung dieser beyden Oxyde durch das Reductionsverfahren behandelt wird, fließt das Kupfer im Metallzustande ohne daß das Zinn laufend wird.

Die Oxydation der Metalle durch Zersetzung der Säuren ist noch ein großes Hülfsmittel, um deren Scheidung zu bewirken. Man kann zum Beyspiel eine Versetzung von Bley und Zinn oder von Zinn und Kupfer zersetzen oder trennen, wenn man sie der Wirkung der Salpetersäure aussetzt, die das Zinn zernagt und oxydirt, ohne solches auflösen zu können, wogegen sie das Kupfer und Bley auflöst.

Es gibt Fälle wo die Säure eines der Metalle der Versetzung auflöst, ohne die anderen zu berühren, dieß geschieht immer, wenn ein unvollkommenes mit einem vollkommenen Metall versetzt ist, und auf diese Weise behandelt man goldhaltige Kiese und Kupfer, das Gold enthält.

Dritter Abschnitt.

Von der Scheidung der Metalle durch die anderer Metalle.

Wenn ein Metall in größerer Verwandtschaft mit dem Sauerstoffe steht als ein anderes; so kann man das erstere auf Unkosten des zweyten oxydiren, das seinen metallischen Character wieder annimmt; indem es seinen Sauerstoff abgibt. Das Uebertragen des Sauerstoffs von einem Metall auf das andre, ist hauptsächlich in allen den Fällen ausgezeichnet, wo man ein Metall mittelst eines andern Metalls aus einer Auflösung niederschlägt: so schlägt das Kupfer Silber und Quecksilber aus ihren Auflösungen in Salpetersäure nieder, weil, indem es mehr Verwandtschaft mit dem Sauerstoff hat, es ihn diesen beyden Metallen raubt, die nachmals im Metallzustande erscheinen, und ihre Stelle in der Auflösung einnimmt. In Gefolge der nämlichen Grundsätze schlägt Eisen das Kupfer nieder, Zinn, dasselbe Metall, Quecksilber das Silber u. s. w.

Es folgt ferner aus der Verschiedenheit der Verwandtschaft, die die verschiedenen Metalle mit dem Sauerstoff haben, daß in den metallischen Versetzungen die man der Oxydation unterwirft, Vertauschungen des Sauerstoffs Statt finden, die die am wenigsten zu oxydirenden Metalle zum Metallzustande zurückführen.

Vierter Abschnitt.

Von der Scheidung der Metalle durch die Grade ihrer gegenseitigen Schmelzbarkeit.

Die sehr verschiedenartigen Grade der Schmelzbarkeit der Metalle liefern die Mittel, einige von diesen Substanzen zu trennen; indem man sie durch die Anwendung verschiedener Grade von Wärme aus ihren Versetzungen zum Laufen bringt.

Durch dieß Mittel trennt man Zinn, Bley und Wißmuth aus fast allen ihren Versetzungen mit harten und strengflüssigen Metallen; aber in allen diesen Fällen muß keine große Verwandtschaft zwischen den versetzten Metallen Statt finden; denn wenn

wenn eine solche vorhanden wäre, würde das schmelzbarere Metall das andere mit sich fortziehen, wie man es bey den Versetzungen des Bleyes und Quecksilbers mit Gold und Silber sieht.

Wenn übrigens die Bande der Verwandtschaft mächtig sind; so theilt das am schwersten zu schmelzende Metall dem, das mit ihm versetzt ist, einige Grade der Unschmelzbarkeit mit, und dann wird es viel schwerer flüssig, als für sich allein bestehend.

Fünfter Abschnitt.

Von der Scheidung der Metalle durch die Sublimation.

Es gibt Metalle die sich sublimiren ohne sich zu oxydiren, wie Quecksilber, Gold, Silber u. s. w.

Es gibt wiederum andere die sich verflüchtigen, wenn sie in den Zustand von Oxyden versetzt werden, wie Spießglanz, Arsenik, Zink u. s. w.

Es gibt deren mehrere die in ihrem Metallzustande und als Oxyde sehr flüchtig sind, wie Kupfer, Eisen und Zinn; doch muß man diese Flüchtigkeit nicht als eine absolute ansehen, weil sie sich zum Theil im Zustande von Oxyden sublimiren, aber nicht vollständig genug, um mit denen der zweyten Classe zusammengerechnet zu werden.

Diese verschiedene Art sich im Feuer zu verhalten gibt Mittel an die Hand, die leichte Scheidung derselben zu bewirken, wenn sie sich in Versetzungen befinden: wenn der Arsenik mit einem Metall vereiniget ist; so reicht es hin, die Versetzung auf das Feuer zu bringen, um ihn in einem weißen Dampfe in die Höhe steigen zu sehen.

Man kann auf eben diese Weise den Zink vom Kupfer trennen, wenn man die Versetzung zum Weißglühen bringt, und durch dieß Mittel die Oxydation, Verbrennung und Sublimation des Zinks erzeugt.

Durch das nämliche Mittel trennt man auch Spießglanz und Quecksilber aus ihren Versetzungen.

Wir haben jetzt nur noch einige praktische Beyspiele von den verschiedenen Verfahrungsarten beyzubringen, die wir eben gelehrt.

1) Vom Silber scheidet man alle Metalle die mit demselben versetzt seyn können, auf der Kapelle mit Ausnahme des Goldes nnd der Platina.

Zu diesem Verfahren auf der Kapelle nimmt man sechs und dreyßig Gran des zu probirenden Silbers und wickelt es in eine bleyerne Platte ohne Kanten ein.

Auf der andern Seite hat man kleine Tiegel oder Treibscherben von stark kalzinirter Knochen-Erde; man wäscht diese Erde mit der größten Sorgfalt aus, und läßt sie wohl trocknen, und macht dann die kleinen Tiegel oder Kapellen in Formen, in die man die Erde stark eindrückt, die angefeuchtet werden muß, um ihr dadurch die nöthige Consistenz zu geben.

Wenn man sich nun dieser kleinen Kapellen bedienen will; so stellt man sie in die Muffel des Kapellirofens, die mit Kohlen umgeben seyn muß, bringt sie zum Rothglühen und legt in diesem Zustande Metallkorn in die kleine Höhlung oder Niederung, die sich in der Mitte der Kapelle befindet.

Die Versetzung tritt dann sogleich in Fluß; man sieht das Bley rauchen, das größtentheils als Oxyd evaporirt, während zu gleicher Zeit ein anderer Theil durch die Poren der Kapelle absorbirt wird. Wenn das ganze Bley evaporirt oder absorbirt ist, bleibt nur ein weißes Knöpfchen in der Mitte der Kapelle, und dieß ist unter dem Namen reines Silber, Kapellen Silber bekannt, wenn nämlich kein Goldtheilchen in der Versetzung gewesen ist.

Der Verlust am Gewichte, den das Silber bey dieser Operation erleidet, steht im Verhältnisse mit der Quantität fremdartiger Materien, die damit versetzt waren. Man hat also angenommen, daß das reinste Silber das zu zwölf Karat wäre, und hat dann jedes Karat in vier und zwanzig Gran getheilt; so daß, wenn das probirte Silber bey der Probe ein halbes Karat verlor, man daraus schloß, daß sein Gehalt eilf Karat, zwölf Gran betrage.

2) Wenn man eine Versetzung von Bley und Zinn der Wirkung der Salpetersäure aussetzt, so oxydirt die Säure das Zinn, ohne es aufzulösen, während sie das Bley auflöst. Ein gleiches geschieht, wenn man mit der nämlichen Säure eine Versetzung von Zinn und Kupfer behandelt.

Aber wenn man der nämlichen sehr reinen Säure, eine Versetzung von Gold mit Kupfer, oder mit jedem andern Metall aussetzt, so löst das letztere sich auf und das erstere bleibt unverändert.

Wenn Kupfer, Eisen, Zink und andre in Säuren sehr auflösliche Metalle sich mit andern, die es weniger sind, in Versetzung befinden, bemächtigen sich die schwachen Säuren der erstern, ohne die letztern zu berühren.

3) Um

3) Um ein auffallendes Beyspiel von der Scheidung der Metalle durch Metalle selbst, nach den verschiedenen Graden ihrer Verwandtschaft mit dem Sauerstoff zu geben, wollen wir uns begnügen, die vorgeschlagenen oder in Ausübung gebrachten Verfahrungsarten bey Scheidung des Kupfers aus der Versetzung des Glockenmetalls anzuführen.

Fünf und sechszig Theile Kupfer mit fünf und zwanzig Theilen Zinn geschmolzen, bildet das Glockenmetall.

Keine metallische Versetzung ist von einem ausgebreitetern Gebrauche als dieses. In den Schreckenszeiten der Revolution glaubte das Gouvernement in der Scheidung dieses Metalles eine hinreichende Kupfermine zu entdecken, um zur Verfertigung ihrer Artilleriestücke dienen zu können. Und fast in den nämlichen Zeiten haben die Herren Pellerier, Fourcroy, Auguste, Dizé und Jeanety Verfahrungsarten vorgeschlagen und ausgeführt, um die Scheidung dieses Metalles zu bewirken.

Alle diese Proceduren lassen sich darauf reduciren, daß die beyden Metalle, die die Versetzung bilden, durch atmosphärische Luft, Braunstein oder salpetersaure Salze oxydirt werden.

Herr Fourcroy hat vorgeschlagen, diesem geschmolzenen Metalle ein Drittheil der nämlichen oxydirten Versetzung hinzuzufügen, und die Mischung sorgfältig umzurühren. In diesem Falle, da die Verwandtschaft des Sauerstoffs gegen das Zinn überwiegender ist als gegen das Kupfer, folgt daraus, daß der schon auf dem Kupfer fest haftende Sauerstoff es verläßt, um sich auf das Zinn zu werfen, und daß das Kupfer als Metall flüssig wird.

4) Wenn das Kupfer eine hinreichende Quantität von Silber enthält, um dessen Extrahirung zu gestatten; so verfährt man folgendergestalt: man läßt fünf und siebenzig Pfund dieser Versetzung von Kupfer und Silber mit zweyhundert und siebenzig Pfunden Bley schmelzen, formt diese Versetzung in Brote oder Kuchen, die man Schmelzbrote (Saigerstöcke) nennt, legt diese Brote in einen Ofen und erregt einen hinreichenden Grad von Hitze, um das Bley dadurch zu schmelzen; dieß Metall reißt das Silber mit sich fort, das es dem Kupfer entführt; so daß es nur nothwendig ist, es noch zu käpellieren, um das Silber zu extrahiren, das es in sich aufgenommen hat. Das Kupfer, wenn es sich durch die Löcher siebt, die das Bley im Schmelzen läßt, behält immer die ursprüngliche Form der Brote. Aber diese Brote enthalten immer noch ein wenig Bley, das man durch eine starke Hitze herauszieht, und diese letzte Operation nennt man das Darren des Kupfers.

Fünftes Kapitel.

Von den Verbindungen des Sauerstoffs mit den Metallen, oder den Metall-Oxyden.

Eine der Haupteigenschaften der Metalle ist ihre sehr ausgezeichnete Verwandtschaft mit dem Sauerstoffe; man kann diese Eigenschaft selbst als das unterscheidende Merkmal zwischen metallischen Substanzen und erdigen Materien betrachten; denn diese scheinen keiner Verbindung mit dem Sauerstoffe fähig.

Obgleich alle Metalle mit dem Sauerstoffe in Verwandtschaft stehen und alle verbrennen können, wenn diese Verbindung durch eine sehr erhöhete Temperatur, oder durch Verminderung der Kraft der Cohäsion, die die metallischen Elemente zusammenhält, erleichtert; so verbinden sich doch alle mit dem Sauerstoff weder in dem nämlichen Verhältnisse noch mit gleicher Leichtigkeit.

Die Stärke der Cohäsion ist das erste, was der Wirkung des Sauerstoffs hinderlich wird; man gelangt dazu sie zu überwinden, entweder durch Wärme die die Metalle erweitert und ihre Theilchen zugänglicher für den Sauerstoff macht, oder durch Mischung und Versetzung des Metalls mit andern Metallen; so können sich Gold und Silber die mit Quecksilber amalgamirt werden, bey der Temperatur der Atmosphäre oxydiren.

Eine andere Eigenschaft die die Verwandtschaft der Metalle zum Sauerstoff modificirt, ist die Flüchtigkeit, die einige davon durch die Wärme erhalten. Ein Metall, das fließend geworden, befindet sich in einem sehr günstigen Zustande für diese Verbindung, und nimmt, unter diesen Umständen, eine bestimmte Dosis von Sauerstoff in sich auf; ja, es erreicht oft einen solchen Grad von Flüchtigkeit, daß, wenn man die Oxyde einer größeren Hitze aussetzt, sich Sauerstoff daraus entwickelt; so daß man diesen Zustand der Oxydation wie einen fast beständigen Zustand betrachten kann.

Die auf diese Weise geformten Oxyde sind weniger flüchtig, als die Metalle selbst. Also die Oxyde von Quecksilber, Spießglanz, Zink, Arsenik, widerstehen, wenn sie einmal gebildet sind, einem Grad von Wärme, bey dem selbst die Metalle sich verflüchtigen; welches auf eine wahrhafte Verbindung zwischen dem Metall und dem Sauerstoff hindeutet, der sich fixirt, condensirt und einen neuen Körper mit dem Metall bildet.

Wenn die zur Verflüchtigung fähigen Metalle, den Sauerstoff in Verhältnissen in sich aufnehmen, die als bestehend betrachtet werden können; so ist es nicht der gleiche Fall mit den andern Metallen, die im Feuer weniger flüchtig sind und bey denen man die Oxydation steigern kann; indem man sie die Hitze in nach und nach folgenden Graden ausstehen läßt; so daß sie eine ganze Reihe von Farben entwickeln, und durch die Fixirung des Sauerstoffs einen fortschreitenden Zuwachs an Gewicht erhalten *).

Die Metalloxyde welche der Verflüchtigung fähig sind, können jedoch mittelst eines heftigern Feuers, an das das Oxyd gebracht wird, den Sauerstoff in sich aufnehmen oder verlieren. Herr Thenard hat in der Oxydation des Spießglanzes eine Abwechselung von sechszehn bis zwanzig Procenten hervor gebracht, indem er das Oxyd verschiedenen Graden von Wärme aussetzte; die Herren Clément und Désormes haben sich überzeugt, daß das Zinkoxyd durch eine starke Hitze an Sauerstoff verliere, und eine gelbe Farbe annehme.

Es gibt einen bestimmten Grad von Wärme, der der Oxydation der Metalle am günstigsten ist; bleibt man dießseits oder jenseits desselben stehen, so verliert das Oxyd an Sauerstoff durch eine zu große, und sättiget sich damit nicht bey einer zu geringen Hitze. Es scheint als ob der zur Verflüchtigung schicklichste Grad der sey, der die stärkste Oxydation in flüchtigen Metallen hervorbringt.

Es ist also nöthig, die verschiedenen Grade von Wärme, die nothwendig sind, um beständige und unabänderliche Oxydationen hervor zu bringen, mit Präcision zu bestimmen; die Erfahrung hat den Künstlern, die verschiedene Oxyde für den Handel bereiten, schon einige Grundsätze, um sich darnach zu richten, an die Hand gegeben; aber ihre Bemerkungen sind nicht hinreichend festgestellt, alles ist unbestimmt in ihren Verfahrungsarten; auch können wir bey einigen wesentlichen Gegenstän-

*) Dieser gesteigerte Gang der Oxydation beweiset jedoch nicht, daß die Grade der Oxydation nicht sehr bestimmt, und wenig zahlreich in den Auflösungen durch Säuren seyn sollten; Herr Proust läßt hierüber keinen Zweifel, und die Verschiedenheit der Meinungen dieses geschickten Chemikers und Herrn Berthollets betrifft nur die Zahl der fixirten Grade.

Es gibt Grade der Oxydation die bestimmt sind, die Zwischengrade sind nur Uebergänge, wo der Sauerstoff nur so lange bleibt, als ihm die Mittel versagt sind, weiter zu gehen. Dieß ist sodann ein gezwungener Zustand, den man nicht als einen bleibenden betrachten kann. Man muß selbst einräumen, daß es, ohne dieß, nichts festes in den salzigen Verbindungen geben würde. So muß auch das *pondus naturae* des berühmten Stahl verstanden werden. A. d. V.

genständen, wie den Bley, Kupfer und Quecksilberoxyden nur mittelmäßige Produkte liefern. In Folge dieser Grundsätze sieht man, warum man, wechselnd mit dem Grade der Wärme, die Oxyde aus einer Farbe in die andere übergehn läßt; Minium, zum Beyspiel, wird gelb, indem es einen Theil seines Sauerstoffs durch Anwendung eines stärkeren Grades von Wärme verliert; aus einem ähnlichen Grunde geht die weiße Farbe des Zinks in eine gelbe über, die schwarze des Braunsteins in eine weiße, die rothe des Eisens in eine schwarze u. s. w.

Wenn man durch den passendsten Grad der Temperatur die Oxydation zur höchsten Stufe gebracht hat, so kann man sie noch vermehren, wenn man dem bereits gebildeten Oxyd einen Körper hinzufügt, der den Sauerstoff condensirt, und in geringer Anhänglichkeit an der Basis, auf welche er fixirt ist, enthält; so kann man dem rothen Bleyoxyd mittelst der oxydirten Salzsäure und der Salpetersäure noch Sauerstoff hinzufügen. Herr Thenard hat bewiesen, daß durch ähnliche Verfahrungsarten das Oxyd des sublimirten Spießglanzes zwölf Procente an Sauerstoff gewinnt. Herr Chenevix hat diese Ueberoxydation des Quecksilbers auf dem nämlichen Wege erreicht. Eine mäßige Hitze ist hinreichend, um das Uebermaaß von Sauerstoff zu entwickeln, und diese Oxyde zu ihrem ursprünglichen Zustande zurück zu führen.

Durch eine Vereinigung der beyden Mittel, von denen wir so eben gesprochen, läßt man diejenigen Metalloxyde, die, ihrer natürlichen Disposition nach, ein großes Maaß von Sauerstoff in sich aufzunehmen fähig sind, in den Zustand von Säuren übergehen. Also hundert Theile Arsenik können, nach Herrn Proust, durch die gewöhnliche Kalzination, drey und dreyßig Theile Sauerstoff in sich aufnehmen; aber wenn diesem Oxyd der Sauerstoff condensirt dargeboten wird, nimmt es noch zwanzig ponderable Theile auf, und zeigt alle Kennzeichen einer Säure. Das Eisen kann sich mit der nämlichen Dosis Sauerstoff füllen, ohne irgend eine Eigenschaft der Säuren anzunehmen. Die Chromium- Molybdän- und Tungsteinoxyde nehmen leicht den Character der Säuren an, und haben alle Eigenschaften derselben.

Die Metalle, welche an und für sich selbst keine sehr glänzende Farbe haben, nehmen durch die Oxydation die reichsten und mannigfaltigsten Nüancen an. Sie sind in der Regel ziemlich beständig im Feuer; und die mehrsten von ihnen erlangen darin eine größere Lebhaftigkeit, woher es kommt, daß man sich ihrer als Färbestoffe für Töpferfirnisse, Emails auf Steingut, Glasur des Porzellains und zu den Farben des Glases bedient.

Man kann bey der Oxydirung der Metalle auf verschiedene Arten verfahren:

1) Oft reicht es hin, das Metall der Luft auszusetzen, um es zur Oxycation zu bringen; Eisen, Arsenik, Braunstein und Kupfer befinden sich in diesem Falle. Ihre Verwandtschaft mit dem Sauerstoffe ist so groß, daß die bloße Berührung genügt, den Widerstand zu überwinden, den die Elasticität der Flüssigkeit, und die Cohäsion des Metalles, der Verbindung entgegensetzen.

2) Man bringt die Oxydation mehrerer Metalle hervor, und erleichtert die von allen, indem man ihre Temperatur erhöht; durch dieß Mittel oxydirt man Zinn, Bley, Quecksilber u. s. w. Wenn die Metalle die Schmelzung aushalten, ohne sich zu verflüchtigen, so ist es in diesem Zustande, wo sie zur Oxydation am besten disponirt sind. Diese Disposition der Temperatur hat jedoch ihre Gränzen, und, wenn man den zur Oxydation günstigsten Punkt überschreitet, so desoxydirt man das Metall, oder verglaset das Oxyd.

3) Die vereinigte Wirkung der Luft und des Wassers erleichtern die Oxydation sehr; die Metalle werden vor jedem Rost und jeder Oxydation bewahrt, wenn man sie an einem trocknen Orte aufbewahrt, wenn man ihre Oberfläche sorgfältig reibt, und vorzüglich wenn man sie vor der Berührung der feuchten Luft verwahrt. Um sich von diesen Wirkungen Rechenschaft zu geben, darf man sich nur erinnern, daß das Wasser eine gewisse Quantität Sauerstoffgas auflöst und condensirt; und daß der unter dieser Gestalt dargebotene Sauerstoff sich mit um so größerer Leichtigkeit verbindet, als es dessen Elasticität nicht mehr zu überwinden hat; so daß, wenn man ein Metall naß macht und der Luft aussetzt, man ein vereinigendes Zwischenmittel zwischen der Luft und dem Metall hervorbringt; und wenn man das Metall mit einer feuchten Luft in Berührung setzt, der Sauerstoff in jeglichem Augenblick in seiner Auflösung im Wasser, und in den seiner Verbindung günstigsten Dispositionen dargeboten wird.

Einer ähnlichen Ursache kann man die Fortschritte der Oxydation zuschreiben, die man erhält, wenn man die Metalle mit irgend einer Säure anfeuchtet, die nicht durch sich selbst die Eigenschaft hat, sich auf dem Metalle an der Temperatur der Atmosphäre zu zersetzen; in diesem Falle oxydirt der Sauerstoff, der sich in der Flüssigkeit condensirt, das Metall, und bereitet es vor zu der auflösenden Wirkung der Säure; die Oxydation wird auch hier erleichtert durch die Verwandtschaft der Säure

mit

mit dem Metall, welche nothwendiger Weise die Cohäsion verringert.

4) Das Wasser allein kann sich auf Metallen zersetzen, und deren Oxydation hervorbringen, aber in diesem Falle bedarf es einer hohen Temperatur. Auf diese Weise zersetzt sich das Wasser wenn man es auf, im Feuer rothgeglühtes, Eisen fallen läßt; es entwickelt sich nur Wasserstoffgas, und der Sauerstoff bleibt in Verbindung mit dem Metalle zurück.

Man kann das Wasser bey einer viel niedrigeren Temperatur zersetzen, wenn man es zugleich mit der atmosphärischen Luft auf ein leicht zu oxydirendes Metall, wie das Eisen wirken läßt; man darf diesem Metalle nur viele Flächen geben lassen, und es in großer Masse darbieten, damit die Wirkung merklicher sey; dieß begegnet, wenn man benetzte Späne von der Drechselbahn auf einander häuft: dann dringt die Luft in die ganze Masse, wirkt auf alle Punkte, bringt durch sein Verdicken auf dem Feuer eine Wärme hervor, die mit jedem Augenblicke durch die Arbeit bey der Oxydation anwächst; die Cohäsion des Metalls vermindert sich nothwendiger Weise, was die Zersetzung des Wassers, welches es benetzt, erleichtert, und man überzeugt sich bald von der Realität dieser Zersetzung, wenn man den Geruch des sich entwickelnden Wasserstoffgas bemerkt. Die Hitze wird oft zu einem solchen Grade gesteigert, daß eine Entzündung des Wasserstoffs und eine schleunigere Verbrennung der Masse erfolgt.

5) Die im Wasser aufgelösten und auf ein Metall aufgetragenen Säuren erleichtern die Zersetzung dieser Flüssigkeit, weil sie, ihrer Natur nach, keinen Sauerstoff zu der metallischen Oxydation liefern können. Dieß zeigt sich bey der Schwefelsäure, der Salzsäure u. s. w. Die mächtige Verwandtschaft des Radicals dieser Säuren mit dem Sauerstoff, erlaubt ihnen in Wahrheit nicht, einen Theil ihres säureerregenden Princips fahren zu lassen, um das Metall in den Oxydzustand zu versetzen, und es dazu vorzubereiten, durch das, was an nicht zersetzter Säure übrig bleiben könnte, aufgelöst zu werden; aber sie hören darum nicht auf, eine auflösende Kraft auf das Metall zu äußern, welche stark genug ist, die Cohäsion der Theile desselben zu verringern, und die Zersetzung des Wassers, und die Fixirung seines Sauerstoffs zu erleichtern. So wie die Säure sich bildet, löset die Säure sich auf, und die Wärme, welche sich erzeugt, beschleuniget, und macht die Operation vollständig. Während der Sauerstoff des Wassers sich mit dem Metalle vereiniget, entflieht sein Wasserstoff im Gaszustande.

6) Die

6) Die Oxydation wird oft nur durch die Zersetzung einer Portion der Säure erzeugt, die man auf das Metall wirken läßt; aber dieß findet nur bey den Säuren Statt, deren Sauerstoff wenig Anhänglichkeit an dem Radical hat, so wie die Salpetersäure und die oxydirte Salzsäure. Wenn man also eine dieser Säuren einer metallischen Substanz darbietet, so trennt sich ein Theil des Sauerstoffs davon, um sich auf das Metall zu übertragen, welches, in den Zustand des Oxyds verwandelt, sich in dem nicht zersetzten Theile der Säure auflöst.

Es geschieht selbst in einigen Fällen, daß das Metall sich oxydirt, ohne daß eine Auflösung Statt findet; dann schlägt das Oxyd sich nieder, so wie es entsteht, und man kann durch dieß Mittel zu einer fast vollständigen Zersetzung der ganzen Säure, und zu einer gänzlichen Oxydation des Metalls gelangen.

7) Es ereignet sich zuweilen, daß eine einzige Säure ein Metall weder oxydiren, noch auflösen kann, aber daß, wenn man zwey solcher Säuren in gehörigen Verhältnissen unter einander mischt, man dadurch die eine und die andere Wirkung erreicht; z. B. das Gold ist unempfindlich gegen die Einwirkung der Salpeter- und Salzsäuren allein, und löst sich doch in der Mischung dieser beyden Säuren auf, weil in diesem letztern Falle die Salzsäure, welche ihre Wirkung auf das Metall äußert, die Cohäsionskraft der Theilchen schwächt, und die Wirkung des Sauerstoffs der Salpetersäure erleichtert, welches die Zersetzung der letztern und die Oxydation des Metalles hervorbringt.

8) Nicht allein die Säuren sondern auch die Salze, welche sie zur Basis haben, können die Metalle oxydiren, wenn nämlich ihre Zersetzung durch Hülfe der Wärme unterstützt wird. Wenn man also Zink oder Eisenfeile mit salpetersauren oder oxydirten salzsauren Salzen mischt, und nachdem man die Mischung zerrieben, es in Tiegel wirft, die am Feuer zum Rothglühen gebracht worden, so wird Zersetzung der Salze, und Oxydation oder Verbrennung der Metalle Statt finden.

9) Die Phänomene der Niederschlagung eines in einer Säure aufgelösten Metalles durch ein anderes Metall, sind ungerechter Weise ihren respectiven Verwandtschaften mit dem auflösenden Stoffe zugeschrieben worden. Sie entstehen alle aus der größeren oder geringeren Verwandtschaft, welche die verschiedenen Metalle mit dem Sauerstoffe habe, so daß, wenn bey der Auflösung eines Metalles durch eine Säure ein neues Metall hinzu gebracht wird, das mehr Verwandtschaft mit dem Sauerstoff hat, das in der Auflösung befindliche, in dem Metallzu-

stand

stand niedergeschlagen wird, und das andre seinen Platz bey der Säure einnimmt. Dieß geschieht bey Niederschlagungen des Kupfers durch Eisen, des Silbers und Goldes durch Kupfer u. s. w.

Erster Abschnitt.

Von den Arsenik-Oxyden (weißem Arsenik, Arsenikblumen, Arseniksäure).

Was man im Handel weißen Arsenik oder Arsenikblumen nennt, ist ein Metalloxyd.

Man zieht dieß Oxyd aus den Kobaltminen in Böhmen und Sachsen durch Kalzination des Minerals; das Oxyd sublimirt sich bey einer gemäßigten Hitze, und setzt sich an die Wände eines langen, gewundenen Schornsteins an, in den man die Dämpfe auffängt.

Die Platten oder Lagen des Oxyds, die man aus diesen Schornsteinen zieht und im Handel verbreitet, sind oft glasig und von gelblicher Farbe; dieß glasige Oxyd trübt sich leicht an der Luft und wird weiß, dunkel und pulverartig.

Man trifft auch das Arsenikoxyd in seinem ursprünglichen Zustande in den Minen, von denen wir eben gesprochen, so wie in vulkanischen Trümmern.

Dieß Oxyd verflüchtiget sich bey einer mäßigen Hitze. Wenn man ein wenig davon auf eine glühende Kohle wirft, so steigt daraus ein weißer Rauch auf, welcher einen sehr merklichen Knoblauchgeruch hat, welcher Geruch eine der unterscheidenden Eigenschaften dieses Oxyds ist, und es nicht mit andern Substanzen verwechseln läßt, deren Aussehn auf den ersten Anblick trügen könnte.

Die specifische Dichtigkeit des Arsenikglases verhält sich zu der des Wassers wie 35,942 zu 10,000. Der Cubikzoll wiegt zwey Unzen, zwey Quentchen, fünf und dreißig Gran, und der Cubikfuß zweyhundert ein und funfzig Pfund, neun Unzen, vier Quentchen, zwey Gran.

Die specifische Schwere des kristallisirten Oxyds ist 25,775, der Cubikzoll wiegt eine Unze, vier Quentchen, ein und sechszig Gran, und der Cubikfuß hundert drey und siebenzig Pfund, sechs Unzen, sechs Quentchen, neun und zwanzig Gran.

Die specifische Dichtigkeit des Arseniks selbst, ist 57,633.

Sieden-

Siedendes Wasser löst $\frac{1}{84}$ Arsenik, das von einer Temperatur von 12 Graden, $\frac{1}{80}$ auf.

Das Arsenikoxyd ist eben so auflöslich im Alkohol, aber in Wasser und Alkohol bildet das Oxyd wenn es im Uebermaaß darin vorhanden, bey ihrem Erkalten einen Bodensatz, und es bilden sich Kristalle, die mir sehr verlängerte vierseitige Pyramiden schienen.

Das Arsenikoxyd wird im Handel wenig gebraucht, man bedient sich dessen als eines sehr wirksamen Schmelzungsmittels in den Glashütten und bey metallurgischen Arbeiten *). Ich habe es mehrere male gesehn, daß wenn die Glascomposition nicht zum Schmelzen kommen wollte, es hinreichte, wenn man unten in die Töpfe, und unter der Materie drey oder vier Unzen dieses Oxyds hinlegte, und nachher die Composition umrührte, wodurch die Schmelzung bewirkt wurde.

Dieß Oxyd versetzt sich fast mit allen Metallen und macht sie sehr schmelzbar, man kann es aus allen diesen Versetzungen durch Wärme scheiden, so daß es als ein vortreffliches Schmelzungsmittel für viele Fälle anzusehen ist.

Man gebraucht das Arsenikoxyd auch als Gift, und vermischt es zu diesem Zwecke mit Mehl, Fett, Käse, oder löst es in Wasser auf, um Mäuse zu vergiften. Auch die Bosheit hat nur zu oft ein Werkzeug ihrer Verbrechen daraus gemacht, und alles wohl erwogen, ist dieß Metall ein verderbliches Geschenk für die Menschheit. Es wäre besser gewesen, es in ewiger Vergessenheit zu begraben, als es in den Handel zu bringen, um einigen sehr eingeschränkten Nutzen daraus zu ziehen **).

Das Arsenikoxyd unterscheidet sich darin von den andern Metalloxyden, daß es auflöslich in Wasser ist, und sich mit Metallen vereinigt und versetzt. Die erste dieser Eigenschaften nähert es den salzigen Substanzen.

Dieß Oxyd hat die Natur derjenigen, die empfänglich sind, einen höhern Grad der Oxydation anzunehmen, und sich alle den Säuren eigenthümliche Kennzeichen anzueignen.

Man

*) Außerdem findet dasselbe auch Anwendung in der Cattunfärberey und Druckerey, wo solches als Zusatz zu einigen Beitzen auf viele Farben einen überaus günstigen Einfluß ausübt. H.

**) Ein großer Theil des weißen Arseniks wird auch in der Verbindung mit Schwefel unter verschiedenen Verhältnissen, auf rothen Arsenik (Ralger) und gelben Arsenik oder Rauschgelb (Aurum pigmentum) verarbeitet. Beyde machen in der Cattundruckerey sehr unentbehrliche Hülfsmittel aus. H.

Man verfertigt die Arseniksäure durch die Destillation von sechs Theilen Salpetersäure auf einen des Oxyds. Noch kann man sie fabriciren, wenn man auf gleiche Weise oxydirte Salzsäure und Arsenik zusammen destillirt. In allen diesen Fällen zersetzen sich die Säuren und treten ihren Sauerstoff dem Oxyd ab, welches in den Zustand von Arseniksäure übergeht.

Durch Destillation gleicher Theile salpetersauren Kali's und Arsenikoxyds erhält man eine fast nicht zu verdichtende salpetrige Säure, und ein Residuum dessen Eigenschaften Macquer vortrefflich auseinandergesetzt hat und das er arsenikalisches Neutralsalz nennt. Es ist ein arseniksaures Kali, aus dem man die Arseniksäure mittelst der Schwefelsäure scheiden kann, die man darüber bey einer starken Hitze abziehet.

Pelletier hat vorgeschlagen, mittelst der Destillation, salpetersaures Ammonium durch Arsenikoxyd zu zersetzen; es bleibt dabey in der Retorte ein arseniksaures Ammonium, von dem man das Alkali durch eine starke Hitze scheidet; das Residuum ist dann eine glasige Masse, die die Feuchtigkeit stark anzieht. Die reine Arseniksäure.

Diese Säure ist beständig im Feuer, aber wenn man sie durch Wärme ausgetrocknet, darf man sie nur der Luft aussetzen, um Feuchtigkeit anzuziehen und zu zerfließen.

Die Berührung eines erwärmten kohligen Körpers zersetzt sie, und es werden Arsenikoxyd und Kohlensäure ausgedampft.

Nach Pelletiers Beobachtungen kann auch der Wasserstoff ihr den dritten Theil ihres Sauerstoffs rauben.

Sie löst sich in zwey Drittheilen ihres Gewichtes Wasser, bey einer Wärme von zwölf Graden (nach Réaumurschem Thermometer) auf.

Herr Berthollet hat gesehn, daß, wenn diese Säure im Feuer stark concentrirt wird, sie Thonerde auflöst.

Bergmann hat geglaubt, gefunden zu haben, daß diese Säure eine größere Verwandtschaft mit Kalk und Talkerde, als mit dem Natron und dem Kali habe *).

Zwey-

*) Die Arseniksäure ist ein noch stärkeres Gift als der weiße Arsenik. Aber sie macht auch für sich, ohne Verbindung mit einer andern Materie, ein Beitzmittel aus, das mir vorzüglich in Cochenille ausgefärbt, sehr schöne rothe Farben dargeboten hat. (S. Hermbstädts Magazin für Färber rc. 1ster B. 1803), und es ist zu erwarten, daß sie als Gegenstand der Färbekunst immer häufigere Anwendung finden wird. H.

Zweyter Abschnitt.

Von den Kobaltoxyden (Saflor, azurblaue Stärke, Smalte).

Man hat zu Joachimsthal und Platten in Böhmen und zu Schneeberg in Sachsen die Benutzung der in den benachbarten Gegenden sich befindenden Kobaltminen gemacht.

Auf der Gränze von Spanien, in den Pyrenäen, im Thale Gisten, benutzte der Graf von Beust eine Kobaltmine zu Ende des verflossenen Jahrhunderts; und es ist zu wünschen, daß diese durch den zwischen Frankreich und Spanien ausgebrochenen Krieg gestörte Arbeiten, bald wieder in den Gang kommen möchten. Es ist dieß das einzige Etablissement der Art, in dessen Besitz Frankreich sich befunden; es war auf eine Fabrikation von 6000 Zentnern Smalte eingerichtet, und man war glücklich genug, in dem Dorfe Juget einen Kobaltquarz zu finden, indem diese beyden Substanzen natürlich in den gehörigen Verhältnissen vorhanden waren, um die Smalte zu bilden.

Nachdem man die Erze ausgesucht hat, werden solche von den fremdartigen erdigen, steinigen und metallischen Substanzen abgesondert, hierauf gepuchet, indem man sie mit dem Hammer zerschlägt, worauf sie durchs Waschen auf einer geneigten Ebene von den steinigen Theilen befreyet werden.

In einigen Bergwerken, deren Kobalterze Wißmuth enthalten, scheidet man dieß letztere Metall davon; indem man das Erz einem Feuer aussetzt, wobey es zum Fließen kommt.

Das wohl vorbereitete Erz bringt man in einen Reverberir-Ofen, wo man es oft rührt, um den Arsenik und den Schwefel zu verflüchtigen, und drey oder vier Stunden sind hinreichend zu dieser Operation; zu viele Kalzination schwächt die Farbe und das Glas nimmt weniger Quarz auf; zu wenig gibt eine schlechte Farbe, und eine schlechte Qualität.

Nach dem Rösten wird das Kobaltoxyd gestoßen, durchsiebt und mit zwey oder drey Theilen Sand oder Quarz vermischt: in diesem Zustande wird er als ein Handlungsartikel unter dem Namen Saflor oder Zefra verkauft.

In Sachsen wird der Zefra aus dem besten Kobalt gemacht, den man pulverisirt und fünf bis sechs Stunden röstet; man macht davon viererley Arten. Die gemeine Zefra hat eine specifische Dichtigkeit von 35,090, gegen die des Wassers zu 10,000 angenommen.

Der Nutzen der Zefra scheint sich darauf zu beschränken, um das Glas und die Emails, so wie die Glasur der feinen irdenen

irdenen Gefäße damit blau zu färben: zu dem Ende schmilzt man ihn mit der Masse der Glasuren zusammen.

Man bereitet außerdem noch für den Handel ein durch Kobalt blau gefärbtes Glas, welches den Namen Smalte führt. In Böhmen und in Sachsen wird fast alle in den Künsten gebrauchte Smalte fabricirt: das Verfahren dazu ist fast überall einförmig; doch wird das Sächsische dem Böhmischen Blau vorgezogen *).

Nachdem man die verschiedenen Gattungen Kobalt geröstet, gestoßen und ausgelesen, schmilzt man das Oxyd mit kalzinirtem Quarz und Pottasche zur Glasfritte. Man sucht dazu recht weißen Quarz aus stößt, wäscht und kalzinirt ihn stark, mischt zwey Centner und funfzig Pfund kalzinirten Kobalt, mit zwey Centner ein und achtzig Pfund kalzinirtem Kali, sechs Centner kalzinirtem Kiesel und ungefähr vierzig Pfund weißem Arsenik; schmilzt diese Mischung in großen Tiegeln und setzt die Materie von Zeit zu Zeit in Bewegung; nach Verlauf von acht bis zehn Stunden aber schöpft man das Glas mit Löffeln ab, um es in eine große Kiste zu gießen, in der das Wasser sich immerfort erneuert. Man füllt die Tiegel von neuem, und fährt ununterbrochen damit fort, bis daß die Tiegel oder der Ofen Reparaturen erforderlich machen, die dazu nöthigen, die Arbeiten aufzuschieben.

Das blaue Glas wird dann trocken gestoßen und durch ein eisernes Sieb gesiebt; dann unter dem Wasser durch Mühlsteine, die in hölzernen Trögen laufen, zerrieben; nach sechs Stunden solcher Zerreibung läßt man die Materie durch eine im Boden des Troges angebrachte Oeffnung abfließen, und trägt sie in einen Kübel, worin sie mit klarem Wasser umgerührt wird, man läßt sie darin ruhig stehen, und nach einigen Augenblicken dieser Ruhe läßt man das Wasser aus dem Kübel ab, welches am meisten vön dem zertheiltesten Glas enthält, ablaufen. Dann bringt man den Bodensatz wieder unter den Mühlstein, wo er zum zweytenmale zermahlen wird.

Indem man dieß Manoeuvre wiederholt, ist es leicht zu begreifen, daß man dahin gelangt alles Glas zu einem gar nicht mehr zu fühlenden Pulver zu zerreiben; und wenn es durchaus zu diesem Grade von Feinheit gebracht ist, der ihm verstattet, eine Zeitlang schwebend im Wasser zu bleiben, so wendet man noch ein sinnreiches Verfahren an, um diejenigen Grade des Blau

*) Eine andre Fabrik von Smalte, die dem Staatsminister Herrn Baron Waiz von Eschem zugehört, liegt zu Hasselbach im Hessischen. H.

Blau hervorzubringen, die man im Handel unter den Benennungen, Smalte des ersten Feuers, Smalte des zweyten Feuers und Smalte des dritten Feuers, kennt *). Man rührt das Ganze in einer großen Kufe ein, welche ihrer Höhe nach mit drey, gleich weit von einander abstehenden Löchern durchbohrt ist, und nach einigen Augenblicken Ruhe, läßt man zuerst die Portion Flüssigkeit ablaufen die über der ersten Oeffnung steht, und die zertheilteste Smalte enthält, und öffnet dann nach und nach auch die beyden andern Löcher, um alle darin schwebende Smalte herauslaufen zu lassen.

Man muß hierbey nicht außer Acht lassen, daß die Smalte um so viel schwerer ist, als sie mehr an Kobalt enthält, welches nicht immer von den Verhältnissen abhängt, die zu den Mischungen genommen werden, weil eine übel gemachte Schmelzung oder schlecht gemengte Materien, diese Ungleichheiten hervorbringen können. Die schönste und am besten gefärbteste Smalte also kann sich eher niederschlagen, als eine Smalte von schlechterer Qualität, wenn sie gleich beyde zu dem nämlichen Grade von Feinheit gebracht worden sind.

Das blaue Glas von mittlerer Quantität hat eine specifische Schwere von 24,405 (die des Wassers zu 10,000 angenommen).

Aus dem, wie das Kristallglas bearbeiteten blauen Glase, macht man die blauen Gefäße, die unsre Tafeln und Gemächer schmücken.

Die Smalte färbt die weiße Stärke, die dazu gebraucht wird, seidene, zwirnene und baumwollene Zeuge zu appretiren. Diese Appretirung wird bläuen genannt. Der blaue Schein, den dieser Färbestoff den Batisten, Linons und Mousselinen gibt, macht das Weiß derselben weniger matt und angenehmer in das Auge fallend, während die damit verbundene Stärke den Zeugen Festigkeit gibt.

*) In Deutschland, namentlich in den deutschen Blaufarbenwerken, wird die Smalte auch Eschel genannt. Man unterscheidet gemeiniglich dreyerley Sorten, wovon jede Sorte besonders bezeichnet wird: als 1) hohe Farbe, und zwar a) ordinair hoch (OH); b) mittel hoch (MH); c) fein hoch (FH) und d) feinstes hoch (FFH). 2) Couleur, a) ordinaire Couleur (OC); b) mittel Couleur (MC); c) feine Couleur (FC); d) feinere Couleur (FFC) und e) feinste Couleur (FFFC). 3) Eschel, als a) ordinair Eschel OE); b) mittel Eschel (ME); c) fein Eschel (FE); d) feineres Eschel (FFE) e) und feinstes Eschel (FFFE); das feinste Blau wird Königsblau genannt. H.

Die Smalte wird ferner von den Mahlern zu Fresco-Gemählden gebraucht.

Die Conditors bedienen sich auch der gröbsten Smalte, um ihre Aufsätze damit zu bestreuen. Man streut ihn auch statt Sandes auf beschriebenes Papier *).

Man schätzt die jährliche Consumtion an Smalte, an blauem Glas und Saflor in Frankreich auf viertausend Centner.

Schon seit langer Zeit hatte man den Wunsch, die schönste Smalte in der Mahlerey anwenden zu können; aber die glasartige Beschaffenheit derselben die die Smalte wenig geschickt macht, mit Oel oder Gummi vermischt, geschmeidig zu werden, hatte bis jetzt nicht erlaubt, Gebrauch davon zu machen; und man war darauf beschränkt, sich ausschließlich des Ultramarins zu bedienen, dessen hoher Preis jedoch die Künstler zwingt, sich seiner nur in sehr geringem Maaße zu bedienen.

Herr Thenard, dem ich während meines Ministeriums vereint mit Herrn Merimée einige Untersuchungen über die Farben aufgetragen hatte, hat eine Kobalt-Composition gefunden, die den Ultramarin mit Vortheil ersetzt; und obgleich diese Composition aus den Kobaltsalzen gezogen wird, glauben wir doch sie unter diesem Artikel mittheilen zu können.

Drey Theile Thonerde durch Ammonium aus dem Alaun niedergeschlagen, und vermischt mit einem Theil arsenikſauren oder phosphorsauren Kobalt, beydes im Gallertzustande, getrocknet und eine halbe Stunde hindurch in einem Tiegel kalzinirt, bilden eine Composition von schönem Blau, das dem Ultramarin gleichkommt, und wie dieß, mit Oel vermengt, gebraucht werden kann. Die Erfahrung hat diese Behauptung gerechtfertiget, und dieß Kobaltblau ist seitdem schon ein Handelsartikel geworden.

Da es nothwendig ist, alle Umstände der Operation zu kennen, um sie nachzumachen; so hat Herr Thenard uns die Art angegeben, wie er das arseniksaure und phosphorsaure Salz bereitet.

Um das arseniksaure zu erhalten, nimmt man Tunaberger Kobalterz, das aus Arsenik, Schwefel, Eisen und Kobalt besteht. Man löst es in Salpetersäure auf, und wenn der Arsenik in den Zustand der Arseniksäure übergegangen, so vertreibt man die

*) Dieser Gebrauch der Smalte in den Conditoreyen ist Schrecken erregend. Grobe Smalte ist nichts anders als Glaspulver, und kann also solches sehr geeignet seyn, in dem Magen als Gift zu wirken. H.

die überflüssige Salpetersäure durch Wärme, und verdünnt das Wasser, indem man nach und nach Kali hinzugießt; es bildet sich sodann ein weißer Niederschlag von arseniksaurem Eisen. Da dieser gänzlich geschieden ist, so thut man noch Kali hinzu, und erhält einen schönen rosefarbenen Niederschlag, welches der arseniksaure Kobalt ist.

Das phosphorsaure Salz bildet man, indem man das Kobalterz stark röstet, und dann das Oxyd mit Salpetersäure behandelt, die es zum Theil auflöst, und das Eisen daraus in Gestalt eines rothen Oxyds scheidet; man evaporirt sodann das Ganze bis zur Syrupconsistenz, um das Uebermaaß von Salpetersäure zu vertreiben. Man verdünnt es dann mit Wasser, und gießt eine Auflösung phosphorsauren Natrons darauf; sodann bildet sich ein veilchenblauer Niederschlag, der, wenn er trocken wird, eine rosenrothe Farbe bekommt, und dieß ist der phosphorsaure Kobalt.

Man kann den phosphorsauren Kobalt auch noch dadurch erhalten, wenn man die Auflösung von salpetersaurem Kobalt durch Schwefelwasserstoff niederschlägt; man löst den Niederschlag in Salpetersäure auf, läßt ihn kristallisiren, und zersetzt ihn mit phosphorsaurem Natron. Das Blau, das man durch dieß phosphorsaure Salz erhält, ist noch schöner.

Dritter Abschnitt.

Von den Wißmuthoxyden (weißer Wißmuthkalk, weiße Schminke, Perlweiß).

Der Wißmuth, wenn er in einem Tiegel kalzinirt wird, verwandelt sich in ein graues, körniges Pulver, welches um ein Zehntheil schwerer ist, als das angewendete Metall; aber wenn man dieß Metall einem heftigen Feuerstrome aussetzt; so zeigt sich eine kleine blaue Flamme, und es dampft ein gelber, dicker, sehr häufiger Rauch aus. Geoffroy der Sohn hat beobachtet, daß die ersten Dämpfe sehr weiße Blumen bildeten, während die letzten gelblich seyen (Memoiren der Pariser Akademie vom Jahre 1753). Es ist übrigens mit dem Wißmuthoxyde wie mit dem Zinkoxyde, es verflüchtiget sich nur, wenn es sich unter einem hohen Grade von Wärme bildet.

Das Wißmuthoxyd ist sehr beständig im Feuer, es verglast sich in ein gelbes und durchsichtiges Glas, welches die Masse aus der die Tiegel bereitet sind, durchbohrt und verglaset. Darcet hat Wißmuth in einer Porzellainkugel auf ein Porzellain-

feuer

feuer gebracht, das Glas, welches sich im Innern bildete, war durchsichtig, von einem schmutzigen violett, Farbe der Weinhefen; das Glas, welches an den Außenseiten heruntergelaufen war, dagegen gelb, und näherte sich dem Bleyglase.

Von allen bekannten Säuren greift die Salpetersäure das Wißmuth am kräftigsten an, und sie zersetzt sich auf diesem Metall mit einer besonderen Schnelligkeit.

Man kann das Wißmuthoxyd aus dieser Auflösung durch Wasser niederschlagen, und wenn man den Niederschlag sehr weiß haben will, so verfährt man wie folgt: man verdünnt die Auflösung mit gleichen Theilen reinen Wassers, und wirft den sich bildenden Niederschlag weg; man gießt dann auf die Auflösung eine größere Quantität von Wasser, und es entsteht ein schöner, weißer Niederschlag; dann klärt man das Wasser ab, süßt den Niederschlag aus, und läßt ihn trocknen, so wird er dann Wißmuthkalk, weiße Schminke, Perlweiß u. s. w. genannt. Man gewinnt davon ein Neuntheil mehr als das gebrauchte Metall *).

Die weiße Schminke kommt in die Pommaden, die man zum Schminken der Haut gebraucht. Das Wißmuthoxyd hat eine leichte smalteartige Farbe, ähnlich der einer schönen, weißen und delicaten Haut; aber außer der großen Gefahr, die diese Schminken nach sich ziehn, indem sie die Poren der Haut verstopfen, und die Ausdünstung unterdrücken, führen sie auch noch den Nachtheil mit sich, durch starke oder schweflichte Dünste schwarz zu werden.

Dieß Oxyd macht auch noch die Basis der Zubereitungen, deren man sich zum Schwärzen der Haare bedient. Man kann dessen Wirkung durch Ausdünstung von geschwefeltem Wasserstoffgas beschleunigen **).

Vierter

*) Jener weiße Wißmuthniederschlag ist kein reines Oxyd, sondern eine Verbindung von Wißmuthoxyd und salpetersaurem Wißmuth. Ein reineres Oxyd dieser Art gewinnt man, wenn die mit Salpetersäure gemachte Auflösung des Wißmuths, in eine sehr mit Wasser verdünnte Auflösung von mildem Natron gegossen wird, wobey die Säure abgestumpft, und das Oxyd nur mit wenig Kohlensäure verbunden gefället wird. H.

**) Die Haare enthalten Schwefel als Bestandtheil, und zwar mit Wasserstoff verbunden; und dieser ist schon an und für sich hinreichend, jenes Oxyd, und mit ihm die Haare schwarz zu färben. H.

Vierter Abschnitt.

Von den Zinkoxyden (Tutia, Weißes Nichts, Zinkweiß).

Wenn durch metallurgische Arbeiten der Zink in den Metallzustand gebracht worden, so kann man ihn bey dem Grade von Wärme, welcher hinreicht ihn in Schmelzung zu erhalten, oxydiren; er bedeckt sich sodann mit einer Lage grauen Oxyds, und wenn man dieß Pulver, so wie es sich erzeugt, sorgfältig abnimmt, so kann man das Metall bis zum letzten Atome oxydiren. Das Oxyd wiegt ein Sechszehntheil mehr, als das angewendete Metall.

Wenn man die Temperatur erhöht, und das Metall zum Rothglühen bringt, so entzündet sich der Zink, brennt in einer blaugrünlichen Flamme in die Höhe, und es entflieht eine ansehnliche Quantität des Oxyds, in weißen, seidenartigen, rauhen Fäden, die man Tutia, Pompholix, weißes Nichts, Zinkblumen und philosophische Wolle nennt.

Wenn von dem Augenblicke an, wo die Flamme sich entwickelt, man den Tiegel bedeckt, und ihn bedeckt läßt, bis sie wieder ausgeht, so füllt sich der ganze Umfang der Gefäße mit diesem seidenartigen Oxyde an.

Wenn man es dagegen, so wie es sich durch die Verbrennung des Zinks bildet, hinwegnimmt, um mit der Verbrennung fort zu fahren; so kann man eine gegebene Quantität dieses Metalles in ein weißes Oxyd verwandeln, das 0,18 an Sauerstoff enthält.

Man kann diesem Oxyd eine gelbe Farbe ertheilen, wenn man es lange Zeit auf dem Schmelzfeuer erhält; es verliert, nach den Erfahrungen der Herren Desormes und Clément, sodann einen Theil seines Sauerstoffs.

Dieß Oxyd enthält mehr Sauerstoff als das graue; ich habe davon ein Zwölftheil mehr erhalten, als das Gewicht des angewendeten Metalls betrug; es ist auch schwerer zu reduciren. Man kann es, durch ein heftiges Feuer, in ein gelbes Glas verwandeln.

Die Säuren haben eine sehr ausgezeichnete energische Wirkung auf den Zink, die Salpetersäure hauptsächlich zersetzt sich auf diesem Metalle mit Schnelligkeit; die Schwefelsäure und Salzsäure, wenn sie mit Wasser verdünnt werden, lösen es sehr gut auf, und bilden Salze damit, die in den Künsten gebraucht, und von denen wir in der Folge reden werden.

Das sublimirte Zinkoxyd (welches man durch die Verbrennung des Metalls erhält) wird als Arzneymittel gebraucht. Man bedient sich dessen äußerlich zum Austrocknen bey entstehenden Augenübeln, und mischt es dann mit frischer Butter. Innerlich wird es als ein krampfstillendes Mittel in der Dosis von einigen Granen gebraucht.

Herr Guyton-Morveau hat vor einigen Jahren vorgeschlagen, statt der Bleyoxyde und des Bleyweißes, weißes Zinkoxyd zu nehmen; dieß Oxyd ist von keiner Gefahr in seiner Anwendung begleitet, es wird nicht gelb durch Oele: aber diese Vortheile werden durch mehrere Nachtheile aufgewogen, die gemacht haben, daß man bis jetzt seinen Gebrauch verworfen; es ist leichter als das Bleyoxyd, deckt und quillt nicht genug auf. Dieser letztere Uebelstand ist hauptsächlich dazu geeignet, den Gebrauch desselben zu beschränken; denn der Künstler, der gewöhnt ist eine breite Fläche mit einem mit Bleyweiß gefüllten Pinsel auf einmal zu überstreichen, würde sich schwer entschließen, jeden Augenblick seinen Pinsel einzutauchen, vorzüglich wenn von grober Arbeit die Rede ist.

Noch spricht es wider dieß Oxyd, daß es theuerer als Bleyoxyd ist; und diese Verschiedenheit des Preises wird immer dem letztern den Vorzug sichern, obgleich es unmerklich die Gesundheit des Künstlers untergräbt; denn eine traurige Erfahrung beweiset täglich, daß die Arbeiter sich nie gegen die Gefahren bewahren, die sie nicht augenblicklich treffen.

Fünfter Abschnitt.

Von den Spießglanz-Oxyden, Spießglanz-Glas, Spießglanz-Blumen, schweißtreibendes Spießglanz.

Das geschwefelte Spießglanz (rohes Spießglanz) schmilzt bey einer gemäßigten Wärme, und wird, wenn es geschmolzen, flüssig wie Wasser.

Wenn man aber, statt die Wärme zu dem Grade zu steigern welcher erforderlich ist, um die Schmelzung hervorzubringen, nur den Grad, der zum Schmelzen des Schwefels fähig ist, anwendet; so verschwindet die schwarze Farbe des geschwefelten Spießglanzes nach und nach und macht einer grauen Farbe Platz, die diesem Oxyd den Namen graues Spießglanzoxyd, grauer Spießglanzkalk verschafft hat. Wie sorgfältig man aber auch beym Umrühren und der Bewegung der geschwefelten Masse zu Werke gehe; so vermeidet man doch nur schwer, daß

daß sie nicht gerinne, welches sodann in die Nothwendigkeit setzt, das Oxyd zu zerreiben sobald die Operation beendiget ist.

Das Spießglanz behält in diesen Zustande der Oxydation immer ein wenig Schwefel, und es kommt ein Augenblick wo die Verhältnisse so sind; daß, wenn man das oxydirte Geschwefelte zur Schmelzung bringt, sich ein hyacinthenfarbiges Glas erzeugt, das man Spießglanzglas genannt hat.

Wenn das Oxyd weniger frey von Schwefel ist, so ist das Glas dunkel und braun; im Bruche selbst nicht so glasig, und bey weitem weniger hart; wenn es dagegen des Schwefels zu sehr beraubt ist; so ist, außer daß es sich schwerer schmelzen läßt, die Farbe des Glases auch viel weniger satt.

Um also ein solches Hyacinthglas hervorzubringen, wie es im Handel gewünscht wird, und damit dessen Wirkungen beständig seyen und die anzustellenden Vergleichungen aushalten, muß man die rechte Mitte zwischen dem Zustande als Geschwefeltes, und dem als reines Oxyd, wählen.

Herr Thenard hat ein sehr interessantes Memoire über die Spießglanzoxydationen geliefert und davon fünf wohl charakterisirte Grade anerkannt, die von 0,02 bis 0,32 Sauerstoff enthielten. Dieß Metall geht nach und nach durch schwarz, braun, orange, gelb und weiß.

Man erhält den ersten Grad; indem man es aus seinen Auflösungen durch Eisen und Zink niederschlägt; das Oxyd ist schwarz und hält 0,02 Sauerstoff. Es entzündet sich durch das bloße Austrocknen bey einer mäßigen Wärme.

Der zweyte ist kastanienbraun; in diesem Zustande ist es in dem Spießglanzglase und dem frischen Spießglanzkermes vorhanden.

Der dritte ist orange; diese Bereitung nennt man Goldschwefel und bringt sie hervor, wenn man eine Säure in die Flüssigkeit gießt, aus welcher der Kermes niedergeschlagen worden. Dieß Oxyd zeigte bey der Analyse nur zwey Hunderttheile mehr Sauerstoff als das zweyte *).

Wenn man, mittelst der Wärme, den weißen Oxyden den Sauerstoff raubt; so kann man die Oxydation in allen Graden, von denen wir so eben gesprochen, aufhalten, und selbst in einem

*) Spießglanzschwefel liefert jenes Metall durch den dritten Grad der Oxydation nicht, wohl aber ein orangefarbenes Oxyd, das erst in der Verbindung mit beynahe 75 Procent Schwefel und Schwefelwasserstoff, den so genannten orangefarbenen Spießglanzschwefel darstellt. H.

nern höhern Grade noch; das Oxyd hat in diesem letztern Zustande eine gelbe Farbe, und enthält 0,19 Sauerstoff.

Es scheint als ob der letzte Grad der Oxydation der weiße sey, man bereitet dieß Oxyd auf mehrfache Weise.

1) Wenn man das Spießglanz schmilzt, steigt ein weißer Rauch daraus in die Höhe, den man sammeln kann, wenn man unmittelbar über der schmelzenden Masse einen Tiegel oder irgend ein anderes Gefäß aufstellt; in dem dieß Oxyd sich condensiren kann. Es bildet sehr feine und weiße kleine Nadeln, deren geometrische Figur, nach Pelletier, die eines verlängerten Achtecks ist. Man nennt dieß Oxyd Silberblumen des Spießglanzes, weißes sublimirtes Spießglanzoxyd u. s. w.

2) Wenn man zwey Theile ätzenden Sublimat mit einem Theile Spießglanz vermischt; so erhält man in dem Recipienten eine Materie von butterartiger Consistenz, die man Spießglanzbutter genannt hat, und aus der man ein sehr weißes Oxyd niederschlägt, wenn man sie mit Wasser verdünnt, dieß Oxyd ist unter dem Namen Algaroth-Pulver bekannt, und behält immer eine Portion Säure bey sich, die es beym Niederfallen an sich behält.

3) Die Schwefel- und Salzsäure oxydiren das Spießglanz nur bey einer langen Digestion; aber die Salpetersäure zersetzt sich schnell auf diesem Metalle, und es erzeugt sich eine ansehnliche Quantität eines weißen Oxyds, welches mineralischer Bezoar genannt worden ist.

4) Man macht noch sehr gebräuchliche Zubereitungen; indem man das Spießglanz durch Zersetzung salpetersaurer Salze oxydirt; man darf dazu nur in einen, am Feuer rothgeglühten Tiegel eine Mischung zu gleichen Theilen von salpetersaurem Kali und Spießglanz werfen. Es erfolgt dann ein schnelles Verbrennen, dessen Resultat ein weißes, mit Kali gemischtes Oxyd ist, das man schweißtreibendes Spießglanz und Rotrous schmelzendes nennt *). Es führt den Namen schweißtreibendes gewaschenes Spießglanz, wenn man das Kali durch Waschen in reinem Wasser daraus geschieden. Spießglanzkalk oder Kerkriegs Perlenmaterie nennt man das Oxyd, welches durch die

*) Bey der Anwendung von gleichen Theilen Salpeter und Schwefelspießglanz, erhält man nach geschehener Verpuffung keine weiße sondern eine leberbraune Masse, welche Spießglanzleber genannt wird, und das Spießglanz nur im dritten Grade der Oxydation enthält: Soll der Rückstand nach dem Verpuffen weiß erscheinen, so müssen wenigstens zwey, auch wohl drittehalb Theile Salpeter gegen einen Theil Spießglanz angewendet werden. H.

die Säuren aus der alkalischen Auflösung des schweißtreibenden Spießglanzes niedergeschlagen wird.

Die ersteren der weißen Oxyde, von denen wir gesprochen, enthalten nur 0,20 Sauerstoff, die beyden letztern 0,32.

Der sehr ausgebreitete Gebrauch, welchen man heut zu Tage von den Spießglanzpräparaten in der Medicin macht, gibt diesen Kenntnissen einen hohen Werth *).

Alle diese Oxyde werden für sich selbst als Mittel gebraucht, und machen die Basen verschiedener sehr wirksamer arzeneylichen Compositionen, man kann also nicht zu sorgfältig in Rücksicht ihrer Bereitungen seyn, die nur durch die Wissenschaft aufgeklärt werden können.

Sechster Abschnitt.

Von den Braunsteinoxyden (Glasseife, braunes Oxyd, weißes Oxyd).

Der Braunstein ist fast immer im Zustande des Oxyds, und wenn man durch leichte Mittel dahin gelangt ist, ihm eine Portion seines Sauerstoffs zu entziehen, oder ihn zum metallischen Zustande zurück führt, so bemächtigt er sich mit Leichtigkeit des Sauerstoffs, den Luft und Wasser ihm darbieten können, und nimmt seinen natürlichen Zustand als Oxyd wieder an **).

In dem Zustande der Oxydation, unter dem sich der Braunstein seiner Natur nach zeigt, ist derselbe schwarz, und macht die Finger schmutzig wenn man ihn anfaßt.

Man trifft ihn zuweilen in Massen, die leichten Blasen ähnlich sehen, oft auch in Gestalt von Kristallen die Prismen darstellen, glänzend an Farben, dünn, nadelartig, oft mit einander durchflochten. Die

*) In Frankreich mögen diese vollkommnern Spießglanzoxyde in der Arzneykunst noch ihren Werth behaupten, in Deutschland hat man ihre Unwirksamkeit anerkannt, und sie aus dem Arzneyschatz verbannet. H.

**) So wie der Braunstein im Mineralreiche als ein natürliches Oxyd vorkommt, enthält derselbe stets eine größere Portion Sauerstoff, als das darin enthaltene Metall zur Oxydation bedarf. Daher gibt er beym Glühen einen Theil seines Sauerstoffs als Sauerstoffgas von sich; während er einen andern Theil selbst während der strengsten Glühhitze zurück hält. Durch das Schmelzen mit entzündlichen Substanzen wird der Braunstein allerdings zu einem reguliniſchen Metall reducirt, das sich schon an der Luft und im Wasser wieder oxydirt; es geht aber dabey nie in die natürliche Beschaffenheit des Braunsteins zurück, denn es gibt im Glühen kein Sauerstoffgas von sich. H.

Die Eisenminen, vorzüglich solche, die die Natur von Blutstein haben, sind oft in ihren inneren Höhlungen mit einem leichten Anflug von Braunstein überzogen. Ich habe das Braunsteinoxyd mit Eisenoxyd vermischt, in dem Granit der Cevennen, nahe bey St. Jean de Gardonenque im Gard-Departement, gefunden; dieses metallische Gemenge ist auch in feinen Fäden im Granit vorhanden.

Wenn man das Braunsteinoxyd zum Rothglühen bringt, so verliert es einen Theil seines Sauerstoffs, und wird weiß. Die Säuren, die man auf dieß schwarze Oxyd einwirken läßt, entwickeln eine Portion Sauerstoff daraus, und lösen es auf; wenn man es daraus durch Alkalien niederschlägt, so nimmt er den eingebüßten Sauerstoff mit einer solchen Leichtigkeit wieder in sich auf, daß man ihn als ein gutes eudiometrisches Mittel gebrauchen kann.

Seit langer Zeit bedient man sich des Braunsteins in den Glashütten zur Entfärbung des Glases, und nennt ihn aus diesem Grunde daselbst Glasseife. Die Wirkung dieses Oxyds war man aber nur erst dann sich zu erklären im Stande, als man einsah, daß der Sauerstoff, welcher sich durch die Wärme daraus entwickelte, eine ausgezeichnete Verwandtschaft mit dem Färbestoffe hätte. Der violette Schein, welchen das Glas unter einigen Umständen annimmt, rührt entweder daher, daß man zu viel Oxyd angewendet hat, oder, weil es nicht mit Sorgfalt in die Composition gemischt worden *).

Wenn man dieß Oxyd in dem Augenblicke in den Tiegel bringt, wo die Materie im Schmelzen ist, so erzeugen sich fast immer violette Striemen, die daraus entstehen, daß es durch die ganze Masse nicht gleich hat vertheilt werden können. Diese Eigenschaft des Braunsteins, das Glas violett zu färben, wenn er in starken Verhältnissen angewendet wird, hat ihn in Glashütten und Fabriken von irdenem Geräth und Porzellain zum Gebrauch empfohlen.

Wir haben bereits von den Eigenschaften gesprochen, die die Salzsäure annimmt, wenn sie über Braunsteinoxyd destillirt wird; diese sind nur der Portion Sauerstoff zuzuschreiben, die sie dieser Säure raubt.

Das

*) Der violette Schein, welchen der Braunstein dem weißen Glase oft mittheilt, ist die Folge einer vorgegangenen Entoxydation desselben, daher solcher auch durch etwas zugesetzten Salpeter wieder zerstört werden kann. H.

Das braune Braunsteinoxyd löst sich gut mit den austrocknenden Oelen, und bildet eine dauerhafte Farbe mit der die Mahlerey sich bereichern kann.

Siebenter Abschnitt.

Von den Bleyoxyden (graues Oxyd, Massicot, Mennig, Glätte).

Unter allen bekannten Metallen ist das Bley dasjenige, welches den Künsten die größte Anzahl von Oxyden liefert. Die Verschiedenheit und Lebhaftigkeit der Farben derselben, ihre leichte Schmelzbarkeit und die Eigenschaften, welche sie dem Glase mittheilen, haben ihren Gebrauch so vervielfältiget, daß ihre Zubereitung mehrere besondere Künste ausmacht. Der Massicot, der Mennig und die Glätte sind eben so viel Oxyde des nämlichen Metalles, deren Fabrikation im Großen getrieben wird, um in der Mahlerey, bey der Glas- und irdenen Geräthefabrikation gebraucht zu werden.

Die meisten dieser Oxyde werden durch Kalzination des geschmolzenen Metalles bereitet, und obgleich der Farbe nach sehr verschieden, entstehen sie doch alle aus der Oxydation des Metalles, unter verschiedenen Graden der Temperatur. Die andern verdanken ihr Daseyn der Wirkung der Säuren auf dieß Metall, und sie haben eine eigene Farbe und besondre Eigenschaften die wir näher beschreiben werden.

Sobald das Metall geschmolzen ist, sieht man, wenn man einige Zeit hindurch eine Wärme von gleichem Grade unterhält, es sich mit einer Lage grauen Oxyds bedecken, das man an den Rand des Gefäßes schieben kann, um die Berührung der Luft und des Metalles zu erleichtern, um mit der Oxydation fortzufahren. Durch diese Operation kann man einen Zuwachs an Gewicht von etwa zehn Procent erhalten. Dieß Oxyd nennt man grauen Kalk, graues Oxyd, Bleyasche u. s. w.

Dieß erste Oxyd, wenn es roth geglüht wird, nimmt nach und nach eine gelbe Farbe an, von einer erst schmutzigen, dann sehr glänzenden und lebhaften Farbe. Dieß neue Oxyd ist unter dem Namen Massicot bekannt. Will man dieß Oxyd für die Künste bearbeiten, so fängt man damit an das Bley im Grauen zu oxydiren, zerreibt das erste Oxyd sorgfältig, und setzt es in einem Reverberirofen einer Wärme aus, die es in der Rothgluth erhält, ohne es zu schmelzen. Man gebraucht dabey die Vorsicht, von Zeit zu Zeit die Lage Oxyd umzuschütteln, und hält in der Operation inne, sobald man bemerkt, daß das wenige Oxyd, welches sich an den Rührhaken ansetzt, dessen man sich bey Umrühren desselben bedient, an der Luft und beym Kaltwerden eine schöne gelbe Farbe annimmt.

Die Fabrikation des Mennigs erfordert mehr Sorgfalt und umständlichere Manipulationen. Die Holländer und Engländer hatten bis auf die neuesten Zeiten ein Geheimniß aus dessen Bereitung gemacht; aber das Licht der Chemie ist durch jenen Schleyer gedrungen, und wir besitzen schon mehrere Etablissements, in denen Mennig mit Erfolg bereitet wird. Herr Jars war der erste, der uns einige Aufschlüsse über die von ihm in der Grafschaft Derby besuchte Mennigfabriken gegeben.

Der Ofen dessen man sich zur Kalzination bedient, ist ein Reverberirofen mit zwey Schürlöchern unter einer Wölbung; diese Schürlöcher, welche sich an den Seiten an dem Eingange der Wölbung befinden, haben funfzehn Zoll Breite, und acht bis neun Fuß Länge. Sie sind neun bis zehn Fuß weit auseinander, und nur durch eine kleine Mauer bezeichnet und isolirt, die zehn Zoll hoch ist, und verhindert daß das Holz sich nicht mit dem Oxyd vermenge, welches sich in der Mitte des Ofens befindet. Gegen diese kleine Mauer legt man das Holz an. In England gebraucht man nur Steinkohlen. Die dortigen Fabrikanten stehen in dem Wahn, daß man sich des Holzes nicht mit eben dem Vortheil bedienen könne, als der gereinigten Steinkohlen. Wenn man annimmt, daß diese Meinung auf Erfahrung und auf eine Vergleichung der Wirkungen der beyden Brennmateriale gegründet ist, so könnte man vernünftiger Weise keinen andern Grund dafür auffinden, als die Verflüchtigung eines Theiles von dem Kohlenstoffe des Holzes, der die Oxydation unregelmäßig und unvollständig machen könnte. Doch wendet man in Frankreich das Holz mit Erfolg an, und es leidet also wohl keinen Zweifel, daß der Vorzug des Englischen Mennigs auf andern Gründen beruhet.

Die Luft, welche aus dem Ofen dringt, wird in einen langen Schornstein aufgefangen, der diese Ausflüsse in das Freye leitet.

Man nimmt zu jeder Operation zehn Barren Bley, deren jeder Hundert und funfzig Pfund wiegt; neun dieser Barren sind von neuem, sehr reinem und weichem Bley, das auf dem Reverberirofen geschmolzen wird, das zehnte ist das Produkt der Schmelzung der Schlacken durch reine Kohlen, welche Coaks genannt werden. Man hält Allgemein die Beymischung dieses letztern für nothwendig zur Bereitung eines guten Mennigs.

So=

Sobald das Bley geschmolzen ist, wird es beständig umgerührt, und so wie es sich oxydirt, wirft der Arbeiter das Oxyd bey Seite.

In vier oder fünf Stunden ist sämmtliches Bley oxydirt. Die nöthige Wärme zu dieser Operation ist die, welche ein dunkles Kirschroth hervorbringt.

Man läßt das Oxyd noch vier und zwanzig Stunden im Ofen, aber bewegt es von Zeit zu Zeit, um zu verhindern, daß es nicht gerinne.

Wenn es fertig ist, läßt man es auf ein ebenes Pflaster fallen, und gießt Wasser genug darauf, um es damit zu tränken und es abzukühlen. Die Arbeiter sagen, daß dieß geschehe, um ihm Gewicht zu geben. Dieß Oxyd, wenn es kalt geworden, hat die Farbe des gelben Ochers.

Man rührt es sorgfältig mit Wasser ein, rüttelt die zertheilteste Quantität davon in einer mit Wasser angefüllten Tonne um, und scheidet den Bodensatz, welcher sich mit dem einige Zeit suspendirt bleibenden Theile bildet. Dieser Bodensatz wird einer neuen Kalzination unterworfen, während die feine Materie noch eine letzte Operation auszustehn hat, durch die sie in Mennig verwandelt wird.

Man bringt die ganze gehörig zertheilte Materie in die Sohle des Ofens, und bildet einen Haufen daraus, in dessen Oberfläche man Reifen zieht. Man rührt nur selten um, und unterhält das Feuer vierzig bis acht und vierzig Stunden auf die nämliche Weise, und in dem nämlichen Grade wie das erste Mal. Die Kohlen bewegt man nie, und thut nur dann neue dergleichen hinzu, wenn man befürchtet, daß das Feuer etwa nachlassen möchte.

Daß die Materie in dem gehörigen Grade der Kalzination sey, erkennt man daran, daß, wenn man sie warm aus dem Ofen nimmt, sie die Farbe des dunkelrothen Ochers haben, und bey dem Abkalten ein schönes Roth annehmen muß.

Man thut den Mennig, sobald er aus dem Ofen kommt, in einen großen hölzernen Zober, worin man ihn kalt werden läßt, um ihn sodann durch ein sehr feines eisernes Sieb zu sieben; damit man aber nicht genöthiget sey, das, was bey dieser Operation evaporirt, einzuathmen; so stellt man das Sieb in eine Tonne, in der es von zwey eisernen Stangen getragen wird, und gibt ihm die gehörige Bewegung mittelst einer darin befestigten Stange, welche aus der Tonne herausragt.

In den Mennigfabriken, die ich zu sehen Gelegenheit hatte, bemerkte ich das eben beschriebene Verfahren, mit einigen Modifikationen jedoch, die angeführt werden müssen:

Ich sah das Bley in einem Kessel oxydiren, ohne daß jedoch der Kessel zur Rothgluth gebracht wurde; das Oxyd nimmt in diesem Falle eine gelbgrünliche Farbe an.

Ich sah ferner das Oxyd in einem Haarsieb über einer Tonne aufgestellt; das durchgeleitete Wasser nahm die zertheilteste Materie mit, und schied sie durch dieß Mittel von allem nur wenig oxydirten.

Der Ofen in welchem das Oxyd kalzinirt wurde, um in den Mennigzustand überzugehen, schien mir nur der Größe nach verschieden, er ist in der Regel bey weitem weniger breit als der von Herrn Jars beschriebene. Die Wölbung ist zuweilen mit drey in der Länge angebrachten Oeffnungen versehen, die sich in einer Kammer vereinigen deren Boden mit einer Lage von Wasser bedeckt ist und aus deren Mitte ein einziger Rauchfang in die Höhe steigt, der die gefährlichen Ausdünstungen des Bleyes abführt.

Ich habe das Oxyd zu zwey Malen kalziniren gesehen: nach der ersten Kalzination, die während vier oder fünf Stunden in kirschrother Gluth erhalten wird, läßt man das Feuer abnehmen, und rührt, so wie es sich merklich vermindert, die Materie mit dem eisernen Haken um, verstopft das Ofenloch, dessen Fugen man überall verlutirt, und läßt es vier und zwanzig Stunden in diesem Zustande. Am andern Morgen öffnet man es wieder, um das Abkühlen zu beschleunigen.

Nach dieser ersten Kalzination nimmt die Materie eine blaßrothe Farbe an, und man scheidet sodann durch Abklärung die feine Materie von der noch groben, läßt sie in Gipströgen trocknen, und zerreibt sie sobald sie trocken ist auf folgende Weise:

Zwey Cylinder, einer von polirtem Eisen, der andere von hartem Holze, werden in gleicher Horizontallinie der eine mit dem andern in Parallele aufgestellt, so daß man sie mittelst zweyer starken Schrauben einander näher und wieder auseinander bringen kann; unter diesen beyden Cylindern sind zwey andere auf gleiche Art construirte angebracht, unter diesen beyden noch zwey von hartem Holze. Ueber diese drey Reihen von Cylindern, von denen eine über die andere stehet, ragt ein Trichter, in dem sich der Mennig befindet. Er läuft so zwischen alle Cylinder durch, und wird in einen untenstehenden Kasten aufgefangen. Die Bewegung aber wird allen diesen Cylindern, oder dieser dreyfachen Plattmühle durch den nämlichen Mechanismus mitgetheilt. Dieser ganze Apparat übrigens wird mit Mauerwerk, oder sorgfältig an einander gereihten Brettern bedeckt. Die Bewegung wird von außen durch eine Kurbel auf solche Art gegeben, daß kein Verlust entstehen, und daß die Gesundheit der Arbeiter durch die Ausdünstungen nicht gefährdet werden könne. Man sieht ein, daß die Entfernung der beyden obern Cylinder von einander beträchtlicher seyn müsse, als die der beyden mittlern und eben so in Hinsicht der beyden untersten.

Der durch alle diese Operationen gegangene Mennig, hat bereits alle erforderliche Feinheit und Rauhigkeit; aber es fehlt ihm nur noch der Glanz der Farbe, den man ihm nicht geben kann, als wenn man ihn zum zweyten Male auf den Reverberirofen bringt, um ihn ganz wie das erste Mal, und nur mit dem Unterschiede zu behandeln, daß man das Ofenloch nur erst dann öffnet, wenn er kalt geworden ist.

Wenn man den Mennig zum dritten Male auf die nämliche Weise behandelt, so wird die rothe Farbe orange.

Das Bley gewinnt an Gewicht etwa funfzehn Procent, wenn es in den Zustand von Mennig übergeht.

Obgleich wir bereits mehrere Mennigfabriken in Frankreich und in Paris selbst deren drey oder vier haben, so dürfen wir uns doch nicht schmeicheln, beständig und täglich so guten Mennig zu machen, als der von erster Güte im Handel. Mit Schmerz müssen wir sehen daß unsre Kristallglashütten sich mit großen Kosten, aus dem Auslande Mennig verschaffen müssen, und ich habe mich selbst überzeugt, daß diese Vorliebe nur der größern Vollkommenheit dieses Produktes zuzuschreiben sey, das immerwährend weißes Glas hervorbringt, während unser Mennig ihm eine braungelbliche oder milchige Farbe gibt.

Ich habe die Ursachen dieser Verschiedenheit studirt, und mich davon überzeugt daß sie zahlreich sind:

1) Hat man lange Zeit hindurch sich eines Bleyes bedient, das aus Ruinen von Gebäuden gezogen war, und also in Hinsicht auf die Löthungen die sich daran befanden mehr oder weniger Zinn enthielt; aus dieser Versetzung von Bley und Zinn aber rührt es her, daß, da das Zinnoxyd fast unschmelzbar ist, es dem Kristall ein milchiges, fast emailartiges Ansehen geben muß.

2) Das Bley aus unsern Erzen ist in der Regel hart und enthält mehr oder weniger Kupfer; dieß letzte Metall also, wenn es auch nur in einer sehr kleinen Dosis damit versetzt ist, färbt

färbt das Glas braun, während das reine Bleyoxyd ihm eine schöne topasgelbe Farbe mittheilt, wenn es damit zu gleichen Theilen geschmolzen wird.

Ich habe eine Zeitlang mit dem größten Interesse das Verfahren bey der Mennigfabrikation in der Werkstätte der Gebrüder Paillard in Paris verfolgt, und ihn unter meinen Augen, mit Bley von allen Qualitäten, die man sich nur verschaffen konnte, bereiten lassen: und wir haben alles was ich so eben sagte durch die Versuche bestätiget gefunden, die wir mit diesen verschiedenen Produkten in der Creusatschen Glashütte gemacht. Als die beste Art von Bley zur Fabrikation des Mennigs hat sich das englische Bley in Barren bewährt.

Herr Pécard der Sohn, Fabrikant in Tours, verlangte meinen Rath über ein Mittel, alle diese Schwierigkeiten zu vermeiden, und ich schlug ihm vor, sich der Glätte zu bedienen, die aus einem sehr reinen Bleye gewonnen sey und mit der Oxydation rückwärts zu schreiten, um sie in Mennig zu verwandeln; einige Tage darauf schickte er mir Proben des auf diese Weise gewonnenen Mennigs, der mir von dem besten Englischen nicht zu unterscheiden schien. Herr Pécard ist, nach Untersuchungen, denen genaue Kenntniß zur Richtschnur dienten, dahin gelangt, alle Bleyarten des Handels in guten Mennig zu verwandeln, zu dem Ende bringt er sie sogleich zu einer vollkommenen Schmelzung, die er durch eine lebhafte Wärme unterhält; nimmt alles was sich auf der Oberfläche zeigt, nämlich Zinn, Kupfer und andre fremde Körper ab, und wenn sein Bad auf der Oberfläche eine glasige und sehr gleiche Lage zeigt, die sich wie eine Haut abziehen läßt; so fährt er in der Operation fort, um den Mennig zu bilden.

Die Produkte der Fabrik des Herrn Pécard können dem besten Englischen Mennig zur Seite gesetzt werden, und die Regierung kann also, ohne unsern Kristallglasfabriken zu nahe zu treten, allen fremden Mennig von der Consumtion in unsern Anstalten ausschließen.

Wenn man die Wärme bis zum Weißglühen treibt; so bringt man in dem Bleyoxyd einen Anfang von Verglasung hervor und es entstehen daraus kleine glasartige Plättchen, oder Schuppen von einem mehr oder weniger entschiedenen Gelb, die man Glätte nennt, und die man im Handel, nach ihrer Farbe, Gold- oder Silberglätte *) nennt.

Die

*) Nicht nach den Farben unterscheidet man die Glätte in Gold- und Silberglätte, sondern je nachdem sie beym Abtreiben oder vielmehr dem Saigern des kupferhaltigen Goldes oder Silbers gewonnen worden ist. H.

Die Bereitung der Glätte geschieht jederzeit in den Schmelzöfen der Bleyerze, weil, indem diese Erze alle eine größere oder geringere Quantität von Silber enthalten, man dieß durch die Kapellation daraus scheidet, welche das Bley in Glätte verwandelt. Diese Operation hat das doppelte Verdienst, die Benutzung durch die Extraction des Silbers vortheilhafter zu machen, und dem Bley, welches man sodann, wenn man die Glätte behandelt, gewinnt, eine Geschmeidigkeit und eine Art von Weichheit zu geben, die es nicht haben würde, wenn es mit dem ersten Metalle versetzt bliebe.

Wenn man das Silber käpelliren, oder es vom Bley scheiden will; so fängt man damit an, Knochen zu kalziniren, wäscht die kalzinirte Knochenerde sorgfältig und befeuchtet sie, wenn sie trocken ist, ein wenig, um ihr mehr Consistenz zu geben; mischt sie sodann zuweilen mit gut ausgelaugter Asche, welcher letztern Substanz man an einigen Orten sich nur allein bedient. Von diesen Erden thut man auf den Boden des Ofens eine Lage von etwa sechs Zoll Dicke, schlägt stark darauf, damit sie sich nicht auseinander geben und formt sie wie eine umgekehrte Mütze; damit sie dem Bleybade zum Tiegel dienen können. Ihr Durchmesser muß fünf bis sechs Fuß betragen, und ihre Gestalt rund seyn, und ihre Ränder vier bis sechs Zoll über die Mitte emporragen. Diese Lage ist von einer Mauer eingefaßt, die acht bis zehn Zoll in die Höhe steigt. Die Kuppel des Ofens ist beweglich, und kann, mittelst eines Krahns, abgenommen werden. Die Flamme die von dem Heerde kommt, strömt in den Ofen, durch welchen sie zieht, um den gegenüberstehenden Schornstein zu erreichen, und zwey große Blasebälge oder Trommeln leiten unaufhörlich einen schnellen Luftzug auf das im Schmelzen begriffene Bley, um die Oxydation zu erleichtern. Die Wärme wird bis zur Weißglühhitze gesteigert, und so lange als die Operation dauert, in diesem Grade erhalten.

So wie sich eine Lage Oxyd auf der Oberfläche des Bades zeigt; so nimmt der die Arbeit dirigirende Meister sie wie Rahm ab, zieht sie aus dem Bade heraus und läßt sie auf den Boden fallen. Nach und nach verwandelt alles Bley sich in Glätte, während das Silber seinen metallischen Zustand behält, und endlich allein mitten in der Kapelle bleibt.

Ueberall wo man Bleyerz fördert, verwandelt man es zuerst in Glätte, um das Silber herauszuziehen, und schmilzt dann diese Glätte in Verbindung mit Kohlen, um daraus wieder das Bley zu ziehen.

Will man das Bley, zum Gebrauch für den Handel, in dem Zustande von Glätte erhalten; so muß man mehr Sorgfalt auf seine Fabrikation verwenden, als wenn sie zur Reduction bestimmt ist. In England, wo man diese Fabrikation zum höchsten Grade von Vollkommenheit gebracht zu haben scheint, nimmt man ein Brennmaterial, das viel Wärme und wenigen Rauch gibt; man sieht sich dabey vor, das Oxyd nicht eher von dem Bade abzunehmen, als bis es eine schöne Farbe bekommen hat, und durchsiebt dann die Glätte sorgfältig, um die groben verglasten Stücke und den unfühlbaren Staub davon zu trennen.

Die Bleyoxyde von denen wir eben gesprochen, werden zu besonderem Gebrauche angewendet und haben eigenthümliche Eigenschaften.

Die Arten des Gebrauchs, welche ihnen allen gemein sind, sind folgende:

1) Sie erleichtern die Verglasung und geben dem Glase eine Schwere, Weichheit, Sanftheit und ein Ansehen, das es nicht hat, wenn es kein Bley enthält.

Das grüne Glas, das kein Bley enthält, hat eine specifische Dichtigkeit von 26,423; das weiße Glas oder das Kristallglas von 28,922, und der Kristall welchen man Flintglas nennt von 33,293.

Das Glas, welches kein Bley enthält, ist trocken, brüchig und sehr hart: das, worin sich Bley befindet, ist weniger brüchig, zarter, und läßt sich mit dem Grabstichel mit der größten Leichtigkeit bearbeiten.

Das Glas ohne Bley zeigt lebhafte und schneidende Seiten im Bruche, während das Bleyhaltige sich fast fettig und viel weniger lebhaft an den Seiten ansieht.

Eine andere Eigenschaft des Glases welches Bley enthält, ist, daß es besser geschmolzen und freyer von Blasen, Spitzen, Fäden und Bändern ist, daß sich die Lichtstrahlen besser darin brechen, daß es ihnen einen Mittelpunkt von gleicher Dicke in allen seinen Theilen darbietet, und sie in einem einzigen Punkt sammelt; was die Veranlassung gibt, sich dessen ausschließlich zu optischen Gläsern zu bedienen.

Das Bleyglas hat nur einen einzigen Uebelstand, der mit dieser Art von Glase eigenthümlich und unzertrennlich mit dessen übrigen guten Eigenschaften verbunden zu seyn scheint: nämlich, daß, da es aus Körpern von ungleicher specifischer Dichtigkeit, wie Alkalien, Kieselerde und Bley besteht, und da man, um es zu seinem Gebrauche zu bereiten, genöthiget ist, diese Mischung in einen Guß zu bringen, der so klar wie Wasser ist, die Grundstoffe, aus denen es zusammengesetzt ist, sich durch das Erkalten nach ihren specifischen Dichtigkeiten ordnen; so daß der Grund des Bodensatzes schwerer ist. Daher kommt es auch, daß es so schwer ist, immer Flintglas zu erhalten, vorzüglich in großen Massen.

Einige Versuche, die ich selbst über die Composition des Flintglases gemacht, haben mich folgende, als die kennen gelehrt, die eine große Menge von guten Eigenschaften vereiniget.

	Pfund.	Unzen.	Kilogramme.
Sehr weißer quarzhaltiger Sand	1	8	0,73426
Sehr reiner Salpeter	—	9	0,27194
Englischer Mennig.	—	8	0,24475

Alle Bleyoxyde, für sich allein geschmolzen, geben ein gelbes, halb durchsichtiges Glas von angenehmer Farbe, welches die Tiegel, in denen die Verglasung geschieht, anfrißt, verzehrt und durchbohrt.

2) Alle Bleyoxyde haben die Eigenschaft, daß sie Oele austrocknend machen; man darf sie nur in der Wärme mit diesen Oxyden digeriren lassen. Die Mahler, welche selbst ihre Oele bereiten, oder die Lakirer, die sie verkaufen, thun das Bleyoxyd in einen Beutel, der während der ganzen Zeit, in der man das Oel erwärmt, hineinhänget.

Durch diese Operation erlangt das Oel die Eigenschaft, schneller zu trocknen und zu Firniß zu werden; übrigens gewinnt es einen solchen Grad von Consistenz, daß es gerinnt, wenn man zuviel Oxyd dazu thut.

Das Oel nimmt einen Theil von dem Sauerstoffe des Bleyes in sich auf, und löst eine Portion des Oxyds in Natura auf; das Oxyd aber verdickt es, indem es dasselbe jenen pharmazeutischen Compositionen näher bringt, die man Pflaster nennt, und der Sauerstoff macht es immer starrer, indem er dasselbe zu einem Zustande bringt, der dem Harze nahe kommt. Diese doppelte Eigenschaft der Bleyoxyde gibt ihnen den Vorzug vor allen übrigen Oxyden.

Leinöl und Nußöl sind fast die einzigen die man austrocknend machen kann.

Außer diesem allgemeinen hat jedes dieser Oxyde noch seinen besondern Gebrauch. Der Mennig wird als Farbe in der Mahlerey gebraucht, wo er bey wenig delikaten Arbeiten den Zinnober und den Karmin ersetzt, man bedient sich dessen auch um Siegellack damit zu färben u. s. w.

Achter Abschnitt.

Von den Eisenoxyden (Eisenmohr, Eisensafran, Colchotar, rothe Vitriolerde, Braunroth).

Die vortrefflichen Eigenschaften des Eisens, die dessen Anwendung für die Bedürfnisse der bürgerlichen Gesellschaft so glücklich vervielfältiget haben, verlieren durch die Leichtigkeit sehr an Werth, mit welcher dieß Metall sich oxydirt, oder mit Rost bedeckt. Diese Leichtigkeit ist so groß, daß es Luft, Wasser und Säuren zersetzt, und daß man es vor den Angriffen derselben nur dadurch sichern kann, wenn man es mit einem Firniß überzieht.

Wir werden sogleich von den Mitteln reden das Eisen vor dem Roste zu bewahren, und uns dabey auf die einfache Beschreibung der bekanntesten Verfahrungsarten einschränken:

1) Das Eisen wird an Holzfeuer zur kleinen Rothgluth gebracht, dann mit Wachs eingerieben, oder in Oel getaucht.

2) Es wird wie zuvor glühend gemacht und mit Horn eingerieben, dieß gibt einen schwarzen Firniß.

3) Das gut abpolirte und eingeriebene Metall wird mit einer concentrirten alkalischen Lauge abgewaschen, und sodann unter eine mit glühenden Kohlen bedeckte Muffel gebracht, so daß es dadurch einer hohen Temperatur und einem Luftzuge ausgesetzt bleibt; das Eisen nimmt sodann zuerst eine strohgelbe, dann eine rothfahle, dann eine Taubenhals, dann eine blaue und endlich eine graue Farbe an.

4) Das Eisen wird auf gleiche Weise als zuvor gereiniget, dann mit Wasser abgewaschen, und sorgfältig abgetrocknet.

Man nimmt fetten Oelfirniß, dessen Basis Kopal seyn muß, vermischt damit Terpenthinessenz von der Hälfte bis zu vier Fünftheilen, bestreicht sodann das zu verarbeitende Stück mit einem mit diesem Firniß getränkten Schwamme, und läßt es trocken werden.

Dieser Firniß kann auf alle Metalle aufgetragen werden.

Es ist ohne Zweifel eine viel wichtigere Kunst, das Eisen vor der Oxydation zu bewahren, als dieselbe darauf hervorzubringen; da jedoch die Künste sich des größten Theiles dieser Oxyde bedienen, und einen großen Nutzen daraus ziehen, so müssen wir uns mit deren Zubereitung beschäftigen.

Wenn man Eisen aus seiner eben geschehenen Auflösung in Schwefelsäure durch ein Alkali niederschlägt, so bildet sich ein weißer

weißer Niederschlag der schnell grün wird, und dann in's rothe übergeht. Dieser schnelle Fortschritt in der Oxydation ist auf Rechnung der Absorption des Sauerstoffs zu setzen; man kann sich hiervon überzeugen, wenn man das Oxyd unter Gefäßen bewahrt.

In dem in den Handel kommenden Vitriol von einer dunkeln bouteillengrünen Farbe, ist das Eisen im Zustande eines weißen Oxyds enthalten, wenn die Säure darin aber im Uebermaaß vorhanden ist, hat die Farbe ein klares smaragdgrünes Ansehn. Die Verbindung der Säure mit den grünen und rothen Oxyden geben schwefelsaure Salze, die von den ersteren wesentlich unterschieden sind, wir werden davon in der Folge reden.

Das Eisen hat die Eigenschaft, Wasser zu zersetzen, es ist dazu hinreichend, wenn man eine Lage von diesem Metalle im Zustande von Feile oder Spänen mit jener Flüssigkeit anfeuchtet. Aber wenn man das Eisen eine Zeitlang unter Wasser erhält, so verliert es nach und nach seinen Metallglanz, wird schwarz und pulverartig, und bildet ein schwarzes Oxyd, welches Eisenmohr heißt. In diesem Falle ist die Oxydation hauptsächlich der Verbindung mit dem im Wasser aufgelösten Sauerstoffe zuzuschreiben.

Man kann eine gleiche Wirkung hervorbringen, wenn man polirtes Eisen der Wirkung der Wärme aussetzt; zu diesem Ende legt man einige Lohkuchen auf eine eiserne Platte und bedeckt sie mit glühendem Kohlenstaube; wenn das Ganze nun gehörig in Gluth ist, so legt man die Stücke, welche man blau färben will, darauf, und dreht sie um, damit die Wirkung sich in allen Theilen gleich äußere, und sobald man vermuthet, daß das Stück die Farbe, die man wünscht, angenommen, so zieht man es wieder heraus, läßt es kalt werden, und trocknet es mit einem trocknen Leinwand ab; die Oberfläche nimmt sodann bald eine schöne schwärzlichblaue Farbe an. Wenn man das Eisen einige Zeit hindurch in der Rothgluth erhält, so oxydirt sich dessen Oberfläche und bildet schwarze Schuppen, die man durch Abstoßen los machen kann, diese Schuppen sind unter dem Namen Hammerschlag bekannt, sie zerspringen unter dem Hammer und können sehr leicht klein gemacht werden; ja sie können selbst durch eine verlängerte Kalzination in den Zustand von rothem Oxyd übergehen, und dann entwickelt man durch das Kleinmachen eine rothe, lebhafte und dauerhafte Farbe daraus, deren man sich in den Künsten bedient.

Das Eisen, wenn es einer lebhaften Hitze ausgesetzt wird, brennt mit einer sehr glänzenden Flamme in die Höhe; Eisenbarren,

barren, die weißglühend gemacht und sodann auf den Amboß gebracht werden, sprühen sehr glänzende Funken von sich, wenn man sie mit dem Hammer schlägt; und sehr reine und zarte Eisenfeile, wenn man sie über das Licht einer Kerze bringt, brennt mit Lebhaftigkeit auf. Man kann einen spiralförmig gewundenen Eisenfaden, an dessen äußerstem Ende man eine kleine glühende Kohle befestiget, verbrennen, wenn man ihn in eine mit Sauerstoffgas angefüllte Flasche taucht.

Die Berührung der Luft allein, ist schon hinreichend, um dieß Metall zu oxydiren; wenn dazu aber noch die Feuchtigkeit tritt, so ereignet sich die Wirkung schneller.

Man kann die Oxydation auch dadurch noch beschleunigen, daß man die Oberflächen des Metalls vermehrt. Das Eisenoxyd welches am Thaue bereitet wird, und in der Medicin unter dem Namen Eisensafran bekannt ist, wird aus Eisenfeile gemacht, die man der Wirkung der Luft in der feuchten Witterung des Monat März aussetzt. Man rüttelt die Masse von Zeit zu Zeit um und bewegt sie, um die Zahl der Oberflächen zu vermehren, und scheidet das Oxyd, so wie es entsteht, mittelst eines Siebes. Dieß Oxyd hat eine braungelbliche Farbe.

Die Säuren besitzen alle die Eigenschaft, das Eisen zu oxydiren; einige durch sich selbst in Rücksicht der Zersetzung die sie erfahren, andere durch die Zersetzung des sie bespülenden Wassers.

Der erste Eindruck gewisser Säuren, so wie der Salpetersäure in sehr verdünntem Zustande, bringen auf dem Eisen einen Anfang von Oxydation hervor, der die Farbe des Metalles schwärzt.

Man zersetzt das schwefelsaure Eisen, um die sogenannte süße Vitriolerde daraus zu bereiten, die man zum Poliren harter Körper gebraucht; durch die erste Wirkung des Feuers verliert der Eisenvitriol seine Consistenz, wird flüssig, und es bleibt eine weiße Masse zurück, die durch eine lebhaftere Hitze roth wird, und den Colchotar bildet. Wenn man das Feuer vermehrt, so verfliegt die Säure fast ganz, und man kann durch gehöriges Waschen und Filtriren alles, was im Residuum an Salze vorhanden ist, daraus scheiden. Dieß Residuum bildet nun die sogenannte süße Vitriolerde, die bey einer außerordentlichen Theilbarkeit eine beträchtliche Härte hat, welches sie in allen den Fällen empfehlungswerth macht, wo es darauf ankommt, harte Körper zu poliren. Man gebraucht die süße Vitriolerde mit Oel vermischt, um die Politur glätter und vollkommner zu machen.

Die Salpetersäure zersetzt sich auf dem Eisen mit einer solchen Thätigkeit, daß sie das eben gebildete Oxyd fahren läßt, um ein neues hervorzubringen, es entsteht daraus eine Lage niedergeschlagenen Oxyds von einer gelbröthlichen Farbe und solcher Theilbarkeit, daß es sich in einen weichen Teig formirt, den man schneiden, handhaben und in dünne Platten ziehen kann, ohne nur ein Körnchen herauszufühlen. Stahl hat alle Phänomene bey der Wirkung der Salpetersäure auf das Eisen gekannt und beschrieben; aber ihm geht nur die Zersetzung des Eisens aus einer Operation hervor, die eben so deutlich die der Salpetersäure zeigt.

Die Färbestoffe, die sich in den Körpern zeigen, verdanken größtentheils ihr Daseyn den verschiedenen Graden der Oxydation des Eisens *).

Die Ochererden und die braunrothen Farben, die so häufig auf unserm Globus verbreitet sind, verdanken ihre Farben sehr zertheilten Oxyden dieses Metalles. Man kann durch die Wärme selbst sehr leicht ihre Nüancen verändern, und so gelben Ocher in rothen verwandeln; so bildet man auch, wenn man gelbe, reine Bolarerden kalzinirt, die rothen, braunrothen und rothbraunen Farben, deren man sich in den Künsten bedient, um Fußböden in Zimmern, Thüren und Fenster in Landhäusern, große Tonnen und andre Gegenstände damit anzustreichen, die man vor den Angriffen der Luft und des Regens sichern will, man mischt sie zu diesen Zwecken mit Oelen.

Neunter Abschnitt.

Von den Kupferoxyden (Kupferhammerschlag, Bergblau, Grünspan rc.).

Die Farbe des Kupfers verändert sich an der Luft, aber die Oxydation darin ist immer höchst unvollständig. Nur durch die Wirkung der Säuren, oder einer starken Hitze kann man dieß Metall oxydiren.

Die Kupferoxyde haben nicht so viele Mannigfaltigkeit, als die einiger andern Metalle, als Eisen, Bley u. s. w. Herr Proust von dem es bekannt ist, mit welcher Genauigkeit er verfährt, und welches Licht er über mehrere Theile der Chemie verbreitet, nimmt

*) Was der Verfasser hiermit eigentlich hat sagen wollen, ist schwer zu begreifen! Daß die Pigmente ihre Farbe dem Eisen verdanken sollen, kann doch wohl in keinem Fall die Absicht des Verfassers gewesen seyn. H.

nimmt nur ein einziges kupferiges Oxyd an, welches 0,20 an Sauerstoff enthält.

Wir werden uns im Wesentlichen mit der Oxydation des Kupfers durch Feuer und durch Säuren beschäftigen:

1) Wenn man eine Kupferplatte einem Feuer aussetzt, das im Stande ist, es zur Rothgluth zu bringen, und es einige Zeit hindurch in diesem Grade von Hitze erhält; so sieht man, wie sich darin eine violette Farbe entwickelt, der eine sehr lebhafte blaue folgt, die wiederum verschwindet, und einer trüben Farbe Platz macht; in diesem letztern Zustande wird die Consistenz des Metalles verändert, seine Geschmeidigkeit existirt nicht mehr, und man kann zerreibliche Schuppen von dessen Oberfläche abnehmen, die man Hammerschlag nennt.

Jedermann weiß, daß wenn man Kupfer mitten unter Kohlen dem Feuer aussetzt, es der Flamme ein sehr angenehmes Blau mittheilt, welches hinreicht, zu beweisen, daß eine leichte Portion des Metalles sich verflüchtigt. In den Werkstätten, in denen gewöhnlich Kupfer geschmolzen wird, setzen sich diese metallischen Ausdünstungen an die Schornsteine an, und bilden daselbst eine schwere, grünlichgraue Rinde, welches allen Gießern bekannt ist.

Wenn man das Kupferoxyd einer starken Wärme unterwirft, so kann man es in ein Glas von rothbrauner Farbe verwandeln.

2) Obgleich das Kupfer der Wirkung der Säuren widersteht, die die Metalle nur durch ihre Zersetzung oder durch die des Wassers auflösen, welches sie ihnen im Oxydzustande darbietet; so bereitet man zum Gebrauch der Künste doch mehrere Kupfersalze, unter der Zahl deren sich auch das schwefelsaure Kupfer befindet, und man muß diesem selbst in Hinsicht auf seinen Gebrauch den ersten Rang einräumen.

Das Bergblau und der Grünspan sind die beyden wichtigsten Bereitungen von Oxyden. Wir werden diesen Augenblick nur von dem ersten handeln, da das zweyte ein kohlensaures Salz ist, von dem wir bey Gelegenheit der salzigen Verbindungen reden werden.

Pelletier hat uns einige vortreffliche Aufschlüsse über die Fabrikation des Bergblau's gegeben, die bis zu diesen Tagen in Frankreich unbekannt war.

Er schlägt vor, das Kupfer im Kalten in verdünnter Salpetersäure aufzulösen, und wohl gestoßenen Kalk zu der Auflösung

sung zu thun; wenn man die Mischung in Bewegung setzt, und darauf sieht, daß ein Uebermaaß an salpetersaurem Salze bleibe, so bildet sich ein Niederschlag von einem zarten Grün. Man klärt die Flüssigkeit ab, und mischt damit, wenn sie noch feucht ist, ein wenig ungelöschten Kalk in dem Verhältnisse von sieben bis acht Procenten gegen den Niederschlag; die Mischung nimmt sodann eine schöne blaue Farbe an, die man trocknen läßt, und die das Bergblau ist.

Die Mischung von salpetersaurem Kalk und Kupfer, durch reines Kali niedergeschlagen, gibt blaue Oxyde, die, wenn sie trocken werden, sich in Grün verwandeln.

Dieß Verfahren von Pelletier hat mir jederzeit ein Oxyd von eben so guter Quantität geliefert, als das schöne Bergblau des Handels.

Ich habe diese Arbeit wieder vorgenommen, und glaube, daß die Resultate, die ich erhalten, Interesse genug haben, um sie hier mitzutheilen.

Wenn man in eine, im Kalten gemachte Auflösung von schwefelsaurem Kupfer, Kalkwasser gießt, so trübt sich die Mischung beyder Flüssigkeiten, und es entsteht ein Bodensatz von einem grünlichen Oxyd.

Wenn man statt Kalkwassers, Kalkmilch, oder Kalkwasser, in dem sich einiger sehr zertheilter, in dieser Flüssigkeit schwimmender Kalk befindet, zugießt, so bildet sich ein Niederschlag von einem grünlichen Blau, den man mittelst des Filtrums abscheiden kann.

Wenn man die bläuliche Flüssigkeit, die durch das Filtrum dringt, durch ätzendes Kali zersetzt und dieß im Uebermaaße dazu thut; so erhält man einen blauen Niederschlag, welcher seine Farbe conservirt, und die dann durch das Filtrum dringende Flüssigkeit ist klar wie Wasser.

Wenn man statt mit Kalkwasser niederzuschlagen, eine Portion des in Auflösung sich befindenden Kupfers durch kohlensaures Kali niederschlägt, so bekommt der Niederschlag eine blaugrünliche Farbe, die, wenn er trocken wird, in eine vollkommen grüne übergeht. Man kann in diesem Zustande, sich seiner in den Künsten bedienen: aber um ihn zu gewinnen, muß man das schwefelsaure Kupfer nicht vollständig zersetzen. Gießt man kohlensaures, oder reines aufgelöstes Kali auf die Flüssigkeit, welche durch das Filtrum dringt, und die noch viel schwefelsaures Kupfer enthält, so erhält man einen blauen Niederschlag der um so satter wird, als man darin das Alkali mehr vorherrschen läßt.

In

In der Regel verdient das kohlensaure Kali den Vorzug bey Bereitung der grünen, und das ätzende bey der der blauen Niederschläge. Man mag aber das erste oder das zweyte anwenden; so ist die beständige Wirkung davon, daß der erste Niederschlag grün wird und eine blaue Farbe annimmt, wenn die Zersetzung vollständig geworden und man den zersetzenden Körper die Oberhand gewinnen läßt.

Die Produkte des kohlensauren Kali's sind körnig und oft von ungleicher Farbe.

In der Regel fängt man, um grün oder blau nach Gefallen zu erhalten, damit an, sehr zergangene Kalkmilch in die Auflösung des schwefelsauren Kupfers zu gießen; es bildet sich dann ein Niederschlag, welchen man filtrirt; dieser Niederschlag ist zuerst mehr oder weniger grün, wird es aber vollkommen, wenn man ihn trocken werden läßt.

Diese Niederschläge dürfen nur gewaschen und getrocknet werden; dieß Trocknen muß an einem dunkeln Orte und etwas schleunig geschehen, damit die Luft die Oxyde so wenig als möglich angreife.

Es folgt aus dem eben Gesagten, daß man, um einen blauen Niederschlag zu erhalten der von der Luft nicht angegriffen wird, man alle mit dem Oxyd in Vereinigung sich befindende Säure hinwegschaffen muß. Nach dieser Idee habe ich salpetersaures Kupfer bis zur Trockenheit evaporirt, dann das Residuum in Wasser aufgelöst und mit einem Uebermaaß von Kalkwasser niedergeschlagen. Das Oxyd behält seine blaue Farbe; wenn nur das Trocknen schnell genug und unter Papier geschieht.

Ein Theil des salpetersauren Kupfers wird durch die Evaporation bis zur Trockenheit zersetzt; so daß der ganze Niederschlag sich nicht in Wasser auflöst.

Das Wasser der reinen Baryterde gibt noch ein schöneres und dunkleres Blau, als Kalkwasser.

Ammonium in kleinen Quantitäten zu einer Auflösung von schwefelsaurem Kupfer gegossen, bringt einen Niederschlag von weißgrünlicher Farbe hervor. Wenn man solches im Uebermaaße hinzuthut, so färbt es die Flüssigkeit und bildet einen blauen Niederschlag durch Auflösung von einer Portion des Oxyds; es ist hinreichend, Wasser auf den blauen Niederschlag zu gießen, um das ganze neue Salz hinwegzuschaffen, das sich gebildet; eine Portion des weißen Niederschlags bleibt aber unangerührt,

wenn

wenn die Dosis von Ammonium nicht hinreichend gewesen, um das Ganze aufzulösen.

Salzsaures Ammonium in der Auflösung des schwefelsauren Salzes aufgelöst, zersetzt zum Theil das schwefelsaure Kupfer und die Flüssigkeit nimmt von der Auflösung, die das Ammonium von einer Portion Oxyd macht, eine schöne blaue Farbe an.

Die Analyse hat mir bewiesen, daß in allen diesen letztern Fällen sich ein dreyfaches Salz bilde, bestehend aus Oxyd, Ammonium und Säure.

Diese blauen und grauen Farben werden in den Künsten häufig gebraucht, und zwar als Wasser- und Oelfarben, auch zum Mahlen der Papiertapeten.

Man bereitet in Ungarn eine ansehnliche Quantität eines in den Handel kommenden grünen Pulvers. Die Bergwerke von Herrengrund, zwey Meilen von Neussol, liefern dasselbe. Die Gewässer, welche durch die alten Erdauswürfe dieser Bergwerke sickern, schwängern sich mit diesem Oxyd, welches sie in hölzernen Kübeln absetzen, in die sie aufgefangen werden. Diese Wässer enthalten jedoch davon kein Oxyd in Auflösung, denn das Ammonium verändert ihre Farbe nicht.

In den nämlichen Bergwerken sechszig bis achtzig Toisen tief, fließt ein Wasser, welches schwefelsaures Kupfer in Auflösung enthält; man verdichtet es in kupfernen Kesseln und läßt es sodann in einen Röhrkasten fließen, wo man es mit einer Auflösung von Kali vermischt; es schlägt sich dabey ein graues Oxyd nieder das man auf Tüchern abtropfen läßt, wäscht es dann aus, und läßt es trocken werden.

Das was man in den Künsten **Braunschweigergrün** *) nennt, wird so bereitet, daß man Kupferspäne, in verschlossenen Gefäßen, mit einer Auflösung von Salmiak besprengt. Man wäscht sodann den Niederschlag und läßt ihn trocken werden. Diese Bereitung wird sowohl als Oelfarbe; als zum Drucken auf Papier angewendet.

Zehnter

*) Diese Methode ist es gewiß nicht, nach welcher das Braunschweigergrün bereitet wird. Dasselbe hält immer Thonerde eingemengt, die ihm zur Basis dienet; es scheint aus Alaun und salzsaurem Kupfer bereitet zu seyn, die man mit Pottasche niedergeschlagen hat. H.

Zehnter Abschnitt.

Von den Zinnoxyden (Zinnasche).

Das Zinn ist nach dem Quecksilber, das schmelzbarste aller Metalle. Obgleich die Luft seinen metallischen Glanz angreift, und dessen Farbe sich darin trübt; so oxydirt es sich doch nicht merklich an der Temperatur der Atmosphäre; aber es absorbirt, sobald es zur Schmelzung kommt, den Sauerstoff mit einer solchen Leichtigkeit, daß augenblicklich seine Oberfläche sich wieder mit einem Häutchen von Oxyd bedeckt, das man leicht an die Seite schieben kann. Kaum ist das Metall entblößt, als sich wieder eine neue Lage Oxyd darauf bildet, so daß man in kurzer Zeit das ganze geschmolzene Metall in Oxyd verwandeln kann.

Dieß erste grauliche Oxyd nennen die Zinngießer, welche auf dem Lande umherziehen um Geschirre umzuschmelzen, Schaum: sie sagen daß sie das Metall reinigen; indem sie diesen vorgeblichen Schaum abnehmen, welcher sich im Bade auf die Oberfläche des Metalles setzt, schmelzen es dann auf eigne Rechnung über Kohlen wieder zusammen, und geben dem Leichtgläubigen, der ihnen sein Zinn anvertraut, nur einen kleinen Theil davon wieder zurück.

Dieß Oxyd, wenn es zerstoßen und sechs bis acht Stunden hindurch unter einer Muffel in Oxydation erhalten wird, wird fast weiß und sehr hart, und dann Zinnasche genannt. Uebrigens rührt man es während der ganzen Kalzination vorsichtig mit einem eisernen Spatel um, damit die Oxydation in allen Punkten gleich vor sich gehe.

Die Zinnasche kommt wegen ihrer Weiße und Unschmelzbarkeit in die Composition des Emails. Dieses Oxyd bleibt, ohne zu schmelzen, gemengt mitten in der übrigen Composition, die sich verglast, und macht das Glas weiß und undurchsichtig, welches das unterscheidende Kennzeichen des Emails ist.

Man gebraucht noch die Zinnasche wegen ihrer Härte zur Politur des Kristalls, der Brillengläser, des Stahls, und anderer harten Körper.

Das Zinn, wenn es einem sehr heftigen und anhaltenden Grade von Feuer ausgesetzt wird, zeigt folgende Phänomene: es sublimirt sich ein Theil des Oxyds in glänzenden Nadeln von sehr schöner weißer Farbe; dieß Oxyd bedeckt, so zu sagen, ein anderes röthliches und sehr hartes Oxyd, unter dem man eine Lage von sehr durchsichtigem, rubin= oder granatfarbigen Glase findet. Der berühmte Becher hatte bereits gemeldet, daß Zinn

sich

sich in Glas verwandeln könne, ohne den Schmelztiegel zu durchbohren oder anzufressen.

Man kann auch noch durch Zersetzung der Salpetersäure auf Zinn, Zinnasche hervorbringen. Dieß Verfahren fördert sehr, das Oxyd schlägt sich nieder, so wie die Säure sich zersetzt, und obgleich es eine etwas weniger weiße Farbe hat als die schöne durch Kalzination am Feuer bereitete Zinnasche, so kann man sich doch in vielen Fällen desselben bedienen *).

Eilfter Abschnitt.

Von den Quecksilberoxyden (Quecksilbermohr, rother Quecksilberpräcipitat).

Das Quecksilber, das einzige natürlich flüssige Metall, oxydirt sich schwer. Es ist in Wahrheit wohl möglich, seine Farbe, durch die bloße Bewegung des Metalles in einem der atmosphärischen Luft zugänglichen Gefäße, in schwarz zu verwandeln, wonächst es dann Quecksilbermohr heißt; aber die Oxydation bleibt bey diesem ersten Grade stehen, und man muß Wärme oder Zersetzung von Säuren anwenden, um eine weiter fortgeschrittene Oxydation zu erhalten.

Es scheint, als ob der zur Oxydation schicklichste Grad von Wärme 80 bis 85 nach dem Reaumurschen Thermometer sey. Man bereitete lange Zeit hindurch ein rothes Quecksilberoxyd unter dem Namen für sich bereiteter Quecksilberpräcipitat; indem man eine Lage Quecksilber in einen Destillirkolben mit plattem Boden, um der Luft eine große Fläche darzubieten, und mit einem außerordentlich engen Halse und einer haardünnen Mündung, that, und dann den Kolben in ein Sandbad von anhaltend gleicher Wärme, bis zum Ende der Operation brachte; diese dauert mehrere Monate, und man sieht sogleich die Oberfläche sich mit einen grauen Staube bedecken, der nach und nach eine rothe Farbe annimmt, und mit einer von sehr lebhaftem Roth endiget. In diesem Zustande wird es für sich bereiteter Quecksilberpräcipitat, oder auch für sich oxydirtes Quecksilber genannt. Mir schien es nur 0,10 Sauerstoff zu enthalten.

Dieß

*) Es gibt noch eine dritte Art sich Zinnasche zu verfertigen, wenn man das Zinn im geraspelten Zustande mit seinem doppelten Gewicht Salpeter mengt, das Gemenge in einem Schmelztiegel verpuffet, und die verpuffte Masse mit Wasser auslaugt. Man erhält das Zinnoxyd hierbey leicht und sehr rein. H.

Dieß Oxyd ist feuerbeständiger und härter als das Quecksilber, bringt man es auf ein heftiges Feuer in Sublimationsgefäßen, so zersetzt es sich zum Theil, der Sauerstoff entweicht als Sauerstoffgas, während das Quecksilber sich in dem Recipienten condensirt, oder sich in der Atmosphäre verflüchtiget; und zu gleicher Zeit erzeugt sich ein Sublimat, welches sich an die Wände der Gefäße ansetzt, und dort wie geschmolzen, und oft als kristallisirt erscheint. Die Farbe dieses sublimirten Oxyds ist eine schöne rothe.

Die Salpetersäure verschluckt das Quecksilber, und kann davon ein dem ihrigen fast gleichkommendes Gewicht auflösen; diese Auflösung, wenn sie gehörig verdichtet wird, bildet Kristalle, welche am Feuer getrockner, endlich ein rothes, dem vorhergehenden gleiches, Pulver geben, welches rother Präcipität genannt wird. Dieß Oxyd entsteht aus der Zersetzung der mit dem Quecksilber verbundenen Salpetersäure; ein Theil entweicht als salpetriges Gas, während ein Theil von Sauerstoff mit dem Metalle in Verbindung bleibt.

Um dieser Composition die schöne Farbe zu geben, die die in Holland und in England bereiteten Oxyde haben, fange ich damit an, das Quecksilber in sehr reiner Salpetersäure zu vier und dreyßig bis sechs und dreyßig Grad aufzulösen, und evaporire die gesättigte Auflösung bis zu dem Grade, welcher erforderlich ist, um salpetersaures Quecksilber in Kristallen zu erhalten.

Dieß salpetersaure Quecksilber bringe ich in einer tubulirten Retorte auf das Sandbad, und verfahre mit der Destillation bis kein salpetriges Gas mehr herauskommt. Sodann gieße ich auf das Residuum in der Retorte an neuer Säure die Hälfte von dem Gewichte der zuvor gebrauchten, und destillire auf gleiche Weise. Diese Operation wiederhole ich drey oder vier Mal, das Verhältniß der neuen Säure immer vermindernd, zerreibe sodann sorgfältig das Residuum, und bringe es von neuem an Hitze, die es in Roth zu verwandeln im Stande ist; dieß Präcipität hat in der Regel eine herrliche Farbe.

Herr Payssé, der selbst Gelegenheit hatte, das Verfahren der Holländer mit anzusehn, hat uns einige kostbare Aufschlüsse über diese Bereitung gegeben. Er behauptet das man ein sehr schönes Präcipität auf folgende Weise erhalte:

Man löse bey einem gehörigen Wärmegrade funfzig Theile reines Quecksilber in siebenzig Theilen Salpetersäure, welche 37 bis 38 Grad zeigt, auf. Man evaporire es durch Destillation in in einer Retorte, und nehme den Recipienten weg, sobald das salpetrige Gas sich zu zeigen anfängt. Von dem Augenblicke an wo dieß verschwunden, steigere man die Hitze, und erhalte sie in diesem Grade, bis die Masse von Oxyd eine lebhaft rothe Farbe annimmt. Ein achtstündiges Feuer ist in der Regel hinreichend zu einer Operation mit vier Zentnern.

Wenn das rothe Oxyd nach dem eben beschriebenen Verfahren bereitet wird, und eine schöne rothe Farbe hat, so enthält es 0,18 an Sauerstoff. Ich habe nach meiner Methode solches componirt, welches 0,20 enthielt, während die Oxyde, die keine glänzende Farbe haben, nur dreyzehn bis vierzehn Procent geben.

Die Alkalien und der Kalk schlagen das Quecksilber aus allen seinen Auflösungen im Oxydzustande nieder. Wir verdanken Bayen die Mittheilung merkwürdiger Thatsachen über diese Präcipitäte; er hat bemerkt, daß fast alle, durch ihre Vermischung mit sublimirtem Schwefel, die Eigenschaft bekämen, zu knallen; so der Niederschag der Auflösung des salpetersauren Salzes durch kohlensaures Ammonium, der Niederschlag der nämlichen Flüssigkeit durch Kalkwasser, der Niederschlag der Auflösung des corrosiven Sublimats durch Kalkwasser u. s. w. Man darf davon nur ein halbes Quentchen mit sechs Gran sublimirtem Schwefel zu Pulver stoßen. Es bleibt nach der Verpuffung ein violettes Pulver übrig, das durch die Sublimation einen schönen Zinnober geben kann.

Wir müssen bemerken, daß die Zersetzung des salpetersauren und salzsauren Quecksilbers durch Ammonium dreyfache Salze bilde, wie in der Zersetzung des schwefelsauren Quecksilbers. Herr Fourcroy betrachtet diese Salze wie eine Auflösung des Ammoniums in zwey Säuren, nämlich der ursprünglichen Säure und des Quecksilberoxyds; er macht es sich hieraus begreiflich, wie diese dreyfachen Salze immerwährend mehr Quecksilber und Ammonium enthalten, als die darin enthaltene Säure davon sättigen zu müssen scheinet. (Memoiren der Academie der Wissenschaften vom Jahre 1792).

Man kann noch das Quecksilber aus der Auflösung der oxydirten Salzsäure (Corrosiver Sublimat) durch Kalkwasser in ein gelbes Pulver niederschlagen, welches sich in leichten Flocken in der Flüssigkeit erhält, und dieß so mit dem darin schwebenden Präcipitat geschwängerte Wasser nennt man Aqua Phagedaenica. Um diesen Niederschlag zu bilden, darf man nur einen halben Gran pulperisirten Sublimat in ein Maaß Kalkwasser schütten.

Alle Quecksilberoxyde werden in der Medicin gebraucht. Das rothe Präcipitat oder das rothe Oxyd, dient hauptsächlich zur Vertreibung der auf den Köpfen der Kinder sich festgesetzten Insecten; man pudert entweder die damit angesteckten Stellen mit demselben ein, oder schmiert das Oxyd mit Fett zusammen, um daraus eine Pommade zu bilden. Wir bemerken in dieser Rücksicht, daß schlecht bereitetes Oxyd noch eine Portion sehr concentrirter Salpetersäure enthalten kann, die die delicaten Theile auf die es aufgestrichen wird, dergestalt entzündet und anfrißt, daß der Kopf des Kindes, an dem es angewendet wird, anschwillt, und eine Inflammation bekommt, die von gefährlichen Folgen seyn kann.

Der Aqua Phagedaenica bedient man sich zum Auswaschen von Geschwüren von bösartigem Character, vorzüglich venerischer.

Zwölfter Abschnitt.

Von den Silberoxyden (Knallsilber).

Die ältere Chemie unterschied die Metalle nach der größern oder geringern Leichtigkeit, mit der sie sich oxydirten. Silber, Gold und Platin sind diejenigen welche der Oxydation die meisten Schwierigkeiten entgegensetzen; sie widerstehen der Berührung der Luft, der Wirkung des Wassers, der Gewalt des Feuers u. s. w. Von den dreyen Metallen aber von denen wir eben geredet, widersteht das Silber der Oxydation am wenigsten: Junker hat es durch Reverberation nach Art des Holländers Isaak in Glas verwandelt; Macquer indem er zwanzig male hintereinander Silber einem solchen Feuer aussetzte als dazu erforderlich ist, Sèvres Porcellain zu brennen, erhielt ein olivenfarbenes Glas. Man hat auch die Erfahrung gemacht, daß dieß Metall, wenn es dem Brennpunkte des Brennspiegels ausgesetzt wird, einen glasigen, grünlichen Kitt auf der Stütze zurückließ; Silberfäden endlich, wenn sie von einer Art von electrischen Entladung getroffen werden, brennen und oxydiren sich.

Obgleich diese Versuche direkterweise die Möglichkeit darthun, Silber mit Sauerstoff mittelst der Wärme zu verbinden; so wird diese Oxydation doch nie so genau, als wenn sie durch Zersetzung der Säuren, vorzüglich der Salpetersäure geschieht.

Das Oxyd des salpetersauren Silbers, wenn es durch Kalkwasser niedergeschlagen wird, bildet das schrecklichste aller bekannten Knallpulver.

Herr Berthollet, dem wir diese Entdeckung verdanken, räth an, reines Silber in Salpetersäure aufzulösen; aus dieser Auflösung wird es durch Kalkwasser niedergeschlagen, und sodann klärt man das Oxyd ab und setzt es drey Tage hindurch der Luft aus. Wenn es trocken ist, befeuchtet man es mit Ammonium, es bekommt dann das Ansehen eines schwarzen Pulvers; man klart es sodann wieder ab, und läßt dieß Pulver an der Luft trocknen, welches das Knallsilber ist.

Die bloße Berührung eines kalten Körpers ist hinreichend, um das Knallen hervorzubringen, woraus folgt, daß wenn man es einmal gemacht hat, man es nicht mehr anrühren darf, und es in der Kapsel lassen muß in der die Operation vorgenommen worden. Es ist unnöthig, zu bemerken, daß die Vorsicht erfordert, daß man es nur in kleinen Quantitäten mache.

Wenn man das zu dieser Operation gebrauchte Ammonium in einem kleinen Kolben von dünnem Glase sieden läßt; so bildet sich, wenn er kalt wird, auf der inneren Wand ein Beschlag, der mit kleinen Kristallen besäet ist, die durch die Feuchtigkeit bedeckt werden. Diese Kristalle darf man nur durch die Flüssigkeit berühren, um eine Explosion hervorzubringen, die den Kolben zersprenget.

Alle Silberoxyde werden durch die Wärme flüssig, sie haben keine lebhafte Farben, und in diesen letzten Rücksichten haben die Künste bis jetzt noch keinen Gebrauch davon gemacht.

Dreyzehnter Abschnitt.

Von den Goldoxyden, (Knallgold, Purpur des Cassius).

Das Gold ist fast unveränderlich durch die Wirkung des Feuers und der Luft. Es geht aus den mit dem Brennpunkte des Brennspiegels gemachten Erfahrungen hervor, daß ein Theil dieses Metalles, wenn es geschmolzen wird, in Dämpfen aufsteigt, ohne eine Veränderung zu erleiden.

Jedermann weiß, daß das einzige das Gold auflösende Mittel die salpetersaure Salzsäure (das Königswasser) ist.

Die Alkalien können das Gold aus seiner Auflösung niederschlagen, und wenn man Ammonium anwendet, so wird das Oxyd knallend; dieß wird Knallgold genannt und ist ein gelbes Oxyd. Man trocknet es im Schatten um mehr Sicherheit bey der Bereitung zu haben.

Die Erfahrungen einiger Chemiker haben bewiesen, daß, wenn man Knallgold in kupfernen Röhren, deren Extremität in den pneumato-chemischen Apparat ragt, mäßig erwärmet, man alkalisches Gas erhält, und der Niederschlag die Fähigkeit zu knallen verliert. Diese Beobachtung rührt von Herrn Bertholet her.

Bergmann hat beobachtet, daß, wenn man Knallgold einer mäßigen Wärme aussetzt, die nicht fähig ist, es zum Knallen zu bringen, man ihm dadurch die Eigenschaft raube, zu knallen.

Wenn man das Gold in Röhren zum Knallen bringt, deren äußerstes Ende unter eine mit Quecksilber angefüllte Glocke reicht, so erhält man Stickgas und ein wenig Wasser.

Wird das Knallgold mit öligen Körpern angerieben so verliert es die Kraft zu knallen.

Alle diese Thatsachen beweisen unwiderleglich, daß das Knallgold eine Verbindung von Ammonium und Goldoxyd sey. Wenn man diese Verbindung erwärmt, so entwickelt sich der Sauerstoff des Oxyds und verbindet sich mit dem Wasserstoff des Alkali's; es entsteht daraus ein Verbrennen, das Wasser in Dämpfen erzeugt und eine Explosion zur Folge haben muß.

Wenn man Zinnplatten in eine Goldauflösung thut, so bedecken sie sich bald in großem Maaße mit einem purpurfarbenen Niederschlage, der sich bey der geringsten Bewegung mit der Flüssigkeit vermengt; dieß ist ein Zinnoxyd, welches sich mit einigen Atomen schwach oxydirten Goldpräcipitats vermischt und ihm diese Farbe mittheilt. Man bedient sich dieses Niederschlags aber in den Künsten unter dem Namen, Purpur des Cassius (auch Goldpurpur), und gebraucht ihn, um dem Porzellain und Fayence die schöne Purpurfarbe zu geben, mit welcher man es verziert. Man kann diesen Niederschlag mit Alkalien machen, und durch dieß Mittel die Versetzung mit dem Zinn beseitigen.

Der Aether hat auch noch die Eigenschaft Gold aus seiner Auflösung in der Säure zu befreyen. Diese neue Verbindung zeigt dieß Metall in einem Zustande außerordentlicher Zertheiltheit, der dem Metallzustande sehr nahe kommt. Die Flüssigkeit hat eine gelbe Farbe und ist in der Chemie unter dem Namen trinkbares Gold bekannt. Man hat vorgeschlagen, diesen Aether zur Vergoldung von Eisen anzuwenden, und behauptet, daß wenn man dieß Metall in die Auflösung tauche, eine Lage von Gold sich auf dem Eisen festsetze, aber die Erfahrung hat bewiesen, daß diese Art das Gold aufzutragen nicht gehörig bedecke;

decke; selbst, wenn man vier und sechsmal mit Wiederholung des Eintauchens und Evaporation zur Zerstreuung des Aethers verfährt.

Vierzehnter Abschnitt.

Von den Tungstein-Oxyden (Tungstein-Säure).

Man findet das Tungstein-Oxyd natürlich verbunden mit Kalk und mit Eisen, und wenn man es davon geschieden, so hat es, wie die Säuren, die Eigenschaft Neutralsalze mit dem Kalk, der Talkerde, den Alkalien u. s. w. zu bilden, welches den berühmten Scheele bewogen hat, es Tungstein-Säure zu nennen.

Um die Tungstein-Säure aus dem tungsteinsauren Kalk, welcher unter dem einfachen Namen Tungstein oder schwedischer Schwerstein bekannt ist, zu trennen, nimmt man drey Theile schwacher Salpetersäure und digerirt sie mit einem Theile pulverisirten Tungstein; dieß gibt ein gelbes Pulver. Man klärt die Flüssigkeit ab, und gießt zwey Theile Ammonium auf das gelbe Pulver, dieß wird dadurch weiß, und man fährt mit der Säure und dem Alkali nach und nach so lange zu operiren fort, bis der Tungstein aufgelöset ist, (es befindet sich bisweilen etwas Quarz demselben zugemengt, der unaufgelöst bleibt). Durch Niederschlag der gebrauchten Salpetersäure erhielt Scheele ein wenig Berlinerblau; die Pottasche schlägt den darin enthaltenen Kalk daraus nieder, und das Ammonium, welches sich mit der Salpetersäure vereiniget, entwickelt ein weißes Tungstein-Oxyd, welches man Tungstein-Säure genannt hat. Man kann sich statt der Salpetersäure, auch der Salzsäure bedienen.

Scheele und Bergmann haben das weiße Oxyd wie die wahre Tungstein-Säure betrachtet. Die Gebrüder Delhuyar haben behauptet, daß es in diesem Zustande mit ein wenig niederschlagender Säure und einer Portion Kali versetzt sey. Herr Guyton-Morveau hat diese letzteren Resultate bestätiget; und es scheint, daß die durch den ersten Eindruck der Säure erhaltene gelbe Materie die wahre Tungstein-Säure sey, und daß diese Säure sich ganz ausgebildet in dem Tungstein befinde, weil die Salzsäure sie eben so wohl als die Salpetersäure ausscheiden kann, wenn sie sich des Kalks bemächtiget.

Wenn man diese Säure mit der Luft in Berührung gesetzt, lange Zeit kalzinirt; so wird die gelbe Farbe dunkel und kann in eine grüne übergehen.

Diese so kalzinirte Säure läßt sich durch Wasser nicht auflösen und hat keinen Geschmack.

Das nämliche Oxyd findet sich mit Eisen und Braunstein in Verbindung in dem Mineral, welches Wolfram heißt.

Um das Tungstein-Oxyd oder die Tungstein-Säure daraus zu scheiden, läßt man eine Viertelstunde hindurch pulverisirten Wolfram mit seinem dreyfachen Gewichte an Salzsäure aufsieden, und es bildet sich sodann ein gelber Staub; sobald die Flüssigkeit warm zu werden anfängt. Nachdem sie kalt geworden, klärt man die Flüssigkeit ab und laugt den Niederschlag aus; man läßt Ammonium mit diesem letztern digeriren, und zwar zu wiederholten Malen, bis daß es nichts mehr davon aufzulösen im Stande ist; sodann wird das Ammonium evaporirt, das Residuum der Evaporation kalzinirt; und man erhält ein gelbes Pulver, welches die wahre Tungstein-Säure ist.

In den Künsten wird von dieser Säure noch gar kein Gebrauch gemacht. Die Gebrüder Delhuyar, denen man sehr interessante Versuche über dieß Oxyd verdankt, haben dessen Verbindungen mit allen bekannten Metallen geprüft, und es geht aus ihren zahlreichen Experimenten hervor, daß es sich mit fast allen, selbst mit Gold und mit Platina verbindet. Es wird, in allen diesen Fällen, vorausgesetzt, daß das Oxyd in den mit Kohle ausgestrichenen Tiegeln in den Metallzustand versetzt worden, welcher man sich bedient hat, denn ohne diesen Umstand würde keine Metallversetzung Statt gefunden haben.

Funfzehnter Abschnitt.

Von den Molybdän-Oxyden (Molybdän-Säure).

Der Molybdän ist fast immer mit dem Schwefel in Verbindung, und dieses geschwefelten Molybdäns bedient man sich gewöhnlich, wenn man das saure Oxyd dieses Metalles erhalten will.

Man kann es in einem, mit einem andern bedeckten Tiegel, oxydiren; es sublimirt sich dann eine weiße, zuweilen kristallisirte Materie, welches die Molybdänsäure ist.

Auch kann man das Geschwefelte noch durch Salpetersäure zersetzen, die es stark angreift, eine große Quantität nitröses Gas fahren läßt, und als Residuum ein weißes Pulver zurückläßt. Man nimmt dreyßig Theile Salpetersäure, und läßt sie in verschiedenen Malen, immer zu sechs Theilen auf einmal, wirken.

Das

Das weiße Pulver, wenn es in einem Tiegel erwärmt und wohl gewaschen wird, ist die reine Molybdänsäure.

Man sieht aus diesen beyden Verfahrungsarten, den einfachsten unter allen, durch welche die Molybdänsäure erhalten werden kann, deutlich, daß diese Säure in dem Zustande in dem Mineral existirt, aber daß es dessen Natur und Eigenschaften durch die fernere Oxydation annimmt, welche die Kalzination oder die Zersetzung der Salpetersäure darin hervorbringen.

Herr Klaproth hat diese Säure auch aus dem gelben Kärnther Bleyerze gezogen, in welchem sie mit Bleyoxyd verbunden ist.

Die Molybdänsäure ist weiß, und läßt auf der Zunge einen sauren und metallischen Geschmack.

Ihre specifische Dichtigkeit gegen die des Wassers ist nach Bergmann, wie 3,460 zu 1,000.

Sie wird von der Luft nicht angegriffen, verflüchtiget sich aber durch das Blaserohr in nadelförmige Kristalle.

Sie löst sich bey einer mittleren Temperatur in 566 Theilen Wasser auf.

Sie zieht die reine Baryterde aus der Salpeter- und der Salzsäure an.

Sie verdrängt die Kohlensäure aus ihren Auflösungen.

Sie löst mehrere Metalle auf, und nimmt eine blaue Farbe an, je nachdem sie ihnen ihren Sauerstoff abgibt *).

Sechszehnter Abschnitt.

Von den Oxyden des Chromes (Chromsäure).

Das Chrom findet sich in dem Zustande einer Säure in dem rothen sibirischen Bley und in dem Zustande eines Oxyds in dem Smaragd und dem grünen Bleyerz.

Um die Chromsäure zu erhalten, läßt man rothes, pulverisirtes Bleyerz mit zwey Theilen kohlensaurem Kali aufsieden; das Alkali verbindet sich sodann mit der Chromsäure, und bildet ein orangegelbes Salz, welches sich kristallisiren kann, ohne seine

*) Die Molybdänsäure wirkt auch als Grundlage für viele Pigmente, und wenn die damit durchdrungenen wollenen Zeuge in Zinnauflösung gebracht werden, so nehmen sie schöne dunkelblaue Farben an, die sehr satt und dauerhaft sind. Wäre sie wohlfeil genug, so würde solche einen wichtigen Gegenstand der Färberey ausmachen können. H.

seine Farbe zu verändern. Man zersetzt diese neue Verbindung durch mineralische Säuren und erhält durch die Evaporation:

1) Das durch die angewendete Säure und das Alkali gebildete Salz.

2) Kristalle in länglichen, rubinfarbenen Prismen, oder die Chromsäure.

Man kann sich auch der Salzsäure bedienen, die sich des Bleyes bemächtiget und die Chromsäure bloß stellt.

Die Chromsäure hat eine röthliche Orangefarbe, und einen pikanten metallischen Geschmack.

Sie löst sich leicht in Wasser auf, und die verdickte Auflösung derselben gibt kleine Kristalle in Gestalt länglichter Prismen, von rubinrother Farbe.

Papier, Eisen, Zinn, wenn sie in diese Auflösung getaucht und den Sonnenstrahlen ausgesetzt werden, nehmen dadurch eine grüne Farbe an.

Vermittelst hinzutretender Wärme verwandelt sie die Salzsäure in oxydirte Salzsäure und die Flüssigkeit wird grün.

Geschmolzen mit Phosphorglase und Borax, theilt sie dem Glase eine schöne Smaragdenfarbe mit.

Es scheint sich aus allen dießfalls bekannt gewordenen Thatsachen zu ergeben:

1) Daß die Chromsäure fast allen ihren Verbindungen eine schöne rubinrothe Farbe mittheilt.

2) Daß das Oxyd des Chromes ihnen eine lebhafte Smaragdfarbe gibt.

Es läßt sich nicht bezweifeln, daß die Künste, hauptsächlich die Mahlerey, und die, deren Gegenstand die Färbungen des Glases, Emails und Porzellains ist, sich nicht bald eines Färbestoffes bemächtigen sollten, der alle Nüancen des schönsten Grün und das glänzendste und dauerhafteste Roth liefert. Schon hat Herr Brogniard das Oxyd des Chromes mit Erfolg dazu angewendet, dem Porzellain eine schöne grüne Farbe zu geben.

Das Var-Departement liefert dieß Metall in Ueberfluß (nahe bey Gassin, an dem Landhause la Carrade). Man darf nur das Eisenoxyd, die Alaun- und die Kieselerde die darin in Verbindung sind, von einander scheiden, um es zu jeglichem Gebrauche anwenden zu können, und Mittel zu dessen Vervielfältigung zu finden.

Sechstes Kapitel.

Von den Verbindungen des Sauerstoffs mit dem Wasserstoff (Wasser).

Das Wasser ist das bekannteste Resultat der Verbindung des Wasserstoffs mit dem Sauerstoff, und da dieß Fluidum in fast allen Operationen auf unserm Erdball thätig ist, und es ohne dasselbe weder Leben noch Thätigkeit gibt, so hat dessen Studium für uns ein ganz besonderes Interesse, vorzüglich in Rücksicht auf seine Entstehung und Zersetzung.

Die Wirkungen des Wassers sind nach und nach wohl von Männern beobachtet worden, die die Operationen der Natur studirten, aber seit der Entdeckung seiner Bestandtheile erst, hat man deren Ursachen in allen Phänomenen erklären können, die seine Entstehung und Zersetzung begleiten, und seine Thätigkeit in allen den Thatsachen verfolgen, welche es uns darbietet.

Da die Entdeckung der Grundstoffe des Wassers eine der glänzendsten Epochen in der Chemie bildet, und wir an dieselbe nicht allein die schleunigen Fortschritte einiger Künste, aber die Erklärung der hauptsächlichsten Phänomene der Vegetation, der Oxydation, der Wirkung der Säuren, der Erzeugung der Salze u. s. w. knüpfen müssen; so glauben wir schuldig zu seyn, über das, was sie vorbereitete und herbeyführte, in einige Details einzugehen.

Im Jahre 1718 zog Geoffroy fünf Unzen, sieben Quentchen, sechs und dreyßig Gran reines Wasser aus der Verbrennung von acht Unzen gut entwässertem Alkohol.

Boerhave bestätigte dieß, und zog aus diesem und noch einigen veränderten Experimenten ähnliche Resultate.

Junker machte einige Zeit darauf bekannt, daß die Flamme des Alkohols sich in Wasser verwandle.

Stahl führt im zweyten Kapitel seiner Abhandlung von den Salzen einen Versuch von Kunkel an, und beschreibt ihn, welcher darin besteht, ein flüchtiges Oel mit concentrirter Schwefelsäure zu mischen und zu destilliren. "Es ist," sagt er "ein „sehr merkwürdiges Phänomen, wenn man sieht, wie das we„sentliche Oel, welches man angewendet, sich zersetzt, und größ„tentheils in Wasser verwandelt wird." Er setzt hinzu, "die „Quantität von Wasser, welche man vorfindet, ist viel größer „als die, welche sich in der gebrauchten Schwefelsäure befunden."

Die

Die Vergleichung der dem Wasser inwohnenden Kraft, die Lichtstrahlen zu brechen, mit den verschiedenen durchsichtigen Substanzen, hatte bereits den großen Newton darauf geleitet, das Wasser als eine zwischen den entzündlichen und nicht entzündlichen Körpern mitten inne liegende Substanz zu betrachten; er glaubte, daß es dieß Fluidum wäre, welches den Thieren und Pflanzen ihr verbrennliches und entzündliches Princip mittheile.

Im Jahre 1776 überzeugte sich Macquer, daß die Verbrennung des Wasserstoffgas reines Wasser gebe.

Waltire hatte die Beobachtung gemacht, daß, wenn man in verschlossenen und sehr trockenen Gefäßen eine Mischung von gemeiner Luft und Wasserstoffgaas durch den electrischen Funken entzündet, die Wände sich mit Feuchtigkeit anfüllen.

Herr Watt schrieb unterm 22sten April 1783 an Priestley, um ihm anzukündigen, daß er glaube, das Wasser sey aus Lebensluft und phlogistischer, eines Theils der darin verborgenen Wärme beraubten Luft zusammengesetzt.

Herr Cavendish war erstaunt über die Quantität von Wasser, welche die Verbrennung des Wasserstoffgas lieferte.

Aber nur erst am 24sten Juny 1783 bewies ein öffentliches und strenges Experiment, das Herr Lavoisier machte, die Zusammensetzung des Wassers aus einer directen Verbindung des Wasserstoff- und Sauerstoffgas.

Ungefähr zu der nämlichen Zeit stellte Herr Mongé die nämlichen Grundsätze zu Mézieres auf, indem er die Combination der Verbrennung dieser beyden Gasarten durch den electrischen Funken machte, und diese Verbrennung dadurch bewirkte.

Diese Entdeckung, welche alle bis dahin angenommene Ideen über den Haufen warf, und womit der Physik ein neuer Tag zur Einsicht in jene Phänomene aufging, mußte Anhänger und Verfolger finden. Aber die Experimente zur Zusammensetzung oder Zersetzung dieser Flüssigkeit wurden so zahlreich und genau gemacht; die Resultate stimmten so strenge mit einander überein, die Resultate der Beobachtung, und die Phänomene bey der Wirkung des Wassers auf alle organische und unorganische Körper, unterstützen diese Lehre auf eine so natürliche Weise, daß es heut zu Tage wenig so begründete Thatsachen in der Physik gibt, und daß wir die Zusammensetzung und Zersetzung des Wassers zu den Grundaxiomen der Wissenschaft zählen können. Wir werden uns zur Feststellung dieser Theorie, hier darauf einschränken, die authentischsten Versuche anzuführen. Wir könnten die Wirkung des Wassers bey allen

Operationen der Natur und Kunst verfolgen, wenn wir die Versuche damit vervielfältigen wollten; denn wir würden überall die nämlichen Thatsachen finden, und die nämlichen Folgerungen ziehen können.

Erster Abschnitt.

Von der Zersetzung des Wassers.

1) Wenn man Wasser durch eine, im Feuer rothgeglühte, eiserne Röhre laufen läßt, und die Produkte, die sich entwickeln, in dem an einem Ende der Röhre angebrachten hydropneumatischen Apparate auffängt, so erhält man Wasserstoffgas, und das Innere der Röhre findet sich oxydirt. Der Zuwachs, den die Röhre an Gewicht enthält, und das Gewicht des Wasserstoffgas, kommen der Schwere des gebrauchten Wassers gleich.

Das authentischste und strengste von allen bekannten Experimenten dieser Gattung, ist unter den Augen und auf Befehl der Academie der Wissenschaften gemacht worden; man nahm einen Flintenlauf, in den man groben, mit dem Hammer platt geschlagenen Eisendrath steckte, wog das Eisen und den Lauf, und bekleidete den letztern sodann mit einem Kitt, der ihn vor der Berührung der Luft schützte; dann wurde er in einen Ofen in gebogener Richtung so hingestellt, daß das Wasser darin laufen konnte, und an seiner höchsten Extremität ein Trichter angebracht, dazu bestimmt, das Wasser aufzufangen, und es, aber durch einen Hahn nur Tropfen für Tropfen, ablaufen zu lassen; dieser Trichter war verschlossen, um jede Evaporation des Wassers zu verhindern. An dem andern Ende des Laufes war ein tubulirter Recipient befestigt, um das Wasser aufzunehmen, das, ohne sich zu zersetzen, entweichen könnte; an der Tubulirung des Recipienten aber befand sich der pneumato-chemische Apparat.

Zu größerer Vorsicht machte man in dem ganzen Apparate vor der Operation leeren Raum, und ließ, sobald der Lauf roth geglüht war, das Wasser Tropfen für Tropfen hineinfließen, woraus man viel Wasserstoffgas zog; nachdem die Operation beendigt war, hatte der Lauf Gewicht gewonnen, die Eisenstreifen in seinem Innern waren in eine Lage von Eisenoxyd verwandelt, schwarz und kristallisirt, wie Eisenerz von der Insel Elba; dieß Eisen war in dem nämlichen Zustande, als in Sauerstoffgas verbranntes, und die Vermehrung des Gewichts des

Eisens zusammengenommen mit dem Gewicht des erhaltenen Wasserstoffs betrugen genau so viel, als das gebrauchte Wasser.

2) Wenn man Eisen oder Zink in Schwefelsäure auflöst, die mit sechs oder sieben Theilen destillirten Wassers durchmengt ist; so oxydiren sich die Metalle, und es entwickelt sich viel Wasserstoffgas. Das zurückbleibende Wasser ist nicht in dem nämlichen Verhältnisse mehr vorhanden, als das angewendete; der Verlust den es erlitten, ist der Summe des Gewichtes des Wasserstoffs, und dem Zuwachs den das Metall an Schwere erhalten, gleich.

Wenn man, anstatt der Zersetzung des Wassers auf dem Eisen durch die Mischung mit Schwefelsäure nachzuhelfen, sich darauf einschränkt, aus sehr zertheiltem Eisen und reinem Wasser einen Teig zu bilden, so oxydirt sich das Metall; es entwickelt sich Wasserstoffgas, die Masse wird trocken, und das Gewicht des Gas, und das, welches das Eisen angenommen, stellen das ursprüngliche Gewicht des Wassers dar.

Das nämliche Phänomen zeigt sich schneller, wenn man in die Mischung ein wenig Schwefel thut; in diesem Falle überträgt sich der Sauerstoff des Wassers auf das Eisen und den Schwefel.

Die Herren Hasenfratz, Sthouly und Bettancourt haben die Beobachtung gemacht, daß die Eintauchung eines glühenden Eisens in Wasser jederzeit Wasserstoffgas daraus entwickelt, das sich entzündet.

Jedermann weiß, daß die Wasserdämpfe die Stärke der Flamme vermehren, und daß, wenn man diese Flüssigkeit auf einen sehr heißen, fetten oder öligen Körper gießt, dadurch die Entzündung desselben hervorgebracht wird.

Ich habe Gelegenheit gehabt mich zu überzeugen, daß die feuchte Luft der Wassertrommeln eine größere Wirkung hervorbringe, als eine gleiche Masse von Luft, aus einem Blasebalge mit der nämlichen Kraft ausgeblasen. Alle diese Phänomene hängen von der Zersetzung des Wassers ab, dessen Sauerstoff sich auf dem brennenden Körper festsetzt, während der Wasserstoff verfliegt.

3) Wenn wir mit Aufmerksamkeit dasjenige beobachten, was bey den auf die Zersetzung der Pflanzen- thierischen und mineralischen Substanzen Bezug habenden Operationen vorgeht; so werden wir überall Wasser als das bey diesen Zersetzungen hauptsächlich wirkende Mittel finden; wir werden sehen, wie es in den Eingeweiden der Erde, und in verschlossenen Gefäßen die atmosphärische Luft ersetzt, und den Sauerstoff liefert,

fert, der sich auf den Körpern festsetzt, während der frey gewordene Wasserstoff in den Gaszustand übergeht. Wir werden sehen, wie es, fast in allen Fällen wo sich Säuren bilden, das säureerregende Princip hergibt, und durch dieß Mittel die kräftigsten Wirkungsmittel bey den Operationen der Natur und Kunst erzeugt.

4) Abgesehen von der Wirkung des Wassers auf todte und unorganische Körper, hat es einen sehr ausgezeichneten Einfluß auf lebende Wesen; es ist eines der mächtigsten Elemente zur Ernährung der Vegetabilien, es zersetzt sich in ihrem Gewebe, und liefert den entzündlichen Stoff, der in den Pflanzen im Ueberfluß vorhanden ist, während sein Sauerstoff nach Außen gedrängt, oder Grundstoff im Pflanzenreiche wird, indem er dazu beyträgt, Säuren, Harze u. s. w. zu bilden.

Zweyter Abschnitt.

Von der Zusammensetzung des Wassers.

1) Im Februar des Jahres 1785 bewirkte man bey Lavoisier mit Hülfe von Gazometern, deren Beschreibung er selbst in seinen Elementen der Chemie *) geliefert, die Verbrennung von 2,364$\frac{65}{1000}$ Gran Sauerstoffgas, und 471$\frac{125}{1000}$ Wasserstoffgas, worauf im Abzug gebracht werden müssen;

a) 456 Gran auf das Gewicht des als Residuum bleibenden Gas.

b) 35,25 Gran, wegen der dem Sauerstoff durch das Kali geraubten Feuchtigkeit.

c) 44,25 Gran, wegen der Feuchtigkeit des Wasserstoffs;

so daß an Feuchtigkeit, dem Totalgewicht nach 3188,4 Gran Gas blieben. Man sammelte nun 3219 Gran Wasser, das heißt, 31 Gran mehr, als das Gewicht der Gase betrug, welches aus einem bey der Schätzung der Gewichte sich eingeschlichenen Irrthume herrührt. Dieß Wasser war säuerlich. Es wurde durch diesen Versuch festgestellt, daß 100 Theile Wasser aus 85 Theilen Sauerstoff und 15 Wasserstoff bestunden.

Ein andrer im Großen, und unter den Augen aller Pariser Gelehrten gemachter Versuch ist der, den Herr Lefèvre-Gineau im Collége de France, Dienstag den 23sten May 1788 anfieng, und Sonnabend, den 7ten Juny beendigte; das aus Braunstein gezogene

*) S. Lavoisiers System der antiphlogistischen Chemie. Mit Anmerkungen begleitet von Hermbstädt. 2te Auflage. Berlin 1803. H.

gezogene Sauerstoffgas nahm bey einer Temperatur von 10 Graden unter Null, und dem Drucke von 28 Zollen Quecksilber einen Raum von 35085,1 Cubikzollen ein, und wog 18298,5 Gran.

Das, aus der Auflösung von süßem Eisen in Schwefelsäure, die mit 5 Theilen Wasser verdünnt war, gezogene Wasserstoffgas, nahm einen Raum von 77967,4 Cubikzollen ein, und wog 475,63 Gran.

Diese beyden Gase zusammengenommen, hatten ein Totalgewicht von 23054,8 Gran, welchemnächst, wenn man die nicht verzehrte Portion, die 2831 Gran betrug, davon hinwegnimmt, für das Gewicht der vereinigten Gase der Betrag von 20323,8 Gran bleibt.

Das erzeugte Wasser wog 20293.

Es ergab sich also ein Deficit von 30,8 Gran, oder von $\frac{1}{651}$ der Totalsumme.

Das Gewicht des Produktes, das in dem Lavoisierschen Experimente das der gebrauchten Materien überstieg, und das Deficit in dem gegenwärtigen beweisen, daß diese leichten Unterschiede von Irrthümern herrühren, die bey so langwierigen und delicaten Versuchen unvermeidlich sind. Schon die Annäherung des Gewichts des Gas an das des erhaltenen Wassers ist ein Wunder, wie ein jeder fühlen wird, der sich mit Untersuchungen der Art beschäftigt.

Das specifische Gewicht des von Herrn Lefèvre-Gineau hervorgebrachten, in Vergleichung mit destillirtem Wasser, was in dem Verhältniß, wie 1,001025 zu 1 während das aus dem Lavoisierschen Versuche sich wie 1,0051 zu 1 verhielt. Es war sauer und enthielt 23,63 Gran Salpetersäure.

Ein drittes Experiment, über die Zersetzung des Wassers, ist von den Herren Fourcroy, Vauquelin und Seguin gemacht, und obgleich dieß nur die bereits aufgenommene Lehre über die Grundbestandtheile des Wassers zu bestätigen dienet, so verdient es wegen der Präcision aller dabey vorgekommenen Operationen, und der Genauigkeit der Resultate erwähnt zu werden. Uebrigens waren die Gase, deren man sich zur Verbrennung bediente, aus, von denen die die erstern geliefert, verschiedenen Materien gezogen, und das gewonnene Wasser gab kein Zeichen von Säure. Aus allen diesen Gesichtspunkten aber kann der Versuch als neu betrachtet werden, weil er, indem er bekannte Resultate bestätiget, unsere Kenntnisse erweitert und vervollkommt.

Man zog das Wasserstoffgas aus einer Auflösung von Zink in Schwefelsäure, die mit sechs Theilen Wasser verdünnt war.

Durch

Durch Destillation der Kristalle des oxydirten salzsauren Kali's, erhielt man das Sauerstoffgas.

Der Umfang des Wasserstoffgas betrug 25963,563 Cubikzoll bey einer Temperatur von $13\frac{1}{2}$ Graden, und einem Druck von 28 Zollen Quecksilber.

Das Gewicht dieses Gas, welches zur Composition des Wassers gebraucht wurde, betrug 1039,358 Gran.

Der Umfang des Sauerstoffgas bey 28 Zoll Druck, und einer Temperatur von 14 Graden, betrug 12570,942 Cubikzoll.

Das Totalgewicht der zur Composition des Wassers angewandten Flüssigkeiten war also 7249,227 Gran, oder 12 Unzen, 4 Quentchen, 49,227 Gran.

Das Gewicht des erhaltenen Wassers endlich betrug 7244 Gran, oder 12 Unzen, 4 Quentchen, 45 Gran.

Also ein Deficit von 4,722 Gran.

Die eudiometrischen Versuche hatten gezeigt, daß die ganze Masse der Lebensluft nur 415,256 Cubikzoll enthielte, bey dem Ende des Experiments nun, fanden sich 467 vor, also eine Vermehrung von 51,744 Cubikzoll.

Das erhaltene Wasser war nicht sauer, es hatte alle Eigenschaften des reinsten destillirten Wassers. Die berühmten Männer, die das Experiment gemacht, schreiben diesen Unterschied, zwischen den zuvor durch Verbrennung der Gase gewonnenem Wasser und dem ihrigen, dem zu, daß da bey ihrem Versuche die Verbrennung nur sehr langsam vor sich gegangen, die Wärme niemals eine solche Höhe erreichen können, um die Verbindung zwischen dem Stickstoff und Sauerstoff hervorzubringen.

Diese Operation wurde 185 Stunden hindurch, ununterbrochen fortgesetzt.

Der Versuch des Herrn Lefèvre ergibt auf 100 Pfund Wasser:

Sauerstoff	84,8 = $84\frac{4}{5}$
Wasserstoff	15,2 = $15\frac{1}{5}$

Der Versuch mit der Zersetzung des Wassers ergibt auf 100 Pfund Wasser:

Sauerstoff	84,2636 = $84\frac{1}{4}$
Wasserstoff	15,7364 = $15\frac{3}{4}$

Das Experiment der Herren Fourcroy, Vauquelin und Seguin endlich, gibt auf 100 Pfund Wasser:

Sauerstoff	85,662
Wasserstoff	14,338

Aus

Aus diesem letztern Experimente lassen sich noch nachstehende Folgerungen ziehen:

1) daß das Gewicht des Wasserstoffs zum Sauerstoff sich verhalte, wie 14338 zu 85662.

2) Daß ein Pfund Wasser aus folgender Zusammensetzung bestehe:

Sauerstoff	13 Unzen,	5 Quentchen,	46,67 Gran.
Wasserstoff	2 Unzen,	2 Quentchen,	25,33 Gran.

3) Daß der Umfang des Sauerstoffgas bey Zersetzung des Wassers sich gegen den des Wassers verhalte, wie 1 zu 2,052.

4) Daß man, um ein Pfund Wasser zu erhalten, verbrennen müsse:

reines Sauerstoffgas	15837 Cubikzoll.
reines Wasserstoffgas	32523 Cubikzoll.
In Summe	48360 Cubikzoll.

Die Zersetzung des Ammonium durch oxydirte Salzsäure, oder durch gewisse Metalloxyde bringt eine Quantität Wasser hervor, die ihr Daseyn nur der Verbindung des Sauerstoffs dieser letztern mit dem Wasserstoff des Alkali's verdankt. Der Stickstoff, der den andern Grundbestandtheil desselben ausmacht, entwickelt sich im Gaszustande.

Die Verpuffungen der metallischen Niederschläge durch Ammonium bringen ihre bekannten, schrecklichen Wirkungen nur durch Bildung und schleunige Evaporisation eines Theiles Wasser hervor.

3) Die schönen Versuche von Lavoisier und Seguin haben bewiesen, daß selbst durch die Handlung des Athemholens sich Wasser erzeuge, und daß, wenn der Sauerstoff auf irgend einen Theil des lebenden Körpers aufgetragen wird, er Wasser oder Kohlensäure hervorbringt; je nachdem er sich mit dem Wasserstoffe oder mit dem Kohlenstoff verbindet.

Die Phänomene bey der Vegetation zeigen gleichfalls die Production dieser Flüssigkeit in mehrern Fällen; das Reifwerden der Früchte zeigt an, daß sich darin Wasser in Ueberfluß bildet.

Durch das Verbrennen wird dasselbe auch noch in ungeheuerm Maaße hervorgebracht; Lavoisier bildete davon 18 Unzen durch das Verbrennen von 16 Unzen Alkohol.

Ich habe mehrere Male bemerkt, daß die Destillation stark gesäuerter Vegetabilien die Säure zersetzte, und daß daraus viel mehr Wasser entstand, als die Pflanzen in ihrem ursprünglichen Zustande enthalten.

Die

Die Zersetzung der Säuren auf dem größten Theil der thierischen und Pflanzensubstanzen bringt Wasser hervor.

Gährung und Fäulniß, indem sie den Körpern ihre eigenthümliche Natur rauben, die ihrem Einflusse ausgesetzt sind, nehmen Sauerstoff aus der Atmosphäre auf, und geben Veranlassung zur Bildung einer Portion von Wasser.

Da wir nun einmal die Grundbestandtheile des Wassers kennen gelernt; so wird es uns ein leichtes seyn, seine Wirkung in allen den Phänomenen zu verfolgen, die bey seiner Zersetzung vorkommen; aber um einen genauen Begriff von dieser Flüssigkeit zu haben, muß man sie in ihren hauptsächlichsten Verhältnissen betrachten. Man kann das Wasser also in den drey Zuständen ansehen in die es der Wechsel der Temperatur versetzet; diese Eintheilung beruht sein Wesen unter allen Umständen und ist also sehr geeignet unsre Gedanken auf die Rolle zu richten, die es bey allen Operationen der Natur und Kunst, spielet.

Dritter Abschnitt.

Von dem Wasser in Eisgestalt.

Wenn die Temperatur unseres Planeten fortwährend unter dem Nullpunkt des Reaumurschen Thermometers stände, dann würden die ungeheuern Wassersammlungen, woraus die Meere und Seen bestehen, neue feste Massen unserm Continent hinzufügen; die Quellen, Flüsse und Ströme würden nicht mehr seyn; die Thiere und Pflanzen, deren Leben das Wasser erhält, würden nicht mehr durch ihre Poren die Nahrung empfangen, deren sie bedürfen. Bald würden Theile von jenen durchsichtigen Kristallmassen, durch die Hand des Menschen aufgelöst und fortgerollt, von den Winden fortgestoßen, oder fortgerissen von den neuen Flüssigkeiten, die sich auf der Oberfläche der Erde verdichtet hätten, uns ein mehr oder minder verworrenes Gemenge aller festen Substanzen auf der Oberfläche des Erdballs zeigen, und an dem aus den Eiskristallen gebildeten Theile unseres Planeten, würden wir dieselben Phänomene als an unsern jetzigen Bergen wahrnehmen.

Allein die Kälte, welche dazu gehört, um das Wasser in beständiger Eisgestalt zu erhalten, ist nicht der dauernde Zustand der Temperatur unserer Atmosphäre, und nur auf einigen Punkten der Erde scheint ewiges Eis zu seyn, während sonst fast überall das Wasser uns einen abwechselnden Uebergang aus dem flüssigen Zustande in den festen oder in den gasförmigen darstellt, je nachdem die Jahrszeit und die Temperatur ist.

Das Gefrieren des Wassers bietet einige Phänomene dar, die beständig genug zu seyn scheinen, um eine Auseinandersetzung zu verdienen.

1) Fahrenheit, Treiwald, Baume und de Rattes haben bemerkt, daß das Wasser einen tiefern Grad von Kälte, als der Gefrierpunkt annehmen kann, ohne zu gefrieren; es ist zugleich dem beobachtenden Auge dieser Physiker nicht entgangen, daß ein schwacher Stoß an das Gefäß, worin das Wasser ist, oft in diesem Falle das Gefrieren bewirkt, und dann das in die Flüssigkeit getauchte Thermometer auf den Gefrierpunkt steigt. Dem berühmten Black in Edinburg, verdanken wir es aber, uns gezeigt zu haben, daß dieses Phänomen nicht Statt findet, sobald man sich des abgekochten Wassers bedient; was zu beweisen scheint, daß das Daseyn und die Zwischenmengung der Luftblasen im Wasser das Gefrieren desselben verzögert. Nach diesem Grundsatze thut man in Ostindien nur gekochtes Wasser in die Gefäße, worin das Gefrieren vor sich gehen soll. Philosoph. Transact. fol. 65, Jahr 1775, Abhdl. von Robert Barker.

Dieses Phänomen steht in einigem Bezug mit einer bekannten Beobachtung über die Kristallisation gewisser Salze, die man zuweilen auch nur durch eine leichte Bewegung der stark eingedickten Flüssigkeit gehörig bewirken kann, und wir müssen hinzufügen, daß diese Eigenheit nur bey denjenigen Salzen Statt findet, welche in Masse gerinnen oder erstarren, und nicht bey denen, deren Kristalle sich einzeln oder abgesondert für sich in einer Flüssigkeit bilden, welches eine zweyte Aehnlichkeit zwischen der Kristallisation jener erstern Salze und dem Gefrieren des Wassers begründet.

2) Aus den Versuchen der Akademie del Cimento erhellt, daß hohle, mit Wasser gefüllte Kugeln von Metall, wenn sie einer Temperatur ausgesetzt wurden, die fähig war, das Wasser zum Frieren zu bringen, mit einem Knall zersprangen. Jedermann weiß, daß die Baumstämme sich zerspalten, wenn der Saft darin friert, und daß die härtesten Steine mit Geräusch zerspringen, oder Spalten kriegen, sobald das eingedrungene Wasser zu Eis wird. Aus diesen Thatsachen hat man geschlossen, daß das gefrorne Wasser einen größern Raum einnehme, als das flüssige; allein Herr Vauquelin hat beobachtet, daß verschiedene Salze, die sich in offenen Gefäßen kristallisirten, und die selbst beym Uebergang in den kristallisirten Zustand an Volumen abnahmen,

nahmen, dennoch das Zerbrechen der Gefäße bewirkten. Dieß bringt uns auf den Schluß, daß die durch den Frost bewirkte Explosion nicht nothwendiger Weise die Vergrößerung des Volumens beweist, die man daraus hat folgern wollen.

Diese nicht zu bezweifelnden Resultate sind schwer zu begreifen: denn wenn man auch selbst annimmt, daß das Zerbrechen der Gefäße durch eine Zunahme des Volumens bey dem gefrierenden Körper bewirkt werde, so bleibt doch noch immer übrig zu erklären, wie die Kraft, welche die Kristallisation hervorbringt, einen so mächtigen Widerstand überwinden könne, als ihr die dicken Wände einer metallenen Kugel entgegenstellen.

3) Die vorhergehenden Erscheinungen haben uns schon überzeugt, daß das Eis die kristallisirte Form des Wassers ist; allein wir haben auch bemerkt, daß hier, wie bey der Kristallisation einiger Salze, die Flüssigkeit ganz auf ein Mal erstarrt und es folglich nicht immer möglich ist, die dem Kristall eigenthümliche Gestalt zu unterscheiden, weßhalb wir hier die hauptsächlichsten Beobachtungen über diese Kristalle miteinander vergleichen wollen.

De Mayran sah, daß sich die Eisnadeln allezeit unter einem Winkel von 60 oder von 120 Graden vereinigten.

Pelletier fand in einem löcherigen Stück Eis vierseitig prismatische, abgeplattete Kristalle, an beyden Enden mit zwey Flächen zugeschärft.

Herr Sage bemerkt, daß wenn man eine Eismasse zerbricht, die in ihrem Innern Wasser enthält, dieses herausfließt, und man die Höhlung mit vierseitigen Säulen, die in vierseitige Pyramiden auslaufen, überzogen findet. Oft sind diese Prismen in einander gefügt und kreuzen sich. (*Sage*, Analyse chimique, tom. I. pag. 77).

Herr Macquart hat wahrgenommen, daß wenn in Moscau Schnee fällt, und die Atmosphäre nicht allzutrocken ist, man eine Menge artiger Kristallisationen darin bemerkt, die regelmäßig abgeplattet und so dünn sind, wie ein Blatt Papier. Es ist eine Vereinigung von Fasern, die von einem Mittelpunkt ausgehen und sechs Hauptstrahlen bilden, welche sich wieder selbst in kleine außerordentlich glänzende Bündel theilen. Er hat mehrere von diesen abgeplatteten Strahlen bemerkt, die 10 Linien im Durchmesser hatten.

Ich habe oft gesehen, daß die Büschel von Kristallen, die sich bey einem Reif auf Pflanzen und andern feuchten Körpern bilden, Segmente von Rhomben, zuweilen in Gruppen, öfter aber isolirt waren.

Der Schnee zeigt uns eine Kristallisation des Wassers, die regelmäßiger ist als das Eis selbst: wir haben schon angemerkt, daß das Eis mit den Salzmassen verglichen werden könne, die sich durch das Erstarren der ganzen Flüssigkeit bilden; die Kristallisation des Schnees aber geschieht in einem Fluido, welches jedem Kristall erlaubt, sich zu isoliren und seine bestimmte Figur anzunehmen: auch nimmt diese Kristallisation alle Zeit die Gestalt eines regelmäßigen Sechsecks an, wenn der Schnee bey stillem Wetter fällt. Die Bewegung der Luft, die Temperatur der Oberfläche der Erde erzeugen unendliche Modifikationen in den Kristallen, indem sie sie zerbrechen, durch den Stoß aus der Form bringen, oder indem bey dem Uebergang aus den Eisregionen in eine wärmere Temperatur die Ecken und Spitzen abschmelzen. Diese Eiskristalle vergrößern und gruppiren sich mehr oder weniger, je nachdem sie durch eine mehr oder minder kalte, mehr oder minder feuchte Luft gehen und bey ihrem Fall eine mehr oder minder hohe Schicht der Atmosphäre durchlaufen. (S. die Abh. des Herrn Monge über die Ursache der vorzüglichsten Phänomene der Meteorologie).

Wenn die Luft mit Feuchtigkeit beladen ist, die Temperatur das Gefrieren des in der Luft schwebenden Wassers erleichtert und der Wind die Atmosphäre in Bewegung setzt, so führt er diese kleinen fast unbemerklichen und kaum gebilderen Kristalle mit sich fort und schlägt sie nieder; dieß bildet den Staubschnee.

Diese Erscheinung hat Aehnlichkeit mit dem, was in einer Salzauflösung vorgeht, deren Kristallisation man durch ein beständiges Schütteln stört; die kleinen, abgesonderten und durch die Abkühlung gebildeten Kristalle fallen auf den Boden des Gefäßes nieder und stellen bloß ein kristallinisches Pulver dar, indem jedes Korn die sehr deutlich ausgedrückte Form des Kristalles zeigt.

Da das Wasser das Auflösungsmittel der meisten Salze ist, so benutzt man sein Vermögen zu gefrieren dazu, diese salzigen Substanzen entweder zu extrahiren oder sie zu concentriren. So concentrirt man in den nördlichen Ländern das Meerwasser durch den Frost, um das Salz zu extrahiren, und so concentriren wir in unsern Fabriken die meisten vegetabilischen Säuren, indem wir sie einer Temperatur aussetzen, die das Wasser, womit sie verdünnt sind, in Eis verwandelt.

Wenn das Eis, so lange als es in diesem Zustande ist, einer höhern Wärme als es selbst besitzt, ausgesetzt wird, so beharrt es alle Zeit auf dem nämlichen Grade der Temperatur, so lange es in festem Zustande bleibt. Man kann also den Temperatur-

grad

grad des schmelzenden Eises als festbestehend ansehen, und hat auf diese unveränderliche Grundlage die Grad-Abtheilung des einen Thermometerendes gegründet. Man kann auch noch die Temperatur des Eises dadurch erniedrigen, daß man es mit salzigen Substanzen mischt und die Auflösung dieses Gemenges in einer kleinen Quantität Wasser durch ein fortgesetztes Schütteln erleichtert. Man kann sich auf diese Art eine Temperatur von 12 bis 15 Grad verschaffen, und diesen künstlichen Frost zur Verwandlung der Liqueure, Pflanzensäfte u. s. w. in Eis benutzen.

Zerstoßenes Eis in sehr reiner concentrirter Salpetersäure geschmolzen kann eine Kälte von 30 bis 32 Grad geben, die fähig ist das Gefrieren des Quecksilbers zu bewirken.

Vierter Abschnitt.

Von dem Wasser im flüssigen Zustande.

In flüssiger Gestalt zeigt sich das Wasser beynah überall auf unserm Erdball, und in diesem Zustande lassen wir es unserm Bedürfnisse dienen.

So wie die Natur uns das Wasser liefert, ist es niemals rein: es enthält immer Luft und einige Theile meistens erdiger Salze. Allein diese Dinge schaden seinem Gebrauche nicht, wenn sie nur nicht in zu großer Menge vorhanden sind. Im Allgemeinen sind die fließenden Wässer reiner als die stehenden, und unter den erstern sind wieder diejenigen, welche über Grunderden laufen, weniger verunreinigt, als die, welche einen vermischten Boden durchziehen: der Boden ist im erstern Fall unauflöslich und unzersetzlich, während er im zweyten beständig ausschlägt und sich Salze darauf bilden, die das ihn tränkende Wasser auflöst und mit sich fortführt.

Das Wasser, welches unmittelbar von geschmolzenem Schnee herrührt, ist sehr rein; es enthält aber nicht genug Luft, wodurch es zum Getränk zu fade und schwer wird.

Das Wasser, welches aus der Atmosphäre als Regen fällt, ist das reinste von allen; es ist inzwischen nicht ganz frey von fremden Materien und enthält mehr oder minder Salze in Auflösung, wie es **Marggraef** bewiesen hat. Das erste Wasser, welches ein Regen gibt, ist gewöhnlich weniger rein, als das letzte; das bey einem Gewitter niederfallende ist es alle Zeit weniger, als das von einem sanften Regen herkommende; dasjenige,

nige, welches ein Seewind herbeyführt, enthält salzsaures Natrum in hinreichender Menge, um an den Küsten des Meers selbst dem Geschmacke bemerkbar zu werden.

Enthält das Wasser fremde Stoffe genug, um auf den Körper als Arzneymittel zu wirken, so unterscheidet man es von dem zum Trinken dienlichen und nennt es ein Mineralwasser.

Da der Chemiker sich bey seinen Untersuchungen am häufigsten des Wassers als Auflösungsmittels bedient, so würde er Gefahr laufen sich in seinen Resultaten zu irren, wenn er es so gebrauchen wollte, als die Natur es ihm liefert: es ist ihm also daran gelegen, es auf den gehörigen Grad von Reinheit zurückzuführen und er gelangt dahin durch die Destillation. Das vermittelst dieser Operation in Dämpfe aufgelöste und dann wieder in der Vorlage verdichtete Wasser befreyet sich von allen salzigen Stoffen, die es in Auflösung hielt und ist dann unter dem Namen destillirtes Wasser bekannt.

Wir finden in den entferntesten Jahrhunderten schon Spuren von der Destillation des Wassers: die ersten Schiffer der Inseln des Archipelagus füllten ihre Kochtöpfe mit salzigem Wasser und fingen die Dämpfe in darüber gelegten oder gehängten Schwämmen auf.

Die Destillation geht desto schneller und leichter vor sich, je geringer der Druck der Luft auf die Oberfläche der Flüssigkeit ist; es ist bekannt, daß die durch den Druck der Atmosphäre condensirten Flüssigkeiten sich wieder in dem leeren Raume der Luftpumpe in Dämpfe auflösen. Hierauf müssen wir die Beobachtungen der meisten Physiker und Naturforscher beziehen, die das Kochen einer Flüssigkeit desto leichter vor sich gehen sahen, je höher man auf einem Berge stieg; und durch eine natürliche Folgerung aus diesen Grundsätzen hat Herr Achard in Berlin ein Instrument erfunden, um die Höhe der Berge nach der Leichtigkeit, womit eine Flüssigkeit ins Kochen kommt, zu beurtheilen. Mongez und Lamanon, zwey der unglücklichen Gefährten von Laperrouse, haben bemerkt, daß der Aether auf dem Pik von Teneriffa mit einer bewundernswürdigen Leichtigkeit verdunstete. Herr von Saussüre machte eine ähnliche Bemerkung auf den Schweitzerbergen, und die Herren Rochon und Lavoisier haben aus allen diesen Thatsachen praktische Folgerungen gezogen, um die Destillation zu erleichtern, indem man das Gewicht der Luftsäule, die auf die zu verdunstende Flüssigkeit drückt, ganz oder zum Theil entfernt.

Das Wasser übt im flüssigen Zustande eine mächtige Anziehungskraft gegen beynahe alle Körper aus, doch ist sie nicht

bey

bey allen gleich; es sucht die Vereinigung mit einigen, als mit der Schwefelsäure, dem Kali u. s. w., und verwirft sie mit verschiedenen Andern, als mit dem Fett, den Oelen, Metallen u. s. w.; im allgemeinen hat es größere Verwandtschaft mit den salzigen Substanzen, als mit den andern.

Das Wasser zeigt in seinen verschiedenen Verbindungen besondere Eigenschaften, die ihm wesentlich anzugehören scheinen; befindet es sich darin in einem richtigen quantitativen Verhältnisse, so bewirkt es die Durchsichtigkeit und Festigkeit fast aller Salze. Um sich hiervon zu überzeugen, braucht man nur Acht zu geben, was mit den Kristallen geschieht, die man ihres Wassers durch das Feuer oder die bloße Wirkung der Luft beraubt; sie verlieren mit einem Male ihre Durchsichtigkeit und Festigkeit. Wenn man mittelst der Hitze das Wasser der durchsichtigen Gypskristalle ausgetrieben, und ihnen eine pulverige Consistenz gegeben hat, so kann man ihre Festigkeit wiederherstellen, indem man diesem Pulver das Wasser wieder gibt, das man ihm genommen. Wir können, von Seiten des Wassers, ähnliche Wirkungen wahrnehmen bey der Bildung des Gluten, der Bereitung des Leims, des Mörtels u. s. w.

Wenn man das Wasser im Uebermaaß den verschiedenen Substanzen darbietet, die mit ihm Verwandtschaft haben, so löst es sie auf, und gibt ihnen den äußern Charakter, der ihm eigen ist. Die verschiedenen Grade von Verwandtschaft mit den verschiedenen Körpern, theilen seine lösende Kraft in unendliche Grade ab.

Diese lösende Kraft, die das Wasser auf allen Punkten des Erdballs ausübt, ist die Hauptursache der Versetzungen und Ortsveränderungen aller mehr oder minder in dieser Flüssigkeit löslichen Substanzen. Die Salze, von welcher Art sie seyn mögen, sind kaum gebildet, als auch das Wasser sie schon mit sich fortreißt; die Verdunstung, Bewegung oder stärkere Verwandtschaften bewirken dann den Niederschlag derselben. Vermöge derselben lösenden Kraft bringt das Wasser die Materien, welche im Innern der Erde gebildet worden, täglich an die Oberfläche derselben; und eben diese Kraft gibt dem Chemiker ein Mittel an die Hand, die Salze zu extrahiren und zu erkennen, während er zugleich in der Eigenschaft des Wassers, zu verdunsten, einfache Mittel findet, um sie in der regelmäßigsten Gestalt zu erhalten.

Untersuchen wir mit Aufmerksamkeit die lösende Wirkung des Wassers auf die verschiedenen Körper, so erkennen wir zwey sehr deutliche Erfolge; oft ist die Lösung vollkommen, und der gelöste Körper verschwindet dem Auge; in mehreren Fällen aber

bindet

bindet das Wasser bloß die Theile, vermehrt das Volumen der Masse, und gibt ihr Durchsichtigkeit. Die letztern Erscheinungen sehen wir bey der Art und Weise, wie sich das Wasser mit der Thonerde, Talkerde, der Stärke, dem Pflanzenschleim, Eyweiß u. s. w. verhält. Es ist hier eine halbe Auflösung wo die kleinen Partikeln durch das Dazwischentreten der Flüssigkeit getrennt, und bey einem hohen Grade von Feinheit von einander abgesondert sind.

Das Wasser wirkt nicht allein als lösendes Mittel auf die organischen und nicht organischen Produkte, sondern es übt auch durch seine eigenen Grundbestandtheile eine mehr oder minder directe Wirkung auf sie aus.

Indem das Wasser leicht oxydirbare Metalle benetzt, zersetzt es sich mit ihnen, oxydirt sie, und sein Wasserstoff entweicht in Gasgestalt. Die Zersetzung geschieht schneller, wenn man es mit einem Körper verbindet, der eine sehr starke Verwandtschaft mit den Metallen äußert, wie z. B. die Säuren.

Der Zersetzung des Wassers im Innern der Erde können wir auch die meisten dort vorgehenden Veränderungen und Revolutionen zuschreiben; die in den Eingeweiden der Erde so so häufigen Schwefel- und Phosphormischungen würden keine Veränderung erleiden, wenn der Sauerstoff, der ihre Natur umwandelt, und mit ihnen Säuren bildet, nicht durch die Zersetzung des Wassers hergegeben würde; auch sehen wir die Schwefelmischungen nicht eher ausschlagen, als wenn sie vom Wasser durchdrungen sind. In allen diesen Fällen verbindet sich der Sauerstoff des Wassers mit dem Schwefel, und bildet Schwefelsäure, während der freygewordene Wasserstoff, oft mit krachendem Geräusch, aus der Werkstätte, die ihn erzeugt hat, entweicht, und Erdbeben oder vulkanische Ausbrüche veranlaßt. Von der andern Seite bestrebt sich die producirte Säure, sich mit allen Materialien zu verbinden, die sie an dem Orte ihrer Bildung antrifft, woraus dann schwefelsaure Salze von allen Arten entspringen. Das Wasser löset nun diese neuen Salze auf, und führt sie auf die Oberfläche des Erdballs, welches die Hauptursache der Entstehung der Mineralwasser ist; aber die convulsivischen Bewegungen, die durch das Resultat dieser Zersetzungen, und die sie begleitende Wärme hervorgebracht werden, sublimiren jene Salze, oder stoßen sie aus; weßhalb man auch alle diese Produkte mit den vulkanischen Produkten gemengt, oder in den Zuglöchern, welche dem unterirdischen Feuer einen Ausgang geben, sublimirt findet.

Die

Die Bildung der Säuren, Oxydation der Metalle, Zersetzung der Erdharze, und alle Phänomene der Oxydation oder der Verbrennung, die in dem Innern der Erde, da wo die atmosphärische Luft nicht hindringen kann, Statt finden, können nicht anders, als durch die Zersetzung des Wassers erklärt werden.

Wenn wir aus dem Schooß unseres Planeten unsere Blicke auf die Oberfläche desselben wenden, so sehen wir wieder alle lebenden Wesen der Zersetzung des Wassers, die Ausübung ihrer organischen Verrichtungen verdanken; die Pflanze wächst durch Hülfe des Wassers allein, und es ist ein nothwendiges Auflösungsmittel für alle andern Stoffe, die ihre Ernährung vollenden.

Siebentes Kapitel.

Von den Verbindungen des Schwefels.

Der Schwefel ist eins der kräftigsten Hülfsmittel chemischer Wirkung, wir finden ihn beynahe mit allen Metallen verbunden, er löst sich leicht im Wasserstoff auf, und nimmt in dieser Verbindung einen Charakter von Flüchtigkeit an, mit Hülfe derselben er sich an alle Körper macht, und eben so mannigfaltige als wichtige Erscheinungen veranlaßt. Er vereinigt sich auch ziemlich leicht mit dem Sauerstoff, und bildet mit ihm eine Säure, die sich mit den Erden und Metallen verbindet, und jene zahlreichen Arten schwefelsaurer Salze hervorbringt, welche die Natur uns fast überall darbietet.

Wir werden hier nur von seinen Hauptverbindungen und besonders von denen sprechen, die in den Künsten und Manufakturen am meisten gebraucht werden.

Erster Abschnitt.

Von der Verbindung des Schwefels mit den Alkalien.

Wenn man Kali oder Natrum in einen Tiegel mit gleichen Theilen Schwefel zusammenschmelzt, so entsteht daraus eine harte, grünliche Masse, fast ohne Geruch. Sie zieht stark die Feuchtigkeit, wird flüssig und gibt dann einen stinkenden Geruch nach geschwefeltem Wasserstoffgas von sich. Man kann das geschwefelte Kali nur in wohl verstopften Flaschen trocken erhalten.

Wenn man aber, anstatt die Alkalien trocken mit dem Schwefel zu verbinden, sie in Wasser auflöst, und dann in der

Wärme mit dem Schwefel digeriren läßt, so geschieht die Auflösung auf der Stelle; die Flüssigkeit nimmt eine röthlichgelbe, mehr oder minder dunkle Farbe an, und verbreitet einen Geruch nach geschwefeltem Wasserstoffgas.

Steht dieser kali= oder natrumhaltige Schwefel mit der Luft in Berührung, so läßt er eine beträchtliche Quantität Schwefel fallen; der Geruch verschwindet, die Flüssigkeit wird helle, und enthält nur noch schwefelsaures Kali in Auflösung.

In allen eben erwähnten Fällen rührt die Erzeugung von geschwefeltem Wasserstoffgas und von Schwefelsäure von der atmosphärischen Luft, oder von der Zersetzung des Wassers her, dessen beyden Grundbestandtheile sich auf den Schwefel werfen, und mit ihm geschwefeltes Wasserstoffgas bilden, welches in die Luft entweicht, und Schwefelsäure, die sich des Alkalis bemächtigt. So wie das Alkali sich verbindet, schlägt der größte Theil des Schwefels sich nieder, weil zur Bildung des geschwefelten Wasserstoffgas aus der Schwefelsäure nur ein Theil des in dem Alkali aufgelösten erforderlich ist.

Das geschwefelte Ammonium zeigt nicht dieselben Eigenschaften als die geschwefelten feuerbeständigen Alkalien. Um es zu bereiten mengt man in einem marmornen Mörser 3 Pfund an der Luft gefallnen Kalk, ein Pfund Salmiak, und 8 Unzen Schwefel untereinander, thut dieses Gemenge in eine Retorte, gießt 6 Unzen Wasser darauf, und schreitet zur Destillation. Die ersten übergehenden Tropfen sind farbenlos, hierauf aber werden sie Citronengelb. Wenn ungefähr 6 Unzen Flüssigkeit übergegangen sind, dann erheben sich weiße, sehr elastische Dämpfe, die beynahe nicht zu condensiren sind; man vermindert nun das Feuer, um Explosion zu verhüten, unterhält es dann noch eine Stunde, und vermehrt es wieder von dem Augenblick an, wo die Dämpfe aufhören so reichlich zu seyn. Man erhält auf diese Art ungfähr 4 Unzen geschwefeltes Ammonium, welches in den Pharmacopoeen unter dem Namen **Boylens rauchender Liquor** bekannt ist.

Hoffmann brauchte kein Wasser, und bediente sich des lebendigen Kalks; allein auf diese Art ist das geschwefelte Ammonium nicht sehr reichlich, obgleich stark rauchend, und so elastisch, daß oft die Destillirgefäße zerspringen.

Herr **Berthollet** hat gezeigt, daß das geschwefelte Ammonium seine Eigenschaft einer Beymengung von nicht gebundenem Ammonium verdankt.

Dieses

Dieses geschwefelte Ammonium kann, selbst in der Kälte, eine viel größere Quantität Schwefel aufnehmen, und hört dann auf zu rauchen. Diese mit Schwefel gesättigte Schwefelmischung hat eine dunkle Farbe und ölige Consistenz; bey der geringsten Berührung der Luft wird sie weiß und läßt Schwefel fallen.

Da das Ammonium allein den Schwefel nicht auflöst, so sieht man, daß sich mit Hülfe des geschwefelten Wasserstoffs die dreyfache Verbindung bildet, und daß sie dann den Namen ammoniumhaltige hydrogenisirte Schwefelmischung erhalten muß, während der rauchenden Verbindung die Benennung geschwefelter Wasserstoff mit einem Ueberschuß von Ammonium zukommt.

Die geschwefelten Alkalien werden nicht sehr gebraucht: man hat sie als eudiometrische Mittel vorgeschlagen; allein der geschwefelte Wasserstoff, der sich mit der Luft vermischt, die man analysiren will, macht diese Methode weniger genau und schwieriger in der Ausführung, als wenn man Körper gebraucht, die den Sauerstoff aufnehmen und keinen flüchtigen Stoff unter die Luft mengen, mit welcher man operirt.

Zweyter Abschnitt.

Von den Verbindungen des Schwefels mit den Erden.

Wenn man ein Pfund fein gepulverten lebendigen Kalk mit 4 Unzen sublimirtem Schwefel (Schwefelblumen) wohl gemengt hat, und auf dieses Gemenge Wasser gießt, um den Kalk zu löschen und einen weichen Teig zu bilden, so ist die sich erzeugende Hitze hinreichend, die Auflösung einer Portion Kalk durch den Schwefel zu bewirken, und man kann durch Filtriren eine gelbe Flüssigkeit absondern, die wie geschwefeltes Wasserstoffgas riecht.

Man kann auch eine Kalk-Hydrosulphure bereiten, wenn man die Kalkerde in Wasser zerläßt, und dann durch dieses das geschwefelte Wasserstoffgas hindurchgehen läßt.

Reine Talkerde, in das mit geschwefeltem Wasserstoff geschwängerte Wasser geworfen, löst sich darin auf.

Läßt man eine Auflösung von frischer geschwefelter Schwererde abdunsten, so bildet sich eine verworrene Kristallisation; werden diese Kristalle zwischen Papier gelegt, welches die Flüssigkeit, wovon sie durchdrungen sind, annehmen kann, und dann unter eine Presse gebracht, so bilden sie eine weiße Substanz

stanz und dieß ist der schwefelwasserstoffhaltige Baryt. Die abgeschiedene Flüssigkeit ist eine geschwefelte Baryterde, die noch viel geschwefelten Wasserstoff enthält.

Wenn man die geschwefelte Baryterde bereitet, dann bildet sich eine viel größere Menge geschwefelter Wasserstoff, als bey den andern Schwefelmischungen, weil die Verwandtschaft der Baryterde mit der Schwefelsäure eine schnellere Oxydation des Schwefels und des Wasserstoffs erzeugt. Die Quantität geschwefelter Wasserstoff, die sich bey jeder Gattung von Schwefelmischung bildet, verhält sich wie die Verwandtschaft der Grundlagen zur Schwefelsäure.

Dritter Abschnitt.

Von den Verbindungen des Schwefels mit den Metallen.

Herr Berthollet unterscheidet mit seinem gewöhnlichen Scharfsinn die Verbindungen des Schwefels mit den Metallen von denen, die er mit ihren Oxyden eingeht.

Im erstern Falle zieht die Schwefelmischung den Sauerstoff aus der Atmosphäre an, oder sie bleibt ohne alle Veränderung, je nach der Verwandtschaft des Metalles mit dem Sauerstoff, der Verwandtschaft des Schwefels mit demselben Stoff, und der Tendenz des Metalls sich mit der Schwefelsäure zu verbinden, die das Resultat der Oxydation des Schwefels seyn muß.

So bildet das in metallischem Zustande mit dem Schwefel verbundene Eisen eine schwarze sehr leichtflüssige Mischung, und wenn es in oxydirtem Zustande mit dem Schwefel verbunden ist, eine gelbe, minder leichtflüssige, schwerer zu zersetzende Mischung.

Das schwarze Schwefeleisen wird an der Luft gelb, zu Folge der Oxydation seiner beyden Bestandtheile, und verändert sich in schwefelsaures Eisen.

Die Wirkung der Säuren auf die metallischen Schwefelmischungen ist sehr verschieden, je nachdem das Metall im metallischen oder oxydirten Zustande sich befindet; im erstern Falle würken diejenigen Säuren schnell, welche sich leicht mit den Metallen zersetzen, und so, indem sie sie oxydiren, ihre Auflösung vorbereiten; im zweyten Falle üben die Säuren, die sich nicht zersetzen, die kräftigste Wirkung aus.

Es erhellt aus den Versuchen des Herrn Berthollet, daß der geschwefelte Wasserstoff sich mit einigen Metallen, besonders aber mit den Oxyden verbindet, und daß die concentrirten Säuren

ren diese Oxyde zurück nehmen, und den geschwefelten Wasserstoff austreiben.

Bey den meisten durch Metalloxyde gebildeten Hydrosulphuren verursacht das Bestreben des Wasserstoffs und Sauerstoffs, sich mit einander zu verbinden, die Zersetzung des geschwefelten Wasserstoffs.

Man kann die Hydrosulphuren zersetzen, entweder indem man ihren Wasserstoff, oder indem man ihren Schwefel dem Sauerstoff abtritt, welches die Resultate dieser Zersetzungen sehr mannigfaltig macht.

Sind die Metalle, durch diese Entziehung des Sauerstoffs nahe an den metallischen Zustand gebracht worden, so widerstehen sie der Verbindung mit den Säuren. Daher kommt es, daß der schwarze Quecksilberpräcipität, der vom Silber und der vom Kupfer, zum Theil der Wirkung der Säuren widerstehen.

Die allmählige Entsäuerung ist sehr bemerklich, wenn man eine Auflösung von geschwefeltem Wasserstoff in eine Auflösung von ätzendem salzsauren Quecksilber gießt; erst ist der entstehende Niederschag gelb, wird aber immer dunkler, je mehr geschwefelten Wasserstoff man zusetzt, und geht endlich ins Schwarze über.

Das Manganesoxyd (Braunstein) nimmt dem Wasser den geschwefelten Wasserstoff, es treibt das Ammonium aus dem Ammoniumhaltigen geschwefelten Wasserstoff seine Wirkung auf diese letztere Substanz ist von einer solchen Hitze begleitet, daß die Flüssigkeit in das Kochen kommt; es verliert dadurch seine Farbe zum Theil, wird im Wasser löslich, indem es einen Ueberschuß von geschwefeltem Wasserstoff annimmt, und man kann es in diesem Zustande durch ein Alkali weiß niederschlagen.

Erster Artikel.

Von der Verbindung des Schwefels mit dem Quecksilber, (Zinnober, mineralischer Mohr).

Die Verbindung des Schwefels mit dem Quecksilber bildet den mineralischen Mohr und den Zinnober.

Die erste dieser Zusammensetzungen hat eine schwarze Farbe; allein auf dem Bruche und durch das Zerreiben der Massen zeigt es eine dunkelrothe Farbe.

Die

Die zweyte hat eine sehr glänzende rothe Farbe, die noch durch das Reiben erhöht wird und in dem letztern Zustande nennt man sie Vermillon.

Man kann den Mohr auf verschiedene Arten bereiten, 1) indem man in einem Mörsel 4 Unzen Quecksilber mit 12 Unzen Schwefel zusammenreibt; 2) indem man eine Unze Quecksilber auf 4 Unzen geschmolzenen Schwefel gießt; das Gemenge entzündet sich; man erstickt die Flamme und nimmt den Tiegel aus dem Feuer; 3) indem man eine Auflösung von geschwefeltem Kali mit einer Auflösung von salpetersaurem Quecksilber vermischt.

Der sublimirte Mohr gibt den Zinnober; allein, da man ihm in unsern Laboratorien nicht leicht die Lebhaftigkeit der Farbe geben kann, welche den im Handel befindlichen auszeichnet, so wollen wir, nach den Herrn Luckert und Paysse, das in Holland übliche Verfahren beschreiben.

Man mengt 150 Pfund Schwefel und 1,080 Quecksilber untereinander, bringt das Gemenge in einen flachen polirten eisernen Kessel, einen Fuß tief, 1½ Fuß im Durchmesser, und unterhält eine gelinde Wärme, die fähig ist, den Schwefel im Fluß zu erhalten und die Auflösung des Quecksilbers zu erleichtern.

Man zerstößt das Schwefel-Quecksilber, das auf diese Art bereitet worden, und füllt damit kleine irdene Töpfe an, die 24 Unzen Wasser halten.

Man sublimirt in einer Art von wohl mit Kitt beschlagenen Schmelztiegeln, um die rund herum die Flamme cirkulirt. Die Oeffnung von jedem Sublimirgefäß hält ungefähr einen Fuß im Durchmesser.

Sobald diese Gefäße auf den Ofen gebracht worden sind, zündet man ein mäßiges Feuer an, welches man vermehrt bis die Gefäße roth glühen; alsdann wird jedes mit Schwefel-Quecksilber versehen, und es erhebt sich sogleich eine Flamme, deren Entwickelung sehr schnell und die Farbe sehr mannigfaltig ist, erst von einen lebhaften Weiß, dann gelb und weiß, orangengelb, blau und gelb; wenn die Flamme etwas gesunken und ihre Farbe ein schönes Indigoblau ist, dann verschließt man die Gefäße hermetisch mit Eisenplatten von 1½ Zoll Dicke. Diese erste Operation dauert 34 Stunden.

Nun setzt man das Feuer 36 Stunden lang fort, indem man es dergestalt mäßigt, daß wenn der Deckel abgehoben wird, die Flamme lebhaft ist, ohne sich jedoch höher als 3 oder 4 Zoll zu erheben; drüber oder drunter ist das Feuer zu stark oder zu schwach. Das Feuer wird mit Torf unterhalten.

Während der 36 Stunden, daß die Sublimation dauert, setzt man die Masse alle Viertel oder Halbestunden mit einem eisernen Dreyeck in Bewegung.

Wenn alles kalt geworden ist, nimmt man die Gefäße heraus und zerbricht sie; man findet in jedem 400 Pfund sublimirtes Schwefelquecksilber, oder Zinnober.

Es ist nöthig zu einem guten Erfolge, eine gleichförmige und gemäßigte Hitze während der ganzen Zeit der Sublimation zu unterhalten.

Herr Thomson hat die folgende Methode den Zinnober zu bereiten bekannt gemacht. Sie rührt von Herrn Kirchhoff her.

Man nimmt 300 Gran Quecksilber und 60 Gran Schwefel, die man mit ein wenig Kaliauflösung benetzt, und in einem porzellainenen Mörsel zerreibt, um daraus mineralischen Mohr zu machen. Hierauf werden 160 Gran Kali in einer gleichen Quantität Wasser aufgelöst beygesetzt. Man erhitzt das Gefäß gelind und fährt mit dem Reiben ohne Unterbrechung fort: in dem Maaße, als das Wasser verdunstet, gießt man neues hinzu, so daß es die Masse einen Finger hoch bedeckt. Man reibt zwey Stunden lang; die schwarze Farbe wird braun, und wenn ein großer Theil der Flüssigkeit verdunstet ist, geht die Farbe ins Rothe über; nun hört man auf, Wasser beyzusetzen, fährt aber mit dem Reiben fort, und wenn die Masse eine gallertartige Consistenz erlangt hat, wird die rothe Farbe immer glänzender und das Produkt nimmt einen außerordentlichen Grad von Feinheit an. In diesem Augenblicke muß man mit der Hitze anhalten, damit die Farbe nicht etwa umschlägt.

Der Graf Mussin = Puschkin hat vorgeschlagen, die Masse vom Feuer zu nehmen, sobald sie roth ist, und dann einer gelinden Wärme während zwey oder dreyen Tagen auszusetzen, ein ganz klein wenig Wasser hinzuzuthun, und sie von Zeit zu Zeit in Bewegung zu setzen.

Der feingeriebene Zinnober bildet den Vermillon, der im Handel gebräuchlich ist; da die mehr oder minder vollkommene Zertheilung ein mehr oder minder lebhaftes Roth gibt, so reibt man den Zinnober unter Wasser, und nimmt nur den Theil davon, der fein genug ist, um eine Zeitlang in dem Wasser zu schwimmen. Die gröbern, zu Boden fallenden Theile werden von neuem zerrieben, und man fährt damit fort, bis das Ganze jenen Grad von Feinheit erlangt hat.

Es schien mir, daß der eben so sorgfältig im Urin abgeriebene Zinnover eine noch schönere Farbe hätte; ich habe ihn selbst mehrere Mal auf diese Art mit vielem Erfolg bereitet.

China liefert einen schönern Vermillon in den Handel, als der holländische ist; seine Farbe ist so schön, daß man bis jetzt ihren Glanz nicht hat erreichen können. Herr Paysse bemerkte, daß wenn man den holländischen Vermillon dreyßig Tage unter Wasser hält, vor den Lichtstrahlen schützt, und von Zeit zu Zeit mit einer gläsernen Röhre umrührt, die Farbe die größte Schönheit erlangt. Ein starkes Licht, und die Berührung der Luft entfärben den Vermillon, und machen ihn ziegelfarbig, ins Braue fallend.

Herr Berthollet schreibt den Unterschied zwischen dem schwarzen Schwefelquecksilber oder dem mineralischen Mohr und dem rothen Schwefelquecksilber oder Zinnober dem Umstande zu, daß der erste eine Quantität geschwefelten Wasserstoff enthält, und der zweyte eine Schwefelmischung ohne Beysatz ist. Der erste ist die hydrogenisirte Schwefelmischung, der zweyte das Schwefelquecksilber.

Diese Meinung gründet sich auf die Beobachtung dessen, was bey der Umwandlung des Mohrs in Zinnober vorgeht.

Wallerius bemerkt, daß wenn man den Quecksilbermohr mit Kali kochen läßt, er sich in Zinnober verwandelt.

Herr Berthollet erhielt denselben Erfolg durch ein langes Sieden mit reinem Kali.

Baumé hat gezeigt, daß daß Quecksilber, mit einer Auflösung von hydrogenisirtem geschwefelten Kali oder Ammonium vermischt, sich in schwarzes Quecksilber verwandelte, and in einer mehr oder minder langen Zeit die Schwefelmischung zu Zinnober ward. Herr Berthollet sah dieselben Erfolge bey Anwendung der Quecksilbersalze.

Die Natur bietet uns schon ganz gebildetes Schwefelquecksilber dar, allein die Farbe, besonders des Zinnobers, steht derjenigen weit nach, welche die durch Kunst bereiteten Produkte dieser Art besitzen.

Man bedient sich des Vermillon in der Mahlerey, des Zinnobers in der Medicin.

Zwey Theile Zinnober, mit einem Theil Eisenspäne gemengt und destillirt, treten den Schwefel an das Eisen ab, und das Quecksilber geht in die Vorlage über. Man nennt dieses sehr reine Quecksilber aus Zinnober wieder belebtes Quecksilber.

Zwey=

Zweyter Artikel.

Von den Verbindungen des Schwefels mit dem Arsenik (Operment, Realgar).

Die Verbindungen des Arsenik mit dem Schwefel haben eine Lebhaftigkeit der Farbe, wodurch ihr Gebrauch in den Künsten begründet worden ist, und die ihnen die Namen gelbes Arsenikoperment (aurum pigmentum), und rothes Arsenik oder Realgar zugezogen hat.

Beynahe alles im Handel übliche Schwefelarsenik kommt natürlich gebildet vor; die benachbarten Gegenden der Vulcane liefern viel Operment und Realgar; man findet dessen sehr häufig auf der Solfatera bey Neapel.

Die durch Arsenik und durch Schwefel vererzten arsenikalischen und geschwefelten Metalle enthalten es ebenfalls.

Der Realgar scheint in China häufiger vorzukommen, als in andern Weltgegenden. Die Indier machen daraus Pagoden, oder höhlen daraus Gefäße aus, deren sie sich zum Purgiren bedienen, indem sie darin einige Zeit eine saure Flüssigkeit stehen lassen, und dann einnehmen.

Der Realgar zeigt sich oft in Gestalt von zusammengedrückten Prismen, an beyden Enden mit vier Flächen zugegespitzt.

Das Operment ist noch gemeiner, als der Realgar. Das im Handel gewöhnliche kommt aus einigen Gegenden der Levante, in irregulären, derben oder blätterigen Massen von schöner citronengelber Farbe; Herr von Born hat es in vielseitigen Kristallen in einem bläuligen Thon der Gegend von Neusohl in Ungarn gefunden.

Man kann das Schwefelarsenik bereiten, indem man arsenikalischen Eisenkies und Schwefelkies untereinander mengt und destillirt; die beyden Vererzungsmittel sublimiren sich, und bilden durch ihre Verbindung Operment oder Realgar, je nach ihrem quantitativen Verhältnisse und dem Feuergrade.

Man hat lange Zeit geglaubt, daß zur Bildung des Realgar nur ein Zehntel Schwefel, zur Bildung von Operment aber ein Fünftel Schwefel erforderlich sey, und nach diesem Verhältnisse die Quantitäten beyder Bestandtheile zur Bereitung des einen oder des andern dieser Produkte vorgeschrieben. Allein man weiß jetzt, daß, wie auch die Proportion des Schwefels seyn mag,

Realgar oder Operment erhalten wird, je nachdem man den Feuersgrad erhöht oder vermindert. Der Realgar ist alle Zeit das Produkt einer größern Hitze; es wird dadurch ein Theil des Schwefels verflüchtigt, und die Oxydirung des Arsenik befördert, und vielleicht kommt es daher, daß die Analysirung 10 bis 15 Procent Schwefel im Realgar zeigt, da **Westrumb** in 100 Theilen Operment 20 Theile Schwefel, 79 Arsenik und einen Theil Eisen gefunden hat. Herr **Thenard** hat gezeigt, daß sich im Operment das Arsenik zum Schwefel verhält wie 4 : 3; im Realgar wie 3 : 1.

Das Schwefelarsenik wird wegen seiner Dauerhaftigkeit und des Glanzes seiner Farben häufig in der Mahlerey gebraucht. Auch bedient man sich desselben in der Färberey, besonders zum Drucken der baumwollenen Zeuge.

Diese Schwefelmischungen haben auch noch den Vortheil, daß sie die Farben gut erhalten, sie vor Zersetzung und vor dem Schimmeln bewahren, wenn sie flüssig sind, und die zernagenden Insekten abhalten.

Ferner können sie als Auflösungsmittel des Indigo dienen.

Scheffer und **Bergmann** schlugen vor, 6 Drachmen Operment mit sehr starker Seifensiederlauge zu vermischen, in die man pulverisirten Indigo, 3 Drachmen auf 2 Pfund Flüssigkeit gethan hat; man erhitzt das Fluidum, und in wenig Minuten wird die Küpe grün, macht blauen Schaum, und setzt ein Häutchen an: hierauf unterbricht man das Feuer und färbt damit.

Das Blau zum Drucken wird fast auf eine ähnliche Art bereitet. Herr **Haußmann**, in **Colmar**, nimmt auf 200 Pfund Wasser, 30 Pfund Pottasche, 12 Pfund lebendigen Kalk, 12 Pfund Operment und 16 Pf. Indigo, und verdickt mit Gummi. Herr **Oberkampf** nimmt eine größere Quantität Indigo, den achten Theil des angewendeten Wassers.

Diese Schwefelmischungen dienen auch dazu, einige Metalle hart und spröde zu machen, als das Bley, Eisen u. s. w., und man macht sie durch diese leichte Legirung zu verschiedenen Operationen geschickt, die weniger Dehnbarkeit erfordern.

Dritter Artikel.

Von der Verbindung des Schwefels mit dem Zinn. (Musivgold).

Um das Zinn mit dem Schwefel zu verbinden, braucht man nur letztern mit dem geschmolzenen Metall zu mengen.

Das

Das entstehende Schwefelzinn hat einen strahligen, oft blätterigen Bruch; der Schwefel findet sich darin, nach Bergmann in dem Verhältniß von 20 zu 100.

Um aber eine größere Quantität Schwefel mit dem Zinn zu verbinden, muß man sich verschiedener Zwischenmittel bedienen, als des Quecksilbers, des salzsauren Ammoniums, des ätzenden salzsauren Sublimats. Mit Hülfe dieser bringt man den Schwefel in einem Verhältnisse von 40 Procent hinein; die Mischung ist goldfarben, sanft anzufühlen, besteht aus leichten, sammtartigen Schuppen oder Blättchen, und wird Musivgold, aurum musivum, aurum mosaicum genannt.

Die Chemiker haben lange Zeit zu Bereitung des Musivgoldes gleiche Theile Zinn, Schwefel Quecksilber und salzsaures Ammonium genommen: allein der Herr Marquis de Bullion hat gezeigt, daß man den Schwefel und das Ammonium in geringerer Quantität anwenden könne und folgendes Verfahren angenommen:

Man amalgamirt erstlich 8 Unzen Zinn und eben so viel Quecksilber; zu dem Ende erhitzt man einen kupfernen Mörsel und gießt das Quecksilber hinein; wenn es einen gewissen Grad von Hitze erlangt hat, dann thut man das geschmolzene Zinn hinzu und reibt die Mischung untereinander, bis sie kalt ist; hierauf mengt man sie mit 6 Unzen Schwefel und 4 Unzen salzsaures Ammonium, bringt das Gemenge in einen Kolben der ins Sandbad gesetzt wird und gibt Feuer, bis der Boden dunkel glüht; das Feuer wird drey Stunden unterhalten. Man findet in dem Kolben eine schwammige, leichte, gelbe, zuweilen graue Substanz, die man Musivgold nennt, wenn die Farbe schön goldgelb ist.

Wenn man den Kolben, anstatt ihn ins Sandbad zu setzen, sorgfältig mit Kitt beschlägt und ihn unmittelbar auf die glühenden Kohlen stellt, so entzündet sich das Gemenge und es sublimirt sich im Halse des Kolbens ein Musivgold, in breiten Schuppen, von dem schönsten Gelb; ich habe welches auf diese Art erhalten, dessen Schuppen sechseckig waren.

Herr von Bullion hat bewiesen, daß das Quecksilber und das salzsaure Ammonium nicht nöthig sind, um Musivgold zu bereiten. Acht Unzen salzsaures Zinn, durch kohlensaures Natrum gefällt und mit 4 Unzen Schwefel gemengt, gaben ein schönes Musivgold. Aber dieses Produkt erregt oder belebt nicht die Elektrisirmaschine, wie das andere; welches beweist, daß diese Eigenschaft von dem Quecksilber herkommt, welches in einer sehr starken Proportion in der andern Composition befindlich ist.

Pelletier hat diese Versuche von neuem vorgenommen und sehr wichtige Thatsachen hinzugefügt: 1) gleiche Theile fein gefeiltes Zinn, Schwefel und salzsaures Ammonium, gaben ihm bey der Destillation geschwefeltes Ammonium, geschwefeltes Wasserstoffgas, ein wenig Schwefel und salzsaures Ammonium; der Rückstand in der Retorte war sehr schönes Musivgold; 2) da sich Pelletier überzeugt hatte, daß ein zu wirksames Feuer als Rückstand bloß Schwefelzinn in einer bläulich grauen Masse zurückläßt, ließ er in einem Tiegel 100 Unzen Zinn schmelzen; er setzte nach und nach Schwefel zu, bis das Zinn gesättigt war; die Schmelzbarkeit des Metalls vermindert sich in dem Maaße, als man fortfährt Schwefel beyzumischen. Er ließ hierauf den Schmelztiegel kalt werden, der die Schwefelmischung enthielt, und diese wog 115 bis 120 Unzen.

Dieses Schwefelzinn mit einem Beysatz von salzsaurem Ammonium destillirt, gibt kein Musivgold; aber es läßt als Rückstand eine schwarze, regenbogenfarbig angelaufene, aufgeblähte, zerreibliche Masse, welche Pelletier als eine mit Schwefel unvollkommen gesättigtes Zinnoxyd ansieht. Sechshundert Gran Schwefelzinn, mit gleichen Theilen salzsaures Ammonium und pulverisirten Schwefel gemengt, geben eine Unze schönes Musivgold; 3) Pelletier gebraucht bey seiner Operation einen von unten nach oben erweiterten Schmelztiegel, den er nur bis auf ein Drittel füllt: in den Tiegel bringt er einen Deckel, der einen Zoll hoch über der Masse festsitzt und bedeckt alles mit einem zweyten Deckel, der mit Sorgfalt verkittet wird; diesen Schmelztiegel setzt er dann in einen größern Schmelztiegel und füllt den Zwischenraum mit Sand aus: diese Vorrichtung wird nun auf den Rost eines gewöhnlichen Ofens gesetzt und vorsichtig Feuer gegeben. Im Allgemeinen muß man, um ein schönes Musivgold zu erhalten, es durch eine gelinde Wärme bereiten, die auf dem zur Sublimation des Salmiaks nöthigen Grade 8 bis 9 Stunden unterhalten wird.

Aus den zahlreichen von Pelletier bekannt gemachten Versuchen kann man schließen: 1) daß das Musivgold nichts ist, als ein geschwefeltes Zinnoxyd; 2) daß das Zinnoxyd eine größere Quantität Schwefel aufnimmt, als das reine Zinn; 3) daß man das Zinnoxyd gradezu mit dem Schwefel verbinden kann, selbst auf dem nassen Wege; 4) daß eine zu große Hitze einen Theil des Produkts verflüchtigt; 5) daß man die Operation anfangen kann, indem man eine neue Dosis Schwefel dem Rückstande beysetzt.

Wegen der Schönheit und Beständigkeit der Farbe des Musivgoldes, der zierlichen Form seiner Schuppen und ihrer Leichtigkeit, hat man es lange Zeit als Zierrath gebraucht und man bedient sich dessen noch, um der Bronze und andern Materien eine schöne Farbe zu geben.

Man braucht auch das Musivgold, die Kissen der Elektrisirmaschine damit zu reiben und ihre Kraft zu vermehren.

Vierter Artikel.

Von den Verbindungen des Schwefels mit dem Spießglanz. (Rohes Spießglanz; Spießglanzleber; Kermes).

Das Spießglanz vereinigt sich mit dem Schwefel so leicht, daß man nur 18 Unzen Schwefel und 16 Unzen Spießglanz zusammenschmelzen darf, um 2 Pfund von diesem Metall zu erhalten. Die Natur bietet uns aber diese Verbindung selbst so häufig dar, daß wir ihrer künstlichen Bereitung entübrigt seyn können. Das Spießglanz ist in der That durchgehends mit Schwefel vererzt: die erste Arbeit die man mit dem Erz vornimmt beschränkt sich darauf, es zu schmelzen, um alle fremden Körper davon zu trennen; daraus entspringt denn ein Schwefelspießglanz, dessen Gewebe streifig ist und aus einem Bündel Nadeln besteht, die stark aufeinander gedrückt sind. Man nennt dieß rohen Spießglanz.

Dieses Schwefelspießglanz dient zu verschiedenem Gebrauch: man zersetzt es, um das Metall daraus zu scheiden; man löst es mit den Alkalien auf, um einige medicinische Präparate zu bilden; man löst den Indigo damit auf, und bereitet eine blaue Druckfarbe.

Wirft man in einen glühenden Schmelztiegel gleiche Theile Schwefelspießglanz und salpetersaures Kali, so entspringt daraus ein geschwefeltes Spießglanzoxyd, welches man Spießglanzleber nennt. Werden aber 3 Theile Salpeter und ein Theil Schwefelspießglanz genommen, dann ist der Rückstand ein mit Kali gemengtes Spießglanzoxyd.

Die wichtigste Verbindung, von der wir zu sprechen haben, ist diejenige, welche unter dem Namen Kermes bekannt ist. Wir werden erstlich die Art seiner Bereitung beschreiben und zuletzt die wahre Theorie derselben geben.

Man bereitete anfänglich den Kermes, indem man in einem Tiegel ein Pfund Schwefelspießglanz, 2 Pfund reines Kali und eine Unze Schwefel zusammen schmolz; den geschmolzenen Rückstand ließ man in einer hinreichenden Quantität Wasser kochen, filtrirte ihn dann und erhielt beym Kaltwerden einen röthlichen Niederschlag, der gehörig mit kaltem Wasser gewaschen und dann getrocknet den sogenannten Mineralkermes durch das Schmelzen bildet.

Diese Methode verließ man nachher, nachdem die Regierung das Verfahren, den Kermes auf nassem Wege zu bereiten, im Jahr 1720 erkauft und bekannt gemacht hatte. Der Kermes wurde damals Karthäuserpulver genannt, weil der Bruder Simon, Apotheker bey den Karthäusern, das Recept oder die Vorschrift der Regierung verkaufte.

Die Bereitung auf nassem Wege hat noch Vervollkommnungen erhalten, wodurch sie jetzt eine der leichtesten Operationen der Chemie geworden ist.

Man bereitet eine ätzende Kalilauge auf die bekannte Art, und läßt sie eine halbe Stunde mit etwa einem Fünftel pulverisirten Schwefelspießglanz kochen. Man filtrirt die kochende Auflösung durch ein leinwandnes Tuch und erhält durch das bloße Abkühlen einen reichlichen Niederschlag, der nur getrocknet werden darf, um den im Handel umlaufenden Kermes darzustellen.

Man kann eine frische Quantität Kali mit dem Schwefelspießglanz kochen lassen und erhält eine neue Portion Kermes; allein die Farbe desselben ist blässer und man kann ihm das Sammtartige und die Tiefe der Farbe des schönen Kermes bloß durch Beysatz einer neuen Quantität Schwefel oder Schwefelspießglanz geben.

Man braucht den Kermes nur gut mit kaltem Wasser zu waschen, um alles Kali, welches er noch zurückhält, davon zu trennen. Dieses Alkali ist nicht nothwendig zu seiner Zusammensetzung.

Wird die Flüssigkeit, die über dem Kermes schwimmt, der sich beym Kaltwerden niederschlägt, durch Säuren zersetzt, so entsteht ein Niederschlag von gelber Farbe, den man orangefarbenen Spießglanzschwefel nennt.

Herr Berthollet hat gezeigt, daß der Kermes und der orangenfarbige Spießglanzschwefel mit Schwefel und geschwefeltem Wasserstoff verbundene Spießglanzoxyde sind.

Bergmann erhielt aus 100 Gran Kermes, vermittelst der Salzsäure, 15 Kubikzoll geschwefeltes Wasserstoffgas; und Herr Thenard hat bewiesen, daß der Kermes enthält:

Geschwe-

Geschwefelten Wasserstoff	20,298
Schwefel	4,156
Braunes Spießglanzoxyd	72,760

und daß 100 Theile orangefarbiger Spießglanzschwefel geben:

Geschwefelten Wasserstoff	17,877
Schwefel	11,730
Oranges Spießglanzoxyd	68,300

Derselbe Chemiker hat sich überzeugt, daß der Kermes das Sauerstoffgas verschluckt und daß daraus eine Zersetzung und eine Veränderung der Farbe entspringen, welche die Eigenschaften dieses Produktes umwandeln.

Der Kermes ist eines der heroischsten Arzeneymittel, und es ist zu wünschen, daß bey seiner Bereitung die allergewissenhafteste Sorgfalt angewendet werden möchte. Man muß ihn in verschlossenen Gefäßen und vor der Feuchtigkeit geschützt aufbewahren, um ihn vor jeder Veränderung zu sichern.

Achtes Kapitel.

Von den Verbindungen des Wasserstoffs.

Erster Abschnitt.

Von den Verbindungen des Wasserstoffes mit dem Salpeterstoff oder Stickstoff (Ammonium; flüchtiges Alkali).

Diese Verbindung gibt das bis jetzt unter dem Namen flüchtiges Alkali bekannte Ammonium.

Das Ammonium hat einen sehr stechenden Geruch, der indeß nicht stinkend ist; es zerfrißt die Haut, oder röthet und entzündet sie wenigstens, wenn es concentrirt ist.

Bey der Temperatur der Atmosphäre bleibt es im gasförmigen Zustande, es löst sich leicht im Wasser auf, und selbst mit Wärme; und diese letztere Eigenschaft gibt uns ein Mittel an die Hand, es zu concentriren, es bequem aufzubewahren, zu transportiren, und aus einem Gefäße in das andere zu bringen.

Das Ammonium besitzt alle Eigenschaften welche die Alkalien auszeichnen, und bildet mit den Säuren bekannte Verbindungen, von denen einige in den Künsten angewendet werden.

Es scheint, daß die Bildung des Ammoniums vorzüglich der Zersetzung der animalischen Substanzen zuzuschreiben ist;

alle liefern dessen mehr oder oder weniger, und wenn wir es durch Dillation einiger erdigen oder vegetabilischen Substanzen erhalten, so rührt dieß davon her, daß diese selbst Produkte von animalischer Natur enthalten.

Man kann also das Ammonium aus animalischen Substanzen ziehen, und man wendet zu diesem Zwecke die Destillation oder die Fäulniß an; in dem einen wie in dem andern Falle vereinigen sich die beyden Grundstoffe aus denen es besteht, indem sie sich aus den Körpern entwickeln, worin sie abgesondert existirten.

Das Horn gibt von allen thierischen Theilen das meiste Ammonium; das Produkt ist allgemein unter dem Namen flüchtiger Hirschhorngeist bekannt. Mit eben so viel Vortheil als das Horn habe ich die Larven einiger Insekten, besonders des Seidenwurms, wenn der Schmetterling ausgekrochen ist, destillirt.

Das auf diese Art extrahirte Ammonium ist aber niemals rein, sondern mit Oel und andern Stoffen vermengt, die seinen Eigenschaften Eintrag thun. Nur durch wiederholte Destillationen, und vermittelst der Erden als Zwischenmittel, befreit man es von diesen fremden Körpern.

Wegen dieser Schwierigkeit das Ammonium rein und frey von jedem Geruch nach thierischem Oele zu erhalten, hat man zu der Zersetzung des salzsauren Ammoniums mittelst des gebrannten Kalks seine Zuflucht genommen.

Zu dem Ende mischt man gleiche Theile durchgesiebten gebrannten Kalk und salzsaures Ammonium, welches wohl zerstoßen ist, unter einander, und bringt das Gemenge sogleich in eine Retorte, an welcher eine Vorlage und der Woulfische Apparat angebracht ist; man vertheilt in zwey Flaschen eine Quantität Wasser, die mit dem Gewicht des gebrauchten Salzes übereinstimmt, und verkittet die Fugen der Gefäße mit dem gewöhnlichen Kitt, der mit nasser Blase oder mit Leinwand, die mit einem Kitt von Kalk und Eyweiß bestrichen ist, verfestigt wird.

Man gibt Acht den Apparat nicht eher zu erhitzen, als bis der Kitt recht trocken ist.

Das Ammonium geht bey der ersten Einwirkung des Feuers in Gasform über, löst sich im Wasser mit Wärme auf, und sättiget es.

Dieses mit Ammoniumgas geschwängerte Wasser wird flüssiges Ammonium, flüchtiges Laugensalz, flüchtiger Salmiakgeist genannt.

In einigen Fabriken, wo man dieses Salz im Großen bereitet, mischt man das salzsaure Ammonium mit Kalk und hinreichendem Wasser, und condensirt die Ammoniumdämpfe in Vorlagen, die mit Erkältungsmitteln umgeben sind. Dieses Verfahren erfordert weniger Sorgfalt, und setzt einer geringern Gefahr aus, als das vorhergehende; diese Dämpfe sind bey weitem weniger expansibel, als das Gas, wenn es trocken ist.

Das mit Ammoniumgas gesättigte Wasser kann 28 Grad nach dem Baumé'schen Aeraometer haben; allein das im Handel gebräuchliche Alkali ist nur bis auf 22 oder 23 Grad konzentrirt.

Das Daranstoßen und die Hitze bewirken das Zerspringen der Gefäße, wenn das Ammonium concentrirter ist.

Die bildenden Grundstoffe des Ammoniums sind jetzt sehr bekannt. Schon Priestley's Versuche, der mittelst des electrischen Funkens das Ammoniumgas in Wasserstoffgas verwandelte, hatten zu der Vermuthung bewogen, daß der Wasserstoff einer seiner Grundbestandtheile sey; es war aber Herrn Bertholler vorbehalten, unsere Vermuthungen zur Gewißheit zu erheben und zu beweisen, daß der Wasserstoff im Ammonium mit dem Stickstoff verbunden ist. Wir wollen die verschiedenen Beweise, welche uns dieser geschickte Chemiker geliefert hat, nebeneinanderstellen, und die, welche Herr Fourcroy aus seinen eignen Versuchen gezogen hat, um diese wichtige Entdeckung zu unterstützen, hinzufügen.

1) Wenn man oxydirte Salzsäure mit sehr reinem Ammonium vermischt, so entsteht Aufbrausen, Entbindung von Stickgas, Erzeugung von Wasser und Verwandlung der oxydirten Säure in gewöhnliche Salzsäure.

Der Wasserstoff des Alkalis verbindet sich hier mit dem Sauerstoff der Säure, um Wasser zu bilden, während der Stickstoff und die Salzsäure frey werden.

Das oxydirtsalzsaure Gas, welches man durch flüssiges Ammonium hindurchgehen läßt, zersetzt sich.

Wenn man, anstatt sich der Auflösung des Ammoniums in Wasser zu bedienen, das Ammoniumgas unter eine über Quecksilber gestürzte Glocke bringt, und oxydirtsalzsaures Gas dazu läßt, so entsteht plötzlich eine weiße, strahlende Flamme; ein sehr dicker Rauch verdunkelt zu gleicher Zeit den ganzen Raum des Gefäßes; es entbindet sich eine sehr beträchtliche Menge Wärmestoff, und nach einigen Minuten sind die vorher trocknen Wände der Glocke mit Wasserstreifen überzogen, die herunterlaufen, und sich auf der Oberfläche des Quecksilbers sammeln.

Finden

Finden bey diesem letztern Versuche die erforderlichen quantitativen Verhältnisse Statt, um die oxydirte Salzsäure vollständig zu zersetzen, so findet man in dem gebildeten Wasser bloß Stickstoffgas, und einige Atome Salzsäure.

2) Die Destillation des salpetersauren Ammoniums gibt Stickstoffgas und Wasser. Der Sauerstoff der Säure und der Wasserstoff des Alkalis erzeugen das letztere.

3) Wenn man Ammonium auf eine Auflösung von schwefelsaurem Manganes gießt, so wird das Oxyd dieses Metalles in Gestalt von braunen Flocken gefällt, die sich bald von einander trennen, und von den Blasen eines elastischen Fluidums hin und her getrieben werden, das sie an die Oberfläche der Flüssigkeit hebt. Das sich entwickelnde Gas ist Stickstoffgas.

4) Wird Quecksilber auf dieselbe Art aus dem salpetersauren Quecksilber gefällt, so zeigt sich Entwickelung von demselben Gas.

5) Salpetersaures Eisen, durch Ammonium zersetzt, stellt ein schwarzes Oxyd dar, aus dem sich nach und nach eine Menge kleiner Blasen von Stickstoffgas entwickeln. Das Oxyd geht ins Braune über.

6) Wenn man das Manganesoxyd mit Ammonium befeuchtet, so entsteht ein leichtes Aufbrausen, bey einer Temperatur von 10 bis 12 Grad, und das Oxyd nimmt langsam eine graue oder weiße Farbe an. Das Aufbrausen rührt von dem Stickstoffgas her; man kann durch Erhöhung der Temperatur die Produktion desselben vermehren und beschleunigen.

Dieselbe Wirkung findet zwischen dem braunen Eisenoxyd und dem Ammonium Statt; bey den Quecksilberoxyden ist der Erfolg schneller.

Wenn die Oberfläche des Quecksilbers durch die bloße Berührung des oxydirtsalzsauren Gases oxydirt worden ist, so braucht man nur mit einer in Ammonium getauchten Feder über dem Oxyd hin und her zu fahren, um es sogleich wieder in metallischen Zustand zu versetzen.

Die Bley-, Zink-, Kobalt-, Wismuth und Spießglanzoxyde sind weniger geeignet, das Ammonium zu zersetzen; jedennoch entbindet sich Stickgas, wenn man flüssiges Ammonium mit Bleyglätte digeriren läßt, und die Wißmuth- und Kobaltoxyde erleiden durch dasselbe einige Veränderung.

Ich habe selbst beobachtet, daß das mit weißem Arsenikoxyd digerirte Ammonium sich zersetzt, das Oxyd in den metallischen Zustand reducirt wird, und in Octaedern kristallisirt.

Die

Die Zersetzung des Ammoniums zeigt schon genugsam an, daß es aus Wasserstoff und Stickstoff zusammengesetzt ist; allein die Beweise, welche man aus seiner Bildung herleiten kann, setzen diese Lehre außer allen Zweifel.

1) Herr Berthollet hat gezeigt, daß da, wo Stickstoff und Wasserstoff ist, sich allezeit Ammonium erzeugt, daß die animalischen Theile dessen um so mehr liefern, je mehr sie mit Stickstoff versehen sind; und wenn man ihnen diesen Stoff raubt, sie das Vermögen verlieren, Ammonium zu produciren; daß diese Bildung von Ammonium nur in dem Augenblicke Statt findet, wo jene beyden Grundstoffe durch die Fäulniß frey werden; daß endlich das Ammonium nicht schon gebildet in den lebenden und gesunden Thieren existirt.

2) Herr Kirwan sah sich Ammonium bilden, indem geschwefeltes Wasserstoffgas und salpeterhalbsaures Gas über Quecksilber mit einander vermischt wurden.

3) Zersetzt man Salpetersäure mit Kupfer, Eisen oder Oel, so erkennt man am Geruch, daß etwas Ammonium erzeugt wird, besonders wenn die Zersetzung schnell geschieht.

4) Im Jahr 1788 theilte William Austin der königlichen Societät in London eine Reihe von interessanten Versuchen über die Bildung des Ammoniums mit, aus welchen sich schließen läßt, daß die Verbindung von Wasserstoff und Stickstoff nicht Statt finden kann, so lange sie beyde in gasförmigem Zustande sind; daß wenn man Wasser, in Gefäßen mit Stickgas gefüllt, über Eisen zersetzt, der Wasserstoff sich, in dem Maaße als er entwickelt wird, mit dem Stickstoff verbindet, und Ammonium bildet; daß, wenn man endlich Statt des Stickgases sich des salpeterhalbsauren Gases bedient, die Bildung von Ammonium schneller geschieht, und in diesem Fall das salpeterhalbsaure Gas so frey von Stickstoff ist, daß ein Licht darin leichter brennt, als in der gewöhnlichen Luft, wie das schon Priestley bemerkt hat.

Nach Herrn Berthollet ist das quantitative Verhältniß des Stickstoffs zum Wasserstoff wie 121 zu 29, und nach Austins Berechnung wie 121 zu 32.

Das Ammonium dient in der Arzneykunst als Reitzmittel, und ist eins der kräftigsten das man kennt. Man gebraucht es auch als Getränk, in der Dosis von einigen Tropfen in Wasser zerlassen, bey Fällen, wo man nach der Haut hinwirken will.

Auch bedient man sich des Ammoniums in den Künsten, wo man es seit einiger Zeit zur Erhöhung einiger Farben, besonders deren, die man auf Papier aufträgt, und zur Nüancirung einiger Färbestoffe bey der Seide anwendet.

Es löst das aus dem schwefelsauren, salpetersauren, salzsauren u. s. w. Kupfer gefällte Oxyd auf, und diese Auflösung, die ein dreyfaches Salz ist, nimmt eine schöne blaue Farbe an, welche gehörig verdickt, das Papier angenehm färbt.

Die vorzüglichste Verbindung des Ammoniums ist die, welche es mit der Salzsäure eingeht. Wir werden in der Folge davon sprechen.

Zweyter Abschnitt.

Von der Verbindung des Wasserstoffs mit dem Phosphor.

Der Phosphor kann sich in dem Wasserstoffgas auflösen, und er entzündet sich bey der Temperatur der Atmosphäre in diesem Zustande von Auflösung.

Herr Gengembre las in der Akademie der Wissenschaften, den dritten May 1785, eine Abhandlung vor, in welcher er vorschlägt, das gephosphorte Wasserstoffgas durch Digerirung der Alkalien mit dem Phosphor zu extrahiren.

Herr Raymond zeigte einige Zeit darauf, daß wenn man 2 Unzen an der Luft gelöschten Kalk (Staubkalk) mit einer Drachme kleingeschnittenem Phosphor, und einer halben Unze Wasser mengt, daraus einen weichen Teig macht, den man schnell in eine steinerne Retorte bringt, an welcher eine gekrümmte Röhre angebracht ist, die unter eine mit Wasser gefüllte Glocke taucht, und hierauf zur Destillation schreitet, daß sich dann, wenn die Retorte kaum anfängt sich zu erhitzen, gephosphortes Wasserstoffgas entbindet, und man aus den dazu gebrauchten Materien 3 Maaß davon gewinnen kann.

Statt des Kalks kann man auch das Zinnoxyd und das schwarze Eisenoxyd gebrauchen; allein es ist dann ein heftiger Feuersgrad erforderlich, besonders bey der Composition, wozu das letztere Oxyd kommt.

Der gephosphorte Wasserstoff hat viel Aehnlichkeit mit dem geschwefelten Wasserstoff; sie unterscheiden sich aber wesentlich durch die Eigenschaft des letztern, sich mit den Alkalien zu verbinden, und Hydrosulphuren und hydrogenisirte Schwefelmischungen zu bilden, da der erstere sich hartnäckig jeder Verbindung mit

mit diesen Grundlagen verweigert, und weder Hydrophosphuren, noch hydrogenisirte Phosphormischungen bildet. Herr Berthollet leitet diesen Unterschied von den besondern Eigenschaften des Schwefels und Phosphors her, indem sich der Schwefel leicht mit den Alkalien verbindet, während der Phosphor nur mit dem Kalk eine sehr schwache Verbindung eingeht.

Wird der Phosphor unter Wasser in verschlossenen Gefäßen verwahrt, so bildet sich gephosphorter Wasserstoff, bis das Wasser damit gesättigt ist; er zersetzt also das Wasser kalt.

Der gephosphorte Wasserstoff entzündet sich bey der bloßen Berührung der Luft. Diese Erscheinung rührt von der ausnehmenden Zertheilung des im Gas aufgelösten Phosphor, und von der Verwandtschaft des Sauerstoffs zum Wasserstoff und zum Phosphor selbst her. Seine Verwandtschaft mit dem Wasserstoff scheint stärker zu seyn als die mit dem Phosphor, denn wenn er nicht in hinreichender Menge ist, um die beyden Verbindungen zu bilden, so erzeugt sich gleich Wasser, und der Phosphor schlägt sich nieder. Man bemerkt dasselbe Resultat, wenn man, anstatt sich des Sauerstoffs der atmosphärischen Luft zu bedienen, mit dem oxydirtsalzsauren Gas operirt.

Der Phosphor scheint mehr Verwandtschaft mit dem Wasserstoffgas zu haben, als der Schwefel; denn wenn man ohne Wasser den Schwefel mit dem Phosphor verbindet, und die Mischung dann in das Wasser wirft, so bläht sie sich auf, und es entbindet sich daraus gephosphortes Wasserstoffgas, welches beweist, daß es der Phosphor ist, der das Wasser zersetzt. Es ist nicht zu bezweifeln, daß bey dieser Operation die Zersetzung des Wassers durch die Verwandtschaft des Schwefels mit dem Sauerstoff begünstigt wird, so daß die beyden Grundstoffe des Wassers zugleich von zwey Grundlagen angezogen werden, mit denen sie einen entzündlichen Körper, und eine Säure bilden.

Obgleich der Phosphor, der Luft ausgesetzt, sich in dem Stickgas auflöst, wie Herr Berthollet gezeigt hat, anstatt sich mit dem Sauerstoff zu verbinden, so hat er dennoch eine sehr ausgezeichnete Verwandtschaft mit dieser letztern Substanz, besonders wenn sie in einem gehörigen Zustande von Condensation ist; er entzieht sie den Metalloxyden, nach Herrn Sage's Beobachtung.

Herr Gengembre legt dem gephosphorten Wasserstoffgas ein beynah doppelt so großes specifisches Gewicht zu, als das Sauerstoffgas besitzt.

Er

Er bemerkte, so wie Herr Kirwan, daß jenes Gas sich im Wasser auflöst; Herr Bertholler schätzte die Quantität Gas, die sich davon auflösen könne, auf ein Zehntel; nach allen diesen Chemikern hat Herr Raymond behauptet, daß es sich in vier Theilen luftfreyem Wasser ganz und gar auflösen könne; doch fügt er hinzu, diese Auflösung zersetze sich bey der Berührung der Luft und lasse etwas Phosphor fallen während sie sich ohne Veränderung bewahre, wenn man sie vor der Berührung der Luft schützt.

Da sich dieses Gas durch die Berührung der Luft entzündet, so hat man schon diese Eigenschaft benutzt, um sich nach Gefallen und überall Licht zu verschaffen; man braucht es nur vor der Luft geschützt aufzubewahren, um es dann, wenn es erfordert wird, ihr auszusetzen und die Entzündung der Blasen zu bewirken, die man mit ihr in Berührung bringt.

Dritter Abschnitt.

Von der Verbindung des Wasserstoffes mit dem Schwefel.

Der berühmte Scheele hatte vor dem Jahre 1775 geschwefeltes Wasserstoffgas erhalten, als er Schwefel in einer mit Wasserstoffgas gefüllten Retorte digeriren ließ. Er schloß aus dieser Erfahrung, daß diese inflammable Schwefelluft aus Wärme, Phlogiston und Schwefel zusammengesetzt sey, oder mit andern Worten, aus Schwefel und Wasserstoff, weil er das Wasserstoffgas als aus Phlogiston und Wärme bestehend ansah.

Herr Gengembre hat dieß bestätigt und das geschwefelte Wasserstoffgas dadurch erhalten, daß er Schwefel, der in eine mit diesem Gas gefüllte Glocke eingeschlossen war, mittelst des Brennspiegels im Wasserstoff auflöste. Dieser Chemiker hat bewiesen, daß der Phosphor einer ähnlichen Auflösung fähig ist, und daß in allen den Fällen, wo man diese Verbindung durch Mengung eines Alkalis mit Schwefel oder Phosphor bildet, die Produktion des Gases von der Zersetzung des Wassers herrührt, dessen Wasserstoff einen Theil des Schwefels oder Phosphors auflöst, während der Sauerstoff einen andern Theil davon sättigt und ein Produkt bildet, welches sich mit dem Alkali verbindet.

Man kann auch das geschwefelte Wasserstoffgas auf andre Arten erhalten:

1) Indem man den Schwefel mit Kohlen oder andern vegetabilischen Substanzen, als Zucker, Oel u. s. w. destillirt, verbin-

verbindet sich der Schwefel mit dem Wasserstoff, den er schon ganz gebildet in diesen Körpern vorfindet.

2) Indem man Wasserstoffgas durch geschmolzenen Schwefel hindurchgehen läßt.

3) Indem man die Schwefelmetalle durch die vereinigte Wirkung der Luft und des Wassers zersetzt.

4) Indem man ein geschwefeltes Alkali in Wasser auflöst oder damit befeuchtet.

5) Das gewöhnlichste Verfahren aber in unsern Laboratorien, um dieses Produkt eben so rein als reichlich zu erhalten, besteht darin, daß man in einem eisernen Löffel einen Theil Schwefel schmelzen läßt, und dann sorgfältig drey Theile Eisenfeilspäne darunter mengt; das Gemenge wird fleißig umgerührt, und es entzündet sich endlich; nun nimmt man den Löffel vom Feuer, und fährt fort mit einem eisernen Spatel umzurühren, bis die Flamme erloschen ist. Es bleibt ein schwarzes Pulver übrig, ein wahres Schwefelmetall, welches, durch verdünnte Schwefelsäure zersetzt, deren Wirkung man durch Erwärmung des Gefäßes, worin die Mischung ist, unterstützen kann, viel geschwefeltes Wasserstoffgas liefert.

Ich habe bemerkt, daß das auf diese Art extrahirte Gas in einigen Fällen nicht den stinkenden Geruch nach faulen Eyern hatte, der es charakterisirt, ob es gleich sonst alle ihm zukommenden charakteristischen Eigenschaften besaß. Mehrere Mal durfte ich nur die Extrahirung desselben durch eine stärkere Wärme unterstützen, um ihm seinen stinkenden Geruch zu geben.

Das geschwefelte Wasserstoffgas hat nach Herr Kirwan ein specifisches Gewicht, welches sich zu dem der Luft verhält wie 10,000 zu 9,030. Herr Thenard hat gefunden, daß es in 100 Theilen 70,857 Schwefel und 29,143 Wasserstoff enthält.

Das mit geschwefeltem Wasserstoffgas gesättigte Wasser röthet die Lackmustinktur, das damit gefärbte Papier und die Tinktur von Radischen.

Das geschwefelte Wasserstoffgas verbindet sich mit den Alkalien, und bildet Hydrosulphuren, von denen einige sich kristallisiren können; Herr Berthollet hat die Kristallisation des Baryt-Hydrosulphure, und Herr Vauquelin die Kristallisation des Natrum-Hydrosulphure beschrieben.

Die Verbindungen, die es mit erdigen und alkalischen Substanzen bildet, vertauschen ihre Grundlagen mit den metallischen Auflösungen.

Es zersetzt die Seife, und vereinigt sich mit den Alkalien. Es schlägt, großen Theils, den Schwefel aus den Auflösungen von geschwefeltem Kali und Kalk nieder, und strebt mit diesen Grundlagen dreyfache Verbindungen zu bilden.

Diese Eigenschaften des geschwefelten Wasserstoffgases nähern es den Säuren dergestalt, daß man es unter diese Klasse begreifen könnte, und alsdann würde die Benennung verbrennte Körper nicht mehr allen sauren Körpern zukommen.

Das in Wasser aufgelöste geschwefelte Wasserstoffgas wird von der Lebensluft auf der Temperatur der Atmosphäre, und in gasförmigem Zustande nicht zersetzt; dieß erhellet aus den Versuchen der Herrn Berthollet und Kirwan. Das Sauerstoffgas löst in diesem Fall es auf, und theilt es mit dem Wasser; etwas anderes ist es aber, wenn es in einem Hydrosulphure gebunden ist, weil es dann dem Sauerstoffgas nicht mehr den Widerstand seiner Elasticität entgegen stellt.

Die Hydrosulphuren haben gar keine Farbe; bey der Berührung der Luft aber werden sie gelb. Wenn man eine farbenlose Hydrosulphure durch eine Säure zersetzt, so entbindet sich das Gas, ohne daß das mindeste Theilchen Schwefel niederfällt; hat die Hydrosulphure aber Farbe angenommen, dann entsteht, ein Bodensatz von Schwefel, welcher der Veränderung proportionirt ist, die der geschwefelte Wasserstoff erfahren hat.

Es würde also hieraus scheinen, daß bey der Zersetzung des geschwefelten Wasserstoffs, als bildenden Bestandtheils einer Hydrosulphure, der Sauerstoff zuerst auf den Wasserstoff wirke, und daß bald nachher ein Theil des Schwefels sich in Säure verwandelt, da die Verwandtschaft zwischen den beyden Basen, aus denen sie besteht, sich in dem Maaße vermehrt, als der Wasserstoff entfernt wird. So sehen wir das Schwefeleisen der Wirkung der Säuren, und selbst des Sauerstoffes widerstehen, so lange als der Schwefel das Uebergewicht hat; allein sobald man durch das Verbrennen die Proportion des Schwefels vermindert, und die Oxydation des Eisens vermehrt hat, dann vereinigt sich der Sauerstoff mit dem übrigen Schwefel, und bildet eine Säure, welche das Metall auflöst.

Das geschwefelte Wasserstoffgas ist fähig, Schwefel im Ueberschuß aufzunehmen und hydrogenisirten Schwefel zu bilden.

Wenn man viel Salzsäure unter eine Auflösung von alkalihaltiger hydrogenisirter Schwefelmischung mengt, und besonders wenn man die letztere Auflösung nach und nach in die Säure

gießt,

gießt, so entbindet sich wenig geschwefeltes Wasserstoffgas; aber während der größte Theil des Schwefels sich abscheidet, verbindet sich ein Theil desselben mit dem geschwefelten Wasserstoff, nimmt das ganze Ansehn eines Oels an, und setzt sich nach und nach auf den Boden des Gefäßes. Dieß ist es, was Herr Berthollet hydrogenisirten Schwefel genannt hat.

Dieser hydrogenisirte Schwefel läßt ein wenig geschwefeltes Wasserstoffgas entweichen, sobald er etwas erwärmt oder der Luft ausgesetzt wird, und verliert nach und nach seine Flüssigkeit, bis er endlich bloßer Schwefel ist.

Wird Kali mit dem hydrogenisirten Schwefel vermischt, so erzeugt sich etwas Wärme, und es entbindet sich aus dem Theile, der sich nicht mit dem Alkali vereinigt, eine kleine Quantität geschwefeltes Wasserstoffgas. Der Rest verbindet sich mit dem Kali und bildet eine kalihaltige hydrogenisirte Schwefelmischung.

Wenn man das geschwefelte Wasserstoffgas verbrennt, so schlägt sich beynah aller Schwefel aus seiner Auflösung nieder, ohne zersetzt zu werden.

Dasselbe Phänomen findet Statt bey den schwefligen Wassern, deren Oberfläche und Röhren oder Wasserleitungen sich mit einem Absatz von Schwefel bedecken, weil das Gemenge des geschwefelten Wasserstoffgases mit der atmosphärischen Luft eine wahre Verbrennung erleider, woraus Bildung von Wasser und Fällung des Schwefels erfolgen muß.

Man kann, vermittelst des geschwefelten Wasserstoffgases und der alkalinischen Hydrosulphuren die kleinste, in einer Auflösung befindliche, Quantität Metall erkennen; denn da alle Metalle, ausgenommen das Arsenikoxyd, durch eine Hydrosulphure gefällt werden, während dieß bey den Erden nicht der Fall ist, (mit Ausnahme etwa der Thonerde, welche durch Kali gewonnen werden kann), so kann man, nachdem alles Auflösliche einer zusammengesetzten mineralischen Substanz durch eine Säure aufgelöst worden ist, unmittelbar die Scheidung der erdigen und metallischen Theile bewirken.

Das geschwefelte Wasserstoffgas greift die Metalle sehr leicht an und versetzt sie in den Zustand von Schwefelmischungen, deren ganzen Charakter sie annehmen.

Sind die Metalle im oxydirten Zustande, dann geschieht ihre Schwefelung noch schneller durch die bloße Berührung des geschwefelten Wasserstoffgases. Die weißen Oxyde werden in einem Augenblicke schwärzlich.

Es scheint, die Leichtigkeit womit das Wasserstoff den Schwefel auflößt, ist das vorzüglichste Mittel, dessen sich die Natur bedient, um diesen Mineralkörper zu versetzen; ihn in neue Verbindungen zu bringen; die angegriffenen oder in oxydirten Zustand übergegangenen Metalle zu vererzen und so zu sagen zu fixiren u. s. w.

Vierter Abschnitt.

Von der Verbindung des Wasserstoffs mit dem Kohlenstoff.

Der Kohlenstoff ist von dem Wasserstoff beynahe unzertrennlich: selbst der, welcher den heftigsten Feuersgrad ausgehalten hat, enthält dessen noch immer, und die Erfahrung hat uns gezeigt, daß es fast unmöglich ist, ihn vollkommen frey davon zu machen. Wenn man durch einen Strom atmosphärischer Luft, oder Sauerstoffgas, die am stärksten und am längsten geglühte Kohle anbläst, so erzeugt man eine Flamme, welche Entbindung und Verbrennung von Wasserstoff anzeigt.

Lavoisier schätzte die Quantität Wasserstoff, die die gewöhnliche Kohle enthält, auf ein Achtel.

Die Kalzination beraubt die Kohle eines Theils von ihrem Wasserstoff, allein man kennt nicht den Grad der Hitze, der erforderlich wäre, sie dessen gänzlich zu berauben: Herr Hassenfratz sah Wasser entstehen, als er Sauerstoff durch eine glühende Röhre gehen ließ, in welcher stark kalzinirte Kohle befindlich war; und die zu gleicher Zeit erzeugte Kohlensäure setzte eine zweyte Portion Wasser ab, die sie mit sich fortgerissen hatte.

Herr Cruikshank beobachtete, daß sich allzeit ein wenig Wasser entwickelte, wenn man ein Gemenge von einem Metalloxyd und stark kalzinirter Kohle ins Feuer brachte.

So lange der Kohlenstoff in hinreichender Quantität ist, um der Verbindung seinen Charakter mitzutheilen, ist die Mischung schwarz, fest, unschmelzbar, sehr fix und bewahrt die Form der Kohle; macht der Kohlenstoff aber nur noch zwey Drittel der ganzen Verbindung aus, dann nimmt die Mischung den Charakter des Gas an und wird entzündlich, sehr elastisch u. s. w.

Es gibt also zwey wohl unterschiedene Zustände der Verbindung des Kohlenstoffs mit dem Wasserstoff: einen, wo sie eine fixe Mischung, den andern, wo sie eine flüchtige Mischung bilden. Bey dem einen gibt der Kohlenstoff seinen Charakter dem Wasserstoff; bey dem andern umgekehrt der Wasserstoff dem Kohlenstoff.

Zwischen

Zwischen der allerfeuerbeständigsten, der unschmelzbarsten, und in verschlossenen Gefäßen unveränderlichsten Substanz, wie dieß die Kohle ist, und der leichtesten, und unter die allerexpansibelsten gehörigen Materie, wie das gekohlte Wasserstoffgas ist, findet also nur ein Unterschied in den quantitativen Verhältnissen der Grundstoffe Statt.

Den ungeheuren Zwischenraum, der zwischen dem Kohlenstoff und dem Wasserstoffgas liegt, erfüllen unendliche Nüancen oder Zwischengrade, deren Anzahl sich nicht berechnen läßt.

Dieser veränderliche Zustand der quantitativen Verhältnisse ist es, wodurch die von dem gekohlten Wasserstoffgase erzeugten Wirkungen untereinander verschieden sind.

Die Fäulniß der Vegetabilien, der Schlamm in den Morästen, die Destillation der Pflanzen und thierischen Materien erzeugen alle gekohltes Wasserstoffgas.

Herr **Berthollet** hat das quantitative Verhältniß der Grundbestandtheile von einigen bestimmt, ohne jedoch auf die Abweichungen Rücksicht zu nehmen, welche von den Veränderungen der Temperatur und des Luftdruckes herkommen können. Er nahm 100 Cubikzoll von jedem.

1) Das Gas, welches man erhält, wenn 4 Theile Schwefelsäure und ein Theil Alkohol zusammen destillirt werden, und welches die holländischen Chemiker Oel bildendes Gas genannt haben, enthält:

1,560 Kohlenstoff.
0,520 Wasserstoff.

Läßt man es durch eine glühende Röhre gehen, so setzt es etwas von seinem Kohlenstoffe ab und enthält nur:

0,572 Kohlenstoff.
0,312 Wasserstoff.

2) Das Gas von Alkohol, den man durch eine glühende Röhre gehen läßt gibt:

0,780 Kohlenstoff.
0,260 Wasserstoff.

3) Die verschiedenen Gase, die man durch Destillation der Oele gewinnt, weichen von einander ab, je nachdem die Destillation mehr oder minder vorgerückt ist; das am ersten übergehende enthält minder Kohlenstoff und gibt:

1,144 Kohlenstoff.
0,260 Wasserstoff.

4) Das Gas, welches die Zersetzung des Wassers mit der Kohle liefert, enthält:

0,260 Kohlenstoff.
0,208 Wasserstoff.

Thomson lehrt uns in seinem vortrefflichen System der Chemie das quantitative Verhältniß des Wasserstoffs und Kohlenstoffs in den vorzüglichsten Arten des gekohlten Wasserstoffs kennen.

1) Der aus stehendem Wasser, aus dem Aether, Kampher und den Vegetabilien gezogene enthält die meiste Kohle. Sein specifisches Gewicht verhält sich zu dem der gemeinen Luft, wie 2 zu 3; und 100 Theile enthalten nach Cruikshank:

52,35 Kohlenstoff.
9,60 Wasserstoff.
38,05 Wasser in Dämpfen.

2) Der gekohlte Wasserstoff, den man durch die Destillation nasser Kohlen gewinnt, ist der reichste an Kohlenstoff. Hundert Theile geben:

28 Kohlenstoff.
9 Wasserstoff.
63 Wasser.

3) Der gekohlte Wasserstoff aus dem Aether gibt:

45 Kohlenstoff.
15 Wasserstoff.
40 Wasser.

4) Der gekohlte Wasserstoff aus dem Weingeist liefert:

44,1 Kohlenstoff.
11,8 Wasserstoff.
44,1 Wasser.

Ende des dritten Theils.

Anwendung der Chemie
auf
Künste und Manufakturen.

Vierter Theil.

Neuntes Kapitel.

Von den Verbindungen der Schwefelsäure.

Keine Säure liefert für die Künste eine so große Anzahl salziger Verbindungen, als die Schwefelsäure; es ist wahrscheinlich, daß die Aufnahme in die die schwefelsauren Salze gekommen, und der große Gebrauch, den man von ihnen macht, daher rühren, daß die Natur sie fast alle bildet, und daß sie folglich die erste war, die sie der Industrie der Menschen darbot.

Diese Salze haben einige, ihnen eigenthümliche, Eigenschaften, an welchen man sie erkennen kann.

Sie sind unauflöslich im Alkohol, und diese Flüssigkeit schlägt sie aus ihrer Auflösung in kleinen Kristallen nieder.

Die Wärme zersetzt die schwefelsauren Alkalien nicht, und die schwefelsauren erdigen Metalle erfordern einen heftigen und lang anhaltenden Grad von Feuer, um die Säure daraus zu scheiden.

Wenn man sie mit Kohlen schmilzt, zersetzt sich die Säure.

Das Barytwasser, oder die Auflösung eines Barytsalzes, zersetzt alle schwefelsauren Salze, und bildet schwefelsauren Baryt, der sich niederschlägt.

Der Geschmack der schwefelsauren Salze ist in der Regel adstringirend oder bitter.

Ein ganz besondere Eigenschaft der schwefelsauren Salze scheint zu seyn, daß sie aus ihren Auflösungen eine Portion niederfallen lassen, in dem sich kein Kristallisationswasser befindet, wenn diese Flüssigkeit nicht in hinreichendem Maaße vorhanden war, um sich der ganzen Masse mitzutheilen. Wenn man

man auf diese Weise das Wasser aus den Salinen des Meurthe-Departements versieden läßt, so bildet sich ein reichlicher Bodensatz von schwefelsaurem Natron, ohne Kristallisationswasser, während ein anderer Theil dieses schwefelsauren Salzes in Auflösung bleibt und sich bey dem Kaltwerden kristallisirt *).

Man hat in verschiedenen Gegenden des Erdbodens, in Schweden, im Tyrol und anderwärts, schwefelsauren Kalk ohne Kristallisationswasser gefunden. Herr Haüy hat dieß zuerst beobachtet; Fleuriau es 1798 im Journal der Physik, und Bournon und Chenevix im Journal für Bergwerkskunde beschrieben und Herr Vauquelin es analysirt.

Es ist ferner bekannt, daß, wenn man eine Auflösung von schwefelsaurem Eisen durch Evaporation in dem Augenblicke verdickt, wo sie bis zum 40 oder 42sten Grade auf der Baumeschen Flüssigkeitswaage concentrirt, die Flüssigkeit sich trübt, weiß wird, und sich ein weißlicher, sehr harter und von dem Boden der Kessel schwer abzulösender Bodensatz bildet, welcher Bodensatz nichts ist, als schwefelsaures Eisen ohne Kristallwasser, das grün wird, wenn man es wieder auflöst.

Es scheint also, daß, wenn die Auflösungen der schwefelsauren Salze so verdichtet sind, daß das Wasser der Auflösung nicht mehr im Stande ist, alles das zur Bildung der Kristalle nöthige zu liefern, ein Theil des Salzes sich ablöst, und sich im trocknen Zustande niederschlägt, wornach die Auflösung 4 bis 6 Grade weniger zeigt.

Eine andere Eigenschaft der schwefelsauren Salze ist es, daß sie fast alle ihr Kristallisationswasser bey einer sehr mäßigen Wärme verlieren, daß sie dem Schmelzen sodann hartnäckig widerstehen, und ihre Säure nur bey einem heftigen und langanhaltenden Feuer fahren lassen, so daß man zwischen zweyen Schmelzungen in Rücksicht dieser Salze unterscheiden kann, der einen, die man die wässerige nennen möchte und die nichts ist, als die Auflösung des Salzes im Kristallisationswasser an einer sanften Wärme; und der andern, die man die feurige nennen könnte, weil sie von der sehr starken Hitze herrührt, der man das getrocknete schwefelsaure Salz aussetzt **).

Erster

*) Dieß ist auch der Fall bey der Sole anderer Salinen, die schwefelsaures Natron gelöst enthalten. Es setzt bey dem Versieden der Sole sein Kristallisationswasser an das Küchensalz ab, und fällt daher aus der Auflösung zu Boden; daher die Bildung des Pfannsteins. H.

**) Auch die Salzsäure, die Salpetersäure, die Phosphorsäure und alle übrigen Salze, die viel Kristallisationswasser enthalten, zerschmelzen

Erster Abschnitt.

Von den Verbindungen der Schwefelsäure mit dem Kali. (Doppelsalz, vitriolisirter Weinstein, schwefelsaures Kali).

Das bekannteste Resultat dieser Verbindung ist das schwefelsaure Kali, welches im Handel Doppelsalz, arcanum duplicatum, und vitriolisirter Weinstein genannt wird.

Dieß Salz wird nur in der Medicin gebraucht *), und die Apotheker bereiten es; indem sie die Säure direct mit dem Kali verbinden; aber alles das, was man bey den Specereyhändlern findet, kommt aus den Scheidewasserfabriken und ist der Rückstand der Zersetzung des salpetersauren Kali's durch die Schwefelsäure. Dieß schwefelsäure Salz, welches man in Masse in der Retorte angesetzt findet, darf, nach der Destillation nur in Wasser aufgelöst und gehörig verdichtet werden, um im Zustande von Kristallen zu erscheinen.

Zuweilen thut man weiter nichts, als es, wenn es geschmolzen ist, in Platten oder Täfelchen von 4 bis 6 Linien Dicke gießen und unter dieser Gestalt trifft man es am häufigsten im Handel an.

Dieß Salz hat einen starken; aber nicht sehr unangenehmen Geschmack, löst sich ziemlich leicht im Munde auf, und knirscht zwischen den Zähnen.

Seine Kristalle haben die Gestalt eines sechsseitigen Prisma's, das in sechsseitige Pyramiden ausläuft. Diese Prismen sind um so viel kürzer, als man die Auflösung stärker verdichtet.

Dieß schwefelsaure Salz verpufft auf Kohlen, es wird roth, bevor es schmilzt, und verflüchtiget sich bey einem heftigen Feuer, ohne sich zu zersetzen.

Wenn es der Flamme des Löthrohrs plötzlich ausgesetzt wird, so verpufft es mit Geräusch, schmilzt, fließt auf die Kohle, die ihm zur Stütze dient, und läßt als Rückstand, eine gelbe oder röthliche Materie, die einen Geruch von Schwefelwasserstoff von sich gibt, vorzüglich dann wenn man eine Säure darauf gießt. Man sieht in diesem Fall, die Schwefelsäure sich zersetzen.

Das

schmelzen anfangs in demselben, und kommen nur erst dann in einen wirklichen Fluß, wenn das Kristallisationswasser entwichen ist, und das Feuer verstärkt wird. Jene Eigenschaft kommt also den schwefelsauren Salzen nicht ausschließlich zu. H.

*) Man wendet solches auch in den Alaunsiedereyen zur Präzipitation des Alaunmehls, und in den Salpetersiedereyen zur Zerlegung des salpetersauren Kalks mit Vortheil an. H.

Das gesättigte schwefelsaure Kali verändert sich nicht an der Luft.

Die Grundbestandtheile desselben sind in folgenden Verhältnissen mit einander verbunden:

Nach Bergmann	Kirwan	Thomson	
40	45,2	31,0	Säure.
52	54,8	67,6	Kali.
8	0,0	1,4	Wasser.

Herr Berthollet fand, daß 49,33 wirklicher Säure nothwendig seyen, um 100 Theile Kali zu sättigen.

Das specifische Gewicht dieses schwefelsauren Salzes beträgt:

nach Brisson	Hassenfratz
2,298	2,4073.

Es löst sich in seinem sechszehnfachen Gewicht an Wasser auf, bey einer Temperatur von 60 Graden nach dem Fahrenheitschen Thermometer. Siedendes Wasser löst zwischen ein Viertheil und ein Fünftheil davon auf.

Dieß Salz kann sowohl durch die Barytsalze, als durch salpeter- und salzsaure Kalk- und Strontian-Erden; so wie durch alle metallischen Salze zersetzt werden, deren Basis mit der Schwefelsäure ein unauflösliches Salz bildet.

Das schwefelsaure Kali wird selten durch die Operationen der Natur hervorgebracht. Wenn die Pflanzen jedoch mit Kiesen angetränkt sind, wie man es bey eingegrabenen Bäumen und zuweilen bey Pflanzenhaufen sieht, die in Fäulniß übergehn, und ihre Zersetzung die Entstehung der Schwefelsäure veranlaßt; so verbindet sich diese mit dem Kali, als einem der Grundbestandtheile dieser Substanzen, und bildet schwefelsaures Kali *). Das, welches man zuweilen im faulen, zu Erde gewordenen, Miste findet, scheint keinen andern Ursprung zu haben. Bowle versichert, schwefelsaures Kali in mehreren spanischen Erdarten bemerkt zu haben. Ich selbst extrahirte es bey der Analyse von Tabaksasche.

Rouelle, der Jüngere, hat eine zweyte Art von schwefelsaurem Salze mit Säure im Uebermaaß, bereitet, welches in lange dünne Nadeln kristallisirt, und sich in zwey Theile Wasser, bey einer Temperatur von 60 Graden Fahrenheit auflösen läßt. Dieses Präparat aber, welches gar keinen Nutzen hat, ist nichts weiter,

*) Diese Erklärung scheint sehr künstlich zu seyn. Warum sollen die Pflanzen durch den Actus der Vegetation nicht eben so gut schwefelsaures Kali erzeugen können, als sie salpetersaures und salzsaures produciren? H.

weiter, als ein Zwischengrad zwischen vollkommnem Salze und dem ersten Anfange seiner Bildung *).

Zweyter Abschnitt.

Von den Verbindungen der Schwefelsäure mit dem Natron. (Schwefelsaures Natron, Glaubersalz, Wundersalz).

Das schwefelsaure Natron hat einen bittern Geschmack, und zergeht leicht im Munde.

Es kristallisirt in prismatischen Octaedren, von denen die beyden Pyramiden nahe an ihrer Basis abgestumpft erscheinen. Ihre gewöhnlichste Form ist die eines sechseckigen Prisma's, das abgeplattet ist, und in zweyeckige Pyramiden ausläuft.

Wenn dieß Salz auf Kohlen gethan wird, so siedet es sogleich auf, doch ohne anzuschwellen; verliert sein Kristallisationswasser, und es bleibt nur ein weißes und trübes Pulver zurück, welches schwer schmilzt, und sich bey einem heftigen Feuer verflüchtigt, ohne sich zu zersetzen.

Man kann bey diesem Salze die beyden Schmelzungsarten, von denen wir gesprochen, leicht unterscheiden; die erste findet Statt, wenn man es einer mäßigen Wärme aussetzt, und in diesem Falle löst die große, im schwefelsauren Salz enthaltene Quantität von Wasser dasselbe auf, und das Schmelzen hält nur dann erst inne, wenn jenes gänzlich verraucht ist; die zweyte Art ist, wo man mit dem schwefelsauren Salze operirt, wenn es kein Kristallisationswasser mehr enthält, und dazu einen heftigen Grad von Feuer anwendet.

Dieß Salz, wenn man es auf einer Kohle dem Strahl des Löthrohrs aussetzt, zersetzt sich, so wie, wenn man es in einem Ofen und in Berührung mit Kohlen zum Schmelzen bringt.

Dieß schwefelsaure Salz, dessen Kristalle, wenn sie noch neu sind, durchsichtig erscheinen, und ein schönes Wasser haben, efflorescirt an der Luft, vermindert sich um die Hälfte seines Gewichtes, wird trübe, verliert seine Konsistenz, und zeigt nichts als einen weißen und salzigen Staub.

Drey

*) Dieses übersäuerte schwefelsaure Kali läßt seine vorwaltenden Säuren nicht von sich; es muß also als ein Produkt eigner Art angesehen werden. In den Künsten gebraucht man solches, namentlich in der Cottundruckerey, um Beitzen dadurch zu zerstören, mit denen die Zeuge getränkt worden waren, und die ursprüngliche Weiße derselben wieder herzustellen. H.

Drey Theile Wasser zu 60 Graden Fahrenheit, lösen einen von diesem Salze auf, und siedendes Wasser macht diese Auflösung zu gleichen Theilen.

Seine Grundbestandtheile sind in folgenden Verhältnissen darin vorhanden:

nach Bergmann	Kirwan
27	23,52
15	18,48
58	58,00

In dem getrockneten Salze fand Kirwan die Säure im Verhältnisse von 56 zu 44.

Sein specifisches Gewicht verhält sich gegen das des Wassers wie 2,246 zu 1000.

Das schwefelsaure Natron ist im natürlichen Zustande in vielen Gegenden vorhanden; man trifft es überall dem Natron beygemengt an; die Wässer des mittelländischen Meeres lieferten mir davon beynahe den hundert und fünf und funfzigsten Theil ihres Gewichts.

Nichts ist gewöhnlicher, als dieß Salz in den Mineralwassern anzutreffen.

Es begleitet das Natron überall, wo sich dieß erzeuget, und wenn wir darauf Rücksicht nehmen, daß der Schwefel vom Natron fast unzertrennlich ist; indem man einen Natronstein nur naß machen darf, um einen sehr starken Schwefelwasserstoffgeruch daraus zu entwickeln; auf der andern Seite ferner, daß die Asche von einigen, am Meeresufer wachsenden Pflanzen, viel von diesem schwefelsauren Salze enthalten, so wird uns die gleichzeitige Existenz dieser beyden Salze an den nämlichen Orten weniger in Erstaunen setzen.

Alles schwefelsaure Natron, welches in den Handel kommt, wird gezogen:

1) Aus den salzigen Wassern des Meeres, oder den Salzsolen.

2) Aus der Lauge der Tamariskenasche.

3) Aus den Salzsäurefabriken.

1) Die Mutterlaugen der Salinen sind eine Zusammensetzung von deliquescirenden, erdigen, salzsauren Salzen, schwefelsaurem Natron, und schwefelsaurer Talkerde.

Man kann diese beyden letztern Salze durch Kristallisation leicht extrahiren.

Die

Die Salzsümpfe aus der Gegend von Narbonne lieferten dem ganzen mittäglichen Frankreich lange Zeit hindurch alles Salz, das man daselbst verbrauchte; die Salinen von Tourraine, vom Jura und Montblanc sind auch ergiebig daran.

2) Die Blätter der tamariscus gallica, welche an den Ufern des mittelländischen Meeres wächst, versehen mehrere Etablissements, in denen man nichts thut, als sie auslaugen, um das schwefelsaure Natron daraus zu extrahiren.

Man schneidet diese Pflanze zu Ende des Sommers ab, verbrennt sie, und laugt die Asche nach der bekannten Weise aus.

3. Da die Thonerden das salzsaure Natron sehr unvollkommen zersetzen, so wendet man vorzugsweise die Schwefelsäure an. Der Rückstand ist eine sehr trockene Masse von schwefelsaurem Natron, die nur in siedendem Wasser aufgelöst werden darf, um bey dem Kaltwerden, viele Kristalle schwefelsauren Natrons anzusetzen.

Dieß Salz muß in wohl zugepfropften Gefäßen aufbewahrt werden, damit es alle sein Kristallisationswasser behalte.

Man bedient sich dessen in der Medicin als Abführungsmittel; man gibt es fast immer in Gestalt eines Trankes, und thut davon in die Infusionen und Decoctionen, die man als Arzeneymittel einnehmen läßt.

Man gibt ihm die Form des epsomer Bittersalzes (schwefelsaure Talkerde), indem man schwefelsaures Natron aus seiner Auflösung in Wasser in dem Augenblicke niederschlägt, wo es, bey dem Kaltwerden, sich kristallisirt; man darf die Auflösung nur auf eine große Fläche gießen, und sie mit einem Besen, oder irgend etwas anderes umzurühren, wenn die Kristalle zu entstehen anfangen; sie setzen sich sodann an dem Boden des Gefäßes ab, und nehmen einen seidenartigen Charakter an. Dieß Salz, das in seiner Kristallisation trübe erscheint, ist in mehreren Gegenden von Frankreich unter dem Namen Pariser epsomer Salz bekannt, weil man es lange Zeit hindurch, fast ausschließlich, in dieser Stadt bereitet hat.

Die Mutterlaugen der Salinen, wenn sie auf gleiche Weise behandelt werden, geben ein Salz, welches ein Gemenge von schwefelsaurem Natron und schwefelsaurer Talkerde ist; oft ist die schwefelsaure Talkerde darin selbst in hervorstechendem Maaße vorhanden.

Das schwefelsaure Natron wird durch das Kali, und fast durch alle die Körper zersetzt, die die Zersetzung des schwefelsauren Kali's bewirken.

Dieß Salz ist im Handel unter den Namen Glaubersalz, Wundersalz u. s. w. bekannt.

Dritter Abschnitt.

Von den Verbindungen der Schwefelsäure mit der Kalkerde, (schwefelsaurer Kalk, Selenit, Gips, Gipsstein u. s. w.).

Dieß schwefelsaure Salz führt in den Künsten noch den Namen Gipsstein, und heißt Selenit in der ältern Chemie. Man nennt es Gips, wenn es kalzinirt und zum Gebrauch fertig ist.

Die schwefelsaure Kalkerde erkennt man an folgenden Eigenschaften:

1) Sie hat nur wenig Härte, und gibt nicht Feuer am Feuerstahl.

2) Sie verliert leicht ihr Kristallisationswasser und wird trübe, pulverartig, zerreiblich, und nimmt eine matte, weiße Farbe an.

3) Sie ist so wenig auflöslich im Wasser, daß wenigstens fünfhundert Theile davon erforderlich sind, um einen Theil derselben aufzulösen.

4) Sie verglast sich unter dem Brennspiegel und am Porzellainfeuer, und bildet ein durchsichtiges Glas. Die Schneide ihrer Platten schmilzt vor dem Löthrohr im Augenblick. Sie löst sich mit Aufbrausen im Borax auf.

5) Wenn man die schwefelsaure Kalkerde durch Kalzination ihres Kristallisationswassers beraubt, so erhitzt sie sich im Wasser, und wird in kurzer Zeit hart.

6) Sie brauset mit den Säuren nicht auf.

7) Die fixen Alkalien schlagen den darin enthaltenen Kalk zum Theil nieder.

8) Ihr specifisches Gewicht verhält sich zu dem des reinen Wassers wie 23 zu 10. Der Kubikfuß davon wiegt beynahe 161 Pfund.

Die Natur zeigt uns die schwefelsaure Kalkerde in beträchtlichen Massen oder Lagen an zahlreichen Punkten der Erde, und in diesem Zustande wird sie Gipsstein, Gipsbruch genannt, weil man diese Lagen darum fördert, um diese für die Künste so kostbare Materie daraus zu ziehen.

Wenn der schwefelsaure Kalk in Massen vorhanden ist und Gipsbrüche bildet; so lassen sich am häufigsten gar keine regulären Formen darin unterscheiden und die davon losgelösten Fragmente zeigen nur einen körnigen Bruch. Zuweilen aber ist sein Gewebe auch in Tafeln abgetheilt und alsdann ist es durchsichtig. In diesem letztern Falle erscheint es bloß wie eine verwirrte Anhäufung schlecht ausgebildeter Kristalle.

Zuweilen erscheint er auch als eine Verbindung von sehr feinen Fasern, die mehr oder minder dicke Schichten bilden; dieses wird dann Seiden- oder streifiger Gips in Rücksicht seiner Form genannt. Aus China hatte man schöne Stücke davon für Kabinette erhalten, bis unsre Fortschritte in der Naturgeschichte es uns an mehrern Orten von Frankreich selbst zeigten: die Stadt Puy-en-Velay (im Departement der Haute Loire) ist auf einer Schicht von diesem Steine erbauet; ich selbst habe ihn häufig bey Bédarieux (im Departement de L'Herault) gefunden, und noch hat man ihn in Berzé la Ville, nahe bey Macon entdeckt.

Das Wasser, welches die Gipsschichten bespült, zieht einen geringen Theil dieses Salzes mit sich fort, und löst es auf, setzt es sodann in kleinen Lagen auf dem Boden ab, über den es hinläuft und es entsteht sodann entweder fossiles Mehl daraus, wenn die zu Boden gefallenen Theilchen keine Consistenz haben, oder leichte Nadeln von Selenit, wenn das wenig auflösliche Salz durch bloßes Stillestehn der Flüssigkeit oder durch deren Austrocknung sich ruhig zu Boden setzen kann, oder Stalactiten, wenn das damit geschwängerte Wasser langsam über harte Oberflächen fließt, oder in Tropfen von einer gewissen Höhe herabfällt.

Der Gips zeigt sich sehr häufig unter regulären Formen, seine ursprüngliche Gestalt ist die eines graden vierwinkligen Prisma's, mit Basen, die schiefwinklige Parallelogrammen bilden, welche wiederum Winkel von 113 Graden 7'46'' und 66 Graden 52'12'' haben.

Die gewöhnlichste Modification dieser Urform ist die eines sechsseitigen, rautenförmigen und platten Prisma's, welches in zweyseitige Scheitel ausläuft.

Die Natur zeigt uns die schwefelsaure Kalkerde unter unendlich verschiedenartigen Farben.

Zuweilen ist sie von einem vollkommen matten Weiß und oft auch von recht reiner weißer Farbe; dann sieht man an ihr im Bruch überall kleine, sehr glänzende Punkte auf einer körnigen Oberfläche: diese Eigenschaften werden am meisten an ihr geschätzt.

Es gibt Steinbrüche, in denen der Gipsstein eine aschgraue Farbe hat, dieser liefert, wenn er kalzinirt wird, in der Regel eine gute Qualität von Gips zu Gebäuden; aber die Bildhauer und Modellirer verwerfen ihn wegen der Dunkelheit seiner Farbe.

Oft hat der Gipsstein auch ein mehr oder weniger lebhaftes Roth in Nüancen, die von Blaßrosa zum Dunkelrothen aufsteigen; diese Farbe kommt von einigen Atomen Eisenoxyds her und man bemerkt sie hauptsächlich in Gipsschichten, die nicht sehr dick sind und die in eisenkieshaltigem Mergel gebildet, sich in natürlichem Gemenge mit schwefelsaurem Eisen befinden, welches von dem Wasser hinweggeführt und zersetzt wird. Dieser Gips behält seine Farbe, auch nachdem er gebrannt worden; man kann ihn als Kitt gebrauchen, aber seine Farbe erlaubt nicht, sich seiner zu Verzierungen, oder zu irgend einem andern Werke zu bedienen, bey denen Weiße die Haupteigenschaft seyn muß.

Ich habe einen schwärzlichen Gipsstein unter dem Gabianschen Steinölquell gefunden. Dieser Gips ist in Blöcken, welche fast isolirt vom Berge stehen, mehrere Fuße im Durchmesser haben und deren Inneres den wunderbaren Anblick einer verworrenen Aufhäufung von seidenartigen durch das Erdpech des Steinöls geschwärzten Kristallen darstellt; er wird weiß im Brennen, ohne daß man ihm jedoch jenen hohen Grad von Weiße mittheilen kann, den man von diesem Steine, nachdem er kalzinirt worden, zu fordern berechtiget ist.

Man trifft ziemlich häufig Kristalle in dem Gipsstein; der von Montmartre bey Paris hat diese in so reichlichem Maaße geliefert, daß sich fast alle naturhistorische Sammlungen in Europa damit bereichert; sie sind in jenem Gips so häufig, daß man einen großen Theil derselben brennet, um sich einen reinen Gips von schöner weißer Farbe, zur Verfertigung zarter Arbeiten, zu verschaffen.

Aber wie groß auch die Leichtigkeit ist, mit der dieß schwefelsaure Salz kristallisirt; so finden sich doch die Umstände, welche nothwendig sind, um reguläre Formen hervorzubringen, selten miteinander in Verein, und in den meisten Gipsbrüchen nur schwache Spuren von Kristallisation.

Um Kristalle zu erhalten, mußte das Salz vorläufig aufgelöset werden, die Flüssigkeit fast in einem absoluten Stillstande bleiben, die Elemente des schwefelsauren Salzes beynahe vollkommen rein seyn, und eine langsame Evaporation hinzutreten; da diese Bedingungen alle aber selten angetroffen werden; so trifft man auf wenig Gipsbrüche in denen die Kristalle des schwefelsauren Salzes zahlreich und regulär wären. Man bemerkt sie bloß von Zeit zu Zeit in den leeren Räumen oder Höhlungen des Felsens und an den Ufern der Ritzen, durch welche die selenitösen Wässer sich in die Abgründe hinabstürzen.

Noch findet man die Gipskristalle in den mergelartigen Thonerden, in denen der Eisenkies zersetzt worden; denn die kleinen Kristalle von schwefelsaurem Kalke, die hier und dort in einem weichen Teige entstehen mußten, verdichten sich mittelst ihrer Affinität und bilden nach und nach eine beträchtliche Masse. Man kann diese Bildung, fast mit den Augen, in den eisenkieshaltigen Mergeln der Gegenden von Montpellier, vorzüglich zwischen Foncaude und Lamousson verfolgen.

Die Gipskristalle haben alle eine glasartige Halbdurchsichtigkeit. Ihre Farbe fällt in das Gelbe.

Die Aehnlichkeit, die sie, im Groben, von den Talkblättern haben, deren man sich bey einigen Völkern bedient, um Laternen- und Fensterscheiben daraus zu machen, ist Schuld daran, daß diese beyden Steinarten selbst von den größten Naturforschern verwechselt worden sind, und man ihnen beyden gemeinschaftlich die Namen Marienglas, Fraueneis, vitrum ruthenicum, Eselsspiegel u. s. w. beygelegt hat.

Seit den Arbeiten Marggrafs ist kein Zweifel mehr über die Natur der Grundstoffe des Gipssteins; man kann ihn, nach Willkühr, zersetzen und wieder erzeugen; und alle Operationen beweisen, daß er aus Kalkerde und Schwefelsäure bestehet. Diese beyden Stoffe sind, nach Bergmann, in folgenden Verhältnissen in ihm enthalten:

46 Säure.
32 Kalkerde.
22 Wasser.

Herr Kirwan hat diese Verhältnisse nach dreyen verschiedenen Zuständen der Kalzination bestimmt.

Erwärmt

1) zum 170sten Grad Wegdwood.	2) zur Rothgluth.	3) zur Weißgluth.	
50,39	55,84	59	Säure.
35,23	38,81	41	Kalkerde.
14,38	5,35	0	Wasser.

Herr Chenevix, nachdem er sie in einem Tiegel von Platina stark erwärmt, fand darin 57 Säure 43 Kalkerde.

Selten aber ist der Gips frey von der Beymengung anderer Salze. Rouelle, der Jüngere, hat beobachtet, daß Kristalle von schwefelsaurer Magnesia auf frisch gebrauchtem Gipse effloreszirten. Diese Efflorescenz ist viel häufiger in den Gipsen der mittäglichen Länder, als in anderen zu finden; sie ist von der Art, daß die Oberfläche, vorzüglich an feuchten Stellen, bald

von

von ihr bedeckt wird, und daß man sie nicht in freyer Luft gebrauchen kann, indem der Regen sie in sehr kurzer Zeit auflöst. Die Analyse hat mir die Existenz des schwefelsauren Eisens, schwefelsauren Natrons und schwefelsaurer Magnesia in dem Gipse beweisen, dessen man sich im mittäglichen Frankreich bedient.

Der Gips wird häufig in den Künsten angewendet; er ist das erste Material für den Stuck-teur, Modellirer, Decorateur und Formenarbeiter; er wird durch eine fast immer gleiche Zubereitung zum Gebrauch aller dieser Arbeiter tauglich gemacht, daß heißt, man präparirt ihn immer durch Brennen des Gipssteins; aber das Verfahren bey diesem Brennen ist abwechselnd in den verschiedenen Ländern.

1) An mehrern Orten stößt man die Materie zu Pulver, und thut sie in einen Kessel, unter dem man ein Feuer unterhält; durch dieß Staubbad zieht sich eine Bewegung des Aufwallens, die dem einer Flüssigkeit sehr ähnlich ist. Man rüttelt die Masse während der ganzen Zeit hindurch, wo diese Art von Aufwallen fortdauert, mäßig um. Nach einiger Zeit senket sie sich, und dann hält man mit dem Feuer inne, denn es ist klar, daß diese Bewegung durch nichts unterhalten wird, als durch die Evaporation des Wassers, welches entschwindet; und daß, von dem Augenblicke an, wo dieß aufhört, der Stein gehörig kalzinirt ist.

Dieß Verfahren hat den Vortheil, daß der Gips dabey auf eine recht gleichmäßige Weise gebrannt wird; aber es ist weniger öconomisch wegen der vorhergehenden Operation des Kleinstoßens, und der Unmöglichkeit, eine große Quantität auf ein Mal zu brennen.

2) In fast allen Gipsbrüchen, aus denen in Frankreich gefördert wird, schlägt man den Stein in Stücken, und erbaut davon im Trockenen Wölbungen unter Schuppen, zündet Feuer unter diesen Wölbungen an, und unterhält dieß, bis daß die Steine rothglühend werden; sodann zieht man das Feuer heraus, zerschlägt das Gewölbe, und zerstampft den kalzinirten Stein mit gewöhnlichen Jungfern. In dieser letztern Gestalt, als ein weißes, zuweilen graues Pulver, kommt der Gips in den Handel.

Die Steine, welche sich nicht zerstampfen lassen, werden bey Seite gelegt, um zum zweyten Male kalzinirt zu werden.

Dieß eben so einfache als öconomische Verfahren wird in der Regel angewendet, wenn man den Gips zu gemeinen und groben Arbeiten bestimmt; da es aber schwer ist, durch dieß

Mittel

Mittel alle Stücken in dem nämlichen Grade zu brennen, weil sie ungleich an Masse sind, und nach ihrer Größe verschiedene Plätze im Ofen einnehmen, so bedient man sich folgenden Verfahrens, sobald es darauf ankommt, den Gips zu zarten Arbeiten zu gebrauchen.

3) Man heitzt bis zur Rothgluth einen Ofen, der fast einem Backofen gleich ist; zieht das Feuer dann heraus, und wirft den Gipsstein, den man in Stücken von der Größe einer Nuß zerschlägt, hinein, verschließt sodann den Ofen, und verlutirt ihn sorgfältig, und läßt die Hitze fallen, bevor man den Gips herausnimmt.

Wenn man bey dieser Operation die Kristalle anwenden kann; so gibt man ihnen den Vorzug, da sie reiner und leichter zu brennen sind.

Um von den Veränderungen urtheilen zu können, die der schwefelsaure Kalk durch die Kalzination erfährt, darf man nur eine Platte von Gipskristall nehmen, und sie auf eine Kohle, oder auf irgend einen andern warmen Körper legen; die halbdurchsichtige Farbe verliert dann ihren Glanz und wird weiß, die Platten lösen sich von einander; das ganze Gewebe zerblättert sich; es entbindet sich Wasser in Dämpfen, und wenn die Evaporation des Wassers beendiget ist, so läßt sich die Probe, die man zurückbehält, in der Hand zerreiben und zerfällt in Staub.

Welches Verfahren man aber auch bey dem Brennen anwende, ist der Zweck, den man zu erreichen sucht, immer der nämliche; es kommt nämlich darauf an, alles Kristallisationswasser zu extrahiren und zu verdrängen, und dadurch den schwefelsauren Kalk weißer, undurchsichtig, pulverartig, und geneigt zu machen, das Wasser, dessen er beraubt worden, begierig wieder einzusaugen.

Wenn der Brand nur unvollständig vor sich gegangen, so behält der Gipsstein einen Theil seiner Festigkeit; er zertheilt sich dann nicht gehörig im Wasser und bildet einen harten, wenig zusammenhängenden Teig, der widerstrebt die Formen anzunehmen die der Künstler sich ihm zu geben bemüht. Dieser Teig gewinnt wenig Härte mit der Zeit, und die Oberfläche der darin ausgeführten Werke hat niemals die glatte Politur, welche man dem gehörig gebrannten Gipse geben kann.

Wenn, im Gegentheil die Kalzination zu weit getrieben wird, so zertheilt sich der Gips im Wasser und macht keinen festen Körper; der Teig hat dann nicht mehr das Geschmeidige, Körperliche, Nervige, welches die Künstler von dieser Materie fordern.

Der gut bereitete Gips saugt das Wasser gierig und mit merklicher Wärme ein; und wenn man ihm davon nicht die nöthige Quantität zukommen läßt, so trocknet der Teig und nimmt eine ziemlich starke Härte an, ohne jedoch seine ursprüngliche Durchsichtigkeit oder das glänzende Ansehen des Gipssteins jederzeit wieder zu gewinnen.

Die Eigenschaft des Gipses, daß er sich mit Wasser antränken kann und in diesem Zustande einen sehr gut zu handhabenden Teig bildet, der fähig ist, alle Gestalten anzunehmen und bald nachher eine gehörige Härte zu gewinnen, hat den Künstlern erlaubt, Statüen und Verzierungen daraus zu formen; Formen und Figuren daraus zu gießen; alle Arten von Abdrücken darein auszudrücken, Mauern und Wände davon zu errichten, ihn als Kitt zur Verbindung von Steinen, Metallen, Holz u. s. w. zu gebrauchen.

Man hat sich jedoch nicht allein damit beschäftiget, den Gips mit Eleganz zu bearbeiten und die Hauptverzierungen unsrer Wohnungen daraus zu verfertigen; aber man hat ihn selbst zur Basis für Farben, ihm einen größern Glanz mitzutheilen, und für eine schönere Politur empfänglicher zu machen gewußt; indem man ihn mit einer Auflösung von Gummi, Fischleim oder Flandrischem Leim bestreicht.

Aus diesem Verfahren ist die Stuckatur-Arbeit entstanden: wir finden die ersten Anfangsgründe dieser Kunst bey Kunkel, der mehrere Verfahrungsarten hinterlassen hat, um den Gips zu färben; indem man sich zum Bestreichen desselben Flüssigkeiten bedient, die mit rothem Sandel, mit Brasilienholz, mit Safran u. s. w. gefärbt worden, und Fischleim nimmt, um das Ganze unter einander zu verbinden und ihm mehr Glanz zu geben.

Seit Kunkel hat die Kunst des Stuckarbeiters erstaunenswürdige Fortschritte gemacht: man führt die beträchtlichsten Werke in Stuck aus, gibt ihnen die fettige Politur des schönen Marmors und den Reichthum an schönen Farben, die sonst nur der Frescomahlerey vorbehalten zu seyn schienen.

Der Stuckarbeiter, der nur gewohnt ist, reinen und gut gebrannten Gips zu gebrauchen, wählt selbst die Steinart die ihm zweckmäßig scheint, zerstößt sie in kleine Stücke von gleichem Gehalt, und brennt sie in einem Ofen nach den bereits von uns beschriebenen Verfahren; er hält mit dem Feuer inne, wenn er sieht, daß die dicksten Stücke in der Mitte keinen glänzenden Punkt mehr zeigen, und daß die ganze Masse eine gleiche, trübe Farbe hat.

Der Stuckarbeiter siebt ferner seinen Gips durch ein sehr dünnes Sieb, und rührt ihn, sobald er ihn gebrauchen will, mit einer Auflösung von Flandrischem Leime ein; in dieser Auflösung laßt er die Farben zergehen mit denen der Stuck angemahlt werden soll; wenn er aber zu einem Werke verschiedene Farben bestimmt und verschiedene Dessins ausführen will; so bereitet er jede der Nüancen besonders und vermengt sie dann untereinander um sie zu nüanciren und zu verbinden; fast wie der Mahler auf dem Pallette die Urfarben mengt, deren er zur Composition aller Tinten bedarf.

Um dem Werke die schöne glatte Politur zu geben, die den Stuckarbeiten eigenthümlich ist, reibt man das Stück mit einer Hand mit Bimsstein ab, und reiniget mit der andern seine Oberfläche mittelst eines nassen Schwammes. Sodann reibt man mit Trippelerde, Kohlen und nassen leinenen Tüchern nach, gießt noch ein Mal Oel und Trippelerde darauf, trägt diese Mischung mit einem Stücke Hutfilz auf und beendet die Arbeit mit bloßem Oele.

Alle Beobachtungen der Naturforscher kommen darin überein, daß der Gips kein sehr hohes Alter habe.

Wir treffen Lagen davon unmittelbar über der Kalkerde an, sie zeigen sich noch in der Nähe von Gruben, aus denen jüngerer Schiefer gefördert wird, und ich kenne keine beurkundete Thatsache, nach der dessen Existenz unter dem Granit oder unter irgend einem andern Urgebirge anzunehmen wäre.

Es scheint nach der Lage der Gipsschichten: 1) daß ihre Formation neuer ist, als die der Kalk- und jüngeren Schiefergebirge. 2) Daß sie nur immer in den Gegenden Statt gefunden, wo der eisenkieshaltige Boden eine Zersetzung erfahren.

Die erste dieser Thatsachen geht aus der Situation der Schichten selbst hervor, weil man sie nur oberhalb der Gebirge bemerkt, von denen wir eben gesprochen.

Die zweyte findet ihre Bestätigung in der Prüfung der Gegenden wo diese Gipsbrüche belegen sind und in der Natur des Bodens, wo man noch Kristalle von schwefelsaurem Salz sich bilden sieht.

Eine Beobachtung, die verschiedenen Naturforschern nicht entgangen ist, ist, daß in den Gipsbrüchen sich viele Gebeine von Land- und Flußthieren und nicht ein Ueberrest von einem Seethiere zeigen. Die vernünftigste Folgerung, welche sich aus dieser Thatsache ziehen läßt, ist, daß die Gipsschichten nichts sind, als Anhäufungen in ungeheuern Seen entstanden, die in

 großer

großer Anzahl auf dem Erdboden vorhanden gewesen zu seyn scheinen, bevor die Arbeiten, welche Folgen der Civilisation waren, oder außerordentliche Begebenheiten, als Erderschütterungen, vulkanische Ausbrüche und Ueberschwemmungen ihnen Abflüsse eröffnet. Die Existenz dieser Seen, die ergiebige und unerschöpfliche Quellen sind, ist es, beyläufig gesagt, ebenfalls, der die großen ursprünglichen Flüsse, deren noch vorhandene Betten ihren ungeheuern Umfang bezeugen, ihr Entstehen zu verdanken haben. Man findet eine neue Entwickelung und die Anwendung dieser Ideen auf die Formation der Gipsbrüche von Montmartre bey Paris von Lamanon, im 19ten Bande des Journals der Physik, März 1782 S. 4.

Man kann die Entstehung einer so großen Quantität von schwefelsaurem Salze, daß Gipsbrüche daraus werden können, nicht begreifen, wenn man nicht zu den ersten Zeiten hinaufsteigt, wo die Erde mit Massen von Kiesen bedeckt war; dieser ursprüngliche Zustand des Bodens scheint erwiesen durch die Existenz der zahlreichen, verlöschten Vulkane, durch die Ocherschichten, auf die man häufig trifft, und durch die Adern von Pyriten und die schwefligen Thonerden die unberührt bleiben. Die Zersetzung dieser geschwefelten Materien gibt Veranlassung zur Bildung von schwefelsauren Eisen, Kalk, Alaun-Erde und Magnesia, nach der verschiedenen Natur des erdigen und metallischen Gemenges, in dem der Schwefel in Verbindung ist. Man ist täglich Zeuge dieses Phänomens, wenn man die Zersetzung oder das Spiel der mergelhaltigen Thonerden betrachtet; denn man bemerkt darin eine wunderbare Quantität kleiner Kristalle von schwefelsaurer Kalkerde, die nach und nach eine ziemlich beträchtliche Masse bilden, wenn die Weichheit der Thonerde gestattet daß sie sich verdichten und vereinigen.

Nach dem eben Gesagten wird man einsehn, daß wenn die Masse des Eisenkieses beträchtlich ist, wenn das schwefelsaure Salz durch das Wasser fortgezogen wird, so wie es entsteht, wenn dieß Wasser, indem es wenig auflöslich ist, es zu Boden setzen läßt, daraus, nach dem sehr veränderlichen Einflusse der erzeugenden Ursachen, mehr oder weniger bedeutende Lagen entstehen können; und ich finde keine andre Ursache, die der Größe der Wirkung angemessen wäre, als die Existenz der großen Seen, die in ihrem Schooße das Produkt der Zersetzung der Pyriten empfangen und es auf bestimmten Punkten abgelegt, so wie die Meereswasser die Reste des Knochengebäudes der Seethiere auswerfen und aufeinanderhäufen und dadurch die Kalkgebirge bilden.

Die Existenz dieser Kiese, deren Ursprung in die Zeiten hinaufzusteigen scheint, die der Epoche nahe kommen, wo die Erde anfing, bewohnt zu werden, weil wir in ihrem Ur-Kern keine solche finden, hat über den Erdboden neues Leben verbreitet: ohne sie würden uns die häufigsten salzigen Substanzen unbekannt geblieben seyn, ohne sie wären wir ein Zeuge der Metamorphosen, der Zersetzungen und Zusammensetzungen geworden, die die Oberfläche unsers Planeten erneuet und ihn durch das schreckliche Feuer der Vulkane, die ihm ihre Entstehung verdanken, bis in seine Fundamente erschüttert haben. Allen Punkten der ungeheuern Oberfläche der Erde sind neuere oder ältere Spuren der Zersetzung von Pyriten aufgedruckt: die schwefelsauren Salze, die Ocherarten, die vulkanischen Trümmern, die warmen Quellen erlauben uns nicht, daran zu zweifeln, und diese active Ursache ist noch heut zu Tage das mächtigste Wirkungsmittel bey den Veränderungen, die die Mineralsubstanzen unter unsern Augen erfahren *).

Man hat zu verschiedenen Zeiten den Uebergang des Gipses in den Zustand von Kiesel und Chalcedon beobachtet. Herr Carozy, Direktor der Polnischen Bergwerke, hat 1783 Beobachtungen über diesen Gegenstand bekannt gemacht: Herr Macquart, die von dem nordischen Mineralogen aufgestellten Thatsachen bestätiget und seine Meynung darüber in einer Sammlung mineralogischer Beobachtungen auf einer Reise im Norden, niedergelegt, und Herr Monnet 1785 in den physikalischen Journalen den Uebergang des Gipses in den Zustand von Kiesel in den Brüchen von Menil-Montant beschrieben; man hat aus diesen Thatsachen auf die Transformation der Substanzen geschlossen; aber eine gesunde Chemie nimmt diese irrige Lehre nicht an, und sieht in diesen Veränderungen nichts als einen Transport der Kieselerde, eine Veränderung des Platzes von Seiten des schwefelsauren Salzes. Die Substitution eines Körpers an die Stelle eines andern, Phänomene, die weder in der Chemie noch in der Naturgeschichte selten sind.

*) Ich will die Formation des Gipses nicht auf die bloße Zersetzung der Kiese einschränken, aber ich halte diese für die mächtigste und allgemeinste Ursache derselben.

Anmerk. des Verf.

Vierter Abschnitt.

Von den Verbindungen der Schwefelsäure mit der Talkerde, (schwefelsaure Talkerde, schwefelsaure Magnesia, epsomer Salz, bitteres Purgirsalz, sedlitzer Salz).

Die schwefelsaure Talkerde hat Benennungen erhalten, die alle entweder von den Namen der Quellen, aus denen man dieß Salz zieht, oder von den Eigenschaften, die es auszeichnen, oder von dem Gebrauch, zu dem es angewendet wird, hergenommen sind; daher rühren die Namen epsomer Salz, sedlitzer Salz und bitteres Purgirsalz.

Die schwefelsaure Talkerde hat einen sehr bittern Geschmack.

Ihre ursprüngliche Form ist die eines graden viereckigen Prisma mit Quadratbasen.

Im Handel trifft man dieß Salz in kleinen Kristallen an, und um diese Form nachzuahmen, trübt man das schwefelsaure Natron in seiner Kristallisation, und verkauft dann die seidenartigen Kristalle desselben unter dem uneigentlichen Namen epsomer Salz.

Man kann dieß schwefelsaure Salz von der wahren schwefelsauren Talkerde leicht unterscheiden, weil es efflorescirt, und keine Talkerde gibt.

Im Handel verkauft man ferner unter dem Namen des epsomer Salzes ein Gemenge von beyden schwefelsauren Salzen und vielen erdigen salzsauren Salzen, die man aus den Mutterlaugen der Salzquellen in Lothringen und der Franche-Comté, so wie aus den Salzsümpfen des mittäglichen Frankreichs zieht.

Wasser löset ein gleiches Gewicht schwefelsaurer Talkerde bey einer Temperatur von 60 Graden Fahrenheit, auf.

Dieß Salz wird flüssig am Feuer, und verliert durch die Kalzination die Hälfte von seinem Gewichte; der Rückstand erfordert einen heftigen Feuerstrom, um zum Schmelzen gebracht zu werden, welches, wie bey dem schwefelsauren Natron und andern Salzen der nämlichen Gattung, auf eine zweyfache Art der Schmelzung deutet.

Es ist folgendergestalt zusammengesetzt:

In Kristallen.	Getrocknet besteht es aus:	
29,35	63,32	Säure
17,00	36,68	Talkerde
53,65	0	Wasser.

Es gibt wenige Wässer, die nicht schwefelsaure Talkerde enthalten; aber in einigen Mineralquellen ist sie in so großer Quantität enthalten, daß man sie daraus extrahiren kann. Aus den Quellen von Eger, Ebsham, Sedlitz und Saydschütz hat man sie bis jetzt am reinsten gezogen. Das Meerwasser und das Wasser in den Salinen ergeben auch mehr oder minder davon, und ist es darin immer mit schwefelsaurem Natron vermengt.

Da die Talkerde einer der gemeinsten erdigen Stoffe ist, so gibt die Zersetzung des eisenkieshaltigen Schiefers Veranlassung zur Formation der schwefelsauren Talkerde. Zuweilen ist die Talkerde selbst dergestalt vorherrschend unter den erdigen Stoffen dieses eisenkieshaltigen Schiefers, daß dessen Efflorescenz nichts ist, als schwefelsaure Magnesia. Ich selbst habe ein Beyspiel hiervon im Rouergue (im Departement de l'Aveyron) nahe bey dem Dorfe St. Michel, zwey Meilen von St. Sernie gesehen, wo es ein Schiefergebirge gibt, dessen Vitriolisation nur dieß Salz erzeugt.

Herr Tingry hat ähnliche Beobachtungen über einige Gebirge bey Genf gemacht, und die Bauern selbst in der Kunst unterrichtet, die Efflorescenzen auszulaugen, und das Salz daraus zu extrahiren, um sodann die Talkerde daraus niederzuschlagen.

Ich habe zu meinem großen Erstaunen gesehen, daß wilde Tauben und andere Zugvögel sich auf dem Berge im Rouergue, von dem ich eben gesprochen, niederließen, das Salz davon abfraßen, und ihren Flug, nach einigem Verweilen daselbst, fortsetzten.

Die schwefelsaure Talkerde wird in den Künsten wenig gebraucht, aber die Magnesia häufig in der Arzeneykunst angewendet; man schlägt sie aus der Auflösung des schwefelsauren Salzes durch kohlensaure Alkalien nieder.

Herr Fourcroy hat mit Sorgfalt alle Phänomene geprüft, die sich uns bey der Zersetzung dieses Salzes durch die kohlensauren Alkalien zeigen, und es ergibt sich aus den Arbeiten dieses Chemikers:

1) Daß kohlensaures Kali auf dem kalten Wege die schwefelsaure Talkerde zersetzt.

2) Daß kohlensaure Talkerde in der kalten Flüssigkeit in Auflösung bleibt, und zwar mittelst eines Uebermaaßes von Kohlensäure, die von dem kohlensauren Kali geliefert wird, welches mehr davon enthält, als nöthig ist, um die niedergeschlagene Talkerde zu sättigen.

3) Daß die Wärme, die im Stande ist, die in Wasser aufgelöste Kohlensäure zu entbinden, hierdurch selbst die kohlensaure Talkerde niederschlägt.

4) Daß, um die Talkerde im kalten Wege niederzuschlagen, man reines ätzendes Kali anwenden muß.

5) Daß gleiche Theile kohlensaures Kali mehr als hinreichend sind um schwefelsaure Talkerde zu zersetzen, und daß 125 Theile schwefelsaurer Talkerde, und 100 kohlensauren Kali's nach dem Aufwallen 45 reine kohlensaure Talkerde geben.

6) Daß, um 125 Theile schwefelsaurer Talkerde zu zersetzen, 136 kohlensaures Natron erforderlich sind.

7) Daß eine Auflösung von 100 Theilen kohlensauren Natrons, vermengt mit einer Auflösung von 125 schwefelsaurer Talkerde unter einer Temperatur von 12 Graden, sogleich 0,11 kohlensaure Talkerde niederschlagen läßt.

8) Daß kohlensaures Ammonium die Talkerde nicht niederschlägt.

9) Daß wenn man bis zum 30sten Grade die Auflösung von schwefelsaurer Talkerde, in welche man Ammonium gegossen, erwärmt, sie sich unter einem lebhaften Aufbrausen trübet, der Niederschlag aber sich wieder auflöst, wenn man sie zum Aufwallen bringt, und daß sie dann, wenn man sie mit dem Viertheil ihrer Masse evaporirt, bey dem Erkalten ein dreyfaches, aus Talkerde, Ammonium und Schwefelsäure bestehendes Salz bildet.

10) Daß wenn man ein Gemenge von 125 Gran schwefelsaurer Talkerde, und 100 Gran kohlensaures Ammonium in so wenig Wasser als möglich aufgelöset, langsam erwärmen läßt, man daraus 45 Gran kohlensaure Talkerde ziehet.

11) Daß, wenn man die Auflösung an der Luft stehen läßt, ohne sie zu erwärmen, die kohlensaure Talkerde sich unter einer sehr regulären Form absetzt.

Die Kristalle der kohlensauren Talkerde sind glänzend und durchsichtig; ihr Geschmack ist fast null, erdig und fade.

Dieß kohlensaure Salz verpufft auf Kohlen; es wird in Staub verwandelt, ohne zu zerschmelzen, und verliert 0,75 an seinem Gewichte. Es efflorescirt an der Luft, und wird weiß und trübe.

Eine Unze Wasser zu 10 Graden löst 12 Gran davon auf; es kristallisirt in Prismen mit sechs rautenförmigen Flächen.

Man raubt dem kohlensauren Salze seine Säure durch die Kalzination, und es entsteht sodann kalzinirte Talkerde daraus.

Fünfter

Fünfter Abschnitt.

Von den Verbindungen der Schwefelsäure mit der Thon- oder Alaunerde und dem Kali, (schwefelsaure alkalisirte Thon- oder Alaunerde, (Alaun)).

Die Schwefelsäure löset die Alaunerde auf, und man hatte bis zu den neuesten Zeiten geglaubt, daß der Alaun nichts anderes sey, als das hieraus entstehende schwefelsaure Salz.

Diese schwefelsaure Alaunerde kristallisirt in dünnen, glänzenden und weichen Tafeln. Sie hat einen adstringirenden Geschmack, und ist sehr auflöslich in Wasser, die Wärme beraubt sie ihres Kristallisationswassers, und verwandelt sie in Staub; eine stärkere Wärme aber zersetzt sie, indem sie die Säure verflüchtiget; sie verändert sich auch nicht an der Luft *).

Nach Bergmann enthält sie Säure und Alaunerde in gleichen Theilen.

Marggraf hatte bereits beobachtet: 1) daß die bloßen Verbindungen der aus dem Alaun durch die Alkalien niedergeschlagenen Alaunerde mit der Schwefelsäure, nie etwas anderes, als Kristalle ohne Consistenz bildeten. 2) Daß die kalzinirten Thonerden, wenn sie auf gleiche Weise behandelt werden, Kristalle von der nämlichen Gattung ergeben. 3) Daß das Hinzutreten eines Alkali's unerläßlich zur Bildung des Alauns ist. 4 Daß die Alaunerde eine Erde eigner Art ist, und nicht Kalkerde, wie Stahl, Neumann und Pott glaubten.

Der Alaun ist also nicht bloß eine schwefelsaure Alaunerde, sondern ein dreyfaches Salz, bestehend aus Schwefelsäure, Alaunerde und Kali, also eine schwefelsaure alkalisirte Alaunerde.

Der Alaun hat einen zusammenziehenden Geschmack.

Er ist halb durchsichtig.

Er schäumt und schwillt auf glühenden Kohlen an, und hinterläßt einen weißen, trockenen, zerreiblichen, schäumenden, trüben Rückstand.

Er röthet beständig die blauen Pflanzenfarben.

Sein specifisches Gewicht beträgt 1,7109 gegen das des Wassers, wenn man dieß zu 10,000 annimmt.

Bey einer Temperatur von 60 Graden Fahrenheit löset das Wasser den funfzehnten Theil seines Gewichtes davon auf.

Es

*) Reine schwefelsaure Thon- oder Alaunerde kristallisirt gar nicht, bildet jene Verbindung Kristalle, so enthielt die Erde alle Mal etwas Kali oder Ammonium. H.

Es sind hingegen nur 75 Theile heißen Wasser erforderlich zur Auflösung von 100 Theilen Alaun.

Die beständigste Form des Alauns ist die eines Achtecks, das aus zwey viereckigen, mit den Rücken ihrer Basen sich an einander lehnenden Pyramiden bestehet.

Durch die Analyse hat Herr Vauquelin in 100 Theilen Alaun gefunden:

49 schwefelsaure Alaunerde,
7 schwefelsaures Kali,
44 Wasser.

Der Alaun ist unter allen salzigen Zusammensetzungen, die, von welcher der häufigste Gebrauch gemacht wird; nicht allein bildet er die Beitzen bey fast sämmtlichen Farben; aber man hat seinen Gebrauch auch noch auf viele andere Operationen ausgedehnt und in allen diesen Rücksichten ist es für uns nothwendig uns mit der größten Sorgfalt mit demselben zu beschäftigen.

Um eine größere Ordnung in diese Materie zu bringen, werden wir sie in zwey Artikel eintheilen und in dem erstern von dem Alaunerze in dem andern von dem fabricirten Alaun handeln.

Erster Artikel.

Von dem Alaunerz.

Wir benennen mit diesem Namen den Alaun, der aus den Bergwerken gegraben wird, nicht weil er eine besondre und verschiedenartige Natur hat; sondern weil die Art, das Mineral zu behandeln, und das Salz daraus zu extrahiren, eine Reihe von interessanten Operationen darstellt und fast aller Alaun des Handels diesen Ursprung hat.

Bergmann nimmt zwey Arten von Alaunerz an: 1) dasjenige, in dem der Alaun ganz ausgebildet erscheint; 2) dasjenige, welches nur die Grundstoffe oder Elemente davon enthält.

Das Erz aus La Tolfa bey Civita Vechia (der so genannte Alaunstein), ist von der erstern Art.

Bergmann versichert, daß der Alaun darin ganz ausgebildet vorhanden ist.

In der Solfaterra bey Pozzuolo effloreſcirt die Lava täglich und bildet Alaun. Bergmann hat daraus 8,00 Alaun und 4,00 reine Thonerde gezogen, der Ueberrest ist Kiesel.

Es scheint als ob die Alaunerze von Piombino von einer fast ähnlichen Natur sind.

In Saint-Aubin, bey Cransac, im Departement de l'Aveyron, existirt ein Alaunerz in großem Maaße, in welchem sich dieß Salz ganz ausgebildet findet.

Noch trifft man häufige Alaunefflorescenzen auf fast allem jüngeren Schiefer, welcher sich im Zustande der Zersetzung befindet.

Es ist einleuchtend, daß dieser gediegene Alaun, und der, welchen man erzeugt, wenn man die Schieferminerale gehörig behandelt, den nämlichen Ursprung haben. Im erstern Falle ist die Zersetzung, so zu sagen, von selbst geschehen und der Alaun entstanden, während man im zweyten das rohe Mineral nimmt, es bearbeitet und das bewirkt was in dem ersten freywillig geschehen.

Man kann und muß daher jene beyden Arten von Alaunerz, zwischen denen Bergmann einen Unterschied annehmen zu müssen geglaubt hat, in eine zusammenfassen.

Ueberall, wo sich eine natürliche Mischung von Alaunerde, Eisen und Schwefel befindet, sind auch die ersten Elemente von zwey schwefelsauren Salzen vorhanden, und wir können die ungeheuern Massen von jüngern Schiefern, die einen großen Theil unsers Erdbodens bilden, als Alaunerze betrachten. Diese Schiefer sind zuweilen von Erdharzen und Steinkohlen durchsetzt, und man kann fast alle Schiefer von dieser Gattung zu den Alaunerzen rechnen.

Die Grundstoffe der alaunhaltigen Schiefer sind überall fast die nämlichen; Erdharz, Alaunerde, Kieselerde, Kalkerde, Talkerde, Eisen und Schwefel. Sie sind nur den Verhältnissen nach von einander verschieden.

Das Eisen ist darin beständig mit dem Schwefel in Verbindung, und die Zersetzung dieses geschwefelten Metalles veranlaßt die Formation der Schwefelsäure und folglich auch der schwefelsauren Salze; sehr oft ist das geschwefelte Eisen der Masse selbst nicht beygemengt; sondern abgesondert davon, in kleinen Kristallen in dem Gefüge derselben enthalten.

Je nachdem einer oder der andere dieser Grundstoffe vorherrscht, nimmt das Resultat der Zersetzung einen verschiedenen Charakter an, und die Förderung verändert sich in Rücksicht des Gegenstandes und Zweckes. Wenn also das Erdharz in so reichlichem Maaße vorhanden ist, daß die erdigen und metallischen

Stoffe

Stoffe sich darin nur in einem schwachen Verhältnisse befinden; so nennt man das Mineral, Kohlenerz oder Braunkohle, und benutzt es als Brennmaterial. Wenn das Eisen fast den ganzen Bestandtheil des Erzes ausmacht, so benutzt man es als Vitriolerz, und wenn es der Fall mit der Alaunerde ist, als Alaunerz. Zuweilen finden sich Eisen und Alaunerde in fast gleichem Verhältnisse; sodann gibt dieß Gemenge Veranlassung zur Extraction zweyer schwefelsauren Salze und bildet eine Art von gemischtem Erze.

Aber welches auch die Vermengung der Grundstoffe und das Verhältniß derselben seyn, und welchen Zweck man vor Augen haben möge, so geschieht die Förderung jederzeit nach allgemeinen, auf alle Fälle anwendbaren Grundsätzen.

1) Da die Alaunerde nicht ganz ausgebildet, im Mineral vorhanden ist, so muß man sie darin entwickeln und diese Operation werden wir Aluminisation nennen.

2) Sobald der Alaun entwickelt ist, muß man ihn extrahiren und dieß ist der Gegenstand einer Operation, welche Auslaugung heißt.

3) Wenn die Auslaugung geschehen ist, muß man die Bildung der Alaunkristalle bewirken und diese dritte Operation führt den Namen Kristallisation.

§. 1. Von der Aluminisation.

Das Mineral, welches den Alaun liefert, enthält Schwefel und Alaunerde, aber es zeigt keine ganz ausgebildete Schwefelsäure; sondern es bleibt den Operationen der Kunst überlassen, diese Säure zu entwickeln, um ihre Verbindung mit der Alaunerde zu bewirken.

Da der Schwefel das Radical der Schwefelsäure ist, so darf man ihn nur mit dem Sauerstoff verbinden, um diese Säure hervorzubringen.

Diese Verbindung wird jedes Mal bewirkt, wenn man das Mineral mit Luft oder Wasser in Berührung setzt, und deren Zersetzung und die Uebertragung ihres Sauerstoffs auf das Mineral durch die verschiedenen, von uns anzuführenden Mittel befördert.

Die Wirkung der atmosphärischen Luft, und die Zersetzung des Wassers durch das Mineral würden nur langsam erfolgen, wenn nicht besondere Umstände hinzuträten, um diese Verbindung zu unterstützen und zu beschleunigen.

Die Mittel, deren man sich gewöhnlich zu ihrer Erleichterung bedient, reduciren sich darauf, daß man das Mineral zertheilt, damit es mehrere Oberflächen darbietet, und es leicht mit Wasser befeuchtet, damit es den Sauerstoff in einem Zustande stärkerer Condensation und in größere Masse bekomme, und endlich die Verbindung des Sauerstoffs und des Schwefels durch eine mäßige Wärme begünstiget *).

In der Kunst, die Wirkung dieser verschiedenen Agentien, der Luft, des Wassers und der Wärme gehörig zu leiten, besteht das Geheimniß der Aluminisation.

Doch muß man nicht glauben, daß die Methoden der Aluminisation beständig, unabänderlich seyen; die Natur des Minerals gibt zu unzähligen Modificationen dabey Veranlassung.

Wenn es zart, porös ist, sich in Platten theilt, und leicht zerreiben läßt, und wenn es sich unter der Gestalt einer mehr oder weniger schwarzen, sehr zertheilten Erde zeigt, so darf man nur Haufen davon auf einem harten und thonigen Boden errichten, und ihnen abhängige Seiten geben, damit das Wasser, welches ihre Oberflächen auslaugt, von einem natürlichen Abhange in Gräben, die an diesen Seiten angebracht sind, ablaufen könne. Diese Gräben fangen die ersten Laugenwasser auf, welche die nicht aufgelösten Materien, die sie hinwegführen, darin absetzen. und diese Wässer fließen nachher in Bassins, in denen sie sich abklären, und von da in Kessel, wo man sie evaporirt.

Das Schwemsalsche Bergwerk in Sachsen ist von dieser Art; die Haufen von Mineral, welche man daselbst aufrichtet, haben bis 100 Fuß Länge auf 20 bis 25 Fuß Breite, und 12 bis 15 Fuß Höhe. Das Mineral bleibt der Luft zwey Jahre hindurch ausgesetzt, bevor man es auslaugt. Es ist sodann fast ganz

*) Was der Verfasser Aluminisation nennt, nennt man gemeiniglich das Rösten. Das Rösten des Erzes erfolgt durch die Zersetzung des Wassers. Dieß gibt seinen Sauerstoff an das geschwefelte Eisen ab, und ändert solches in schwefelsaures Eisen um, welches die erste Bildung ist. Der Wärmestoff aus dem Wasser wird entwickelt, und dieser freywerdende Wärmestoff erregt nun die Hitze, mit welcher das Rösten begleitet zu seyn pflegt. Ist der Vitriol oder das schwefelsaure Eisen gebildet, so saugt derselbe nach und nach Sauerstoff aus dem Dunstkreise ein, dadurch wird das Eisen stärker oxydirt, und die Säure in Freyheit gesetzt. Die freygewordene Schwefelsäure wirkt nun auf die vorhandene Thonerde, und bildet mit dieser die schwefelsaure Alaunerde, welche nun beym Auslaugen des gerösteten Erzes, mit dem Wasser in Auflösung tritt. H.

ganz efflorescirt, und wenn einige Bruchstücke davon noch ihre Form behalten, so zerfallen sie, wie man sie nur anrührt, und man sieht den Alaun ganz ausgebildet zwischen den Lagen. Dieß Mineral gibt nicht mehr als zwey Pfund Alaun auf den Centner. Die Wärme, welche bey den Fortschritten der Aluminisation erzeugt wird, ist zuweilen beträchtlich genug, den ganzen Haufen zu entzünden; aber man erstickt das Verbrennen, wenn man den Haufen an dem Orte öffnet, wo sich der Feuerheerd befindet, und dadurch die Hitze vermindert.

Zu Helsingborg in Schonen gibt es einen Torf, der aus zersetzten vegetabilischen Materien besteht, die mit einem Alaunkies vermengt sind, welcher viel Alaun gibt, wenn man ihn durch Auslaugung extrahirt.

Zu dieser Classe können wir auch noch die Braunkohle rechnen, die ein wahrer, sehr schweflichter Torf von schwarzer Farbe ist, und bey dem Verbrennen einen sehr stinkenden Geruch ausdampft. Diese Braunkohle, welche ein Brennmaterial von sehr mittelmäßiger Güte abgibt, und von der man Schichten in einigen mergelhaltigen Gegenden antrifft, hat große Vorzüge vor dem Alaunerz. Sie zersetzt sich an der Luft und läßt einen Rückstand von rother Asche übrig; ihre Efflorescenz aber kann man befördern, wenn man das Mineral in Schichten legt, und diese sorgfältig benetzt, so wie man sie aufrichtet.

Wenn die Schichten bis zu einer Höhe von 8 bis 10 Fuß aufeinandergehäuft sind, so läßt man sie arbeiten, bis die Oberfläche mit alaunartigen Efflorescenzen bedeckt ist, welches in acht oder zehn Tagen geschieht; nach Verlauf deren man die Oberfläche leicht benetzet, und mit diesem Naßmachen von acht zu acht Tagen fortfährt. Wenn man bemerkt, daß die Wärme so weit gestiegen ist, daß sie eine Entzündung befürchten läßt, so nimmt man die Schicht auseinander, kehrt sie um, indem man sie, jede Lage besonders, von neuem aussetzt, und jede Reihe unter den nämlichen Vorsichtsmaaßregeln benetzt. Die Schicht mag sich aber zu stark erhitzen oder nicht; so wendet man sie doch wenigstens ein Mal monatlich um. Man hat mehrere Etablissements in der Picardie errichtet, in denen man auf diese Weise verfährt.

Wenn das Erz hart ist und sich folglich zu langsam zersetzt, so nimmt man seine Zuflucht zur Wärme, um die Efflorescenz zu befördern. Hier gibt die Natur eine sehr aus ihr hergenommene Eintheilung dieser Erze an die Hand, nämlich in solche, welche das zu ihrer Kalzination nöthige Erdharz in sich enthalten, und in solche, bey denen dieß nicht der Fall ist.

Das

Das berühmte Erz von Garphytan in Schweden gehört zu der ersten Classe; man bildet Schichten daraus, die aus einer ersten Lage von angebranntem bituminösen Schiefer bestehen, auf welche man wieder andere legt, die sich gleichfalls entzünden; wenn das Feuer verlöscht oder schwächer wird, so belebt man es wieder durch angezündete Holzbündel. Die Kalzination dauert einen Monat hindurch.

Das Erz, welches man bey Milhaud im Departement des Aveyron fördert, ist von gleicher Natur, und kann durch ein ähnliches Verfahren bearbeitet werden.

Die alaunhaltigen Kohlenerze, von denen wir bereits gesprochen haben, können auf eben die Weise gefördert werden, und man hat selbst den Vortheil, durch dieß Mittel die Efflorescenz beschleunigen zu können. Wenn der Kohlenhaufen angezündet worden, läßt man von Zeit zu Zeit die Alaunasche, die auf der Oberfläche entsteht, herabfallen, macht durch dieß Mittel die untere Lage frey, die sich dann auch entzündet, und kommt nach und nach dahin, daß der ganze Haufen in Brand geräth, und sich in Asche verwandelt. Dieß Verfahren verdient selbst den Vorzug vor der freywilligen Efflorescenz; indem der Alaun nicht mehr ein Uebermaaß an Säure enthält, und von besserer Qualität ist.

Wenn aber das Erz kein Erdharz oder zu wenig davon enthält, um für sich selbst seiner Zersetzung Nahrung zu geben, so nimmt man zu einem fremden Brennmaterial seine Zuflucht, und bedient sich zu diesem Zwecke der Holzbündel.

Zu Whitby, in der Grafschaft York in England, ist ein offener Felsen, der sich über eine Strecke von mehr als 12 Meilen hin ausdehnt, und überall häufiges Alaunerz zeiget. Man fördert aus diesem Felsen durch offene Gräben; das Mineral spaltet sich in Platten oder Blättchen wie der Schiefer; es hat eine schwärzlichgraue Schieferfarbe, und man findet, zwischen den Platten, kleine Kieskörner, Luchssteine und viele Ammonshörner. Um dieß Mineral zu aluminisiren, macht man ein Bett von Holzbündeln von 10 bis 12 Fuß Dicke, und errichtet an der Seite desselben ein Gerüste, auf welches man es legen kann; so daß man auf diese Weise das Mineral zu einem Haufen von 50 Fuß Länge auf 40 Fuß Höhe aufbauet. Man wartet nicht ab, bis er fertig ist um Feuer daran zu legen, denn, da dieß nur unmerklich durchdringt, so legt man immer von neuem zu.

Die Schwedischen, Norwegischen, Hessischen und Lüttichschen Erze werden beynahe auf die nämliche Weise behandelt, aber in mehreren dieser Etablissements stratificirt man das Erz und das Brennmaterial, das heißt, man legt auf eine Schicht von Holzbündeln, eine Schicht von Mineral, auf diese eine zweyte Schicht von Holzbündeln, die ihrerseits wieder mit einer Schicht von Mineral bedeckt werden. Durch dieß Mittel wird die Kalzination gleichmäßiger, aber auch kostspieliger.

Uebrigens steht es nicht in der Macht dessen, der die Bearbeitung eines Erzes leitet, ohne Unterschied eine oder die andere dieser Methoden zu wählen, sondern die Wahl wird durch die Natur des Erzes selbst bestimmt. Wenn, zum Beyspiel, das ein Mal erwärmte Mineral fortfährt, sich mittelst Wärme zu zersetzen, so reicht eine Schicht von Brennmaterial hin, die, so zu sagen, den ersten Stoß gibt; die Efflorescenz folgt hierauf, pflanzt sich fort, und unterhält sich selbst. Wenn aber das Erz nur in sofern arbeiten kann, als eine Wärme von außen ihm zu Hülfe kommt, so muß man stratificiren, wie wir bereits bemerkt haben. Fast alle Erze, deren Kiese in Würfeln oder Achtecken im Mineral zerstreut sind, befinden sich im letztern Fall. Wenn aber der Kies im Teige fast geschmolzen und überall in Verbindung ist, so bedarf es nur einer ersten Gewalt, oder einer ersten Impulsion, um die Vitriolisation hervorzubringen.

Wir werden in dem folgenden Kapitel Gelegenheit finden zu bemerken, daß wenn der Schwefel zu häufig in dem Kiese ist, die Efflorescenz nicht Statt findet; und wenn man dieß Princip auf die Alaunerze anwendet, so wird man in der Kalzination den doppelten Zweck erkennen, die überschießende Portion von Schwefel zu entbinden, und die Verbindung des Sauerstoffes zu befördern. In mehrern Etablissements, wie z. B. in Dilta, in Nericia in Schweden, fängt man damit an, den Kies zu destilliren, um den Schwefel herauszuziehen; man läßt das Residuum an der Luft efflorresciren und zieht sodann durch Lixiviation das schwefelsaure Eisen und die Alaunerde, die sich gebildet haben, heraus.

Alle Erze, welche den Alaun vollkommen ausgebildet erhalten, verdanken ihren Ursprung den vulkanischen Feuern, oder Ansammlung von Kiesen, die sich natürlicherweise zersetzt haben. Hier ist die Kalzination unnütz, es sey denn, daß das Mineral nicht so weit gehärtet wäre, daß dessen Auslaugung unmöglich ist, und daß man nicht, wie in La Tolfa, den Stein durch Feuer erweichen müßte.

Der Alaunbruch von La Tolfa ist ein so harter Stein, daß man ihn nur durch Schießpulver oder durch Steinhauen fördern kann.

Nach

Nach Fougeroux ist der beste Stein aus diesem Bergwerk gelblich und ein wenig grau, nach dem Abbé Guenée verdient der, weiße den Vorzug.

Der von den Felsen losgeschlagene Alaunstein wird in Kalzinationsöfen gesteckt, die unsern Kalköfen, welche mit Kohlen geheitzt werden, ähnlich sind. Der Stein wird drey Stunden hindurch geröstet. Bergmann bemerkt, daß man das Feuer auslöscht, sobald die Flamme weiß wird, und der Geruch der schweflichen Säure dann anfängt, fühlbar zu werden. Man häuft das kalzinirte Mineral übereinander auf, und besprengt es täglich mit Wasser, bis daß es sich unter den Händen in einen Teig verwandelt.

Die Analyse, welche Monnet von den von Guettard mitgebrachten Probestücken aus dem Bergwerk La Tolfa gemacht hat, zeigte ihm darin nichts, als eine Verbindung von Thonerde, Schwefel und Kali; Bergmann aber der bey seiner Analyse genauer verfuhr, fand darin ganz ausgebildeten Alaun, in vieler Thonerde eingehüllt.

Herr Gay-Lussac, welcher selbst Gelegenheit gehabt hat, die Phänomene bey der Kalzination des Steines aus La Tolfa zu beobachten, sah, daß sich schwefliche Säure und Sauerstoff daraus entbänden, welches die Zersetzung eines Theiles der Schwefelsäure anzeigt, und nothwendigerweise die Quantität der freygewordenen Alaunerde vermehrt; woraus Herr Gay-Lussac den Schluß zieht, daß in dem Zustande, in dem sich der Stein vor der Kalzination befindet, die Schwefelsäure darin mit mehr Alaunerde in Verbindung ist, als sie zu sättigen vermag, woraus ein unauflösliches Salz entsteht, während nach der Kalzination, der Alaun darin zu seinen wahren Grundstoffen und den richtigsten Verhältnissen zurückgeführt, dadurch aber die Auslaugung erleichtert wird.

Das Erz aus Solfatara ist porös, zerreiblich und leicht. Der Alaun entwickelt sich darin natürlicherweise und das Erz darf nur ausgelaugt werden, um alles Salz von sich zu geben, welches es enthält.

Wir finden in fast allen Alaunerzen natürliche Efflorescenzen, welche den Charakter des Erzes anzeigen und uns den Reichthum und die Reinheit des Produktes beurtheilen lassen: diese Efflorescenzen bilden sich hauptsächlich auf solchen Arbeiten, die unvollendet stehn geblieben, und in schwach erleuchteten Höhlen, in welche nur eine feuchte Luft kommt, und nicht oft gewechselt wird. Wenn die Efflorescenz äußerlich ist, verschwindet sie vor dem Regenwasser und einem lebhaften Lichte.

Man wird, nach allem Vorhergegangenen, einsehen, daß der einzige, wohl eingesehene Zustand eines Erzes über die Art entscheiden muß, wie bey dessen Förderung zu verfahren.

Die gut geführte Kalzination und die Exposition des Minerals an die Luft, wobey es von Zeit zu Zeit angefeuchtet und umgerüttelt wird, erleichtern die Efflorescenz, bringen eine genaue Verbindung der Säure mit der Alaunerde hervor und oxydiren das Eisen bis zur Unauflöslichkeit u. s. w., so daß diese ersten Operationen einen sehr mächtigen Einfluß auf die Qualität des Alaunes haben *).

§. 2. Von der Auslaugung.

Wir haben bereits bemerkt, daß das Alaunerz auch nicht ein Atom ganz ausgebildeten Alauns enthält; aber daß, da die Verbindung des Sauerstoffs mit dem Schwefel die Formation der Schwefelsäure veranlaßten, diese Säure sich in der Folge mit den erdigen und metallischen Stoffen verbände, und daß daraus schwefelsaure Alaunerde, Kalkerde, Talkerde und schwefelsaures Eisen entständen, in verschiedenen Verhältnissen je nach der ursprünglichen Natur des Erzes mit einander vermengt.

Alle diese schwefelsauren Salze können durch Auslaugung extrahirt werden, aber da der Zweck des Direktors eines Alaunbergwerkes darin besteht, die schwefelsaure Alaunerde für sich bestehend, zu erhalten; so sind die Arten der Auslaugung unendlichen Modificationen unterworfen; denn hier ist schwefelsaures Eisen, dort, schwefelsaure Talkerde vorherrschend u. s. w., und die Natur jedes dieser Salze erfordert besondere Operationen.

In allen Fabriken, in welchen im Großen gearbeitet wird, laugt man das geröstete und efflorescirte Mineral in großen, festen, und in die Erde vergrabenen Kasten aus, damit durch die Veränderung der Temperatur deren Wände sich nicht werfen können; und stellt sie in parallelen Reihen, so daß aus den einen das Wasser in die anderen abfließen könne; die bloße Abschüssigkeit des Bodens an dem Fuße der Alaunschichten ist zuweilen hinreichend um eine Aufstellung auf diese Weise zu erlauben.

Man

*) Im Königl. Alaunbergwerke bey Freyenwalde 7 Meilen von Berlin besteht die Natur des Erzes in so genannter Alaunerde von halbschieferiger Textur. Das Erz enthält so wie solches zu Tage ausgefördert wird, bloß Thon und Schwefelkies nebst eingesprengtem Gipsspath Es wird in Haufen oder Halten aufgeschüttet, die der Einwirkung der Luft 12 bis 14 Monat lang ausgesetzt bleiben; wobey die Röstung von selbst mit bedeutender Erhitzung erfolgt, und ein Theil eisenhaltige, schwefelsaure Alaunerde efflorescirt. H.

Man legt in die obere Reihe das bereits ausgelaugte und fast erschöpfte Mineral; in die zweyte, das, welches eine Lauge weniger bekommen, und in die dritte das frische Mineral; so wie es eben geröstet worden; so daß das reine Wasser sich nach und nach mit verschiedenen Salzen schwängert und funfzehn bis fünf und zwanzig Grade der Concentration, nach dem Baumé-schen Areometer gewinnt, um versiedbare Lauge zu bilden.

Es gibt Fabriken in denen man sich an einer Reihe von Laugenkasten begnügt. In Whitby, in der Grafschaft York, laugt man das Mineral zwey Mal aus; indem man das Wasser vier und zwanzig Stunden hindurch wirken läßt, und gebraucht dabey die Vorsicht, das schwächere Wasser der zweyten Wäsche auf das unausgelaugte Mineral zu gießen. Das Schwemsalsche Erz in Sachsen wird auf gleiche Weise ausgelaugt.

Um das Mineral gehörig auslaugen zu können, ist es nothwendig: 1) daß es gehörig zertheilt sey, damit das Wasser es besser durchdringen könne, ohne jedoch in Staub verwandelt worden zu seyn; denn alsdann klumpt es sich zusammen und man muß es sodann mit Stroh oder andern größern Stücken von ausgesuchtem Mineral vermengen, damit das Wasser alle Theile desselben baden könne. 2) Daß das Wasser einige Zoll hoch über dem Mineral stehe. 3) Daß die Masse des Minerals eine gewisse Dicke habe, denn das Wasser schwängert sich je nach der Höhe der Schicht, durch welche es sich filtrirt. 4) Daß das Wasser sich so lange aufhalte bis es nicht mehr zu wirken im Stande ist.

Es ist wichtig den Laugenkasten vortheilhafte Dimensionen zu geben; diese Dimensionen muß man nicht allein nach der Quantität des auszulaugenden Minerals; sondern nach den Bedürfnissen mit berechnen, welche die Handarbeit erfordert. Enge und tiefe Laugenkasten, wenn sie gleich zur Auslaugung selbst sehr tauglich sind, würden sich nicht mit Bequemlichkeit zur Extraction des erschöpften Minerals gebrauchen lassen.

Das Laugenwasser läuft sodann in weite, fest gebauete, steinerne Reservoirs, in denen man es einige Zeit stehen läßt, damit es einen Bodensatz mache und sich abkläre. Es reiniget sich hierbey vom Ocher, und dem darin schwimmenden Thon, vom schwefelsauren Kalk; und von da ab läßt man es in die Evaporationskasten fließen.

Das ausgelaugte Mineral ist aber noch nicht erschöpft an allem Alaun, den es enthalten kann; in mehreren Fabriken macht man darum auch von diesem wieder Haufen, denen von frischem Minerale ähnlich, und läßt, wie das erste Mal, effloresciren. Dieß geschieht, zum Beyspiel, zu Schwemsal in Sachsen *). In andern Werkstätten ist man darauf reducirt, das ausgelaugte Mineral von neuem zu rösten, um eine neue Alaun-Erndte daraus vorzubereiten, das von Cristineoff in Schweden bekommt an ein Dutzend Röstungen bevor es Ausschuß wird.

Wenn das Brennmaterial wenig kostspielig ist, so kann es für den Entrepreneur vortheilhaft seyn, das Auslaugen mit warmem Wasser zu bewirken; indem der Alaun sich funfzehn bis zwanzig Mal leichter in siedendem, als in solchem Wasser auflöst, das nur die Temperatur der Atmosphäre hat **; die Auslaugung würde also schneller vor sich gehen und auch die Evaporation eher erfolgen, aber hierbey, wie bey allen, in Fabriken anzuwendenden Verfahrungsarten, muß man bey Feststellung der Grundsätze der Berechnung auf eine Menge, aus der Localität hergenommene Umstände Rücksicht nehmen, die nur ein verständiger Direktor gehörig zu würdigen im Stande ist.

Man muß ferner nicht glauben, daß die Laugenkasten nur von Holz erbaut werden können, man kann dieß durch gut gewählte steinige und Erdmateriale ersetzen. Aus quarzhaltigen Sandsteinen, Graniten und Schiefer können Wände und Boden dieser Kasten auf eine sehr solide Weise gemacht werden. Die Puzzolanerde, der fette Thon, gestoßene Ziegel, quarzhaltiger, gut ausgewaschner Sand, mit gutem Kalk vermenget, bilden einen Mörtel, den man zur Construktion der Laugkasten gebrauchen kann. Vorzüglich auf den Boden muß man die größte Aufmerksamkeit wenden; denn, abgesehen davon daß das Wasser auf diesen Theil mit seinem ganzen Gewicht einwirkt; so wird das Durchsaigern durch den Boden der Bassins erst spät bemerklich, und es ist dann sehr schwer ihnen abzuhelfen.

Man kann diesen Bassins den höchsten Grad von Vollkommenheit geben, wenn man die Wände derselben mit folgendem Kitt bestreicht: man läßt nämlich in einem Kessel gleiche Theile gelbes Wachs und Harz schmelzen, und vermengt damit englisches Braunroth oder gut durchsiebte Puzzolanerde so lange, bis man es mit einem Pinsel bequem auftragen kann; nur kommt es darauf an, daß dieß Auftragen, wenn die Masse sehr heiß ist und

*) Auch zu Freyenwalde wird das Erz zwey Mal ausgelaugt. H.

**) Da das Erz noch keinen fertig gebildeten Alaun, sondern blos schwefelsaure Alaunerde enthält, welche vom Wasser sehr leicht gelöst wird, so ist ein warmes Auslaugen hierbey vollkommen überflüssig. H.

und auf einer trockenen Mauer geschehe, damit der Mörtel gehörig durchdrungen werde. Man bekleidet diese erste Lage dann mit einer zweyten, nimmt aber in die Composition des Kitts viel weniger Braunroth und thut zu dem Wachs und geschmolzenen Harze ein Drittheil Terpenthin: dieser ist geschmeidiger und beugt den Spalten und Ritzen vor, die bey dem ersteren durch das Austrocknen oder Berührung mit Salzen entstehen könnten.

§. 3. Von der Kristallisation.

Die Evaporation der Laugenwasser geschieht in England, Schweden und Norwegen in großen bleyernen Kasten von 10 bis 12 Fuß Länge, 7 bis 8 Fuß Breite und 2 bis 3 Fuß Tiefe.

Diese ungeheure Kasten werden auf Stangen von gegossenem Eisen von 6 bis 7 Zoll im Durchmesser, gestellt, auf die man eine Schicht von platten eisernen Stangen legt, auf denen der Boden des Kastens zu ruhen kommt.

Die Seiten des Ofens werden von Mauersteinen aufgebauet.

Die Kasten in den Hessischen und Lüttichschen Fabriken sind kleiner; sie haben nicht mehr, als 7 bis 8 Fuß Länge auf 20 bis 22 Zoll Tiefe.

In einigen Werkstätten bringt man zwey Schürlöcher unter einem jeden Kasten an, um diese ungeheuren Evaporatorien besser zu heitzen. Die Flamme beyder Heerde vereinigt sich dann in einem gemeinschaftlichen Rauchfange.

In der Solfatara benutzt man die natürliche Wärme des Bodens zum Evaporiren der Laugen. Die in der Erde vergrabenen Kasten stehen in einer immerwährenden Wärme von 45 Graden nach dem Reaumurschen Thermometer, und die Evaporation geht, wenn gleich langsam, doch von selbst von Statten.

In einem verständig eingerichteten Etablissement müssen die Evaporationskasten so aufgestellt seyn, daß sie das Laugenwasser durch einen natürlichen Abhang empfangen können. Ihr oberer Rand muß sich daher ein wenig unter der Horizontallinie des Bodens von dem Reservoir befinden, worin man die Laugen stehen läßt.

Man fängt damit an, daß man den Kessel mit Laugenwasser füllt, und ersetzt sodann den Verlust, der durch die Evaporation hervorgebracht wird; indem man in den Kasten ein wenig Lauge, im Verhältniß mit der evaporirten, hineinlaufen läßt. Man unterhält die Evaporation mehrere Tage hindurch und wenn man die Flüssigkeit für gehörig verdichtet hält; so mischt man von der Alaunlauge der vorhergegangenen Operationen

tionen hinzu, um sie noch mehr zu verdicken und sie dadurch schneller zu dem erforderlichen Grade von Concentration zu bringen.

Es gibt Fabriken, in denen man damit anfängt, die Mutterlauge in den Kessel zu thun, bevor man das Laugenwasser hineinlaufen läßt, und wieder andre, wo man sie nur in dem Augenblicke zugießt, wo man das Kochen endigen will. Diese letzte Methode scheint mir unendlich vortheilhafter; indem die Vermengung mit der Alaunlauge, da sie die Flüssigkeit von Anfang an, verdickt, die Evaporation schwieriger macht und also das Kochen verlängert.

Während der ganzen Zeit der Evaporation ist es vortheilhaft, die Flüssigkeit in Bewegung zu erhalten, und gegen das Ende ist diese Operation selbst nothwendig, denn sie hat den doppelten Vortheil, daß sie die Evaporation erleichtert und Ansammlungen von schwefelsaurem Kalk und andern in der Flüssigkeit aufgelösten oder suspendirten Substanzen verhindert, durch welche Ansetzungen die Kessel schmelzen, indem sie eine Kruste darin bilden, die sich zwischen die Flüssigkeit und das Metall legt und dieß letztere der ganzen directen Wirkung der Wärme aussetzt.

Einer der schwierigsten Punkte beym Alaunsieden ist die Bestimmung des günstigsten Augenblicks zum Anhalten der Evaporation und Abgießen der Masse. Ich habe Werkstätte gesehen, in denen man bis zum 60sten Grade des Bauméschen Areometers concentrirte, während man in andern die Concentration nur 35 Grade erreichen ließ; die Natur der mit dem Alaun vermengten Salze und die Verhältnisse derselben veranlassen unendliche Verschiedenheiten, nur die Erfahrung kann den Zeitpunkt lehren, wo man aufhören muß, und sie lehrt in jeder Fabrik auch mehr oder weniger genaue Mittel zur Prüfung des gehörigen Grades der Concentration kennen. Einige nehmen an, daß das Gesottene sein Ziel erreicht habe, wenn ein frisches Ey auf der Lauge schwimmt. Andre wiegen die Flüssigkeit in einer Bouteille, um das Gewicht derselben mit dem des reinen Wassers zu vergleichen. Einige füllen von der Flüssigkeit in eine Tasse und sehen, ob sich darin beym Kaltwerden Kristalle bilden. Wieder andre evaporiren ein nahmhaftes Maaß von Lauge und verdichten es bis zu einer bestimmten Höhe im Kessel: Alle diese Anzeigen, obgleich sie wenig Genauigkeit haben, leiten doch auf Schlüsse, die, nach einer langen Gewohnheit, dem, der die Arbeiten leitet, zur Richtschnur dienen.

Wenn die Auflösung, nachdem sie gehörig verdichtet worden, in diesem Zustande in die Kristallisirkasten gegossen würde,

so

so würde man in der Regel nichts als eine schmierige Masse ohne Consistenz, ohne die chemischen Eigenschaften, und ohne die Eigenschaften des in den Handel kommenden Alauns erhalten. Zu dieser Flüssigkeit muß man eine gewisse Quantität von Alkali hinzuthun, um den eigentlichen Alaun zu erzeugen, und dieß ist es, was man alkalisiren und präcipitiren nennt.

Es ist im strengsten Sinne des Wortes wahr, daß es keinen Alaun gibt, welcher nicht Alkali enthielte, aber das ist nicht ausgemacht, daß man, um Alaun zu erhalten, dieß Salz zu jeder Art von Erzen hinzuthun müsse: Herr Jars versichert, daß man zu Cristineoff in Schweden kein Alkali anwendet *). Eben so steht es fest, daß man davon weder in La Tolfa noch in Cransac, im Departement de l'Aveyron Gebrauch macht. Der Grund hiervon ist, daß diese Erze von Natur die Portion von Kali in sich haben, welche für sie erforderlich ist. Monnet hat, vor langer Zeit schon, die Existenz desselben in dem Alaun von La Tolfa erwiesen.

Die Art, das Alkali anzuwenden, weicht in den verschiedenen Fabriken sehr von einander ab; in Sachsen läßt man die gekochte Lauge mehrere Stunden hindurch in einem großen Reservoir stehen und gießt sie dann in einen Kasten um, in welchem sie acht Tage bleibt und wo man ihr Seifensiederlauge und ein wenig gefaulten Urin, der Fluß genannt wird, hinzufügt. Herr Jars versichert, daß man in England, nachdem man die Lauge gehörig verdichtet, eine Auflösung von Asche von Seepflanzen hinzugieße, die Kelp ashes heißt. In der Picardie concentrirt man die Laugen bis 50 Grad und hält dann mit dem Feuer inne; gießt sodann von 10 bis 20 Pfund in Wasser aufgelösten Kali auf den Centner Alaun; rüttelt die Flüssigkeit während dieses Zumengens stark um, und läßt sie dann in die Kristallisirkasten fließen.

In mehreren Fabriken löst man das Präcipitationsmittel im Laugenwasser auf, weil sodann ein reichlicher Niederschlag daraus entsteht.

Wenn die Auflösung Vitriol enthält, welches ziemlich gewöhnlich ist, so läßt man die gehörig verdichtete Flüssigkeit in die Kristallisirkasten laufen, und alsdann schlägt der Vitriol sich nieder, und kristallisiret.

Nur nach dieser Ausscheidung des Vitriols kann man die Auflösung der Pottasche oder des sonstigen Präcipitationsmittels zu=

*) Ob ein Zusatz von Alkali erforderlich ist oder nicht, hängt allein davon ab, ob das Erz schon von Natur Alkali enthielt oder nicht. H.

zusetzen. Es schlägt sich ein körniges mehlartiges Salz nieder, welches Alaun ist, und dessen Kristallisation das wenige schwefelsaure Eisen scheidet, welches von ihm mit fortgezogen worden.

Wenn das Erz sehr reich an Vitriol ist, so verdichtet man die Alaunlaugen, läßt sie zum zweyten Mahle kristallisiren, um einen zweyten Abhub von Kristallen schwefelsauren Eisens machen zu können, und präcipitirt die Lauge hernach, um noch Alaun zu erhalten.

Wenn man die Auflösung der Pottasche ohne den Vitriol daraus geschieden zu haben, zumischt, so kristallisirt sich der Alaun zuerst. Er kristallisirt im Gegentheil später oder auch gar nicht, wenn man nicht Alkali zugesetzt hat, weil ihm dann der Stoff fehlt, ohne welchen er keine Consistenz haben kann.

Statt sich des Kali's zu bedienen um die Flüssigkeit zu präcipitiren, kann man auch alle Salze, die solches enthalten, ohne Ausnahme, ja selbst Natron und gefaulten Urin, der Ammonium gibt, anwenden.

Der mit Natron präcipitirte Alaun nimmt an der Luft eine mattweiße Farbe an, wie das schwefelsaure Natron, das zu effloresciren anfängt *).

Es ist merkwürdig, die augenblickliche Wirkung des schwefelsauren Kalis auf schwefelsaure Alaunerde zu beobachten; man nimmt Lauge von diesem letzten schwefelsauren Salze zu 20 Grad, auf welche man eine Auflösung von gesättigtem schwefelsauren Kali gießt, und, in weniger als einer Stunde erhält man die schönsten Alaunkristalle.

Alle Chemiker, welche Theorien über die Wirkung des Alkali's bey der Formation des Alauns aufgestellt haben, sahen in diesem Verfahren nichts als ein Mittel, eine überschießende Säure zu sättigen, oder das Eisenoxyd niederzuschlagen.

Bergmann selbst schlug vor, das Uebermaaß von Säure durch reine Alaunerde zu sättigen; aber ich habe bewiesen, daß sich sodann eine von dem Alaun des Handels sehr verschiedene Verbindung erzeugt, weil die hinzugefügte Alaunerde sich durch die Evaporation in eine weiße Erde niederschlägt, die, unauflöslich in Wasser, keine reguläre Form annimmt.

Wenn das Alkali zu nichts diente, als die überschießende Säure zu sättigen, warum würden die Kalkerde, die Metalle, die

*) Daß man auch Natron zur Präcipitation des Alauns anwenden kann, ist ein Irrthum. Ich habe darüber mannigfaltige Arbeiten angestellt, aber immer gefunden, daß nur allein Kali oder Ammonium, die Fällung des Alauns veranlassen. H.

die Talkerde nicht die nämliche Wirkung hervorbringen? Warum könnten die Neutralsalze, welche Kali als Basis enthalten, die Stelle des Alkali vertreten?

In allen diesen Fällen verbindet sich das Kali nicht mit der Säure allein, aber mit der schwefelsauren Alaunerde, und es entsteht ein dreyfaches Salz, welches Alaun genannt wird.

Wir haben bemerkt, daß man statt des Kali's oft verfaulten Urin, und in einigen Fabriken selbst beydes nähme. Daher kommt es, daß sich bey der Analyse der verschiedenen Gattungen des Alauns bald Kali, bald Ammonium, und oft Kali und Ammonium zeigen.

Durch die erste Kristallisation erhält der Alaun noch nicht den gehörigen Grad von Reinheit. Er enthält dann noch fast immer ein wenig zu viel Säure, und sehr oft schwefelsaures Eisen und schwefelsaure Talkerde eingemengt, von denen man ihn befreyt, wenn man ihn in kochendem Wasser auflöst, und die Auflösung durch Kaltwerden kristallisiren läßt; denn die überschießende Säure sowohl, als die beyden schwefelsauren Salze bleiben nach der Kristallisation des Alauns in der Alaunlauge *). Zu Whitby in England gießt man die Auflösung in Tonnen, in denen der Alaun, fast in Masse, gerinnet; sodann nimmt man die Reifen, zerbricht die Masse, und läßt sie gehörig abtropfen, bevor man sie wieder in Tonnen schlägt, um den Transport zu erleichtern.

In andern Fabriken, wie in Schweden, in der Picardie, in Norwegen u. s. w, wäscht man den Alaun in kaltem Wasser aus, bevor man ihn in kochendem auflöst. Diese Wäsche löset den Vitriol und die schwefelsaure Talkerde auf, und führt sie ab; dieß geschieht auf mehrfache Weise: 1) auf Tafeln, die man leicht umbiegt, die mit Rändern an den Seiten versehen sind, und auf die man ununterbrochen einen Wasserstrahl herabfließen läßt. 2) In Körben, in die man den Alaun thut, und die man, zu wiederholten Malen, in Wasser eintaucht.

Bergmann beobachtet mit Recht, daß der Alaun, der ohne Hinzuthuung von Alaunmutterlauge gemacht wird, stets reiner ist; denn nur in La Tolfa wird eine Alaunlauge gewonnen, die fast nichts als Alaun enthält. Aber das Hinzuthun der Laugen ist dennoch vortheilhaft, nicht allein in öconomischer Hinsicht,

*) In Freyenwalde pflegt man den mehlartigen Alaun, der sich während der Präcipitation niederschlägt, mit Wasser zu waschen, um die fremdartigen Salze hinwegzunehmen, bevor derselbe kristallisirt wird. H.

Hinsicht, weil sie viel Alaun enthalten, sondern auch in Rücksicht auf die Zeit, die man ohne sie zur Evaporation nöthig haben würde.

Zweyter Artikel.

Von dem künstlich fabricirten Alaun.

Die schnellen Fortschritte, welche die Chemie in unsern Tagen gemacht, haben eine sehr vortheilhafte Revolution in den Künsten zur Folge gehabt; man hat nicht allein die Verfahrungsart aufgeklärt, aber dem Künstler auch die Fabrikation der Produkte, die er gebraucht, näher gestellt. Man hat noch mehr gethan, man ist dahin gelangt, in unsern Werkstätten viele Compositionen, die man nur mühsam aus dem Schooß der Erde zog, so wie Alaune, Vitriole u. s. w. aus allen ihren Grundbestandtheilen zu bereiten; und diese künstliche Fabrikation erleidet täglich einen solchen Zuwachs, daß man den Augenblick als nahe betrachten kann, in dem unsre Werkstätten alles zu jeglichem Gebrauche liefern werden.

Die ersten Alaune, welche aus ihren Grundstoffen in Frankreich dargestellt worden, waren die von mir in meiner Fabrik chemischer Gegenstände in Montpellier, und in der Javelle-Manufaktur in Paris. Die Verfahrungsarten in beyden Etablissements waren aber sehr verschieden.

In Javelle kalzinirte man Thonerde von Gentilly, pulverisirte sie unter einem Mühlstein, und vermengte sie mit Schwefelsäure. Nach einigen Tagen Stillstand brachte man das Gemenge in einen Ofen, wo man es vier und zwanzig Stunden hindurch der Wirkung einer Wärme von 50 bis 60 Graden nach dem Reaumurschen Thermometer ausgesetzt ließ. Man laugte die Masse sodann aus, evaporirte und präcipitirte sie mit Urin oder Kali.

In Montpellier knetete ich gut zerstoßene Thonerde mit der Hälfte ihres Gewichtes von dem Residuum des Verbrennens des zur Formation der Schwefelsäure angewendeten Gemenges von Salpeter und Schwefel; man weiß, daß dieser Rückstand fast nur aus schwefelsaurem Kali besteht; dann wurden Kugeln von 4 bis 6 Zoll im Durchmesser gemacht, und zum Kalziniren in einen Töpferofen gethan. Man that sie nachher auf den Boden der Kammern zur Schwefelsäure und darin aufgestellte Bretter. Die Wirkung des Schwefeldampfes schwellte sie bald an, sie platzten und öffneten sich, und nach drey Wochen oder einem Monat waren sie genugsam von der Säure durchdrungen. Dann legte ich sie unter Schuppen an der freyen Luft aus, damit die Sättigung vollständiger vor sich ginge, laugte sie sodann aus, und evaporirte.

Seit dieser Zeit hat dieß Verfahren sich unter den Händen des Herrn Bérard vervollkommnet, der mein Zögling und jetzt Eigenthümer jenes Etablissements ist. Man vermengt sorgfältig schwefelsaures Kali mit Thonerde, macht Kugeln daraus die man kalzinirt, und benetzt sie sodann mit einer Quantität von Schwefelsäure zu 40 Graden, die dem Gewichte der angewandten Thonerde gleich kommt. Die Verhältnisse sind verschieden nach der Natur der Thonerde. Die Auflösung der kalzinirten und alkalisirten Erde geschieht mit einer bewunderungswürdigen Leichtigkeit. Die Säure sättiget sich nicht schneller mit dem Kali, als mit dieser erdigen und alkalischen Verbindung.

Herr Curaudeau hat gleichfalls ein zuverlässiges und leicht ausführbares Verfahren zur Fabrikation des Alauns bekannt gemacht. Er durchmengt 100 Theile Thonerde mit einer Auflösung von 5 Theilen Küchensalz, und macht einen Teig daraus, den er in Brote formt, und diese in einem Reverberirofen kalzinirt. Das kalzinirte Residuum zerstößt er, und gießt ein Quart seines Gewichtes an concentrirter Schwefelsäure darauf, indem er das Gemenge sorgfältig umrüttelt. Sobald die Dämpfe der Salzsäure zerstreut sind, so thut man so viel an Wasser hinzu, als man an Säure genommen, und fährt fort das Gemenge umzurühren. Es erzeugt sich eine starke Wärme, die Composition schwillt an; man setzt das Aufgießen des Wassers fort, und endiget damit, eine Auflösung von Kali hinzuzuthun, in der das Alkali das Viertheil des Gewichtes der angewandten Säure ausmacht. Es ist hinreichend, die Flüssigkeit kalt werden zu lassen, um an Alaunkristallen das dreyfache Gewicht der angewandten Säure zu produciren.

Ein anderes Verfahren, das ich einige Zeit hindurch in meiner Fabrik zu Thernes, nahe bey Paris ausgeführt habe, und welches gegenwärtig Herr Bouvier mit eben so vielem Erfolg als großer Einsicht befolgt, ist, daß man 100 Theile Thonerde, 50 salpetersaures Kali und 50 Schwefelsäure zu 40 Graden mit einander vermengt. Das Gemenge wird sodann in eine Retorte gethan, ein Recipient angebracht und zur Destillation vorgeschritten. Die Salpetersäure wird durch die Schwefelsäure verdrängt, und nach beendigter Destillation darf das Residuum nur ausgelaugt werden, um einen Alaun von erster Qualität darzustellen.

Dieß

Dieß Verfahren hat um so mehr Interesse, als es das Mittel angibt, zwey wichtige Operationen neben einander fortzuführen, nämlich: die Fabrikation des Alauns, und die Destillation des Scheidewassers. Es ist unnöthig zu bemerken, daß die Verhältnisse nach der Natur der angewandten Erde verschieden seyn müssen, und daß es hier das Hauptaugenmerk des Fabrikanten seyn muß, eine sehr alaunhaltige Thonerde zu wählen, um deren Gewicht zu vermindern, und ein größeres Produkt aus der nämlichen Destillation zu erhalten, indem man sodann die Verhältnisse des Salpeters und der Säure vermehrt.

Im Handel läßt man große Unterschiede zwischen den Alaunarten Statt finden. Die öffentliche Meynung bestimmt jedem Alaun einen festgesetzten Preis, und der des römischen Alauns ist in der Regel um ein Drittheil höher, als der der übrigen Gattungen.

Seit einigen Jahren haben Herr Vauquelin und ich das Resultat unsrer Analysen bekannt gemacht, aus denen es sich ergibt, daß die wahrhafte oder angebliche Superiorität des römischen Alauns von keinem imaginairen Uebermaaße in seiner Basis herrührt.

Bald lösten einige Fabrikanten das Problem zu ihrem Vortheil auf, indem sie unter dem Namen von römischem Alaun, Alaun verkauften, der gereiniget und von außen durch ein wenig reine Thonerde, rothen Eisenocher leicht gefärbt wurde.

Der Consument bemerkte keinen Unterschied, aber, sobald er den Betrug inne wurde, so verwarf er jeden Alaun unter der Benennung des Römischen, und nimmt jetzt mit vollem Zutrauen den sehr guten Alaun der Herren Bouvier und Curadeau, meinen, und den von vielen andern, so wie das raffinirte Alaunerz.

Die Herren Roard und Thénard haben die hauptsächlichsten Alaune des Handels in der berühmten Färberey der Gobelins einer vergleichenden Untersuchung unterworfen, und gesehen: 1) daß alle Arten des Alauns ohne Rücksicht auf die Farbe, auf Wolle gebraucht werden könnten; selbst die, in denen mehr Eisen aufgelöst worden, als sie gewöhnlich enthalten. 2) Daß die Verschiedenheit der Alaune sich bey ihrer Anwendung auf Seide und Baumwolle sehr merklich äußert. 3) Daß aller in den Handel kommende Alaun, wenn er wieder aufgelöst und kristallisirt wird, beständig gleiche Eigenschaften äußere.

Diese schöne Reihe von Erfahrungen hat diese große Frage beendiget, und dieß ist wiederum ein von der Chemie den Künsten und dem Handel geleisteter Dienst.

Sechster Abschnitt.

Von den Verbindungen der Schwefelsäure mit dem Eisen, (schwefelsaures Eisen, grüner Vitriol, grünes Kupferwasser).

Grüner Vitriol, Eisenvitriol, Kupferwasser, grünes Kupferwasser, schwefelsaures Eisen u. s. w, dieß sind die Benennungen, unter denen bis jetzt die Verbindung der Schwefelsäure mit dem Eisen bekannt war.

Die ersten Naturforscher, welche von diesem Salze gesprochen, haben uns nur schwankende Begriffe über dessen Natur hinterlassen; die Namen, welche sie ihm damals gaben, sind alle abgeleitet: 1) von den verschiedenen Zuständen, durch welche der Kies geht, so wie z. B. die Namen chalcitis, sory, misy. Sory transit in chalcitim et chalcitis in misy. (Plinius). 2) Von den verschiedenen Zuständen in denen er erscheint; daher kommt trichitis, welches die kleinen, dünnen Kristalle bezeichnet, die man in den Minen findet; stalactites den, der in Stalactiten gebildet ist; cupri rosa den, der die Form von Blumen oder Dendriten hat. 3) Von seinem Gebrauch, woher er atramentum metallicum, scriptorium, sutorium u. s. w. genannt wird.

Dieß Salz hat folgende Kennzeichen: 1) seine Farbe verändert sich von weißlichgrün in smaragdgrün bis in das dunkle Bouteillengrün. Diese Verschiedenheit rührt hauptsächlich von den verschiedenen Graden der Oxydation des Metalles und dem Verhältnisse der Säure her. 2) Sein Geschmack ist adstringirend und läßt den Metalleindruck auf der Zunge zurück. 3) Es efflorescirt an der Luft in weiß oder gelb nach unten anzugebenden, und in der Folge zu entwickelnden Veranlassungen. 4) Es wird flüssig am Feuer, wallet auf, und bildet ein weißliches Pulver, welches bey einem anhaltenden Feuer in eine rothe Farbe übergeht, bey einem sehr heftigen Feuer aber schweflichte Säure und sodann Schwefelsäure gibt. 5) Es löst sich in seinem sechsfachen Gewichte Wasser bey einer Temperatur von 60 Graden Fahrenheit auf. Kochendes Wasser löst ein Viertheil mehr davon auf, als sein Gewicht beträgt. 6) Es ist unauflöslich in Alkohol. 7) Alkalien, die man in seine Auflösung gießt, schlagen sie in weiße Flocken, die bald grün werden, nieder.

Der Gerbstoff schlägt es schwarz, der blausaure Kalk blau, und die Sauerkleesäure gelb, nieder. 8) Es kristallisirt in rautenförmigen Prismen, und nimmt alle Modificationen derselben an. 9) Die Verhältnisse seiner Grundbestandtheile gegen einander sind:

Nach

Nach Bergmann.	Nach Kirwan.
39 Säure.	26 Säure.
23 Oxyd.	28 Oxyd.
38 Wasser.	8 Compositionswasser.
	38 Kristallisationswassers.

10) Sein specifisches Gewicht verhält sich zu dem des Wassers, wie 18 zu 10.

Bevor wir uns mit dem Verfahren bey der Fabrikation des Kupferwassers, das in den Handel kommt, beschäftigen, halte ich es für nothwendig, die verschiedenen Zustände der Oxydation kennen zu lehren, deren das Eisen in seinen Verbindungen mit der Schwefelsäure fähig ist.

Herr Thomas Thomson meint, daß das schwarze Eisenoxyd sich mit dem Wasser verbinden und ein Eisen-Hydrat von grüner Farbe bilden könne. Er erklärt hieraus, warum die Niederschläge durch Alkalien grün sind, er betrachtet das Oxyd in dem schwefelsauren Eisen, als ob es in dem Zustande eines Eisen-Hydrats enthalten wäre, und schreibt der Entbindung des Wassers durch die Wärme, oder seiner Auflösung im Alkohol, wenn man das schwefelsaure Salz in Pulvergestalt mit ihm zusammenbringt, die weiße Farbe zu, welche dieß Salz unter diesen Umständen annimmt.

Wir könnten diese Idee von Herrn Thomson über die Ursache der grünen Farbe durch ein bekanntes Experiment bestätigen; wenn nämlich die Evaporation der Auflösung des schwefelsauren Eisens 40 Graden nahe kommt, so bildet sich ein weißer Niederschlag, der nichts ist, als ein trockenes, entwässertes, schwefelsaures Eisen, welches man nur in Wasser auflösen darf, um ihm eine grüne Farbe zu geben, und wodurch erwiesen wird, daß es hier das Kristallisationswasser ist, welches die grüne Farbe hevorbringt.

Herr Proust glaubt, daß es im schwefelsauren Eisen nur zwey Punkte für die Oxydation des Metalles gebe; 27 und 48 Sauerstoff, auf 100 Eisen; weiter nimmt er keine Zwischengrade an.

Der erste Zustand erzeugt, nach ihm, das grüne, kristallisirte, schwefelsaure Eisen, von dem Lavoisier erwiesen, daß das Eisen $\frac{27}{100}$ Sauerstoff enthalte. Dieß Salz, bildet, wie Herr Proust behauptet, wenn es rein ist, eine grüne Auflösung, welche von der Galläpfelsäure nicht angegriffen und durch die alkalischen blausauren Salze nicht blau gefärbt wird.

Die zweyte Gattung von schwefelsaurem Eisen ist nach dem nämlichen Chemiker die rothe, zerfließende, unkristallisirbare,

bare, und im Alkohol nicht auflösliche Verbindung, welche die oxydirte Salzsäure nicht verändert, und die man erhält, wenn man sie mit Salpetersäure behandelt, bis daß die Auflösung bey der Wirkung der Salpetersäure kein nitröses Gas mehr bildet. Dieß schwefelsaure Salz bildet ausschließlich mit der Galläpfelsäure einen schwarzen und alkalischen blausauren Salzen einen blauen Niederschlag. Die Oxydation des Eisens ist darin zu 48 Procent an Sauerstoff gebracht.

Herr Proust fügt hinzu, daß wenn grünes schwefelsaures Eisen in Berührung mit der Luft, eine Farbe annimmt, welche keiner von beyden Gattungen anzugehören scheint, man sich für überzeugt halten könne, daß es ein Gemenge von beyden ist; der Alkohol wird sodann das schwefelsaure Eisen daraus ausscheiden und das grüne schwefelsaure Eisen einen grünen Niederschlag mit den caustischen Alkalien bilden, welcher sich unter dem Wasser in Schwarz verwandelt, während das rothe schwefelsaure Eisen einen rothgelblichen, von der Luft und der oxydirten Salzsäure nicht angreifbaren Niederschlag gibt.

Das recht reine, grüne schwefelsaure Eisen, wenn es mit einer Auflösung von gesättigtem, blausauren Kali vermengt wird, bildet ein weißes blausaures Salz. Man erhält ein recht reines grünes schwefelsaures Eisen, wenn man Wasser, welches mit geschwefeltem Wasserstoffgas geschwängert ist, mit rothem schwefelsauren Eisen vermengt, weil man das in den Zustand eines rothen Oxyds übergegangene Eisen hierdurch desoxygenesirt.

Um dem Niederschlage, welcher durch den Aufguß der Auflösung des blausauren Kali auf das grüne schwefelsaure Eisen entsteht, seine Farbe zu bewahren, muß man die Flasche sogleich zupfropfen. Der weiße Bodensatz nimmt dann bald eine grüne Farbe an; aber diese Nüance wird nicht dunkler, wenn man die Flasche zugepfropft läßt.

Das weiße blausaure Eisen verwandelt sich durch die Berührung der Luft in ein blaues; in diesem Falle geht das Eisenoxyd zum höchsten Grade der Oxydation über, indem es den Sauerstoff der Luft in sich aufnimmt. Die Säuren, welche Sauerstoff liefern können, als die oxydirte Salz- und die Salpetersäure, bewirken den Uebergang des weißen blausauren in ein blaues blausaures Eisen, und zwar in längerer oder kürzerer Frist, nach der Leichtigkeit, mit welcher sie ihren Sauerstoff fahren lassen.

Die Auflösung des geschwefelten Wasserstoffs bringt das in blaues verwandelte weiße blausaure Eisen wieder in seinen ursprüng-

ursprünglichen Zustand zurück, indem es ihm seinen Sauerstoff wieder entzieht. Der Uebergang des weißen in blaues, blausaures Eisen wird durch eine grüne Farbe angedeutet, die durch die Existenz eines Gemenges von blausaurem Eisen und schwefelsaurem Kali mit einer gelben Farbe veranlaßt zu werden scheint.

In allen Fällen, wo blausaures Kali zur Zersetzung eines Eisensalzes gebraucht wird, in welchem das Oxyd seinen höchsten Grad erreicht hat, erhält man blaues, blausaures Eisen, über welches die Säuren nichts vermögen, in sofern sie die Blausäure nicht zersetzen.

Der geschwefelte Wasserstoff bringt das blaue, blausaure Eisen nicht allein zu dem Zustande von weißem blausauren Eisen zurück, sondern auch Eisen- oder Zinnplatten, die man mit dem blauen blausauren Eisen in Wasser thut, bringen die nämliche Wirkung hervor. Der Sauerstoff scheidet sich zum Theil aus dem Oxyd, um sich auf das Metall zu übertragen. Ein ähnliches Phänomen findet Statt bey der Erzeugung des versüßten Quecksilbers durch Vermengung des Corrosiv-Sublimats mit Quecksilber.

Herr Proust verwechselt die Benennungen gelbes und rothes Oxyd, weil beyde von Sauerstoff gesättiget sind. Durch welche Säure man aber auch das rothe Oxyd auflöse, erhält man doch immer einen gelben Niederschlag mittelst eines reinen Alkali's.

Wir können aus allen diesen Thatsachen den Schluß ziehn, daß, wenn man eine Auflösung von Galläpfeln mit einer Auflösung von grünem schwefelsauren Salze vermengt, nur ein Theil des Niederschlags sich schwarz, der andre aber weiß zeigt. Daher kommt es: 1) daß die Eisenauflösungen um so viel besser werden, als sie an Alter gewinnen; indem die Oxydation bey der Berührung der Luft immer fortschreitet. 2) Daß die Farben und Dinten, wenn man sie der Luft aussetzt, schwarz werden.

Wir werden in der Folge sehen, daß ich dieß Princip mit Vortheil auf alle Operationen angewender habe, bey denen man Eisen gebraucht. Man darf nur das grüne schwefelsaure Eisen bis zur Rothgluth kalziniren, und das Residuum auflösen, um Wirkungen zu erhalten, die die, welche man durch Anwendung des schwefelsauren Eisens, das in den Handel kommt, erreicht, bey weitem übertreffen.

Außer dem grünen und dem rothen Oxyd die sich in den verschiedenen Verbindungen des Eisens mit der Schwefelsäure befinden, hat Herr Thénard darin noch die Existenz von weißem

Oxyd

Oxyd erkannt. Man erhält dieß, wenn man das schwefelsaure Salz durch ein reines Alkali zersetzt; es entsteht sodann augenblicklich ein weißer Niederschlag, der bald darauf grün, und endlich roth wird.

Dieß weiße Oxyd, mit Schwefelsäure gesättiget, ist es, welches nach Herrn Thenard den größten Theil des schwefelsauren Eisens ausmacht, das in den Handel kommt. Nichtsdestoweniger gibt dieß Oxyd, wenn es mit einem wenig zu vieler Säure vereiniget ist, ein schwefelsaures Salz von heller smaragdgrüner Farbe, statt daß die Haupteigenschaft des im Handel am meisten geschätzten schwefelsauren Salzes eine dunkle, bouteillengrüne Farbe ist.

Die schwefelsauren Salze können das Eisen in den folgenden dreyen Zuständen enthalten. Wir werden die einem jeden zukommenden Unterscheidungszeichen kennen lehren.

Das weiße, schwefelsaure Oxyd entsteht, wenn man das Eisen mit Schwefelsäure behandelt.

Wenn die Sättigung mit Genauigkeit erfolgt ist, so ist dieß schwefelsaure Eisen bouteillengrün; dieser Farbe gibt man im Handel den Vorzug, es efflorescirt in Weiß, es zersetzt die oxydirte Salzsäure, und das Oxyd geht in das Grüne oder Rothe über.

Das gesättigte grüne, schwefelsaure Oxyd kristallisirt nicht, es absorbirt den Sauerstoff der Luft, wird trübe, setzt ein neutrales, gelbes und sehr oxydirtes schwefelsaures Eisen ab, welches eine rothe Farbe hat, wenn gleich das Oxyd grün ist. Die oxydirte Salzsäure oxydirt es bis zum höchsten Grade und das Eisen bringt es in den Zustand von weißem Oxyd zurück. Wenn sich ein Uebermaaß von Säure darin befindet; so hat es keine rothe Farbe mehr, es kristallisirt sodann, und seine Kristalle haben etwas smaragdgrünes, sie efflorесciren und zerfließen nicht.

Wenn man rothes Oxyd mit Schwefelsäure behandelt, erhält man rothes, schwefelsaures Eisen. Dieß schwefelsaure Eisen ist es, welches sich aus den Auflösungen von schwefelsaurem weißen und grünen Oxyd gelb niederschlägt; denn das gesättigte schwefelsaure Eisen ist gelb.

Diese drey schwefelsauren Salze können ein Uebermaaß von Säure enthalten, wodurch ihre Eigenschaften modificirt werden.

Das Eisenoxyd nimmt, um sich zu sättigen, eine Quantität von Säure auf, die um so viel beträchtlicher, als jenes stärker oxydirt ist. Diese Eigenschaft hat es mit allen Metalloxyden gemein.

So wie wir es bereits bey dem Alaun gethan, werden wir auch hier besonders von dem schwefelsauren Vitriol-Erze und von dem fabricirten schwefelsauren Salze handeln.

Erster Artikel.

Von den Vitriolerzen.

Fast alles schwefelsaure Eisen, welches in den Künsten gebraucht wird, entsteht aus der Zersetzung von Eisenkiesen.

Die Natur dieser Kiese ist von einander verschieden, nicht allein in Rücksicht ihrer Vermengung mit andern erdigen, metallischen oder bituminösen Körpern; sondern hauptsächlich in Hinsicht auf die Verhältnisse, in denen Schwefel und Eisen sich darin in Verbindung befinden.

Die Farbe der Kiese nimmt alle in's Gelbe fallende Nüancen an, vom Grau an, bis zum dunkelsten Goldgelb.

Die Form der Kiese ist ferner sehr verschiedenartig, oft trifft man sie in mergelhaltigem, schieferhaltigem, und Boden von andrer Gattung zerstreut, in dickeren und dünneren, mehr oder weniger regulären Würfeln. Sie zeigen sich auch in Kugelgestalt, und in diesem Falle sind sie aus verlängerten Pyramiden gebildet, deren Spitzen sich im Mittelpunkte des Steines vereinigen, diese verlängerten Pyramiden laufen zuweilen in der Circumferenz in sehr kurze und fast immer viereckige Pyramiden aus, die Basis an Basis mit den ersteren zusammengesetzt sind.

Die Kiese existiren zuweilen in Masse, und bilden oft sehr beträchtliche Lagen. In diesem Zustande sind sie sehr hart und geben Feuer am Feuerstahl. Ihre Farbe, die zuweilen glänzend und von einem lebhaften Gelb ist, wird öfter noch trübe, und man bemerkt dann in ihrem Bruch Adern oder gelbe Punkte, die glänzender als die übrige Masse erscheinen. Nicht selten findet man auch Kiese von rothfahler und sehr dunkler Farbe. Im Bruche zeigen sich an ihnen, und zwar häufig, Nüancen von vielerley Farben, und sie sind zuweilen mit großen, schwärzlichen Flecken bestreut; diese zersetzen sich in der Regel mit ziemlicher Leichtigkeit.

Die Natur zeigt noch die Kiese versenkt, oder so zu sagen, verschmolzen mit Erden, Erdharzen, Steinen, die man sodann mit dem Namen von kieshaltigen Substanzen belegt. Diese außerordentliche Zertheiltheit der Kiese ist es, welche indem sie die

die Wirkung der Luft und des Wassers erleichtert, die Zersetzung derselben beschleuniget.

Diese verschiedenen Zustände, in denen die Kiese vorkommen, machen ihre Zersetzung oder Vitriolisation mehr oder weniger leicht: in der Regel dauert sie um so viel länger, als die Kiese ein größeres Maaß von Schwefel enthalten. Ich habe immer bemerkt; daß sphärische sich leichter vitriolisiren als cubische, daß, unter den erstern die, deren Oberfläche mit Punkten bedeckt ist, sich schwerer zersetzen, als die welche eine glatte Oberfläche haben: daß die mit gestreiftem Gewebe schneller effloresciren, und daß die im Torf oder in den Steinkohlen verstreueten Kiese früher arbeiten, als die, welche sich in harten Steinmassen befinden.

Von welcher Natur aber auch die Kiese seyn mögen; so wird man niemals ein ausgebildetes schwefelsaures Salz darin finden, als bis sie eine Zersetzung erfahren haben. Diese, durch die neuere Lehre über die Vitriolisation außer Zweifel gesetzte Wahrheit, wurde durch die zahlreichen Henkelschen Versuche bekannt und bestätiget.

Die Formation des schwefelsauren Eisens ist also wesentlich von der Zersetzung der Kiese abhängig, und diese Zersetzung ist es, welche man Efflorescenz, Vitriolisation u. s. w. nennt.

§. 1. Von der Vitriolisation.

Die Vitriolisation kann ohne Hinzutritt der Luft oder eines Körpers, welcher durch seine Zersetzung auf die Kiese ihnen Sauerstoff liefert, nicht Statt haben.

Henkel hat das Bedürfniß der Gegenwart der Luft außer Zweifel gesetzt; er hat selbst behauptet, daß die Luft in den Kiesen in Verbindung trete; non vt instrumentum transiens, sed vt immanens. Diese Behauptung, welche in der Zeit, in der sie zuerst aufgestellt wurde, sehr dreist erschien, hat in unsern Tagen ihre vollkommene Bestätigung erhalten *).

Die ganze Kunst der Vitriolisation beschränkt sich also darauf, daß man die zweckmäßigsten Mittel anwendet, um den Schwefel in Schwefelsäure zu verwandeln und durch dieß Mittel die Formation des schwefelsauren Eisens erleichtert. Die Verfahrungsarten, deren man sich in den verschiedenen Etablissements zur Erreichung dieses Zweckes bedient, erleiden unendliche

*) Nicht die Luft, sondern das mit der Luft verbundene Wasser ist es, welches die Kiese durchdringt, sich damit zersetzt, und seinen Sauerstoff daran abgibt, der dann den Vitriol erzeugt. H.

liche Modificationen, welche alle von der sehr verschiedenen Natur des Minerals, welches man behandelt, abhängig sind. Da aber mein Zweck weniger darin besteht, Proceduren zu entwickeln, als sie alle auf die Grundsätze zurückzuführen, aus denen sie fließen, so werde ich hier dreyerley Arten von Kiesen aufstellen. Auf diese kleine Anzahl glaube ich mich einschränken zu müssen, weil ich bey ihnen alle Verschiedenheiten in dem Verfahren bey der Förderung welche in allen bekannten Etablissements beobachtet werden, vortragen kann.

1) Kiese mit Uebermaaß von Schwefel.

2) Kiese in denen Schwefel und Eisen von Natur in rechten Verhältnissen sind

3) Kiese mit Erdharzen angetränkt.

1) Wenn der Schwefel in den Kiesen in zu häufigem Maaße vorhanden ist, so bedeckt er das Eisen zu sehr, von dem die Oxydation ausgehen muß, und die Vitriolisation ist null, oder geht zu langsam vor sich. In diesem Falle fängt man damit an, eine Portion des Schwefels durch Destillation oder Verbrennen des Minerals zu extrahiren; so wie ich es bey dem Artikel Schwefel gezeigt habe, und vitriolisirt sodann die Schlacken oder das Residuum.

Man begnügt sich fast überall damit, die Rückstände der Destillation oder des Verbrennens der Luft auszusetzen, und einige Monate hindurch, die die Vitriolisation dauert, besprengt man sie mit Wasser, um die Efflorescenz zu erleichtern. So wie das Kupferwasser entsteht, wird es von den Wässern fortgezogen und in Bassins abgesetzt, wo die Lauge bis zu dem Augenblicke stehen bleibt, wo man sie in die Evaporirkessel leitet.

In Dilta, in der Provinz Nericia in Schweden, vitriolisirt man, nachdem man den Schwefel ausgezogen, um dessentwillen man die Kiese fördert, dann auch den Rückstand, um das Kupferwasser daraus zu extrahiren *).

In Schwarzenberg, in Obersachsen, setzt man die Rückstände der Destillation zwey Jahre hindurch der Luft aus, und laugt sie zwey bis drey Mal aus, um das darin enthaltene Kupferwasser aufzulösen **).

Im Lüttichschen und Limburgschen geschieht die Vitriolisation auf eine zweyfache Weise; entweder nämlich, überläßt man die Kiese einer freywilligen Zersetzung oder man macht Haufen

*) *Leopoldi* relatio historica de itinere suo suecico, ann. 1707. Anm. d. Verf.

**) Schlütes Abhandlung von dem Schmelzen der Erze. A. d. V.

fen von rohen Kiesen, in deren Mitte man einen leeren Raum läßt, in welchen man die Rückstände der Destillation wirft, so wie sie ganz roth aus den Cylindern kommen, in denen die Destillation derselben geschieht. Diese Lage von entzündeten, bedeckt man dann wieder mit rohen Kiesen und läßt die Masse sich von selbst erwärmen und zersetzen.

2) Wenn der Schwefel weniger häufig ist, so wird die Destillation mindestens unnütz, und in diesem Falle, wenn die Kiese hart sind, und schwer efflorasciren, bereitet man sie zur Vitriolisation durch eine vorausgeschickte Röstung vor.

In einigen Vitriolfabriken stratificirt man die Kiese mit sehr dünnen Schichten von Brennmaterial, und erhöht zuweilen die Masse zu 20 Fuß, auf 40 Fuß Länge. Dann legt man das Feuer an mehreren Punkten daran, aber es verbreitet sich nur langsam in der ganzen Masse und die Röstung ist nur nach sieben bis acht Tagen beendiget. Nachher läßt man die Kiese efflorasciren; indem man sie von Zeit zu Zeit befeuchtet, um die Zersetzung zu beschleunigen. Auf diese Weise wird, wie Monnet berichtet, in einigen Etablissements im Lüttichschen und Limburgschen verfahren.

In Geyer, in Obersachsen, röstet man die Kiese vierzehn Tage hindurch.

In allen Fällen, wo die Röstung vortheilhaft ist, muß man Acht haben, sie nicht zu weit zu treiben; es würde daraus ein zwiefacher Nachtheil entstehen, das heißt, nicht allein eine Portion von Schwefel ganz ohne Vortheil zerstreut; und auch das Kupferwasser, welches sich während der Röstung bildet, zersetzt werden. Man muß sich also damit begnügen, die Vitriolisation in's Spiel zu setzen, und der Zeit die zur Hervorbringung einer genauen Verbindung nöthige Arbeit anvertrauen.

Es gibt eine große Anzahl von Kiesen, die mit so vieler Leichtigkeit efflorasciren, daß man bey ihnen nicht nöthig hat, zur Röstung seine Zuflucht zu nehmen; Kiese dieser Gattung werden in Newcastle in England; in Alais in Frankreich und an andern Orten gefördert.

In diesen verschiedenen Orten fängt man damit an, die Kiese auf die bekannte Weise aus ihren Erzen zu extrahiren und läßt sie dann efflorasciren.

Die Arbeit bey der Vitriolisation ist sehr einfach; mit den Stücken der aus den Erzen gezogenen Kiese bildet man Schichten von 3 bis 4 Fuß Höhe. Der Boden, auf welchem man die Schichten aufrichtet, muß fest seyn, und das Durchfiltriren des

Wassers

Wassers nicht gestatten; er muß ferner eine abschüssige Ebene bilden, um den Abfluß der Laugenwässer zu erleichtern; diese abschüssige Fläche führt das Wasser in Rinnen, und diese vereinigen sich wieder in einem großen Reservoir, welches wie ein gemeinschaftliches Behälter betrachtet werden kann.

Die Kiese zersetzen sich, und das effloreścirte, durch die Wässer aufgelöste Salz, wird in den Reservoir fortgezogen.

So wie die Zersetzung vorschreitet, erwärmen sich die Kiese, und man unterhält die erstern in ihrer Wirkung, indem man von Zeit zu Zeit, vorzüglich wenn die Luft warm und trocken ist, den Haufen benetzet.

Wenn die ersten Laugenwässer nicht gehörig gesättiget sind, welches nach starken Regengüssen der Fall seyn kann, bringt man sie wieder auf den Haufen, um sie von neuem zum Benetzen anzuwenden.

Es ist zum Fortgange eines Etablissements dieser Gattung, wo die ganze Arbeit der Vitriolisation der Sorge der Natur überlassen ist, erforderlich, daß den Kiesen viele Oberflächen dargeboten und große Massen davon zur Zersetzung aufgestellt werden, damit die Auslaugung sehr gesättigte Wässer abführe, und sie in hinlänglich reichlichem Maaße liefere, um ansehnliche Produkte an Kupferwasser zu ergeben.

Diese Schichten erschöpfen sich nur nach Verlauf einiger Jahre; wenn die Kiese rein sind, ist das Residuum davon fast null.

Wenn die Vitriolisation abzunehmen anfängt, so gebraucht man die Vorsicht, die Schicht umzuwenden. Nur in diesem Falle muß man die Kiese in Bewegung setzen; denn, wenn dieß geschähe, während sie sich in der Arbeit des Efflorescirens befinden, würde die Bewegung die Wirkung desselben verzögern.

Man trifft an den Meeresufern in England und an den ihnen gegenüberliegenden Küsten von Frankreich abgerundete Kiese, die leicht efflorescieren und ein Kupferwasser von vortrefflicher Qualität geben. Ich habe zu Honfleur eine Kupferwasserfabrik gesehen, die mit Kiesen von dieser Gattung versehen wurde, welche man unter den vom Meere ausgeworfenen Strandsteinen auflas.

Zuweilen zeigt uns die Natur schwärzliche Erden, die mit kleinen Kieskörnern durchsäet sind, welche sich mit einer bewundernswürdigen Leichtigkeit zersetzen: diese Arten von Erzen haben auch einen Ueberfluß an Alaunerde, und geben bey der Vitriolisation, schwefelsaures Eisen und Alaun. Zu Cremnitz in

Ungarn und zu Baurin in der Picardie fördert man Erden von dieser Art.

3) Die Kiese sind fast unzertrennlich von den Steinkohlen und dem Torf; aber alle Steinkohlen- und Torfarten sind nicht gleich kiesig; es gibt selbst solche, in denen das geschwefelte Eisen gar nicht bemerklich ist, während wieder andere einen unerträglichen Schwefelgeruch aushauchen, wenn man sie verbrennt und sich schnell zersetzen, wenn man sie an der Luft ausgesetzt läßt. Diese Zersetzung erregt selbst sehr häufig einen Brand in der Masse.

Die Efflorescenz der verschiedenen Arten von Steinkohlen und Torf liefert nicht immer die nämlichen Produkte, zuweilen ist die Alaunerde darin vorherrschend, und sodann ist das Hauptresultat, Alaun; und wenn Eisen darin prädominirt; so ist dieß schwefelsaures Eisen; und die Förderung geschieht dann nur, um dieß Eisen zu erhalten. Es ist selten, in dieser Art von Kiesen nicht Eisen und Alaunerde zugleich vereint zu finden.

Alle schlechten Kohlen oder Steinkohlen, deren herrschenden Fehler man durch die Beywörter kiesig oder schweflich bezeichnet, können benutzt werden, um daraus Alaun oder Vitriol zu ziehen.

Man erkennt diese Kohle leicht an dem Schwefelgeruch, den sie bey dem Verbrennen von sich gibt, an den Kiesadern, mit denen fast immer die Lagen derselben durchzogen sind, und hauptsächlich an den Eigenschaften, daß sie an der Luft leicht in Staub zerfällt, daß sie wenig Consistenz hat, daß sie sich entzündet, wenn sie auf einander gehäuft wird, daß sie die kupfernen oder eisernen Gefäße schnell abnutzt; indem sie solche vererzt, daß sie weder zum Schmieden noch zum Schmelzen der Metalle taugt, weil sie dieselben oxydirt; und daß sie sich mit salzigen Efflorescenzen überzieht, durch deren Analyse man sich von der vortheilhaftesten Art sie zu benutzen überzeugen kann.

Im Beauvoisis benutzt man die kiesigen Torfe, um Kupferwasser daraus zu ziehen. Man setzt sie einige Zeit hindurch der Luft aus, und sie effloresciren dann bald, worauf man sie unter bedeckte Schuppen bringt, wo man sie in dünnen Lagen aufschichtet, in diesem Zustande aber bis zu dem Augenblicke liegen läßt, wo man zu deren Auslaugung schreitet.

In einer sehr großen Strecke der Picardie und des Soissonnois trifft man auf eine schwarze und kiesige Erdschicht, die im Lande unter den Benennugen Asche und Steinkohlenerde bekannt ist. Diese Erde, sobald sie mit der Luft in Berührung

gesetzt

gesetzt wird, zersetzt, erwärmt und entzündet sich; und man kann mit sehr großem Vortheil den Rückstand des Verbrennens als Dünger gebrauchen. Diese Schicht ruht auf einer Thonschicht, und ist mit einer guten ocherartigen und sehr zerreiblichen Erde bedeckt. Man hat bereits Kupferwasserfabriken an den kiesigen Punkten dieser Schicht angelegt.

Die Operation der Vitriolisation ist ziemlich schwierig bey Erzen dieser Art; indem man eine immer zum Ausbruch bereite Entzündung fürchten muß, wenn die Kiese in zu dichten Lagen auf einander gehäuft sind.

Es scheint, daß die Schichten von Kiesen sonst zahlreicher auf der Erde gewesen sind, als heut zu Tage. Wir finden, fast überall, Spuren ihrer Zersetzung; die Ochererden und die vulkanischen Materien beurkunden ihre Existenz von Urbeginn an, und die warmen Mineralquellen, so wie die Eruptionen der feuerspeienden Berge beweisen gleichfalls, daß die Eingeweide der Erde in Zersetzung befindliche Lagen davon in sich enthalten.

§. 2. Von der Auslaugung vitriolisirter Kiese.

Von dem Augenblicke an, wo durch die Zersetzung der Kiese der Vitriol entstanden ist, darf man sich nur damit beschäftigen, ihn daraus zu extrahiren, und diese Operation nennt man die Wäsche oder das Auslaugen der Kiese.

Wir haben bereits bemerkt, daß, wenn die Kiese sich in freyer Luft und in Lagen abgetheilt, auf einer Fläche zersetzen, ihre Auslaugung natürlich und in jedem Augenblicke, mittelst des Thauwassers, geschehe.

Es gibt Fabriken, wo man Gräben oder Reservoirs anbringt, in die man die Kiese thut, auf welchen man vier und zwanzig Stunden hindurch Wasser stehen läßt, nach deren Verlauf dieß in ein gemeinschaftliches Reservoir abfließt, wo es sich reiniget, bevor es in die Evaporirkessel läuft.

Wenn das Mineral, welches man fördert, wenig Vitriol enthält, so wird es nothwendig das nämliche Wasser auf mehrere Schichten zu gießen, damit es um so stärker geschwängert werde.

In fast allen Vitriolfabriken läßt man die Laugenwasser in Reservoirs abfließen, wo sie anfangen den Ocher und alle fremdartige Körper, die sie mit sich geführet, abzusetzen; und von da läßt man sie in ein gemeinschaftliches Reservoir laufen, wo sie sich von neuem mit einander vermengen und abklären.

Die Wässer aus diesem letztern Reservoir sind es auch, welche in den Kesseln zur Evaporation beytragen.

Die Evaporation der Laugenwasser geschieht in der Regel in bleyernen Kesseln. Der Umfang dieser Gefäße ist verschieden in den verschiedenen Fabriken. Herr Jars hat in England solche von 15 Fuß Länge auf 12 Fuß Breite gesehn. Diese ungeheuren Massen ruhen auf Platten von gegossenem Eisen, die selbst wieder von gemauerten Bögen getragen werden, und gegen die Mitte hin befindet sich der Ofenrost.

An andern Orten haben die Kessel gewöhnlich 2 bis 3 Fuß Tiefe auf 5 bis 6 Fuß Breite und 8 bis 10 Fuß Länge. Man setzt diese auf starke eiserne Stangen, die mit sehr dicken Platten von unverzinntem Eisenblech belegt sind, damit der Kessel sich nicht durch die Zwischenräume zwischen den Eisenstangen hinabsenken könne.

Das Wasser des gemeinschaftlichen Reservoirs wird gewöhnlich durch einen natürlichen Abhang mittelst Röhren, von denen eine mit der andern communicirt, in den Kessel geleitet; der Kessel wird mit diesem Laugenwasser angefüllt, und sobald dieß im Aufwallen ist, so erhält man das Wasser in der nämlichen Höhe, indem man ununterbrochen neues zufließen läßt.

Man fährt mit der Evaporation fort, bis sich auf der Oberfläche der Flüssigkeit ein Häutchen zeigt; die Lauge kann aber zu keinem stärkern Grade von Concentration gebracht werden, als 40 bis 41 Grad nach der Baumeschen Flüssigkeitswaage, ohne daß sie sich trübe und einen weißen Niederschlag bilde, welcher sich an den Boden der Kessel ansetzt, und deren Schmelzen bewirkt.

Wenn man das Feuer ausgelöscht hat; so läßt man den Brand einige Stunden hindurch stille stehn und abklären, und ihn dann in die Kristallisirgefäße abfließen. Nach Verlauf von acht bis zehn Tagen nimmt man die sich gebildeten Kristalle ab, und läßt die Mutterlaugen in tiefe Löcher verlaufen.

In allen Werkstätten verdickt man die Laugenwässer durch Beymengung einer Portion von Mutterlauge; in einigen aber vermengt man diese mit dem ersten Laugenwasser, während man in andern die Mengung gegen das Ende vornimmt, und diese letztere Methode scheint mir die vortheilhafteste.

Man hat in England und in andern Ländern den Gebrauch, die Flüssigkeit mit altem Eisen aufsieden zu lassen, womit man den Boden des Kessels belegt, bevor man das Wasser hineinlaufen läßt; diese Methode hat den Vorzug, daß durch sie die

Schwefelsäure gesättiget wird, welche die Laugenwässer fast immer im Uebermaaße enthalten, und das wenige schwefelsaure Kupfer zersetzen, von dem das Mineral nicht immer frey ist.

Die Kristallisirgefäße sind, in einigen Etablissements, hölzerne viereckige Kasten von ungefähr 2 Fuß Breite auf eben so viel Tiefe; sonst sind es gemauerte, und mit einem guten Kitt überzogene Bassins. Noch bedient man sich Tonnen oder Kasten, die sich leicht auseinandernehmen lassen, wenn die Mutterlaugen abgelassen werden sollen.

Auch hat man die Gewohnheit in die Kristallisirgefäße Stäbe oder Dornen zu legen, um die Oberflächen zu vervielfältigen, und den Kristallen Unterstützungspunkte zu geben.

Ich habe bereits bemerkt, daß, wenn die Evaporation über den 40sten oder 41sten Grad der Baumé'schen Flüssigkeitswaage gesteigert wird, das Bad sich trübt, und sich augenblicklich ein weißlicher Bodensatz niederschlägt, der am Boden des Kessels, von welchem er sich schwer loslösen läßt, die Consistenz des Gipses annimmt. Der Niederschlag entsteht früher, wenn die Flüssigkeit sauer, als wenn sie gehörig gesättiget ist.

In allen diesen Fällen sinkt, sobald der Bodensatz sich gebildet, das Bad zu einer Concentration von weniger als 5 bis 6 Graden hinab; die Farbe wird wieder grün, und man kann die Evaporation bis zum nämlichen Grade fortsetzen. Man erhält dann noch einen ähnlichen Bodensatz, auf welchen eine ähnliche Verminderung an Concentration folgt, und kann durch dieß Mittel alles in den Laugenwässern aufgelöste schwefelsaure Eisen in einen weißlichen Bodensatz verwandeln.

Die Analyse dieses Bodensatzes hat mir gezeigt, daß er trockenes oder entwässertes schwefelsaures Eisen sey, welches beynahe dem gleich kommt, was man erhält, wenn man durch die Wärme das grüne schwefelsaure Eisen entfärbt. Ich destillirte besonders gleiche Theile von grünem und von diesem weißen schwefelsauren Eisen, daß erstere gab mir das gewöhnliche Kristallisationswasser, daß andere fast gar nichts davon.

Ich löste das weiße schwefelsaure Eisen in dem Wasser auf, welches ich aus der Destillation des grünen schwefelsauren Eisens erhalten, und verwandelte es dadurch in grünes schwefelsaures Eisen.

Dieser Niederschlag ist also weißes, entwässertes, schwefelsaures Eisen.

Es scheint, daß, wenn die Verdichtung der Laugenwässer zu dem Punkte gediehen, daß nicht mehr genug Kristallisationswasser wässer für alles in dem Bade enthaltene schwefelsaure Eisen vorhanden ist, sich sodann ein Theil davon in dem Zustande eines trockenen schwefelsauren Eisens niederschlägt; ja, es ist selbst wahrscheinlich, daß die verschiedenen Grade der Oxydation, in denen sich das Eisen in seiner Auflösung befindet, zur Produktion dieses Phänomens mit beytragen, und daß die größere oder geringere Auflöslichkeit des schwefelsauren Eisens nach diesem Grade der Oxydation, die Scheidung eines Theiles, vorzugsweise vor dem andern, bestimmen.

Zweyter Artikel.

Von dem künstlich fabricirten schwefelsauren Eisen.

Man bereitet das Kupferwasser aus allen seinen Bestandtheilen, wie den Alaun.

Mehrere Etablissements dieser Gattung sind zu Paris, Rouen und Montpellier.

Wir können alles das, was über die künstliche Fabrikation des schwefelsauren Eisens bekannt ist, auf zwey Methoden reduciren.

Die erste besteht darin, daß man künstliche Kiese bildet, die man sodann der Vitriolisation überläßt.

Die andere bezweckt eine direkte Verbindung der Schwefelsäure mit dem Eisen:

1) Man macht künstliche Kiese, wenn man gleiche Theile Eisenfeile und Schwefel sorgfältig mit einander vermischt, und sie mit einem hinlänglichen Maaße von Wasser benetzt, um daß sie einen Teig bildet. Dieses Gemenge erwärmt sich, schwillt an und entzündet sich; es ist unter dem Namen Lemeryscher Vulkan bekannt, weil dieser Chemiker der erste gewesen zu seyn scheint, durch den dieser Versuch bekannt gemacht worden.

Wenn man dieß Mittel anwenden will, um Kupferwasser zu fabriciren, muß man vermeiden, daß es sich nicht entzünde, wodurch das schwefelsaure Eisen sonst zum Theil zersetzt wird; man gelangt dazu, wenn man das Gemenge rüttelt und umwendet, sobald man fürchtet, daß die sich erzeugende Wärme einen Brand hervorbringen wird.

Ich habe, durch dieß Verfahren, ein sehr schönes schwefelsaures Eisen erhalten, indem ich sogar eine minder große Masse von Schwefel anwendete; aber ich habe beständig bemerkt, daß sich eine beträchtliche Quantität von Ocher producirt, der der

Verbin-

Verbindung entgeht, und von dem es mir, nach dem Resultat mehrerer Erfahrungen, schien, daß er ein Viertheil des gebrauchten Eisens ausmache.

Noch habe ich im Feuer bereitetes geschwefeltes Eisen den Untersuchungen, die ich über die Vitriolisation machte, unterworfen, und immer gefunden, daß ihre Zersetzung sehr langwierig und beschwerlich ist, so daß das Gemenge allein mir den Vorzug zu verdienen schien.

2) Die Kunst, die Schwefelsäure zu bereiten, hat sich dergestalt vervollkommnet, und die Etablissements dieser Art sind heut zu Tage so zahlreich, daß die Consumtion der Säure weit unter der Quantität stehet, welche man davon fabricirt. Von der Zeit an haben die Manufakturisten der Säure gesucht, sie selbst in ihren Werkstätten zu gebrauchen, indem sie solche mit Alaunerde oder Eisen verbanden, um Alaun oder Kupferwasser zu bilden.

Die Auflösung des Eisens in der Säure geschieht auf mehrere Arten:

A. Man gießt verdünnte Säure in einen Kessel, in den man das nöthige Eisen thut; die Auflösung geschieht nach und nach; es bildet sich ein außerordentlich reichlicher Bodensatz und die Flüssigkeit verschwindet gegen das Ende fast gänzlich. Man legt diesen Bodensatz in Schichten, und bewegt sie von Zeit zu Zeit, bis zu dem Augenblicke wo man sie auslaugt, um Kupferwasser zu bilden.

B. Man gießt einen Theil concentrirte Schwefelsäure auf drey Theile Wasser, und löst in diesem Gemenge Eisen bis zur Sättigung auf.

C. Man nimmt Wasser aus den Schwefelkammern zu 35 Graden und sättigt es mit Eisen.

In allen diesen Fällen muß man jedoch, gegen das Ende hin, sehr zertheiltes Eisen, als Eisenfeile und gedrehetes Eisen nehmen, weil ohne dieß die Säure sich schwer sättiget.

Das Gußeisen löst sich schwerer als das Stabeisen auf.

Da die Evaporation und Kristallisation kein besonderes Verfahren erfordern; so bedarf es keiner ausführlichen Beschreibung derselben.

Siebenter Abschnitt.

Von den Verbindungen der Schwefelsäure mit dem Kupfer; (schwefelsaures Kupfer, blauer Vitriol, cyprischer Vitriol.)

Das schwefelsaure Kupfer, (der blaue cyprische Vitriol) wird, wenn gleich bey weitem nicht so häufig als der Alaun und das schwefelsaure Eisen, dennoch so oft in den Künsten angewendet, daß es einen besondern Artikel in diesem Werke verdient.

Es hat eine blaue Farbe, die sich an der Luft nicht merklich verändert.

Es kristallisirt leicht, und die gewöhnlichste Form seiner Kristalle ist die eines rautenförmigen Parallelopipedi.

Sein Geschmack ist anziehend und sein Nachgeschmack metallisch.

Es schmilzt am Feuer, verliert sein Kristallisationswasser und reducirt sich in ein bläulichgraues Pulver.

Vor dem Löthrohre schwillt es, bey dem ersten Feuerstrahl, mit Geräusch und Aufwallen an, dann wird es ruhig, und das Metall reducirt sich, wenn man auf einer Kohle operirt.

Es löst sich leicht in Wasser auf, welches es blau färbt. Vier Theile Wasser lösen einen davon bey einer Temperatur von 60 Graden des Fahrenheitschen Thermometers auf.

Das Ammonium schlägt das Kupferoxyd in eine bläulich weiße Farbe nieder, wenn man es aber im Uebermaaß hinzuthut; so nimmt die Flüssigkeit durch Auflösung des niedergeschlagenen Oxyds, die schönste blaue Farbe an.

Das Eisen schlägt das Kupfer daraus im Metallzustande nieder, man darf nur mit einem blauen Vitriolkristall auf einer Messerklinge reiben, um das Kupfer auf das Eisen aufzutragen, vorzüglich, wenn man die Oberfläche des Kristalles naß macht.

Sein specifisches Gewicht verhält sich zu der des Wassers wie 2,23 zu 1.

Es ist zusammengesetzt aus

0,27 Kupfer.
0,30 Säure.
0,43 Wasser.

Wir werden alle Proceduren deren man sich bedient, um das schwefelsaure Kupfer zu extrahiren oder zu fabriciren, auf vier Arten reduciren.

1) Die

1) Die Vitriolisation der kupferhaltigen Kiese.
2) Die Evaporation der kupferhaltigen Wässer.
3) Die Formation und Vitriolisation der künstlichen Kiese.
4) Die Auflösung des Kupfers durch die Schwefelsäure.

1) Die Kupferkiese unterscheiden sich von den Eisenkiesen durch eine lebhaftere Farbe.

Sie liegen nach Henkels Bemerkung, in der Regel, tiefer als die Eisenkiese.

Der nämliche Chemiker fand darin von 1 bis 50 Pfund Kupfer in dem Centner.

Sie vitriolisiren sich schwerer; doch lassen die Existenz der Quellen von Kupferwasser und die Prüfung der schwefligen Kupfererze keinen Zweifel über die freywillige Zersetzung der Kupferkiese im Innern der Erde.

Um die Kiese zu zersetzen und ihre Vitriolisation vorzubereiten, stratificirt man sie mit dünnen Schichten von Brennmaterial, und legt Feuer an. Man muß hierbey die Vorsicht gebrauchen, keine zu starke Gluth zu machen, denn es ist vortheilhafter, wenn sie nur mäßig ist; aber lang unterhalten wird.

Zu Marienberg, wo man ein schwefliges, mit Kupfer vermengtes Zinnerz findet, röstet man das Mineral zehn bis zwölf Stunden hindurch in einem zur Rothgluth geheitzten Ofen, fährt, nachdem man das Feuer angehalten, fort, die Materie umzurütteln, bis daß der Ofen nicht mehr rothglühend ist, und wirft das noch heiße Mineral in einen Wasserkübel, wo man es einige Zeit umrührt. Wenn das Wasser gehörig geschwängert ist, läßt man es evaporiren, um das darin aufgelöste schwefelsaure Kupfer daraus zu extrahiren.

Es gibt Kiese, deren Produkt an Kupfer nicht hinreichen würde, die Kosten eines Schmelzofens zu decken, und nichtsdestoweniger werden einige von diesen doch benutzt, um Schwefel und Vitriol mittelst den leichten Proceduren daraus zu ziehen, welche wir bey dem Artikel Schwefel beschrieben.

2) Die Vitriolisation der Kupferkiese im Schooß der Erde, kündiget sich auf eine evidente Weise durch die Natur der Wässer an, welche daraus hervorquellen.

Diese Wässer sind in einigen Quellen so mit Kupfervitriol geschwängert, daß man sie mit Vortheil benutzen kann, um Kupfer daraus extrahiren; man darf nur altes Eisen in Wasser werfen, um das Kupfer daraus niederzuschlagen, welches die Stelle des Eisens einnimmt, so wie dieß Metall das Kupfer in seiner Verbindung mit der Schwefelsäure ersetzt. Das Kupfer, welches

welches man durch dieß Verfahren erhält, wird cementirtes Kupfer genannt.

In den Bergwerken von Neussol in Ungarn sind in einer Tiefe von 60 Toisen unter einem Abflußstollen in einiger Entfernung von einander, mehrere Kasten aufgestellt, in welchen sich die Kupferwasser sammeln, aus denen man das Metall durch das eben beschriebene Verfahren scheidet.

Aehnlicher Mittel bedient man sich in den Gruben von Graslitz in Böhmen, von Smolnitz, am Fuße des Karpathischen Gebirges, in Altenberg, Rammelsberg u. s. w.

Wenn man das Kupfer durch das Eisen niedergeschlagen, so könnte man durch Evaporation das entstandene schwefelsaure Eisen extrahiren, aber es ist in zu kleiner Quantität darin enthaten, um die Kosten einzubringen.

3. In den französischen Hauptfabriken von blauem Vitriol verfährt man auf folgende Weise:

Man taucht das Kupfer, welches man vitriolisiren will, in Wasser, und überzieht die nasse Oberfläche desselben mit einer Lage von pulverisirtem Schwefel. Man bringt die so zubereiteten Platten in einen, bis zur Rothgluth geheitzten, Ofen, nimmt sie, wenn sie noch warm sind, wieder heraus, um sie in einen mit Wasser angefüllten Kessel zu tauchen; und unterwirft sie nach und nach mehreren solchen Operationen, bis daß sie gänzlich abgenutzt, und in Vitriol verwandelt sind. Nach und nach schwängert sich das Wasser mit schwefelsaurem Kupfer, und wenn es genug gesättiget ist, so concentrirt man dasselbe, um den Vitriol daraus zu extrahiren.

Ich suchte dieß Verfahren noch zu vereinfachen, und hier ist das Resultat meiner Versuche.

Ich schmolz zwey Pfund Schwefel in einem im Feuer rothgeglühten Tiegel, und that in dieß Bad ein gleiches Gewicht von Kupferplatten, indem ich den Tiegel beständig mitten in glühenden Kohlen erhielt. Bald darauf stieg eine große Flamme in die Höhe, durch welche man die rothen Platten in dem Tiegel erblickte. Sobald die Flamme aufhörte, nahm ich den Tiegel vom Feuer, und nach dem Kaltwerden, fand ich die Kupferplatten sehr brüchig, von einer schönen dunkelrothen Farbe, und im Bruch seidenartig und streifig; sie wogen 2 Pf. 10 Unzen. Ich zerrieb und zertheilte diese geschwefelte Masse in zwey Theile, von denen ich einen mit reinem Wasser, den andern aber mit Schwefelsäure befeuchtete. Der erstere effloreseirte nicht, und ungeachtet aller Sorgfalt, die ich anwendete, während dreyzehn

zehn Monate nicht hinreichend, um den geringsten Schein von Vitriolisation darin hervorzubringen; der zweyte effloreſcirte, und indem ich ihn von Zeit zu Zeit mit säuerlichen Wasser besprengte, zog ich daraus beynahe fünf Pfund Vitriol.

Man kann Schwefel ersparen, wenn man ihn auf rothglühendes Kupfer streut; durch dieß Mittel wird das Kupfer auch sehr zerreiblich, zeigt der Bruch sich blauröthlich, und wird es von der Schwefelsäure leicht angegriffen.

4) Die Schwefelsäure greift das Kupfer im kalten Wege nicht an, wenn man sie aber bey einer starken Wärme mit dem Kupfer digeriren läßt, so zersetzt sich jenes zum Theil, es dampft viel schweflige Säure davon aus, und es bleibt ein weißer Teig zurück, den man in Wasser auflösen, und aus welchem man durch die Evaporation, schöne Vitriolkristalle erhalten kann.

Man kann der Wirkung der Schwefelsäure nachhelfen, wenn man das Metall durch Salpetersäure oxydirt, die man mit ihr zusammen anwendet.

Eine Auflösung von salpetersaurem Kupfer, aufgesotten mit schwefelsaurem Kali, erzeugt schöne Kristalle von schwefelsaurem Kupfer.

Glockenmetall, wenn es zerrieben, und mit Schwefelsäure im Sandbade zur Digestion gebracht wird, reducirt sich in ein weißes Pulver, das nichts als Zinnoxyd ist; die obenaufschwimmende Flüssigkeit färbt sich blau, und gibt schwefelsaures Kupfer.

Achter Abschnitt.

Von den Verbindungen der Schwefelsäure mit dem Zink, (schwefelsaurer Zink, weißer Vitriol, weißer goslarischer Vitriol, weißer Galitzenstein).

Außer dem schwefelsauren Eisen und Kupfer trifft man noch im Handel schwefelsauren Zink an, den man weißen, oder weißen goslarischen Vitriol nennt, und der sich von allen andern Salzen durch folgende Kennzeichen unterscheidet: durch
eine schmutzigweiße Farbe, die, wenn er alt wird, sich in eine gelbliche verwandelt;
einen körnigen Bruch;
einen anziehenden Geschmack;
durch die Eigenschaft, daß er sich, bey einer Temperatur von 60 Graden Fahrenheit in seinem zwiefachen Gewichte an Wasser auflösen

auflösen läßt, und zu dreyseitigen in vierseitigen Pyramiden auslaufenden Prismen kristallisirt.

Er verliert im Feuer einen Theil seiner Säure, schwillt vor dem Löthrohr, bey dem ersten Feuerstrahl, mit Geräusch und Prasseln auf; sodann senkt er, und reducirt sich das Metall, wenn man auf Kohlen operirt: er entzündet sich und producirt alle Phänomene, die das Verbrennen des Zinks begleiten.

Die Verhältnisse seiner Grundbestandtheile stehen in folgender Ordnung:

nach Bergmann.	Kirwan.
40	20,5 Säure.
20	40,0 Oxyd.
40	39,5 Wasser.

Herr Tennant fand in diesem getrockneten schwefelsauren Salze 50 Säure und 50 Oxyd.

Sein specifisches Gewicht verhält sich zu der des Wassers, wie 2 zu 1, nach Kirwan; und 19 zu 10 nach Brisson.

Der schwefelsaure Zink entsteht aus der Zersetzung der Blenden, oder des geschwefelten, gediegenen Zinks. Dieß Mineral ist sehr gewöhnlich; man trifft es zuweilen mit Bleyglanz oder natürlich geschwefeltem Bley in Gemenge oder zur Seite desselben, und es pflegt dann die Bergleute in Hinsicht des Ueberflusses des wahren Erzes in Erstaunen zu setzen.

Wenn aber gleich der geschwefelte Zink gemein ist; so ist doch der schwefelsaure Zink ziemlich selten, weil die Vitriolisation des Minerals sehr schwer vor sich geht. Man findet es jedoch in einigen schwedischen Mineralquellen nach den Resultaten der Analysen des berühmten Bergmann, und die Mineralogen haben Gelegenheit gehabt, es öfter in den Erzen zu bemerken.

Alle Blenden können wie die von Rammelsberg, welche man in den Goslarschen Schmelzöfen behandelt, vitriolisirt werden. Diese letztere enthält Zink, Kupfer und Bley, durch Schwefel mineralisirt.

Man röstet das Mineral und wirft es, wenn es ganz roth ist, in eine mit Wasser angefüllte Kufe; läßt es achtzehn Stunden hindurch im Wasser, löscht das im Feuer rothgeglühte Mineral zu mehreren Malen darin ab, und nachdem man die Auflösung in großen Bassins klar werden lassen, evaporirt man sie in bleyernen Kesseln, um die Kristallisation des Salzes zu bewirken.

Man läßt die Kristalle in einem kupfernen Kessel schmelzen und schäumt, sobald sie geschmolzen sind, die Oberfläche mit einem Haarsiebe ab. Man gießt sodann die Auflösung in einen hölzernen Bottich, in welchem man sie ununterbrochen mit Schaufeln umrührt, bis daß sie kalt wird und Consistenz gewinnt: dann macht man Scheiben daraus und gibt sie in den Handel. Sie haben in diesem ersten Zustande Farbe und Korn vom raffinirten Zucker *).

Ich selbst habe, mittelst eines ähnlichen Verfahrens, eine ziemlich große Quantität von schwefelsaurem Zink aus der Blende von Saint-Sauveur im Departement de la Lozère gezogen.

Man kann leicht schwefelsauren Zink machen, wenn man das Metall in verdünnter Schwefelsäure auflöst. Diese Auflösung geschieht mit großer Leichtigkeit und es entbindet sich eine ansehnliche Quantität von Wasserstoffgas durch die Zersetzung des Wassers mit dem Metall **).

*) Der im Handel vorkommende Zinkvitriol ist indessen kein reines Salz. Er enthält stets Eisenvitriol, auch wohl freyes Eisenoxyd eingemengt, welchem derselbe seine grauweiße Farbe verdankt. H.

**) Diese letztere Verfahrungsart ist die beste um ein reines Salz zu gewinnen, welches hierbey aus der Auflösung in blendendweißen, ziemlich großen Kristallen anschießt. H.

Zehntes Kapitel.

Von den Verbindungen der Salpetersäure.

Von allen Verbindungen der Salpetersäure ist die einzige, die in den Künsten gebraucht wird, das salpetersaure Kali.

Erster Abschnitt.

Von den Verbindungen der Salpetersäure mit dem Kali; salpetersaures Kali, Salpeter.

Das salpetersaure Kali, welches auch Nitrum, Salpeter, Salniter genannt wird, erkennt man an folgenden Eigenschaften.

Seine gewöhnliche Gestalt ist die eines sechsseitigen Prisma's, dessen Seiten in sechseckige Pyramiden auslaufen.

Sein specifisches Gewicht verhält sich zu dem des Wassers, wie 1,9369 zu 10,000.

Sein Geschmack ist pikant und von einem kühlen Nachgeschmack begleitet.

Es knistert in der Hand wenn man es drückt.

Es läßt sich in seinem siebenfachen Gewichte an Wasser, bey einer Temperatur von 60 Graden Fahrenheit, auflösen. Kochendes Wasser löst davon ungefähr sein eigenes Gewicht auf.

Es wird durch die Berührung der Luft nicht merklich verändert.

Es schmilzt bey einer starken Wärme, und seine Säure zersetzt sich; indem es zuerst, wenn es zur Rothweißgluth gelangt, seinen Sauerstoff, dann aber seinen Stickstoff fahren läßt.

Wenn es mit verbrennlichen Körpern vermengt und dem Feuer ausgesetzt wird, so schmilzt es, und die Säure zersetzt sich unter allen Phänomenen eines sehr raschen Verbrennens.

Seine Grundbestandtheile stehen in folgenden Verhältnissen:

nach Bergmann.	Kirwan.	
31	44,0	Säure.
61	51,8	Kali.
8	4,2	Wasser.

Der häufige Gebrauch des Salpeters in den Künsten, und daß er den Grundbestandtheilen des Schießpulvers zur Basis dient, geben dem Studium dieses Salzes eben so viele Wichtigkeit als Interesse.

 Nach

Nach dieser vorausgeschickten Bemerkung werden wir uns nach und nach mit der Entstehung, Extraction, Raffinirung und dem Gebrauche dieses Salzes beschäftigen.

Erster Artikel.

Von der Entstehung des Salpeters.

Der Salpeter entsteht täglich, aber er erzeugt sich nicht an allen Orten.

Man trifft ihn nur in der Nähe von solchen Wohnungen oder Oertern die mit den Produkten von Pflanzen- oder Thierzersetzungen angefüllt sind.

In größerer Quantität findet man ihn weder an solchen Orten, die der Sonne sehr ausgesetzt sind; noch an sehr trockenen, noch in unterirdischen Gewölben, in denen eine immerwährende Dunkelheit herrscht.

Nicht sehr tiefe und schwach erleuchtete Keller sind am reichhaltigsten an Salpeter.

Enge Straßen, in denen sehr hohe Häuser stehen, und in welche die Sonne niemals dringt, haben am meisten von diesem Salze.

Die porösesten Kalkerden scheinen am geschicktesten, ihn zu fixiren, und unter diesen sind wieder die, welche einigen Ocher enthalten, die zur Salpeter-Erzeugung tauglichsten.

Kreiden, die mit ein wenig Thonerde vermengt sind, eignen sich mehr zur Bildung von Salpeter, als reine, wie Herr von Larochefoucauld bemerkt hat.

Eine zu warme und eine zu kalte Temperatur wirken bey Entstehung des Salpeters gleich nachtheilig.

Er bildet sich vorzugsweise in nördlich gelegenen Gegenden.

In größerer Quantität noch, entwickelt er sich in den Theilen von alten Mauern, welche der Erde nahe sind.

Hauptsächlich aber findet man ihn in einem solchen Boden, welcher den Ausflüssen von verfaulten thierischen oder Pflanzensubstanzen ausgesetzt ist.

Fast aller Salpeter, welcher in Gipsschutt, Kreidengebirgen, in Mergel, und in Tuffstein entsteht, hat eine Basis von Kalkerde.

Die Basis desjenigen aber, welches sich in Schäfereyen, Remisen und Ställen bildet, ist Kali.

Dieß sind aus der Beobachtung geschöpfte Lehren.

Wir müssen nun suchen diese Thatsachen mit den Grundsätzen der Wissenschaft zu vereinigen, um ihre Uebereinstimmung mit denselben zu erweisen, und Folgen daraus herzuleiten, die bey der künstlichen Fabrikation des Salpeters zur Richtschnur dienen können.

Das salpetersaure Kali entsteht aus der Verbindung der Salpetersäure mit dem Kali.

Die Salpetersäure selbst ist zusammengesetzt, aus Stickstoff und Sauerstoff.

Das ganze Geheimniß der Bereitung des Salpeters reducirt sich also darauf, die Fälle, die Umstände und das Mittel kennen zu lehren, durch die diese Verbindung bewirkt wird.

Der Stickstoff und Sauerstoff im Gaszustande können nicht anders in Verbindung treten, als mittelst des elektrischen Funkens. Es scheint jedoch, daß das Stickgas hauptsächlich dasjenige ist, welches der Verbindung widersteht; denn der Sauerstoff wird leicht concret, wenn man ihm eine gehörige Basis darbietet.

Um also die Verbindung des Stick- und des Sauerstoffes zu bewirken, muß man den Stickstoff dann nehmen, wenn er aus seinen Verbindungen heraustritt, das heißt in dem Augenblick, wo er seiner elastischen oder Expansivkraft noch nicht genießt, und er sich folglich mehr zu Verbindungen eignet.

Die Zersetzung thierischer und Pflanzenmaterien liefert ihn uns in diesem Zustande, da er einen ihrer Grundbestandtheile ausmacht; und so wie er durch ihre Desorganisation frey wird, bemächtigen sich der Sauer- und der Wasserstoff seiner; der eine um Salpetersäure der andre um Ammonium zu bilden.

Wenn die Stoffe einer Pflanze an einem vor den Einflüssen der Luft und des Lichtes geschützten Ort getrennt worden sind, zum Beyspiel unter den Brettern von Wohnhäusern oder Heuböden; so bedürfen diese getrennten und unter einander verwirrten Stoffe nur der Berührung der Luft, um Salpeter zu geben. Es ist mit der Zersetzung dieser Erden, wie mit der der kiesigen Erden, welche nur durch Berührung der Luft effloresciren, und wir können die in einer absoluten Dunkelheit und an einem von der Luft nicht erreichten Orte entstandenen Erdmassen, wie einen nitrösen Torf betrachten. Wir werden dessen Zersetzung den Namen Nitrification beylegen, um dadurch einem ähnlichen Phänomene nahe zu kommen, welches sich bey der Vitriolisation kiesiger Torfe zeigt.

Diese Grund-Idee der Produktion des Salpeters durch Nitrification der Salpetererden, muß uns bey der Untersuchung des zur Beschleunigung der Entstehung dieses Salzes schicklichsten Verfahrens, leiten.

Die zu allen Zeiten, an allen Orten und von allen Menschen gemachten Beobachtungen, kommen darin überein, daß die Kalk- oder Kreidenerden sich am besten und am schnellsten nitrificiren. Aber diese Erden liefern der Salpetersäure auch nur eine Basis, und es ist nothwendig, daß sie entweder mit Substanzen, welche die Grundbestandtheile desselben liefern, angefüllt seyen, oder die Ausflüsse derselben empfangen. Das Gemenge dieser Erden also mit Resten von Pflanzen oder thierischen Materien, wenn es einem gehörigen Lichte und einer gehörigen Temperatur ausgesetzt wird, liefert vortreffliche Salpetergruben.

Es scheint, daß man, um die Pflanzen und thierischen Materien zur Nitrification vorzubereiten, die Stoffe derselben, vom Lichte entfernt, trennen, oder desorganisiren müsse, um sie sodann der Wirkung der Luft auszusetzen, die die Verbindung des Stickstoffs mit dem Sauerstoff bewirkt, und eine Säure bildet, welche sodann mit den in dem Gemenge befindlichen alkalischen und erdigen Basen in Verbindung tritt.

Es folgt noch aus dem eben Gesagten, daß alle Pflanzen nicht gleich geschickt zur Nitrification sind, weil alle den Stickstoff nicht in gleichem Verhältnisse liefern.

Die Schierlingspflanzen, welche einen starken oder stinkenden Geruch aushauchen, scheinen die vortheilhaftesten; der Schierling und Taback, das Herzkraut, das Bilsenkraut, der Kohl, der Andern und die Distel nehmen die ersten Plätze ein; man hat selbst beobachtet daß ihr Extract, wenn er lange aufbewahrt wird, sich mit Salpeterkristallen bedeckt *).

Man bedient sich der vegetabilischen und thierischen Materien, um Salpeter zu erzeugen; aber nicht alle sind gleich fähig zur Nitrification. Man zieht die kräuterfressenden den fleischfressenden Thieren vor; die Auswürfe der erstern liefern besser und früher Salpeter, als die andern.

Unter den einzelnen Theilen der Thiere ist das Blut von allen Flüssigkeiten die zur Nitrification günstigste.

Durch Concurrenz des Urins wird viel Salzsäure producirt.

Die weichen Theile sind den harten vorzuziehn.

In

*) Hierher gehört noch der Dill, die Schafgarbe, das Boratschkraut und der Erdrauch. H.

In allen Ländern, wo die Natur nicht genug Salpeter hervorbringt, um den Bedürfnissen der bürgerlichen Gesellschaft zu genügen, bildet man dieß Salz in künstlichen Salpetergruben oder Salpeterplantagen.

In Preussen vermengt man fünf Maaß schwarzer Pflanzenerde, und Erde aus Kellern oder andern unterirdischen Gewölben, mit einem Maaß ausgelaugter Asche und Gerstenstroh; man befeuchtet diese Materien mit Mistpfützenwasser, und errichtet daraus Mauern von 20 Fuß Länge auf 6 bis 7 Höhe. Man steckt einen Stock in die Lage, und zieht ihn wieder heraus, wenn diese die gehörige Consistenz erreicht hat. Diese Mauern werden an feuchten Orten, die der Sonne nicht ausgesetzt sind, errichtet, und mit einem Strohdach bedeckt; man besprengt sie von Zeit zu Zeit, um sie dann am Ende des Jahrs auszulaugen.

In Malta nimmt man die poröseste Kalkerde, die man mit ausgelaugtem Strohe vermengt, bildet daraus dreywinklige Haufen, die man construirt; indem man nach und nach Schichten von Erde und von Mist übereinanderthürmt, und besprengt sie mit einem Gemenge von Salpeterlauge, Urin und Mistpfützenwasser.

Man läßt die Oberflächen dieser aufeinandergehäuften Erden trocknen, zerbricht sie, wendet sie um, und macht sie von neuem naß.

Wenn der Misthaufen zerstört ist, so zersetzt man ihn durch ein Gemenge von Mist und Wasser.

Alle drey Jahre nur wird ausgelaugt, und im ersten Jahre bestreut man ihn jeden Monat mit gelöschtem Kalk.

In Schweden macht man Lager zur Bereitung des Salpeters von Stoppeln, Kalkerde, Asche und Wiesenerde. Die Grundlage wird von horizontalliegenden Ziegeln erbaut; auf diese Basis kommt eine Schicht von einem Mörtel aus Wiesenerde, Asche, Kalkerde, und einer hinlänglichen Quantität von Salpeterlauge oder Urin; diese wird wieder mit einer Schicht Stoppeln bedeckt, und so immer abwechselnd mit Aufeinanderlegung von einer Schicht Stoppeln, und einer Schicht Mörtel verfahren.

Man schützt diese Lager durch Dächer von Brettern oder Heidekraut vor Regen.

Man benetzt sie mit Urin, stehendem Wasser u. s. w.

Diese Lager liefern nach einem Jahre Salpeter, und dauern zehn Jahre.

Man

Man macht alle acht Tage den Salpeter mit Besen davon los, und besprengt sie, sobald sie ausgefegt sind, mit Mutterlauge, die man mit reinem Wasser verdünnt.

Der nach zehn Jahren bleibende Rückstand gibt einen vortrefflichen Dünger für Hanf und Lein ab.

Im Canton Appenzell in der Schweiz hat man die Lage der Ställe an den Bergesabhängen benutzt, um darin sehr ergiebige Salpetergruben anzulegen.

Diese viereckigen Ställe lehnen sich von einer Seite an den Berg selbst, und die gegenüberstehende ruht auf einem steinernen Würfel, wodurch ein offener Zwischenraum zwischen dem Fußboden und der Erde entsteht. In diesem Raum wird eine drey Fuß tiefe Grube gegraben, und in diese thut man poröse, zur Nitrification sehr geschickte Erde, die den Urin der Thiere, der in diese Gruben abläuft, leicht in sich saugen.

Die Erden laugt man alle zwey oder drey Jahre aus, trocknet den ausgelaugten Rückstand, und thut ihn wieder in die Grube.

Man gewinnt ein Tausendtheil ihres Gewichtes an Salpeter, aus einem Stalle von mittlerer Größe.

Die Oeffnung einer solchen Salpetergrube wird gegen Norden angebracht *).

Zweyter Artikel.

Von der Auslaugung der Salpetererden.

Bevor man eine Erde bearbeitet, um den Salpeter daraus zu extrahiren, muß man sich davon überzeugen, daß er darin in hinlänglicher Quantität vorhanden sey, um daß ihre Grabung vortheilhaft werde.

Die Mittel, welche der Salpetersieder anwendet, um diese Kenntniß zu erlangen, erhält er entweder durch den Anblick, oder durchs Kosten mit der Zunge.

Die

*) Außer den hier beschriebnen Methoden Salpeter zu generiren, verdient noch die Erde der Gottesäcker, die der Schindanger, der Schutt von alten eingestürzten Mauern und Häusern, die Abgänge von Blut in den Zuckerraffinerien, die Haut und Haarabgänge in Gerbereyen und Kirschnerwerkstätten, das gefallene und verfaulte Vieh, so wie alle übrige in Verwesung übergegangene animalische Abgänge zur Errichtung der Salpeterwände benutzt zu werden. H.

Die von Salpeter angefüllten Steine platzen und effloresciren; Moose und andere Pflanzen können weder auf der Oberfläche, noch in den Ritzen derselben, fortkommen.

Wenn man einige sehr zertheilte Atome dieser Salpetererden auf die Zunge bringt, so erregen sie einen salzigen Geschmack auf derselben, der je nachdem der Salpeter eine Basis von Erde oder von Alkali hat, und nach der Natur und den Verhältnissen der fremden, mit ihm vermengten Salze verschieden ist.

Wenn man sieht, daß eine Erde gehörig salpeterhaltig ist, um deren Grabung räthlich zu machen, so gräbt man an verschiedenen Orten und in einer Tiefe von einigen Zollen, um sich von der Dicke der Schicht von der Salpetererde zu überzeugen.

Man gräbt sodann alle Salpetererde mit vieler Sorgfalt auf, und setzt sie der Luft einige Zeit hindurch aus, bevor man zu ihrer Benutzung schreitet.

Zur Auslaugung der Erden bedient man sich Tonnen oder steinerner Becken, die mit einem Loche durchbohrt sind, in das man einen langen, viel durchlöcherten und mit einem Hahn verschlossenen Trichter steckt. Von innen stopft man das Loch mit einem von Stroh gedrehten Stöpsel zu, damit das sich hierdurch filtrirende Wasser klar herauskomme.

Wenn die Tonne so eingerichtet worden, so füllt man sie mit salpetrigen Materialien bis zwey oder drey Fingerbreit vom obern Rande an. Man verschließt den Trichter, und gießt Wasser auf diese Materialien bis daß es oben auf schwimmt, läßt es vier bis fünf Stunden stehn, öffnet den Trichter wieder, und fängt das ablaufende Wasser in eine unter der Tonne aufgestellte Wanne auf.

Dieß erste Wasser ist nicht hinlänglich mit Salpeter geschwängert, um mit Vortheil evaporirt werden zu können. Die Erde selbst ist nicht erschöpft von diesem Salze, und um des Willen pflegt man das nämliche Wasser auf dreyerley Erden zu gießen, von denen die erste zwey Mal, die andere ein Mal, und die dritte noch gar nicht ausgelaugt worden.

Da ein großer Theil des Salpeters ein erdige Basis hat und es darauf ankommt, ihn in den Zustand von salpetersaurem Kali zu verwandeln; sowohl um seine Kristallisation zu erleichtern, als um das Produkt desselben zu vermehren, so gebraucht man reines, gemengtes, oder mit andern Körpern verbundenes Kali.

Einige Salpetersieder vermengen die Salpetererden mit reiner Holzasche; andere legen eine Schicht Asche auf den Boden der Tonnen, in denen die Auslaugung geschieht; einige lassen die Asche mit Mutterlauge aufsieden; noch andre vermengen die Lauge der Aschen mit der der Erden.

Es gibt Salpetersieder, die sich der Asche, und wieder andre, die sich der Pottasche bedienen; mehrere nehmen heut zu Tage auch schwefelsaures Kali, welches die Rückstände der Verbrennung von dem Gemenge von Schwefel und Salpeter, welches zur Fabrikation der Vitriolöle angewendet wird; so wie der Rückstand der Zersetzung von salpetersaurem Kali durch Schwefelsäure in reichlichem Maaße liefern.

Dieß Verfahren erfordert einige Auseinandersetzung; man laugt das schwefelsaure Kali sorgfältig aus, und bringt seine Auflösung zu 20 Graden Concentration; um es zu gebrauchen, füllt man einen tiefen Bottich dreyviertel voll mit siedendem Wasser an, das durch Beymengung von ein wenig Mutterlauge 20 Grade zeigt, gießt ein Fünftheil nach Maaßgabe der Auflösung des schwefelsauren Salzes zu 20 Graden darauf, und rührt das Gemenge um, welches sich trübt, und einen Niederschlag bildet, worauf die Flüssigkeit sich abklärt. Die Dosis des schwefelsauren Salzes wird vermehrt oder vermindert, je nachdem die Salpeterwasser, mehr oder weniger erdige salpetersaure Salze enthalten. Dieß Verfahren rührt von Herrn Bérard her.

Wenn man ein Mal ein solches Wasser gesättigt hat, so darf man es nur noch evaporiren.

Diese Evaporation geschieht in einem kupfernen, und in Ermangelung dessen, in einem eisernen Kessel.

So wie das Wasser sich durch die Evaporation vermindert, so gießt man, um es zu ersetzen, neues Salpeterwasser hinzu; man unterhält die Evaporation einige Tage hindurch, und bis die Flüssigkeit gehörig verdichtet ist, um ihr Salz durch bloßes Kaltwerden von sich zu geben. Man erkennt den gehörigen Grad der Concentration daran, wenn die Theile, die man davon auf Teller legt, darauf kristallisiren.

Man läßt die gehörig verdichteten Wässer in irdene, hölzerne, oder kupferne Kristallisirwannen laufen, und nach einigen Tagen Ruhe scheidet man die Mutterlaugen von den Kristallen, die sich erzeuget haben, ab.

Man gießt die Mutterlaugen zu den Laugenwässern zu, so daß in der Werkstatt eines Salpetersieders davon immer eine gleiche Quantität vorhanden seyn muß.

Wenn

Wenn der Salpeter mit einer großen Quantität von Küchensalz verbunden ist, welches überall entsteht, wo salpetersaures Kali erzeugt wird, so benutzt man seine Eigenschaft sich bey dem Aufwallen niederzuschlagen, um solches davon zu scheiden; und schöpft es mit einem Schaumlöffel aus, sobald die Evaporation vorgeschritten ist; dann aber thut man es in einen geflochtenen weidenen Korb und hängt diesen über dem Kessel auf, um nichts von dem zu verlieren, was herabtropfen kann.

Dritter Artikel.

Von der Raffinirung des Salpeters.

Der Salpeter, den man durch eine erste Kristallisation erhält, wird Salpeter der ersten Kochung oder roher Salpeter genannt; dieser hat nicht den gehörigen Grad von Reinheit, um zu den delicaten Operationen bey der Composition des Schießpulvers gebraucht werden zu können; er enthält salzsaures Natron, erdige, salpeter- und salzsaure Salze, einen Färbestoff u. s. w.

Der Zweck der Raffination ist, ihn von allen fremdartigen Körpern zu befreyen.

Das gewöhnlichste Verfahren besteht darin, daß man 2000 Pfund rohen Salpeter in einem kupfernen Kessel mit ungefähr 1600 Pfund Wasser auflöst. So wie die Auflösung durch die Wärme geschieht, wird der Schaum abgeschöpft. Man wirft sodann 12 Unzen Tischler-Leim hinein, den man in 10 Maaß siedendem Wasser auflöst, und mit vier Eimern kaltem Wasser vermengt. Dieser Zuguß macht die Lauge kalt; man rührt die Flüssigkeit um, die bald ihren Kochpunkt wieder annimmt, schäumt sie sorgfältig ab, gießt zu wiederholten Malen Wasser zu, und hört nur erst dann auf, wenn kein Schaum mehr entsteht. Man scheidet mit einem durchlöcherten Löffel das Kochsalz aus, welches niedergefallen ist.

Man nimmt sodann die ganze Flüssigkeit hinweg, und thut sie in kupferne Kessel mit einem hölzernen Deckel, welchen man genau mit Werg verstopft, um die Berührung mit der Luft zu verhindern.

Man läßt endlich alles vier oder fünf Tage hindurch erkalten: dieser Salpeter wird nun Salpeter der zweyten Kochung genannt.

Dieser Salpeter ist viel weißer, aber er enthält noch ein wenig Kochsalz. Man unterwirft ihn einer zweyten Raffinirung, um nichts als salpetersaures Kali zu erhalten.

Man thut 2000 Pfund Salpeter von zweyter Siedung in einen kupfernen Kessel; gießt das Viertheil seines Gewichts an Wasser zu, und macht Feuer an.

Wenn der Salpeter aufgelöst ist, nimmt man die ersten Schäume ab, gießt eine Auflösung von 8 Unzen Leim darauf, und erfrischt die Flüssigkeit mit einem oder zwey Eimern kalten Wassers. Man rührt alles gehörig um, um einen Schaum hervorzubringen, den man sorgfältig abnimmt. Wenn die Flüssigkeit recht rein und sehr klar ist, läßt man sie in kupferne Bassinen laufen: der Salpeter setzt sich darin in großen Massen an, und nach fünf Tagen nimmt man diese Massen heraus, um sie, indem man sie auf einer abhängigen Ebene horizontal auslegt, abtropfen zu lassen. Es sind sechs oder acht Wochen erforderlich, während deren sie vollständig trocknen. Dieß ist sodann reiner Salpeter, der Salpeter der dritten Siedung genannt, und zur Fabrikation des Schießpulvers angewandt wird.

Als in den Schreckenszeiten der französischen Revolution, die Regierung sich plötzlich von allen Seiten angègriffen sah, suchte sie den Beystand der Wissenschaften, um sich den Salpeter, das Pulver, und die Waffen zu verschaffen, deren sie benöthiget war, und da man nicht nach Bedürfniß davon verfertigen konnte, so war man gezwungen, alle vorherige Fabrikationsmethoden zu verwerfen, um schnellere an deren Stelle zu setzen: die Wirkung dieser hat die Erwartung übertroffen, und der Salpeter wurde mittelst neuer Verfahrungsarten extrahirt, raffinirt, und angewendet, die wir mit einiger Ausführlichkeit mitzutheilen schuldig zu seyn glauben.

Man wußte bereits, daß kaltes Wasser die Eigenschaft habe, das Kochsalz aufzulösen, und die deliquescirenden Salze und den Färbestoff abzuführen, und man hat diese anerkannte Eigenschaft benutzt, um durch Waschen in kaltem Wasser den rohen Salpeter von allem Kochsalze, welches sich darin befindet, zu befreyen.

Diese von Baume' vorgeschlagene Methode wurde von Herrn Carny vervollkommnet, und ist jetzt auf folgendes reducirt worden:

Man zerstampft den rohen Salpeter mit Handrammen und thut denselben in Kübel; gießt sodann auf den Salpeter zwanzig Procent Wasser und rührt das Gemenge um.

Man läßt es in Auflösung, bis daß die Flüssigkeit an Graden keinen Zuwachs mehr erleidet; sechs bis sieben Stunden reichen zu dieser ersten Operation hin, und das Wasser nimmt sodann eine Temperatur von 25 bis 35 Graden an.

Dieß

Dieß erste Waschwasser läßt man ablaufen, und gießt noch zehn Procent Wasser auf den nämlichen Salpeter.

Man rührt es um, und läßt es eine halbe Stunde hindurch auflösen.

Dann läßt man das Wasser ablaufen.

Zuletzt gießt man fünf Procent Wasser auf den Salpeter, rührt ihn um, und läßt ihn einen Augenblick nachher abtropfen.

Sodann löst man den abgetropften Salpeter in einem Kessel auf, der funfzig Procent an siedendem Wasser enthält. Die Auflösung zeigt 66 bis 68 Grade auf der Bauméschen Flüssigkeitswage.

Diese Auflösung wird sodann in bleyerne Kristallisationswannen von 15 Zoll Tiefe, auf eine beträchtliche Breite gerechnet, gethan. Das Niederschlagen der Kristalle fängt nach Verlauf einer halben Stunde an, und endet nach vier bis sechs Stunden.

Da es aber darauf ankommt, daß man den Salpeter in kleinen Nadeln erhalte, um dessen Abtrocknen zu erleichtern; so rührt man die Flüssigkeit um, um die Kristallisation zu stören.

Sobald der Bodensatz entsteht, zieht man die Kristalle an den Rand der Kristallisationswanne, und nimmt sie mit einem Schaumlöffel ab, um sie dann in Körben abtropfen zu lassen.

Man thut sodann diesen Salpeter in hölzerne Kasten mit doppeltem Boden, der oberste von diesen Boden ist mit kleinen Löchern durchbohrt, um das Wasser der letzten Wäsche, welches sich mit vier oder fünf Procenten Wasser bildet, ablaufen zu lassen.

Dieser Salpeter trocknet leicht und man kann ihn einige Stunden hernach zur Fabrikation des Schießpulvers gebrauchen. Man kann sein Abtrocknen, wenn die Zeit nicht günstig ist, mittelst einer kupfernen Wanne oder einem Kessel, in dem man ihn warm werden läßt, befördern.

Dieß Verfahren bey der Raffinirung hat vor dem ehemaligen folgende Vorzüge:

Es erfordert weniger Brennmaterial; eben so, weniger Zeit;

Es gibt einen Salpeter, der leichter trocknet;

Es geht weniger Salpeter dabey verloren.

Alle diese Vortheile habe ich durch eine Vergleichung beyder Verfahrungsarten im ersten Bande meiner Anfangsgründe der Chemie, 4te Ausgabe S. 261 ff. (im 4ten Theil der deutschen Uebersetzung) erwiesen *).

Vierter

*) Diese Reinigungsart ist allerdings ökonomischer als die sonstige; daß aber ein eben so reiner Salpeter dadurch gewonnen wird, ist sehr zu bezweifeln. H.

Vierter Artikel.

Von dem Gebrauche des Salpeters bey der Fabrikation des Schießpulvers.

Eine genaue Vermengung von Salpeter, Kohle und Schwefel bildet das Schießpulver. Die Verhältnisse der Grundbestandtheile zu einander, die Reinheit der Materien, ihre Trituration, und ihre mehr oder minder genaue Mischung bestimmen die verschiedenen Qualitäten des Pulvers.

Aus sehr zahlreichen Erfahrungen, welche ich in der berühmten Pulverfabrik zu Grenelle gemacht, kann ich folgende Schlüsse ziehen:

1) Daß Verhältniß des Salpeters muß wenigstens ungefähr 75 Procent betragen.

2) Die Verhältnisse, welche mir das beste Pulver darboten, waren: 77 Salpeter, 14 Kohle, 9 Schwefel.

Die am meisten gebräuchlichen sind: 76 Salpeter, 12 Kohle, 12 Schwefel.

3) Man kann das Verhältniß des Schwefels verringern; ja man kann ihn sogar ganz weglassen, aber im letzten Falle wird das Pulver sehr porös, hat keine Consistenz, und verdirbt bey dem Transport *).

Wenn man das Verhältniß des Schwefels vermindert, so muß man mehr Sorgfalt auf die Trituration verwenden. Ich erhielt gutes Pulver, nachdem ich in die Composition nicht mehr als 3 Procent Schwefel genommen.

Das Stückpulver verträgt eher eine geringere Dosis Schwefel, als das feine.

4) Die Kohle hat einen bedeutenderen Einfluß auf die Composition des Pulvers, als der Schwefel.

Man bedient sich der Kohlen von weißen Hölzern, als Pappeln, Weiden, Haselstauden, Faulbaum u. s. w.

Auch nimmt man zum Verkohlen nur junge Aeste von zwey bis drey Jahren.

Die Kohle muß in dem Augenblicke gebraucht werden, wo sie fertig ist. Wenn man sie an die Luft legt, so absorbirt sie 20 bis 25 Procent Luft und Wasser, die ihre Kraft schwächen **).

Die

*) Vermindern kann man den Schwefel allerdings, aber auch ganz weglassen? Dieß scheint wohl nicht völlig gegründet zu seyn, da Erfahrung lehrt, daß ein Gemische von bloßer Kohle und Salpeter sich nicht mit einem Male, sondern nur nach und nach entzündet. H.

**) Man würde wohl thun, wenn man die zum Schießpulver bestimmte Kohle vorher mit Wasser auskochen, und sie dann noch ein Mal glühen wollte, weil ihr dadurch die einsaugende Kraft für Wasser und Luft geraubt wird. H.

Die Kohlen, welche man in den Gruben oder in der freyen Luft macht, sind sehr verschieden von einander; die erstern sind weniger schwer und compact, und man gibt ihnen, bey Verfertigung des Pulvers den Vorzug.

Alles in Frankreich bereitete Schießpulver wird durch Trituration der drey Materien in Stampfbatterien verfertiget. Der Mechanismus und das Spiel dieser Stampfen sind hinlänglich bekannt, und wir werden uns daher darauf einschränken einen kurzen Begriff von den Hauptoperationen zu geben, die man in den Pulverfabriken vornimmt.

Man wägt zur Composition des Mineur-Pulvers, 13 Pfund Salpeter, 4 Pfund Schwefel, und 3 Pfund Kohlen ab.

Zur Composition des Hakenpulver aber, 15 Pfund Salpeter, 2 Pfund 8 Unzen Schwefel, und 2 Pfund 8 Unzen Kohlen.

Jede dieser Massen macht eine Ladung für eine Stampfgrube.

Die Arbeiter rühren zuerst das Gemenge mit einem Stecken um, und benetzen es mit einem kleinen Theile Wasser, das die Verflüchtigung des Schwefels und und der Kohle verhindert.

Das Stampfen währt gewöhnlich ein und zwanzig Stunden; die Mittelzahl der Geschwindigkeit der Stampfen ist 55 Schläge auf die Minute, ihr Gewicht beträgt 80 Pfund; ihre Erhebung und ihr Herabfallen geschieht von einer Höhe von einem Fuße.

Man wechselt von Stunde zu Stunde, während der ersten drey Stunden; dann aber von drey zu drey Stunden von einem Mörser in den andern um; bey jedem Wechsel unterhält man die nöthige Feuchtigkeit, damit der Teig sich in seiner Zähigkeit erhalte.

Wenn dieser Teig gehörig formirt, das Gemenge vollständig, und die Eintheilung passend gemacht ist so nimmt man ihn aus den Mörsern, und bringt ihn auf die Körnkammer.

Die Feuchtigkeit, welche in dem Teige bleibt, wenn man ihn aus den Mühlen bringt, gestattet nicht, ihn sogleich zu körnen; und darum läßt man ihn zwey oder drey Tage in der Körnkammer, bevor man ihn bearbeitet.

Man bewirkt das Körnen dadurch, daß man von dieser Materie in ein Sieb thut, dessen Löcher die Größe des Kornes haben, welches man machen will, und bedeckt diese in den Sieb gelegte Materie mit einem Deckel von hartem Holze von 7 bis 8 Zollen im Durchmesser auf 2″ Dicke, und gibt diesem eine radähnliche, drehende Bewegung, indem man das Sieb sich auf einer Stange wenden läßt, die queer durch einen großen Kasten geht, in den das Korn hinabfällt. Gewöhnlich bereitet man die Materie, die man in kleine Körner formen will, so, daß man sie zuerst durch ein Sieb bricht, dessen Löcher drey Linien im Durchmesser haben.

Man bildet sodann die verschiedenen Arten von Körnern, als das Hakenkorn für Kanonen, das Muskketenkorn, das feine Jagdkorn, das superfeine Pistolenkorn u. s. w., indem man Siebe gebraucht, deren Löcher von verschiedenen Durchmessern sind.

Was nach der Separirung aller Körner übrig bleibt, ist Pulverstaub, den man, nachdem man ihn gehörig befeuchtet, zwey oder drey Stunden hindurch wieder stampfet.

Wenn das Korn fertig ist, so trocknet man es an der freyen Luft auf Tischen ausgebreitet, die mit Leinwand bedeckt sind. Man wendet es mehrere Male im Tage um, und nimmt es hinweg, wenn es gehörig trocken ist.

Wenn man Jagdpulver bereitet, so setzt man es nur darum der Luft aus, damit es seine erste Feuchtigkeit verliere; dieß nennt man das Trocknen an der Luft; in diesem Zustande thut man 150 Pfund davon in Tonnen, die sich um ihre Axe drehen, und die von vier Stangen, die mit der Axe parallel laufen, durchschnitten werden. Die langsame und fortgesetzte Bewegung, welche man ihnen mittheilt, unterwirft das Korn einer Reibung, die ihm Glanz gibt, und seine Rauhigkeiten hinwegnimmt.

Nachdem man das Jagdpulver polirt, legt man es zum Trocknen aus.

Man reiniget das Pulver von allem an seiner Oberfläche hängenden Pulverstaube; indem man es in einem Siebe umrüttelt. Diese letzte Operation wird auch noch Abbürsten genannt.

Die nämlichen Gelehrten, die durch die Regierung niedergesetzt worden waren, und gefunden hatten wie der Salpeter mit eben so vieler Oeconomie als Schnelligkeit zu raffiniren sey, haben sich auch mit einer erleichterten Methode zur Fabrikation des Pulvers beschäftiget. Ihre Arbeiten hatten einen solchen Erfolg, daß man in dem Zeitraume von einigen Monaten in Frankreich 16 Millionen (Pfund? H.) Salpeter erndete, und daß man dahin gekommen war, in der einzigen Pulverfabrik von Grenelle täglich 34000 (Pfund? H.) Pulver zu fabriciren.

Vorzüglich verdankt man Herrn Carny die Entdeckung des neuen Verfahrens bey Fabrikation des Pulvers; auch ich darf mich

mich rühmen, einige vortheilhafte Veränderungen in den Operationen gelehrt zu haben, das Verdienst der Entdeckung gebührt indessen Herrn Carny ganz allein.

Man kann alles was zur Fabrikation des Pulvers nach der neuen Methode gehört, auf dreyerley Operationen reduciren:

1) Das Zerreiben und Durchsieben der ersten Materien.

2) Die Vermengung und eine vollkommnere Vertheilung derselben in Tonnen.

3) Daß man dem Gemenge die gehörige Consistenz und das Korn des Pulvers gibt.

Die Pulverisirung oder das Zerreiben der Materien geschieht besonders durch zwey bronzene, an beyden Extremitäten einer Axe befestigte Mühlsteine, die sich in einem Troge drehen.

Der nämliche Mechanismus setzt zu gleicher Zeit vier Mehlbeutel in Bewegung, die die Materie durchsieben; so wie sie aus dem Troge kommt.

Es ist nöthig, daß der Schwefel zu einem Grade außerordentlicher Zertheiltheit gebracht werde. Der Salpeter und die Kohlen erfordern nicht den nämlichen Grad von Feinheit; aber sie müssen stark getrocknet werden, bevor man sie unter den Mühlstein bringt.

Wenn die ersten Materien gehörig zerrieben sind; so vermengt man sie in den erforderlichen Verhältnissen mit einander und thut die Composition in Tonnen, von 32 Zoll Länge auf 22 Zoll Breite.

Diese Tonnen müssen fest von dickem Eichenholz erbaut seyn; und man bringt in einem Boden derselben eine Oeffnung von ungefähr 6 Zoll im Quadrat an, an der eine Thüre befestiget wird, um das Ein- und Ausladen der Materien zu erleichtern.

Diese Tonnen werden in ihrem Durchmesser der Länge nach von einer eisernen, mit Holz bedeckten Axe durchschnitten; diese Axe, welche an beyden Extremitäten hervorspringt, ruht auf einem Bocke und kann sich frey um sich selbst drehen; an beyden Extremitäten aber sind zwey Kurbeln angebracht, um die Tonne in Bewegung setzen zu können.

Jede Tonne faßt 75 Pfund Composition, und dreht sich in einer Minute 35 bis 45 Male um sich selbst.

Die Vermengung und Trituration in diesen Tonnen, werden durch 80 Pfund kleiner bronzener Kugeln von 4 Linien im Durchmesser, erleichtert, die man in jede Tonne thut; so wie durch Holzlager, welche man an den innern Wänden der Tonnen anbringt.

Man erkennt es, daß die Composition gehörig zertheilt ist, wenn, indem man sie mit einer Messerklinge auf einem hölzernen Brette zerdrückt, man kein Korn wahrnimmt; wenn die Farbe recht gleich ist, und die Messerklinge keinen Widerstand findet, wenn man sie auf das Brettchen aufdruckt.

Von dem Augenblick an, wo man die Composition aus der Tonne nimmt, darf man diesem sehr zerstreuten Staube nur die gehörige Consistenz geben, um ihn körnen zu können, und man gelangt dazu mittelst etwas Wasser und eines starken Drückens.

Hierzu bedient man sich nußholzener viereckiger Platten von 16 Fuß Länge und 1 Fuß Breite, und faßt deren Seiten mit hervorspringenden Bändern von 5 bis 6 Linien ein. Man befestigt sorgfältig die untern Ränder der Platten; so wie die innern Winkel dieser Bänder; damit die Platten bequem sich eine in die andere einfugen können.

Man fängt damit an, daß man den Boden einer Platte mit einer nassen Leinwand bedeckt; thut auf diese Leinwand eine Lage Composition bedeckt diese mit einer zweyten nassen Leinwand und bringt darüber eine zweyte Platte an, die man auf gleiche Weise beladet.

Auf diese Art thürmt man 23 Platten, eine über die andere, auf, bedeckt die letzte mit einem hölzernen Quadrat und unterwirft sie dem Druck einer starken Presse.

Durch dieß Mittel bildet man einen harten Kuchen, den man mit den Händen zerbricht, dann einige Stunden trocknen läßt, und endlich der Operation des Körnens unterwirft.

Ich habe immer geglaubt, daß man diese Operation durch einen Mühlstein vornehmen könne, den man sich auf der Composition hin und her bewegen ließe. Die Erfahrung hat mir bewiesen, daß dieß letztere Verfahren vor dem ersteren den Vorzug verdiene.

Diese Art der Pulverfabrikation hat mehrere Vortheile; Schnelligkeit in der Ausführung; Ersparniß in den Kosten, Vorzüglichkeit des Produkts und Sicherheit bey der Arbeit. In dem ersten Theile meiner Anfangsgründe der Chemie 4te Ausgabe S. 306. u s. w. kann man neue Ausführungen und den Beweis aller dieser Wahrheiten finden.

Eilftes

Eilftes Kapitel.

Von den Verbindungen der Salzsäure.

Die Verbindungen der Salzsäure sind seit langer Zeit durch den Gebrauch bekannt, welchen man von ihnen in der bürgerlichen Gesellschaft macht; die gemeinste und nützlichste von allen, ist aber die welche diese Säure mit dem Natron bildet.

Man trifft das salzsaure Natron im Schooße der Erde in beträchtlichen Massen an und zieht es in Ueberfluß aus dem Meerwasser; es begleitet fast überall den Salpeter in seiner Entstehung; so daß es nicht zweifelhaft scheint, daß die Salzsäure sich unter unsern Augen bildet; obgleich wir bis jetzt die Art ihrer Formation, und die Natur ihrer Grundbestandtheile nicht kennen.

Die salzsauren Salze haben eigenthümliche Eigenschaften; sie zersetzen sich durch die Wärme nicht, sublimiren sich aber; auch nehmen sie wenig Kristallisationswasser an.

Erster Abschnitt.

Von den Verbindungen der Salpetersäure mit dem Natron. (Salzsaures Natron, Meersalz, Küchensalz).

Das salzsaure Natron hat einen ziemlich lebhaften, aber nicht unangenehmen Geschmack und löst sich im Munde leicht auf.

Es kristallisirt in Würfeln und jeder Kristall sieht aus, wie andre kleine Würfel von denen einer in den andern eingefugt ist.

Gmelin hat beobachtet, daß das Salz der Salzseee in den Gegenden von Sellian, an den Ufern des Caspischen Meeres, würfelförmige Kristalle und Rauten bilde.

Nach Delisle hat eine Auflösung von Meersalz, welche fünf Jahre hindurch, bey Rouelle, einer unmerklichen Evaporation ausgesetzt wurde, achteckige reguläre Kristalle, wie die des Alauns, gebildet.

Man kann das salzsaure Natron in Achtecken erhalten, wenn man frischen Urin in eine Auflösung von sehr reinem Meersalze gießt. Berniard hat sich davon überzeugt, daß diese Hinzufügung die Gestalt des Salzes, nicht aber seine Natur verändere.

Dieß Salz verpufft auf Kohlen und zerspringt in Splittern; dadurch verliert es die ihm eigenthümliche Durchsichtigkeit und wird trübe.

Es widersteht der Wärme lange Zeit, ohne zu schmelzen, selbst, wenn man es der Rothgluth aussetzt; die Körner kleben leicht an einander. Wenn man jedoch die Wärme vermehrt, schmilzt es, und verflüchtigt sich nach und nach bey einem stärkern Grade des Feuers. Dieß sieht man täglich in den Glashütten, wo das dem Natron beygemengte Salz zerschmilzt, auf der Oberfläche der Töpfe ein Bad bildet, und größtentheils während der Zeit, wo die Affinirung des Glases geschieht, verdunstet.

Dieß Salz, im Zustande der Reinheit, efflorescirt nicht an der Luft; im Gegentheil feuchtet es sich in einer nassen Atmosphäre leicht an; aber nicht genug, um sich in eine Flüssigkeit aufzulösen *).

Drittehalb Theile Wasser lösen bey einer Temperatur von 60 Graden Fahrenheit, einen von diesem Salze auf. Kochendes Wasser wirkt nur etwas stärker auflösend, woher es kommt, daß, wenn das Wasser davon gesättiget ist, es von den ersten Augenblicken der Evaporation an, anfängt, sich niederzuschlagen, und das Mittel gibt, es von allen andern Salzen, die sich mit ihm in Auflösung befinden können, zu scheiden.

Sein specifisches Gewicht verhält sich zu dem des reinen Wassers wie 21,250 zu 10,000.

Nach Bergmann stehn seine Grundbestandtheile in folgendem Verhältnisse: 52 Säure, 42 Natron, 6 Wasser.

Nach Kirwan enthält das Salz wenn es bey einer Wärme von 80 Graden Fahrenheit getrocknet wird: 38,88 Säure, 53,00 Natron, 8,12 Wasser.

Die Consumtion des salzsauren Natrons ist ungeheuer; auch kennt man es im gemeinen Leben unter dem besondern Namen Salz und nur mit diesem Ausdruck, welcher allen Verbindungen einer Säure mit irgend einer Basis zukommt, hört man in der bürgerlichen Gesellschaft und im Handel das salzsaure Natron bezeichnen.

Das salzsaure Natron macht die Würze fast aller unsrer Speisen, deren Geschmack es erhöht; es befördert die Verdauung und ist der Stoff der Erhaltung aller thierischen Substanzen, und selbst von Fischen, die man lange Zeit hindurch, bevor man sie gebraucht, aufbewahren will.

Die

*) Reines salzsaures Natron bleibt in der Luft trocken. Wenn solches darin feucht wird, so ist dieß alle Mal ein Beweis, daß salzsaurer Kalk oder salzsaure Talkerde darin enthalten waren. H.

Die Natur zeigt es uns fast überall im Ueberfluß. Nicht allein sind die Wasser des Meeres unerschöpfliche Behälter desselben, aber auch die Erde birgt in ihrem Schooße ungeheure Massen davon und so treffen wir auch auf ihrer Oberfläche Seee und viele Quellen von salzigem Wasser.

Um eine genaue Vorstellung von der Art zu erhalten, wie dieß Salz extrahirt wird, können wir es in einem doppelten Zustande betrachten.

1) Als Masse in den Eingeweiden der Erde.

2) Aufgelöst in Wasser.

1) Im erstern bildet es das, was man Steinsalz nennt. Dieß Steinsalz findet man gewöhnlich in den Kalkbergwerken und in seiner Nähe ziemlich häufig Gips; auch ist es nicht selten, daß man Muscheln, Abdrücke von Fischen und andern Spuren seiner Entstehung unter dem Wasser darin antrifft. Die Gmelinschen, Pallasschen, Macquartschen u. a m. Beschreibungen der Salzbergwerke in Siberien, Polen, Oesterreich und Siebenbürgen lassen in dieser Hinsicht keinen Zweifel.

Dieß Steinsalz ist fast überall mehr oder minder gefärbt; es ist zuweilen roth, seltener blau oder grün. Daher dessen Namen Steinsalz (sal gemmae).

Man fördert aus diesen Bergwerken wie aus Steinbrüchen. In einigen bedient man sich sogar des Pulvers.

Dieß Salz ist selten rein genug, um es ohne anderweitige Zubereitung zu dem mannigfaltigen Gebrauche, dessen es fähig ist, anwenden zu können. In mehreren Gegenden läßt man es im Wasser zergehen, und verfährt sodann mit seiner Evaporation. So bedient man sich wie die Herren Jars und Duhamel erzählen, im Tyrol nahe bey der Stadt Halle, des süßen Wassers zu der Bearbeitungen des Steinsalzes selbst, um es mit Salz zu sättigen, und leitet es nachher, mittelst hölzerner Röhren, in die Kessel, wo die Evaporation geschieht. So bringt man in den Bergwerken von Norwich in England, in der Grafschaft Chester, das gegrabene Salz nach Liverpool, wo es in Seewasser aufgelöst wird, und wenn es davon gesättigt ist, so schöpft man es mit Pumpen herauf, die durch eine Windmühle in Bewegung gesetzt werden, und leitet es durch Röhren in die Evaporirkessel: man hat dabey die Vorsicht, daß man einige Weiße vom Ey in einer kleinen Wanne mit ein wenig Salz zusammenschlägt, damit es besser schäume, und gießt diesen Schaum in Rinnen, die in die Kessel führen. In dieser Saline werden zwey Arten von Salz bereitet, eine kleinkörnige, die man

man durch ein rasches Aufsieden erhält und eine andere großkörnige, das Resultat einer langsamen Evaporation.

Die Bergwerke von Wieliczka in Polen sind die ergiebigsten und merkwürdigsten unter allen bekannten. Man hat Kapellen und Wohnungen in die Dicke des Salzes gehauen. Die Stollen daselbst sind nach der Schnur gezogen. Der große Durchmesser der Arbeiten in diesem ungeheuern Gewölbe beträgt drey Lieues. Die dortigen Arbeiter leben nicht lange und sterben fast alle an der Brustkrankheit; sie kommen jeden Tag heraus und arbeiten nicht länger als vier Stunden hintereinander. Ihre Zahl beträgt 1200 bis 2000 nach Berniard. Im Jahre 1785 als Herr Macquart sie besuchte, belief sie sich nur auf 900.

Das Holz conservirt sich sehr gut in diesen Bergwerken, aber Ziegel geben sich von einander.

Die Wässer welche sich durch die Arbeiten filtriren, fallen in einen gemeinsamen Behälter, aus dem man sie mit großen Ochsenhaut-Eimern ausschöpft, um sie aus dem Bergwerke herauszubringen und sie dann in einen Bach gießt, der in die Weichsel fällt.

Man ist so glücklich gewesen, im Innern des Bergwerks eine Quelle süßen Wassers zu finden, die sich durch eine sandige Thonbank von 3 bis 4 Fuß Dicke filtrirt. Herr De-Born erwähnt siebenzehn mit süßem Wasser angefüllter Seen, die sich in der Nähe von Salzbergwerken befinden.

2) Abgesehen von den Salzbergwerken, aus denen man an verschiedenen Punkten der Erde fördert, gibt es zahlreiche Salzquellen aus denen man das gemeine Salz zum Gebrauch der von dem Meere entfernten Länder zieht.

Es scheint keinem Zweifel unterworfen zu seyn, daß wenigstens die meisten dieser Quellen ihren Ursprung aus Salzschichten haben man trifft gewöhnlich in den ihnen nahe gelegenen Bergen, Spalten oder Höhlen, die wahrscheinlich ursprünglich ein Salz enthalten haben, das dann sich aufgelöst. Diese Beobachtungen sind in den Salinen von Illetzky bey Orenburg und von Herrn Hassenfratz in denen des Montblanc gemacht worden.

Aber es existiren auch noch Salzseee, aus denen diese Quellen Nahrung schöpfen können. Gmelin beschreibt einen See dieser Gattung, der den Quellen von Tobolsk und Jenisey liefert und dessen Wasser so geschwängert ist, daß es etwas weniges Salz zu Boden fallen läßt. (Reise in Siberien Th. 1.).

Frankreich besitzt mehrere Salzquellen in Lothringen, der Franche-Comté, dem Bearn, Savoyen u. s. w., und da die

Kunst

Kunst das Wasser zu evaporiren, um Salz daraus zu ziehen, einige allgemeine Grundsätze hat, unter welche sich alle Arbeiten begreifen lassen; so werden wir uns hier darauf einschränken, nur diese mitzutheilen.

Die verschiedenen Etablissements, welche man in England angelegt um das Seewasser zu evaporiren, scheinen mir eben so öconomisch als verständig dirigirt zu werden.

Man trifft in der Stadt Shields, acht Meilen von Newcastle eine große Anzahl von Kesseln in denen Seesalz evaporirt wird. Die Kessel sind von unverzinntem Eisenblech und ihre Platten durch wohl vernietete Nägel mit einander verbunden; sie haben 20 bis 25 Fuß Länge, 12 bis 15 Breite, und 2 bis 3 Tiefe. Man nimmt das Wasser nur zur Fluthzeit; es zeigt gewöhnlich 3, seltener 4 Grade.

Man füllt den Kessel mit diesem Wasser an, und evaporirt, bis daß man die sogenannten Salzhäutchen, welches kleine Kristalle sind, die sich zu zeigen beginnen, auf der Oberfläche der Flüssigkeit bemerkt. Sodann füllt man ihn von neuem an, und fährt auf gleiche Weise mit der Evaporation fort, bis vier Mal; bey dem vierten Male aber, wenn der Kessel fast voll ist, gießt man eine viertel Pinte Ochsenblut hinzu, und schäumt sorgfältig ab, sobald das Aufwallen anfängt. Man gießt zu fünf wiederholten Malen Wasser zu, und macht bey dem letzten noch ein Mal Gebrauch vom Ochsenblut, wonächst man mit der Evaporation fast bis bis zur Trockene, fortfährt. Die Mutterlauge gießt man weg, da sie nichts mehr, als salzsaure Salze mit erdiger Basis, oder schwefelsaures Natron und Magnesia enthält.

Es bildet sich auf dem Boden des Kessels eine beträchtliche Kruste, die man nur nach einer zweymonatlichen Arbeit hinwegnimmt, sie hat sodann 3 Zolle Dicke. Wir vermuthen, daß es hauptsächlich entwässertes schwefelsaures Natron ist, so wie man es in einigen Salinen in Frankreich findet *).

In Schottland, in der Grafschaft Cumberland, und in andern Englischen Provinzen evaporirt man das Seewasser durch Mittel, die von den vorhergehenden wenig verschieden sind. Nur sind die Kessel in ihren Dimensionen so verschieden, daß sie in Whitehaven nur 12 Fuß Breite auf 12 Fuß Länge, dagegen in Kinneil 55 Länge und 35 Breite haben. Noch findet eine kleine

*) Dieser Bodensatz ist eine Verbindung von wasserfreyem Glaubersalz, von Gips und von Kochsalz; er wird in den deutschen Salinen Pfannenstein genannt. H.

kleine Verschiedenheit in der Art, das Wasser abzuklären, Statt: hier bedient man sich dazu des Weißen vom Ey, dort des Ochsenbluts u. s. w.

In einigen Ländern evaporirt man in bleyernen Kesseln; in Hannover, in den Lüneburgischen Salinen werden die Kessel von einer Bleyplatte gemacht, deren Ränder man mit einem Hammer herausklopft; in ihrer Mitte sind sie nicht tiefer als 3 bis 4 Zoll *).

Die Kessel der Saline Salliés im Béarn sind von dieser Construktion wenig verschieden.

Es giebt Länder, wo man der Concentration der Wässer durch sehr einfache Mittel beginnt; hier läßt man das Wasser in weitläufigen Behälter laufen, zieht es durch Hülfe von Pumpen in die Höhe, und erhält es in einer immerwährenden Bewegung, um dessen Evaporation zu befördern; dort trägt man die Wässer in einen großen Behälter, aus dem man sie mittelst einer großen Zahl von Hähnen in Strahlen auf Dornen, die man zu einer Höhe von 18 Fußen aufgehäuft, herabfallen läßt; thut sie dann wieder in den nämlichen Behälter, um sie von neuem herabfallen zu lassen, und gibt ihnen durch dieß einzige Mittel eine Concentration von von 11 bis 12 Graden, worauf man sie sodann in die Evaporirkessel laufen läßt.

Man darf nur die Werke der reisenden Naturforscher lesen, um zu sehen wie ausgebreitet die Industrie der Menschen in Extrahirung des Salzes aus dem Salzwasser ist.

In Japan gräbt man Löcher welche man mit Sand anfüllt, läßt darauf Salzwasser laufen, und dann trocknen. Man erneuert das nämliche Manoeuvre, bis daß der Sand von Salze incrustirt erscheint; sodann thut man es in einen Kübel mit einem an dreyen Stellen durchlöcherten Boden, und gießt noch Seewasser zu, das man durch den Sand filtriren läßt, worauf man das Wasser, welches hinausläuft, evaporirt. (Kämpfers Naturgeschichte von Japan, 1ster Theil).

Das Verfahren, welches in den Salinen der Bay von Avranches in der Normandie üblich ist, ist wenig von dem, welches wir eben beschrieben haben, verschieden; man sammelt den salzigen Sand neun Monate hindurch am Meeresufer, und macht große Haufen daraus, die man mit Bündeln belegt, über welche man Thonerde deckt, damit der Regen nicht durchdringen könne. Wenn man den Sand auslaugen will, so wäscht man

*) In den Lüneburger Salinen sind jetzt die bleyernen Pfannen abgeschaffet, und durch eiserne ersetzt worden. H.

man ihn in einem Graben aus, der mit gut festgestampfter Erde bezogen, und mit Brettern bekleidet ist, zwischen deren Spalten das Wasser herablaufen kann; und evaporirt dieß Wasser in bleyernen, nicht sehr tiefen Kesseln.

Man zählt in Bretagne mehr als 60 kleine Etablissements dieser Art.

In den warmen Provinzen von Frankreich, so wie die Provence und Languedoc benutzt man, während des Sommers, die Wärme der Sonne, um die Evaporation des Seewassers zu bewirken. Man fängt zuerst damit an, daß man ein Lokal wählt, zu welchem das Wasser leicht gelangen kann, ohne daß es doch den Ueberschwemmungen ausgesetzt wäre, und sucht dann noch einen festen, thonigen, und für das Wasser undurchdringlichen Boden aus, wobey man eine Lage vorzieht, die ohne Widerstand den Wind und die Sonnenstrahlen aufzunehmen fähig ist.

Sobald man ein Local gewählt hat, theilt man es in Felder von 50 bis 100 Morgen ein. Man umgibt sie mit einer Mauer oder mit einem starken Damm, um sie vor den Wellen zu sichern, und damit sie mit dem Seewasser weder direct noch durch Filtration, Communication haben können.

Man theilt sodann diese großen Felder in andre kleinere. Die Scheidungen bewirkt man durch in die Erde gegrabene Pfähle, deren Zwischenräume durch Bretter und Faschinen und Thonerde ausgefüllt werden.

Das Meerwasser strömt in die Felder mittelst Thüren oder Röhren, die man nach Gefallen öffnen oder verschließen kann; zu diesem Ende fängt man das Wasser, wenn der Wind vom Meere her bläst, und die Wellen an die Küsten antreibt, in den Feldern auf, und verschließt die Thüren, sobald es darin die gehörige Höhe erreicht hat, um alle Communication mit dem Meere zu unterbrechen.

Das Wasser evaporirt sich durch die bloße Wärme der Sonne, und durch die immerwährende Bewegung, welche der Masse durch den leichtesten Luftstoß mitgetheilt wird.

Sobald das Wasser anfängt, einen Bodensatz zu bilden, so wird es durch Räderboren auf gehörig thonhaltige, unter sich selbst in kleine Felder getheilte Kasten in die Höhe gezogen, welche vier Fuß über den großen Feldern erhaben sind, in denen die Wässer bereitet werden.

Man läßt eine leichte Schicht von Wasser von 10 bis 11 Linien Dicke auf jeden Tisch laufen. Die Evaporation geschieht

in

in einem Tage, man läßt eine zweyte darauf folgen, und fährt so an zwanzig Tage fort.

Sodann nimmt man die entstandene Salzschicht hinweg, die gewöhnlich 3 bis 4 Zoll Dicke hat.

Es ist unnöthig zu bemerken: 1) daß die Oberfläche der Tischplatte gehörig nivelirt. 2) Daß die Platte selbst hart seyn, und keine Infiltration gestatten muß 3) Daß alle Theile des Tisches durch eine gemeinschaftliche Rinne mit einander verbunden seyn müssen, und 4. daß der Tisch um so geschickter zur Evaporation ist, als er er sich höher über das Niveau des Wassers erhebt.

Im Anfange des May fangen die Salzwerker ihre Operationen an, und beendigen sie am Ende des Sommers.

Wenn man die Lage von Salz, die sich auf den Tischen kristallisirt hat, losmachen will, so muß man zuweilen ein Eisen dazu gebrauchen, vorzüglich wenn sie durch einen Nordwind gebildet worden.

Man thürmt zuerst das Salz pyramidalisch auf den Tischen auf, nimmt diese Pyramiden, wenn sie vier und zwanzig Stunden gestanden, wieder ab, und bildet mehr oder weniger hohe und breite Salzhaufen, deren Spitzen man mit Stroh oder Rohr bedeckt. Jeder von diesen Salzhaufen wird eine Kamelle genannt.

Wenn die erste Erndte gemacht worden, und der Sommer zur Erwartung einer Reihe von schönen Tagen zu berechtigen scheint; so schreitet man zu einer zweyten, die nie der ersten an Produkt gleich kommt; auch ist es selten, daß man in Languedoc diese zweyte Arbeit unternimmt.

Das aufeinandergehäufte und in Kamellen gesetzte Salz ist unter allen zerfließenden Salzen dasjenige, welches sich durch seinen Aufenthalt an der freyen Luft reiniget. Man sieht an dem Fuße der Kamelle die deliquescirenden Salze herablaufen, die ununterbrochen durch darin angebrachte Rinnen fortfließen.

So wie das Salz alt wird, sieht man diese Bäche sich nach und nach vermindern, und sie versiegen endlich ganz. Das Wasser welches auf diese Weise abfließt, enthält salzsauren Kalk und Magnesia, schwefelsaures Natron und Magnesia; und ich habe in den Gegenden von Narbonne besondre Etablissements zur Extrahirung dieser verschiedenen, vorzüglich der schwefelsauren, Salze angetroffen.

Der bloße Aufenthalt des Salzes in der Kamelle durch einige Monate ist hinreichend, ihm die Schärfe und Bitterkeit zu benehmen,

nehmen, die ihm noch anhängen, wenn es eben erst fabricirt worden; es ist sodann härter, und wird nicht so leicht flüssig an der Luft; und in diesem Zustande muß man es in den Handel geben.

Das Salz ist um so viel besser, als es längere Zeit in der Kamelle verweilt hat; sonst verkaufte man das Salz von Pecais nur, nachdem es drey Jahre lang stille gestanden; auch hatte es einen großen Ruf.

Sobald das Salz, durch die Aufhebung der Salzsteuer zur Waare wurde, eilten die Eigenthümer der Salinen mit dem Verkaufe ihres Salzes, bevor dasselbe noch gereiniget war, und nahmen es unmittelbar nach dem Sieden hinweg.

Dieser neue Gebrauch hat einige Klagen veranlaßt, die aber nicht allgemein wurden, und es scheint mir nothwendig, die Meynung über die Verschiedenheiten aufzuklären, welche in der Anwendung zwischen dem wohlgereinigten und dem frischen Salze Statt findet.

Das frische Salz ist bitter und zerfließend, wovon wir bereits den Grund angegeben.

Das alte Salz hat einen lebhaften Geschmack, eine feste Consistenz, und wird nur feucht an feuchter Luft.

Hieraus folgt, daß man sich des frischen Salzes zum Einpökeln nicht bedienen kann; denn es würde dem Fleische einen schlechten Geschmack geben, seine Farbe dunkel machen, und ihm die Consistenz nicht mittheilen können, welche zu dessen Conservation erforderlich ist.

Dieß neue Salz hat noch den Uebelstand, daß es bey dem Transport einen ansehnlichen Ausfall erleidet, und bey feuchter Witterung weich wird.

Aber wenn es zum Futter für Thiere, wie für Woll- und Hornvieh dienen soll, scheint es mir den Vorzug vor dem gereinigten zu verdienen, denn diese Thiere haben die Eingeweide des Unterleibes schlapp und voluminös, und sind Obstructionen unterworfen, von denen sie allein die Nahrung mit frischen und seifenartigen Pflanzen zu heilen im Stande ist, oder wovor sie dieser Genuß bewahren kann. Nun sind die erdigen salzsauren Salze aber die wirksamsten Schmelzmittel, so daß das frische, damit geschwängerte Salz, wie ein vortreffliches Mittel für Thiere sowohl zur Cur derselben, als auch als Präservativ betrachtet werden kann, während das alte Salz vorzüglicher zum Pöckeln und zum Tischgebrauch ist.

Man

Man kann das Salz weiß machen, und es von allem dem berauben, wodurch es zu einem deliquescirenden wird, wenn man es in Wasser schmelzen läßt, und es daraus durch eine mäßige Evaporation niederschlägt.

Zweyter Abschnitt.

Von den Verbindungen der Salzsäure mit dem Ammonium. (salzsaures Ammonium, Salmiak).

Das salzsaure Ammonium, welches im Handel allgemein unter dem Namen Salmiak bekannt ist, hat folgende Kennzeichen:

1) Einen scharfen sehr pikanten Geschmack.

2) Eine graue Farbe, aber von einem matten Weiß, wenn man sie reiniget.

3) Eine feste Consistenz, indem es unter Hammerschlägen nachgibt, und platt wird.

4) Drey und ein halb Theile Wasser lösen, bey einer Temperatur von 60 Graden Fahrenheit, einen Theil, und kochendes Wasser löst ein gleiches Gewicht davon auf.

Seine Auflösung in Wasser bringt ein sehr ausgezeichnetes Erkalten desselben hervor.

5) Dieß Salz raucht und evaporirt sich auf Kohlen.

Wenn man es in verschlossenen Gefäßen sublimirt, so condensirt es sich in eine harte, feste, wie zerschmolzene Masse, vorzüglich wenn die Wärme hinreichend stark ist.

Eine wiederholte Sublimation macht es weiß, und dann nennt man es gereinigten Salmiak.

6) Die ätzende Kalkerde entwickelt daraus Ammonium im Gaszustande durch das bloße Gemenge der beyden Substanzen, im Zustande des Pulvers.

Einige Metalloxyde, wie die des Bleyes, bringen die nämliche Wirkung hervor.

Kohlensaurer Kalk, Kali und Natron entbinden bey der Destillation daraus kohlensaures Ammonium.

7) Seine ursprüngliche Gestalt ist die viereckige, aber die gewöhnlichste die eines viereckigen Prisma's, welches in vierseitige Pyramiden ausläuft.

Man trifft in dem hohlen Theile der Stücke Salmiak, die in den Handel kommen, sehr bestimmte würfelförmige Kristalle, zuwei=

zuweilen auch dicke viereckige Pyramiden, welche an der Basis anderer längerer Pyramiden anzukleben scheinen, deren ganze Masse zusammen den Körper der Stücke bildet, wie dieß auch bey den kugelförmigen Pyriten der Fall ist.

8) Sein specifisches Gewicht verhält sich zu dem des Wassers, wie 14530 zu 10000.

9) Seine Grundbestandtheile stehen nach Kirwan in folgendem Verhältnisse zu einander: 42,75 Säure; 25,00 Ammonium; 32,25 Wasser.

Zu genauen Kenntnissen über die Natur und Bereitung des Salmiaks ist man nur erst zu Anfange des achtzehnten Jahrhunderts gelangt. Tourenfort scheint der erste gewesen zu seyn, welcher die Behauptung gemacht, daß dieß Salz aus Salzsäure und Ammonium bestehe. (Memoiren der Akademie, Jahrgang 1700).

Im Jahre 1716 las Geoffroy der Jüngere ein Memoire in der Akademie vor, um zu beweisen, daß dieß Salz in Egypten fabricirt werde, und daß es das Produkt der Sublimation sey. Dieß Memoire erfuhr so großen Widerspruch von Seiten Hombergs und Lemerys, daß es nicht gedruckt wurde.

Nur erst drey Jahre nachher erhielt man in Paris einen Brief von Herrn Lemaire, Consul in Cairo, in welchem positive Nachrichten über die Fabrikation des Salmiaks mitgetheilt wurden. Er zeigt zuerst an, daß es das Produkt der Destillation des Rußes sey, der aus dem Verbrennen des Kothes von verschiedenen Thieren entsteht, welche sich von salzigen Pflanzen nähren.

Geoffroy publicirte im nämlichen Jahre (1720) eine Folge von Versuchen zum Beweise, daß man den Salmiak in unsern Laboratorien aus allen seinen Grundbestandtheilen bereiten könne.

Seit dieser Epoche sind wir zu neuen Erfahrungen über den Salmiak gelangt, und nicht allein über alles das, was das Verfahren bey seiner Fabrikation in Egypten betrifft, unterrichtet worden; sondern wir haben auch gelernt ihn auf eine öconomische Weise zu verfertigen.

Wir werden nach und nach alles das mittheilen, was wir über diese wichtige Materie erfahren haben.

Hasselquist, ein Schüler des berühmten Linné hat auf eine sehr genaue Weise die in Egypten übliche Verfahrungsart bey Bereitung des Salmiaks beschrieben. Es geht aus den Beobachtungen dieses geschickten Naturforschers, welche in der

Sammlung seiner Reisen in die Levante eingerückt sind, hervor, daß die erste Materie, die zur Formation dieses Salzes angewendet wird, der Ruß ist, welcher aus dem Verbrennen des Mistes von Thieren entsteht, die sich von salzigen Pflanzen ernähren.

Die Pflanzen, die jene Thiere fressen, sind aber die salicornia, die chenopodium, die mesembry, anthemum u. s. w.

Die Armen sammeln sorgfältig den Mist der Thiere; sie beschäftigen sich mit dieser Arbeit nur vier Monate im Jahre, und wenn der Mist zu weich ist, so vermengen sie damit gehacktes Stroh, um dessen Trocknen zu befördern. Sie legen ihn gegen die Mauern an, damit er an der Sonnenwärme trockne.

Dieser getrocknete Mist macht das einzige Brennmaterial der ärmsten Classe der Einwohner aus. Man sammelt den Ruß davon sorgfältig, und bringt ihn in die verschiedenen Werkstätten, wo man ihn kauft, um den Salmiak daraus zu extrahiren.

Der Ofen, in welchem dessen Sublimation geschieht, ist eine mit einer Wölbung bedeckte Galeere, in welcher man fünf Reihen Löcher, jedes zu 10 Zollen, anbringt.

In jedes Loch wird ein gläserner Kolben, mit Nilschlamm verlutirt, gestellt, über welchem ein Hals von 1 Zoll Länge auf 2 Zoll Breite hervorragt. Die Kolben haben 10 bis 12 Zoll im Durchmesser.

Man füllt diese Kolben mit Ruß an, indem man die Vorsicht gebraucht, einen gehörigen leeren Raum für das sich erzeugende Stück Salz zu lassen, wie dieß Radieskield bemerkt hat.

Das Feuer wird drey Tage hintereinander mit getrocknetem Miste unterhalten. Man steigert es mit vieler Sorgfalt.

Sobald die Materie anfängt, sich zu erwärmen, steigt eine blaue oder violette Farbe daraus auf, die nachher wieder verlöscht.

Wenn die Sublimation ihren Anfang genommen, so fährt man von Zeit zu Zeit mit einem eisernen Drath in den Hals des Kolbens, um zu vermeiden, daß er sich nicht verstopfe.

Man zieht gewöhnlich 6 Pfund Salmiak aus der Destillation von 26 Pfund Ruß.

Ich selbst habe Salmiak aus dem Ruß gezogen, den das Verbrennen des Mists von wilden Pferden und Ochsen ergab, die

die in den ungeheuren Ebenen der Camargue und der Crau, so wie an den Ufern der zahlreichen Marschen am mittelländischen Meere leben; aber ich muß bemerken, daß diese Thiere, welche den süßen Pflanzen vor den salzigen Kräutern den Vorzug geben, sich von diesen letztern nur den Winter hindurch ernähren, und daß ihre Excremente mir nur in dieser Jahreszeit Salmiak lieferten.

Man trifft auch natürlich entstandenen Salmiak an mehreren Punkten der Erde; das Land der Kalmücken liefert solchen, der in die Hauptstädte von Siberien gebracht, und dort zum Gebrauch in der Medicin und bey dem Verzinnen verkauft wird. Es scheint, daß man ihn sublimirt und an Felsen hängend findet, von denen er noch zuweilen kleine nicht losgemachte Stücke enthält, und eben so findet man ihn oft mit gediegenem Schwefel vermengt. Er ist pulverartig und schwammig. (Model, chemische Belustigungen Band 2).

Schwab, Scheffer, Ferber und andre Naturforscher haben Salmiak in den vulkanischen Produkten Italiens gefunden; auch kann man ihn in den Höhlen von Pozzuolo sammeln.

Die erdigen, aus der Zersetzung von Meer-, Pflanzen- und thierischen Substanzen, entstehenden Reste ergeben solchen bey der Analyse und man kann durch Destillation die Existenz desselben in einigen Steinkohlen und im jüngern Schiefer nachweisen.

Auch im menschlichen Körper erzeugt sich Salmiak durch Ausartung von Feuchtigkeiten. Im 14ten Blatte des litterärischen Commercii von Nürnberg für das Jahr 1739 ist erzählt, daß eine Person, die das hitzige Fieber hatte, einen außerordentlich ammoniacalischen Schweiß bekam, wodurch die Krankheit beendigt wurde. Model erzählt, daß er selbst, nach einem bösartigen Fieber in einen critischen Schweiß verfiel, der in vier Tagen das Delirium beendigte; da seine Hände sehr fettig waren; so tauchte er sie in eine leichte Auflösung von Kali, und verspürte, sobald sie eingetaucht waren, einen sehr starken Geruch von Ammonium. Er sagt, daß er dieß Experiment oft und mit dem nämlichen Erfolge in den Hospitälern der Admiralität wiederholt habe.

Seit langer Zeit hatten wir allen Salmiak des Handels nur aus Egypten erhalten. Seit einigen Jahren aber wird dieß Salz in Europa in hinreichender Menge fabricirt, um allen Bedürfnissen zu genügen.

Wir werden die einzigen, zu unsrer Kenntniß gelangten Proceduren beschreiben.

In

In den Niederlanden, Lüttich und einigen Theilen von Deutschland fabricirt man den Salmiak; indem man ein Gemenge von Steinkohlen, Ruß, Thon und Kochsalz verbrennt.

Mit diesen Materien, die man in folgenden Verhältnissen, nämlich fünf und zwanzig Theile (an Masse) pulverisirter Steinkohlen, fünf Ofenruß, zwey Thon, und eine hinreichende Quantität von mit Kochsalz gesättigtem Wasser, um sie amit kneten zu können, anwendet, bildet man ovale Ziegel von 6 Zoll Länge, 3 Zoll 8 Linien Breite, und 2 Linien Dicke.

Man brennt auf einmal funfzehn bis achtzehn Ziegel mit Knochen die zwischen diese geschoben werden, auf einem sehr kleinen Heerde, welcher durch eine kleine Oeffnung von zwey Zoll im Durchmesser, die an der Höhe der Ofenthüre angebracht ist, mit einer gewölbten, länglichen Kammer, von ungefähr 12 Fuß Länge auf 3 Fuß Breite communicirt. Der Ruß, welcher urch diese Kammer geht, hat seinen Ausgang durch eine andre Oeffnung, die an der entgegengesetzten Extremität, der ersten gegenüber, angebracht ist.

Mehrere Heerde sind immer in einer Reihe errichtet, also läuft auch eine gleiche Zahl von Kammern parallel mit einander.

Alle diese Kammern stoßen mit ihrer kleinen, dem Heerde gegenüber und an der entgegengesetzten Seite angebrachten Oeffnung, auf eine gemeinschaftliche Gallerie in die die Dämpfe ziehen, die sich in den erstern nicht haben condensiren können.

Diejenigen Dämpfe endlich, welche rein gasartig sind, steigen durch einen Rauchfang in die Luft.

Man brennt in diesen Oefen vier, fünf, auch sechs Monate. Der sich an der Wölbung und den Wänden der Kammern ansetzende Ruß ist leicht und reich an Salz. Der am Boden dagegen ist fettig und arm daran.

Die ersten Ansätze bedürfen nur einer einfachen Raffinirung; aber die vom Boden enthalten zu viel Oel und erfordern mehrere.

Man sublimirt in irdenen Flaschen von 18 Zoll Höhe auf 15 Zoll Breite im Bauche. Man thut in jede 14 bis 15 Pfund Materie, jedoch erst, wenn sie warm geworden sind, und fügt sie dann in die Löcher eines Ofengewölbes dergestalt ein, daß sie auf ihrer Bauchung ruhen.

Die Operation dauert acht und vierzig Stunden.

Jede Flasche gibt fünf bis sechs Pfund Salmiak.

Die Ansätze von den Fußböden der Kammern müssen nochmals gebrannt, oder in den Flaschen geschmolzen, und dann sublimirt werden.

Jeder Ofen kann jährlich 800 Pfund Salz liefern.

Dieß Verfahren scheint mir mehrerer Verbesserungen fähig: so könnte man, zum Beyspiel, die thierischen Materien mit den Substanzen vermengen, die in die Composition der Ziegelsteine kommen, und diese Substanzen mit Urin, Blut u. s. w. kneten. Es scheint hauptsächlich, daß man mehr im Großen arbeiten, und die gemengten Materien in einen runden Ofen thun müsse, der von unten zu heitzen wäre; damit die sich entwickelnden Produkte oben hinausfahren und sich in den Kammern von dem Augenblicke an condensiren könnten, wo die Wärme, welche sich nach und nach der ganzen Masse bemächtiget, sie in Dämpfen in die Höhe treibt.

Baumé hatte eine Salmiakfabrik angelegt in der das Ammonium durch Destillation thierischer Substanzen gewonnen wurde. Er zersetzte sodann mit diesem kohlensauren Ammonium die in den Mutterlaugen der Salinen enthaltene salzsaure Talkerde, evaporirte das Wasser, welches das salzsaure Ammonium in Auflösung erhielt, nachdem er es über dem Bodensatz abgeklärt; und sublimirte alsdann den Rückstand der Evaporation, um den Salmiak aus allen festen Salzen auszuscheiden, welche sich in der Flüssigkeit aufgelöst befanden *).

In Saint-Denis, bey Paris bereiteten die Herren Leblanc und Dizé Salmiak; indem sie in einer Bleykammer die Dämpfe von Ammonium und von der Salzsäure sich vereinigen ließen. Das Alkali wurde dabey durch Destillation der thierischen Substanzen geliefert und die Säure durch Zersetzung des salzsauren Natrons mittelst der Schwefelsäure.

Diese beyden letztern Verfahrungsarten werden nicht mehr befolgt; man hat an ihre Stelle eine sicherere und ökonomischere Methode gesetzt, und es sind die Herren Pluvinet und Bourlier denen wir die beyden ersten Etablissements in Frankreich verdanken.

Man destillirt Knochen und wollene Lumpen in großen eisernen Cylindern, das Produkt condensirt sich hierauf in einer Reihe eiserner Gefäße, die durch das Wasser, in welchem sie ruhen, gekühlt werden und sich in einen Behälter öffnen, in welchen sich das Produkt der Destillation verliert. Dieß Produkt ist zusammengesetzt aus thierischem Oel und aus flüssigem kohlensaurem Ammonium.

Man

*) Diese Verfahrungsart ist aus dem Grunde nicht empfehlungswürdig, weil die Talkerde in der Verbindung mit dem salzsauren Ammonium ein dreyfaches Salz erzeugt, aus welchem bey der Sublimation ein Theil Ammonium entwickelt wird. H.

Man scheidet das obenaufschwimmende Oel sorgfältig ab.

Man filtrirt sodann das kohlensaure Ammonium durch eine Lage von schwefelsaurem, kalzinirtem und zerriebenem Kalk; diese Lage wird auf einer ausgespannten Leinwand ausgebreitet und es geschieht dann eine Zersetzung, aus welcher schwefelsaures Ammonium entsteht, welches durch das Filtrum dringt, und kohlensaurer Kalk, der oben bleibt. Man erneuert die Filtration drey Mal, damit die Zersetzung vollständig vor sich gehe *).

Das schwefelsaure Ammonium, wenn es durch Aufwallen in einem Kessel mit salzsaurem Natron behandelt wird, gibt salzsaures Ammonium und schwefelsaures Natron.

Durch die Evaporation scheidet man das schwefelsaure Natron aus.

Der sublimirte Rückstand bildet Salmiak.

Ich glaube, daß, wenn man Salzsäure in Kloaken aussetzte, aus denen ein sehr starker Ammoniakaldampf aufsteigt, man mit geringen Kosten Salmiak produciren könnte. Einige Versuche die ich hierüber gemacht habe, zeigten mir die Möglichkeit dieses Verfahrens. Es entsteht eine Wolke von weißen Dämpfen; sobald man an einen solchen Ort weit geöffnete Kapseln mit Salzsäure hinstellt, und in ziemlich kurzer Zeit wird die Säure fest, ohne jedoch neutralisirt zu seyn.

Noch habe ich, in der Hoffnung eines günstigen Erfolges, versucht die Dämpfe der Destillation animalischer Substanzen durch Salzsäure ziehen zu lassen. Man kommt in kurzer Zeit dahin, daß diese sich sättiget und mir ist dieß Verfahren immer als eines der ökonomischsten und einfachsten erschienen.

Unter den thierischen Materien habe ich Hörner, Knochen und die Hüllen der Puppen von Seidenwürmern als die zu dieser Fabrikation geschicktesten Substanzen kennen gelernt.

Der Salmiak der in den Handel kommt, unterscheidet sich in graues und in weißes Salz; dieser Unterschied beruht nur darauf, daß der letztere raffinirt ist.

Von allen beyden wird ein eigenthümlicher Gebrauch gemacht; dem weißen gibt man den Vorzug in der Färberey, der graue

*) Aus eigner Erfahrung weiß ich, daß der schwefelsaure Kalk oder Gips durch vollkommen kohlensaures Ammonium zwar, aber sehr schwer zersetzt wird. Da aber das auf jenem Wege gewonnene Ammonium nicht vollkommne Kohlensäure seyn kann, und ätzendes Ammonium den Gips gar nicht zersetzt, so scheint jene Verfahrungsart eben keinen praktischen Werth zu besitzen. H.

graue wird zur Verzinnung und zum Löthen der Metalle gebraucht. Man hat diesen Vorzug lange Zeit hindurch für die Wirkung eines Eigensinnes oder einer angenommenen Gewohnheit gehalten, aber eine reifliche Prüfung hat mir gezeigt, daß er wirklich in den besondern Eigenschaften beyder Arten seinen Grund habe. Wenn der Salmiak in der Färbekunst gebraucht wird; so erhöht er die Farben, und erleichtert die Auflösung des Zinnes um die Scharlachcomposition hervorzubringen und in allen diesen Fällen muß er rein seyn, weßhalb also bey diesen Operationen das raffinirte Salz vorzuziehen ist. Wenn jedoch der Salmiak dazu dienen soll, zum Behuf der Verzinnung das Metall zu reinigen; so muß er nicht bloß das Oxyd des Metalles auflösen um die Oberfläche dieses recht zu reinigen; sondern auch eine fernere Oxydation verhindern, und es ist vorzüglich das Oel, welches in dem grauen sich befindet, wodurch man diesen Zweck erreichen kann, so daß die Wahl der einen oder der andern Art nicht in der Macht des Künstlers steht; sondern von dem Gebrauche abhängt, den er davon machen will *).

Außer dem ziemlich ausgebreiteten Gebrauch des Salmiaks in der Färbekunst, und zu den Verzinnungsoperationen, vermengt man ihn jetzt noch in gewissen Fabriken mit dem Taback, am ihm Kräfte zu geben.

Man consumirt auch in den Apotheken eine beträchtliche Quantität davon, um daraus das Ammonium oder flüchtige Alkali zu ziehen.

Dritter Abschnitt.

Von den Verbindungen der Salzsäure mit dem Zinn. (Salzsaures Zinn, Zinnsalz).

Das salzsaure Zinn, bekannter unter dem Namen Zinnsalz, ist nur von der Zeit an zu den für den Gebrauch der Künste bereiteten Salzen zu rechnen, wo man sich seiner als Beitze bey'm Drucken auf Leinwand, und als ein zur Erhöhung der Krappfarben bey der Baumwollenfärberey geschicktes Salz, bedienet.

*) Ein anderer Unterschied zwischen dem sublimirten und dem kristallisirten Salmiak ist auch wohl der, daß der letztere zu viel Kristallisationswasser enthält. Den Mangel an Oel bey dem kristallisirten, kann man sonst leicht durch einen Zusatz von Kolophonium verbessern. H.

Man hat angefangen, es zu bereiten; indem man sehr zertheiltes Zinn mit vier Theilen Säure, bey der Wärme eines Sandbades behandelte, und erhielt sodann das Salz durch Evaporation.

Da aber die Auflösung nur langsam vor sich geht, und ein ziemlich beträchtlicher Ausfall an Säure dabey Statt findet, so lasse ich die sauren Dämpfe durch ein wenig Wasser in ein Gefäß ziehen, in welches ich zuvor das aufzulösende Zinn gethan, und die Auflösung geschieht dann durch die bloße Wärme, welche die Wirkung der trockenen Säure auf das Wasser hervorbringt.

Die Auflösung des salzsauren Zinnes nimmt den Sauerstoff der Atmosphäre in sich auf, und raubt ihn selbst begierig den meisten Körpern, deren Grundstoff er ausmacht. Sie kann, in einigen Fällen, selbst in den Zustand von oxydirtem salzsaurem Zinn übergehn, wie Pelletier bemerkt hat. Die Auflösung des salzsauren Zinns verändert ferner, wenn man sie einige Zeit hindurch der Luft überläßt, ihre Farbe und wird braun.

Wenn man die Auflösung des Zinnsalzes evaporirt; so entbindet sich daraus ein sehr pikanter Geruch, welcher dem Chemiker kaum gestattet, in der Nähe der Evaporirgefäße zu bleiben *).

Dieß Salz ist eines der schwersten die man kennet.

Es enthält 19 Theile Metall, auf 11 Säure und 10 Wasser.

Vierter Abschnitt.

Von den Verbindungen der Salzsäure mit dem Quecksilber.

Die Verbindungen der Salzsäure mit dem Quecksilber bilden zwey ihren Kräften nach, sehr verschiedenartige Substanzen, von denen die eine versüßtes Quecksilber und die andere Quecksilbersublimat heißt. Sie scheinen sich nur durch den Grad der Oxydation des Quecksilbers zu unterscheiden, dessen Oxyd im letztern 12,3 Sauerstoff auf 69,7 Metall; im salzsauren süßen Sublimat 9,5 Sauerstoff auf 79 Metall enthält **).

Wir werden beyde Verbindungen besonders beschreiben

Erster

*) Am besten gewinnt man ein für die Färbereyen brauchbares salzsaures Zinn, wenn man gleiche Theile metallisches Zinn im geraspelten Zustande, und Vitriolöl nebst 2 Theilen Salmiak in einem Kolben mit 6 Theilen Wasser digerirt und nach geschehener Auflösung das Ganze filtrirt. Auch wenn man 4 Theile Salmiak und ein Theil Zinn zusammen trocken destillirt, wobey Ammonium entwickelt wird. Der Rückstand gibt hierauf durch Auflösung mit Wasser und Kristallisation das salzsaure Zinn. H.

**) Es gibt noch eine dritte Verbindung, nämlich den weißen Quecksilberpräcipitat. H.

Erster Artikel.

Vom Quecksilbersublimat. (Aetzender Sublimat).

Dieß salzsaure Quecksilbersalz hat einen zusammenziehenden Geschmack, dem ein metallischer Nachgeschmack von der allerunangenehmsten Art folgt.

Seine Farbe ist ein sehr glänzendes mattes Weiß.

Es verflüchtigt sich auf Kohlen in einen Rauch.

Das Wasser löst, bey der Temperatur der Atmosphäre, beynahe ein Zwanzigtheil davon auf, und wenn es kochend ist, nach Macquer, die Hälfte seines Gewichtes.

Dieß Salz kristallisirt durch Evaporation und Sublimation. Im erstern Falle ist es hinreichend, wenn man die Auflösung verdichtet; es bilden sich sodann lange, platte Nadeln von einer ungleichen Breite ihrer Länge nach. Im zweyten Falle, wenn die Sublimation durch ein mäßiges Feuer geschieht, erhält man auch prismatische Kristalle in dünnen Platten, von einem glänzenden Weiß und zerbrechlich und leicht.

Dieß Salz zieht die Feuchtigkeit der Luft nicht an sich.

Kalkwasser schlägt es in citronengelbe Flocken nieder, die dann in eine ziegelrothe Farbe übergehen.

Das Ammonium bildet darin einen weißen Niederschlag, welcher alsbald eine schiefergraue Farbe annimmt; es ist nach Herrn Fourcroy ein dreyfaches Salz, bestehend aus Quecksilberoxyd, Ammonium und Säure, die sich in genauer Verbindung darin befinden.

Nach Herrn Chenevix sind die Hauptbestandtheile in folgenden Verhältnissen darin enthalten: Quecksilber 69,7; Sauerstoff 12,3; Säure 18.

Oder anders ausgedrückt: 82 Quecksilberoxyd; 18 Salzsäure. Der salzsaure ätzende Sublimat ist bis jetzt, fast ausschließlich, in Holland und in England bereitet worden.

Die Verfahrungsarten, deren man sich nach und nach dabey bedient, sind in verschiedenem Grade vervollkommnet worden; aber es scheint, daß die ersten darin bestanden, daß man durch ein lange anhaltendes Zerreiben 280 Pfund Quecksilber, 400 Pfund zur Röthe kalzinirtes schwefelsaures Eisen, 200 Pfund salpetersaures Kali, 200 Pfund trocknes salzsaures Natron, und 50 Pfund von dem Rückstande der vorhergegangenen Operation; in Ermangelung dessen aber eine gleiche Quantität Rückstand von mit Vitriol bereitetem Scheidewasser, mit einander vermengt;

dieß

dieß Gemenge zu gleichen Theilen in acht gläserne, nur zur Hälfte angefüllte Gefäße zertheilt, auf diese, zerbrochenen Kolben ähnliche, Gefäße, oder Helme gesetzt, und an diesen endlich Recipienten angebracht. Diese Sublimationsgefäße waren im Sandbade bis an die Materie heran, vergraben. Man machte dann stufenweise Feuer an, und unterhielt dieß fünf Tage hindurch ununterbrochen. Sobald das Sublimat gestiegen, nahm man die Recipienten ab, um die Salpetersäure daraus zu ziehn, und hob die Gefäße auf um sie kalt werden zu lassen. Das Produkt einer jeden Operation waren 360 Pfund Sublimat.

Dieß, lange Zeit hindurch in Venedig und dann in Amsterdam üblich gewesene Verfahren, ist dergestalt vereinfacht worden, daß man nichts mehr nimmt als ein Gemenge zu gleichen Theilen von getrocknetem, salpetersaurem Quecksilber, trocknem, salzsaurem Natron, und weiß kalzinirtem, schwefelsaurem Eisen.

Es gibt Fabriken, in welchen man, statt des salpetersauren Quecksilbers metallisches Quecksilber genommen, und wieder andere; in denen man sich mit mehrerem Grunde statt des salpesauren Salzes des rothen Quecksilberoxyds bedient.

Ein andres, von Boulduc 1730 bekannt gemachtes Verfahren ist lange Zeit hindurch allgemein befolgt worden; es besteht darin, daß man zuerst ein schwefelsaures Quecksilber bildet; indem man in einer Retorte, im Sandbade und bey einem sehr starken Feuer, drey Theile Schwefelsäure und einen Quecksilber digeriren läßt, den weißen Rückstand, welcher nach der Operation bleibt, sorgfältig mit gleichen Theilen trocknen salzsauren Natrons mengt, und sodann zur Sublimation schreitet.

Die Boulducsche Methode wurde in Holland vervollkommnet, wo man jetzt folgendergestalt verfährt:

Man thut in vielumfassende steinerne Retorten 50 Pfund Quecksilber und 25 Schwefelsäure, operirt im Sandbade, so wie wir bereits bemerkt, und vermengt den Rückstand mit 50 Pfund stark getrocknetem und zerriebenem salzsaurem Natron. Das Gemenge wird teigartig; man vertheilt es in Töpfe die man in einem Galeerenofen auf eisernen Stangen zurechtstellt; bedeckt jeden Topf mit einem nach außen convexen, von innen aber zwey bis drey Zoll tiefen und in der Mitte mit einem Loche durchbohrten Deckel, verlutirt die Fugen sorgfältig, steigert das Feuer und unterhält es, bis daß durch die Löcher der Deckel kein feuchter Dampf mehr hinaufsteigt, vermehrt sodann das Feuer, stopft, sobald man gegen die Löcher der Deckel hin, Nadeln sich bilden sieht, diese Löcher zu und bedeckt sie mit kaltem

Sande.

Sande. Von diesem Augenblicke an hält man den Boden der Töpfe dreyßig bis sechs und dreyßig Stunden in einer dunkelrothen Gluth.

Wenn man den Apparat wieder auflutirt, so findet man in jedem Deckel ein Stück ätzendes, salzsaures Sublimat.

Wenn man das Quecksilber aus seiner Auflösung in Salpetersäure durch oxydirte Salzsäure niederschlägt, so erhält man gleichfalls ätzenden Sublimat.

Man kann ihn auch noch erzeugen, wenn man rothes Quecksilberoxyd durch gewöhnliche Salzsäure auflöst.

Man kann auch die Eigenschaften des ätzenden salzsauren Quecksilbers verändern, wenn man das Quecksilber in verschiedenen Graden der Oxydation in der Salzsäure auflöst; oder schwefelsaures, mehr oder weniger kalzinirtes Eisen anwendet, oder mit den Verhältnissen zwischen dem Salpeter, dem Vitriol, dem Kochsalz und dem Quecksilber wechselt, wie Scopoli sich davon überzeugt hat.

Zweyter Artikel.

Vom versüßten, salzsauren Quecksilbersublimat. (Versüßtes Quecksilber).

Obgleich aus dem nämlichen Metall und der nämlichen Säure gebildet, hat diese Verbindung doch Eigenschaften und Kennzeichen, die von denen, die wir an der ersten gezeigt, ganz verschieden sind.

Dieß Salz hat keinen Geschmack.

Es löst sich weder in Wasser noch in Alkohol auf.

Es kristallisirt, wenn es an einer mäßigen Wärme sublimirt wird, in viereckigen Prismen, die in vierseitige Pyramiden auslaufen.

Es erfährt eine halbe Schmelzung, die ihm eine Halbdurchsichtigkeit gibt, sobald man ihm eine starke Hitze applicirt.

Die Verhältnisse seiner Grundbestandtheile sind, nach Herrn Chenevix: 11,5 Säure; 79,0 Quecksilber; 9,5 Sauerstoff. Das heißt, anders ausgedruckt: 88,5 Quecksilberoxyd; 11,5 reine Säure.

Dieß Salz wird in allen Laboratorien bereitet, aber im Großen in den holländischen und englischen Werkstätten fabricirt. Ueberall zerreibt man metallisches Quecksilber mit dem

ätzenden,

ätzenden, salzsauren Sublimat; und die hierbey am besten erfundenen Verhältnisse sind die von vier Theilen ätzendem salzsaurem Sublimat auf drey Quecksilber.

Zuweilen mengt man sie zu gleichen Theilen.

Man stößt diese beyden Substanzen sorgfältig zu Pulver, bis daß das Quecksilber verschwindet, und es entstehet daraus ein graues Pulver, welches man zu noch größerer Sicherheit, porphyrisiren kann *).

Dieß Pulver vertheilt man in die Sublimationsgefäße, die man nur zur Hälfte anfüllt; setzt diese auf ein Sandbad, und geht zur Sublimation an einem stufenweise erhöhten Feuer über, welches man progressive immer vermehrt, bis man nur einen leichten weißen Dampf erblickt, der aus den Gefäßen aufsteigt. Man erhält sodann das Feuer fünf oder sechs Stunden hindurch auf der nämlichen Stufe.

Die Gefäße zeigen, wenn sie kalt geworden, auf ihrem obern Theile eine salzige, compakte und sehr schwere Masse, die man leicht losmachen kann, wenn man das Sublimationsgefäß zerbricht.

An jedem Stücke sieht man gegen die Spitze seines convexen Theiles hin eine Warze, die weder die Consistenz noch die Eigenschaften des süßen salzsauren Salzes hat; diese muß man ablösen, um sie von neuem bey einer zweyten Operation mit dem Quecksilber zu zerstampfen.

Man zerreibt das salzsaure Sublimat, und unterwirft es dann einer zweyten Sublimation, und zerreibt es zum dritten Mal, um es nochmals zu sublimiren. Dann heißt es versüßtes Quecksilber.

Die Bereitung der Quecksilberpanacea ist von der des versüßten Quecksilbers darin verschieden, daß man die Sublimation acht Mal wiederholt, um die Panacea zu bilden.

Die Trituration des Quecksilbers mit dem ätzenden Sublimat entwickelt einen schädlichen Geruch, gegen den der Künstler sich vorsehen muß; **Baumé** hat vorgeschlagen, ein wenig Wasser auf das Gemenge zu gießen. **Bailleau** räth an, das Sublimat mit dem Wasser zu kneten, bevor man es mit dem Quecksilber zerstampft.

Da

*) Man thut wohl, wenn man während dem Reiben der Masse etwas Wasser oder Branntewein zusetzt, um das Stauben zu verhüten; da der Staub, welcher davon aufsteigt, der Gesundheit nachtheilig ist. H.

Da es oft geschieht, daß das versüßte Quecksilber einige Theile ätzendes Sublimat in Natura in sich enthält, so gießt man zu größerer Sicherheit kochendes Wasser auf das versüßte Quecksilber, um alles ätzende Sublimat, welches sich darin befinden kann, herauszuziehn.

Es scheint, nach den Versuchen von Baumé, daß die wiederholten Sublimationen ein wenig ätzendes Sublimat erzeugen, welches wiederum aus der progressiven Oxydation des Quecksilbers durch die Wärme herzurühren scheint. Hieraus folgt, daß die Panacea ein verdächtigeres Mittel ist, als das versüßte Quecksilber.

Baumé hat ferner erwiesen, daß es keinen Zwischenzustand zwischen dem versüßten und dem ätzenden Quecksilber gebe; wenn man weniger Quecksilber hinzuthut, als die Quantität ätzenden Sublimats, die man bearbeitet, erfordern würde, so producirt sich nur eine Portion versüßten Quecksilbers, die mit der Dosis des angewandten Quecksilbers in Verhältniß steht; der Ueberrest behält seinen Character von ätzendem Sublimat bey. Wenn man, im Gegentheil, mehr Quecksilber hinzufügt, als das ätzende Sublimat zu fassen im Stande ist, so evaporirt sich das überschießende Quecksilber im Metallzustande.

Es ist einleuchtend, daß bey dem Uebergange des ätzenden Sublimats in versüßtes Quecksilber, der Sauerstoff des ersteren sich in dem bereits angegebenen Verhältnisse auf das neue Metall überträgt.

Wenn man lange Zeit hindurch die Salzsäure mit dem Quecksilber digeriren läßt, so kann man es dadurch auflösen und ein wahres versüßtes Quecksilber bilden, wie Homberg dieß zu Anfang des achtzehnten Jahrhunderts bemerkt hat. (Memoiren der Akademie von 1700).

Noch kann man versüßtes Quecksilber machen, wenn man salpetersaures Quecksilber durch eine Auflösung von salzsaurem Natron zersetzt; man muß das salzsaure Salz im Uebermaaß hinzuthun, damit die Auflösung vollständig werde, und sublimirt das niedergeschlagene salzsaure Quecksilber, um ihm das Ansehn und die Eigenschaften des in den Handel kommenden zu geben.

Zwölftes

Zwölftes Kapitel.

Von den Verbindungen der oxydirten Salzsäure.

Die oxydirte Salzsäure bildet besondere Verbindungen mit einigen von den bekannten Basen.

Ihre Verbindungen mit den Alkalien und Erden zersetzen sich durch Berührung entzündeter Körper, oder durch Wärme, und es entsteht daraus im ersten Falle eine lebhafte und schleunige Entzündung, wogegen im zweyten sich Sauerstoffgas producirt; in beyden Fällen aber geht das Salz in den Zustand eines einfachen, nicht oxydirten, salzsauren Salzes über.

Wenn die oxydirte Salzsäure einem Metalloxyde nahe gebracht wird, so bildet sie mit ihm Zusammensetzungen, welche fast alle heftige Gifte und sehr kräftige Aetzmittel sind, die in der Regel die Feuchtigkeit anziehn, in weißen Dämpfen aufsteigen, sobald sie mit der Luft in Berührung kommen, und gewöhnlich eine butterförmige Consistenz haben.

Da man bis jetzt für die Künste nur noch das oxydirte, salzsaure Kali gebraucht hat, so werden wir auch bloß von diesem reden.

Erster Abschnitt.

Von den Verbindungen der oxydirten Salzsäure mit dem Kali. (Oxydirtsalzsaures Kali).

Um oxydirtsalzsaures Kali zu bilden, fängt man die sich in Dämpfen entbindende oxydirte Salzsäure durch eine starke Auflösung von Kali auf.

Bey dieser Operation erzeugen sich oxydirtsalzsaures Kali, und gewöhnliches salzsaures Kali.

Herr Berthollet hat durch eine Reihe feiner Versuche erwiesen, daß die oxydirte Salzsäure, welche in dem oxydirten salzsauren Kali vorhanden ist, mehr Sauerstoff, als ein gleiches Gewicht in Wasser aufgelöster oxydirter Salzsäure enthält, weshalb er die in dem salzsauren Salze sich in Verbindung befindende oxydirte Salzsäure für überoxydirt hält, und daraus folgert, daß die gewöhnliche Salzsäure als ein Radical betrachtet werden könne, das die Fähigkeit besitzt, sich mit mehr oder weniger Sauerstoff zu verbinden, und hintereinander oxydirte und überoxydirte Salzsäure zu bilden.

Ein neuer Beweis für Herrn Berthollets Meynung ist es, daß, wenn man die mit oxydirter Säure gesättigte Auflösung von Kali concentrirt, man daraus gewöhnliches und überoxydirtes salzsaures Salz zieht.

Da man das oxydirte Salz von allem einfachen salzsauren Kali reinigen muß, so gelangt man dazu durch die Leichtigkeit, mit welcher das überoxydirte salzsaure Salz sich durch Evaporation niederschlägt.

Man filtrirt also die mit Säure gesättigte Auflösung des Kali's, und setzt sie zum Evaporiren an einem dunkeln Orte einer mäßigen Wärme aus. Es bildet sich in kurzer Zeit ein Bodensatz von glänzenden, silberartigen Plättchen, wie Blättchen von Glimmer; man unterhält die Evaporation, bis dieser Bodensatz, wenn er auf glühende Kohlen gebracht wird, ein leichtes Verpuffen hören läßt, während zugleich fast die ganze Masse mit vieler Lebhaftigkeit zerschmilzt, hält sodann mit der Evaporation inne, und läßt abkühlen; es schlägt sich dann noch mehr oxydirtes salzsaures Salz nieder, und man klärt das Fluidum ab, um den ganzen Bodensatz zu scheiden.

Das oxydirte salzsaure Kali kristallisirt in sechseckigen und öfter noch in rautenförmigen Platten.

Es hat einen faden Geschmack, und erregt im Munde ein Gefühl von Kälte, die dem Eindruck, welchen der Salpeter macht, gleich kommt.

Es schmilzt auf Kohlen mit größerer Leichtigkeit und Intensität, als salpetersaures Kali.

Hundert Gran von diesem Salze geben 75 Cubikzoll sehr reines Sauerstoffgas.

Es zersetzt sich leicht an der Luft, und geht in den Zustand von gewöhnlichem salzsaurem Kali über.

Die Auflösung dieses Salzes kann also dazu dienen, Leinen-, Hanf-, und Baumwollengespinnste zu bleichen; aber die Quantität von oxydirter Salzsäure, welche in das Salz kommt, dessen man sich bedient, würde eine größere Wirkung hervorbringen, wenn man sie allein und frey von Verbindungen anwendete.

Herr Berthollet hat bey Fabrikation des Schießpulvers dieß Salz dem salpetersauren Kali substituirt, und ein Produkt erhalten, welches in seinen Wirkungen unendlich schrecklicher war, als das beste, mit salpetersaurem Kali bereitete Pulver.

Das Pulver, mit welchem man die Hauptversuche machte, war aus sechs Theilen oxydirtsalzsaurem Kali, einem Theil Schwefel, und einem Theil Kohlen zusammengesetzt. Man befeuchtet das Gemenge dieser Materien, so daß es sich zu einem Teige bildet, den man mit einer Keule von hartem Holze auf einem Stücke Marmor sorgfältig zerreibt. Diese Vorsicht ist nothwendig, um allen übeln Zufällen vorzubeugen, die durch die Verpuffung einer so gefährlichen Substanz entstehen könnten.

Es

Es würde gefahrvoll seyn, wenn man das Gemenge durch das gewöhnliche Zerstampfen mit Stämpeln bereiten wollte; der unglückliche Versuch der zu Essonnes gemacht worden, hat zu traurige Folgen gehabt, als daß er erneuert werden sollte.

Die vergleichenden Versuche, welche man im Pariser Arsenal den 27sten April 1793 mit dem oxydirtsalzsauren und dem superfeinen salpetersauren Pulver gemacht hat, haben folgende Resultate gegeben:

1) Bey der Pulverprobe von Darcy, die in einer Kanone besteht, welche an der Extremität einer eisernen Stange angehängt ist, und bey ihrem Zurücklaufen einen Bogen beschreibt, dessen Grade man ausmißt:

2	Quentchen	salzsaures Pulver	$15\frac{2}{20}$	Grad
2	——	dergleichen feuchtes	$14\frac{1}{20}$	—
2	——	salpetriges	$10\frac{7}{20}$	—
2	——	dergleichen feuchtes	$10\frac{1}{20}$	—
3	——	salzsäuriges	$20\frac{9}{20}$	—
3	——	salpetriges	$16\frac{6}{20}$	—

Woraus folgt, daß bey der Pulverprobe von Darcy das salzsäurige Pulver eine Superiorität von Stärke von ungefähr ein Viertheil zeigte.

2) Bey der Pulverprobe von Regnier, welche in einem Ressort besteht, welches die Oeffnung der Kanone verstopft, und durch die Explosion in eine größere oder geringere Weite geschleudert wird, wonächst man die Grade des Bogens ausmißt, die es durchläuft:

salzsäuriges Pulver	42
dergleichen	$51\frac{3}{4}$
feuchtes salzsäuriges Pulver	52
superfeines salpetriges ——	23
solches ——	$22\frac{1}{2}$

Woraus hervorgeht, daß, nach der Regnierschen Probe, die Stärke des salzsauren Pulvers zweyfach so groß ist, als die des salpetersauren.

Da dieß Pulver mit einer solchen Leichtigkeit detonirt, daß die Erschütterungen bey dem Transport, so wie der geringste Stoß traurige Vorfälle verursachen können, so ist es der Vorsicht angemessen, seinen Gebrauch nur zu delicaten und außerordentlichen Operationen zu versparen *).

*) Ein Nachtheil, den dieses mit oxydirtsalzsaurem Kali bereitete Schießpulver gewähret, besteht darin, daß nach seiner Explosion gemeine Salzsäure frey wird, deren Dämpfe erstickend sind. H.

Dreyzehn=

Dreyzehntes Kapitel.

Von den Verbindungen der Weinsteinsäure.

Erster Abschnitt.

Von den Verbindungen der Weinsteinsäure mit dem Kali. (Säuerlich weinsteinsaures Kali, Weinstein, Weinsteinrahm).

Dieß Salz bildet sich ganz im Weine; es setzt sich bey dem Liegen an den Wänden der Tonnen an, die dieß Getränk enthalten.

Jedermann weiß, daß wenn der Wein seine Gährung geendiget hat, und auf Tonnen liegt, er eine spinnenwebartige Materie niederschlägt, die eine Art von hefenartigem Bodensatze auf dem Grunde der Flüssigkeit bildet, während eine salzigere Materie sich an die Wände der Gefäße setzt, und eine mehr oder weniger dicke Kruste erzeugt, die man mit schneidenden Instrumenten dann losmacht, wenn man die Tonne zur Aufnahme eines neuen Jahrgangs von Wein vorbereitet und einrichtet.

Jene Materie wird denen überlassen, welche die Tonnen reinigen, und zwar, vorzüglich im mittäglichen Frankreich, statt alles Lohns; sie sammeln sie sorgfältig, und verkaufen sie den Färbern, Gelbgießern, und vorzüglich den Weinsteinrahmfabrikanten.

Der Preis dieser Materie ist verschieden nach der Natur der Weine; es gibt Gegenden, wie die Rhône-Ufer, deren Weine einen körnigen, schweren, wenig Extractivstoff enthaltenden Weinstein geben, welcher folglich zur Fabrikation des Weinsteinrahms sehr gesucht wird, und wieder andere, die einen wenig zusammenhängenden, nicht sehr harten, an Extractivstoff reichen, und schwer zu reinigenden Weinstein liefern, der wenig Vortheil bey den Operationen gewährt, wo dieß Salz nur in Rücksicht des in ihm sich befindenden Salzstoffes wirkt und Kraft hat.

Nicht allein geben alle Weine nicht die nämliche Qualität, sondern auch nicht die nämliche Quantität von Weinstein, die starken und feurigen Weine enthalten mehr als die andern; schwache und leichte geben fast gar keinen.

Die röthliche Farbe des Weinsteins steht immer mit der Intensität der Farbe des Weines in Verhältniß aus dem er gezogen wird. Diese Nüancen von Farben haben die Benennungen

weißer

weißer und rother Weinstein veranlaßt, je nachdem er aus weißem oder rothem Weine entsteht.

Ich habe mehrere Male zu bemerken Gelegenheit gehabt, daß die Weinsteinplatten sich in eine so deutliche Form kristallisiren, daß man sie beschreiben kann; und mir sind diese Kristalle immer in der Gestalt eines kurzen viereckigen Prisma's erschienen, dessen beyde Extremitäten in die Queere abgeschnitten.

Der Weinstein, wie er aus den Tonnen kommt, wird in den Künsten sehr wenig gebraucht, sondern dient in diesem Zustande nur als Schmelzmittel bey einigen metallurgischen Arbeiten.

Man macht ihn zu jedem Gebrauch im Handel tauglich, wenn man ihn seines Färbestoffs, und einer Portion seines Extractivstoffs beraubt; und dann nimmt er den Namen Weinsteinrahm oder Weinsteinkristall an.

Seit undenklichen Zeiten besitzt man in Montpellier und den umliegenden Gegenden das Geheimniß, den Weinstein zu reinigen; das dabey Statt findende Verfahren ist von Fizes beschrieben worden, und diese Beschreibung steht in den Memoiren der Pariser Akademie von 1725. Es ist so einfach und so ersprießlich in seinen Resultaten, daß man seit jener Epoche bey der Operation nichts verändert hat.

Man nimmt den körnigsten Weinstein, zertheilt ihn gehörig, und sättiget damit das Wasser eines Kessels, nachdem man es zum Aufwallen gebracht; dann läßt man es kalt werden, und klärt die Auflösung über dem sich gebildeten Bodensatze ab, um sie in weitgeöffnete Terrinen zu gießen. Es schlägt sich an den Wänden eine ziemlich dicke Schicht von Weinsteinkristallen nieder, die von einem guten Theile ihres Färbestoffs entbunden sind.

Diese Kristalle löst man in siedendem Wasser auf, in welchem man 4 bis 6 Theile Thonerde durch 100 Theile Salz zergehn läßt; evaporirt, bis sich ein starkes Häutchen auf der Oberfläche bildet, läßt kalt werden, und erhält dadurch weiße Kristalle, die man einige Tage hindurch auf Leintüchern an der Sonnenhitze auslegt, um sie trocknen zu lassen, und ihnen dadurch den letzten Grad von Weiße zu geben.

Der durch dieß Verfahren bereitete Weinsteinrahm ist immer sehr weiß und in schönen Kristallen; aber da es darauf ankommt, aus den Mutterlaugen Nutzen zu ziehn, die immer einen Theil des Färbestoffs in sich enthalten; so hat man den Gebrauch, die Auflösung, welche über den Kristallen schwimmt, sorgfältig abzuklären, und sie in Kessel zu thun, in denen diese letzteren

aufgelöst

aufgelöst werden. Man sieht dabey darauf, daß man nur solche nimmt, die klar ist, und gießt die schmutzige Flüssigkeit in dazu geeignete Gefäße, damit sie durch das Stehen darin sich abkläre. Wenn man sorgfältig abklärt und filtrirt; so befreyt man sich fast von allem Extractiv- und Färbestoff. Um alle diese Rückstände aber zu benutzen, kann man sie in kleinen Dosen bey jeder Operation anwenden, oder sie abgesondert und sorgfältig behandeln, um den Weinsteinrahm bis zum letzten Atom zu extrahiren.

Dieß Verfahren ist auf drey unbestreitbare Principien gegründet: das erste, daß der Weinstein sich in kochendem Wasser leichter auflösen läßt, als in kaltem; das zweyte, daß die Thonerden die Eigenschaften haben, sich der Färbe-, Extractiv- und holzigen Stoffe zu bemächtigen und Pflanzen und salzige Auflösungen klar zu machen; das dritte, daß durch das Aussetzen an die Luft der Färbestoff der Pflanzen zerstört und folglich dadurch dem Weinsteinrahm der höchste Grad von Weiße mitgetheilt wird.

Die Erde, deren man sich bedient, wird in Murviel, drey Meilen von Montpellier gegraben, und ist eine sandige, ziemlich weiße Thonerde, die aus der Zersetzung einer Art von hartem Steine, von der Farbe des *Silex* entsteht; diese Erde ist zerreiblich, aber zergeht weniger in Wasser, als die reinen Thonerden und schlägt sich schneller nieder.

Ich habe mit vielem Vortheil, die schöne Thonerde von Cornillon im Gard-Departement, der von Murviel substituiren lassen: außer, daß sie weißer ist, zertheilt sie sich besser im Wasser, und vereiniget sich vollkommener mit den in seiner Auflösung suspendirten Stoffen; wiederholte Erfahrungen haben mich überzeugt, daß sie mit allem Erfolg die von Murviel ersetzen könne. Die Verschiedenheit der Preise aber, in Hinsicht der Entfernung hat gemacht, daß man ihre Anwendung bis jetzt verschoben hat. Es ist hierbey zu bemerken, daß, da die Erde von Cornillon sich fast in der Mitte der Gegenden befindet, die den besten Weinstein liefern, es vortheilhaft seyn würde, Raffinirfabriken daselbst anzulegen.

Man muß keine Mergel- noch Walkererde nehmen, deren man sich in unsern mittäglichen Climaten zum Walken der Stoffe bedient; diese enthalten alle einen Theil Kalk, welcher, indem er einen Theil des Weinsteinrahms sättiget und ihm einen fremdartigen Stoff beymengt, bey seiner Anwendung wesentlichen Schaden bringen würde. Und wenn selbst der Kalk auch nur mechanisch gemengt zwischen seinen Kristallen bliebe, so würde die Beymengung ihn doch unfähig zur Färberey machen, da Kalkerde fast auf alle Farben zerstörend wirkt.

Herr Demaretz hat das Verfahren bekannt gemacht, wodurch man in Venedig den Weinstein reinigt; man trocknet nämlich den rohen Weinstein und Weinhefen in eisernen Kesseln bey einem mäßigen Feuer, pulverisirt den Rückstand, und vertheilt diesen in mit warmem Wasser angefüllte Kübel, in denen man die Auflösung durch Bewegung befördert. Durch das bloße Kaltwerden schlagen sich die Unreinigkeiten am Boden nieder, und setzen die Weinsteinkristalle sich an die Wände an. Man löst sie in Wasser auf, läßt sie in einem kupfernen Kessel aufkochen, und klärt mit Weißem vom Ey ab. Zu gleicher Zeit wirft man ein wenig frische Asche in den Kessel, welches ein beträchtliches Aufbrausen erzeugt, und viel Schaum auf die Oberfläche bringt, den man mit einem Schaumlöffel schleunig abschöpft; diese Operation, wenn man sie vierzehn bis funfzehn Mal an einem Kessel wiederholt, läßt endlich eine farblose Flüssigkeit zurück, die bey einer anhaltenden Evaporation sehr weiße Kristalle absetzt.

Das venezianische Verfahren bringt in die Auflösung eine fremdartige Materie, welche einen Theil ihrer Säure sättigen muß, was in mehreren Fällen die Eigenschaften modificiren kann, die den Weinsteinrahm, wenn er rein ist, auszeichnen. Es ist also keinem Zweifel unterworfen, daß die montpelliersche Methode den Vorzug verdient.

Der Weinsteinrahm bildet ziemlich immer die Gestalt von vierseitigen Prismen, mit queer geschnittenen Extremitäten an. Fast jederzeit sind die Kristalle gruppirt, und divergiren oft, indem sie wie von einem gemeinsamen Stamme ausgehn.

Der Weinsteinrahm muß ferner weiß seyn, wenn er rein seyn soll.

Er hat einen sauren, mit einem faden vermischten, Geschmack.

Er löst sich im Munde schwer auf, und knirscht unter den Zähnen.

Er raucht auf Kohlen, verbreitet einen empyreumatischen Geruch, und hinterläßt einen kohligen Rückstand, der durch die Incineration weiß wird.

Eine Unze Wasser löst bey einer Temperatur von 10 nur 4 Gran Weinstein auf, durch 30 Theile siedenden Wassers, wird dagegen, nach Wenzel, ein Theil Weinsteinrahm aufgelöst.

Kaltes Wasser hält, nach Spielmann, nur drey Gran auf die Unze in Auflösung.

Da der Weinsteinrahm nicht anders eine Wirkung auf den menschlichen Körper äußert, als in einer solchen Dosis, daß die Quantität Wasser, die zu seiner Auflösung nöthig wäre, ein zu reichliches Getränk bilden würde; so hat man lange Zeit hindurch auf Mittel gedacht, ihn auflöslicher zu machen. und ist bey folgendem stehn geblieben. Lemery nämlich hat beobachtet, daß zwey Unzen Borax, die mit vier Unzen pulverisirtem Weinsteinrahm zusammengemengt, und durch eine Viertelstunde mit zwölf Unzen Wasser aufgesotten werden, sich ruhig darin auflösen, und bey dem Kaltwerden nicht kristallisiren.

Jetzt hat man diese Methode wie eine neue Entdeckung vorgestellt, und dem Publico mit Pomp verkündiget.

Es ist faktisch, daß ein Fünftheil Borax hinreicht, um die Auflösung des Gemenges zu bewirken; aber ist der Weinsteinrahm nicht ausgeartet? Ist seine medicinische Wirkung die nämliche? In der Erwartung daß die Beobachtungen der Aerzte uns über diesen letztern Umstand Aufklärung verschaffen werden, hat die Chemie die dießfällige Frage entschieden. Da die Weinsteinsäure eine größere Verwandtschaft zu den Alkalien hat, als die Boraxsäure; so muß nicht allein die Säure des Weinsteinrahms das Natron, welches im Uebermaaß in dem Borax vorhanden ist, sättigen, aber ihm auch seine Basis nehmen, und also sich ein dreyfaches Salz, oder ein natronhaltiges weinsteinsaures Kali bilden, welches sich sehr leicht in Wasser auflöst, und die von einem Theile ihrer alkalischen Basis befreyte Boraxsäure, bleibt mit der Flüssigkeit gemengt. Man hat sodann eine Auflösung von Seignettesalz (natronhaltiges, weinsteinsaures Kali) durch Boraxsäure säuerlich gemacht.

Lassone schlug 1755 vor (in den Memoiren der Akademie) 4 Quentchen Weinsteinrahm in 4 Unzen kochendem Wasser aufzulösen und 1 Quentchen Boraxsäure hinzuzuthun Diese Hinzufügung hat den doppelten Vortheil, daß sie das Niederschlagen des Weinsteinrahms verhindert und ihn nicht zersetzt.

Noch hat man vom Zucker behauptet, daß er die Auflösung befördert; aber es scheint, daß er nur in sofern wirkt, als er die Flüssigkeit verdichtet und der Niederschlagung dessen, was sich nicht auflösen läßt, widersetzt: die Engländer bereiten damit eine purgirende Limonade, welche keinen Widerwillen erregt.

Der Weinsteinrahm ist nichts als eine Verbindung von Kali mit einem Uebermaaß von Weinsteinsäure.

Man kann, nach den Beobachtungen der Herren de Machy, Corvinus und Bertholler das Kali durch mineralische Säuren, durch Verbrennen, Destillation, und selbst durch freywillige Zersetzung einer Weinsteinauflösung, ausscheiden. In diesem letztern Falle bilden sich in der Flüssigkeit Flocken oder Häutchen, die immer zunehmen, und nach höchstens achtzehn Monaten nichts als eine alkalische Flüssigkeit lassen. Diese Zersetzung geschieht, nach Herrn Berthollets Bemerkung, gleichfalls in verschlossenen Gefäßen. Alle Resultate der Extraction des Kali's mit seiner Säure, stimmen darin überein, zu beweisen, daß sie in demselben in dem Verhältniß von ungefähr $\frac{2}{8}$ enthalten ist.

Der Weinsteinrahm wird sehr häufig zur Färberey gebraucht, wo man ihn dann gewöhnlich mit Alaun verbindet. In diesem Falle verbindet sich seine Säure mit der Alaunerde und schlägt sich auf dem Zeuge nieder.

Man bedient sich im Norden noch desselben statt des Salzes auf den Tischen und es wird dadurch zu einem starken Consumtions-Artikel *).

*) Das man im Norden sich des Weinsteinrahms statt des Salzes auf dem Tische bediene, ist völlig unrichtig. Man gebraucht ihn höchstens als ein Digestivmittel zu einem Theelöffel voll, also immer nur als Arzeney. H.

Vierzehn-

Vierzehntes Kapitel.

Von den Verbindungen der Essigsäure.

Die Essigsäure die durch das Verderben des Bieres oder Weines und durch Destillation von Hölzern und mehrern andern Pflanzentheilen entsteht, ist ohne Zweifel die bekannteste und gebrauchteste unter den Säuren. Man bedient sich derselben nicht allein in den Küchen und am Tische, um einigen Speisen ihren faden Geschmack zu benehmen, und zum Einmachen von einigen andern, aber auch in den Künsten, um Bleyweiß, Schieferweiß, Bleysalz und Grünspankristalle zu verfertigen, und das Eisen aufzulösen.

Die metallischen Salze, welche diese Säure bildet, haben den Vorzug, daß, wenn man sie zum Mahlen und selbst zum Färben gebraucht, die Säure die Körper nicht anfrißt, auf welche man ihre Verbindung aufträgt. Sie kann ohne Schaden in einem Farbebade zergehen und sich darin verbreiten; Vortheile, die keines von allen andern metallischen Salzen gewähret.

Erster Abschnitt.

Von den Verbindungen der Essigsäure mit dem Bley, (essigsaures Bley, Bleysalz, Bleyzucker).

Diese Verbindung bildet das im Handel unter dem Namen Bleyzucker, und bey den Chemikern unter der Benennung essigsaures Bley, bekannte Salz.

Frankreich, Holland und England liefern von diesem Salze alles, was die Künste bedürfen: in Frankreich bereitet man es mit Weinsteinessig; in Holland und England nur mit Bieressig.

Es hat einen flüchtigen Geschmack, daher man es Bleyzucker genannt.

Es zersetzt sich im Feuer und läßt einen gelblichen Rückstand.

Es zersetzt den schwefelsauren Kalk, den Alaun und das Bittersalz, so wie die salzsauren Salze. Die Zersetzung der schwefelsauren Alaunerde durch dieß Salz, gibt Gelegenheit zur Formation einer essigsauren Alaunerde, die die Hauptbeitze bey'm Kattundruck macht.

Der Bleyzucker nimmt, wenn man ihn auch nur den leichtesten Ausflüssen des geschwefelten Wasserstoffgases aussetzt, eine schwärzliche Farbe an.

Seine Auflösung in Wasser bildet das Bleywasser oder Goulardsche Wasser.

Das specifische Gewicht des essigsauren Bleyes beträgt 2,345.

Es kristallisirt in viereckigen abgeplatteten Prismen die in zweyseitige Spitzen auslaufen.

In Frankreich und den Provinzen desselben, wo die Weine sehr häufig sind, und folglich also die große Quantität von denen, die sauer werden, durch den bloßen Gebrauch von Essig, den man in den Haushaltungen macht, nicht consumirt werden können, hat man gesucht, ihm mehrere Bestimmungen zu geben; also in den Hauptstädten der Provence, als Toulon, Drageignan, Marseille, Aix, mehrere Etablissements von Bleyzucker angelegt, und, obgleich das Verfahren, dessen man sich in ihnen bedient, nicht vollkommen ist; so liefert man aus denselben dieß Salz dennoch dem Handel zu so niedrigen Preisen, daß es bis jetzt unmöglich gewesen ist, anderswo und vorzüglich im nördlichen Frankreich mit Vortheil oder zu Concurrenz mit den erwähnten, Fabriken von gleicher Gattung anzulegen.

Das Verfahren bey Bereitung des Bleyzuckers in der Provence reducirt sich darauf, daß man die Bleyplatten durch Essigdämpfe oxydirt, das Oxyd in der Säure auflöst und dann evaporirt, um das Salz in Kristallen zu erhalten. Zu diesem Zwecke gießt man das Bley in sehr dünne Platten und destillirt den Essig. Dann stellt man irdene Terrinen oder Kapseln auf Repositorien rund herum in der Werkstatt, thut in die Kapseln 4 bis 6 Pfund Bley und gießt ein Pfund destillirten Essig darauf. Es bildet sich hierauf auf der Oberfläche des Metalles welches nicht von der Säure gebadet wird, ein weißes Oxyd, welches man in der Säure niederschlägt, damit es sich darin auflöse. Man begnügt sich gewöhnlich, die Platten umzuwenden, damit der oxydirte Theil in die Säure tauche, und der, welcher es nicht ist, die Ausflüsse derselben empfange; diese abwechselnden Veränderungen geschehen zwey oder drey Mal täglich, wenn die Operation gehörig im Gange ist.

Man hat die Vorsicht neue Bleyplatten hinzuzufügen, so wie die ersten dünne werden, so daß die Terrinen immer damit angefüllt bleiben.

Die Säure nimmt nach und nach eine graue, milchige Farbe an, und wenn sie gehörig geschwängert ist, so thut man sie in verzinnte Kessel, in denen die Verbindung durch Wärme vollendet wird. Man reducirt die Masse der Flüssigkeit durch Evaporation auf zwey Drittheil und filtrirt und evaporirt sie nochmals, bis man Kristalle erhält, worauf man dann die verdichtete Flüssigkeit in Terrinen gießt, um die Kristallisation zu erhalten. Nach einem Stillstande von vier und zwanzig Stunden, auch mehr oder weniger, bilden die Kristalle eine Masse, welche die Terrine anfüllt; man neigt das Gefäß, um die Mutterlauge die sich mitten in den Kristallen befindet, ablaufen zu lassen; das Salz wird weiß; und wenn es trocken ist, so schneidet man die großen Stücke in kleinere, um sie in den Handel zu geben. Jedes Stückchen ist aus der Zusammensetzung einer Menge von kleinen Kristallen in Gestalt prismatischer Nadeln gebildet; aber diese Kristallen sind isolirt, wenn die Flüssigkeit nicht gehörig verdichtet worden.

Herr Pontier hat interessante Beobachtungen über diese Fabrikation mitgetheilt, welche man mit Vortheil in dem Auszuge benutzen kann, den Herr Vauquelin davon gemacht.

Man kann den Bleyzucker briziren, wenn man ein Bleyoxyd in Essigsäure auflöst und bedient sich zu diesem Zwecke gewöhnlich der Glätte.

Man nimmt die Glätte, die in den Handel kommt und durchsiebt sie sorgfältig, um alle Unreinigkeiten und einige Fragmente glasigen Oxyds, die sich darin befinden, daraus zu extrahiren.

Dann thut man die destillirte Essigsäure in einen bleyernen Kessel zum Sieden und sättigt sie mit der Glätte, die man nach und nach darauf gießt, indem man die Flüssigkeit sanft umrüttelt um das Ansetzen des Oxyds an den Boden zu vermeiden. Es ist ungefähr ein Theil Glätte erforderlich, um damit zehn bis zwölf, Weinessig von 4 bis 5 Graden zu sättigen.

Sobald die Auflösung geschehen, läßt man die Flüssigkeit still stehn, um das Abklären zu befördern. Man gießt das Klare ab und evaporirt in einem andern Kessel.

Man kann das Oxyd im kalten Wege auflösen und Wasser von 25 Graden Concentration erhalten. Diese Methode ist ökonomischer.

Die Evaporation geschieht in kupfernen Kesseln. Die bleyernen werden in kurzer Zeit durch die kochende Säure angegriffen und aufgelöst.

Die kupfernen Kessel würden eine ziemlich schnelle Auflösung erfahren, der man vorbeugen kann, wenn man Bleystücke in den Kessel mengt; die Säure greift dann dieß Metall eher an, als das Kupfer, und man ersetzt diese Stücke, so wie sie sich abgenutzt haben.

Wenn

Wenn die Concentration der Flüssigkeit zu 70 Graden nach der Baumeschen Flüssigkeitswage gebracht wird; so thut man einige Tropfen davon, um sie kalt werden zu lassen, in gläserne Kapseln, und man sieht, daß die Evaporation gehörig von Statten gegangen, sobald Kristalle entstehen.

Man läßt die Flüssigkeit sich bis zu einem gewissen Punkte abkühlen, und gießt sie nachher in Terrinen, um sie kristallisiren zu lassen. Sie gesteht in Masse und nachdem sie zwey Tage stille gestanden, neigt man die Terrinen, um die zwischen den Kristallen sich eingemengte Mutterlauge herauslaufen zu lassen; und befördert das Herauslaufen; indem man mit einem Messer Oeffnungen in die Masse sticht.

So wie die seidenartigen Kristalle sich von der schwärzlichen Mutterlauge befreyen, die sie schmutzig macht; so werden sie weiß, und sobald sie getrocknet sind, stellen sie nichts als eine Masse oder eine Aggregation von kleinen seidenartigen, ein wenig glanzlosen, weißgraulichen Kristallen dar.

Es geschieht zuweilen, daß die verdichtete Auflösung sich zu kristallisiren weigert; sie kristallisirt dann in einer hefen- oder gallertartigen Form die man in diesem Zustande nicht gebrauchen kann; dieser Fehler rührt fast immer davon her, daß das Oxyd im Uebermaaß darin vorhanden ist, und man hilft ihm dadurch ab, daß man die Flüssigkeit in neuem Essig zergehen läßt.

Viereßig löset das Bleyoxyd im kalten Wege auf, und die Auflösung kann zu 25 Graden Concentration gebracht werden; die filtrirte Flüssigkeit aber wird, beym Stillestehen, trübe. Die Evaporation erzeugt schlechte kleine Kristalle, die mit einem weißen Hefen vermengt sind. Wenn man das Ganze in neuer Säure auflöst und durch Evaporation verdichtet, so erhält man vortreffliche von essigsaurem Salze; dieß hat mich wenigstens meine Erfahrung gelehrt.

Man kann statt des Bleyoxyds sich dieses Metalles auch im Metallzustande bedienen. Zu diesem Ende reducirt man es in Körner, indem man es in Wasser gießt, oder es von einer Höhe von einigen Fußen herabfallen läßt; bildet eine Schicht von diesen Körnern in einer Tonne und gießt den Essig mitten durch, worauf man ihn durch einen im Boden angebrachten Trichter wieder abzieht. Das nasse Bley erhitzt und oxydirt sich und man löst das Oxyd dann auf; indem man den Essig von neuem durch die Schicht filtriren läßt. Diese Auflösung muß durch zwey oder drey auf einander folgende Operationen zu 10 Graden gebracht werden. Wenn sie concentrirter ist; so widersteht sie der

Kristalli-

Kristallisation, aber man verbessert diesen Fehler, indem man die Flüssigkeit durch Hinzufügung einer neuen Dosis Säure zu 10 Graden bringt.

In allen Fällen, wo bey dem Aufwallen sich ein sehr penetranter Essiggeruch entwickelt, kann man schließen, daß die Verbindung mehr davon erfordert. Es scheint, daß in diesem Falle das essigsaure Salz sich zersetzt und seine Säure fahren läßt.

Die Wahl der Essige hat den größten Einfluß auf die Bereitung dieses Salzes. In der Regel nimmt man den stärksten dazu, den man sorgfältig destillirt.

Wenn man ohne Unterschied allen Essig ankauft, wie er sich im Handel vorfindet, und ihn so gebraucht, wie er in der Fabrik ankommt; so ist die Güte des Produktes so abwechselnd, und finden sich so große Schwierigkeiten bey der Fabrikation, daß der Entrepreneur dadurch verwirrt gemacht wird, weil sie Kenntnisse voraussetzen, die ihm selten beywohnen.

Diese Essige sind sehr häufig nichts, als Wein, der schwach oder umgeschlagen ist, oder wie es in der Sprache des gemeinen Lebens sehr vernünftig ausgedrückt wird, der Luft bekommen hat.

Es findet sich in ihnen noch ein wenig Branntewein, dieser aber ist für den Geschmack sehr unangenehm. Ich schreibe seine Schlechtigkeit einer beträchtlichen Quantität Aepfelsäure zu, von der es schwer ist, ihn zu reinigen.

In einer großen Bleyzuckerfabrik muß man große Kübel haben, die Fouder genannt werden, und die Essige hineingießen, um sie darin zu vermengen und lange Zeit hindurch sauer werden zu lassen. So wie man einen dieser Kübel leert, füllt man den andern an, und auf diese Weise kann man die Säure immer in gleicher Qualität und vollkommen fertig haben.

Es ist hierbey zu beobachten, daß die nicht genug bearbeiteten Essige, wenn sie mit dem Bleyoxyd verbunden werden, der Bildung von Kristallen durch Evaporation widerstehen. Man kann diesem Uebelstande abhelfen, wenn man ungefähr ein Hundertheil Salpetersäure in die Auflösung mengt; aber diese Hinzufügung ist unnütz in allen den Fällen, wo man sich eines gehörig bearbeiteten Essiges bedient.

Zweyter Abschnitt.

Von den Verbindungen der Essigsäure mit dem Kupfer. (Essigsaures Kupfer, Kupferkristalle, kristallisirter Grünspan, gemeiner Grünspan.

Essigsaures Kupfer, Kupferkristalle, kristallisirter Grünspan und gemeiner Grünspan sind gleichbedeutende Worte, die die Verbindung der Essigsäure mit dem Kupfer bezeichnen.

Das essigsaure Kupfer ist eine von den in den Künsten üblichsten Kupferbereitungen, nicht allein hauptsächlich zum Gebrauch in der Mahlerey, sondern auch in der Färbekunst in der man sich dessen in mehreren Fällen mit vielem Vortheil bedient.

Fast alle Kupferoxyde, die man durch Wirkung von salzigen Substanzen auf dieß Metall, erhält, haben eine mehr oder weniger in Grün spielende blaue Farbe.

Alle Neutralsalze, fast ohne Ausnahme, bringen darin die Oxydation hervor, welche man Grünspan nennt. Es ist hinreichend, sie mit dem Kupfer in Berührung zu bringen, oder die Metallplatten in die Salzauflösung zu tauchen, und sie dann herauszuziehen, um sie der Luft auszusetzen und abtrocknen zu lassen.

Die Säuren, welche das Kupfer durch ihre Zersetzung auf diesem Metalle oxydiren, produciren eine Wirkung, der der Neutralsalze ähnlich. Das Oxyd hat eine zarte grün- und blauliche Farbe, und es gibt solche unter ihnen, die so schnell wirken, daß man das Kupfer nur einige Minuten dem Dampfe derselben auszusetzen braucht, um daß dessen Oberfläche sich sogleich oxydire.

Ein Phänomen welches dem Auge des Beobachters nicht entgehen wird, ist, daß die Kupferoxyde, die man durch das Feuer erhält sehr verschieden von denen sind, welche die Zersetzung der Säuren auf dem nämlichen Metalle hervorbringt: ihre Farbe ist grau statt grün, und wenn man bey einem lebhaften Feuer, die Kalzination lange Zeit hindurch fortsetzt; so kann man sie in ein blutrothes Oxyd concentriren. Kunkel hat dieß Phänomen in seinem chemischen Laboratorio beobachtet.

Die salzigen Substanzen sind nicht die einzigen, die das Kupfer grün oxydiren können; alle Oele und fette Materien haben diese Wirkung; das Wasser selbst, wenn es einige Zeit hindurch in kupfernen Gefäßen ausgestellt wird, bringt darin eine Oxydation hervor.

Was

Was aber als sehr außerordentlich erscheint, ist, daß die meisten dieser Substanzen nur auf dem kalten Wege merklich auf das Kupfer wirken. Die Salze selbst, die dieß Metall durch ihren ruhigen Aufenthalt in den Gefäßen anfressen, greifen es nicht auf eine so ausgezeichnete Weise an, wenn sie durch das Sieden und Aufwallen bewegt werden.

Unter allen Bereitungen des Kupfers durch die Oxydation gibt es keine vorzüglichere, als die durch Essig. Aller Grünspan des Handels wird mittelst dieser Säure bereitet, und diese Fabrikation hat sich vorzüglich in Montpellier und den umliegenden Gegenden festgesetzt.

Man kann in den Memoiren der Pariser Akademie für die Jahre 1750 und 1753 eine sehr genaue Beschreibung des damals in Montpellier bey Fabrikation des Grünspans Statt gefundenen Verfahrens nachlesen; da dieß aber vortheilhafte Modificationen erlitten hat, und man statt der Weinbeerkämme und des Weines, jetzt Weinbeertrester nimmt, welches, da man keinen Wein mehr gebraucht, unendlich ökonomischer ist; so glauben wir dieß gegenwärtige Verfahren ausführlich beschreiben zu müssen.

Die ersten Materien zur Verfertigung von Grünspan, sind Kupfer und Weinbeertrester.

Das Kupfer, dessen man sich bedient, kam sonst ganz zubereitet aus Schweden, jetzt zieht man es aus verschiedenen Schmelzhütten in Saint-Bel, Lyon, Avignon, Bedarieux, Montpellier u. s. w. in Gestalt runder Platten von 20 bis 25 Zoll im Durchmesser auf eine halbe Linie Dicke. Man zertheilt in Montpellier jede Platte in 25 Blätter, welche fast alle längliche Quadrate von 4 bis 6 Zoll Länge auf 3 Zoll Breite, und ungefähr 4 Unzen an Gewicht bilden, und schlägt jede besonders mit dem Hammer auf einem Amboß, um ihre Oberflächen zu glätten, und dem Kupfer die nöthige Consistenz zu geben. Ohne diese Vorsicht schiefert es sich ab, und man hat mehr Schwierigkeit bey dem Abkratzen des Oxyds von ihrer Oberfläche, würde übrigens auch Schuppen reinen Kupfers mit abstoßen, und dadurch das Verschwinden dieses Metalles beschleunigen.

Sonst warf man die in Montpellier unter dem Namen raque bekannten Weinbeertrester auf den Mist, nachdem das Federvieh die kleinen darin enthaltenen Saamenkörner daraus verzehrt hatte; heut zu Tage aber bewahrt man sie für die Bereitung des Grünspans auf, und verkauft den muid davon für 15 bis bis 20 Franken. Sie wurden auf folgende Weise zubereitet: sobald man nämlich die abgelesenen Trauben gehörig

zer-

zerquetscht hat, bringt man die Trester unter die Presse, um den Wein, mit welchem sie getränkt sind, daraus zu extrahiren; man thut sie sodann, wenn sie völlig ausgedruckt sind, in Tonnen, und stampft sie mit den Füßen, um alle leeren Räume auszufüllen, und die Masse so compakt als möglich zu machen, setzt den Tonnendeckel sorgfältig auf, und bewahrt die Tonnen an einem trockenen und frischen Orte, um sich ihrer, wenn es nöthig ist, zu bedienen.

Die Trester sind nicht immer von gleicher Qualität, wenn die Trauben nicht sehr zuckerig sind, oder wenn die Witterung regnig gewesen, oder die Gährung nicht vollständig vor sich gegangen, oder auch der Wein nicht sehr kräftig ist, so haben die Trester mehrere üble Eigenschaften: 1) daß sie sich schwerer conserviren lassen, und daß man Gefahr läuft sie einige Zeit, nachdem man sie in die Tonnen gethan, verderben zu sehen. 2) Daß sie wenige Wirkung thun, sich schwer erwärmen, nur einen unbedeutenden Essiggeruch entwickeln, und die Kupferplatten nur zum Schwitzen bringen, ohne sie rauh zu machen.

Ohne Bezug auf die Natur der Trauben und den Zustand des Weines ist die Qualität der Trauben noch verschieden, je nachdem man sie mit größerer oder geringerer Sorgfalt ausdrückt.

Die nur wenig ausgedruckten Trester sind viel ergiebiger, als die getrockneten. Es ist hinreichend zur Erklärung der verschiedenen Wirksamkeit der Trester nur zu bemerken, daß ihre Wirkungen bloß von der Quantität des in ihnen enthaltenen Weines abhängig sind, weil diese Flüssigkeit allein in den Essigzustand übergehen kann. Wenn man also die Trester dazu bestimmt, bey der Grünspanfabrikation gebraucht zu werden, so muß man die Vorsicht nicht aus den Augen setzen, sie nur schwach auszudrücken, um mehr Stoffe zur Acetification in ihnen zu erhalten.

Wenn man mit Kupfer und Trester versehen ist, so darf man sie nur mit einander verarbeiten, und verfährt dabey auf die in der Folge zu beschreibende Art; diese Operationen geschehen übrigens gewöhnlich in Kellern, auch in Erdgeschossen, wenn nur darin ein wenig Feuchtigkeit herrscht, die Temperatur sich gleich bleibt, und sie keinem zu lebhaften Lichte ausgesetzt sind.

Die erste von allen Operationen besteht darin, daß man die Trester gähren läßt; dieß nennt man Zurichten (avina). Zu diesem Ende schlägt man einem Fasse den Boden aus, und vertheilt die Trester daraus in zwey Tonnen von gleichem Umfange,

indem

indem man sorgfältig darauf sieht, daß sie so viel als möglich auslüften, und vermeidet daß sie sich nicht zusammendrücken. Eine Tonne Trester muß nach dieser Operation zwey leere füllen, und wenigstens einen doppelten Umfang einnehmen. In einigen Fabriken vertheilt man den Inhalt von einer Tonne Trester in zwanzig oder fünf und zwanzig irdene Gefäße, die in den Fabriken unter dem Namen Töpfe (oules) bekannt sind, und gewöhnlich 16 Zoll Höhe auf 14 Durchmesser in der Bauchung, und eine Oeffnung von 12 Zollen haben. Sobald die Trester in diese Gefäße gethan worden, bedeckt man sie wieder, indem man den Deckel auf die Oeffnung setzt, ohne sie fest damit zu verschließen. Die Oeffnungen der Töpfe sind mit strohernen Kränzen eingefaßt, die ausdrücklich zu diesem Zwecke verfertiget werden.

Es währt nicht lange, so erhitzen sich die Trester. Man erkennt dieß daran, wenn man die Hand hineintaucht, und an dem sauren Geruch, der anfängt daraus in die Höhe zu steigen. Die Gährung fängt im untern Theile des Gefäßes an, steigt nach und nach, und bemächtiget sich endlich der ganzen Masse. Sie erreicht eine Höhe von 30 bis 35 Graden Reaumur.

Nach drey oder vier Tagen vermindert sich die Wärme und verschwindet; und da die Fabrikanten den Verlust von einem Theile des Essigs durch die natürliche Wirkung einer zu lange gewährten Wärme befürchten, so gebrauchen sie die Vorsicht nach einer Gährung von drey Tagen die Trester aus den Gährungsgefäßen zu nehmen, um sie schneller kalt werden zu lassen. Die, welche in Tonnen arbeiten, thun sie in die Töpfe; und die, welche statt der Tonnen die Töpfe genommen, thun sie in andere. Außer dem Verlust an Essiggeist, bringt eine zu lange anhaltende Wärme das Schimmeln der Trester auf dem Boden der Gefäße hervor, und macht sie dadurch untauglich zur Bereitung des Grünspans. Es gibt Particuliers, die zur Vermehrung der Wirkung der Trester, sie in Haufen aufeinanderlegen, und diese mit einem kräftigen Wein besprengen, bevor sie sie gähren lassen.

Die Gährung erzeugt sich nicht immer in der nämlichen Zeit, noch mit der nämlichen Stärke. Zuweilen kündiget sie sich schon in den ersten vier und zwanzig Stunden an, und zuweilen hat sie nach Verlauf von drey Wochen noch nicht begonnen. Man sieht die Hitze zuweilen so steigen, daß man die Hand nicht in die Masse zu halten im Stande, und durch den Essiggeruch von den Gährungsgefäßen hinweggetrieben wird, während ein anderes Mal die Wärme kaum merklich ist, und

gleich

gleich wieder schwindet. Ja, es geschieht selbst, daß die Trester in Fäulniß übergehen und schimmeln, ohne sauer zu werden. Man hilft der Gährung nach, und erregt sie auch indem man die Wärme der Werkstatt durch Feuerpfannen erhöht, die Gefäße mit Decken zudeckt, die Thüren verschließt, und die Masse sorgfältiger lüftet. Die Verschiedenheiten des Erfolgs der Gährung hängen ab: 1) von der Temperatur der Luft; denn im Sommer geht die Gährung viel schneller vor sich. 2) Von der Natur der Trester; die von zuckerigen Trauben erhitzen sich leicht. 3) von der Masse; eine große Masse von Trestern gährt schneller und stärker, als eine kleinere. 4) Von der Berührung der Luft; die am besten gelüfteten Trester gähren auch am besten.

In der nämlichen Zeit, wo man die Trester gähren läßt, um sie zur Fabrikation des Grünspans vorzubereiten, unterwirft man die Kupferplatten, deren man sich zum ersten Male bedient, einer vorläufigen Bearbeitung die man Vorbereitung (désafouga) nennt. Diese Operation geschieht nicht an denen, deren man sich schon bedient hat; und besteht darin, daß man Grünspan in einer Terrine voll Wasser auflöst, und jede Platte mit einem schlechten Stücke Leinwand, das man in diese Auflösung taucht, abreibt. Man legt sodann die Platten horizontal eine neben die andere, und läßt sie trocknen. Zuweilen schränkt man sich auch bloß darauf ein, daß man die Platten auf die gegohrenen Trester wirft, oder sie in solche thut, die bereits gedient haben, um sie zur Oxydation zuzurichten. Man hat bemerkt, daß, wenn man nicht die Vorsicht der Vorbereitung gebraucht, die Platten nach der ersten Operation statt grün, schwarz werden.

Wenn man die Platten zubereitet und die Trester hat gähren lassen, so überzeugt man sich dadurch davon, daß sie zur Fabrikation tauglich sind, wenn man eine Kupferplatte durch vier und zwanzig Stunden darin liegen läßt. Wenn nach Verlauf dieser Zeit die Oberfläche der Platte mit einer grünen und glatten Schicht überzogen ist, so daß man das Kupfer nicht durchsehen kann, so schließt man, daß dieß der gehörige Augenblick ist, um die Lagen zu formiren; wenn man im Gegentheil Wassertropfen auf der Oberfläche der Platten sieht, so sagt man von ihnen, daß sie schwitzen, und kann daraus die Consequenz ziehen, daß die Wärme der Trester nicht tief genug gefallen ist. Man wartet dann bis zum nächsten Tage, um die nämliche Probe zu wiederholen.

Wenn man sich ein Mal davon überzeugt, daß die Trester zur Arbeit reif sind, so bildet der Fabrikant seine Schichten auf folgende Weise:

Er

Er thut alle Platten in einen Kasten mit ausgestoßenem Boden, der in seiner Mitte durch einen hölzernen Rost in zwey gleiche Theile getheilt wird, welcher mit dem Boden parallel läuft, und auf den man die Platten legt; ein Kohlenbecken, das unter den Rost gesetzt wird, erhitzt sie stark; so daß die Frau, welche damit umzugehn hat, oft genöthiget ist, sie mit einem Stücke Leinwand anzufassen, um sich nicht zu verbrennen. Von dem Augenblicke an, wo sie diesen Grad von Wärme erreicht, thut man sie in die Töpfe Schicht für Schicht mit den Trestern obenauf, und zu unterst werden die Trester gelegt. Jeden Topf verschließt man mit seinem Strohdeckel, und läßt sie arbeiten. Diese Periode nennt man das Brüten (coüa, couver). In jeden Topf kommen 30 bis 40 Pfund Kupfer, und mehr oder weniger, je nachdem die Platten dick sind.

Nach zehn, zwölf, vierzehn oder zwanzig Tagen öffnet man die Töpfe. Man erkennt es, daß die Zeit dazu da ist, an dem Weißwerden der Trester.

Es zeigen sich sodann lose und seidenartige Kristalle auf der Oberfläche der Platten. Man wirft die Trester weg, und thut die Platten in Rollen übereinander, oder legt sie horizontal in einem Winkel des Kellers auf Stöcke, die auf der Erde liegen, stellt sie sodann aufrecht eine gegen die andere gestützt, und macht sie, nach Verlauf von zwey oder drey Tagen, naß, indem man sie zu Händen voll nimmt, und in eine Terrine voll Wasser taucht. So naß werden sie an ihre erste Stelle gelegt, und bleiben daselbst sieben bis acht Tage, wonächst man sie noch ein oder zwey Mal eintaucht. Dieß Eintauchen und Trocknen wird sechs bis acht Mal, und von sieben zu sieben, oder von acht zu acht Tagen wiederholt. Da man ehedem die Platten in Wein eintauchte, so nannte man dieß Eintauchen den ersten, zweyten, dritten Wein, nach der Periode, in welcher man sich gerade befand. Durch dieß Manoeuvre schwellen die Platten an, der grüne Ansatz nährt sich, und es bildet sich eine Lage von Grünspan auf allen Oberflächen, die man mit einem Messer leicht abkratzen kann.

Jeder Topf liefert 5 bis 6 Pfund Grünspan bey jeder Operation. Man nennt ihn sodann frischen, feuchten Grünspan u. s. w. In diesem Zustande wird er von den Fabrikanten an Commissionairs verkauft, die ihn trocknen, um ihn in das Ausland zu schicken. In diesem ersten Zustande ist er nichts als ein Teig, den man sorgfältig in großen hölzernen Trögen knetet, und mit denen man lederne Säcke von einem Fuß Höhe auf zehn Zoll im Durchmesser anfüllt. Diese Säcke setzt man der Luft

und

und der Sonne aus, und läßt sie so stehen, bis der Grünspan den gehörigen Grad von Trockenheit erreicht hat, wonächst er trockner Grünspan genannt wird. Er erleidet bey dieser Operation einen Ausfall von 40 bis 50 Procent, und mehr oder weniger nach seinem ursprünglichen Zustande. Man sagt von ihm, daß er die Messerprobe hält, wenn die Spitze dieses Instruments in ein Stück Grünspan gesteckt wird, und durch die Haut desselben nicht dringen kann.

Kupferplatten, welche bereits ein Mal gebraucht worden sind, werden wieder zu den Operationen angewendet, und damit fährt man so lange fort, bis sie fast ganz aufgezehret sind. Statt sie künstlich zu erwärmen, wie wir es zuvor gelehrt, begnügt man sich zuweilen damit, sie nur der Sonne auszusetzen. Die nämlichen Platten halten oft zehn Jahre aus, und nutzen sich auch nach zwey oder drey Jahren ab. Dieß kommt hauptsächlich auf die Qualität des Kupfers an. Recht glattes, gut geschlagenes und sehr dichtes, wird am meisten geschätzt.

Sonst durfte der nasse Grünspan nur erst nach einer vorhergängigen Prüfung seiner Qualität verkauft werden; und zu diesem Zwecke wurde er in eine öffentliche Niederlage gebracht, wo der Verkauf desselben, nach bewirkter Prüfung, geschah. Vielleicht verdankt Montpellier dieser Verordnung den Vorzug, seinen Handel mehrere Jahrhunderte hindurch ohne Concurrenz, und ohne Vorwurf haben fortsetzen zu können. Diese Formalitäten, die die Rechtlichkeit beschützten, sind es, welche den Konsumenten selbst ein reines und gleiches Produkt, und dem rechtschaffenen Fabrikanten den sichern Debit seiner Fabrikate sicherten.

Von dem Augenblicke an, wo man jegliche Oberaufsicht unterdrückte, haben sich Mißbräuche aller Art auf eine erschreckliche Weise vermehrt; und man sieht schon wie der unglückliche Konsument, der sonst ruhig über die Reinheit der Materien seyn konnte, die er gebrauchte, jetzt von Furcht gequält, der Betrügerey und List des Fabrikanten zur Beute, und seine Kunst unter seinen Händen zu nichts wird, als zu einer muthlosmachenden Alternative von Erfolg und Mißlingen *).

Wenn man das von Monter beschriebene Verfahren mit dem so eben von uns geschilderten vergleicht, so wird man leicht ein=

*) Ich rede hier nur von solchen Verordnungen, welche dazu dienen, die Güte eines Produktes festzustellen, über die der Acquirent, dem bloßen Augenscheine nach, nicht abzusprechen im Stande ist. Ich hüte mich wohl Reglements für die Fabrikation zu wünschen. Diese würden alle Industrie zerstören. Anm. d. Verf.

einsehn, daß alle Veränderungen, welche dabey Statt finden, zum Vortheil des neueren sprechen.

Sonst nahm man an der Sonne getrocknete Weinbeerkämme, und fing damit an, sie acht Tage hindurch in sauren Wein (dem Rückstand der Destillation der Weine, aus dem der Branntewein gezogen wird) einzuweichen. Dann ließ man sie in einem Korbe abtropfen, und that beynahe 4 Pfund davon in einen Topf, auf welche man 3 bis 4 Maaß Wein goß. Mit diesem Weine ließ man die Kämme recht durchziehen, indem man sie mit der Hand stark hineindrückte. Sodann bedeckte man den Topf, und ließ gähren. Die Gährung fing, nach der Natur des Weines und der Temperatur der Luft, früher oder später an; aber sobald sie im Gange war, wurde der Wein trübe und dick, und gab einen sehr starken Essiggeruch von sich, endlich fiel die Wärme, und dann nahm man die Kämme heraus, und ließ den Wein ablaufen. Sobald die Kämme ein wenig abgetrocknet waren, legte man sie Schicht für Schicht mit Kupferplatten zusammen, und die Operation würde, wie mit den Trestern, fortgesetzt.

Wenn man die Platten aus den Töpfen herausnahm, um sie auf die Reale zu legen, so nahm man, statt reinen Wassers, wie man heut zu Tage thut, sauren Wein, und befeuchtete sie zu zwey oder drey verschiedenen Malen, welches man zwey oder drey Weine geben, nannte.

Man sieht bereits, daß das jetzige Verfahren viel öconomischer ist, weil man sich dazu des Weines nicht mehr bedient, welcher den Preis des Grünspans ansehnlich vertheuerte. Man hat der neuern Methode zuerst vorgeworfen, daß sie das Kupfer zu schnell abnutze, aber dieser Vorwurf hat sich von selbst erlediget, als man sah, daß der gewonnene Grünspan mit dem zerfressenen Kupfer in Verhältniß stehe; und was endlich vollkommen beweiset, daß diese Methode den Vorzug verdient, ist, daß alle Fabrikanten von der älteren abgegangen sind, um sie anzunehmen.

Die Fabrikation des Grünspans ist in Montpellier kein Gegenstand großer Entreprisen. Da sie keiner großen Vorrichtungen bedarf, weil einige irdene Töpfe alles Geräthe zu einer ganzen Werkstatt ausmachen, so ist sie, so zu sagen, eine haushälterische Operation geworden. In den meisten Häusern ist ein Grünspankeller, und die Hauptoperationen in demselben werden gewöhnlich von der Frau vom Hause dirigirt und ausgeführt. Die Frauen finden in den Freystunden, die ihnen ihre Wirthschaft läßt, die nöthige Zeit, um nach ihrer Werkstatt sehen

zu

zu können; und so wenig einträglich auch diese Fabrikation ist, so bildet sie doch immer einen um so schätzbareren Erwerbszweig, als er mit keiner Gefahr verbunden ist. Die Frauen, die sich im Eigenthume dieser kleinen Fabriken befinden, nehmen nur bey dem Abkratzen des Grünspans, oder bey dem Anordnen der Schichten zu fremder Handarbeit ihre Zuflucht.

Es ist leicht einzusehn, daß diese Gattung von Fabriken, auf die Weise, wie sie eingerichtet sind, in keine große Etablissements verlegt werden können. Diese würden offenbar zu Grunde gehen, wenn sie sich mit den kleinen Werkstätten in Concurrenz einlassen wollten, wo die Vortheile nur als ein Nebenverdienst, und die Arbeiten als Erholung betrachtet werden.

Es würde sehr unpolitisch und nachtheilig für die Gesellschaft seyn, wenn man in einem sehr großen Etablissement, eine Fabrikation in die Hände eines Einzelnen legen wollte, welche durch unzählige Kanäle einer zahlreichen Volksmenge Leben und Nahrung gibt.

Sie wäre auch wohl einiger Verbesserungen fähig. Die Acetification, zum Beyspiel, würde eine wärmere Temperatur erfordern, als die Arbeit in den Töpfen, und man müßte sie an einem abgesonderten Orte hervorbringen. Das Ausstellen der gebeitzten Bleche erfordert gleichfalls eine Sorgfalt, eine Wärme und einen Grad von Feuchtigkeit, die sehr verschieden von denen sind, welche die andern Operationen bedürfen. Ich habe aber immer geglaubt, daß die Einführung dieser Veränderungen die Etablissements dem Theile des Volkes entziehen würde, in dessen Händen sie sich befinden, und für den es hinreichend ist, einen Keller oder den unteren Theil einer Treppe zur Disposition zu haben, um darin eine Fabrikation zu betreiben, die ihm die Mittel zu seiner Existenz gewährt.

Wenn, nachdem man den Grünspan in destillirtem Essig aufgelöst, man die Auflösung verdichtet, um Kristalle zu erhalten, so wird er kristallisirter Grünspan oder Kupferkristalle genannt.

Diese Kristalle hat man lange Zeit hindurch in Holland fabricirt, aber jetzt bereitet man sie in Montpellier mit einer Vollkommenheit, die ihnen den Vorzug vor den aus ausländischen Fabriken gezogenen gibt.

Das am häufigsten übliche Verfahren bestehet darin, daß man den Grünspan in destillirtem Essig auflöst, und die Auflösung bis zum Häutchen evaporirt, um die Kristallisation zu erleichtern.

Man

Man bedient sich in der Regel des Rückstandes der Destillation von Weinen, die man sauer werden läßt und dann destillirt.

Dieser destillirte Essig wird in einen Kessel gethan, wo man ihn mit dem Grünspan aufsieden läßt. Sobald er davon gesättiget ist, läßt man die Flüssigkeit sich zu Boden setzen und gießt sie in einen andern kupfernen Kessel, wo ihre Evaporation geschieht. Sobald die Auflösung hinlänglich verdichtet ist, so taucht man Stöcke hinein, die mit einem Bindfaden an hölzerne Stangen gebunden werden, welche an den Rändern der Kessel befestigt sind. Diese Stöcke haben einen Fuß Länge und sind kreutzweise bis zwey Zoll von dem obersten Ende gespalten, so daß sie in vier Zweige auseinanderstehen die man durch kleine Holznägel so abstehend erhält. Die Kristalle setzen sich auf allen Flächen dieser Stöcke an, so daß sie eine Art von Traube, von allen Seiten aus vollkommnen Rauten bestehend, bilden, die eine dunkelblaue sehr lebhafte Farbe haben. Diese Kristalle haben, wenn sie zerbrochen werden, einen grünen, in's blaue spielenden, glänzenden und sehr angenehm in's Auge fallenden Bruch.

Man gebraucht ungefähr drey Pfund nassen Grünspan zu einem Pfunde Kristallen.

Der Rückstand, welcher der Auflösung entging, wurde, als unnütz, weggeworfen, aber nachdem mir die Analyse gezeigt, daß er viel Kupfer im Metallzustande, oder im Zustande schwächerer Oxydation enthielte, habe ich die nachfolgenden Mittel zum Oxydiren dieses Rückstandes angegeben, von denen man schon einen sehr vortheilhaften Gebrauch macht.

Dieß, wenn gleich nur einfache Verfahren schien mir doch noch einiger Verbesserungen fähig, und folgendes ist das Resultat einiger Versuche.

1) Kann man das Kupfer durch die Dämpfe der oxydirten Salzsäure oxydiren und das Oxyd durch Essigsäure auflösen.

2) Stark kalzinirtes geschwefeltes Kupfer gibt einen Rückstand, welcher in Essig auflöslich und fähig ist, ein essigsaures Salz zu bilden.

3) Essigsaures Bley zersetzt in Wasser aufgelöstes schwefelsaures Kupfer. Das schwefelsaure Bley schlägt sich nieder, das essigsaure Kupfer bleibt in Auflösung und man klärt ab, um es der Evaporation zu unterwerfen und Kupferkristalle zu erhalten.

Die Destillation des essigsauren Kupfers liefert eine sehr pikante und condensirte Essigsäure, die unter dem Namen Radikalessig bekannt ist.

Der kristallisirte Grünspan wird zur Composition der Farben und als Beitze dem gewöhnlichen vorgezogen.

Funfzehntes Kapitel.

Von den Verbindungen der Sauerkleesäure.

Die Sauerkleesäure verbindet sich mit fast allen bekannten Basen; sie bildet ein unauflösliches Salz mit der Kalkerde und zieht sie aus fast allen Säuren; so daß man daraus ein vortreffliches reagirendes Mittel machen kann, um das Vorhandensenn dieser Erde überall da zu erkennen wo sie sich in Auflösung befindet. Man gibt zu diesem Gebrauche dem sauerkleesauren Ammonium den Vorzug weil seine Wirkung schneller ist.

Erster Abschnitt.

Von den Verbindungen der Sauerkleesäure mit dem Kali. (Säuerlichsauer kleesaures Kali, Sauerkleesalz).

Diese Verbindung bildet das Sauerkleesalz des Handels, von welchem Scheele, Westrumb und Hermbstädt uns gezeigt haben, daß es nichts als eine Verbindung von Kali und Sauerkleesäure ist.

Man bereitet dieß Salz in unsern Laboratorien nicht aus allen seinen Bestandtheilen, weil es öconomischer ist, es aus der Pflanze zu extrahiren, von welcher es den Namen trägt.

Boerhaave scheint der erste gewesen zu seyn, welcher das Verfahren beschrieben, durch welches man es aus der Pflanze zieht, die es enthält. Er sagt, man fange damit an, aus der rumex acetosa den Saft herauszudrücken; daß man dann sein sechsmaliges Gewicht an Regenwasser hinzuthue, um es durch ein Stück Leinwand filtriren zu können, die Flüssigkeit sodann bis zur Consistenz von Rahm evaporirt, und sie an einem frischen Orte aussetzt, nachdem man sie mit einer Lage Oel bedeckt, damit die Kristalle sich durch das Stillestehen niederschlagen.

Seit diesem berühmten Chemiker haben Marggraf, Bayen, Savary, Wenzel, Wiegleb und Baunach nach einander wichtige Thatsachen über die Bereitung dieses Salzes beygebracht.

Es scheint als habe man lange Zeit hindurch dieß Salz aus dem Safte der Sauerkleegattung gezogen, welche man Sauerklee (oxalis acetosella) nennt. Gegenwärtig ist es vorzüglich rumex acetosa foliis sagittatis des Linné, die dieß Salz liefert.

Wir verdanken Baunach treffliche Details, theils über die Art, wie diese Pflanze im Schwarzwalde gebaut wird, theils über die Weise, das Salz zu extrahiren und zu reinigen.

Man säet die Pflanzen im März und schneidet sie im Juny.

Man zerstampft sie in einem ungeheuren hölzernen Mörser, mittelst eines durch Wasser getriebenen Stämpels und thut den Saft und die Trester in hölzerne Kübel.

Man läßt diesen Saft und diese Trester in frischem Wasser zergehen, und einige Tage hindurch einweichen und bringt dann das Ganze unter den Druck einer Presse.

Man stößt die ausgepreßten Trester von neuem klein, indem man ein wenig Wasser hinzuthut, und behandelt sie wie das erste Mal.

Wenn der ausgedruckte Saft etwas erwärmt und in Kübel gegossen worden, so läßt man darin auf 1200 Pinten, 20 Pfund sehr weiße und feine thonige Erde zergehen; rührt um, und läßt die Masse still stehn.

Nach vier und zwanzig Stunden wird der obenaufschwimmende klare Saft abgegossen; der Bodensatz filtrirt, der abgeklärte Saft in Kessel von verzinntem Kupfer gegossen und bis zum Häutchen evaporirt.

Diesen verdickten Saft läßt man in Terrinen stehen, um die Kristallisation zu bewirken.

Man reiniget ihn sodann durch Auflösungen und wiederholte Kristallisationen.

Die Mutterlauge enthält Kochsalz und schwefelsaures Kali.

Aus einem Pfund von dieser Pflanze erhielt Baunach folgende Grundstoffe:

0 Unz. 1 Quentchen reines Sauerkleesalz.
0 — 0 — 4 Gran salzsaures Kali.
0 — 0 — $\frac{1}{4}$ — schwefelsaures Kali.
4 —, 0 — 0 — Extract.

Nach Savary liefern 50 Pfund Sauerklee, 25 Pfund Saft, welche wieder 2 Unzen 4 Quentchen Salz geben.

Dieß Salz scheint aus Prismen gebildet zu seyn, die mit einer ihrer Extremitäten vereiniget, mit der andern aber divergirend sind.

Wiegleb schildert ihre Gestalt als längliche, blätterige Rauten, von denen eine auf der andern steht. Delisle hat sie nur als sehr verlängerte Parallelopipeden gesehen.

Es sind sechs Theile kochenden Wassers erforderlich, um einen von diesem Salze aufzulösen, aber die Auflöslichkeit desselben ist verschieden nach der Reinheit und den Verhältnissen seiner Grundstoffe: nach Wenzel lösen 960 Theile kochenden Wassers 675 davon auf. In der Regel ist dieß Salz um so auflöslicher, als es reiner ist.

Man bedient sich des Salzes zu dem nämlichen Gebrauch als der Kleesäure aber es ist weniger wirksam als diese.

Sechszehntes Kapitel.

Von den Verbindungen der Boraxsäure.

Wir kennen nur eine Verbindung dieser Säure, welche von einigem Gebrauch in in den Künsten ist, nämlich das boraxsaure Natron, oder den Borax.

Erster Abschnitt.

Von den Verbindungen der Boraxsäure mit dem Natron. (Boraxsaures Natron, Borax).

Obgleich der Handel mit dem Borax seit langer Zeit im Gange ist, so gibt es doch vielleicht kein Produkt, über dessen Ursprung eine größere Ungewißheit Statt fände. Aus allen Erdichtungen aber, welche die Geschichte dieses Salzes bey den Schriftstellern verdunkeln, welche davon gesprochen haben, können wir einige Thatsachen ausheben, welche so allgemein für ausgemacht zu gelten scheinen, das man ihnen die Beystimmung nicht versagen kann.

Das nitron baurake der Griechen, das borith der Hebräer, baurach der Araber, boreck der Perser, burach der Türken, borax der Römer, scheinen nur eine einzige Substanz, das boraxsaure Natron der Chemiker, zu bezeichnen.

Man unterscheidet im Handel zweyerley Arten von Borax, den rohen und den raffinirten.

Der erste ist in seiner Qualität verschieden, je nachdem er rein ist, und nach dem Orte, woher er gezogen wird; in den Handel kommen zwey Sorten, die eine zur See aus Gomnon und Bengalen, die andre zu Lande aus Bender, nach Bassy Ispahan und bis nach Gihlan, von wo man ihn auf dem Caspischen Meere nach Astrachan verschifft, von da zu Lande nach Petersburg transportirt, und von Petersburg endlich zur See in die verschiedenen Häfen von Europa versendet.

Der erstere wird weniger geschätzt; der zweyte, der ein Caravanen-Borax ist, besteht fast ganz aus harten, grünlichen Kristallen.

Wenn man alles das zusammen nimmt, was die verschiedenen Geschichtschreiber über die Entstehung des boraxsauren Natrons in Persien, der Mongoley und Tibet erzählen, so scheinen alle darin übereinzukommen, daß dieß Salz sich in den Seen eines stehenden, scharfen und milchigen Wassers erzeuge, welches

welches sich natürlicher oder künstlicher Weise evaporirt, und in dem Gefäße Kristalle von boraxsaurem Natron ansetzt, die man losmacht und sorgfältig abtropfen läßt. Dieß geht hervor aus den Zeugnissen: 1) von Binot, einem Chirurgen auf einem Schiffe der Ostindischen Compagnie. 2) von Saunders, welcher Hastings nach Tibet begleitet und gemeldet hat, daß der See, in welchem man den Borax sammelt, funfzehn Tagereisen nordwestlich von Tissoolembo läge. 3) Von dem Naturforscher, der im Jahre 1766 dem Herrn Valmont de Bomare über den Indianischen Borax die detaillirtesten Nachrichten mitgetheilt hat.

Es scheint ferner nach den Berichten von Grill (in den Memoiren der Gesellschaft zu Stockholm von 1773), daß man, um in einem Theile von Tibet den Borax zu extrahiren, sechs bis acht Fuß tief in die Erde gräbt, und ihn in drey verschiedenen Qualitäten herauszieht. Auch hat ein Reisender dem Herrn Valmont de Bomare einen gediegenen Borax mitgebracht, von dem er ihm gesagt, daß man ihn in den Höhlen Persiens finde, und der weißlich aussieht, in Schichten liegt, einen sehr alkalischen, wenig zuckerigen und minder faden Geschmack hat, als der gewöhnliche Borax, und Persisches Salz genannt wird. Ein Particulier in Dresden entdeckte im Jahre 1755 in Sachsen eine Mineralerde, aus der er ein Produkt verfertigte, das zum Löthen geschickt war.

In Westindien findet man gleichfalls Borax. Diese Entdeckung verdankt man dem in Potosi etablirten Arzte Anton Carrère. Die Bergwerke von Riquintipa, und die in den Gegenden von Escapa liefern dieß Salz im Ueberfluß. Man gebraucht es bey dem Schmelzen des Kupfererzes.

Der rohe Borax ist in Tibet unter dem Namen Tinckal bekannt.

In der Regel findet man ihn incrustirt von einem aus einer fettigen Materie bestehenden Ueberzuge, wodurch er ein schmutziges Ansehn erhält.

Er hat in der Regel die nämliche Gestalt als der raffinirte, die eines sechsseitigen, ein wenig abgeplatteten, und in eine zweyeckige Pyramide auslaufenden Prisma's.

Der Bruch der Kristalle ist glänzend, hat einen grünlichen Schein.

Die Venetianer waren lange Zeit hindurch im Besitz des Verfahrens, wodurch der Borax gereiniget wird. Da aber der lange Krieg der Türken mit den Persern allen Zusammenhang mit der Levante unterbrochen hatte, zog sich dieser Zweig der

Industrie nach Holland, wo er sich bis zu den gegenwärtigen Zeiten erhielt da mehrere Werkstätten dieser Art in Paris eingerichtet worden sind.

Man weiß, daß der Tinckal (rohe Borax) wenig auflöslich in Wasser ist, und daß der damit vereinigte fettige Stoff nichts weiter thut, als daß er darin zergeht. Dieser Stoff ist es, welcher macht, daß die Auflösung nur schwer durch Filtra von Papier dringt. Ich habe die Erfahrung gemacht, daß 10 bis 15 Theile Wasser erforderlich sind, um den Borax im Grade des Aufwallens vollständig aufzulösen; durch bloßes Kaltwerden und gehörig ausgespartes Verdichten der Flüssigkeit erhält man nach und nach Kristallplatten, die man noch ein oder zwey Mal auflösen kann, um ihnen die gehörige Weiße zu geben. Man scheidet durch dieß Mittel die überschießende und nicht verbundene Portion dieses fettigen Princips, welches in der Mutterlauge bleibt, und alle erdige Materien aus, welche mehr oder weniger mit dem Tinckal verbunden sind.

Es scheint, daß die Holländer nichts thun, als daß sie den Tinckal acht Tage hindurch in warmem Wasser einweichen lassen; sie filtriren ihn sodann durch ein an der Oeffnung eines Filtrirsacks angebrachtes Sieb von Kupferfäden; verdichten die Auflösung bey kleinem Feuer in bleyernen Kesseln, und stellen sie in Gefäßen von dem nämlichen Metalle, welche sie mit Stroh umgeben und sorgfältig bedecken, um lange Zeit hindurch die Wärme zu erhalten, zum Filtriren hin, und nehmen erst funfzehn bis zwanzig Tage nachher den entstandenen Bodensatz von Kristallen heraus.

Dieß Verfahren, welches ich sorgfältig wiederholt habe, ist sehr genau; man erhält dadurch einen reinen Borax, welcher so rein ist, als die erste Gattung des in den Handel kommenden; aber es ist vortheilhaft, einige Tage hindurch die Auflösung bey einem Wärmegrade digeriren zu lassen, der dem des kochenden Wassers gleich kommt und beständig bleibt, ohne daß die Flüssigkeit bewegt wird; durch dieß Mittel wird ein großer Theil von allen, den Borax verunreinigenden, fremdartigen Materien niedergeschlagen, und die Flüssigkeit, welche auf ihnen schwimmt, bedarf fast des Filtrirens nicht mehr, um bey der Evaporation schöne Kristalle zu liefern. Man kann der Abklärung dieser Auflösung noch nachhelfen und sie beschleunigen, wenn man ein wenig weiße Thonerde darin zergehn läßt; diese Erde hat die Eigenschaft, daß sie die Substanzen, welche den Borax verunreinigen, einwickelt und schnell niederschlägt.

Man erhält in der Regel 75 bis 80 Pfund reinen Borax aus dem Centner indianischem Tinckal.

Das eben beschriebene Verfahren ist das einfachste und am wenigsten kostspielige unter allen Methoden zur Reinigung des Borax. Ich habe andre Mittel angewandt, welche mir keine größere Vortheile gewährten; aber ich glaube dennoch sie anzeigen zu müssen, um denen, welche sie versuchen wollten, einen Zeitverlust zu ersparen.

1) Der rohe Tinckal, wenn man ihn in einem leichten Natron-Wasser auflöst, und durch Evaporation gehörig verdichtet, liefert schöne Kristalle, das Produkt übersteigt selbst das durch das obenerwähnte Verfahren gewonnene, um 5 bis 6 Procent. Der Borax aber, welcher aus dieser Operation entsteht, effloreszirt auch leicht an der Luft, welches von einem Uebermaaße an Natron herrührt.

Uebrigens schien mir dieser Borax bey dem Gebrauch zum Löthen dem andern nicht nachzustehn.

2) Man kann das fettige Princip des Tinckals durch die Kalzination zerstören und dadurch die Auflösung dieses Salzes erleichtern. Seit 1779 hatte ich diese Versuche gemacht, aber auch eingesehn, daß man bey diesem Verfahren einen ungeheuren Verlust erleide; weßhalb ich meine Resultate nicht öffentlich bekannt machte; sondern mich bloß begnügte, meine Zuhörer davon zu überzeugen.

Obgleich die Auflösungen des kalzinirten Tinckals klärer sind und leichter durch das Filtrum dringen, als die des nicht kalzinirten; so geben diese letzteren doch schönere Kristalle als die ersten.

Man trifft im Handel zweyerley Arten des raffinirten Borax: der eine wird Holländischer und der andre Chinesischer genannt, alle beyde kommen aus den nämlichen Fabriken, aber der erste ist das Produkt der ersten, der andre dagegen der zweyten Kristallisationen. Die Kristalle des ersten sind schön, lose, und haben fast einen Zoll Länge auf einen gleichen Durchmesser. Er ist weiß, halbdurchsichtig und hat bey seinem Bruch einen fettigen Schein. Die Gestalt der Kristalle ist die eines sechsseitigen etwas abgeplatteten in drey- und zuweilen sechseckige Pyramiden auslaufenden Prisma's. Die zweyte Art besteht aus Platten, die auf einer ihrer Flächen kristallisirt und mit einem mehligen Staube bedeckt sind, der mir von der Natur der Thonerde zu seyn schien.

Der Borax hat einen ein wenig anziehenden und alkalischen Geschmack.

Er färbt Veilchensyrup grün.

Wenn man ihn dem Feuer aussetzt, so schwillt er an. Sein Kristallisationswasser verfliegt in Gestalt eines Rauchs, und er bildet sodann eine poröse, leichte, weiße und undurchsichtige Masse, welche kalzinirter Borax genannt wird. Wenn man ihn einem stärkeren Grade von Feuer unterwirft so nimmt er eine teigartige Form an, und schmilzt endlich zu einem durchsichtigen Glase von grünlichgelber Farbe, das in Wasser auflöslich ist, und an der Luft sich mit einer weißen Efflorescenz bedeckt, welche dessen Durchsichtigkeit trübt.

Dieß Salz erfordert achtzehn Mal sein Gewicht an Wasser bey einer Temperatur von 60 Graden Fahrenheit. Kochendes Wasser löst ein Sechstheil davon auf.

Der Borax ist eines der wirksamsten unter den uns bekannten Schmelzmitteln, und in Hinsicht dieser Eigenschaft gebraucht man ihn in allen den Fällen, wo es darauf ankommt, den Grad von Schmelzbarkeit gewisser Körper zu untersuchen, oder die Verglasung andrer Substanzen zu befördern; hauptsächlich bedient man sich seiner, wenn man zwey Metallstücke durch das Intermedium einer Versetzung an einander löthen will, die nur dann im Stande ist, sie zu vereinigen, wenn sie zuvor selbst geschmolzen worden.

Die Eigenschaft des Borax aber durch die Wirkung des Feuers anzuschwellen, würde seine Anwendung erschweren, wenn man sich seiner im Kristallzustande bediente: diese Bewegung des Aufschwellens würde die Metallstücke wieder auseinander bringen, die der Künstler in eine gehörige Lage gebracht; und die Dessins, welche er in mehrern Fällen durch die berechnete Aneinandersetzung von Metallen verschiedener Farben auszuführen vor hat, würden sehr irregulär ausfallen; man hat diesem Uebelstande zum Theil dadurch vorgebeugt, daß man den Borax kalzinirt und ihn nur in dem Augenblicke, wo er sich eben verglasen will, gebrauchet.

Die reinen Erden verhalten sich mit diesem Schmelzmittel, wie folgt:

Wenn man in kleinen irdenen Tiegeln unter dem Muffel eines Kapellir-Ofens einer durch zwey Stunden anhaltenden Wärme von 22 bis 26 Grad Wedgwood aussetzt:

1) Einen Theil Kieselerde und zwey Theile Borax, so gibt es: ein schönes, klares durchsichtiges Glas.

2) 1 Alaunerde, 2 Borax: ein schönes durchsichtiges Glas, von klarer grüner Farbe, welches wegen seines Anhängens an den Tiegel und dem schnellen Erkalten reisset.

3)

3) 1 Kalkerde, 2 Borax: ein schönes durchsichtiges Glas, von einer leichten gelblichen Farbe. Der Tiegel wird überall, da wo er mit dem in der Schmelzung sich befindenden Gemenge in Berührung gekommen, stark angegriffen.

4) 1 Talkerde, 2 Borax: ein halbdurchsichtiges, ein wenig milchiges, einem Gelee ähnlich sehendes, aber sehr hartes, auf der Oberfläche glänzendes und wegen seines Festhängens an dem Tiegel rissiges Glas.

5) 1 Baryterde, 2 Borax: ein schönes, vollkommen durchsichtiges, fast bis auf einen leichten gelblichen Anstrich, farbloses Glas, das nicht gesprungen ist, an dem Tiegel fest hängt, und hart genug ist, um einer Messerspitze zu widerstehen.

Der Borax bewirkt die Schmelzung von fast allen bekannten Substanzen, selbst deren welche beym Einfluß des Sauerstoffgases strengflüssig bleiben. Um ein Beyspiel von der Kraft seiner Wirkungen zu geben, darf ich nur bemerken, daß er bey den zuvor angeführten Versuchen das Schmelzen der Kieselerde bey dem 22sten Grad Wedgwood bewirkt hat, wogegen man dieß durch den Zufluß des Sauerstoffgases nur bey einem Wärmegrade erhalten konnte, der dem 4043sten Grade einer mit der Wedgwoodschen zu vergleichenden pyrometrischen Scala entsprach.

Bey allen metallurgischen und docimastischen Arbeiten, bringt man das Schmelzen der allerstrengflüssigsten Metalle und Metalloxyde dadurch hervor, daß man sie mit ein wenig Borax oder andern Körpern vermischt, die selbst leicht zum Schmelzen gebracht werden, oder den Sauerstoff aus den Oxyden entbinden können, die man reduciren will.

Sobald hier die Materie geschmolzen und durch ein heftiges Feuer flüssig gemacht worden, läßt man sie langsam abkühlen, das schwerere Metall sinkt dann zu Boden, und der verglaste Fluß bleibt auf der Oberfläche.

Ich habe gesehen, daß man sich des Borax mit einem wunderbaren Erfolge in den Glashütten bediente, vorzüglich in den Fällen, wo man genöthiget war, einen sehr strengflüssigen Sand, oder Alkalien von schlechter Qualität anzuwenden. Man darf zu der Composition nur einige Unzen Borax auf den Topf hinzuthun, und sie damit vermengen. Die Materie schmilzt sodann mit Leichtigkeit und bildet einen sehr geschmeidigen Teig, der sich ohne Mühe affinirt und ohne Anstrengung blasen läßt.

In einem Worte, man kann den Borax in allen Fällen gebrauchen, wo es darauf ankommt, das Schmelzen irgend einer Materie zu befördern. Er bleibt mit den Erden und Metalloxyden

den in Verein, und bildet glasige Massen mit ihnen. Er gesteht in eine glasartige Schicht über den Metallen, welche er durch Schmelzen aufgelöst. Er löst sich auf und verbindet sich mit allen salzigen Substanzen und es entstehen daraus salzige Composita.

Sein Gebrauch würde viel allgemeiner werden, wenn er sich häufiger fände; aber durch seine Seltenheit steht er in so hohem Preise, daß es unmöglich ist, ihn bey Schmelzungen im Großen und bey Arbeiten anzuwenden, deren Produkte nicht sehr kostbar sind. Uebrigens ist es in Kriegeszeiten auch schwer, sich Vorrath davon zu verschaffen, und um deswillen glaube ich hier einige Recepte mittheilen zu müssen, durch die man dem Mangel des Borax bis zu einem gewissen Grade abhelfen, oder ihn ersetzen kann.

1) Wir verdanken Georgi folgendes Verfahren:

Man löset Natron in Kalkwasser auf, legt die Kristalle, welche sich durch das Kaltwerden der Flüssigkeit absetzen, bey Seite, läßt die Lauge evaporiren, und löst den Rückstand in Milch auf, evaporirt wieder, und bedient sich dann des Rückstandes zu dem nämlichen Gebrauche als des Borax.

2) Struve und Exchaquet haben bewiesen, daß phosphorsaures Kali mit einer gewissen Quantität schwefelsaurer Kalkerde geschmolzen, ein vortreffliches Glas zum Löthen der Metalle bilde. (Siehe Journal der Physik Th. XXIX. S. 78 und 79).

3) Pelletier hat gut pulverisirtes phosphorisches Glas mit Nutzen zum Löthen von Silber anwenden lassen.

4) Lemery schlägt eine Composition von durch Kohlen fixirtem Salpeter, Alaun und Urin vor; dieß Gemenge wird bis zur Trockene evaporirt.

Die chrysocolla, von welcher Dioscorides spricht, und deren sich die Alten, so wie wir des Borax, bedienten, war nichts als eine Löthmaterie, welche sich die Arbeiter selbst aus Kinder-Urin und Kupferrost, der in einem kupfernen Mörser zerrieben wurde, bereiteten.

Sieben-

Siebenzehntes Kapitel.

Von den Verbindungen der Blausäure.

Die Blausäure ist so flüchtig, daß man sie nur mit vieler Mühe rein und frey von aller Verbindung erhalten kann; sie bildet sehr verschiedenartige Salze mit den verschiedenen Basen.

Nach der wichtigen Entdeckung des blausauren Eisens, der am meisten bekannten Verbindung der Blausäure, hat Macquer gelehrt, sie auf andre Substanzen unter dem Namen Färbestoff der Blausäure zu übertragen, ohne daran zu denken, daß dieß eine besondre Säure sey.

Wenn man blausaures Kali destillirt, geht die Blausäure zum großen Theil in den Recipienten in Auflösung in Wasser über; diese Flüssigkeit verändert die Pflanzenpigmente nicht; wenn man sie mit den Alkalien vermengt, so scheiden sie alle Säuren daraus, und sie entbindet sich aus ihnen, indem sie den elastischen Zustand annimmt.

Wenn man dagegen diese Auflösung von blausaurem Kali mit Eisenoxyd aufkochen läßt, so bildet sich eine neue Verbindung, welche neue Eigenschaften hat, und gelbe, achteckige Kristalle bildet.

Der mächtigen Verwandtschaft der Blausäure zu den Metalloxyden ist auch die Kraft zuzuschreiben, die sie unter diesen Umständen bey ihrer Einwirkung auf diese Oxyde annimmt.

Da das einzige in den Künsten anwendbare blausaure Salz dasjenige ist, welches die Säure mit dem Eisenoxyd bildet, so werden wir uns hier darauf einschränken, bloß von diesem zu handeln.

Erster Abschnitt.

Von den Verbindungen der Blausäure mit dem Eisen. (blausaures Eisen, Berliner-Blau).

Herr Proust, welchem wir eine sehr interessante Arbeit über die verschiedenen Grade der Oxydation der Metalle verdanken, nimmt nur zwey für das Eisen an, und behauptet, daß die Blausäure ein weißes blausaures Salz mit dem am mindesten oxydirten Eisen, und ein blaues blausaures Salz mit dem im höchsten Grade oxydirten Eisen bilde.

Herr Berthollet setzt diese Verschiedenheit der Wirkungen weniger auf Rechnung der verschiedenen Oxydation des Eisens, als

als der sehr unvollständigen Zersetzung des schwefelsauren Eisens, die dann erfolgt, wenn das Metall wenig oxydirt ist, weil sodann die Schwefelsäure viel fester an der Basis hängt. Er gründet seine Meynung darauf, daß wenn man das Gemenge von blausaurem Kali und schwefelsaurem Eisen durch Wasser verdünnt, dieß Gemenge eine dunkelblaue, aber in das grünliche fallende Farbe annimmt, und daß, wenn man eine Säure auf ein weißes, blausaures Salz gießt, die Wirkung der Blausäure sich vermehrt, und die Farbe in blau übergeht. Man bedient sich vorzugsweise der Salzsäure, der schweflichen und phosphorichten Säure, welche alle diese Wirkung hervorbringen, ohne daß man voraussetzen darf, daß sie dem Oxyd Sauerstoff mittheilen. Herr Berthollet hat diese Versuche in Flaschen wiederholt, die augenblicklich zugepfropft wurden um gewiß zu seyn, daß die atmosphärische Luft nicht den Sauerstoff liefere; und er hat gefunden daß das weiße blausaure Salz durch die Beymengung der Schwefel = Salz = schweflichen und phosphorichten Säure blau werde.

Herr Berthollet stellt deswegen nicht in Abrede, daß der Zustand der Oxydation nicht einige Verschiedenheit zwischen den blausauren Salzen hervorbringen sollte; das, zum Beyspiel, in welchem das Eisen wenig oxydirt ist, hat eine klarere blaue Farbe, und schlägt sich weniger schnell aus der Flüssigkeit nieder, in der es entsteht.

Wir werden in den Werkstätten, wo man das blausaure Eisen für die Künste bereitet, und in denen es unter dem Namen Berliner=Blau bekannt ist, sehen können, auf welche Weise die Verbindung der Blausäure mit dem Eisen geschieht. Diesen Beschreibungen schicken wir einige Details über den Ursprung einer der kostbarsten Entdeckungen voraus, die man dem Zufalle verdankt.

Stahl erzählt, daß **Dippel** dem Lackfabrikanten **Diesbach** eine Quantität Pottasche abgelassen, auf welcher er thierisches Oel destillirt hatte. Diesbach, welcher gewöhnlich den Lack aus einer Auflösung von Cochenille Alaun und einem wenig schwefelsauren Eisen mittelst eines Alkali's niederschlug, war sehr verwundert, als er, nachdem das, welches er von dem Berliner Chemiker bekommen hatte, einen blauen Niederschlag erhielt. Er theilt dieß Resultat **Dippeln** mit, der den Grund davon untersuchte, und das Mittel fand, mit geringen Kosten die schöne Farbe zu bereiten, die nach dem Orte ihres Ursprungs **Berliner=Blau** genannt wird.

Diese Entdeckung wurde in den Memoiren der Berliner Akademie vom Jahre 1710 bekannt gemacht, aber das Verfahren bis 1724 geheim gehalten, wo Woodward es in den philosophischen Transactionen (Philosophical Transactions) so bekannt machte, wie es ihm von einem seiner Freunde aus Deutschland mitgetheilt worden war. Bis dahin hatte man sich der Blutkohle bedient, um dem Alkali die Eigenschaft mitzutheilen, das Eisen blau niederzuschlagen; aber der Arzt Geoffroy bewies im folgenden Jahre, daß die Kohle aus allen thierischen Materien die nämliche Wirkung hervorbringen könne, und daß auch Pflanzenkohlen diese Eigenschaft, wenn gleich in einem geringeren Grade, besäßen.

Seit dieser Zeit haben die verschiedene Chemiker, welche sich mit diesem Gegenstande beschäftigen, mehr gesucht die Theorie des Phänomens zu erforschen, als das Verfahren zu vervollkommnen.

Im Jahre 1782 war es, als der berühmte Scheele die Säure, welche sich mit dem Eisen verbindet, um das Berliner blau hervorzubringen, im freyen Züstande darstellte Diese Säure wird heut zu Tage Blausäure genannt, und man kann sie hauptsächlich aus thierischen Substanzen extrahiren, weil sie in solchen im größten Maaße vorhanden ist.

Alle bekannte Methoden zur Bereitung des Berlinerblaues kommen darin überein, daß man damit anfängt, die thierischen Materien mit Kali zu kalziniren, damit man sich der Säure mit Hülfe dieses Alkali's bemächtige, und daß man sodann eine Auflösung von schwefelsaurem Eisen und schwefelsaurer Alaunerde mit diesem blausauren Kali vermengt, um das blausaure Eisen zu erhalten, welches immer eine Portion Alaunerde und Kali in sich enthält.

Dieß Verfahren bey der Fabrikation ist aber verschieden: 1) nach der Wahl der thierischen Materien; 2) nach der Bereitung des Alkali's; 3) nach der Methode der Kalzination. 4) nach den Verhältnissen zwischen der schwefelsauren Alaunerde und dem Eisen; 5) nach der Manier es zu formen.

1) Das Blut war die erste und einzige thierische Materie, deren man sich zu dieser Bereitung bediente; und man muß gestehen, daß, in Hinsicht des daraus gewonnenen Produkts es keine vorzüglichere gibt.

Von einer Seite aber haben die Schwierigkeit es zu trocknen, und von der andern die Umständlichkeit anderswo als in großen Städten einen Vorrath von dieser Substanz zu erhalten, die

Fabri-

Fabrikanten dazu gebracht, irgend eine andre Materie an dessen Stelle zu setzen.

Weber hat uns gelehrt, daß man sich in Deutschland zu diesem Gebrauche der Hörner, Hufe und andrer thierischer Materien bedient.

Herr Guyton Morveau hat bewiesen, daß Ochsenhaare eine gute Färbelauge geben.

Brown hat gezeigt, daß das Fleisch die nämliche Eigenschaft habe.

Delius hat 1778 behauptet, daß man sich statt des getrockneten Blutes mit Vortheil der Haare bedienen könne, und in den Crellschen Annalen bekannt gemacht, daß der trockene Pferdemist sehr brauchbar wäre, wenn man nur die Kalzination nicht zu weit treibe, durch welche das nicht gehörig verdaute Futter schnell in den Zustand eines reinen Alkali's überginge.

Baunach erzählt, daß man in den schwäbischen Berlinerblaufabriken unter die thierischen Materien alle Abgänge von Leder nimmt, welche sich bey den Sattlern, Riemern und Schustern vorfinden.

Noch kann man sich mit Nutzen der Stücken von den Häuten bedienen, welche man in den Gärbereyen wegwirft; so wie der Haare und des Fleisches, welche man bey dem Abschaben und Ausfleischen der Häute losmacht; aber man muß diese Abgänge vor ihrer Anwendung gehörig auswaschen, um die Kalkerde hinwegzubringen, von welcher sie durchdrungen sind.

Auch nimmt man zur Bereitung des Berlinerblaues die vegetabilischen Kohlen, und den Ruß von Torf und Steinkohlen; aber diese Substanzen können in Hinsicht des Resultats mit den wesentlich thierischen Materien keine Vergleichung aushalten.

2) Bey dem Verfahren, welches Woodward im Jahre 1724 bekannt machte, bereitet man das Alkali durch Deflagration gleicher Theile Weinstein und Salpeter. Heut zu Tage nimmt man Kali in fast allen Berlinerblaufabriken.

3) Bevor das Verfahren bis zu dem Grade vervollkommnet wurde, wo es jetzt steht, fing man damit an, daß man die thierische Materie in Kohle verwandelte, worauf man diese Kohle mit Kali kalzinirte, um blausaures Kali zu erhalten.

Diese Methode wird noch in vielen Fabriken befolgt; man vermengt in diesen die thierische Kohle und das Kali in sehr verschiedenen Verhältnissen nach der Natur der Materien, die man anwendet; Baunach hat gesehen, daß man das Gemenge aus

10 Pfund Kohlen und 30 Pfund Alkali machte; und Weber hat gesehen, daß man in einigen deutschen Fabriken 100 Pfund Kali mit 75 Kohlen zusammenmengt.

Es gibt Fabriken, wo man die thierischen Materien in eisernen Retorten destillirt, um das Oel nicht zu verlieren, welches man daraus extrahirt; man kann durch dieß Mittel Oel, kohlensaures Ammonium und Kohlen erhalten, und dieß letztere Produkt kann eine Fabrikation von Berlinerblau unterhalten, während das kohlensaure Ammonium die Basis bey einer Salmiakfabrikation nach dem bereits von uns beschriebenen Verfahren zu bilden im Stande ist.

Ich habe andere Berlinerblaufabriken gesehen, wo man gleiche Theile von Blut und Kali vermengt, um sie in eisernen Kesseln zu kalziniren; auch habe ich mich selbst überzeugt, daß man mit Nutzen, wenigstens in Rücksicht auf die Oeconomie, statt des Kali's, Weinstein nehmen könne.

4) Man hat überall die Gewohnheit, schwefelsaure Alaunerde und schwefelsaures Eisen zur Fabrikation des Berlinerblaues zu nehmen; die Alaunerde, welche sich unter diesen Umständen dem blausauren Eisen vermengt, gibt dieser Farbe ein sanfteres Ansehn und die nöthige Geschmeidigkeit, um daraus einen Teig bilden zu können, den man trocknet, und dann nach Willkühr formen kann.

Aber die Verhältnisse zwischen diesen beyden schwefelsauren Salzen sind nicht überall die nämlichen. Weber behauptet, man nehme in Deutschland 6 Theile Alaun auf einen Theil schwefelsauren Eisens; Baunach hat gesehn, daß man das Gemenge von 4 Theilen Alaun, und anderthalb schwefelsaurem Eisen macht; und chemische Werke schreiben in der Regel 8 Theile Alaun, auf 6 Vitriol vor.

Alles dieses beweiset, daß die Verhältnisse sich nicht mit völliger Strenge angeben lassen; der Fabrikant muß sie seinen Absichten nach festsetzen, und darauf Rücksicht nehmen ob er ein mehr oder weniger dunkles Blau hervorbringen will. Wünscht er ein sehr helles zu haben, so vermehrt er das Verhältniß des Alauns, und vermindert es im Gegentheil, je nachdem es dunkler werden soll.

5) Noch gibt es Fabriken, in denen man, nachdem man die Alaunerde und das Eisen durch blausaures Alkali niedergeschlagen, über diesen Niederschlag ein wenig Salzsäure gießt, um die Farbe zu erhöhen. Diese Säure trägt dazu bey, der Farbe Lebhaftigkeit zu geben, indem sie auf das Eisen eine stärkere

kere Dosis an Blausäure auftragen läßt, weil sie dahin strebt, sich des Kali's des blausauren Salzes zu bemächtigen. Noch gewährt sie den Vortheil, daß sie das wenige gelbe Oxyd auflöst, welches sich aus dem Eisen niedergeschlagen, ohne mit der Blausäure in Verbindung getreten zu seyn.

Nach diesen allgemeinen Grundsätzen würde man sich in den zur Fabrikation des Berlinerblaues gehörigen Operationen leicht richten können. Um jedoch ihre Ausführung zu erleichtern, wollen wir das Verfahren beschreiben, welches man in den deutschen Fabriken befolgt.

Man kalzinirt in eisernen Kesseln, oder destillirt in dicken eisernen Cylindern, Hörner, Haare und andre Abgänge thierischer Natur, bis daß das Ganze sich in eine Kohle verwandelt.

Sodann thut man 100 Pfund Pottasche in einen eisernen Kessel, setzt diesen einem sehr heftigen Feuer aus, schüttet, sobald die Pottasche geschmolzen ist, 75 Pfund pulverisirter, thierischer Kohle darauf; rührt das Gemenge sorgfältig um, bringt es wieder zum Schmelzen, und thut nach einer halben Stunde 25 Pfund Kohlen, und nach Verlauf einer anderweitigen halben Stunde noch ein Mal die nämliche Quantität Kohlen hinzu.

Wenn dieß Gemenge fertig ist; so unterhält man das Feuer einige Stunden hindurch; indem man diesen Teig ununterbrochen mit einer eisernen Spatel umrührt.

Es erhebt sich dann die ganze Zeit über, eine röthlichweiße Flamme, die auf der Oberfläche brennet, dann schwächer wird, und endlich bloß unter Zurücklassung eines kleinen blauen Flämmchens verschwindet.

Nunmehr hält man mit der Kalzination inne: der Grad der Wärme muß die ganze Zeit durch die sie unterhalten wird, so seyn, daß die Materie in der Rothgluth bleibt.

Diese zieht man ganz roth aus dem Kessel, und löscht sie in einem mit kochendem Wasser angefüllten Kübel ab. Dieß erste Wasser wird abgeklärt und man thut dann den Rückstand in den Kessel, wo man ihn während einer halben Stunde mit neuem Wasser aufkochen läßt. Dann filtrirt man die Laugen durch Leinwand oder etwas dicht gewebtes wollenes Zeug.

Diese Auflösung wird Blutlauge, phlogistisches Alkali, Auflösung von blausaurem Kali genannt.

Von einer andern Seite löst man 200 Pfund Alaun und Vitriol in einer hinreichenden Quantität Wasser auf; indem man so, wie wir bereits bemerkt, mit den Verhältnissen dieser

beyden

beyden Salze nach der Intensität der Farbe, welche man zu erhalten wünscht, abwechselt, und vermengt diese Auflösung mit der Färbelauge; indem man sie durch ein Stück Leinwand, das zum Filtrum dient, durchseihet.

Sobald die beyden Auflösungen mit einander vermengt sind, setzt sich der blaue Niederschlag zu Boden. Man klärt dann die obenaufschwimmende Flüssigkeit ab, und wäscht den Niederschlag in kochendem Wasser aus, um alle in Hinsicht auf die Composition des Berlinerblaues, fremdartige Salze daraus zu extrahiren.

Der Niederschlag wird sodann zum Abtropfen auf einem leinenen Tuche ausgebreitet, wonächst man ihn unter einer hölzernen Presse auspreßt, und ihn im Schatten, oder in einer Trockenstube trocknet, um der Farbe alle Intensität zu erhalten.

Noch wäscht man ihn zuweilen mit Salzsäure aus.

Das Berlinerblau hat in der Regel eine lebhafte und starke Farbe.

Man zieht im Handel dasjenige vor, welches leicht und im Bruch nicht glänzend ist.

Das Berlinerblau lieferte mir bey der Destillation auf die Unze:

Ammonium, 1 Quentchen 60 Gran.
Wasserstoffgas mit blauer Flamme, 164 Zoll.
Eisenoxyd, 1 Quentchen 30 Gran.
Alaunerde, 2 — 54 — und ein wenig Wasser.

Bey dieser Operation wird die Säure durch die Wirkung des Feuers zersetzt und zwey ihrer Grundbestandtheile erzeugen Ammonium, während der andre im Zustande von Wasserstoffgas verfliegt.

Um blausauren Kalk zu bilden, aus dem man eine Probeflüssigkeit gemacht hat, die sehr bequem und sicher ist, um Eisenatome zu entdecken, die sich in einer Flüssigkeit aufgelöst befinden, ist es hinreichend, zwey Unzen pulverisirtes Berlinerblau in kochendem Wasser zu waschen; dann gießt man zwey Pinten Kalkwasser darauf und läßt sie einige Stunden aufkochen, filtrirt und bewahrt die Flüssigkeit auf, bis man ihrer bedarf. Sie hat eine gelbe Farbe und ist nur 1,005 specifisch schwer.

Blausaures Kali wirkt weniger sicher und schnell, als blausaure Kalkerde. Außer daß es eine Portion Eisenoxyd enthält, welches fast davon unzertrennlich ist, und nothwendigerweise die Resultate verändern muß, ist es bey weitem weniger zart und weniger zersetzlich als blausaurer Kalk, weßhalb man auch diesem letztern bey allen delicaten Operationen den Vorzug gibt.

Achtzehntes Kapitel.

Von den Verbindungen der Galläpfelsäure.

Es ist mit der Galläpfelsäure der nämliche Fall wie mit der Blausäure: ihr saurer Charakter ist wenig merkbar *), sie zersetzen sich leicht, aber ihre Verbindungen mit gewissen Basen, vorzüglich mit dem Eisen, abgesehen davon, daß sie Eigenschaften haben, welche sie sehr schätzbar machen, widerstehen den zerstörenden Agentien viel mehr, als die Säuren selbst.

Erster Abschnitt.

Von den Verbindungen der Galläpfelsäure mit dem Eisen. (Gallussaures Eisen, Dinte).

Diese Verbindung bildet die Dinte, deren man sich zum Schreiben bedient, und die meisten schwarzen Farben zum Zeugdruck.

Man darf nur dieß anführen, um zu zeigen, daß das gallussaure Eisen eines der nützlichsten und zugleich am häufigsten gebrauchten Salze ist.

Wir werden hier bloß von der Dinte handeln. Das, was die Färberey betrifft, wird bey jener Materie seinen Platz finden.

Die Eigenschaften einer guten Dinte sind folgende:

1) Eine sehr schwarze Farbe.
2) Daß sie leicht und gleichförmig aus der Feder fließt.
3) Daß sie nicht in die Substanz des Papiers eindringt.
4) Daß sie schnell trocknet.
5) Daß sie nicht gelb wird.
6) Daß sie durch Reiben sich weder verlöschen noch verwischen läßt.

Aus der vollkommenen Kenntniß der Eigenschaften aller Substanzen, welche in die Composition der Dinte kommen, kann man die Mittel herleiten, ihr alle die Eigenschaften mitzutheilen, welche sie haben muß, und dadurch die Ursachen der Fehler entdecken die sie oft hat.

Unter den Ingredienzien, welche in die Dinte kommen, gibt es nothwendige und wieder andere, deren Gebrauch bloß als Nebensache zu betrachten und die nur die Absicht haben, ihr irgend eine Eigenschaft mehr zu erwerben, oder ihre Stärke zu verbessern.

Zu

*) Dieß ist ein Irrthum. Gallussäure schmeckt ziemlich stark sauer, und röthet auch das Lackmuspapier. Der Blausäure fehlen beyde Eigenschaften. H.

Zu der ersten Classe kann man die Galläpfel und den Vitriol rechnen, weil es ohne diese Substanzen keine schwarze Farbe gibt.

In die zweyte gehören: Gummi, Campecheholz, schwefelsaures Kupfer, Alaun und Zucker.

Der Excipient des gallussauren Eisens, welches die eigentliche Basis der Dinte ausmacht, ist das Wasser, zu welchem man oft Wein, Bier, Essig oder Brannteweín hinzuthut.

Die Arbeiten der Herren **Lewis**, **Neumann**, **Monnet**, **Guyton**, **Scheele**, **Déyeux**, **Berthollet** und **Proust** haben uns nach und nach ziemlich genaue Kenntnisse über die Galläpfel verschafft; so daß wir ihre Wirkung auf das Eisen einsehn und die Ursache des Vorzugs, den diese Substanz vor allen andern hat, durch die man sie würde ersetzen wollen, angeben kann.

Die Galläpfel sind ein vegetabilischer Auswuchs, welcher seine Entstehung der Entwicklung der Larven eines Insektes verdankt, und folglich einige Eigenschaften hat, wodurch er den thierischen Erzeugnissen nahe kommt.

Sie sind von den Pflanzen-Adstringentien, als Lohe, Sumach u. s. w. in sofern wesentlich verschieden, als sie die Gallussäure völlig ausgebildet in sich enthalten, welche Herr **Berthollet** in den andern Adstringentien nicht gefunden hat.

Die Galläpfel bestehen also aus zwey sehr bestimmten Grundstoffen, dem Gerbstoff und der Gallussäure. Das erste dieser Produkte haben sie mit allen adstringirenden Pflanzen gemein, das zweyte scheint ihnen eigenthümlich zu seyn *).

Man scheidet diese Stoffe durch ein sehr einfaches Verfahren von einander, welches man Herrn **Proust** verdankt. Es scheint mir durchaus nothwendig dieß hier anzuführen, obgleich wir davon bereits bey dem Artikel Galläpfelsäure gehandelt.

Dieß Verfahren besteht nämlich darin, daß man die Auflösung der Galläpfel durch eine Auflösung von Zinn in salpetersaurer Salzsäure, die durch Vermengung von einem Theile Salzsäure und zwey Theilen Salpetersäure bereitet worden, niederschlägt; es bildet sich sodann ein reichlicher, gelblicher Bodensatz, über dem eine blaßgelbe Flüssigkeit steht. Man filtrirt sodann sorgfältig und wäscht den Niederschlag aus, der auf dem Filtrum bleibt.

*) Nach meiner eignen Erfahrung gibt es keine einzige adstringirende Pflanze, welche nicht zugleich Gallussäure enthalten sollte. H.

Die Flüssigkeit enthält Galläpfelsäure, gemengt mit Salzsäure und salzsaurem Zinn.

Der Niederschlag ist eine Verbindung von Gerbstoff und Zinn.

Man scheidet das Zinn aus der Auflösung; indem man es durch geschwefeltes Wasserstoffgas als ein Geschwefeltes niederschlägt. Dann erhält man die Gallussäure durch Evaporation der Flüssigkeit in Gestalt von Kristallen. Nachdem man also das mit dem Gerbstoff in Verbindung stehende Zinnoxyd in Wasser zergehen lassen, so bemächtiget man sich des Zinnes durch geschwefeltes Wasserstoffgas, und der frey gewordene Gerbstoff löst sich in Wasser auf. Man filtrirt, evaporirt und macht einen Extract, welcher aus nichts besteht, als aus Gerbstoff, welchen man in Alkohol auflösen kann, um ihn aufzubewahren.

Der Gerbstoff schlägt das Eisen blau nieder.

Die Galläpfelsäure schlägt ihn schwarz nieder, wenn das Eisen in der Auflösung stark oxydirt ist, oder wenn man ihrer Wirkung auf das Eisenoxyd dadurch nachhilft, daß man die der Schwefelsäure durch Wasser oder Alkalien schwächt.

Herr Proust meynte, daß das Eisen nur dann schwarz niedergeschlagen werden könne, wenn es den höchsten Grad von Oxydation erreicht habe und gründet diese seine Meynung:

1) Darauf, daß die Galläpfel-Infusion das Eisen des grünen schwefelsauren Salzes nicht schwarz niederschlägt.

2) Darauf, daß der Niederschlag durch die Berührung der Luft und Absorption ihres Sauerstoffs schwarz wird.

3) Darauf, daß das Eisen des rothen schwefelsauren Salzes immer schwarz niedergeschlagen wird.

Herr Berthollet hat sich gegen die Meynung dieses berühmten Chemikers erklärt, und behauptet, daß, in allen Fällen, wo das Eisen nicht schwarz niedergeschlagen wird, die Galläpfelsäure auf dasselbe nicht mit der gehörigen Kraft wirken kann, um es der Schwefelsäure in hinlänglicher Quantität zu entziehen; aber daß es hinreichend ist, die Affinität dieser letzten Säure zu schwächen; indem man die Auflösung des schwefelsauren Salzes in Wasser zergehen läßt, oder ein wenig Alkali hinzufügt, um die schwarze Farbe zu entwickeln. Er stützt seine Meynung auf einige directe Thatsachen, welche beweisen, daß die Galläpfelsäure die man in verschlossenen Gefäßen mit Eisen aufkochen läßt oder die man zum Digeriren im kalten Wege auf Eisen thut, ein schwarzes galläpfelsaures Salz hervorbringt; so wie die Niederschlagung des Eisens aus dem essigsauren Salze dieses Metalles durch Galläpfelsäure.

Herr Berthollet schließt aus diesen bekannten Thatsachen, daß es nicht nothwendig ist, daß das Eisen den höchsten Grad der Oxydation erreicht habe, um daß der Niederschlag schwarz werde. Er stellt jedoch nicht in Abrede, daß sehr oxydirtes Eisen nicht ein dunkleres Schwarz hervorbringe, und schreibt der Galläpfelsäure die Eigenschaft zu, das Metall zum Theil zu desoxydiren und es zu dem Zustande von Ethiops zu bringen. Diese neue Behauptung gewinnt einen großen Anstrich von Wahrheit, wenn man darauf Rücksicht nimmt, daß die Galläpfelsäure Gold und Silber im Metallzustande niederschlägt.

Man muß die Wirkung des Gerbstoffs nicht als unnütz bey der Bildung der Säure betrachten, weil er mit dem Eisen einen blauen Niederschlag bildet.

Wir verdanken der chemischen Classe der Pariser Akademie der Wissenschaften einige sehr genaue Resultate über die vergleichende Wirkung einiger von den bekanntesten Adstringentien und des schwefelsauren Eisens.

Diese, im Jahre 1793 gemachten Erfahrungen haben bewiesen:

1) Daß bey einem gleichen Gewichte von Galläpfeln und eichener Rinde die erstere wenigstens vierzig Mal so viel adstringirenden Stoff enthalten als die zweyte.

2) Daß der Niederschlag, den man aus dem Gallapfel enthält, eine dunkelviolette, der aus eichener Rinde aber eine dunkelbraune Farbe hat, und daß der erstere der Wirkung der Säuren einen viel stärkeren Widerstand leistet als der letztere, welches einen bedeutenden Unterschied zwischen ihnen begründet.

4) Daß 800 Pfund eichener Rinde erforderlich sind, um eine gleiche Wirkung hervorzubringen, als 20 Pfund Galläpfel von Aleppo.

5) Daß der Gallapfel fast vor allen andern Adstringentien den Vorzug hat, daß er sich fast ganz in Wasser auflöset. Der Rückstand beträgt nach einem langen Aufwallen nur ein Achttheil.

Obgleich es durch die eben mitgetheilten Versuche der Chemiker erwiesen zu seyn scheint, daß man bey der Wollenfärberey die Galläpfel durch eine größere oder geringere Dosis von irgend einem andern Adstringens ersetzen könne; so ist es dennoch gegründet, daß beym Färben von Zwirn und Baumwolle, so wie bey der Composition der Dinte, nichts ihre Stelle vertreten kann.

Um die Wirkung der Galläpfel auf das Eisen besser verstehen zu lernen, werde ich die Versuche, die ich selbst gemacht habe, erzählen:

1) Wenn man einen Tropfen von einer Abkochung von Galläpfeln auf eine eiserne Platte fallen läßt; so sieht man sogleich die Ränder schwarz werden und nach und nach nimmt das Ganze eine herrliche und sehr glänzende schwarze Farbe an.

So wie die Flüssigkeit verdunstet, wird der Tropfen auf seiner Oberfläche runzlig; senkt sich sodann und es bleibt am Ende nichts übrig, als ein schwarzes Pulver.

2) Wenn man eine Abkochung von Eichen oder von irgend einem andern Adstringens nimmt; so entwickelt sich eine Farbe, welche bey weitem minder schwarz ist, als wenn man sich der Galläpfel bedient.

3) Wenn man das dergestalt gefärbte Eisen in Wasser taucht; so währt es nicht lange, und man sieht die Flecken, welche von den Galläpfeln hervorgebracht worden, sich mit Blasen bedecken, die auf der Oberfläche zerplatzen und die Priestley schon für Wasserstoffgas erkannte.

Das Wasser, welches durch die andern Adstringentien gefärbt wird, läßt ein gelbes Pulver niederschlagen, ohne daß sich daran eine einzige Gasblase zeigt.

4) Wenn man eine Abkochung von Galläpfeln auf Eisenfeile gießt, und diese damit bedeckt, so färbt sich nach und nach die Flüssigkeit, das Eisen wird schwarz und in einigen Tagen hat man eine sehr schwarze Dinte.

Die Abkochung eines andern Adstringens, wenn sie auf gleiche Weise behandelt wird, färbt sich nicht merklich.

Hier hat man einen neuen Beweis von der Macht, welche die Luft bey der Oxydation ausübt, wenn sie mit einer Säure zusammenwirkt. Wenn das Eisen durch das Abkochen bloß feucht gemacht ist, so bedarf es nur einiger Stunden, um eine recht schwarze Farbe darin zu entwickeln; wenn es aber naß und vollkommen eingetaucht in die Flüssigkeit ist, so sind mehrere Tage nöthig, um diese Wirkung hervorzubringen.

5) Wenn man der Wirkung der Galläpfelabkochung durch Wärme nachhilft, so erzeugen sich Kohlensäure und Wasserstoffgas. Mir schien es immer, daß die Kohlensäure zuerst überginge. In der Retorte bleibt nichts, als ein schwarzes Eisen, vermengt mit einer sehr schwarzen Kohle. In diesem Falle ist die Säure zersetzt.

Es scheint nach diesen Erfahrungen, daß die Abkochungen adstringirender Pflanzen auf Eisen eben so wie Säuren wirken. Sie oxydiren dasselbe, bis solches in den Zustand von Ethiops gekommen ist.

Noch

Noch scheint es, als ob durch die Wirkung des Sauerstoffs auf die Abkochung von Adstringentien, der Kohlenstoff frey gemacht werde.

Um dieß letztere Phänomen zu begreifen, muß man wissen, daß nach dem Indigo, der Gallapfel unter allen Pflanzensubstanzen diejenige ist, welche am meisten Kohlenstoff liefern; so daß, wenn der Sauerstoff sich auf eine Abkochung desselben überträgt, er Wasser mit dem Wasserstoffe bildet, und der Kohlenstoff fast frey wird. Man sieht hieraus, warum alle Abkochungen und die feuchten Extracte adstringirender Pflanzen an der Luft schwarz werden, und warum die Compositionen für schwarz um so besser sind, je älter und je mehr sie ausgelüftet sind.

Es folgt aus dem Vorhergehenden, daß den Galläpfeln vor allen Adstringentien bey Bereitung der Dinte, der Vorzug gebühre.

Aber alle Arten von Galläpfeln, welche im Handel bekannt sind, können nicht ohne Ausnahme gebraucht werden; die weißen und leichten, welche man in Spanien oder im mittäglichen Frankreich sammelt, sind von mittelmäßiger Güte; so auch die dornigen Galläpfel. Die besten sind die schwarzen und schweren, oder wenigstens das Gemenge von schwarzen und weißen Galläpfeln, welches im Handel Gallapfel in Sorten genannt wird.

Die nämliche Sorgfalt muß auf die Wahl der Eisenverbindungen gewendet werden. Die schwefelsauren und salzsauren Salze werden schwerer durch die Galläpfelsäure zersetzt, als die essigsauren. Man muß also lieber diese letztern nehmen. Da sie sich jedoch nicht im Zustande von Kristallen vorfinden, und es mithin schwer ist, die Dosen zu bestimmen, da sie übrigens auch nicht in den Handel kommen; so hat man sich bis jetzt nur der Schwefelsäuren bedient.

Das schwefelsaure Eisen des Handels schlägt sich jedoch nicht schwarz mit der Galläpfelsäure nieder, und nur mit der Zeit färbt sich die Flüssigkeit; dieß hat Herrn **Proust** zu dem Vorschlage des rothen schwefelsauren Salzes bewogen, in dem das Eisen sich auf dem höchsten Punkte der Oxydation befindet, und woraus es in ein schönes Schwarz niedergeschlagen wird.

Ich habe das Mittel gefunden, dem schwefelsauren Eisen mit geringen Kosten und in kurzer Zeit alle Eigenschaften des rothen schwefelsauren Salzes mitzutheilen; man darf es nur bis zur Rothgluth kalziniren, und sodann durch Wasser den ganzen auflöslich bleibenden Theil ausscheiden.

Die gehörig filtrirte Auflösung bringt sowohl mit der Galläpfel- als mit der Blausäure eine weit vorzüglichere Wirkung hervor, als die des grünen schwefelsauren Salzes ist.

Das also zubereitete schwefelsaure Eisen verliert eine große Quantität rothen Oxyds, welches auf dem Filtro bleibt, wenn man die Auflösung durchgießt. Wenn man sich darauf beschränkt, das Kristallisationswasser hinwegzunehmen, und mit der Kalzination in dem Augenblicke inne hält, wo das schwefelsaure Salz eine weiße Farbe annimmt, so hat diese Bereitung nur wenig Wirksamkeit.

Die Auflösung in dem Wasser des zur Rothgluth kalzinirten schwefelsauren Eisens ist sauer, sie röthet blaues Papier, während die des grünen schwefelsauren Salzes dieß auf keine Weise verändert, und wenn man diesem letzteren den nämlichen Grad von Säure mittheilt, so bringt dieß eine üblere Wirkung hervor, als zuvor.

Gleiche Theile einer Auflösung von kalzinirtem und von grünem schwefelsauren Salze, wenn sie zu dem nämlichen Grade von Concentration gebracht, und jedes besonders mit gleichen Theilen einer Galläpfelabkochung vermengt werden, äußern sehr verschiedene Wirkungen.

Das kalzinirte schwefelsaure Salz gibt eine schöne schwarze Farbe.

Das grüne schwefelsaure Salz liefert eine schmutzigviolette.

Die erste schwärzet weiß Papier.

Die andre läßt nur eine braune Spur darauf zurück.

Wenn man einige Tropfen von der Auflösung des kalzinirten schwefelsauren Salzes isolirt auf ungeleimtes Papier fallen läßt, so machen sie schwarze Flecken darauf, die, indem sie sich ausdehnen, in ihrer ganzen Fläche schwarz bleiben; während, wenn man die Auflösung des grünen schwefelsauren Salzes in Tropfen auf das Papier gießt, diese drey sehr deutliche Nüancen von Farben zeigen, nämlich schwarz im Centro, in der Mitte grau, und an den Rändern gar keine.

Die Auflösung des kalzinirten schwefelsauren Salzes schlägt die alkalischen und erdigen blausauren Salze in ein herrliches Blau nieder.

Die des grünen schwefelsauren Salzes bildet ein grünliches, mageres und unansehnliches Blau.

Kali und kohlensaures Kali schlagen das Eisen aus dem kalzinirten schwefelsauren Salze in ein schwarzes, und das des

grünen

grünen schwefelsauren Salzes in ein grauweißliches Oxyd nieder, dessen Farbe durch Berührung der Luft dunkler wird.

Natron bringt in diesen beyden schwefelsauren Salzen weniger merkliche Verschiedenheiten hervor.

Die Resultate dieser Versuche dienen dazu, den Künstler nicht allein in Hinsicht der Fabrikation der Dinte, sondern auch der Färberey und der Composition des Berlinerblaues Aufklärung zu gewähren.

Die Verhältnisse zwischen den Galläpfeln und dem schwefelsauren Salze haben einen bedeutenden Einfluß auf diese Resultate. Diese Wahrheit haben alle die anerkannt, welche sich mit ihrem Gebrauche beschäftigten. Nichts ist jedoch so verschieden, als die Verhältnisse die sie angeben; sie schlagen von 6 Theilen Galläpfeln bis zu gleichen Theilen beyder Substanzen vor; und es ist leicht einzusehn, wie schwierig es sey, Proportionen auszufinden, die keinen Veränderungen unterworfen sind; denn sie müssen von einander abwechseln, je nachdem die sehr oft ungleiche Qualität der Galläpfel, die Stärke und Dauer der Abkochung, die Natur des Vitriols, und die Quantität des gebrauchten Wassers Verschiedenheiten begründen.

Man kann sich nach der Erfahrung ein gutes Recept machen, und dann immer die nämlichen Materialien nehmen; aber es ist schwer, es so auf andre zu übertragen, daß es immer die gleichen Resultate gewähre.

Wenn die Galläpfel in der Composition der Dinte der hervorstechendste Bestandtheil sind, so ist die Farbe, wenn gleich dauerhaft, doch braun, und die Flüssigkeit bedeckt sich bald mit Schimmel. Wenn dagegen das Eisen im Uebermaaß vorhanden ist, so erscheint die Säure sogleich viel blauer, aber sie wird mit der Zeit gelb, und wird rostig auf dem Papier.

Dem ersten Fehler hilft man ab, wenn man Eisenfeile in der Dinte läßt, oder Vitriolauflösung hinzuthut; dem andern, wenn man mit der Dinte eine neue Galläpfelauflösung vermengt, oder nach Herrn Blagden sich hierzu blausaurer Alkalien bedient.

Nach Lewis ist das zweckmäßigste Verhältniß zwischen Galläpfeln von Aleppo und dem Vitriol wie 3 zu 1.

Herr Ribaucourt gebraucht sie nur in dem, von 2 zu 1; da es aber ausgemacht ist, daß ein Uebermaaß von Galläpfeln nicht so schädlich ist, als ein Uebermaaß von Eisen, weil durch die Galläpfel, die Dinte dauerhaft und unzersetzlich auf dem Papiere wird, wo sie sich bey zunehmendem Alter auch immer

mehr

mehr und mehr schwärzet, dagegen das Eisen im Uebermaaß sie gelb und rostig macht, so ist es besser, zu viel Galläpfel, als zu viel Eisen zu nehmen.

Bis so weit haben wir aber nur noch eine schwarze, zum Färben sehr taugliche Flüssigkeit, die immer noch nicht hinreicht, eine Dinte mit allen erforderlichen Eigenschaften abzugeben; denn diese Flüssigkeit, wenn man sie auf Papier brächte, würde durchschlagen, aus der Feder losgehn oder zu leicht herauslaufen, und nicht Körper genug haben.

Man beugt dem größten Theile dieser übeln Folgen durch Anwendung des Gummi vor; diese Substanz, wenn sie in der Dinte eingerührt und aufgelöst wird, gibt ihr Consistenz, verhindert, daß sie sich auf dem Papier nicht ausdehnt und durchschlägt, macht sie austrocknend und glänzend, und bewahrt sie davor, daß Säuren und Wasser keine zu schnelle Wirkung auf sie äußern, so wie sie das Eisen vor der Oxydation sichert.

Man bedient sich zu diesem Zwecke gewöhnlich des arabischen Gummi, denn der Gummidragant würde zu viel Consistenz geben.

Wenn man den Gummi der Dinte in einem zu starken Verhältnisse beymengt, so wird sie dick und fließt nicht gehörig. Ist das Verhältniß dagegen zu schwach, so zeigt sich der entgegengesetzte Nachtheil, sie schlägt durch das Papier, läuft wie Wasser aus der Feder, und hat alle Fehler, welche wir von der Färbeflüssigkeit rügten.

Um die Wirkung eines Gemenges von Auflösung von rothem schwefelsaurem Salze mit einer Galläpfelabkochung, und einer Infusion von arabischem Gummi in verschiedenen Verhältnissen bestimmter kennen zu lehren, habe ich eine Auflösung von schwefelsaurem Salze von 10, eine Galläpfel-Abkochung von 3, und eine Gummi-Auflösung von 15 Graden bereitet.

Diese drey Substanzen verband ich mit einander in allen möglichen Verhältnissen, und prüfte sodann die Resultate eines jeden Gemenges, nicht allein mit der Feder, sondern durch das Hineinhalten von Papierstreifen, die ich trocken werden ließ, um sie mit einander zu vergleichen, und die durch Luft und Wasser darin hervorgebrachten Veränderungen zu beobachten.

Aus diesen Versuchen, welche ich vier Monate hindurch mit großer Sorgfalt verfolgte, kann ich nachstehende Folgerungen herleiten:

I.

Composition oder Gemenge.	Resultate.
I. Die drey Auflösungen werden zu gleichen Theilen oder in gleichen Massen mit einander vermengt.	Eine bläuliche Composition, welche mit der Zeit schwarz wird und auf die Länge eine gute Dinte bildet, ohne daß sie jedoch eine vollkommen schwarze Farbe bekommt. Auf dem Papiere wird sie weniger schwarz, als durch das Stehen in den Gefäßen in welchen man sie aufbewahrt.
II. Zwey Theile Eisen-Auflösung. Ein Theil Galläpfel-Abkochung. Ein Theil Gummi-Infusion.	Eine violette Dinte. Sie leidet Verlust auf dem Papier. Wird nicht sehr schwarz in den Gefäßen. Hineingehaltenes Papier wird dunkelgrau.
III. Vier Theile Eisen-Auflösung. Ein Theil Galläpfel-Abkochung. Ein Theil Gummi-Infusion.	Eine violette Dinte. Sie verliert viel auf dem Papier. Wird schwarz in den Gefäßen.
IV. Ein Theil Eisen-Auflösung. Zwey Theile Galläpfel-Abkochung. Zwey Theile Gummi-Infusion.	Eine schöne violettblaue Dinte, Sie conservirt sich auf dem Papier. Verbessert sich und wird schwärzer in den Gefäßen. Damit beschriebenes Papier, wenn man es in Wasser taucht, behält die Dinte in schöner blauer Farbe.
V. Ein Theil Eisen-Auflösung. Drey Theile Galläpfel-Abkochung. Drey Theile Gummi-Auflösung.	Eine schwärzere, als die Vorhergehenden. Sie schwärzt in Gefäßen sehr nach. Verändert sich wenig, wenn sie an die Luft gebracht wird; und conservirt ziemlich die Farbe, wenn man damit beschriebenes Papier in Wasser hält.
VI. Ein Theil Eisen-Auflösung. Sechs Theile Galläpfel-Abkochung. Sechs Theile Gummi-Auflösung.	Eine schwarzbräunliche Dinte. Papier, welches man hineinhält, bekommt einen roth-schwarzen Grund. Sie schwärzt an der Luft und in Gefäßen wenig nach.
VII. Ein Theil Eisen-Auflösung. Ein Theil Galläpfel-Abkochung. Zwey Theile Gummi-Infusion.	Eine Dinte von guter Qualität, obgleich etwas bläulich. Sie ist zu dick. Schwärzt an der Luft und in Gefäßen nach. Ist sehr glänzend.

VIII.

Composition oder Gemenge.	Resultate.
VIII. Ein Theil Eisen-Auflösung. Sechs Theile Galläpfel-Abkochung. Ein Theil Gummi-Infusion.	Eine schwarzbräunliche Dinte. Sie fließt zu sehr. Schlägt auf dem Papiere durch. Verbessert sich wenig, weder in den Gefäßen, noch an der Luft.
IX. Vier Theile Eisen-Auflösung. Sechs Theile Galläpfel-Abkochung. Vier Theile Gummi-Infusion.	Eine sehr dunkle, blauschwarze, sogleich zu gebrauchende Dinte. Sie läuft gut aus der Feder. Verbessert sich in Gefäßen. Schwärzt auf dem Papiere nach.

Die Resultate dieser Versuche leiten auf einige Folgerungen, welche in der Praxis zur Richtschnur dienen können.

1) Wenn das Eisen vorherrscht, so fällt die Farbe der Dinte in das Violette, und wenn es in einem zu starken Verhältniße angewandt wird, verdirbt die Farbe, und wird grau.

In allen Fällen, wo das Eisen in einem solchen Verhältnisse vorhanden ist, daß es die gehörige Dosis um ein geringes überschreitet, behält die Farbe einen dunkelblauen Grund.

2) Wenn die Galläpfel prädominiren, so wird die Farbe zuerst schwarzbräunlich, und nimmt mit der Zeit einen schwarzen Grund an, in dem sich ein leichter röthlicher Anstrich wahrnehmen läßt.

3) Wenn man Gummi zu gleichen Theilen, oder in stärkeren Verhältnissen nimmt, so wird die Dinte zu dick, thut man sie aber in die Composition in geringeren Dosen, als im Verhältniß der Hälfte in Rücksicht der Galläpfel, so wird die Dinte zu flüssig, läuft zu leicht aus der Feder, und schlägt auf dem Papiere durch.

4) Die Verhältnisse, welche mir die vortheilhaftesten scheinen, sind folgende:

Vier Maaß Auflösung von kalzinirtem schwefelsauren Salze zu 10 Graden.

Sechs Abkochung von Gallus in Sorten zu 3 Graden.

Vier Infusion von Gummi Arabicum zu 15 Graden.

Die Verbindung des Eisenoxyds mit dem adstringirenden Stoffe und der Galläpfelsäure gibt der Dinte ihre Farbe, und der Gummi die nöthige Körperlichkeit und Consistenz, auch macht er sie glänzend.

Die Vereinigung dieser drey Substanzen in den gehörigen Verhältnissen kann also eine gute Dinte liefern, aber man nimmt

nimmt zu derselben gewöhnlich noch andre Ingredienzien, deren Wirkung zu bestimmen und zu würdigen ist.

Das erste dieser Ingredienzien ist das Indianische oder Campecheholz.

Um seine Wirkung bey der Composition der Dinte beurtheilen zu können, muß man zuerst die Art betrachten, wie es sich zu dem Eisen verhält, und sodann die Modificationen studiren, welche es in der Verbindung der drey oben erwähnten Stoffe hervorbringen kann.

Die Abkochung des Campecheholzes greift das Eisen und das Oxyd an, und bildet mit ihm eine bläuliche Verbindung.

Sie schlägt das Eisen aus dem schwefelsauren Salze in ein bläuliches, nicht sehr dunkles Schwarz nieder. Dieser Niederschlag bleibt lange Zeit in der Flüssigkeit suspendirt.

Wenn man das Campecheholz mit den Galläpfeln vermengt, und beyde mit einander aufkochen läßt, so hat es mir immer geschienen, daß man, um zu dem nämlichen Resultate zu gelangen, eine größere Dosis von der Abkochung nehmen müsse.

Das Campecheholz vermehrt nach den Erfahrungen, die ich gemacht habe, die Farbe nicht; aber mir ist die Dinte, zu der man es genommen, immer ein wenig markiger vorgekommen, und es hat mir geschienen, daß ihre Farbe sich sanfter ausnähme, und die Federstriche sich klarer darstellten.

Nach meiner Meynung hält also das Campecheholz den Niederschlag in Auflösung, macht ihn süßer und flüssiger, und daß er sich mit gleichförmigerer Wirkung, und leichter gebrauchen läßt.

Noch habe ich bemerkt, daß das zweckmäßigste Verhältniß des Campecheholzes zu den Galläpfeln wie eins zu zwey ist.

Eine andre Substanz, welche ziemlich allgemein in die Composition der Dinte angenommen wird, ist schwefelsaures Kupfer.

Die Versuche, welche ich in dieser Rücksicht gemacht habe, beweisen:

1) Daß das schwefelsaure Kupfer in dem Verhältniß vom zwölften zum zwanzigsten Theile des Gewichtes der Galläpfel angewendet, eine gute Wirkung thut.

Die blauviolette Farbe, welche die neubereitete Dinte hat, verschwindet durch sein Zuthun schleuniger, und die Dinte schien mir fester auf dem Papiere zu haften.

2) Daß das schwefelsaure Kupfer, wenn man es in stärkeren Verhältnissen nimmt, als ein Zehntheil des Gewichtes der Gall-

Galläpfel, die Farbe zum Theil zerstöret, und ihm auf die Länge einen unangenehmen, schmutziggrauen Schein gibt.

3) Daß die zerstörende Wirkung des schwefelsauren Kupfers sich um so stärker äußert, als das Verhältniß des schwefelsauren Eisens größer ist.

Man kann also das schwefelsaure Kupfer in dem Verhältnisse des funfzehnten Theils des Gewichts der Galläpfel anwenden.

Einige thun auch Zucker in die Dinte, man traut ihm selbst die Eigenschaft zu, sie glänzender zu machen. Ich gestehe, daß meine Erfahrung mich in dieser Substanz auch nicht die geringste Eigenschaft hat anerkennen lassen, die die Güte der Dinte vermehrte, und ich glaube daher, daß sie ein verwerfliches Ingredienz ist.

Wasser, Wein, Bier und Essig sind die vier Flüssigkeiten, deren man sich am gewöhnlichsten bedient, um den Grundbestandtheilen der Dinte zum Vehikel oder Excipienten zu dienen.

Vorurtheil mehr, als eine gründliche Prüfung der Eigenschaften und Wirkungen eines jeden dieser Auflösungsmittel hat bald diesem, bald jenem den Vorzug verschafft.

Einige Versuche, welche ich mit diesen verschiedenen Excipienten gemacht, haben mich keine große Verschiedenheiten erkennen lassen, und wenn es solche gibt, so sprechen sie gewiß alle zum Vortheil des Wassers.

Bier schien mir das schlechteste Vehikel, indem es die natürliche Neigung der Dinte zum Schimmeln befördert.

Essig schien mir nur in sofern tauglich, als man Dinte, deren Farbe in das Gelbe spielt, verbessern will, oder wenn das Eisen in zu großem Maaße darin enthalten ist.

Aus alle dem Vorhergehenden kann man entnehmen, daß man zur Composition einer guten Dinte zwey Theile gestoßene Galläpfel in Sorten, mit einem Drittheil in Späne geschnittenen Campecheholzes vermengen müsse.

Diese beyden Substanzen läßt man in fünf und zwanzig Mal ihrem Gewichte an Wasser aufsieden, und unterhält das Aufwallen zwey Stunden hindurch.

Wenn die Evaporation zu stark ist, thut man neues Wasser hinzu, um das Aufwallen ferner zu unterhalten.

Diese Abkochung zeigt gewöhnlich 3 bis $3\frac{1}{2}$ Grad.

Von einer andern Seite läßt man gestoßenen arabischen Gummi in Wasser zergehn, und sättiget dieß damit. Dieß gegummite Wasser zeigt 14 bis 15 Grad.

Man

Man bereitet gleichzeitig eine Auflösung von kalzinirtem schwefelsaurem Salze, welche man bis 10 Grad concentrirt, und löst darin schwefelsaures Kupfer in dem Verhältnisse eines Funfzehntheils der angewandten Galläpfel auf.

Wenn man diese Vorbereitungen gemacht hat, so vermengt man sechs Maaß Galläpfel und Campechedecoct mit vier Maaß gegummitem Wasser.

Man gießt nach und nach auf das lauwarme Gemenge drey bis vier Maaß von der Auflösung des kalzinirten schwefelsauren Salzes.

So wie man das Gemenge macht, rüttelt man auch die Flüssigkeit um.

Dieß Verfahren hat den Vorzug, daß es eine gute Dinte ohne Bodensatz liefert.

Wenn man mit Genauigkeit die Quantität der Materie bestimmt, welche wirklich in jeder der drey Auflösungen enthalten ist, die man mit einander vermengt hat, um Dinte hervorzubringen, so findet man folgende Verhältnisse:

Aufgelöster Gummi	500 Theile
Aufgelöste Galläpfel	462 —
Eisenoxyd	481 —

Wenn man, nachdem man der von uns mitgetheilten Vorschrift gemäß verfahren, bemerkt, daß die Dinte zwar schwarz ist, aber doch schlecht oder auch zu sehr läuft, so verdünnt oder verdickt man sie mit Wasser oder Gummi, je nachdem es Noth thut.

Ist die Farbe der Dinte zu blau, so thut man von dem Galläpfeldecoct hinzu.

Wenn sie gräulich oder röthlich ist, wird Eisenauflösung zugegossen.

Wenn sie vom Alter angegriffen worden, so kann man sie, nach Lewis, durch Galläpfeldecoct und nach Herrn Blagden durch blausaures Kali wiederherstellen.

Seitdem man an der oxydirten Salzsäure die Eigenschaft kennen gelernt hat, daß sie die Dinte auflöst und vom Papiere verschwinden macht, ohne die Substanz dieses letztern anzugreifen und auf Buchdruckerschwärze wirken zu können, so hat man den Mißbrauch davon gemacht, Schriften zu verlöschen, und über die darunter stehn gelaßnen Unterschriften andre zu schreiben.

Dieß hat sowohl bey dem Handelsstande als der Landespolizey den Wunsch erregt, daß man eine andre Composition von den Eigenschaften der Dinte entdecken möge, die aber frey von ihren Nachtheilen wäre.

Ich habe mich mit diesem Gegenstande beschäftiget, und das Verfahren welches mir bis jetzt am besten gelungen ist, besteht darin, daß ich starken Leim in solcher Masse in Wasser auflöse, daß diese Flüssigkeit dadurch die Consistenz erhält, die eine gute Dinte haben muß; sodann reibe ich auf einem Stücke Marmor Kienruß und ein wenig salzsaures Natron mit dieser Auflösung zusammen, und thue so lange schwarz hinzu, bis die Farbe gehörig dunkel ist.

Diese Composition ist sehr gut zu gebrauchen, indem sie kaltem und kochendem Wasser, den Alkalien, Säuren, und dem Alkohol widersteht. Sie hat nur die Unannehmlichkeit daß sie sich durch Reiben verwischen läßt.

Noch kann man sich in Wasser zergangenen Tusches bedienen: auch alle diese Compositionen mit gewöhnlicher Dinte vermengen, weil die Salzsäure einem solchen Gemenge die Farbe ganz zu nehmen nicht im Stande seyn würde.

Es gibt im Handel nämlich eine Bereitung welche unter dem Namen Chinesischer Tusch bekannt ist, und ziemlich allgemein aus Kienruß gemacht wird, den man mittelst Gummi's oder Pflanzenschleimen zu einem Teige reducirt und dann in Täflein formt. Es scheint jedoch daß der wahre Chinesische Tusch nichts ist, als der eingedickte Saft des Dintenfisches: sepia piscis est qui habet succum nigerrimum instar atramenti, quem Chinenses cum brodio Orizae vel alterius leguminis inspissant et in vniuersum orbem transmittunt sub nomine Atramenti Chinensis (PAULI HERRMANNI Cynosura Tom. I. part. 17. p. 11.).

In den warmen Ländern Italiens und den mittäglichen Frankreichs, macht man von der Flüssigkeit des Dintenfisches mit gleichem Erfolge den nämlichen Gebrauch, als von dem besten Chinesischen Tusche.

Neunzehn-

Neunzehntes Kapitel.

Von den Verbindungen der Kohlensäure.

Die Kohlensäure verbindet sich mit den Metallen, Alkalien und mit einigen Erden, und kann vollkommen gesättigte Salze bilden, wie Herr Berthollet gezeigt hat.

Die beyden Hauptverbindungen, welche diese Säure eingeht, sind mit der Kalkerde und mit dem Bley.

Wir werden hier von der ersten nicht reden, um nicht zu wiederholen, was wir bereits von der kohlensauren Kalkerde oder dem Kalksteine gesagt, welchen wir bereits in Rücksicht seiner Nutzbarkeit für die Künste betrachtet haben; sondern bloß die kohlensauren Bleyverbindungen abhandeln.

Erster Abschnitt.

Von den Verbindungen der Kohlensäure mit dem Bley, (kohlensaures Bley, Schieferweiß, Bleyweiß).

Das Bley liefert das Schiefer- und das Bleyweiß durch seine Verbindung mit der Kohlensäure. Diese beyden Namen gibt man einer weißen Substanz, welche man durch Oxydation des Metalles mittelst Essigsäure, und durch seine Auflösung in Kohlensäure erhält; zuweilen mengt man dieß Salz mit Kreide, und dann heißt es Schieferweiß *).

Das Bleyweiß ist ein kohlensaures Salz wie Bergmann bewiesen hat.

Das Mittelverhältniß zwischen den beyden Grundstoffen, welches sich aus allen von den Herren Bergmann, Chenevix, Klaproth und Proust gemachten Analysen ergiebt, ist, 15,87 Säure und 84,13 Oxyd.

Diese Fabrikation ist in Frankreich wenig bekannt. Auch in den Niederlanden existiren nur drey bis vier Etablissements, und nur England und Holland *) sind im Besitz des Handels mit diesem Präparat.

Ich

*) Nicht das mit Kreide vermengte Bleyweiß, sondern die weiße schieferige Substanz, mit welcher das Bley während der Oxydation belegt wird, wird Schieferweiß genannt. H.

*) In Deutschland sind sehr viele Bleyweißfabriken, welche sehr schönes Produkt liefern. H.

Ich werde daher die in diesen beyden Ländern übliche Verfahrungsarten beschreiben, und diesen Artikel mit einigen Beobachtungen über diese Fabrikation beschließen.

In Holland und in der Grafschaft York in England schmilzt man das Bley bey einer sehr mäßigen Wärme und gießt es in Formen von Platten von 2 Fuß Länge auf 4 bis 6 Zolle Breite. In einigen Fabriken kühlt man das Bley, indem man es in Wasser taucht; in andern thut man dieß nicht, indem das Bley sich nur dann an die Formen ansetzen kann, wenn man es zu warm hineingießt. So wie sich die Masse desselben in dem Kessel vermindert, so thut man neue Platten hinein.

Die Bleyplatten haben zweyerley Dicke, die größte Anzahl von einer halben, die andre von einer Linie.

Die Töpfe, welche bestimmt sind diese Platten aufzunehmen, haben 7 bis 8 Zoll Höhe auf 2 bis 3 Zoll im Durchmesser; sie sind von einer irdenen Masse gemacht, inwendig glasirt, und gegen die Höhe zu weiter geöffnet. Etwa in einem Drittheil von der Höhe sind vom Töpfer inwendig drey hervorragende Spitzen angebracht, auf welche die Bleyplatten gelegt werden.

Der Ort, an welchem man die Operation annimmt, ist eine Art von Halle, die oft an einer Seite offen steht, und an der man Kästen mittelst Pfeilern anbringt, die dazu dienen, starke Tafeln festzuhalten, welche wiederum bestimmt sind, die Lagen zu fassen, in welche die Töpfe gesetzt werden.

Auf ein Lager, welches man in jedem Kasten von Stroh, welches schon zur Streu gedient hat (Pferdemist), zu einer Höhe von etwa 3 Fuß errichtet, nachdem man es zuvor stark mit den Füßen getreten, stellt man eine Reihe Töpfe so dicht an einander, als möglich, ohne jedoch die leeren Zwischenräume mit Mist auszufüllen, thut in jeden Topf etwa 2 Zoll hoch Essig, so daß er etwa bis an den Anfang der beschriebenen Spitzen reicht, und legt auf diese Spitzen eine sehr dünne spiralförmig gewundene Bleyplatte.

Die Töpfe werden mit ein wenig dickeren bleyernen Platten bedeckt.

Auf dieser ersten Lage Mist errichtet man eine zweyte von einem Fuß Dicke, welche man sorgfältig mit den Füßen stampft, um sie compacter zu machen, stellt wieder Töpfe darauf, und baut auf diese Art fünf bis sechs Lagen über einander, indem man die Seitenwände und die oberste Fläche so bedeckt, daß jede Reihe von Töpfen von einem Fuße Mist umgeben seyn muß.

Die Lagen werden so groß gemacht, daß jede sechs bis achthundert Töpfe muß fassen können.

Man stellt sodann hölzerne Platten gegen die Pfeiler, um die Lagen so wie sie aufgerichtet werden, zu stützen, und nimmt sie wieder weg, wenn man jene abnimmt.

Wenn man sieht, daß es mit der Gährung nicht recht fortschreitet; so besprengt man die Lagen mit Pferde-Urin und verschließt den Schuppen von beyden Seiten.

Die Töpfe bleiben übrigens in den Lagen vier bis sechs Wochen stehen.

In den ersten Tagen schwillt die ganze Masse, durch die sich erzeugenden Dämpfe, an; dann wird die Gährung mäßiger und fängt an, stille zu stehen: der mittlere Punkt der Wärme ist 40 Grad nach dem Reaumurschen Thermometer.

Man nimmt den Apparat aus einander, und legt die Platten auf festen Tischen aus; macht den weißen Ansatz durch Schlagen darauf mit einem großen Hammer von der Oberfläche des Bleyes los, und gebraucht dabey die Vorsicht, die Platten mit Wasser zu benetzen, damit das Oxyd nicht als Staub verfliege.

Die Bleyplatten mit denen die Töpfe zugedeckt sind, haben eine härtere und dichtere Kruste, und werden bey Seite gelegt, um daraus das eigentliche Bleyweiß zu bereiten.

Man thut das Weiß, welches man zu Schieferweiß bestimmt, in einen großen hölzernen, mit Wasser angefüllten Zuber, und nimmt es sodann wieder heraus, um es auf Mühlen klein zu mahlen, die sich von den Mehlmühlen durch nichts unterscheiden, als daß sie kleiner als jene sind.

In einigen Holländischen Fabriken sind drey solcher Mühlen, eine über die andre angebracht; so daß, wenn das Schieferweiß in einer gemahlen worden, es in die zweyte, von der zweyten aber in die dritte und endlich in einen Kübel fällt.

Diese Mühlen arbeiten drey Wochen, auch mehr oder weniger lange, hintereinander, ohne gereinigt werden zu dürfen, und können täglich funfzehnhundert Pfund Schieferweiß mahlen.

Bey dieser Operation des Mahlens ist es, wo man die Kreide hinzuthut, welche erforderlich ist, um das Bleyweiß zu erzeugen. Man nimmt davon von einem Fünftheil an bis zur Hälfte des Gewichtes von dem Oxyd.

Das feine Bleyweiß oder Schieferweiß erhält keine fremde Beymengung; in den Handel kommt es in kleinen Schuppen und man nennt es darum Schieferweiß.

Noch gibt man ihm auch den Namen Bleyweiß in Schuppen, wenn man, nachdem man es zermahlen, kleine weiße Stücken daraus formt, deren Bruch lebhaft und schuppig ist.

Die Mühlen, deren man sich in Holland bedient, sind Roßmühlen, und es werden Rinnen an denselben angebracht, um das Ablaufen zu erleichtern und der Erhitzung vorzubeugen.

Die so zermahlene Materie wird in irdene nicht glasirte Töpfe, von kegelförmiger Gestalt, gethan, die eine Höhe von 4 Zollen haben. Man stellt diese auf reihenweise, eins über das andre, angebrachte Bretter, in einem langen und schmalen Gebäude auf. Der Trockenboden wird durch viele Fenster erhellt, die nach Gefallen mit Fensterladen verschlossen werden können, die sich von unten nach oben in die Höhe ziehen lassen, um das Schieferweiß dadurch vor Sonne und vor zu großer Feuchtigkeit zu schützen.

Nach einem Aufenthalt von fünf bis sechs Wochen in den Töpfen, löset sich das Schieferweiß von ihnen ab und man legt dann die Stücke auf die nämlichen Bretter aus, um das Trocknen derselben zu vollenden.

Dann ist nichts mehr zu thun, als daß man die Rinde eines jeden Stückes mit einem Messer losmacht.

Die Stücke werden endlich in Papiere gewickelt, die man mit einem Bindfaden zusammenbindet, dann in Tonnen gethan, und so durch ganz Europa versandt.

Man hat den Versuch gemacht, die Wärme des Mistes durch Ofenwärme zu ersetzen, und im nördlichen Europa bereits mehrere Etablissements eingerichtet, in denen nach dieser Methode verfahren wird. Ich habe aber, nach den Versuchen die ich in dieser Rücksicht gemacht, bemerkt, daß die trockne Wärme, viel weniger Vortheil gewährt als eine feuchte, und daß man, in allen Fällen, den Dampf verdichten und seine Evaporation zu verhindern suchen muß, um ihm die nöthige Thätigkeit mitzutheilen.

Die Ofenwärme hat den Vorzug vor der Wärme des Mistes, daß sie keinen Dunst hervorbringt, welcher der Farbe des Oxyds nachtheilig werden könnte; ein um so bedeutenderer, als es bekannt ist, mit welcher Leichtigkeit Schwefeldämpfe und geschwefeltes Wasserstoffgas, Bleyoxyde schwarz färben *).

Noch

*) Den Ausdünstungen des geschwefelten Wasserstoffgases, welche von der Zersetzung des Mistes unzertrennlich sind, ist es hauptsächlich zuzuschreiben, daß alle davon getroffene Punkte des Bleyes weißgefärbt erscheinen. Anm. d. Verf.

Noch kann man durch ein anderes Verfahren Bleyweiß hervorbringen, welches ich mehrere Jahre hindurch im Großen ausgeführt habe. Man löst nämlich in Wasser auf kaltem Wege 100 Theile salzsaures Natron (gewöhnlich werden 4 Theile Wasser auf einen Theil Salz genommen) auf; diese Auflösung zeigt 15 bis 20 Grade; mit ihr nun vermengt knetet man 400 Theile zermahlener Glätte und formirt daraus einen weichen Teig, welchen man einige Zeit hindurch stehen läßt; rührt sodann das Gemenge fast ununterbrochen um, und thut, so wie es sich verdickt den Rest der Auflösung des salzsauren Salzes, und in Ermangelung dessen, reines Wasser hinzu.

Das Gemenge wird weiß, schwillt an und die Glätte verschwindet: nach Verlauf von vier und zwanzig Stunden gießt man kochendes Wasser darauf, um das Natron daraus zu extrahiren und läßt sodann evaporiren, um das Alkali zu bekommen.

Das salzsaure Bley, welches sich gebildet, nimmt durch die Kalzination und das Schmelzen eine schöne gelbe Farbe an, und bildet eine für die Künste sehr schätzbare Farbe.

Wenn man sehr verdünnte Schwefelsäure auf dieß salzsaure Salz gießt, so nimmt das schwefelsaure Salz, welches sich bildet, augenblicklich eine sehr angenehme weiße Farbe an, und wird außerordentlich fein. Man kann es mit Wasser auswaschen, es zerreiben, um ihm mehr Feinheit und Consistenz zu geben, und es dann in Töpfen zu Stücken, denen des Schieferweißes ähnlich, formen.

Dieß schwefelsaure Bley ist sehr weiß, es wird durch Hinzuthuung von Oelen nicht gelb; aber es hat den Nachtheil, daß es nicht gehörig deckt, zu leicht ist und sich nicht gehörig ausdehnt, wenn man es mit dem Pinsel aufträgt.

Man kann es durch Kali und Natron zersetzen und erhält dadurch ein weißes, reines und sehr schweres Oxyd, welches sich wenig vom besten Bleyweiß des Handels unterscheidet.

Noch ist im Handel eine Art von Bleyweiß unter dem Namen Silberweiß, Kremnitzerweiß bekannt, die Analyse hat bewiesen, daß dieß ein wahrhaftes, sehr reines kohlensaures Bley sey, und ich glaube, daß man es aus ausgesuchten Schuppen von den Platten, womit die Töpfe zugedeckt sind, bereitet; wenigstens scheinen die Vergleichung nach dem Augenschein, der Gebrauch und die Analyse, diese Meynung zu unterstützen.

Das weiße Bleyoxyd vereiniget Eigenschaften in sich, welche es bis jetzt zur Aufnahme von fast allen Farben tauglich gemacht

macht haben, auch ist es das einzige Präparat, dessen man sich zum Weißmahlen von Hölzern und Möbeln bedient; 1) es vermengt sich leicht mit dem Oele; 2) es conservirt seine Farbe bey der Vereinigung mit demselben; 3) es läßt sich mit dem Pinsel leicht verreiben; 4) es läßt sich genau auf die Oberflächen auftragen, welche man damit bekleiden will, und deckt sie vollkommen und gleichförmig; 5) es ist weder durch Luft, noch durch Wasser angreifbar.

In Gefolge dieser Eigenschaften kann man das weiße Oxyd als Färbestoff gebrauchen, entweder allein oder vermengt mit andern Farben, um ihnen zum Excipienten oder zur Basis zu dienen, und ihnen Körperlichkeit zu geben.

Da das Bleyweiß sehr matt ist; so thut man fast immer ein wenig Kienruß hinzu, um ihm ein graues Ansehen zu geben, wodurch es angenehmer in's Auge fällt. Durch Veränderung der Verhältnisse kann man auch die Farben ändern, und alle Arten Grau hervorbringen die man will. Noch pflegt man zuweilen kristallisirten Grünspan zu dem Bleyweiß hinzuzuthun, um die Weiße des letztern mit einem bläulichen, sehr sanften und angenehmen Schein zu vermehren.

Wenn die anzustreichenden Sachen sich in den Häusern befinden, also geschützt vor Regen sind, so nimmt man wohl statt des Oeles eine Auflösung von Gummi oder Leim; vermengt mit dieser Auflösung Bleyweiß, und trägt es mit dem Pinsel auf. Dieß ist es, was man Leimweiß zum Unterschied von dem Oelweiß nennet. Das erstere trocknet schnell und hat keine so schädliche Ausdünstung als das letztere, aber es schuppt sich leichter ab, dringt weniger in das Holz ein, bewahrt es weniger vor dem Verderben, widersteht dem Wasser nicht u. s. w. Daher kommt es, daß die mit diesem Leim angestrichene Möbeln sich fast eben so biegen und werfen, als wenn sie gar nicht angestrichen wären.

Da das Schieferweiß nach seiner Verbindung mit dem Oele, wie wir bereits bemerkt haben, sein Weiß behält; so kann man daraus den Excipienten für fast sämmtliche Farben machen, denen es die gehörige Körperlichkeit und die Eigenschaft schnell zu trocknen, verleihet.

Das Schieferweiß wird ferner zu mannigfaltigen Zwecken in der Medicin gebraucht, und dieß verursacht eine große Consumtion davon. Man bedient sich seiner nämlich um abgeschundene Stellen damit zu pudern und von Schärfe im Blute sikkernde Flecke zu trocknen; da es die Feuchtigkeiten einsaugt und die Reitzbarkeit der schmerzenden Theile mäßiget.

Obgleich

Obgleich die Bleyoxyde sehr fest zu seyn scheinen; so kann doch das bloße Handhaben derselben so viel davon verflüchtigen, um die Gesundheit derer, die sich damit beschäftigen, tödtlich anzugreifen. Diese unglücklichen Opfer ihres Standes bekommen in kurzer Zeit eine gelbe Farbe; ihre Stimme wird zitternd, die Schließmuskeln ziehen ihre Glieder krampfhaft zusammen; heftige Koliken verkünden, daß der Magen angegriffen sey und sie enden ihr bejammernswürdiges Leben durch Wassersucht, Bleykolik oder Gicht.

Die Arbeiter welche in den Bleybergwerken zum Schmelzen des Erzes gebraucht werden, erreichen selten das fünf und vierzigste Jahr.

Es scheint, daß das Oel, welches dem Schieferweiß zur Bindung dient, einen Theil davon verflüchtiget und den Ort, in dem es angewandt wird, mit einem außerordentlich subtilen, bis jetzt noch unbekannten, und durch einen besondern Geruch sich auszeichnenden Gas anfüllt; Personen, welche diese Atmosphäre einathmen, bekommen Schmerzen darin, und es zeigen sich an ihnen Symptome, welche viele Aehnlichkeit mit denen haben, die der Gicht vorangehen. Die Gefahr der man sich aussetzt, wenn man neu gemahlte Zimmer bewohnt, ist Jedermann bekannt.

Daß unter allen diesen Umständen sich immer ein Theil des Bleyes verflüchtiget, wird dadurch bewiesen, daß, wenn man Wasser an einem Orte stehen läßt, wo diese Ausdünstungen am merklichsten sind, es sich auf der Oberfläche durch einen Ansatz von braunem Oxyd färbt, dem ähnlich, welches die Herren Proust und Vauquelin erhielten, nachdem sie rothes Oxyd, mittelst der Salpetersäure, mit Sauerstoff überladen; es scheint also, daß der Sauerstoff der Atmosphäre dieser Bleyausdünstung nicht fremd ist.

Da diese Oxyde den Künsten sehr nothwendig geworden, so müssen wir noch anführen, wie der Künstler sich gegen die gefährlichen Ausdünstungen derselben zu verwahren hat. Dieß kann, wenigstens in etwas, geschehen: 1) dadurch, daß man die Farben nur an geräumigen Orten, 2) daß man sie nie im Trocknen reibt; 3) daß man das Gesicht mit einer Maske bedeckt; 4) daß man sich gegen einen Luftzug stellt, der die Dämpfe hinwegnimmt; so wie sie aufsteigen.

Ich habe ferner bemerkt, daß der Essiggeruch schnell den zerstörenden Einfluß jener in einem Zimmer verbreiteten Ausdünstungen verbessert. Er wirkt in diesem Falle als Auflösungsmittel, und schlägt die Dämpfe nieder, indem er sich mit ihnen verbindet.

Zwanzig-

Zwanzigstes Kapitel.

Von den Verbindungen des Gerbstoffs.

Erster Abschnitt.

Von den Verbindungen des Gerbstoffs mit dem Gallert. (Gerberey).

Frische Thierhäute faulen leicht, ziehn leicht Wasser an, und verderben durch wiederholtes Reiben.

Allen diesen Nachtheilen kann man durch die Operation des Gerbens abhelfen, und gegerbte Häute nennt man Leder.

Eine Haut gerben heißt, sie mit dem Gerbstoffe oder dem adstringirenden Stoffe der Pflanzen sättigen, ihr durch dieß Mittel Härte mittheilen, und sie dadurch zugleich vor dem Verderben bewahren, und weniger durchdringlich gegen das Wasser machen.

Wir werden uns nicht mit den Theorieen beschäftigen, durch welche man nach und nach die Operationen und die Wirkung des Gerbens zu erklären gesucht hat*), sondern uns bloß auf die Bemerkung einschränken, daß Herr Seguin bewiesen hat, daß der Gerbstoff sich mit dem Gallert verbinde, welcher fast die ganze Masse der Haut ausmacht, und daraus ein neuer Körper von ganz besondern Eigenschaften entstehe.

Um eine Haut dazu vorzubereiten, daß sie die Lohe annimmt, muß man damit anfangen sie abzuhaaren, das daran hängende Fett abschneiden, die Epidermis davon ablösen, sie reinigen, geschmeidig machen und anschwellen lassen.

Diese, dem eigentlichen Gerben vorangehende Operationen geschehen auf folgende Weise.

Erster Artikel.

Von dem Waschen der Häute.

Wenn die Häute, die man gerben will, frisch sind (man nennt sie in diesem Zustande grüne Häute), so taucht man sie in

*) Wer die Gerberey in ihrem ganzen Umfange kennen lernen, und sich mit ihrer Theorie vertraut machen will, findet in meinen Grundsätzen der Gerbekunst 1ster und 2ter Theil. Berlin 1805 und 1807 Anleitung. H.

in Wasser, um sie von dem Blute und dem Schmutz zu reinigen, die ihnen noch aus den Schlachthäusern ankleben. Man läßt sie so lange im Wasser, bis sie mit Wasser angetränkt sind, rüttelt sie darin, und tritt sie mit den Füßen, um sie besser von allen ihren Unreinigkeiten zu säubern.

Wenn die Häute trocken sind, läßt man sie länger im Wasser, zuweilen vier Tage lang, und zieht sie täglich ein Mal heraus, um sie zu überstreichen, oder über dem Schabebaum auszustrecken.

Man wiederholt das Eintauchen und das Ueberstreichen, bis die Haut wohlgekommen oder gehörig weich ist.

Diese ersten Operationen erfordern die Nachbarschaft und den freyen Gebrauch eines fließenden Wassers. Ohne dieses lassen die Häute sich schlecht zubereiten, und die Werkstatt wird bald von allen den Materien inficirt, welche man bey diesen Vorbereitungsarbeiten wegwirft.

Zweyter Artikel.

Vom Abhaaren der Häute.

Sobald eine Haut wohlangekommen ist, so beschäftiget man sich damit, sie abzuhaaren, oder ihrer Haare zu berauben.

Man gelangt dazu durch verschiedene Mittel.

Das älteste und allgemeinste Verfahren besteht darin, durch Kalk abzuhaaren.

In fast allen Gerberwerkstätten hat man in die Erde gegrabene und mit Steinen bekleidete Gruben, in denen Kalk zu einer Kalkmilch gelöscht wird.

Diese Gruben heißen Aescher, und werden frische, schwache und abgestorbene Aescher genannt, je nachdem der Kalk darin mehr oder weniger schwach ist.

Man wirft die Häute, die man abhaaren will, in die abgestorbenen Aescher, und läßt sie darin, bis sie sich leicht abhaaren, welches man daran erkennt, daß, wenn man mit der Hand, ohne Widerstand zu empfinden, Haare aus einer Haut ausreißt, diese dabey schreyen.

Wenn die abgestorbene Aescher nicht stark genug gewirkt hat, so thut man die Häute in die schwache Aescher.

Die Länge der Zeit, welche die Häute in den Aeschern zuzubringen haben, hängt von der Stärke des Kalks, der Temperatur der Luft und der Natur der Häute ab. Bey Hammelfellen sind einige Tage hinreichend.

Man hat vorgeschlagen, statt der Kalkmilch, Kalkwasser zu nehmen; ich habe jedoch bemerkt, daß das Kalkwasser, welches anfänglich mit ziemlicher Thätigkeit wirkte, bald alle seine Kräfte verlor, und daß, um durch dieß Mittel eine Haut abhaaren zu können, man von Zeit zu Zeit neues Kalkwasser nehmen müsse. So kann man dann eine Haut in wenigen Tagen zum Abhaaren vorbereiten.

Es gibt Werkstätten, wo man, nachdem man die Häute einige Tage hindurch in den Aeschern liegen lassen, oder sie in Rückwirkung setzen, das heißt, sie auf dem Boden der Aescherey auf einen Haufen zusammenlegt, acht Tage so liegen zu lassen, um sie dann wieder in die nämlichen Aescher zu thun. Dieß Manoeuvre wiederholt man, bis sich das Haar leicht aus den Wurzeln ziehn läßt.

In vielen Ländern vermengt man Asche mit dem Kalk, ich habe nicht bemerkt, daß die Wirkung merklich verschieden wäre, und glaube bloß gesehen zu haben, daß im letztern Falle das Leder weniger Consistenz hatte, als wenn man nur bloßen Kalk nahm.

Viele schreiben die schlechte Qualität des Leders dem zu häufigen Gebrauche des Kalks zu; diese Substanz vertrocknet sie, macht sie brüchig, und verbrennt sie. Deshalb werden in guten Fabriken die Häute mit Gerste und Wasser bearbeitet, und dadurch der Nachtheil des Kalks gemildert.

Noch kann man zur Abhaarung der Häute gelangen, wenn man sie einen Anfang von Gährung machen läßt, welche man auf verschiedene Weise darin entwickelt.

1) Läßt man Gerstenmehl in warmem Wasser sauer werden, und bearbeitet darin die Häute, um sie abzuhaaren und aufschwellen zu lassen. Dieß nennt man in Gerste gebeizte Leder. In der nämlichen Werkstatt stehen dann mehrere mit diesem sauren Wasser angefüllte Kübel, von sehr verschiedener Stärke, je nachdem sie mehr oder weniger gearbeitet. Man thut die gewaschenen und erweichten Häute in die schwächsten Beitzen, und nach höchstens zwey oder drey Beitzen kann die Haut abgehaart werden.

Um diese Beitzen zu machen, läßt man in kochendem Wasser 60 Pfund Gerstenmehl zergehen, thut diesen eingerührten Teig in den Kessel, aus welchem man das erste Wasser gezogen, und rüttelt immer sorgfältig um. Man läßt aufkochen, bis sich große Blasen zeigen; so daß das Wasser drey Mal in die Höhe steigen muß; vertheilt diesen Mehl-Leim sodann in Kübel die zu den Beitzen bestimmt sind; rührt mit einer Schüppe um, und bewegt die Masse nach verschiedenen Richtungen, indem man schnell und mehrmals die Direktion, welche man ihr gegeben, wieder durchschneidet: man behauptet, daß dieser Handgriff die Gährung befördert. Man bedeckt die Beitzen sorgfältig, um sie gähren zu lassen.

Um die Gährung zu erleichtern, gebraucht man einen Sauerteig, den man folgendergestalt bereitet: man läßt zwanzig Pfund Waitzen in Wasser zergehen, knetet ihn mit einem wenig Sauerteig vom Becker, thut, wenn man will, etwa achtzehn Unzen Essig hinzu, und läßt diesen Sauerteig bey einer mäßigen Wärme, zwey oder drey Tage hindurch gehörig zugedeckt stehen. Wenn man sich seiner bedienen will; so nimmt man von der Gerstenmehl-Composition, die wir eben beschrieben, bevor sie aufgekocht hat, und läßt darin den Waitzen-Sauerteig zergehen. Diesen so zergangenen Sauerteig aber gießt man zu gleichen Theilen in die Kübel und läßt ihn zuweilen auch warm werden, bevor man ihn hineinthut.

In jeden Kübel schüttet man 6 Pfund Salz, rüttelt sie um, und deckt dann wieder von neuem zu, und läßt das Salz zwölf bis vierzehn Tage sauer werden. Das Umrütteln geschieht täglich zwey Mal.

Diese Beitzen dienen nur zum Aufschwellen der Häute, und die Composition ist hinreichend sie zum Abhaaren fähig zu machen.

Man kann statt des Gerstenmehles auch Rockenmehl nehmen.

Die Häute, welche mit Gerstenmehl präparirt werden, liefern die Wallachischen und die durch Rockenmehl präparirten, die Siebenbürgischen Leder. Man gibt den letztern vor den ersten den Vorzug.

Statt der Säure des Mehls bedient man sich mit Vortheil der an Gerbestoff erschöpften Eichenborke. Die damit behandelten Leder werden Lohbrühleder, Namursche oder Lüttichsche Leder genannt, und im Handel sehr geschätzt.

Um diese Säure zu bereiten, sammelt man die durch das Gerben erschöpfte Borke, thut sie in ein großes Becken und stampft sie mit den Füßen; indem man sie mit klarem Wasser oder mit Lohbrühe so lange begießt, bis sie ganz darunter stehet.

Man

Man macht ein Loch in die abgenutzte Lohe, um den abgelaufenen Saft darin aufzufangen, welcher herausläuft, und gießt diesen dann wieder auf jene Lohe, bis daß er sauer wird.

In der Gegend von Sedan läßt man das Wasser sechs Monate hindurch auf der Borke stehen, und wenn es gehörig sauer geworden, so schichtet man die Borke gegen eine Wand auf, um das Wasser mit Bequemlichkeit abschöpfen zu können, welches sich auf der entgegengesetzten Seite ansammelt. Dieß ausgeschöpfte Wasser ist roth, klar und so sauer als guter Essig.

Man gießt neues Wasser zu drey oder vier wiederholten Malen auf die Borke; läßt es darauf stehen und vermengt das Wasser dieser ersten mit dem der zweyten Wäsche.

Die Beitzen werden mehr oder weniger stark gemacht, je nachdem man mehr oder weniger von der Säure zu dem gewöhnlichen Wasser nimmt. Man nimmt dann die allerschwächsten Häute zum Abhaaren.

Die Kalmücken bedienen sich saurer Milch. Pfeiffer hat das saure Wasser in Vorschlag gebracht, welches aus der Destillation von Steinkohlen oder Torf gewonnen wird.

Es scheint, daß man sich aller Pflanzensäuren zu diesem Gebrauch bedienen könne.

Einige Fabrikanten haaren ab; indem sie, die eine Hälfte der Haut mit Salz einreiben, und dann die andre Hälfte darüber schlagen. So wie man sie zubereitet hat, legt man sie in einen Haufen übereinander und deckt über den Haufen Stroh oder Leinwand. Die Gährung findet sich in kurzer Zeit ein; man wendet sie ein oder zwey Mal täglich um, und haart ab, sobald das Haar sich losmachen läßt.

Noch kann man zum Abhaaren, auch ohne Salz, gelangen. Man biegt nämlich die Häute zusammen und breitet sie auf einer Lage von Bettstroh aus, bedeckt sie mit dem nämlichen Stroh, dreht sie nach vier und zwanzig Stunden auf eine andre Seite um, und untersucht sie zwey Mal täglich, ob der Augenblick da ist, in welchem sie sich abhaaren lassen.

Es gibt Gerber, welche die Häute in Mist vergraben, und wieder andere, welche sich damit begnügen, sie in eine gehörig zugemachte Schwitzstube zu verschließen, die mit einem Feuer von abgenutzter Lohe geheitzt wird, welches nichts als Rauch und Wärme gibt. Die Häute werden darin auf Stangen gehängt und die Wärme auf 30 bis 35 Grade unterhalten.

Alle jene Gährungsoperationen werden unter dem Namen Schwitzen begriffen.

Nach welcher Weise man aber auch verfahren habe; so wird, sobald man bemerkt, daß die Haare sich losmachen lassen, zum Abhaaren geschritten, welches auf dem Schabebaum, mittelst eines runden Schabemessers, welches weder in der Mitte, noch gegen die Enden nach dem Stiele zu schneidend ist, oder mittelst eines Wetzsteines welcher Pölstein genannt wird, geschiehet.

Der Zweck dieser Operation ist nicht allein, die Haut von ihren Haaren, sondern auch von ihrer Epidermis zu befreyen. Denn die Epidermis ist mit der Haut von sehr verschiedenartiger Natur; sie löst sich weder in Wasser, noch in Alkohol, wohl aber in Säuren auf; sie ist ferner keiner Verbindung mit der Lohe fähig, so daß, wenn die Haut noch mit der Epidermis bekleidet ist, die Lohe sie nur von der Fleischseite durchdringen kann, welches das Gerben sehr in die Länge zieht.

Dritter Artikel.

Vom Anschwellen der Häute.

Wenn man die Haut von den Haaren und von der Epidermis befreyt hat, so beschäftiget man sich damit, das Fleisch davon loszumachen und sie aufzuschwellen. Nur die Häute welche zu Schmahlleder bestimmt sind, wie Kalbfelle zu Oberleder von Schuhen und Kuhfelle zu Bandelieren, werden der Operation des Aufschwellens nicht unterworfen. Sobald diese hier ausgehaart sind, so bearbeitet man sie in einer neuen Beitze, fleischt sie aus und setzt sie in die Gruben.

Die Häute die zu Sohl- und anderem starken Leder bestimmt sind, werden nach Methoden aufgeschwellt, welche in den verschiedenen Werkstätten verschieden sind.

Wenn man Kalk anwendet, so fängt man damit an, daß man die ausgehaarten Häute in die abgestorbnen Aescher thut, und zieht sie nach und nach durch die schwache und die frische Aescher.

Man läßt sie vier Monate hindurch in jeder der beyden erstern und zwey in der frischen Aescher. Dabey sieht man sorgfältig darauf, daß sie alle acht Tage auf das Lager kommen, indem man sie aus der Aescher herausnimmt, und acht Tage hintereinander an dem Rande derselben aufgehäuft liegen läßt, und sie dann von neuem in die Aescher bringt, nachdem man zuvor gehörig umgerührt.

Der Kalk trocknet die Häute aus und in den Fabriken in denen man sich seiner bedient, erweicht man jene dadurch, daß man

man sie in Taubenmist legt, und täglich auf eine halbe Stunde wieder herausnimmt, um sie auf das Lager zu bringen. Auf diese Weise werden sie zehn bis funfzehn Tage bearbeitet.

Noch bedient man sich zum Aufschwellen der Häute der sauren Compositionen, von denen wir bereits gesprochen. Man kann die Operation beschleunigen; indem man diese Säuren warm gebraucht, wie es in England geschieht, wo man die Häute von einer schwachen Beitze in eine stärkere bringt, bis sie gehörig aufgeschwollen sind.

Macbride hat in den Jahren 1774 und 1778 vorgeschlagen, das Aufschwellen in einer Beitze von mit einem Zweyhundertheile Schwefelsäure gesäuertem Wasser zu bewirken. Ich habe gesehen, daß in vier und zwanzig Stunden die Häute durch dieß Verfahren gehörig aufgeschwellt und zum Ausfleischen vorbereitet waren.

Wenn diese Beitzen in säuerlichem Wasser geschehen, so ist es vortheilhaft, dieß in einer solchen Wärme zu erhalten, daß man die Hand hineinhalten könne. Diesen Grad von Wärme unterhält man, indem man die Composition in einem Kessel aufsieden läßt, um den Verlust zu ersetzen, welcher durch die Portion bewirkt wird, welche das Leder einsaugt.

Noch muß man die Vorsicht haben, die Composition auf eine gleichförmige Weise in die Häute einziehen zu lassen. Diesen Zweck erreicht man, wenn man sie zu wiederholten Malen, nachdem man das Bad gehörig umgerüttelt, wäscht, abtropfen läßt und ausringt.

Wenn die Häute so zubereitet sind, so macht man das Fleisch auf dem Schabebaum los. Dann reinigt man die Haut und macht sie geschmeidig.

Sobald die Häute ausgefleischt sind, läßt man sie abtropfen; spült sie mit Wasser aus, und bringt sie dann in die rothe Beitze, welche man aus ein wenig Borke bereitet, die in fingerdicke Stücke zerhackt und in einem großen Kübel infundirt wird. Diese Beitze macht zuerst die Haut fest und fähig, die Lohe aufzunehmen. Noch hat sie den Vorzug, daß sie ihr eine schöne, gelbe Farbe gibt.

Vierter Artikel.

Vom Einlegen der Häute in Lohe.

Wenn die Haut so zubereitet ist; so darf sie nur noch gegerbt werden, und es sind allein die adstringirenden Pflanzen,

deren

deren man sich zu diesem Zwecke bedient *). Diejenigen Pflanzen sind am brauchbarsten zur Gerberey, die am meisten von dem Stoffe in sich enthalten, welcher jetzt unter dem Namen Gerbstoff bekannt ist.

Herr Davy hat bewiesen, daß der Katechusaft (oder die Japanische Erde) unter allen Pflanzenmaterien, die man kennet, die reichste an Gerbstoff sey; aber in unsern Klimaten bedient man sich am häufigsten der Eichenrinde, da sie, abgesehen davon, daß sie in Europa in großem Ueberflusse vorhanden ist, vielen Gerbstoff enthält. Alle Gattungen von Eichen liefern nicht eine Rinde von gleicher Güte; die weiße Eiche ist schlechter als die grüne, welche im mittäglichen Frankreich wächst, und diese steht wieder unter der Rinde der Wurzeln von der Eiche, die den Kermes trägt, und deren man sich in den Südländern zum Gerben der starken Leder bedient.

Welche Rinde man aber auch gebrauche, so fängt man damit an, sie zu Staub zu zermahlen.

Die Gruben, in denen das Gerben geschieht, sind in die Erde gegrabene Löcher von viereckiger oder runder Gestalt, an den Wänden mit Holz oder Mauerwerk bekleidet, und von einer, ihrem Gebrauche angemessenen Größe.

Die Art, die Lohe aufzutragen ist sehr verschieden nach den verschiedenen Ländern; doch lassen sich alle bekannte, auf drey Hauptmethoden reduciren.

Zuweilen nimmt man die Lohe fast trocken, und in diesem Falle thut man auf den Boden der Grube einen guten halben Fuß von der bereits gebrauchten Borke. Auf diese wird einen Zoll hoch frische, gut gemahlene Rinde gelegt, und über die Lohschicht eine Haut sorgfältig ausgebreitet. Auf diese kommt eine zweyte Lage

*) Herr Hatchett hat gezeigt, daß man Gerbstoff erhalten könne, wenn man Kohlen, gleichviel ob vegetabilische, mineralische oder thierische, in Salpetersäure auflöse. Er läßt 100 Gran Kohlen mit einer Unze Salpetersäure zu 1,40 specifischem Gewicht, verdünnt mit zwey Unzen Wasser digeriren. Den Kolben setzt er dabey in das Sandbad, und es erzeugt sich sogleich nitröses Gas. Nach zwey Tagen thut er eine zweyte, und oft eine dritte Unze Säure hinzu, und läßt die Digestion fünf bis sechs Tage fortwähren.

Das Resultat, welches man erhält, läßt sich in Wasser und Alkohol auflösen, hat einen sehr adstringirenden Geschmack, schwillt durch die Wärme an und verkohlt sich, röthet Lackmuspapier, schlägt die meisten metallischen und erdigen Salze, so wie auch starken Leim nieder, und gerbt die Häute vollkommen. Anm. des Verf.

Lage Lohe, die wieder mit einer andern Haut überdeckt wird, und so füllt man die Grube. Nachher bedeckt man sie mit einem halben Fuß abgenutzter Lohe, die mit den Füßen gestampft wird. Diese letzte Lage wird die Decke genannt.

Dieß Verfahren zieht das Einlegen in Lohe sehr in die Länge, und es wird dabey erst nach funfzehn bis achtzehn Monaten beendiget.

Man kürzet es jedoch ab, indem man nach und nach, mittelst einer an einem Winkel der Grube angebrachten und ganz hinunterreichenden hölzernen Röhre, Wasser bis auf den Boden derselben laufen läßt. In einigen Fabriken macht man einen doppelten hölzernen Boden, mit Löchern durchbohrt, damit das Wasser, welches man unter diesen doppelten Boden gießt, sich gleichförmiger durch die Masse verbreite.

Der erste Einsatz dauert zwey bis drey Monate, man leeret dann die Grube, um den zweyten Einsatz hineinzuthun, und drey oder vier Monate später, macht man den dritten.

Jedes Mal, wenn man mit dem Einsatz wechselt, fegt man die Leder sorgfältig ab und klopft und reibt sie.

Wenn man glaubt, daß die Lohe fast erschöpft ist; so kann man Borklauge mit vieler Wirkung in die Gruben laufen lassen. Durch dieß Mittel erspart man sich die Mühe, mit den Häuten eher wechseln zu dürfen, als bis das Einlegen in die Lohe vollendet ist.

In England befinden sich zur Seite jeglicher Grube tiefe Löcher, in welche das Wasser abläuft. Aus diesen schöpft man es wieder heraus um es von neuem auf die Häute zu bringen.

Das Einlegen in Lohe mit Nähen, oder die Bereitung des Leders auf Dänische Art, besteht darin, daß man, nachdem die ersten Operationen vorgenommen, die Häute, wie einen Sack zusammennäht und sie mit Lohe und Wasser anfüllt. Man näht alle Oeffnungen derselben zu, und thut sie in Gruben die mit Lohwasser angefüllt sind. Zwey Monate, die sie so in Lohe liegen, sind hinreichend. Die Leder dehnen sich nach dieser Methode sehr aus.

Rankin und Holle Waring haben gefunden, daß man mit einem lauwarmen Decoct von Heidekraut gerben könne.

Macbride schlägt eine Infusion von Lohe mit Kalkwasser vor.

Herr Seguin hat statt des Kalkwassers gewöhnliches Wasser genommen.

Diese

Diese Verfahrungsarten bey'm Gerben mittelst Infusion, sind sehr förderlich, denn man kann dadurch in einigen Tagen eine Ochsenhaut, und ein Hammelfell in einigen Stunden gar machen; es hat jedoch auch seine Nachtheile. 1) Sind dazu beträchtliche Vorrichtungen, theils zum Auslaugen der Borke, theils zum Aufbewahren der Brühe erforderlich, und diese machen wiederum einen Raum von ungeheurer Ausdehnung nöthig. 2) Die Leder tränken sich mit einer so großen Menge Wasser an, daß sie schwammig werden und Runzeln bekommen, sobald sie trocknen. 3) Schien es mir sehr schwierig, die Häute in einem Kübel so zusammen zu legen, daß sie gehörig von einander entfernt bleiben, und in keinem einzelnen Punkte, weder sich selbst noch die Wände des Kübels berühren, ohne diese Vorsicht aber, würde das Gerben ungleich ausfallen. 4) Noch habe ich bemerkt, daß die schwachen Infusionen fast keine Wirkung mehr thun, und daß es folglich schwer sey, die Laugen zu erschöpfen *).

Die beste Methode ist die, nach welcher die Lohe etwas angefeuchtet auf die Haut gebracht wird, so daß sie dieser ihren adstringirenden Stoff in einem immerwährenden Zustande von Auflösung übertragen kann. Man kann sodann der schwächer werdenden Wirksamkeit der Lohe durch Infusion Nahrung geben, welche man in die Grube laufen läßt.

Dieß Verfahren erfordert nicht mehr als drey oder vier Monate, um dadurch eine Ochsenhaut vollständig zu gerben.

Menschenhäute und Schweineleder sind am schwersten zu gerben, weil das Fleisch an diesen Häuten fest hängt und sie sich erstaunlich schwer ausfleischen lassen.

Man hat berechnet, daß beynahe 5 bis 6 Pfund Lohe auf 1 Pfund starken Leders gehen, und daß eine 100 Pfund wiegende frische Haut 52 bis 56 Pfund Leder gibt.

*) Ich habe Gelegenheit gehabt, nach der Seguinschen Methode im Kleinen und im Großen zu gerben, und alle die Nachtheile nicht dabey gefunden, welche der Verfasser hier angibt. Ein Mehreres hierüber findet sich in meinen Grundsätzen der Kunst Leder zu gerben, 1ster Theil. Berlin 1805 und 2ter Theil 1807. H.

Ein und zwanzigstes Kapitel.

Von den Verbindungen der Alkalien.

Erster Abschnitt.

Von den Verbindungen der Alkalien mit den Oelen. (Seifen).

Die Verbindung eines Oeles mit einem Alkali gibt immer ein Compositum zum Resultat, das sich in Wasser auflösen läßt, und in welchem die characteristischen Eigenschaften der Oele und Alkalien zerstört oder verändert erscheinen.

Man nennt alle diese Verbindungen Seifen, da man aber in den Künsten nur die mit Natron oder Kali bereiteten Seifen anwendet, so werden wir uns auch nur mit diesen beschäftigen.

Es ist wahrscheinlich, daß man lange Zeit hindurch die Verbindungen von Oel und Alkali nicht gekannt hat, welche man Seife nennet *).

Die Pflanzen, welche den Namen der seifenartigen führen, die magern Thonerden, die Mergelarten und die Talkerden waren es, deren man sich in den Zeiten, die der Entdeckung der Seife vorangingen, zur Reinigung der Wäsche bediente.

Ja, man findet selbst, daß man mit Erfolg einige thierische Materien, wie z. B. die Galle und die Excremente vom Schweine zu diesem Zwecke angewendet hat, von denen man in England noch einen ziemlich allgemeinen Gebrauch macht.

Noch ist es wahrscheinlich, daß die Kenntniß des Gebrauches der Aschenlauge der Entdeckung der Seifen hat vorangehn müssen.

Eine große und nützliche Entdeckung für die Künste war aber die Erfindung der Verbindung von Oel und Alkali zu einem festen Compositum, das sich in Wasser, und das auf Zeugen Fett- und Oelflecke auflöst, ohne sie zu verderben.

Diese, nach und nach vervollkommnete Entdeckung macht heut zu Tage die Kunst des Seifensieders aus.

*) Die mit Alkalien bereiteten Seifen scheinen doch von den frühesten Zeiten her bekannt gewesen zu seyn, wie man sich aus meinen Grundsätzen der Kunst Seife zu sieden ꝛc., Berlin 1808 des Mehrern überzeugen kann. H.

Erster Artikel.

Von den Materien, welche zur Fabrikation der Seife gebraucht werden.

Alles Oel und Fett ist fähig, sich mit den Alkalien zu verbinden, um Seifen damit zu bilden; aber nicht alle geben eine Seife von gleicher Güte.

Man muß daher die verschiedenen Materien kennen lehren, und ungesäumt die Verschiedenheiten derselben anzeigen, um Aufklärung über das Verfahren des Künstlers zu verbreiten.

§. 1. Von den Oelen und Fetten.

In der Regel nimmt man Olivenöl zur Bereitung der Seife *). Dieß verbindet sich vollständig mit dem Natron, und die Seife davon wird sehr weiß und geschmeidig, und verbreitet einen besondern Geruch, der nur dieser Art von Seife eigenthümlich ist.

Jedes Olivenöl aber ist nicht gleich geschickt zur Verfertigung der Seife; man unterscheidet dreyerley Sorten davon im Handel, das feine oder Jungfern-Oel, das gemeine oder Färbeöl, und das dicke Oel oder ausgepreßte Oel

Die erste Gattung läuft gleich bey dem ersten Drücken der Olive aus; die zweyte bey einem stärkern Druck unter Mitwirkung von warmem Wasser; die dritte ist das Resultat eines außerordentlich starken Zusammenpressens der Trester, um daraus einige Tropfen Oel, vermengt mit einer großen Quantität Schleim und holzigen Theilen zu extrahiren.

Die erste Gattung ist rein, und hat fast gar keine Beymengung von Schleimstoff.

Die andere ist schon mit einer ziemlichen Quantität von Schleimstoff vermengt, der mit dem Oele eine Art von Emulsion bildet.

Die dritte enthält wenig Oel, und viel Schleim- und Faserstoff.

Das Jungfern-Oel brennt leicht, ohne fast eine Kohle zu geben.

Das färbige Oel oder das zweyte, brennt weniger leicht, und gibt viel Kohle.

Das ausgepreßte Oel oder das dritte brennt kaum.

*) Dieß ist nur in Frankreich der Fall, in Deutschland werden Talg, Schmalz rc. dazu angewendet. H.

Diese Oele unterscheiden sich sehr von einander in der Art, wie sie sich mit den Alkalien verhalten.

Das feinste vermengt sich nur schwer mit ihnen; wenn man von der alkalischen Lauge auf dieß Oel gießt, so wird das Gemenge zu einer Milch, und erscheint im ersten Augenblicke vollkommen fertig; aber das Oel scheidet sich bald, und steigt auf die Oberfläche der Lauge, wo sie eine Lage bildet, in der man einige Tropfen Oel, und eine seifenartige Hefe, deren hervorstechender Bestandtheil Oel ist, isolirt erblicket. Die unten befindliche Lauge ist nichts, als eine etwas milchartige Flüssigkeit von der Farbe des Opals.

Das färbige Oel verhält sich sehr verschieden zu den alkalischen Laugen. Es tritt mit ihnen in eine schleunige Verbindung, und scheidet sich nicht mehr davon, so daß man es durch Wärme verdichten kann, ohne befürchten zu dürfen, daß die Verbindung aufgehoben werde.

Der dritten Gattung Oel bedient man sich niemals allein, indem man, selbst wenn man dahin käme, eine dauerhafte Verbindung zu Wege zu bringen, doch nur eine Seife von schlechter Qualität erhalten würde.

Um sich durch einfache vorbereitende Mittel von der Güte eines Oeles zu überzeugen, muß man eine auf kaltem Wege bereitete Lauge vor sich haben, die auf der Bauméschen Flüssigkeitswaage einen oder zwey Grade zeigt. Man gießt das zu einer Milch gewordene Gemenge zu wiederholten Malen aus einem Glase in ein anderes um, und läßt es sodann im Glase stille stehen. Wenn die Verbindung, nach Verlauf einiger Stunden, weiß bleibt, und auf der Oberfläche derselben kein Tropfe Oel schwimmt, so kann man von der guten Qualität des Oeles überzeugt seyn. Im entgegengesetzten Falle ist es schlecht.

Das feine Oel erfordert stärkere Laugen, als wenn man mit gemeinem Oel operirt.

Man gebraucht in den Seifensiedereyen nur gemeines Oel, weil es nicht allein das wohlfeilere ist, sondern auch besser in Seife übergehet. Das feine Oel wird zum Küchen- und Tischgebrauch bewahrt.

Vorzüglich aus Italien, und dort hauptsächlich wieder aus dem Genuesischen, wird das beste Oel gezogen, dessen man sich in den Fabriken bedient.

Auch die Küsten der Barbarey liefern solches, und versehen, in Verbindung mit Genua, die in Marseille befindlichen vortrefflichen Seifenfabriken.

Nach dem Olivenöl gibt das süße Mandelöl die consistenteste Seife. Der Preis dieses Oeles verstattet jedoch nicht die Anwendung desselben in Seifenfabriken, und man bedient sich seiner also nur zur Verfertigung der medicinischen Seife.

Rübsen- und Kohlsaatöl bilden weniger trockene, und vorzüglich weniger weiße Seife.

Hanfsaamenöl gibt eine grüne, wenig consistente Seife, welche durch eine kleine Quantität Wasser in einen Teig verwandelt wird.

Buchecker- und Nußöl liefern teigartige, klebrige Seifen, in der Regel von graulicher Farbe.

Seife von Nußöl ist nicht tauglich zur Seifenwäsche mit der Hand, sie hat eine gelblichweiße Farbe, eine mittelmäßige Consistenz, und ist fett und klebrig, ohne an der Luft trocken zu werden.

Die Leinölseife ist zuerst weiß, wird aber in kurzer Zeit durch Berührung der Luft gelb. Sie hat einen starken Geruch, ist fett, teigartig, klebrig, trocknet nicht an der Luft, und wird durch eine sehr kleine Quantität von Wasser erweicht.

Man kann aus dem Vorhergesagten schließen, daß die austrocknenden Oele sich schlecht saponificiren, und daß die Seifen, welche daraus gemacht werden, immer klebrig bleiben, und durch Berührung der Luft leicht ihre Farbe verändern.

Alle Oele, von denen wir gesprochen, sind entweder fette oder feste Oele. Die flüchtigen Oele sind nicht weniger fähig zu Verbindungen mit den Alkalien; da aber diese Seifen in den Künsten wenig gebraucht werden, so werden wir unter diesem Artikel nicht davon sprechen.

Die thierischen Materien, welche fast alle die Fähigkeit haben, sich mit den Alkalien zu verbinden, geben für die Seifenfabrikation vortreffliche Ressourcen ab.

Das Talg bildet mit dem Natron eine weiße Seife von guter Qaulität, welche nur den Fehler hat, daß sie immer einen schwachen Fettgeruch beybehält, den sie auch der Wäsche mittheilt.

Man fängt die Verwandlung des Talg's in Seife mit starken Laugen an.

Diese Seife kann viel Wasser anziehn, ohne ihre Consistenz zu verlieren.

Zu Arsamas, einer Russischen Stadt, und Hauptstadt eines Kreises unter diesem Namen, fabricirt man viele Seife von Talg und Aschenlauge; die Kessel sind von Eisenblech, und bey jedem Kochen werden bis 80 Centner Seife gewonnen.

Die Seife, welche das Schmalz der Schweine (Schweineschmeer, das Nierenfett von Schweinen) liefert, hat eine schöne weiße Farbe, ist sehr fest, und trägt keinen übeln Geruch an sich.

Noch kann man Butter mit dem Natron verbinden; die daraus entstehende Seife wird weiß und fest. Sie behält jedoch einen ranzigen Geruch, wenn man ranzige Butter genommen.

Pelletier hat aus der Verbindung von Pferdeöl und Natron eine weiße, feste und geruchlose Seife gewonnen *).

Bullion machte eine vortreffliche Seife, indem er auf dem kalten Wege 25 Pfund Pferdeöl und 25 Pfund Nußöl mit 25 Pfund concentrirter Seifensiederlauge vermengte.

Die Fischöle (die Thranarten), die vom Wallfisch und dem Kabeljau, geben sämmtlich Seifen von einer schmutzigen, grauen Farbe und fester Consistenz, die den diesen Oelen eigenthümlichen Geruch beybehalten.

Man kann in Rücksicht ihrer Geschicklichkeit zur Verwandlung in Seife, den Oelen und Fetten folgende Ordnung anweisen:

1) Oliven= und süßes Mandelöl.
2) Talg, Schweineschmeer, Butter und Pferdeöl.
3) Rübsen= oder Rübsaamenöl.
4) Buchecker= und Nußöl.
5) Fischöl.
6) Hanfsaamen=, Mohn= und Leinöl.

Ich habe schon seit geraumer Zeit den Vorschlag gemacht, sich der alten Wolle und der Abgänge bey dem Verschneiden und Scheeren des Tuchs bey der Seifenfabrikation zu bedienen; diese thierische Materien lösen sich leicht, und bis zur Sättigung in den Laugen von ätzendem Alkali auf, und es entsteht daraus ein seifenartiger, grünlicher Teig, den man in den Künsten mit Vortheil zum Walken von Tüchern und zu andern Zwecken gebraucht. Dieß Verfahren ist in einigen Fabriken bereits bekannt, in denen man es dergestalt ausübt, daß man die gedachte Seife aus den Abgängen der Wolle und einer caustischen Lauge von gewöhnlicher Asche bereitet, aber ihre Fabrikation muß allgemeiner werden, weil ihr Gebrauch sehr ausge=

*) Was hier Pferdeöl genannt wird, ist nichts anders als das in deutschen Scharfrichtereyen bekannte Kammfett. H.

ausgedehnt, und die Composition derselben eben so leicht als öconomisch bewirkt werden kann.

§. 2. Von den Alkalien.

Die Chemie kennt drey Gattungen von Alkalien, die man zur Seifenfabrikation gebrauchen kann, Natron, Kali und Ammonium.

Natron und Kali sind die einzigen, welche man zur Bereitung der Seife des Handels anwendet; das Ammonium dient nur in der Medicin zur Verfertigung einiger seifenartigen Compositionen.

Das Natron bildet feste Seifen.

Das Kali dagegen weiche, die die Feuchtigkeit der Luft anziehen.

Diese Veränderung rührt von der Natur der Alkalien her, von denen eines an der Luft effloreścirt, und ein anderes an derselben fast augenblicklich in eine Flüssigkeit aufgelöst wird.

Es steht also nicht in der Macht des Künstlers, nach Willkühr Natron oder Kali anzuwenden, sondern diese Wahl richtet sich nach der Natur der Seife, welche hervorgebracht werden soll.

Alle salzige Pflanzen, welche nahe am Meere wachsen, liefern Soda bey ihrer Verbrennung zu Asche; aber alle geben weder die nämliche Quantität, noch Qualität davon.

Das Alkali ist in der Soda immer mit Seesalz und mit Erden vermengt; das beste ist das, welches am meisten alkalischen Stoff enthält.

Die einzigen Arten von Soda, welche man zur Fabrikation der Seife gebrauchen kann, sind die Barille oder die alicantische Soda von Narbonne, die sicilianische Asche, und das eigentliche Natron.

Die geschätztesten Gattungen der Soda sind die Alicantischen, von denen man dreyerley Qualitäten im Handel kennt: 1) die milde Soda oder die milde Barille, die vorzüglichste Gattung; 2) die gemengte Barille, diese ist hart, im Bruche rein, von schwärzlichgrauer Farbe, und löst sich schwer im Wasser auf; 3) die Soda von der geringsten Qualität.

Die Soda von Carthagena hat beynahe die nämliche Güte, als die Alicantische von zweyter Gattung.

Die levantische und sicilianische Asche stehn, ihrer Qualität nach, unter der Soda von Alicante; nichts destoweniger kann

kann die letztere aber dadurch ersetzt werden, wenn sie zu fehlen beginnt.

Die Soda wird sehr häufig gebraucht, der geringe Preis, den sie (in Friedenszeiten) im Handel hat, macht, daß man sie in der Anwendung vortheilhaft findet, obgleich sie wenig reines Alkali enthält.

Die Pottasche wird in diesem Zustande selten zur Fabrikation der Seife genommen. Fast überall bedient man sich der durch Kalk caustisch gemachten Aschenlaugen.

Zweyter Artikel.

Von den Seifen aus Natron oder den festen Seifen.

Die weiße und feste Seife des Handels wird aus Natron und Olivenöl bereitet.

Man kann bey ihrer Fabrikation mehrere Hauptoperationen unterscheiden: die Bereitung der Laugen, und das Kochen der Seife.

§. 1. Von der Bereitung der Laugen.

Der Alkalien, so wie sie in den Handel kommen, kann man zur Fabrikation der Seife sich nicht bedienen.

Man muß sie zuerst von der in ihnen enthaltenen Kohlensäure, so wie von den Salzen und Erden die ihnen beygemengt sind, befreyen, und verfährt hierbey folgendergestalt.

Man thut in eine Kufe von ungefähr 8 Fuß im Quadrat und einem Fuß Tiefe, lebendigen Kalk in dem Verhältnisse eines Fünftheils von dem Gewichte des Oeles, welches man in Seife verwandeln will. Diesen besprengt man etwas mit Wasser, er erhitzt sich, platzt, raucht, zertheilt sich, fällt in Staub zusammen, und man vermengt sodann mit der größten Sorgfalt und mit Hülfe einer Schaufel das vorher in kleine Stücken zerbrochene Natron mit demselben.

Um die Wirkung zu befördern, gießt man ein wenig Wasser über.

Sobald das Gemenge fertig ist, thut man es in Kübel, welche in den Fabriken in Marseille bugadières genannt werden.

Diese Kübel sind in allen kleinen Fabriken von weißem Holze, aber in den wichtigeren von Stein, und inwendig mit horizontalliegenden Ziegeln, die zuvor in einen Mörtel von Puzzolan- oder von Scheidewasser-Erde getaucht worden, ausgefuttert.

Oft

Oft sind die Kübel auch von in Ebenmaaß gelegten, und mit dem nämlichen Mörtel verkitteten Ziegeln erbaut.

Diese Kübel haben in der Regel 5 Fuß im Quadrat auf eine Tiefe von $4\frac{1}{2}$ Fuß, und sind an ihrem, nach der Werkstätte zu gerichteten untern Theile, von zwey Löchern durchbohrt, die man mit einem Hahn oder mit hölzernen Nägeln verschließt.

Unter jedem dieser Kübel sind zwey mit gleicher Vorsicht erbaute Reservoirs angebracht, deren Bestimmung es ist, die Laugen aufzufangen und aufzubewahren. In Marseille werden diese Reservoirs recibidous genannt.

Man legt einige zerbrochne Steine auf den Boden dieser Kübel, um das Ablaufen der Laugen zu erleichtern.

Sobald man das Gemenge von Kalk und Soda in den Kübel gethan; so gießt man eine zureichende Quantität Wasser darauf, damit es sich gehörig darin einsauge und ungefähr anderthalb Fuß über der Masse stehe.

Man läßt das Wasser einige Stunden hindurch stehen, nach Verlauf welcher man den Hahn öffnet, um die Lauge ablaufen zu lassen, die man in eines von den unten angebrachten Reservoirs fallen läßt.

Diese Lauge zeigt 15 bis 20 Grade und führt den Namen erste Lauge (Feuerlauge).

Wenn die Lauge aufgehört hat zu laufen; so dreht man den Hahn zu, gießt in den Kübel eine neue Quantität Wasser und läßt es nach einigen Stunden in ein zweytes Reservoir; dieß nennt man die zweyte Lauge (Abrichterlauge), sie zeigt 10 bis 12 Grade.

Man extrahirt eine dritte Lauge mit gleicher Sorgfalt; diese zeigt 4 bis 6 Grade auf dem Areometer.

Die Soda wird erschöpft, wenn man ein viermaliges, und nach Bedürfniß selbst ein fünfmaliges Wasser darauf gießt.

Man bedient sich der letztern Laugen, wie des gewöhnlichen Wassers, um die neue Soda auszulaugen.

Sobald die Soda erschöpft ist, leert man die Bugadieren, und wirft alle Rückstände als unnütz weg, oder gebraucht sie in feuchtem Erdreich als Dünger.

Um den Dienst der Werkstatt zu erleichtern, bringt man Wasserleitungen an, welche sich in jeden Kübel öffnen, und macht eben so vorn an diese Kübel, Rinnen, mittelst deren man die Lauge bequem kann circuliren lassen.

Da

Da alle Soda nicht von gleicher Güte ist, so zeigen auch die Laugen eine große Verschiedenheit unter einander. Der Meister unter den Arbeitern bestimmt den Grad derselben durch die Flüssigkeitswaage, oder mittelst eines frischen Eyes, welches, je nachdem die Lauge stark ist, mehr oder weniger tief untertaucht; er theilt sie sodann und vermengt sie, bis sie den gehörigen Grad erreichen.

Noch haben die Jahreszeiten einen mächtigen Einfluß auf die Laugen, im Winter werden sie viel schwächer, wenn man nicht die Vorsicht gebraucht, sich entweder einer bessern Soda zu bedienen, oder sie in größerer Quantität anzuwenden.

Die Verhältnisse der Soda und des Kalks, sind in den verschiedenen Ländern, und in jeder Werkstatt verschieden. Ich habe den lebendigen Kalk zu gleichen Theilen und bis zu einem Sechstheil anwenden gesehen. Diese Verschiedenheit, von welcher ich mir Rechenschaft zu geben gesucht habe, scheint von dem Kalke und öfter noch von der Soda herzurühren; in der Regel erfordern alte Soden und Natron mehr Kalk. Der effloreszirte Kalk hat nicht die nämliche Kraft als der frische, und da es schwierig ist, von diesem letzteren immer zu seiner Disposition zu haben, so bewahrt man ihn in Gefäßen, die vor Berührung der Luft und vor Feuchtigkeit geschützt sind, auf, um jedem Verderben zuvorzukommen.

Man gebraucht selten eine einzige Sorte Soda zur Bereitung der Lauge, sondern man macht fast immer ein Gemenge von Alicantischer Soda, Sicilianischer Asche, Soda von Narbonne u. s. w. in verschiedenen Verhältnissen.

§. 2. Vom Kochen der festen Seifen.

Das Kochen der festen Seifen, oder die Kunst, das Oel mit der caustischen Soda zu verbinden, und dieser Verbindung den gehörigen Grad von Consistenz zu geben, ist die schwerste und wichtigste Operation des Seifensieders.

Diese Verbindung geschieht in einem Kessel durch Wärme.

Der Kessel ist auf eine Art errichtet, die von der Bauart des andern wesentlich abweicht; sein unterer Theil ist von Kupfer, die Seiten aber sind aufgemauert, oder von ebenen Ziegeln gebaut.

Es gehört Geschicklichkeit und viel Erfahrung in dieser Bauart dazu, um einen Seifensiederkessel zu umgeben; denn man sieht leicht ein, daß, wenn eine Spalte nicht gehörig zugemacht, übrig bliebe, die Materie entweichen würde. Von einer andern Seite ist ein solches Etablissement so kostspielig, und die Unterbrechung der Arbeiten so lästig, daß man nichts vernachlässigen muß, um dem Kessel alle mögliche Solidität zu geben.

Wenn man statt in solchen Kesseln als den eben beschriebenen, in ganz metallenen arbeitet, so wird nicht allein die Seife weniger weiß, sondern auch die Operation außerordentlich schwierig, indem das Metall, welches die Wärme leichter überträgt als der Stein, das Anschwellen der Seifenmaterie hervorbringt, und sie oft verbrennt.

Die Oefen, zu denen diese Art von Kesseln gehören, haben noch das Besondere, daß ihr Rost hinter dem Boden des Kessels selbst angebracht ist, während der Rauchfang sich unmittelbar über der Thüre des Heerdes befindet, so daß Flamme und Wärme nach der Thüre zu strömen, um den Rauchfang zu gewinnen. Man kann sich von dieser Construction eine Vorstellung machen, nach Tab. VI. fig. 1.

Die Kessel in den Seifensiederwerkstätten sind von unendlich verschiedenem Umfange in den verschiedenen Fabriken; sie liefern in der Regel von 50 bis 200 Centner Seife bey jedesmaligem Kochen.

Auch in der Art des Seifekochens weichen die verschiedenen Werkstätten von einander ab. Hier, fängt man die Verwandlung in Seife mit schwachen, dort, mit starken Laugen an. Wir werden beyde Methoden in der Kürze beschreiben.

Von dem Augenblicke an, wo die Laugen zubereitet sind, thut man alles Oel, welches man gebrauchen will, in den Kessel. Genaue und beständige Verhältnisse zwischen den Quantitäten des Oels und der Soda lassen sich hierbey nicht angeben, denn diese Verhältnisse sind verschieden nach der Natur des Oels und der Soda, und die Entscheidung gebühret nur der Erfahrung.

Man gebraucht in der Regel 6 Theile Olivenöl zu 5 Theilen guter Soda.

In einigen Werkstätten fängt man damit an, daß man das Oel zum Aufwallen bringt, ohne Lauge hinzu zu thun, und wenn es sehr dicht geworden und viel Unreinigkeiten enthält, so mengt man es mit zwey Fässern starker Lauge, und läßt es aufsieden, das klare und durchsichtige Oel steigt dann bald nach oben und die Schleimtheile schlagen sich nieder. Sodann hält man mit dem Feuer inne, und der Arbeiter nimmt mit einem langen Löffel das obenaufschwimmende Oel ab, um es von dem Bodensatze zu scheiden, welcher auf dem Grunde liegt. Er reiniget endlich den Kessel, thut das geläuterte Oel, welches er

heraus-

herausgenommen, wieder hinein, zündet abermals das Feuer an, und schreitet zum Kochen.

Man gießt einige Eimer von der schwächsten Lauge auf das Oel, und bringt das Gemenge zu einem mäßigen Grade von Aufwallung, welchen man sorgfältig die ganze Zeit, die das Kochen dauert, hindurch unterhält. Man befördert die Verbindung; indem man ununterbrochen mit einer langen hölzernen Spatel umrührt. Nach und nach thut man mehr von der nämlichen Lauge hinzu und setzt, wenn sie erschöpft ist, die zweyte in Anwendung.

Das Oel nährt sich nach und nach, die Materie wird teigig und weiß; man gießt nach und nach von der ersten Lauge hinzu und bald nachher scheidet der dichter gewordene Teig sich unmerklich von einer wässerigen Flüssigkeit ab, auf der er oben aufschwimmt. Die Herren Pelletier, Darcet und Lelièvre rathen an, in diesem Augenblick einige Pfunde Kochsalz in den Kessel zu werfen, um eine vollkommnere Scheidung hervorzubringen; der Teig nimmt sodann eine körnige Gestalt an, und gleicht geronnener Milch; das Kochen wird zwey Stunden fortgesetzt, nach Verlauf welcher man das Feuer löscht, und umzurühren aufhört.

Einige Stunden nachher läßt man durch den Hahn (einer an dem Boden des Kessels angebrachten Röhre) die auf dem Boden befindliche Flüssigkeit ablaufen; zündet das Feuer wieder an; löst die Seife in ein wenig Wasser, welches man in den Kessel gießet, auf; rührt das Gemenge um, und thut, wenn es vollkommen flüssig gemacht worden und aufgesotten ist, nach und nach die letzten Portionen der ersten Lauge hinzu.

Man erkennt, daß die Seife den gehörigen Grad von Consistenz erreicht hat, 1) wenn man einige Tropfen davon auf ein Stück Schiefer fallen, und gerinnen läßt. 2) Wenn von einer Spatel, die man aus dem Teige herauszieht, und stark damit in die Luft schlägt, die fertige Seife in Gestalt von Bändern abfällt, ohne an dem Holze festzukleben. 3) An dem eigenthümlichen Seifengeruch. 4) An dem Gefühl welches man hat, wenn man sie zwischen die Finger nimmt.

Es sind nur wenige Fabriken, in denen man sich des Kochsalzes bedient, um der Seife Korn zu geben, und sie von ihrem wäßrigen Theile zu scheiden; nichts destoweniger aber hat man diese Methode dennoch, seitdem sie bekannt geworden, in mehreren Etablissements mit Erfolg eingeführt. Man kann wohl, auch ohne Salz, Seife kochen, da aber das Kochen gegen das

Ende

Ende der Operation hin, nur zu oft umschlägt, und dieß den geübtesten Künstler quälen und in Verlegenheit setzen kann, so ist es vielleicht ersprießlich ein Mittel zur Abhelfung anzugeben.

In einigen Fabriken fängt man das Kochen mit der stärksten Lauge an; hierdurch bringt man den Teig fast gleich zu einem gehörigen Grade von Dichtheit, und die Operation so zu leiten, erfordert eine große Fertigkeit in Arbeiten dieser Gattung. Man sieht, daß es Zeit ist, neue Lauge zuzugießen, wenn der Teig sich senkt und unbeweglich stehen bleibt. Man fährt mit dem Gebrauch der starken Lauge fort, bis sie beynahe erschöpft ist. Sodann schwindet die Masse, das heißt, sie senkt sich und bleibt wie unbeweglich; man siedet auf diese Weise drey bis vier Stunden hindurch fort, und dann befeuchtet man sie, indem man die zweyte Lauge darauf gießt, und vermehret stufenweise des Feuers Thätigkeit.

Es ist selten, daß man, wenn man mit der ersten Lauge angefangen hat, sich noch der dritten bedient; diese wird nur in den Fällen gebraucht, wo der Teig dem Aufsieden widersteht, weil es alsdann darauf ankommt, ihn zergehen zu lassen.

Sobald die Seife gekocht ist, löscht man das Feuer aus, läßt die Lauge durch die Röhre des Kessels ablaufen, läßt die Masse kalt werden, und schöpft sie, bevor sie gerinnet, mit kupfernen oder hölzernen Eimern aus, um sie in die Mises oder Form *) zu gießen, in welche man zuvor etwas zu Pulver gestoßenen Kalk thut, um zu verhindern, daß die Seife sich nicht daran festsetze.

Nach zwey oder drey Tagen, wenn die Seife hart geworden, macht man die Schrauben los, welche die Wände der Formen zusammenhalten, und schneidet die Seife mit einem Messingfaden in mehr oder weniger breite Stücke.

Diese Stücke legt man auf einen Fußdecke in einzelnen Schnitten aus, um daß sie Zeit haben, fest zu werden.

Drey Pfund Oel geben fünf Pfund Seife; dieß ist das Produkt, auf welches ein rechtschaffener Fabrikant seine Hoffnungen gründet.

Die

*) Mises werden die Formen genannt, in welche man den Seifenteig gießt. Die gewöhnlichsten bestehn aus Kasten, welche aus Brettern zusammengesetzt werden, die in Rahmen, mit hölzernen Schrauben befestigt, eingefugt sind. Es gibt Formen, welche zweytausend Pfund Seife enthalten können. Das Vorderbrett läuft in Fugen, um nach Willkühr aufgezogen werden zu können. Sie sind gewöhnlich so angebracht, daß die ablaufende Lauge in ein Reservoir fließen kann. Anm. des Verf.

Die Seife kann nur erst dann in den Handel gegeben werden, wenn die Finger sich nicht mehr hineindrücken lassen.

Es würde ein Irrthum seyn, zu glauben, daß man ohne Abwechselung, und ununterbrochen die Lauge nehmen könne, von welcher man anfänglich genommen. Die große Kunst des Seifensieders besteht eben darin, nach den Eigenschaften der Masse in jedem Augenblicke bestimmen zu können, welche Lauge man ihr geben müsse. Die Meister-Arbeiter haben in dieser Hinsicht aus der Erfahrung geschöpfte Grundsätze bey ihrem Verfahren: die Gestalt und Dicke der Blasen, die Farbe des Teiges, die Masse des an die Ränder hin Ausgeworfenen, die Consistenz der Materie, die Farbe des Rauchs und die Disposition zum Aufwallen sind Kennzeichen, nach welchen der Arbeiter sein Verfahren einrichtet.

Zuweilen erscheint der Teig sehr geschmeidig, wenn man ihn aber an die Luft bringt, um kalt zu werden und zu gerinnen, so scheidet sich viel Flüssigkeit daraus, und die Masse löset sich in kleine Körner, ohne Consistenz, auf; in diesem Falle ist es klar, daß die Masse in zu reichlichem Maaße vorhanden ist, und man muß sie durch Feuer zerstreuen, oder ihren Niederschlag durch Seesalz bewirken.

Oft auch gerinnt der Teig, und es scheint dann, als ob das Oel sich vom Natron scheidet; ich habe beobachtet, daß in diesem Falle der Teig fast immer nicht gehöriges Wasser hat, um in vollkommener Verbindung erhalten zu werden, und man darf sodann, um diesem Fehler abzuhelfen, nur sehr schwache Lauge oder Wasser hinzuthun.

In den Fabriken von weißer Seife pflegt man einige Quantitäten roth und blau zu ädern, um die sogenannte marmorirte Seife hervorzubringen. Man bedient sich zu diesem Zweck der Eisenoxyde; nach einem zweytägigen Kochen fängt man an, die Seife blau zu färben; zu diesem Ende läßt man in schwacher Lauge einen einhundert und vierzigsten Theil von schwefelsaurem Eisen in Verhältniß zu dem Oele, welches man zu Seife macht, zergehn, und sich zersetzen, und thut diese Auflösung in den Kessel, dessen Inhalt man in Aufwallung erhält, bis daß der Teig blau wird; sodann löscht man das Feuer aus, und läßt die Portion Lauge, die sich nicht incorporirt hat, durch die Kesselröhre ablaufen, zündet das Feuer wieder an, nährt den Seifenteig vier und zwanzig Stunden, löscht das Feuer aus, läßt die Masse stille stehn, und zieht die Lauge wieder ab.

Dieß

Dieß Manoeuvre wird neun bis zehn Tage hindurch erneuert, nach Verlauf welcher man das Feuer wegnimmt, und die Lauge ablaufen läßt. Wenn sich die Masse gehörig gesetzt hat, und ruhig geworden ist, so gießt man 10 bis 12 Pfund in gewöhnlichem Wasser zerlassenes Braunroth darauf. Sodann treten zwey Arbeiter auf Bretter, die man über den Kessel legt, heben den Teig mit langen Stangen, an denen Enden von Brettern 10 Fuß lang befestigt sind, in die Höhe, und rühren ihn nach allen Seiten um, während andre in den Zwischenräumen so lange Lauge in den Kessel gießen, bis daß der Teig flüssig wird. Nach dieser Operation thut man den Teig in die Form.

Die marmorirte Seife ist härter als die weiße, und wird ihr zum Gebrauch bey der Wäsche vorgezogen. Diese Härte rührt nicht allein von der größeren Verdichtung des Teiges her, sondern es scheint mir, daß man die Consistenz größtentheils einer Portion Sauerstoff zuschreiben kann, die sich vom Oxyd trennt, um sich mit dem Oele zu vereinigen. Diese Meynung gründet sich 1) darauf, daß die marmorirte Seife ihre wahre Güte nur erst dann erlangt, wenn die Farbe des Oxyds durch Aufwallen einen schwärzlichen Anstrich erhalten; 2) darauf, daß die weiße, wenn gleich stark verdichtete, Seife, nie den Character der marmorirten annimmt.

Zu allen Zeiten ist Marseille wegen seiner Seifenfabrikation mit Recht berühmt gewesen, und als die Habsucht einige dortige Fabrikanten von dem rechten Wege abführte, hat der ganze übrige Handelsstand sie der öffentlichen Mißbilligung preis gegeben.

Die gewöhnlichsten Verfälschungen, welche man sich in Hinsicht der Seife erlaubt, sind folgende: zuerst wenn sie fertig ist, und bevor man sie in die Form gießt, pflegt man eine sehr große Quantität von Wasser zuzugießen, welches ihre eine weiße Farbe gibt; oft vermischt man damit auch pulverisirten Kalk, gebrannten Gips, oder durchsiebte weiße Thonerde.

Die erste von diesen Betrügereyen merkt man leicht an dem Verlust, welche die Seife erleidet, wenn man sie einige Zeit hindurch der Luft aussetzt.

Die zweyte kann man nur durch die Auflösung der Seife in vielem Wasser inne werden, denn die erdigen Materien schlagen sich sodann nieder.

Die Verfälschung durch Wasser kann mit geringerm Vortheil von dem Fabrikanten selbst, als von dem Detailhändler gemacht werden; der erstere würde in seiner Niederlage, oder auf dem Transport zum eignen Nachtheil allen Verlust erfahren, den

die

die Seife durch das Eintrocknen erleidet, während der andere den Käufer durch das verführerische Anerbieten eines Rabatts auf den Preis anlockt, und nachdem er die Seife mit Wasser gesättiget, sie in einer Auflösung von Seesalz aufbewahrt, und nur erst wieder herausnimmt, wenn er sie verkaufen will.

Man darf, um diesen Betrug zu erkennen, und sich davon zu überzeugen, die verfälschte Seife nur einige Tage hindurch der Luft aussetzen, sie wird dann platt, sie breitet sich aus, und nimmt eine gelbe Farbe an.

Dritter Artikel.

Von den auf kaltem Wege bereiteten Seifen.

Man hat zu allen Zeiten sich gequält, um Seifen auf kaltem Wege zu fabriciren. Ja man betrachtet die Auflösung dieses Problems noch als das wichtigste Mittel zur Vervollkommnung der Seifenfabrikation. Aber, wenn man gleich durch mehrere Verfahrungsarten dahin gekommen ist, eine sehr schöne Seife, ohne Beyhülfe des Feuers, hervorzubringen, so ist man doch bis jetzt von der alten Methode nicht abgegangen, woraus sich ergibt, daß man bey der Fabrikation auf dem kalten Wege keinen großen Vortheil gefunden hat.

Wenn man eine starke Lauge mit Oel, welche zur Erzeugung von Seife sehr geschickt ist, vermenget, so darf man das Gemenge nur ruhig stehn lassen, um daß es eine große Consistenz gewinne. Die Seife setzt sich fest, und schwimmt auf einer sich davon geschiedenen reichlichen und klaren Flüssigkeit.

Man hat bemerkt, daß wenn man eine Lauge mit einem Oele auf dem kalten Wege verbinden will, man das Gemenge stark schlagen und umrühren müsse. Man bedient sich hierzu einer Art von Stampfe, denen ähnlich, die man zum Buttern gebraucht. Das Oel nimmt man in dem Verhältniß von zwey Theilen zu einem Theil Lauge von 8 Graden, rührt das Gemenge eine Viertelstunde um, thut sodann anderthalb Pinten Lauge zu 18 Graden hinzu, und rüttelt eine Stunde, auch wohl länger, um. Endlich gießt man auf die Materie eine gleiche Quantität von Lauge zu 18 Graden, und rüttelt so lange um, bis man einen Teig von einer guten Consistenz hat. Diesen Teig läßt man zwey bis drey Stunden stehen, bevor man ihn aus dem Gefäße nimmt. Man knetet ihn mit einer Spatel, und gießt ihn dann in die Form. Nach einigen Stunden hat die Seife die gehörige Consistenz, um sie aus der Forme herausnehmen zu können.

Rüh=

Rübsaamen- und Kohlsaatöl erfordern eine Lauge von 20 Graden, und eine Zeit von zwey Monathen zum trocknen.

Die Apotheker machen ihre medicinische Seife auf dem kalten Wege. Man vereiniget zwey Theile süßes Mandelöl mit einem Theile Seifensiederlauge, die in dem Grade concentrirt seyn muß, daß eine Flasche, die 8 Unzen Wasser enthält, 11 Lauge fassen muß. Die aus dieser Materie präparirte Seife erlanget nach Verlauf einiger Tage schon Consistenz. Sie behält zuweilen durch einige Tage einen caustischen Geschmack, aber man kann diesen zerstören, wenn man eine neue Dosis Oel mit ihr verbindet, oder das erste Compositum mit größerer Sorgfalt vermenget.

Man kann das in den Küchen gesammelte Fett zur Composition der Seifen auf dem kalten Wege gebrauchen; zu diesem Ende nimmt man 6 Pinten Lauge zu 10 Graden, die man nach und nach zu 3 Pfunden Fett, welches in einer kupfernen Pfanne geschmolzen worden, zugießt, indem man das Gemenge peitschet. Den Kessel erhält man eine Stunde hindurch auf heißer Asche, und hört nicht auf, umzurühren. Nach Verlauf dieser Zeit nimmt man den Kessel von der Asche wieder ab, und schlägt noch eine halbe Stunde, bis sich das Gemenge verdickt. Man gießt den Seifenteig in eine Terrine, rührt ihn den folgenden Tag mit einem kleinen Stocke um, und gießt ihn dann wieder in eine Form.

Nach drey oder vier Tagen kann man ihn herausnehmen, um ihn auf den Trockenboden zu bringen, wo die Seife den gehörigen Grad von Härte gewinnt.

Vierter Artikel.

Von den weichen, oder den mit Kali bereiteten Seifen.

Die Grundstoffe der weichen Seife sind Kali und ein Oel.

Von dieser Seife macht man einen, ihr eigenthümlichen Gebrauch, als zum Walken der Zeuge, und zum Ausmachen der Fettflecke aus denselben.

Die beträchtlichsten Fabriken von weicher Seife sind in Flandern, in der Picardie und in Holland. Bey dem Gebrauch welchen die Holländer vom Thran gemacht haben, hat die Seife einen übeln Geruch bekommen, und dieß hat nicht wenig dazu beygetragen, ihre Fabriken in übeln Ruf zu bringen. Die Vorschriften in Flandern und in der Picardie verbieten ausdrücklich die Anwendung dieses Oeles, und man bedient sich dort allein des Lein-, Hanfsaamen-, Rübsen- und Rübsaamenöls. Die drey ersten werden warme, die beyden letztern kalte Oele genannt. Was bey den Flamländern warmes Oel heißt, nennen die Bewohner der Picardie gelbes Oel, und ertheilen die Benennung von grünem Oel, dem kalten.

Die warmen Oele sind theurer als die kalten, und dieß ist der Grund, weshalb man sie mit einander vermengt.

Das Kali, dessen man sich zur Verfertigung der Seife bedient, kommt aus dem Norden, oder aus dem Elsaß.

Die Kessel bestehen aus Platten von Eisenblech, die eine an die andre genietet sind.

Man fängt damit an, daß man in den Kessel die Hälfte des Oeles thut, welches man zum einmaligen Kochen bestimmt. Dann zündet man das Feuer an, und sobald das Oel warm zu werden anfängt, so vermengt man es mit Lauge, bringt das Gemenge zum Aufwallen, und thut nach und nach den Ueberrest von dem Oele und der Lauge hinzu.

Wenn man damit anfängt, zu viel Lauge zu nehmen; so geschieht die Verbindung nicht; sind die Laugen aber zu stark; so löst sich das Gemenge in geronnene Stücke auf; wogegen, wenn sie zu schwach sind, die Verbindung unvollkommen bleibt.

Die Quantität der Lauge, welche man zu einem einmaligen Kochen anwendet, steht in dem Verhältnisse von vier zu drey in Rücksicht auf die des Oeles. Zweyhundert Theile Oel und hundert und fünf und zwanzig Kali liefern dreyhundert fünf und zwanzig Seife.

Wenn die Verbindung gehörig vor sich gegangen und die großen Blasen verschwunden sind; so muß die Materie klar werden, das heißt, es müssen sich keine zusammengeronnene Klumpen mehr in ihr zeigen, und sobald man zu diesem Punkt gelangt ist; so ist nichts weiter nöthig, als die Materie gehörig zu kochen.

Der Seifensieder beurtheilt den Grad des Kochens nach der Dicke und Farbe der Seife, und der Zeit, welche sie gebraucht, um fest zu werden.

Um die Blasen zu löschen und die Seife in den Stand zu setzen, daß man sie in Tonnen thun kann, leeret man in den Kessel eine Tonne bereits fertiger Seife aus.

Die Seife, welche am meisten gesucht wird, ist von einer braunen, in das Schwarze spielenden Farbe.

Die Flandrischen Fabrikanten färben, eine halbe Stunde, bevor sie mit dem Kochen endigen, durch eine Composition von

einem

einem Pfunde schwefelsaurem Eisen, einem halben Pfunde Gallåpfeln und einem halben Pfunde Brasilienholze, welches man mit Laugenwasser aufsieden låßt. Diese Composition thut man in den Kessel.

Wenn die Seife mit einer großen Quantitåt von warmem oder gelbem Oel gemacht ist, so gibt man ihr eine grüne Farbe; indem man eine Indigo-Auflösung in die Lauge gießt. Diese Seife hat den Ruf, von erster Güte zu seyn.

Sie bleibt immer in Gestalt eines weichen Teiges, wodurch der Fabrikant genöthiget wird, sie in Tonnen zu versenden.

Fünfter Artikel.

Von der Seife zum Haushaltungsgebrauche.

Die Seife wird nur in einen festen Zustand verwandelt, um ihren Transport zu erleichtern und sie geschickt zum Waschen der Hånde zu machen. Aber bey einer großen Zahl von Anwendungen deren sie fähig ist, wird sie wieder flüssig gemacht, um sie bequemer handhaben zu können.

Mir schien es also immer, daß man in den Haushaltungen die Operation des Kochens ersparen und sich damit begnügen könne, eine seifenartige zum Waschen von linnenen und andern Zeugen sehr geschickte Flüssigkeit zu machen. Meine dießfälligen Versuche haben den größten Erfolg gehabt und ich werde einige Details über die Bereitung und den Gebrauch der seifenartigen Flüssigkeiten anführen:

1) Man kann die Pottasche des Handels oder eine gute Lauge von gemeiner Asche nehmen.

Im erstern Falle gießt man Wasser auf ein wenig Pottasche und låßt sie darin auflösen, bis die Auflösung 2 Grade mit der Baumé'schen Flüssigkeitswaage zeigt.

Man klårt sodann diese Auflösung ab, und gießt sie auf etwas Oel, welches man in einem Gefåße weggesetzt. Das Gemenge wird weiß, und bildet augenblicklich eine milchartige Flüssigkeit. In der Regel muß man eine kleine Quantitåt Oel, höchstens in dem Verhåltnisse von einem Vierzigtheil gegen die Masse der Lauge nehmen.

Im zweyten Falle vermengt man ein wenig lebendigen Kalk mit der Asche, welche man gebrauchen will, und laugt diese nach bekannter Weise aus. Man bedient sich dieser Lauge, wie auch der Pottaschen-Auflösung, nachdem man sie zu einem Grade gehöriger Concentration gebracht.

Man muß die Lauge nur in dem Augenblicke zubereiten, wo man sie gebrauchen will.

Neue Asche ist alter vorzuziehen.

Die fetten Oele, welche Farbeöle genannt werden, sind besser zu gebrauchen als die feinen Oele.

Wenn das Oel stinkend ist, so theilt es der Wäsche einen übeln Geruch mit, den man hinwegschafft, wenn man sie durch eine reine Lauge zieht.

Ist die Flüssigkeit zu dicht; so verdünnt man sie mit schwacher Lauge.

Es ist vortheilhaft, wenn man die Flüssigkeit, bevor man sich ihrer bedient, umrührt, schlägt und zum Schäumen bringt.

Will man statt des Kali's sich der Soda bedienen, so zerbricht man sie in kleine Stücken, thut diese in ein Gefäß und gießt so lange Wasser darauf, bis man eine Auflösung erhält, welche ein bis zwey Grade zeigt.

Man thut Oel in ein Gefäß und vierzig bis fünf und vierzig Theile Sodalauge darauf; das Gemenge wird im Augenblick milchartig, und erhält sich unverändert in diesem Zustande, wenn Oel und Soda gut sind.

Die Alicantische Soda ist die beste, welche man nehmen kann. Man nimmt nur dann seine Zuflucht zum Kalk, wenn jene alt und verwittert ist.

Man kann mehrere Laugen bilden, wenn man neues Wasser auf die nämlichen Stücken Soda gießt.

Außer den angegebenen sehr einfachen Verfahrungsarten, kann man auch Seifen aus Fett, rancider Butter, und andern öligen oder fettigen Produkten, welche man in den Haushaltungen wegwirft, bereiten.

Ich habe gleichergestalt gelehrt, eine Seife aus Wolle zu bereiten, welche, außer dem, daß sie sehr ökonomisch ist, noch sehr gute Eigenschaften besitzt. Man darf, um diese Seife zu machen, nur die Rückstände der Wolle, welche man in den Werkstätten wegwirft, bis zur Sättigung in kochender Lauge auflösen lassen. Diese Seife ist vortrefflich zum Walken der Zeuge und um Fettflecken daraus auszumachen.

Auch die Engländer fabriciren eine Seife für Haushaltungen aus Abgängen von Fischen, die man zum Einsalzen oder zur Leimfabrikation gebraucht.

Man kann sich jedoch in Umständen befinden, wo man Kali, Seesalz und Oel, nicht aber zur Verwandlung in Seife geschickte Soda zu seiner Disposition hat, und sodann kann man wenigstens feste oder Sodaseife fabriciren, wenn man die Pottaschenseife mit Seesalz zersetzt; wenn man, zum Beyspiel, 3 Pfund Oel mit Kali versetzt hat, um eine weiche Seife zu bilden; so darf man nur gegen das Ende hin, und nach und nach, eine Auflösung von 6 Loth Seesalz hinzuthun. Man fängt die Verwandlung in Seife mit Kali an, und endigt sie mit Salz.

Sechster Artikel.

Vom Gebrauch der Seife.

Der erste und wichtigste Gebrauch der Seife ist zum Waschen der Zeuge; denn sie hat die Eigenschaft, daß sie sich mit den Oelen und dem Fette verbindet, welche diese beschmutzen und daß sie sie auflöslich in Wasser macht, ohne das Gewebe von wollenem, seidenem oder baumwollenem Zeuge weder aufzulösen, noch zu verderben.

Die Art zu waschen ist verschieden, nach der Natur des Zeuges und der Consistenz der Seife; wenn die Seife fest ist, wäscht man auf der Hand, das heißt man reibt die Seife gegen das Zeug selbst, um die directe Verbindung des Oeles oder Fettes mit ihr zu bewirken; und wäscht sodann diese Verbindung mit Wasser wieder hinweg.

Zuweilen löst man die Seife in Wasser auf, und bedient sich dieser Seifenflüssigkeit, um das Zeug damit zu durchdringen und durch wiederholtes Wässern und Reiben alle fette Körper, die es beschmutzen, daraus zu extrahiren.

Wollene Tücher, Decken, Moltoos und alle Gewebe aus thierischen Substanzen, werden mit weicher oder Pottaschenseife gewaschen und von Fett gereinigt.

Jedes Wasser ist nicht gleich tauglich zur Auflösung der Seife. Das, welches erdige Salze in Auflösung erhält, zersetzt sie.

Die Seife aus Natron macht die Basis der Seifenkugeln. Man schmilzt sie und vermengt sie mit sehr feiner Stärke, um die gemeinen Seifenkugeln zu machen. Gewöhnlich nimmt man drey Theile Stärke auf fünf Seife, schneidet diese letztern in Schnitte, läßt sie in einem Kessel mit einem wenig Wasser zerschmelzen und thut zwey Drittheile der Stärke hinzu; indem

man

man mit Sorgfalt häufig umrührt, gießt sodann die Masse auf ein Brett aus und knetet sie mit den Händen, um das übrig gebliebene Drittheil der Stärke damit zu vermengen. Man gibt ihr sodann eine Form nach Belieben.

Noch kann man die weiße Seife in Alkohol auf dem kalten Wege auflösen; zu diesem Ende läßt man den Alkohol mit der in Schnitte zertheilten Seife digeriren; zerstößt vier und zwanzig Stunden nachher dieß Gemenge oder diesen Teig mit einigen Gewürzen, in Form eines sehr feinen Pulvers oder mit aromatischen Oelen, als Jesmin-, Tuberosen-, Citronen- oder Orangenöl in einem Mörser, und macht, wenn der Teig Consistenz gewonnen, dann Kugeln daraus, die angenehm parfumirt sind.

Zuweilen vermengt man die Gewürze mit dem Schleim von Gummidragant und Eyweiß.

In einigen Fabriken hat man die Sitte, eine sehr gewürzhafte Tinktur zu bereiten; indem man verschiedene Gewürze mit Alkohol infundirt, und die Seife durch Kneten damit wohlriechend machet.

Die Seifen-Essenz erhält man, wenn man die wohlriechenden Seifen in ihrem doppelten Gewicht an Weingeist auflöst *).

*) Wenn die Essenz nicht die Form einer Gallerte annehmen soll, muß gegen einen Theil Seife, wenigstens 4 Theile Weingeist angewendet werden. H.

Zwey

Zwey und zwanzigstes Kapitel.

Von den Verbindungen des Alkohols.

Die Auflösung der Harze in Alkohol und in Oelen bildet die Firnisse oder Ueberzüge, welche man auf Holz und Metalle aufträgt, um sie vor der unmittelbaren Wirkung der Luft und des Wassers zu bewahren.

Damit man einer Lage Firniß die gehörigen Eigenschaften zuschreiben könne, ist erforderlich: 1) daß sie den damit gefirnißten Körper vor der unmittelbaren Berührung der Luft und des Wassers schütze. 2) Daß sie sich nicht abschuppe. 3) Daß sie hinlänglich durchsichtig seyn müsse, um die Farben der Körper, welche man dadurch conserviren will, weder zu beschmutzen, noch sie zu verändern. 4) Daß sie der Wirkung der Luft und des Wassers widerstehe. 5) Daß sie eine schöne Politur anzunehmen fähig sey.

Obgleich in einigen Fällen die Firnisse alle diese Eigenschaften vereinigen müssen, so muß man dennoch einräumen, daß es andere gibt, in denen mehrere derselben unnütz seyn würden. Die absolute Durchsichtigkeit, zum Beyspiel, ist nur in sofern nöthig, als man die Absicht hat, ein schönes Gemählde, die Farbe eine Holzes, oder die Politur eines Metalles unverdorben, oder unverändert zu erhalten. In allen Fällen aber muß der Firniß weder von der Luft noch vom Wasser angreiffbar seyn, auch den Körper, auf welchen man ihn aufträgt, genau und ohne Risse bedecken, und eine schöne Politur annehmen.

Man sieht aus dem Vorhergehenden, daß die Harze die Basis der Firnisse ausmachen können, und daß man sie nur in Alkohol oder in austrocknenden Oelen auflösen darf, um ihnen alle Eigenschaften mitzutheilen, die man von einem guten Firniß fordert.

Die Firnisse sind also von einander, nicht allein nach Farbe und Consistenz der dazu genommenen harzigen Säfte, sondern hauptsächlich durch die Natur des Auflösungsmittels, verschieden.

Man theilt sie in trocknende Firnisse, in wesentliche Firnisse und fette Firnisse ein, je nachdem man Alkohol, Terpenthinessenz, oder feste und austrocknende Oele gebraucht hat.

Erster Abschnitt.

Von den Verbindungen des Alkohols mit den Harzen. (Trocknende Firnisse, Weingeistfirnisse).

Der Alkohol ist das wahre Auflösungsmittel für die Harze; die daraus entstehenden Firnisse sind glänzend, und trocknen schnell, aber sie haben den Nachtheil, daß sie leicht zerspringen und reißen, wenn man nicht Terpenthin oder andre Körper, die eine Teigmasse geben, in die Composition derselben nimmt *).

Wenn man einen solchen Firniß bereiten will, so stößt man in der Regel das trockene Harz, dessen man sich bedient, zu Pulver, vermengt es mit weißem gestoßenem Glase, und füllt das Ganze in einen Kolben; man gießt dann auf dieß Gemenge den erforderlichen Alkohol, und thut den Kolben in einen kleinen Kessel, welcher mit warmem Wasser angefüllt wird, welches man zum Aufwallen bringt, und ein oder zwey Stunden darin erhält. Man rührt die Materie im Kolben mit einem hölzernen Stäbchen unaufhörlich um, und wenn die Auflösung fertig zu seyn scheint, thut man Terpenthin hinzu, den man durch Ausstellung in die Dämpfe von warmem Wasser, zuvor flüssig werden lassen. Der Kolben bleibt dann noch eine halbe Stunde hindurch im Wasser, dann nimmt man ihn heraus, und fährt mit dem Umrütteln fort, bis daß er ein wenig erkaltet. Den folgenden Tag gießt man die Flüssigkeit ab, und filtrirt sie durch Baumwolle.

Das weiße Glas, dessen Nutzen Herr Tingry zuerst erkannt hat, scheint bey dieser Operation nur dazu zu dienen, die Harze zu zertheilen, und zu verhindern, daß sie sich nicht an den Boden der Gefäße ansetzen, und die fremdartigen Materien, welche damit vermengt seyn könnten, zurückzuhalten.

Herr Tingry hat uns folgende Formeln zur Bereitung der trocknenden Firnisse, die zu dem Gebrauch, welchen man davon zu machen pflegt, am geschicktesten sind, in Vorschlag gebracht:

1)	Gereinigter Mastix	6 Unzen
	Sandarak	3 —
	gestoßenes Glas	4 —
	venezianischer Terpenthin	3 —
	Alkohol	32 —

Dieser

*) Der Terpenthin macht dergleichen Firnisse klebrig, und schwer austrocknend. Man beraubt ihm aber seine zerspringenden Eigenschaften sehr leicht, wenn fur jedes Pfund Firniß 2 Loth Elemiharz mit aufgelöst werden. H.

Dieser Firniß hat Glanz, aber wenig Consistenz.

Man gebraucht ihn zum Firnissen von Papp= und andern Schachteln, Etuis und Papieren.

2)	Flüssig gemachter Copal *)	3 Unzen
	Sandarak	6 —
	gereinigter Mastix	3 —
	gestoßenes Glas	4 —
	klarer Terpenthin	2½ —
	Alkohol	32 —

Dieser Firniß hat mehr Consistenz, und eben so viel Glanz, als der vorige.

Er ist bestimmt um Gegenstände damit zu firnissen, die Reibungen unterworfen sind, als Stühle, Etuis, Einfassungen, Metalle u. s. w.

Wenn man die Dosis des Sandaraks und des Terpenthins vermehrt, so gibt man dem Firniß mehr Körperlichkeit, und viel mehr Geschmeidigkeit; aber die Vermehrung des Maaßes von Terpenthin macht ihn pechig, wenig austrocknend, und gibt ihm einen Geruch.

Wenn man 6 Unzen Sandarak, 4 Unzen Elemiharz, eine Unze Animeharz, und eine halbe Unze Kampher, in 32 Unzen Alkohol auflöst, so erhält man einen geschmeidigeren, festeren und eben so glänzenden Firniß, als die Vorhergehenden.

Man gebraucht den folgenden Firniß mit Nutzen zu getäfelter Holzarbeit, Eisenwerk, Gittern und Treppengeländern.

3)	Sandarak	6 Unzen
	Schellak	2 —
	Pechharz	4 —
	klaren Terpenthin	4 —
	Alkohol	32 —
	Gestoßenes Glas, wie gewöhnlich.	

Die Ebenisten gebrauchen in der Regel bloß Wachs, um die Möbeln abzureiben, und ihnen eine Tünche zu geben, welche, durch wiederholtes Reiben eine gewisse Politur annimmt. Aber die Firnisse geben dem Holze mehr Glanz, welches man damit überzieht, und obgleich sie den Nachtheil haben, sich abzuschuppen und zerkratzen zu lassen, so pflegt man doch kostbare Möbeln damit zu überziehen.

Herr

*) Herr Tingry schlägt vor, den Copal bey einer mäßigen Wärme zu schmelzen, und ihn auf Wasser fließen zu lassen. Er scheidet ihn hierdurch von einem Oele, und macht ihn auflöslicher in Alkohol und in den essentiellen Oelen. Anm. d. Verf.

Herr Tingry hat eine Verfahren bekannt gemacht, mittelst dessen man die schönen Eigenschaften der Firnisse mit den Vorzügen des Wachses in Uebereinstimmung bringen und verbinden kann; dieß besteht darin, daß man an kleinem Feuer 2 Unzen weißes Wachs schmelzen läßt, und 4 Unzen flüssig gewordene Terpenthinessenz hinzuthut. Das Ganze wird dann, bis es vollkommen kalt geworden, umgerüttelt. Dieser Composition bedient man sich zum Bohnen der Möbeln. Die Essenz verfliegt leicht, und läßt das Wachs in einem Zustande zurück, in dem es sehr zertheilt, sehr glänzend und im vollen Lichte eines Firnisses erscheint.

Die Firnisse, welche man zu Violinen und zu einigen Möbeln von Rosen =, Akazien = oder Pflaumbaumholz gebraucht, bestehen aus 4 Unzen Sandarak, 2 Unzen Lack in Körnern, 1 Unze Mastix, 1 Unze Benzoe, 2 Unzen Terpenthin, und 32 Unzen Alkohol.

Wenn man, statt der farblosen Harze, sich des Gummigutti, des Drachenblutes, und selbst einiger andern Färbesubstanzen, als der Kurkumewurzel und des Safrans bedient, so erhält man gefärbte Firnisse, welche ihre eigne Farbe den Körpern mittheilen, welche man damit überzieht.

Mit der nachfolgenden Composition kann man eine eben so solide als angenehm in das Auge fallende Gold = orangen=Farbe geben.

Man infundirt vier und zwanzig Stunden hindurch dreyviertel Unzen Kurkumewurzel, und 12 Gran orientalischen Safran in 20 Unzen Weingeist, seihet diese Infusion durch, und gießt sie auf ein gehörig pulverisirtes Gemenge von dreyviertel Unzen Gummigutti, 2 Unzen Sandarak, eben so viel Gummielemi, einer Unze Drachenblut in Platten, und einer Unze Lack in Körnern.

Diesen Firniß kann man mit Nutzen auf physikalische Instrumente, und auf kupferne, eiserne und stählerne Gefäße auftragen. Man erwärmt die Metallstücke, bevor man sie damit überzieht.

Einigen Sachen von Messing hat man mit folgender Composition die Farbe des Goldes gegeben:

Gummilack in Körnern	6 Unzen
Bernstein und Gummiguttti	2 Unzen von jedem
Extract von rothem Sandelholz mit Wasser gemacht	0 Unzen 24 Gran
Drachenblut	0 —— 60 ——

Orienta=

Orienientalischer Safran	0 Unzen 36 Gran
Alkohol	36 —— —

Man porphyrisirt den Bernstein, den Gummilack und das Drachenblut, und löst sie in Safrantinktur und Saudelholzextract auf.

Zweyter Abschnitt.

Von den Verbindungen des Alkohols mit dem flüchtigen Terpenthinöle. (Essentielle oder Oelfirnisse).

Wenn die Terpenthinessenz (gereinigtes Terpenthinöl) zum Auflösungsmittel der Harze gebraucht wird, welche die Basis eines Firnisses ausmachen, so wird der Firniß ein Essentieller oder Oelfirniß genannt.

Die essentiellen Oele lösen die Harze eben so wie der Alkohol auf, und lassen, wenn sie verfliegen und evaporiren, auf den Körpern eine Lage von dem Harz zurück, welches sie in Auflösung hielten.

Dennoch halten die Oele mit dem Alkohol weder in Hinsicht ihrer Wirkungen, noch ihrer auflösenden Kraft, die Vergleichungen aus; der Alkohol nimmt den Färbestoff vom Indigo, vom Lackmus, vom rothen Sandelholze, vom Safran u. s. w. in sich auf, wogegen die Oele auf diese Körper keinen merklichen Einfluß äußern. Die wesentlichen Oele greifen ferner den Copal an, der dem Alkohol widersteht. Die Oelfirnisse sind geschmeidiger, markiger und fester; sie schuppen sich weniger ab, und lassen sich besser poliren. Die Firnisse, die mit Weingeist bereitet werden, reißen auf, und schuppen sich schneller ab, aller Alkohol scheidet sich los, und läßt die Harze in allen ihren Eigenschaften frey zurück, während das Oel bis zu einem gewissen Punkte in Verbindung bleibt, und den Harzen, welche sie aufgelöst hat, eine Weichheit zurückläßt, welche ihrer eigenen Natur fremd ist.

Die Oelfirnisse haben also eigenthümliche Eigenschaften, die sie in vielen Fällen sehr empfehlenswerth machen.

Mit ätherischen Oelen werden die Firnisse bereitet, welche man auf Gemählde aufträgt. Man sieht ein, daß es in diesem Falle eines solchen Firnisses bedarf, der farblos, geschmeidig, markig, und sehr durchsichtig ist, ohne doch zu glatt zu seyn, damit das Tageslicht sich darin nicht zu sehr brechen könne.

Folgender Firniß scheint alle diese Vorzüge zu vereinigen:

gereinigter und gewaschener Mastix 12 Unzen

reiner

reiner Terpenthin	$1\frac{1}{2}$ Unze	
Kampher	$\frac{1}{2}$ —	
Terpenthinöl	36 —	
weißes, gestoßenes Glas	5 —	

Der Kampher wird in kleinen Stücken hinzugethan, und das Terpenthinöl zugegossen, wenn die Auflösung des Harzes beendiget ist.

Noch macht man mit dem Terpenthinöl einen gefärbten Firniß, welcher sehr häufig zur Vergoldung von Cederholz und Metallen gebraucht wird:

Lackharz in Körnern	4 Unzen	
Sandarak	4 —	
Drachenblut	$\frac{1}{2}$ —	
Kurkumewurzel und Gummigutti	0 —	36 Gr. von jedem;
klarer Terpenthin	2 —	
gestoßenes Glas	5 —	
Terpenthinöl	32 —	

Man zieht durch Infusion die Farbe aus den gefärbten Substanzen, und thut sodann die harzigen Körper hinzu.

Durch Veränderung in den Verhältnissen und Hinzuthun andrer Färbestoffe, als Orleans und Safrans kann die Farbe dieser Firnisse in das Unendliche verändert werden.

Die natürliche Trockenheit der Harze, welche die Basen der Firnisse ausmachen, gestatten keine Verbindung ihres eigenthümlichen Glanzes mit der ihnen nöthigen Festigkeit. Der Copal schien alle erwünschte Eigenschaften zu haben, und man hat sich viel mit den Mitteln beschäftiget, ihn zur Auflösung zu bringen.

Herr Tingry hat entdeckt, daß er sich in Aether leicht auflösen lasse, und er schlägt hierzu folgendes Verfahren vor:

Man nimmt eine halbe Unze Copal, zerreibt ihn zu einem feinen Pulver, und thut ihn in kleinen Theilen in eine Flasche in welche man zuvor zwey Unzen Aether gethan. Man pfropft die Flasche zu, rüttelt das Gemenge eine halbe Stunde um, und läßt es dann stillstehn. Wenn bey dem Schütteln der Flasche die inneren Wände sich mit kleinen Wellen bedecken, und die Flüssigkeit nicht klar aussieht, so ist die Auflösung nicht vollständig geschehen, und man thut eine kleine Quantität neuen Aether hinzu.

Dieser Firniß hat eine etwas citronengelbe Farbe.

Der Aether kann ein Viertheil und wenigstens ein Fünftheil Copal in sich aufnehmen.

Man

Man trägt diesen Firniß mit einem Pinsel auf; aber da der Aether vorzüglich, wenn die Temperatur warm ist, verflieget, so kann man den Körper, auf welchen man ihn anbringen will, zuerst mit einer dünnen Lage von flüchtigem Oele überstreichen, welches man sodann mit einem leinenen Lappen abwischt. Was davon übrig bleibt, ist hinreichend, um die Evaporation des Aethers aufzuhalten.

Dieser Firniß gibt einen so harten Ueberzug für Metalle und Holz ab, so daß heftige Stöße und das stärkste Reiben ihn nicht angreifen können.

Der Copal löset sich gleichfalls in Terpenthinöl auf, und bildet einen Firniß, welcher die nämlichen Eigenschaften, als der Vorhergehende, besitzt. Da aber das Terpenthinöl des Handels nicht immer diese auflösende Kraft hat; so ist es gut, wenn man es einige Monate hindurch der Sonne in Flaschen aussetzt, welche mit Korkstöpseln verschlossen werden, und in welchen man einen leeren Raum von einigen Fingerbreit zwischen der Flüssigkeit und dem Pfropfen läßt.

Man nimmt sodann 8 Unzen von diesem präparirten Oel, und thut solches in einen Kolben, den man in ein Bad von Wasser setzt, welches man zum Aufwallen bringt; wirft nach und nach in kleinen Portionen anderthalb Unzen zu Pulver gestoßenen Copal hinein, und unterhält den Kolben in einer zirkelförmigen Bewegung. Dann nimmt man ihn aus dem Bade heraus und läßt ihn einige Tage still stehn, worauf man den Firniß klar abzieht, und durch Baumwolle filtrirt.

Man kann die Auflösung des Copals mittelst einiger flüssigen Oele erleichtern, zu diesem Ende läßt man an einem mäßigen Feuer in einem Kolben 2 Unzen flüchtiges Lavendelöl warm werden; thut, wenn es die gehörige Wärme erlangt hat, zu mehreren Malen eine Unze pulverisirten Copal hinzu, rührt das Gemenge mit einem hölzernen Stabe um, und gießt, wenn der Copal verschwunden ist, zu drey verschiedenen Malen, 6 Unzen fast kochendes Terpenthinöl hinzu, indem man die Masse ununterbrochen in Bewegung setzt.

Dieser Firniß hat eine sehr solide und glänzende goldgelbe Farbe, aber er ist weniger austrocknend als der vorhergehende.

Noch bereitet man einen kostbaren Copalfirniß, dessen man sich in allen den Fällen bedient, wo es auf Solidität, Geschmeidigkeit und Durchsichtigkeit ankommt, zum Beyspiel zum Firnissen von Metall und Tüchern, die in einigen Fällen statt des Glases gebraucht werden.

Man thut in einen kleinen Kolben 6 Unzen flüchtiges Lavendelöl und 1 Quentchen Kampher, und setzt dieß Gemenge einem Feuer aus, das fähig ist, das Oel und den Kampher zum Aufwallen zu bringen. Sodann thut man zwey Unzen pulverisirten Copal in kleinen Portionen hinzu, und rührt ununterbrochen um, und wenn der Copal gehörig zusammengeschmolzen ist, so wird kochendes Terpenthinöl zugegossen, bis der Firniß die gewünschte Consistenz erhält *).

*) Außer den hier beschriebenen Arten des Copalfirnisses kann ich noch folgende Zubereitung sehr empfehlen. Man übergießt in einem Kolben einen Theil in kleine Körner zerstoßenen Copal, man setzt zwey Theile Rosmarinöl zu, und bringt das Ganze zur Digestion. Der Copal löset sich in wenigen Stunden auf. Man mengt nur 4 Theile absoluten Alkohol hinzu, welcher den gelösten Copal aufnimmt, und einen klaren Firniß damit darstellt. H.

Drey und zwanzigstes Kapitel.

Von den Verbindungen der festen austrocknenden Oele.

Erster Abschnitt.

Von den Verbindungen der festen austrocknenden Oele mit den Harzen, (fetter Firniß).

Die fetten Firnisse sind Auflösungen von Harzen in festen austrocknenden Oelen.

Diese Firnisse sind die solidesten, aber auch die, welche am langsamsten trocknen; obgleich man Terpenthinöl hineinzuthun pflegt, um das Trocknen zu befördern.

In den Werkstätten, in denen man Eisen, Kupfer und andere Metalle mit fettem Firniß überzieht, muß man eine Schwitzstube haben, um das Trocknen zu beschleunigen. Ohne eine solche würde die Arbeit nur langsam von Statten gehn, und der Firniß nicht ein Mal vollständig trocken werden.

Copal und Bernstein sind die beyden Substanzen, welche man am allgemeinsten zur Composition der fetten Firnisse gebraucht.

Den einfachsten fetten Firniß, den man von Copal bereiten kann, erhält man aus einer Auflösung von 16 Unzen Copal in 8 Unzen Lein- oder Mohnöl, welche man auf die bekannte Weise trocken macht, und 16 Unzen Terpenthinöl. Man fängt damit an, daß man den Copal in einem Kolben über einem gewöhnlichen Feuer flüssig macht, und kochendes Lein- oder Mohnöl hinzuthut. Sobald beyde Substanzen gehörig in einander verschmolzen sind, nimmt man den Kolben vom Feuer, rüttelt ihn um, bis daß die Wärme abgenommen, und thut sodann warmes Terpenthinöl hinzu. Man seihet das Ganze, während es noch warm ist, durch einen leinenen Lappen, und bewahrt den Firniß in Flaschen mit einer breiten Mündung auf. Die Zeit trägt viel dazu bey, ihn klar zu machen.

Wenn man einen Firniß aus 6 Unzen Copal, 1½ Unzen venetianischen Terpenthin, 24 Unzen getrocknetes Leinöl, und 6 Unzen Terpenthinöl zusammensetzt, so gibt dieß eine solide Gattung, die eine schöne Politur annimmt, aber schwer trocknet; man bedient sich dieses Firnisses, um Steine damit nachzuahmen.

Seit der Erfindung der mit inflammabler Luft gefüllten Luftballons, hat man sich auf vielfache Weise gequält, um dahin zu gelangen, den Caoutchouc auflösen, um ihn bequem als

Firniß auf Zeuge auftragen zu können. Macquer hatte bereits den Aether als Auflösungsmittel angegeben, und nach und nach hat man sich hierzu fester und flüchtiger Oele bedient; das in unsern Zeiten üblichste Verfahren besteht darin, daß man den Caoutchouc in lange schmale und dünne Streifen zerschneidet, und diese in einen Kolben thut, welcher auf ein erwärmtes Sandbad gestellt wird; sobald die Materie flüssig geworden, thut man kochendes Leinöl, und sodann warmes Terpenthinöl hinzu. Diese drey Substanzen werden zu gleichen Theilen angewendet. Man seihet den Firniß durch ein linnenes Tuch, sobald er seine Wärme verloren. Er trocknet langsam.

Lein= und Nußöle, wenn man sie vorher ausgetrocknet hat, bilden einen Firniß, ohne daß es nöthig ist, eine andere Materie hinzuzuthun; das Leinöl verdichtet sich, wird hart an der Luft, und nimmt fast alle Eigenschaften des Caoutchouc an, wenn man es schichtweise, nachdem es zuvor sehr gut austrocknend gemacht worden, auf irgend einen Körper aufträgt.

Wenn diese beyden Oele mit Kienruß und der Kohle, welche aus dem Verbrennen von einem Theil des Oeles selbst entsteht, schwarz gefärbt werden, so machen sie die Buchdruckerfarbe.

Die Buchdruckerfarbe muß dergestalt dick seyn, daß sie nicht fließt, sie muß so schnell trocknen, daß von dem Augenblicke an, wo sie aufgetragen wird, sie sich nicht auslöschen lassen muß; endlich darf sie weder in Wasser zergehen, noch durch das nasse Papier durchschlagen, und ihre Farbe muß fast durchaus schwarz seyn, und ein glänzendes Ansehn haben.

Man nimmt in der Regel Nußöl dazu.

Dieß Nußöl wird in einen Topf gethan, welchen man mit einem starken Deckel verschließt, und der nur zu zwey Drittheil angefüllt wird.

Nachdem man den Deckel stark befestiget, erwärmt man das Oel. Die Dämpfe, welche daraus emporsteigen, entzünden sich, man bedeckt sodann den Deckel mit nassen leinenen Tüchern, und nachdem man den Brand einige Zeit hindurch unterhalten, läßt man das Feuer schwach werden, öffnet vorsichtig das Gefäß, und rührt mit einem eisernen Löffel das Gemenge lange um. Dann zündet man das Feuer wieder an, macht es jedoch nicht so stark, als das erste Mal, und thut, sobald die Wärme das Oel gehörig durchdrungen hat, auf 50 Pfund Oel ein halb Pfund sehr trockene Brotrinden, und sechs oder sieben Zwiebeln hinzu. Man bedeckt den Kessel wieder, und läßt die Masse drey Stunden hindurch an kleinem Feuer kochen. Daß

das

das Kochen sein Ziel erreicht habe, oder daß das Gemenge schon Firniß geworden, sieht man daran, wenn die Tropfen, nachdem sie kalt geworden, kleben; und sich, sobald man die Finger aufmacht, in Fäden ziehen. Wenn das Oel nicht diesen Punkt erreicht hat, so erwärmt man es noch, bis daß es die angegebene Wirkung zeige. Man klärt den Firniß ab; indem man ihn zu wiederholten Malen durch ein leinenes Tuch seihet.

Es gibt Fabrikanten, welche zu dem Oel Terpenthin und Glätte hinzuthun; aber dieß Gemenge hat den Nachtheil, daß es ein klebriges Oel gibt, welches die Formen verschmiert.

Wenn die Buchdruckerschwärze gut seyn soll, muß man sie alt werden lassen. Mit der Zeit erhält sie Consistenz und Glanz.

Die Kupferdruckerschwärze muß mehr Consistenz haben als die Buchdruckerschwärze. Der Firniß wird auf die nämliche Weise bereitet, mit dem einzigen Unterschiede, daß man das Verbrennen erregt, statt es zu ersticken, und es so lange unterhält, bis das Oel so klebrig wie ein sehr dicker Syrup wird. Man unterhält selbst das Feuer eine halbe Stunde hindurch, nachdem man den Kessel vom Feuer genommen. Sodann erstickt man es mit dem Deckel, welchen man mit nassen Tüchern überdeckt.

Die Buchdruckerschwärze wird mit Kienruß gefärbt, welchen man in dem Verhältniß von $2\frac{1}{2}$ Unze auf 16 Unzen Firniß damit vermengt. Dieß Gemenge macht man mit der größten Sorgfalt. Die Buchdrucker geben, bey dieser Operation, der leichtesten Schwärze den Vorzug *).

Die Kupferdruckerschwärze wird mit dem Kienruß, mittelst eines Läufers, auf Marmor zusammengerieben. Man nimmt das schwerste Schwarz hierzu.

Man kann dem Buchdruckerfirniß alle Farben geben, die man will. Man muß in diesem Falle, wenn das Oel durch Wärme und durch Verbrennen verdickt wird, darauf sehen, daß es viel weniger umgerüttelt werde, damit sich der Rauch nicht damit vermenge, wodurch er schwarz wird. Zu Färbestoffen kann man Berlinerblau, Zinnober, Carmin, Operment, Lak, Mastix, Gummi-Gutti, u. s. w. nehmen.

Wenn

*) Um ein recht sattes Schwarz zu erhalten, pflegt man Ruß von Steinkohlen oder von Oellampen zu machen, den man vorher noch in verschlossenen Tiegeln recht gut durchglühen läßt. H.

Wenn die Firnisse auf ihrer Oberfläche blasig, oder rauh und hart sind, so wie die, welche aus der Auflösung von Copal und Bernstein in einem austrocknenden Oele entstehen; so polirt man sie zuerst mit sehr fein pulverisirtem Bimsstein, den man auf ein Stück weißer Serge in Gestalt eines Stöpsels streut. Mit diesem Stöpsel fährt man über die ganze Farbe hin, und gießt oft Wasser darauf, theils, um von der Politur urtheilen zu können, theils um die Wirkung des Steines sanfter zu machen. Man kann, statt des Bimssteines, sehr feinen Trippel nehmen, den man ein wenig mit Oel einrührt, und sodann mit dem Stöpsel von Serge oder einem von Hirschleder aufträgt. Den fetten Theil reibt man sodann mit ein wenig Kleie oder Mehl, und einem weichen und reinlichen leinenen Lappen ab.

Vier und zwanzigstes Kapitel.

Von den Färbestoffen. (Färbekunst).

Das Verfahren, welches man täglich in den Werkstätten ausüben sieht, um einen Körper seines Färbestoffes zu berauben, und diesen auf einem andern Körper zu befestigen, ist die Färbekunst.

Die Kenntniß der Gesetze, nach denen alle Körper in der Natur sich durch die Eigenschaft färben, welche ihnen beywohnt, diesen oder jenen Strahl aus einem Lichtstrahlenbündel, welcher sich auf ihrer Oberfläche zersetzt, zurückzuwerfen, interessirt den Färber nur wenig.

Sein Zweck ist allein, den Färbestoff zu extrahiren, ihn auf ein Zeug aufzutragen, und ihn auf eine solide Weise darauf zu befestigen. Es liegt ihm also hauptsächlich ob, zu wissen, was der Färbestoff, und von welcher Gattung das Zeug sey, auf welches er zu operiren hat, und welcher Beitzen er sich bedienen müsse, um eine solide Farbe hervorzubringen.

Erster Artikel.

Vom Färbestoff.

Die Eigenschaft der Körper, beständig einen oder mehrere Lichtstrahlen zu reflectiren, macht sie zu Farbenkörpern, und diese Farbenkörper, wenn sie auf einen weißen Körper übertragen werden, und diesem ihre eigene Farbe mittheilen, bilden hierdurch selbst die Färbestoffe.

Wenn man diese Färbekörper auf schon gefärbte Körper aufträgt, so verwirren oder vermengen sich die Farben beyder, und es entsteht daraus eine gemischte Farbe.

Die Fähigkeit oder Eigenschaft eher einen Lichtstrahl als einen andern zu reflectiren, hängt von einer Kleinigkeit ab; es gibt Körper, die verschieden gefärbt erscheinen, je nachdem man sie aus diesem oder jenem Winkel betrachtet. Andere darf man bloß klein machen, um ihre Farbe verändert zu sehen, ohne daß ihre Natur es sey.

Um die Leichtigkeit, mit welcher man die Disposition der Körper, in Rücksicht auf ihre Eigenschaft, die Farben zu reflectiren, verändern oder zu verwechseln im Stande ist, besser beurtheilen zu können, darf man nur einen Blick auf die Oxydation der Metalle werfen, und man wird sehen, wie sich nach und nach darin Blau, Gelb, Roth und Schwarz in unbedeutenden Verschiedenheiten, Rücksichts des Verhältnisses des Sauerstoffes zum Metall entwickeln.

Wir bemerken noch eine größere Veränderlichkeit in den Pflanzen- und thierischen Farben; diese erscheinen und verschwinden, wie das Licht, welches einen mächtigen Einfluß auf die Färbung aller organischen Wesen zu haben scheint.

Der Färbestoff ist also keine besondere, von dem gefärbten Körper getrennte und verschiedene Farbe. Er ist vielmehr nur eine Eigenschaft der Grundbestandtheile, vermöge deren sie diesen oder jenen, auf ihrer Oberfläche sich zersetzenden Strahl eines Lichtstrahlenbündels reflectirt. Diese Eigenschaft erleidet Modificationen durch Veränderungen in der Ordnung der Theilchen, durch die verschiedenen Verhältnisse zwischen den Elementen u. s. w.

Man kann im Voraus nicht von der Farbe, welche ein Compositum haben muß, nach der bekannten Natur ihrer Grundbestandtheile aburtheilen, wenn die Erfahrung ihr Urtheil darüber noch nicht gesprochen hat: oft machen zwey farblose Körper ein farbiges Compositum, wie man an den Metalloxyden sieht, in denen Metall und Sauerstoff farblos sind. Es scheint hiernach, daß man nur durch eine Reihe gehörig angestellter Versuche, dahin kommen wird, die Farben-Resultate kennen zu lernen, welche die Verbindung der verschiedenen Körper in der Natur hervorbringen müssen.

Da die Färbestoffe eben so zahlreich sind, als die gefärbten Körper, so sieht man schon hieraus, wie eingeschränkt die Fassungskraft einiger Chemiker ist, die in den Färbekörpern nichts als Extracte oder Harze haben sehen wollen.

Die Färbestoffe sind überall entweder einfach, oder zusammengesetzt: einfach, wenn die Farbe nicht zersetzt werden kann, als blau, gelb und roth, wozu man auch noch das Grün und Schwarz, welches die Pflanzen liefern, rechnen kann. Zusammengesetzt sind die Farben, die aus der Verbindung mehrerer einfachen oder ursprünglichen Farben bestehen, als das Violett, das gewöhnliche Grün, das Mordoré u. s. w.

Es ist selten, daß die einfachen Farben, welche durch ihre Verbindung eine zusammengesetzte Farbe bilden, die nämliche Fixität haben als die Reagentien, und sich mit ihnen auf gleiche Weise verhalten, woher es kommt, daß man eine zusammengesetzte Farbe zersetzen, und die Elemente besonders daraus extrahiren kann. Man erklärt hieraus, warum eine grüne Farbe mit der Zeit blau oder gelb wird, je nachdem die blauen oder gelben Stoffe, mehr oder weniger Fixität einer, als der andere haben.

Wenn man die Verhältnisse der Elementarfarben verändert, so kann man eine Menge von Nüancen erhalten; so liefert das abwechselnde Gemenge von Blau und Roth Farben von Lila's an, bis zum sehr dunkeln, fast schwarzen Violett.

Die Farbe ist zuweilen nur von sehr leichten Modificationen abhängig, die das Licht auf der Oberfläche der Körper hervorbringt, wie man hauptsächlich an der Färbung von Früchten, Blumen und Insekten bemerkt.

Zuweilen beruht die Farbe vorzüglich in der Constitution der Körper, wie man bey den Substanzen wahrnimmt, welche im Wesentlichen und beständig auf die nämliche Weise geschützt vor dem Einflusse von Licht und Luft, gefärbt erscheinen.

In der Regel ist der Färbestoff der durch die Luft gefärbten Körper unbeständig, der der Substanzen aber, welche im Schutze vor dem Licht eine beständige Farbe annehmen, fest, und empfänglich, gute Farben anzunehmen.

Man kann es als Grundsatz annehmen daß eine Farbe um so viel dauerhafter ist, je besser ihr Bindungsmittel der Wirkung von Luft, Wärme und Wasser widersteht. Daher kommt es, daß Harze, Satzmehl und die Metalloxyde ihre Farben besser conserviren, als Extractivstoff, Schleim u. s. w.

Man darf aus diesem Grundsatze nicht die Folge herleiten, daß man nicht eine gute, recht solide Farbe sollte erhalten können, wenn man einen Extractiv-, oder einen gefärbten Schleimstoff anwendet, man muß ihm sodann aber eine neue Basis geben, welche die Natur des Körpers, also auch seine Verwandtschaften verändert.

Diese Bemerkung bringt uns auf den Schluß, daß sich die Fixität eines Färbestoffs nicht aus seiner Unveränderlichkeit herleiten läßt, weil die Fixität von der Natur der Beitze, mit welcher man ihn verbindet, und von den Verwandtschaften dieser letzten Verbindung mit dem Zeuge abhängt, auf welches sie aufgetragen wird; während die Veränderlichkeit des Färbestoffs von den Eigenschaften des Excipienten, in dem es sich natürlich eingeschlossen befindet, abhängig ist.

In Rücksicht der Natur der gefärbten Stoffe müssen die Auflösungsmittel besonders von einander verschieden gewählt werden; Wasser, Säuren und Alkalien sind die, deren man sich gewöhnlich bedient. Alkohol wird nur in seltenen Fällen und nur bey dem Färben kleiner Gegenstände gebraucht. Von

Von allen üblichen Vehikeln ist Wasser das gemeinste, weil nur wenige Färbestoffe sich nicht darin auflösen.

Der Alkalien bedient man sich zur Auflösung von Indigo, Saflor-Röthe, Orlean u. s. w.

Die Säuren dienen in einigen Fällen zur Auflösung gewisser Farben, und vorzüglich, um Färbestoffe aus ihren Auflösungen in Alkalien niederzuschlagen.

Man hat über die Wirkung des Wassers in der Färberey viel geschrieben, und kann jeden Tag hören, wie die Lebhaftigkeit einiger und das fehlerhafte anderer Farben der Natur des Wassers zugeschrieben wird.

Ohne mit zu vielem Vertrauen alles, was man über diesen Gegenstand bekannt macht, anzunehmen, können wir nicht umhin, einzuräumen, daß das Wasser einen wesentlichen Einfluß auf die Qualität der Färberey habe, und wir müssen diesem selbst hinzufügen, daß die verschiedenen Farben, und die nämlichen Farben in ihren verschiedenen Zuständen eine große Mannigfaltigkeit in der Natur des Wassers nöthig machen.

Um diese zweyte Behauptung zu begründen, darf man nur einen raschen Blick auf die Hauptoperationen der Färbekunst werfen: wenn es darauf ankommt, ein Zeug mit Seife oder Alkali zu entschälen; so muß das Wasser rein seyn, ohne dieß wird die Seife durch die erdigen Salze zersetzt und es entsteht daraus eine Verbindung von Oel und von Erde, die in Wasser unauflöslich, und unfähig ist, die davon erwartete Wirkung hervorzubringen. Das Alkali zersetzt auch die erdigen Salze, sättiget sich mit ihrer Säure und bringt fast keine Wirkung mehr hervor, während die freygewordene Erde sich mit dem Zeuge verbindet und die Farbe, welche man darauf aufträgt, verdirbt.

Die ruhigsten Wasser sind in der Regel die, in denen sich die meisten erdigen Salze befinden. Lebendige und fließende sind viel reiner.

Indessen gibt es doch schmutzige und fast stehende Gewässer, welche den Ruf großer Brauchbarkeit für die Färberey haben, weil die Pflanzen und thierischen Materien, welche sie mit sich führen, und die darin verfaulen, Ammonium und Schwefelwasserstoff erzeugen, die die erdigen und metallischen Stoffe niederschlagen.

Das ruhige Wasser verdient ferner den Vorzug vor dem fließenden, wenn baumwollenes Zeug ausgewaschen werden soll, um die ganze Portion Alaun oder Oel hinwegzuschaffen, welche

auf

auf dem Gewebe nicht fest geworden ist; denn in diesem Falle muß man alle Theile des Zeuges gleichförmig benetzen, um alle nicht in Verbindung gekommene Beitze daraus zu extrahiren, und es ist schwierig diese Wirkung in einem lebendigen und fließenden Wasser zu erreichen, so daß man bey dem Gebrauche dieses immer befürchten muß, daß die Farbe mager und fleckig werde.

Das lebhaft fließende Wasser verdient den Vorzug bey dem Ausschlämmen der Zeuge, wenn sie aus dem Farbebade kommen; es nimmt dann alles, was sich nicht festgesetzt hat, mit sich fort und läßt die Farbe in ihrem vollen Glanze hervortreten.

Das mit Kalksalzen geschwängerte Wasser, wirkt hauptsächlich nachtheilig bey dem Rothfärben der Baumwolle. Der Kalk, welcher die Gallung und Alaunung zu einem rauhen Pulver niederschlagen, trübet und stumpfet die Farben in dem Grade ab, daß es unmöglich wird, ihnen nachher die gehörige Lebhaftigkeit zu geben.

Aber, selbst um deswillen, weil die Kalkerde dazu beyträgt, die Solidität der rothen Farbe und ihrer Modificationen zu vermehren, sind die selenitischen Wässer bey einer trüben Farbe nicht mehr schädlich.

Da die Kalksalze die Scharlachfarbe in Cramoisi verwandeln; so sieht man schon ein, daß, wenn man diese Farbe hervorbringen will, der Gebrauch des gipshaltigen Wassers mehr vortheilhaft als nachtheilig ist.

Ohne Rücksicht auf das Verderben, welchem die in einem Wasser aufgelösten Kalksalze die Farben aussetzen, haben sie noch die üble Folge, die auflösende Kraft der Flüssigkeit, in der sie sich in Auflösung befinden, zu schwächen; woraus folgt, daß der Färbestoff sich in selenitischem Wasser, in geringerer Quantität auflöst.

Es hat mir immer geschienen als ob Wasser, welches Erden in Vermengung mit sich führt, minder nachtheilig ist, als solches, in dem sie sich in Auflösung befinden: im erstern Falle setzen sie sich nicht auf dem Zeuge an; im zweyten aber werden sie nur in Rücksicht einer doppelten Verwandtschaft niedergeschlagen, und treten sogleich mit einer Beitze in Verbindung, welche sie auf das Zeug aufträgt und daran befestiget.

Von allen erdigen Stoffen, die in einem Wasser enthalten seyn können, ist der Kalk der gewöhnlichste und einzig gefährliche. Alaunerde und Talkerde bringen niemals eine üble Wirkung hervor.

Das

Das schwefelsaure Eisen ist fast das einzige der Metallsalze, welches man in Wasser findet, und wie gering auch die Masse desselben seyn möge, so äußert es doch immer merkliche Wirkungen auf die Farbe: vorzüglich bey Baumwollen- und Seidenzeugen; die wollenen werden weniger davon angegriffen.

Das schwefelsaure Eisen wirkt hauptsächlich auf die gegalleten Zeuge; es entstehn daraus bräunliche Tinten, welche allen Farben, die man diesen Geweben geben will, Modificationen ertheilen.

Die Natur der Färbestoffe hat nicht bloß die Wahl der anzuwendenden Auflösungsmittel bestimmt, aber auch dazu gedient, jedem Gebrauch derselben seine Classe anzuweisen.

So lösen sich die gefärbten, harzigen Substanzen in Alkohol auf, und bilden den Färbestoff der Firnisse.

Die Metalloxyde werden durch Alkalien, Erden u. s. w. geschmolzen, und dienen zum Färben von Glas, Email und irdenem Geschirre.

Oele und Satzmehl werden durch Alkalien oder Kalk aufgelöst, und der Extractivstoff durch Wasser auf die Zeuge aufgetragen.

Da wir noch wenig Licht über den Grund der Färbung der Körper haben, so werden wir uns auf einige Thatsachen über die Art, wie sich der Färbestoff entwickelt beybringen.

So wie sich der Sauerstoff mit einem Metalle verbindet, so verändert er die Farbe desselben, und man sieht, daß die Verschiedenheit der Verhältnisse hinreicht, um Blau, Gelb, Roth, Schwarz u. s. w. hervorzubringen.

Die Wirkung des Sauerstoffs ist mehr oder weniger dauerhaft, nach seinen Verwandtschaften zu dem Metalle. Zuweilen verschwindet die Farbe mit dem von einer mäßigen Wärme verdrängten Sauerstoffe, zuweilen ist auch die Verbindung so fest, daß sie, ohne sich zu verändern, einen Grad von Hitze aushält, wie er nur zur Erzeugung des Glases erfordert wird.

Mit Ausnahme einiger harziger Körper, und einiger von Natur gefärbten Extracte, entwickelt man die Pflanzenfarben durch Gährung; der Indigo, Waid, die Kräuter-Orseille, und das Lackmus geben Beyspiele hiervon.

In fast allen Fällen, wo die Gährung die blaue Farbe frey macht, scheint mir der Kohlenstoff eine große Rolle zu spielen. Der Indigo enthält drey und zwanzig Theile Kohlen auf sieben und vierzig Färbetheilchen; die Auflösung der Pflanzen

gibt

gibt eine Kohle von schöner blauer Farbe, und es ist wahrscheinlich, daß wenn diese blaue Farbe durch die Gährung entwickelt wird, der Kohlenstoff fast frey gemacht wird, und mit einem Oele in Verbindung tritt, welches die Fixität der Farbe vermehrt, und das passendste Auflösungsmittel anzeigt. Ich habe im Jahre 1795 einige Versuche in der Absicht gemacht, einige Pflanzen mehr aufzufinden, die die Zahl deren, welche blaue Farben geben, vermehren, und mich überzeugt, daß die Galega, der spanische Klee, die Kichererbse und der Schneckenklee, wenn sie wie der Indigo behandelt werden, eine blaue Farbe hervorbringen, die ich nicht habe niederschlagen können, welches ich der zu großen Quantität Extractivstoff zugeschrieben habe, welche die Flüssigkeit schleimig macht, und sie nach der ersten Gährung, wie Seifenwasser schäumen läßt. Die Flüssigkeit haucht den Geruch von kothartigen Materien aus, die sich in völliger Fäulniß befinden.

Ich habe immer geglaubt, daß wenn man die Pflanzen dörrte, um den Extractivstoff zum Theil zu verkohlen, man dahin gelangen würde, ein gefärbtes Satzmehl zu erhalten, aber ich habe bis jetzt diese Versuche nicht wieder vornehmen können, welche, mit Sorgfalt verfolgt, nur auf vortheilhafte Resultate leiten müssen.

Es scheint, daß das Blau um so viel fester in den Pflanzen haftet, als der kohlige Stoff in größerm Ueberfluß darin vorhanden ist.

Wenn der Kohlenstoff, wie im Indigo, mit einem Oele versetzt ist, so können weder Wasser noch Alkohol ihn auflösen, ist aber der Schleimstoff damit verbunden, wie in dem Lackmus und der Orseille, so kann Wasser allein den Färbestoff auflösen *).

Zweyter Abschnitt.

Von den Beitzen.

Es gibt wenig Färbestoffe, deren Verwandtschaften gehörig ausgezeichnet wären, um durch bloße Berührung oder bloßes Auftragen eine feste Verbindung mit einem Zeuge eingehn zu können.

In

*) Es ist doch unstreitig nur eine Voraussetzung, wenn der Verfasser annimmt, daß das Pigment im Indigo, an ein Oel gebunden sey; beweisen möchte sich das schwer lassen. Daß aber das Pigment im Indigo an Kalk gebunden ist, bedarf wohl keines weitern Beweises. H.

In allen diesen Fällen kann das nämliche Vehikel, welches die Farbe abgesetzt, sie wieder fortnehmen, und es entsteht dann nichts, als eine Schmiererey daraus, die des Namens Färberey nicht würdig ist.

Nur einige Metall-, und vorzüglich die Eisenoxyde, und einige adstringente oder harzige Substanzen können eine Art von Adhäsion mit den Stoffen eingehen, ohne daß es eines Verbindungs-Intermedii bedarf.

In der Regel befördert man die Adhäsion eines Färbestoffes und eines Zeuges durch einen dritten Körper, welches Beitze genannt wird.

Fast alle Chemiker, welche vor der Wiedergeburt der Chemie über Färberey geschrieben, haben eine ganz lächerliche Lehre über die Wirkung der, Beitzen aufgestellt.

Hellot sah in den Zubereitungen der Zeuge, um sie zur Annahme der Farben empfänglich zu machen, nichts als Mittel zur Vergrößerung und Reinigung ihrer Poren. Er fügt hinzu: es käme auf nichts an, als das färbende Atom in diese Poren einzufassen, wie einen Diamanten in den Kasten eines Rings.

Macquer nahm gleichfalls diese Theorie an, und wir verdanken es erst Bergmann und Herrn Berthollet, daß sie alle Operationen der Färberey auf die großen Gesetze der Affinitäten zurückgeführt.

Von den Grundsätzen dieser beyden berühmten Chemiker ausgehend, könnten wir die Beitzen als Intermedien der Verbindung und Verwandtschaft zwischen dem Färbestoffe und dem Zeuge betrachten.

Wenn man den Färbestoff besonders mit der Beitze verbindet, oder diese letztere auf das Zeug setzt, so bildet man Composita, die eigene Verwandtschaften haben, kraft deren sie in Verbindung mit Körpern treten, welche, vereint und isolirt, keine Verwandtschaft mit irgend einem der Grundbestandtheile haben würden.

Die Verwandtschaft der Beitze mit dem Zeuge und dem Färbestoffe kann durch directe Versuche dargethan werden. Herr Berthollet hat bewiesen, daß Wolle, wenn sie in Alaunauflösung aufgekocht wird, eine Portion dieses Salzes zersetze, und sich mit der Alaunerde; er hat ferner gesehen, daß die Portion Alaun, welche der Zersetzung widersteht, ein wenig thierische Substanz auflöst.

Der

Der nämliche Chemiker hat bewiesen, daß Weinsteinrahm und Alaun sich durchs Aufkochen nicht zersetzen, aber daß der erstere durch das Gemenge mit dem andern auflöslicher werde. Er fügt hinzu, daß, wenn man diese beyden Salze mit Wolle aufkochen läßt, eine Zersetzung Statt finde, welches beweiset, daß die Wolle zum Intermedium dient.

Die Wolle, wenn sie mit dem Alaun aufgekocht wird, ist hart, wird dagegen aber weicher, wenn man sie mit Weinstein und Alaun behandelt, und nimmt eine gesättigtere, lebhaftere Farbe an.

Die Zersetzung des Alauns durch thierische, in einem Alkali aufgelöste Materien, beweiset, daß die Alaunerde sich mit diesen verbinden könne. Wenn man eine Alaunauflösung mit einer Auflösung von starkem Leim vermengt, und durch ein Alkali niederschlägt, so vereinigt sich die Alaunerde sofort mit dem Gallert, und bildet einen halbdurchsichtigen Gelée, welcher schwer trocknet.

Die Zersetzung des Alauns geschieht nicht eben so wohl durch Pflanzensubstanzen; der adstringirende Stoff jedoch bewirkt sie, und wenn man diesen Stoff auf ein Zeug abgesetzt hat, und dieß sodann, nachdem es trocken worden, in eine Alaunauflösung taucht, so findet eine wirkliche Verbindung von Alaunerde und Gerbstoff Statt.

Es gibt Fälle, wo man thierische und vegetabilische Substanzen zusammen wirken läßt, um die Zersetzung des Alauns kräftiger zu bewirken; dieß sieht man bey den Bereitungen, welchen man die Baumwolle unterwirft, um sie zur Annahme der Färberröthe vorzubereiten.

Um darzuthun, wie groß die Verwandtschaft der Alaunerde zu den Färbestoffen sey, darf man nur in Betracht ziehn, daß sie das Bindungsmittel aller Farben macht, welche in den Künsten unter dem Namen Lacke bekannt sind.

Wenn man einen farbigen Körper in einer Alaunauflösung aufkochen läßt, und die Abkochung durch ein Alkali niederschlägt, so verbindet sich die Alaunerde mit der Farbe, macht einen Bodensatz, und bildet einen Lack.

Die Alaunerde kann sich selbst sehr gut mit den metallischen Farben, als dem blausauren Eisen und dem Kobaltoxyd, nach dem von Herrn Thénard angegebenen Verfahren, versetzen.

Damit aber ein Körper als Beitze gebraucht werden könne, ist es nicht hinreichend, wenn er bloß in Verwandtschaft mit dem Färbestoffe oder dem Zeuge steht, sondern er muß auch eine absolut weiße Farbe haben, denn ohne dieß würde seine eigenthümliche Farbe sich mit der des Färbestoffs vermengen, und man nichts, als eine gemischte Farbe erhalten.

Nichts desto weniger gibt es Fälle, wo gewisse Körper zugleich als Beitze und als Färbestoffe wirken können; so gebraucht man das Eisenoxyd bey dem Färben der Baumwolle, welches mit dem Roth der Färberröthe violett, und für sich allein ein sehr solides Nankinggelb gibt.

Die Beitzen mussen den Veränderungen von Luft und Wasser nicht sehr ausgesetzt seyn, im entgegengesetzten Falle würden sie bey ihrer Wirkung zu viele Nüancen veranlassen.

Man muß von der auf ein Zeug aufgetragenen, und mit dem Färbestoffe verbundenen Beitze, nicht nach ihren ersten Eigenschaften urtheilen. Die neue Verbindung theilt ihr neue Eigenschaften mit, und diese sind es, welche das Urtheil leiten müssen. So zum Beyspiel wird die Alaunerde, welche, frey, in den Alkalien sehr auflöslich ist, unauflöslich, wenn man sie in der Baumwolle, die man zu dem Türkischen Roth bereitet, mit dem Gerbstoffe und Oele in Verbindung bringt.

Bis jetzt sind die beyden Beitzen, deren Gebrauch fast allgemein geworden, Alaun und salzsaures Zinn. Wenn man den Alaun durch essigsaures Bley zersetzt, so erhält man eine essigsaure Alaunerde, welche dem Alaun vorzuziehn ist, weil die Alaunerde sich leichter daraus entbinden läßt, und die freygewordene Säure weniger fressend ist.

Das Zinnoxyd hat sehr ausgezeichnete Verwandtschaften mit den Färbestoffen, von denen es die Lebhaftigkeit der Farbe erhöht, vorzüglich bey dem Scharlach, und dem Roth der Färberröthe *).

Das Eisenoxyd hat eine deutlichere Verwandtschaft mit den Zeugen; es verbindet sich mit ihnen auf eine fast unzerstörbare Weise.

Aber es ist natürlich gefärbt, und man bedient sich seiner nur zu den zusammengesetzten Farben; doch gebraucht man es zuweilen als Färbestoff. In diesem letztern Falle wird die Farbe hart, wenn man nicht die Vorsicht gebraucht, sie durch Eintauchen der roth gefärbten Zeuge in eine mit Kali gesättigte Alaunauflösung sanfter zu machen.

Das

*) Allerdings ist für den Scharlach das Zinnoxyd eine hauptsächliche Basis; nicht so für die Färberröthe oder den Krapp, dessen Farben dadurch leicht matt und stumpf werden. H.

Das Kupferoxyd wird gleichfalls als Beitze gebraucht; man nimmt es ziemlich allgemein zusammen mit dem Eisen, wenn man schwarz färben will, und man gebraucht es allein bey dem Gelbfärben der Baumwolle.

Kalk und alle Kalksalze können als Beitzen betrachtet werden, sie machen zwar das Roth braun oder matt, aber sie geben auch den adstringirenden Stoffen Glanz, den blauen, vorzüglich metallischen Farben Lebhaftigkeit, und allen Farben Fixität.

Die complicirteste Beitze in der Färberey ist, welche man zum Roth von Adrianopel oder dem Türkischen Roth, gebraucht. Sie besteht aus Alaunerde, Oel und adstringirendem Stoff. Diese Verbindung dreyer Körper, welche man nach und nach in Gefolge der zahlreichen Operationen entstehen sieht, welche man mit der Baumwolle vornimmt, läßt keine von den Eigenschaften der drey Körper, aus denen sie besteht, mehr sehen. Und obgleich die Farbe der Färberröthe sich schon mittelst einer oder der andern von diesen drey Substanzen festsetzen kann, so läßt sich doch nicht in Abrede stellen, daß sie nur erst dann recht fest wird, wenn man sie auf die dreyfache Verbindung aufträgt.

Die besten Beitzen sind die, welche eine sehr starke Verwandtschaft, sowohl mit dem Färbestoffe, als mit dem Zeuge haben, und diese Eigenschaft ist es, welche dem Alaun den Vorzug vor den andern Salzen verschafft hat. Da aber in der Regel seine Verwandtschaft zu den Färbestoffen stärker als die zu dem Zeuge ist, so fängt man damit an, ihn zuerst auf das Zeug aufzutragen, wo er sodann die Farbe anzieht und fixirt.

Wenn man den umgekehrten Weg verfolgte, so würde ein Lack entstehn; in dem die Verwandtschaften des Alauns und Färbestoffs gesättiget wären, und sich nicht auf dem Zeug mehr äußern würden.

Die Beitze, welche man auf ein Zeug aufträgt, fängt also damit an, daß sie ihre Wirkung an dem Zeuge ausübt, und sich darauf fixirt; sie zieht sodann den Stoff der Farbe an, und behält ihn bey sich.

Das Zeug nimmt nur eine solche Dosis Alaun in sich auf, als seiner Verwandtschaft zukommt; so daß wenn ein Zeug alaunet ist, man es durch Wasser zieht, um die Portion Alaun, welche sich nicht fixirt hat, fortzuspühlen; ohne diese Vorsicht würde dieser Alaun in dem Bade bleiben, und sich zum Nachtheil des Zeuges mit Färbestoff beladen.

Aus eben dem Grunde geschieht auch das Waschen des Zeuges, nachdem es gefärbt worden; man schafft durch dieß Mittel den ganzen färbenden Theil hinweg, welcher sich auf dem Zeuge niedergeschlagen hat, ohne sich damit zu verbinden, nachdem die Verwandtschaften des Alauns durch den Färbestoff erfüllt und gesättiget worden waren.

Wenn man ein Zeug nicht wäscht, nachdem man es alaunet hat, so läßt man es in der Auflösung aufkochen, oder erhält es einige Zeit hindurch in feuchtem Zustande damit, um die Verbindung des Alauns besser zu bewirken. Uebrigens ist dieß Verfahren nur bey Wolle anwendbar, welche mit dem Alaun in stärkerer Verwandtschaft steht, als Baumwolle und Leinen.

Die Verwandtschaft der Beitzen mit dem Zeuge ist oft so groß, daß man das Zeug nur in ihre Auflösung hineinzuhalten nöthig hat, um daß es sogleich davon durchzogen werde. Wenn man Baumwolle in eine Auflösung von schwefelsaurem Eisen taucht; so nimmt sie darin fast im Augenblick eine Nankingfarbe an, und wenn der Auflösung ein Oxyd mechanisch beygemengt ist, so darf man nur mit einem wenig Baumwolle über das Bad hinfahren, um jenes auf dem Zeuge niederzuschlagen und das Bad zu reinigen.

Obgleich es am allergewöhnlichsten zu geschehen pflegt, daß man die Beitze auf ein Zeug aufträgt, bevor man die Farbe darauf befestiget, so gibt es doch Ausnahmen von dieser Regel: wenn man, zum Beyspiel in den Fabriken von gedruckter Leinwand, mehrere Nüancen einer blauen Farbe auf das nämliche Zeug auftragen will; so fängt man damit an, die Farben mit Leim aufzutragen, und taucht sodann diese Art von Mahlerey in Wasserfarben in Kalkwasser, eine Auflösung von schwefelsaurem Eisen und Pottaschenlauge. Sobald man die Farbe durch dieß Mittel befestigt hat, taucht man das Zeug in ein mit Schwefelsäure schwach gesäuertes Bad, um die unbedruckt gebliebenen Theile des Zeuges zu reinigen und weiß zu machen.

Die Beitze vereiniget immer zwey Vorzüge: sie befestiget die Farbe, und gibt ihr Glanz.

Wenn man in essigsaure Alaunerde getauchte Baumwolle in ein Bad von Quercitronrinde von schmutziger und trüber Farbe hält; so sieht man, wie dieß sogleich eine glänzend gelbe Farbe annimmt, die Baumwolle aber sich zu gleicher Zeit färbet. Wenn man die Composition (salzsaures Zinn) auf ein Bad von Cochenille gießt, so verändert sich die Farbe augenblicklich und nimmt die Farbe des Scharlachs an. Hier verbindet sich das

das Zinnoxyd mit der Farbe und bildet ein Compositum von einer so starken Verwandtschaft mit der Wolle, daß man sie nur in das Bad halten darf, um daß sie dessen ganze Farbe an sich ziehe

Es gibt Operationen in der Färberey, in denen man eine besondere Beitze für das Zeug, und eine für den Färbestoff gebraucht. Wenn man, zum Beyspiel der Wolle eine Cramoisifarbe geben will, so alaunet man das Zeug mit 5 Unzen Alaun auf 1 Pfund Zeug, und setzt das Farbenbad aus 5 Unzen Cochenille, und 2½ Unze Weinstein zusammen, und thut, wenn es in Aufwallung ist, 10 Unzen Zinnauflösung hinzu.

Dritter Abschnitt.

Von der Natur der Zeuge.

Alle Zeuge, welche zum Färben bestimmt sind, entstehen entweder aus der Wolle von Thieren oder von Pflanzen.

Wolle und Seide gehören zur ersten Classe.

Baumwolle, Flachs und Hanf sind zur zweyten zu rechnen.

Wolle und Seide sind sehr auflöslich in den Alkalien.

Baumwolle, Hanf und Flachs widerstehn sehr starken Laugen, die man aus diesen Salzen bereitet.

Es folgt aus diesen Verschiedenheiten: 1) daß man animalische Gewebe oder Zeuge nicht durch Alkalien reinigen darf; 2) daß man sie ferner nicht mit einer Beitze tränken darf, von der das Vehikel alkalisch ist, wie dieß bey den baumwollenen Zeugen Statt findet; 3) daß es zweckwidrig seyn würde, eine auf Wolle gesetzte Farbe mit Kali und Natron zu beleben *).

Wolle und Seide widerstehen den Säuren weniger, als Pflanzenstoffe, sehr verdünnte Schwefelsäure verbrennt sie schnell, und Salpetersäure färbt sie schleunig gelb, indem sie einen Anfang von Verbrennen in ihnen hervorbringt.

Man war also genöthigt, den Gebrauch der Mineralsäuren bey thierischen Färbereyen zu unterdrücken, wogegen er bey vegetabilischen Statt findet.

Die

*) Diese Sätze erleiden einige Einschränkung. Denn ein Mal haben nur die ätzenden Alkalien eine sehr zerstörende Kraft gegen Wolle und Seide, die kohlensauren dagegen wenig; andrerseits werden jene Substanzen vom ätzenden Ammonium fast gar nicht angegriffen. Man pflegt daher, wenigstens in deutschen Fabriken, wollene Zeuge wirklich mit milden alkalischen Laugen zu reinigen: so wie man auch die vielen rothen Farben aus Hölzern, durch Pottasche zu beleben pflegt. H.

Die thierischen haben eine größere Verwandtschaft zu den Färbestoffen als die Pflanzenzeuge, man darf nur Wolle oder Seide in ein Farbebad eintauchen, und kann sie sogleich gefärbt wieder herausziehn. Ein gleiches Eintauchen eines Pflanzenzeuges hat nichts als ein Anschmieren von Farbe zur Folge, welches das Wasser sogleich wieder verwischt, ohne daß eine Spur davon bleibt.

Auch zu den Beitzen haben die thierischen Zeuge eine stärkere Verwandtschaft als die vegetabilischen. Der Alaun zersetzt sich auf Wolle durch bloßes Aufwallen, wogegen er auf Baumwolle und Zwirn fast gar keine Veränderung erfährt. Man darf die Wolle nur alaunen, um eine Beitze zu haben; die Baumwolle aber muß man vorher gallen, um den Alaun zersetzen zu können.

Jedes Zeug hat seine ihm eigenthümliche Beitzen; Zinnoxyd, in Verbindung mit Cochenille, hat keine Verwandtschaft zur Baumwolle, das Eisenoxyd dagegen mehr zu dieser, als zur Wolle.

Wolle und Seide scheinen poröser zu seyn, als Baumwolle, Flachs und Hanf; sie tauchen leichter in Wasser unter, und behalten mehr von dieser Flüssigkeit in sich. Auch kann man ihnen, fast ohne alle Vorbereitung, satte Farben geben.

Die Ursache der Verschiedenheit zwischen den Pflanzen- und thierischen Zeugen scheint größtentheils daher zu rühren, daß die ersteren mehr Kohlenstoff enthalten, als die anderen. Dieser sehr trockene, nicht sehr poröse, fast unzerstörbare und unauflösliche Stoff hat wenig Verwandtschaft zu den Färbestoffen, und man muß ihn mit einer ihm ganz fremdartigen, vorzüglich öligen Beitze überziehen, um ihm die Eigenschaft, die Farben fest zu halten, mitzutheilen *).

Abgesehen von diesen bedeutenden Eigenschaften, welche die thierischen von den Pflanzensubstanzen auf eine auffallende Weise unterscheiden, treffen wir auch auf Modificationen unter Substanzen einer und der nämlichen Classe; die Seide, zum Beyspiel, scheint weniger animalisirt, als die Wolle, sie wird weniger von den Alkalien angegriffen, sie scheint weniger porös, und gibt den Färbestoffen viel mehr Glanz.

Die

*) Jene Erklärung eines Phänomens, daß sich nicht leicht erklären läßt, ist etwas weit hergeholet. Man gestehe doch lieber, daß uns nur die Wirkungen, keineswegs aber die Ursachen immer bekannt seyn können. H.

Die Baumwolle nimmt die Farbe viel leichter an, als das Leinen, das Leinen leichter als der Hanf, und diese beyden letztern widerstehn den Säuren weniger, als die Baumwolle.

So weicht also das Verfahren bey der Färberey nicht allein in Rücksicht auf die beyden Hauptclasse, welche wir festgesetzt, von einander ab, sondern es muß auch noch nach der besonderen Natur eines jeden, zu einer jeden Classe gehörigen Zeuges, modificiret werden.

Vierter Abschnitt.

Von der Vorbereitung der Zeuge.

Wolle, Seide und Baumwolle sind mit einem natürlichen Firniß bedeckt, welcher sich weder in Wasser noch in Alkohol auflösen läßt.

Die Natur scheint die Fasern dieser Substanzen mit einem Firniß überzogen zu haben, um sie vor der Wirkung des Wassers zu schützen, und so lange dieser Ueberzug vorhanden ist, sind wollene, seidene oder leinene Fäden undurchdringlich gegen diese Flüssigkeit.

Um also diese Substanzen dahin zu bringen, daß sie die Farbe annehmen, muß man damit anfangen, von jeder derselben die Hülle, von der wir eben gesprochen, loszumachen.

Diese vorläufige Operation wird Entschälung genannt, wenn ihre Absicht ist, das Zeug oder den Faden zur Färberey zu bereiten; und das Bleichen, wenn einem nicht zum Färben bestimmten Gewebe eine schöne weiße Farbe gegeben werden soll.

Da die Operationen des Entschälens mit allen übrigen Proceduren der Färberey in Verbindung stehen, so werden wir sie hier mit einiger Ausführlichkeit beschreiben:

I. Die Wolle ist von Natur mit einem Fett überzogen, welches Schweiß genannt wird. Dieses Fett bewahrt sie vor den Motten, und macht, daß das Wasser nicht hindurchdringen kann *).

Um

*) Reaumur hat beobachtet, daß man ein Zeug nur mit fetter Wolle überstreichen dürfe, um es vor den Motten zu sichern †).

Anmerk. des Verf.

†) Demohngeachtet habe ich Wolle, so wie sie vom Schaf gekommen ist, welche die Motten während einem Zeitraum von 2 Jahren total aufgezehrt haben. H.

Um die Wolle von ihrem Fette oder Schweiß zu reinigen, welches das Entfetten genannt wird, thut man sie in lauwarmes Wasser, zu welchem man ein Viertheil gefaulten Urin zugießt, rührt alles sorgfältig um, nimmt sie dann wieder heraus, und läßt sie abtroͤpfen. Sodann thut man sie in große Körbe, welche man in einem Strome fließenden Wassers naß werden lässet, und tritt sie so lange mit den Füßen, bis kein milchartiges Wasser mehr herauskommt. Dann läßt man sie abtropfen und legt sie auf einer Schichte Sand aus, bis sie gehörig weiß ist.

In Spanien, und jetzt auch in Frankreich, hat man den Urin verworfen und beschränkt sich bloß darauf, die Wolle durch ein Wasserbad zu ziehen, welches in dem Grade erwärmt wird, daß man die Hand fast nicht hineinhalten kann, dann wäscht man sie sorgfältig aus; man nimmt das Schweißwasser, welches vom Waschen der ersten Wolle übrig geblieben ist, zum Durchziehn der zweyten, und so weiter; und erneuert das Wasser nur erst dann, wenn es zu dick oder zu schmutzig ist.

Im erstern Falle bildet das in dem verfaulten Urin enthaltene Ammonium mit dem Schweiß eine Seife, welche man durch Wasser extrahirt. Die Wirkung der Luft und der Feuchtigkeit bringt sodann die Weiße hervor.

Wenn die Seide die schöne weiße Farbe bekommen soll, welche man ihr in Lyon gibt; so unterwirft man sie hierzu dreyen Operationen.

1) Der Entschälung, welches darin besteht, daß man die Strähne in einer sehr warmen, aber nicht kochenden Auflösung von 30 Theilen Seife auf 100 Seide erhält.

2) Der Kochung, welches geschieht, indem man die Seide anderthalb Stunden hindurch in einer, weniger mit Seife geschwängerten Auflösung aufsieden läßt.

3) Dem Weißmachen, welches man dadurch erhält, wenn man die Seide in einer starken Seifenauflösung wäschet.

Man hat in Lyon auch noch die Gewohnheit, die Seide zu schwefeln, um ihr Körperlichkeit, um ihrem Weiß einen größeren Glanz zu geben. Zu dem Ende hängt man sie in gut verschlossenen Zimmern, die vor dem Luftzuge gesichert sind, auf Stangen auf. Dann thut man Schwefel in eine Terrine und zündet ihn an. So bleibt die Seide vier und zwanzig Stunden hindurch dem Schwefeldampfe ausgesetzt, worauf man die Kammer öffnet, um sie trocknen zu lassen. Dieß letztere Verfahren gebraucht man nur bey Seide die man weiß gebrauchen will.

Man

Man hat nach und nach vorgeschlagen, Natron und warmes Wasser zu nehmen, welches man in verschlossenen Gefäßen zu einem Grade von Hitze bringt, der die des kochenden Wassers übersteigt; aber diese Verfahrungsarten, welche man hinter einander versucht hat, haben sich in der Praxis nicht erhalten, welches beweiset, daß sie minder vortheilhaft sind, als die alten.

Wir verdanken Baumé die Entdeckung eines Verfahrens, durch welches er der Seide alle ihre natürliche Steife erhält, und welche der von Nanking vollkommen gleichkommt, deren man sich zur Fabrikation von Gaze, Spitzen und Filet u. s. w. bedient.

Dieß Verfahren besteht darin, daß man zuerst einen Tag hindurch, 6 Pfund Seide in einem Gemenge von 48 Pfund Alkohol zu 30 Graden, und 12 Unzen Salzsäure zu 15 digeriren läßt.

Man läßt die Flüssigkeit ablaufen, die eine dunkelgelbe (feuille-morte) Farbe bekommt, und gießt Alkohol auf die Seide, bis daß sie sich darin nicht färbt. Dann gießt man nochmals ein ähnliches Gemenge von Alkohol und Säure auf die Seide und läßt sie darin zwey oder drey Tage infundiren, bis daß sie sehr weiß geworden. Sodann befreyt man die Seide von allem Alkohol und aller Säure, welche darin zurückgeblieben, indem man sie durch eine große Masse Wasser zieht.

Seide, welche durch dieß Verfahren gebleicht und frey getrocknet worden, nimmt keinen Glanz an. Man muß sie trocknen, indem man sie sehr stark ausspannt und so trocken werden läßt.

II Bey der oxydirten Salzsäure haben wir bereits das Verfahren bey dem Bleichen mit derselben beschrieben: wir werden also hier nur von den alten Methoden handeln, welche man jetzt noch in vielen Etablissements bey der Bleiche von Baumwolle, Leinwand und Hanf anwendet.

Baumwolle läßt ihre natürliche Farbe früher fahren, als Leinwand und Hanf.

Man läßt sie in reinem Wasser aufkochen, wäscht sie sorgfältig, legt sie in einen Kübel, und zwar, oben auf diejenigen Stücke baumwollenen Zeuges, welche sich am schwersten bleichen lassen.

Man bedeckt das Ganze mit einer Lage Asche, die man mit einer durch Kalk caustisch gemachten Lauge besprengt. Diese kalt aufgegossene Lauge filtrirt sich durch die Asche, und durchdringt nach und nach die Baumwolle. Man gebraucht sie sodann lauwarm; wenn sie die Masse von Zeugen durchgegangen ist, so fängt sie sich in eine unter die Kufe gestellte Wanne auf, und wenn sie lauwarm dahineinströmt, so erhitzt man sie zum Sieden, und gießt sie, sobald sie kochend geworden ist, darüber.

Dieß Begießen mit Lauge dauert zwölf Stunden.

Man wäscht sodann die Baumwolle sorgfältig aus, und beendiget die Operation, indem man sie einige Tage hindurch auf einer Wiese auslegt.

Ich habe bereits das in der Levante übliche und von mir in Frankreich eingeführte Verfahren beschrieben, die Baumwolle mit Dämpfen zu bleichen. Dieß Verfahren scheint mir vor allen übrigen, wegen seiner Einfachheit und Oekonomie den Vorzug zu verdienen. Es hat mich auf die Idee gebracht, es zum Bleichen des leinenen Zeuges anzuwenden, und die Probe, welche damit aux Bons Hommes in der Werkstätte der Herren Bawens an dreyhundert Paar Tüchern aus dem Hôtel-dieu in Paris gemacht worden, bewies, daß es um die Hälfte sparsamer als die gewöhnliche Procedur sey, und daß die Auslaugung vollkommen werde. Seit dieser ersten Epoche ist dieß Verfahren durch die Bemühungen der Herren Cadet-de-Vaux und Curaudau sehr allgemein geworden.

Das Bleichen der Flachs- und Hanf-Leinwand ist unendlich schwieriger als das des Cattuns; die Hauptetablissements dieser Art sind in den ehemaligen Provinzen Beauvoisis in Flandern und der Picardie.

Obgleich überall das Verfahren beym Bleichen in der wechselseitigen Wirkung der Alkalien, der Luft, und des Wassers besteht; so erleidet es doch einige Modificationen, die in der Natur der Leinwand oder des Garns gegründet sind.

In der Gegend von Beauvais, zum Beyspiel, hat die Leinwand einen guten Faden, und ist gehörig gewebt, aber ihre Farbe ist rothbräunlichgrau.

Man fängt damit an, sie in ein Flußwasser zu tauchen und sich gehörig damit eintränken zu lassen.

Dann breitet man sie zum Trocknen auf der Wiese aus.

Man bringt sie dann wieder in das Beuchhaus und behandelt sie dort folgendergestalt:

Man legt sie in Kübel von 4 Fuß Höhe auf 6 im Durchmesser, und breitet die Leinwand darauf hin, welche eine stärkere Lauge erfordert.

Man bedeckt sodann das Ganze mit einer groben, aber dichten Leinwand, thut auf diese eine Lage Asche, fängt damit an, auf diese Asche einige Eimer warmes Wasser und bald darauf eine kochende Lauge zu gießen, welche man aus Natron, Kali und dem Salze bereitet, welches sich bey dem Verbrennen der Rippen und erhabenen Adern der Tabaksblätter erzeuget.

Diese Lauge läuft durch ein am Boden des Kübels angebrachtes Zapfloch ab. Die Arbeit dauert funfzehn bis sechszehn Stunden täglich, und man fängt damit an, mehrere Tage hindurch, jeden Tag die Lauge auszuschöpfen; indem man sie um vier Uhr Morgens auf die Wiesen laufen läßt, wo sie bis zum Mittag bleiben.

Dieß abwechselnde Manoeuvre von Auslegen auf die Wiese, und Auslaugen rc. dauert funfzehn bis sechszehn Tage.

Wenn man glaubt, daß die Leinwand Lauge genug hat, so trägt man sie in ein Gebäude, in welchem Kessel von 3 Fuß Höhe, auf 4 im Durchmesser stehen, die mit sauren Molken angefüllt sind. In diese taucht man die Leinwand, und läßt sie vier und zwanzig Stunden darin verweilen.

Sodann seift man sie entweder auf der Hand, oder in Walkmühlen ein.

Nach dem Einseifen bringt man sie wieder auf die Wiese, und nimmt sie dann herunter, um sie durch Milch zu ziehen. Diese Operationen wiederholt man fünf bis sechs Mal, bis die Leinwand die gehörige Weiße annimmt.

Um ihr Glanz zu geben, thut man sie in einen Kübel der mit Wasser angefüllt ist, in dem sich Stärke in Auflösung befindet und cylindrirt oder mangelt sie wenn sie halb trocken geworden ist.

Die Flachse, welche die meisten Erdstriche in Flandern hervorbringen, sind sehr schön, lang, fein und ohne Knoten. Nach dem Rösten bekommen sie eine silberweiße Farbe, welche sie von allen andern Produkten dieser Gattung unterscheiden. Auch wird aus diesem, mit der Hand gesponnenen Flachs, die schönste und feinste Leinwand fabricirt, welche man Batist nennt.

In den Beuchhäusern in der Gegend von Valenciennes verfährt man mit dem Bleichen folgendergestalt:

Man fängt zuerst damit an, daß man die Leinwand zwey bis drey Tage in Wasser einweichen läßt.

Dann legt man sie in einen Kübel, und bedeckt sie mit einem Stück grober Leinwand, auf welche man eine Schicht

Soda

Soda von einem halben Zoll Dicke, legt. Diese Schicht bedeckt man mit einem zweyten Stücke Leinwand, und gießt eine Lauge von zuerst warmer, und sodann kochender Lauge darauf, welche durch die ganze Masse dringt, und von dem Boden des Kessels abläuft. Dieß Wasser nimmt man dann wieder, und gießt es in den Kübel.

Dieß Ueberlaufen dauert den Abend und die Nacht hindurch.

Am Morgen, mit einbrechendem Tage, wird die Leinwand auf die Wiese gebracht, und dort ausgebreitet, und man benetzt sie von Zeit zu Zeit, bis zu Mittage.

Dann legt man sie wieder in den Kessel, um ihr eine zweyte Lauge zu geben, und wiederholt diese Operationen vierzig Tage hindurch.

Endlich thut man die Leinwand vier und zwanzig Stunden lang in Kufen, die mit saurer Milch angefüllt sind, und wäscht sie nachher mit Seife aus.

Man besorgt dieß Waschen in fließendem Wasser, und trocknet im Schatten.

Glanz gibt man der Leinwand, indem man sie durch gegummites Wasser zieht, und dann auf den Cylinder bringt.

In der niedern Picardie, wo der Flachs weniger schön ist, als in Flandern, ist die Leinwand weniger fein, gut gewebt, und von graubrauner Farbe.

Um sie zu bleichen, taucht man sie in fließendes Wasser, und läßt sie sodann zwey oder drey Tage in Kesseln die mit Wasser angefüllt sind, in welchem Kreide oder gelöschter Kalk zerlassen worden, einweichen.

Dann bringt man sie auf die Wiese, und nachdem sie trocken worden, immer abwechselnd auf die Wiese und in die Lauge, wie in Beauvais, mit dem Unterschiede, daß das Beuchen nicht so oft wiederholt wird, und daß die Leinwand länger auf der Wiese bleibt.

Wenn die Leinwand nach den ersten Laugen stark ist, so zieht man sie abermals durch Kalkwasser.

Man bedient sich keiner sauren Milch.

Man begnügt sich, nur zu Ende ein Mal zu seifen, und geht, wenn der Faden nicht gehörig weiß erscheint, zu den Laugen und zum Ausbreiten auf der Wiese über.

Diese Leinwand wird weniger weiß, als die erste, aber auch weniger abgenutzt, und darum vom Consumenten vorgezogen.

Wenn

Wenn man eine kleine Quantität Zwirn zu bleichen hat, so thut man die Stränge in Töpfe, Lage auf Lage, und weiche Seife dazu. Das Gefäß setzt man in eine Schwitzstube, oder an irgend einen warmen Ort, und nach vier und zwanzig bis sechs und dreyßig Stunden hat dann der Zwirn eine schöne, weiße Farbe angenommen. Man wiederholt die Operation, wenn man das erste Mal nicht einen gehörigen Grad von Weiße erreicht hat.

Wenn man Baumwolle, Zwirn oder Hanf zum Färben bestimmt, so ist es unnütz, ihnen die schöne weiße Farbe zu geben, von der wir eben gesprochen; und es kommt dabey auf nichts an, als sie zu entschälen, damit die Beitze ihre Poren besser durchdringe, und sie den Färbestoff besser und leichter einsaugen können. Eine warm gegebene, alkalische Lauge ist in diesem Falle hinreichend.

Fünfter Abschnitt.

Von der Zubereitung des Färbestoffes

Durch die Weißmachung, oder einfacher gesagt, durch das Entschälen desselben, erhält es zwey Eigenschaften, welche es sehr geschickt zur Aufnahme der Farbe machen, die Leichtigkeit, geschwinder und gleichförmiger von der Beitze durchdrungen zu werden, und die Qualität, daß es durch Beymengung seiner natürlichen Farbe, die, welche man ihm ertheilen will, nicht mehr verändert.

Aber es ist hinreichend das Zeug zu präpariren, man muß auch die Farbe so bereiten, daß sie jenes durchdringe, und hierzu gelangt man durch verschiedene Mittel, welche alle aus der Natur des Färbestoffes selbst, oder aus der Methode hergenommen sind, welche man bey dem Auftragen der Farbe befolgt.

Es gibt keinen Färbestoff, seine Verwandtschaft mit einem Zeuge möge seyn, welche sie wolle, der eine recht gleiche Farbe hervorbringen kann, wenn man ihn nicht auf das Zeug in einem Zustande absoluter Auflösung bringet.

Um daß diese Auflösung Statt haben könne, muß zuerst die Färbematerie sehr getheilt seyn; auch muß man sich eines Auflösungsmittels bedienen, welches zu der Natur des Färbestoffes paßt.

Den ersten Zweck erreicht man durch Zerstampfen des Färbestoffs in einem Mörser, oder Zermahlen desselben auf

Mühlen

Mühlen, und wenn dieß geschehen, so siebt man ihn durch Flohre oder Siebe, damit nichts der Pulverisirung entgehe.

Je zertheilter die Färbematerie ist, um desto schneller, vollständiger und leichter erfolgt die Extraction der Farbe daraus, so daß der Gebrauch einer gehörig kleingemachten Materie, Zeit, Brennmaterial und Färbematerie erspart.

Man wechselt mit den Verfahrungsarten zur Zertheilung der Färbesubstanzen nach Consistenz, der Natur und der Flüchtigkeit der Materien, welche man bearbeitet.

Die Färberröthe, welche nicht sehr hart ist, kann ohne Nachtheil mit Mühlsteinen zermahlen, oder auch nur mit Messern klein geschnitten werden. Die einzige Verschiedenheit besteht darin, daß sie sich nur dann mahlen läßt, wenn sie sehr trocken ist.

In den Fabriken, wo man die Färberröthe klein macht, um sie als Pulver zu verkaufen, macht man drey Hauptgattungen davon; die schlechteste ist die, welche aus der ersten Rinde kommt, die von zweyter Qualität enthält nur den Splint der Wurzel, und ist röther als die übrigen, und die von erster Güte ist ein Gemenge vom holzigen Körper und etwas Splint.

Wenn man sehr hartes, als Campechen-, Fernambuk- oder Gelbholz nimmt, so zerschneidet man es mit scharfen Instrumenten in Späne oder Schuppen. In Holland und England mahlt man diese Hölzer auf Mühlen, die zu nichts anderem gebraucht werden.

Durch diese sehr harte Hölzer dringen Flüssigkeiten nur schwer durch, so daß man sie sehr lange Zeit einweichen läßt, und ihr Aufwallen mehrere Stunden hindurch erhält; dieß ist es, was die genaue Pulverisirung dieser Hölzer außerordentlich vortheilhaft, und selbst nothwendig, macht.

Rinden, wie die Quercitronrinde, erfordern keine großen Zubereitungen; man darf sie nur ungefähr wie Lohe mahlen.

Man pulverisirt die Cochenille in hölzernen Mörsern; einige Färber mengen sie mit Kristallen von Weinsteinrahm, welches die Extraction ihrer Farben im Bade erleichtert.

Bey allen Verfahrungsarten, die zur Pulverisirung führen, verflüchtiget sich ein feines Pulver, welches in den Werkstätten, in denen die Operation geschieht, eine Wolke bildet; dieser Staub ist nicht allein zuweilen nachtheilig für die Respiration; aber außerdem erleidet auch der Eigenthümer dadurch einen bedeutenden Verlust, wenn die Materie kostbar ist. Um diesem Verluste vorzubeugen, kann man an einem bedeckten Orte arbeiten,

beiten, oder die Materie mit etwas Flüssigem anfeuchten; dieß geschieht wenn man Indigo mahlt, den man mit ein wenig Wasser, und zuweilen mit einer Lauge von Kali besprengt; dieß letztere jedoch nur allein in dem Falle, wenn man sich dieses Alkali's als Auflösungsmittel bedienen will.

Sobald der Färbestoff gehörig zertheilt ist, darf man ihn nur noch auflösen.

Da aber alle diese Stoffe nicht von gleicher Natur sind, so kann man nicht das nämliche Auflösungsmittel für alle nehmen.

Man kann alle bekannten Auflösungsmittel auf vier bis fünf reduciren, Wasser, Alkalien, Säuren, Alkohol und Oele.

Erster Artikel.

Von der Vorbereitung der Färbestoffe durch Wasser.

Das Wasser ist dasjenige Auflösungsmittel, welches am häufigsten gebraucht werden kann; mit Ausnahme für einige Färbestoffe, die die Natur der Harze oder des Satzmehls *) haben, löst es alle andere auf, und hat noch den Vorzug, daß es eine schwache Verbindung mit dem Färbestoffe eingeht, und es ihn wieder fahren läßt, und zwar in einem solchen Grade, daß es seine ganze Klarheit zurück erhält.

Warmes Wasser extrahirt eine größere Quantität Färbestoff, als kaltes.

Alle Färbestoffe aber erfordern nicht den nämlichen Grad von Wärme; es gibt welche, die man nur durch ein verlängertes Kochen aufzulösen im Stande ist, und wieder andre, die nur eine sehr gemäßigte Wärme erfordern.

Man muß den Grad der Auflöslichkeit des Färbestoffes bey einem bestimmten Grade von Wärme kennen, um seine Operation darnach einzurichten; ein zu sehr verlängertes Aufwallen und eine zu große Wärme trüben den Glanz einiger Farben, und ein zu geringer Grad von Hitze extrahirt oft nur einen Theil des Färbestoffs.

Es

*) Hier scheint ein Irrthum obzuwalten. Entweder begreift der Verfasser unter Satzmehl und Indig oder Orlean einerley Materien, und dann ist dieß unrichtig, weil wahres Satzmehl, nämlich Stärke vollkommen im siedenden Wasser lösbar ist. Dagegen lehret die Erfahrung, daß Indig und Orlean weder im kalten noch im siedenden Wasser lösbar sind; sie können also auch nicht zu den Satzmehlen gerechnet, sondern müssen als eigenthümliche Substanzen angesehen werden. H.

Es gibt Färbesubstanzen, welche mehrere Farben enthalten, und welche sich entweder bey verschiedenen Graden von Wärme, oder in Auflösungsmitteln verschiedener Natur auflösen lassen. Diese Kenntnisse sind dem Färber unerläßlich, um seine Operationen als Meister anordnen und gehörig leiten zu können.

Wir haben bereits von den verschiedenen Qualitäten des Wassers gesprochen, welches man zur Färberey gebraucht, und dürfen also hier nur noch hinzufügen, daß man in einigen Fabriken die Gewohnheit hat, das Wasser durch einen Zuguß von Sauerwasser zu verbessern, welches man bereitet, indem man ein Gemenge von Kleie und Wasser gähren läßt.

Wenn die sehr zertheilten Färbekörper sich in dem Bade so an dem Zeuge festsetzen, daß sie durch Waschen nicht vollständig hinweggeschafft werden können, so hat man die Gewohnheit, entweder das Bad, bevor man sich dessen bedient, abzugießen, oder die Färbematerie in einen Sack zu verschließen, damit sich der Färbestoff allein im Bade auflöse.

Zweyter Artikel.

Von der Vorbereitung der Färbestoffe durch Alkalien.

Das Alkali wird in der Färberey noch als Auflösungsmittel mehrerer Farben gebraucht, und wir begreifen den Kalk mit unter diese Classe.

In der Regel sind die Pigmente, welche aus der Gährung entstehn, weniger in Wasser und viel leichter in Alkali aufzulösen, wie wir am Indigo, am Orlean und Waid sehen. Wasser löset durch Aufwallen nur ein Neuntheil vom Gewichte des Indigos auf; Waid färbt diese Flüssigkeit nicht einmal; und Orlean wird ohne Beyhülfe des Alkalis nur mühsam und sehr unvollkommen aufgelöst.

Das Alkali kann ferner zum Auflösungsmittel bey einigen harzigen Färbestoffen dienen, wie zum Beyspiel, bey dem Roth des Saflors.

Wir werden in der Kürze zeigen, auf welche Weise man mittelst dieses Auflösungsmittel eine Farbe so bereiten kann, daß sie sich auf ein Zeug auftragen läßt.

Man nennt in den Färberwerkstätten eine Auflösung von Indigo, in welche man keinen Waid gethan, und in der der Indigo mittelst Alkalien aufgelöst ist, eine Indigo-Küpe.

Um

Um die Indigoküpe anzustellen, läßt man ungefähr 6 Pfund Pottasche, eben so viel Kleie und 12 Unzen Färberröthe *) in 40 Eimer Wasser zergehen.

Dieß Gemenge läßt man aufkochen, und wirft sodann 6 Pfund mit Wasser zerriebenen Indigo hinzu. Man rührt alles sorgfältig zusammen und bedeckt die Küpe.

Man unterhält das Feuer und rührt von zwölf zu zwölf Stunden die Küpe um, bis das Fluidum anfängt blau zu werden, welches nach Verlauf von acht und vierzig Stunden geschieht.

Das Bad bedeckt sich gewöhnlich mit einer kupferigen Haut, und mit einem blauen Schaume oder der Küpenblume.

Diese Küpe dient nicht allein zum Färben der Wolle; sondern man kann sie auch zum Färben der Seide gebrauchen, wobey man jedoch das Verhältniß des Indigo's vermehren muß, weil die Seide das Indigoblau nur schwer annimmt. Wenn man der Seide ein sattes Blau geben will, so bereitet man solche erst in Orseille vor, und läßt solche auf die gut genährte Küpe passiren.

Guhlich hat eine kalte Küpe zum Färben der Seide beschrieben; er zerreibt ein Pfund Indigo in Wasser, thut 3 Pfund an der Luft gelöschten Kalk hinzu, rührt das Gemenge um, und läßt es sodann einige Stunden hindurch stehen. Sodann werden 3 Pfund schwefelsaures Eisen hinzugethan, man rührt alles wohl um, und bedeckt dann die Küpe, und nach einigen Stunden Stillstand fügt man anderthalb Pfund pulverisirtes Operment hinzu, läßt das Ganze stille stehn, und färbt darin die Seide, wenn die Flüssigkeit unter der Küpenblume klar erscheint.

Diese Küpe kann auch zu Seide, Flachs und Baumwolle gebraucht werden.

Noch hat man zum Zwirn und zur Baumwolle eine sehr schnell färbende Küpe, man kocht nämlich in einem Kessel 3 Quentchen pulverisirten Indigo auf 1 Pinte Seifensiederlauge von 15 bis 18 Graden; sobald die Färbetheilchen gehörig durchdrungen sind, thut man 6 Quentchen pulverisirtes Operment in das Bad und rührt solches um. Wenige Minuten darauf wird das Bad grün, macht eine blaue Blume, und bildet ein Häutchen; dann läßt man das Ganze in einer größeren Quantität von Wasser zergehen, rührt alles um, und kann nun unmittelbar hernach, daraus färben.

Man

*) Um ein Beyspiel anzuführen, sehe ich mich genöthiget, ein Verfahren zu beschreiben, welches ich mit Vortheil habe ausüben sehn. Die Dosen müssen in den verschiedenen Werkstätten abwechseln, aber die Verhältnisse bleiben die nämlichen. A. d. V.

Man kann statt des Operments auch geschwefeltes Spießglanz nehmen, aber ich habe davon nicht die nämliche Lebhaftigkeit der Farbe erhalten können.

Die Küpe, in welche man Operment thut, unterscheidet sich von dem Tafelblau nur dadurch, daß zu dem letztern viel mehr Indigo kommt. Herr Hausmann componirt solches aus 200 Pfund Wasser, 30 Pfund Pottasche, 12 Pfund lebendigen Kalk, 12 Pfund Operment und 16 Pfund Indigo. Man macht die Lauge aus den drey ersten Materien, und schließt mit der Verdickung durch Gummi.

Hallot hat zwey Küpen beschrieben, in denen der Indigo, mittelst des Urins, welchen man dabey in großem Maaße anwendet, aufgelöst zu werden scheint. Hier ist es offenbar das Ammonium, welches als Auflösungsmittel wirkt, aber diese Verfahrungsarten sind nicht mehr im Gange, weil sie weder so vortheilhaft sind, noch so schleunig zum Ziele bringen als die Waidküpen und die Indigoküpen.

Oft nimmt man, statt der Alkalien, lebendigen Kalk: Bergmann componirte eine Küpe, indem er 6 Quentchen lebendigen Kalk in so wenigem Wasser, als möglich, löschte; goß sodann 2 Pfund Wasser auf denselben, und löste 3 Pfund schwefelsaures Eisen *) und 3 Quentchen klein gestoßenen Indigo darin auf. Dann wird alles untereinander gerührt, und in zwey oder drey Stunden kann man färben.

Diese Küpe ist gut zu Zwirn und Baumwolle.

In mehrern Fällen aber, wo es darauf ankommt, Indigo aufzulösen, läßt man Kalk und Alkali zusammen wirken.

Um also Baumwolle zu färben, läßt man acht Stunden hindurch, 20 Pfund Indigo in einer starken caustischen Lauge einweichen. Sodann macht man den Indigo klein, gießt zu gleicher Zeit ungefähr 3½ Eimer Wasser in die Küpe, und 20 Pfund lebendigen Kalk dazu; sobald der Kalk gelöscht ist, rührt man die Küpe auf, läßt darin 36 Pfund schwefelsaures Eisen auflösen, und thut, wenn die Auflösung vollständig geschehen, den pulverisirten Indigo hinein. Man rührt nun die Küpe sieben bis acht Mal an einem Tage um, und kann nach einem Stillstande von sechs und dreyßig Stunden daraus färben.

Die berühmte Waidküpe, deren man sich allgemein zum Blaufärben bedient, ist die complicirteste von allen. Das Verfahren bey ihrer Bereitung ist in den verschiedenen Werkstätten von

*) Drey Pfund schwefelsaures Eisen auf 6 Quentchen Kalk, scheint ein Schreibfehler zu seyn; es muß wohl heißen 9 Quentchen. H.

von verschiedener Art. Ich will dasjenige beschreiben, welches mir das vollkommenste zu seyn schien.

Man thut 400 Pfund gehörig zertheilten Waid in eine Küpe von 7 Fuß Tiefe auf 5 Fuß im Durchmesser.

Sodann läßt man 30 Pfund Wau in einem Kessel aufkochen, und thut nach dreystündiger Aufwallung 20 Pfund Färberröthe und eben so viel Kleie hinzu.

Man fährt mit dem Aufwallen eine halbe Stunde hindurch fort, und kühlt dann das Bad mit 20 Eimern Wasser.

Man nimmt den Wau heraus, läßt das Fluidum abklären, und gießt das Bad in die Küpe über.

Man rührt nun das Ganze eine halbe Stunde wohl um.

Man deckt die Küpe hierauf zu, und sechs Stunden darauf rührt man sie von neuem eine halbe Stunde hindurch wohl um.

Dieß Manoeuvre wird von drey zu drey Stunden wiederholt.

Sobald blaue Adern auf der Oberfläche erscheinen, so mengt man 8 bis 9 Pfund lebendigen Kalk zu, welches der Küpe den Grund geben genannt wird.

Die Farbe wird dunkelblau, und es steigen scharfe Dämpfe auf.

Zu gleicher Zeit thut man den mit Wasser eingerührten Indigo hinzu, welchen man in dem Verhältnisse von 10 bis 30 Pfund anwendet, je nachdem die Nüance ist, welche man zu erhalten wünscht.

Man rührt nun von Zeit zu Zeit, es entstehet eine blaue Blume, und dann kann die Küpe zu arbeiten anfangen.

Man bedeckt sie nun mit ihrem Deckel, und mit dicken Decken, damit sie, sobald man das Färberröthedecoct hinzugethan, nicht kalt werde, und deckt sie nicht eher wieder auf, als wenn man sie umrühren will. Wenn ungeachtet dieser Vorsichtsmaaßregeln die Wärme nachläßt, so gießt man einen Theil des Bades ab, und läßt es in einem Kessel kochend werden, worauf man nun solches in die Küpe zurücklaufen läßt.

Wenn der Kalk in einem zu starken oder zu geringen Verhältnisse gebraucht wird, so hat dieß unangenehme Folgen; im erstern Falle wird die Farbe schwarz, der Geruch ist pikant, und das Zeug, welches man in das Bad taucht, kommt schmutziggrau wieder heraus. Man nennt die Küpe wenn sie diese Disposition hat, eine schwarze. Im zweyten Falle wird die Farbe rothbraun;

der

der Teig der auf dem Boden liegt, steigt in die Höhe; der Geruch wird stinkend, und es findet eine wahre Fäulniß Statt.

Man kann eine schwarzgewordene Küpe wieder herstellen, wenn man Färberröthe, Kleie, Urin, Weinstein u. s. w. hineinthut, sie wieder erwärmt, ohne sie zu rühren, und einen oder zwey Körbe frischen Waid zuschüttet.

Die Fäulniß corrigirt man durch Kalk, durch Aufrühren u. s. w.

Wenn man den Orlean in einer alkalischen Lauge aufkochen läßt, so wird seine Farbe klarer und angenehmer gelb. Man kann die gelbe Farbe des Orleans willkührlich nüanciren, wenn man durch Citronensaft oder Alaun die Wirkung, die das Alkali auf ihn gemacht, zerstöret.

In den Werkstätten, wo man viel Orlean gebraucht, hat man einen kupfernen Durchschlag mit kleinen Löchern, in den der in Stücken geschnittene Orlean gethan wird. Man hält das Ganze in einen mit lauwarmem Wasser angefüllten Kessel, und rührt mit einem hölzernen Stämpel den Orlean zusammen, welcher durch die Löcher des Durchschlags in das Bad geht. Sobald er heraus ist, so thut man, statt seiner, Pottasche in den Durchschlag, mit welcher man gleicherweise verfährt, und rührt das Bad mit einem Stocke um; dann wartet man ab, bis es zwey oder drey Blasen schlägt, und hält das Aufwallen durch kaltes Wasser an.

Wenn das Bad nicht genug Alkali hat, so stämpfet die Farbe, oder sieht ziegelfarbig aus; in diesem Falle gießt man neues Alkali zu, und läßt das Ganze zu einer dicken Brühe erstarren, welche man in der Folge mit kaltem Wasser verdünnt.

Eben so löst man das Roth des Saflors durch Alkalien auf; zu diesem Ende fängt man damit an, daß man diesen seiner gelben Farbe beraubt, indem man ihn in einem fließenden Wasser sehr sorgfältig zusammenknetet, nachdem man ihn zuvor in einen Sack von starker Leinwand gethan, und wenn der Saflor nun alle sein Gelb verloren, so thut man das Residuum in einen fichtenen Kübel, zertheilt den Saflor sorgfältig, und überstreut ihn mit Pottasche oder durchsiebtem Natron, in dem Verhältnisse von sechs Theilen auf hundert Saflor, und mengt alles unter einander, so wie man das Alkali hinzuthut, indem man die Masse mit den Füßen stampft. Dieß nennt man den Saflor tränken.

Wenn der Saflor getränkt ist, so thut man ihn in eine kleine längliche Wanne die man den Rost nennt, und deren

Boden

Boden hölzerne Stangen bilden, die zwey Finger breit übereinander placirt sind.

Man füllt diese Wanne mit dem Saflor, setzt sie auf einen Kübel, und gießt kaltes Wasser darauf. Das Wasser nimmt das Alkali mit sich hinweg, welches den Färbestoff in Auflösung hält, und man gießt so oft Wasser auf, bis es keine Farbe mehr annimmt; sodann vermengt man noch ein wenig Alkali mit dem Saflor, gießt wieder neues Wasser darüber; und der Saflor ist dann von aller Farbe rein. Endlich schlägt man durch eine Säure, die sich des Alkali's bemächtigt, das rothe Princip nieder; gewöhnlich bedient man sich hierzu des Citronensaftes.

Dritter Artikel.

Von der Bereitung der Färbestoffe durch Säuren.

Man gebraucht in einigen Fällen die Säuren zu Auflösungsmitteln der Färbestoffe. Pärners chemisches Blau oder das Sächsische Färbeblau ist nichts als eine Auflösung von Indigo in concentrirter Schwefelsäure; man zerstößt, zum Beyspiel, 4 Unzen Indigo von guter Art; thut ihn in ein gläsernes Gefäß, oder in eine gefirnißte Terrine und gießt 1 Pfund concentrirte Schwefelsäure darauf *). Das Ganze wird gehörig umgerüttelt und bleibt vier und zwanzig Stunden stehen, und es werden dann 8 bis 9 Pfund Wasser hinzugethan.

Bergmann welcher in dieser Materie viel gearbeitet hat, räth 8 Theile Indigo auf 1 Säure zu nehmen.

Dieß Blau dringt schwer in die Substanz des Zeuges; um diesem Uebelstande abzuhelfen, haben die Herren Quatremere und Pärner vorgeschlagen, Kali in dem Verhältnisse von ungefähr einem Sechstheil der Säure hinzuzuthun, das Alkali macht das Blau lebhafter, dunkler und penetranter.

Diese Auflösung kann nur zur Wolle gebraucht werden. Die Seide färbt sich zwar auch darin, aber die Farbe, welche dem Wasser widersteht, kann die Wirkung der Seife nicht aushalten. Zwirn und Baumwolle nehmen bey dieser Art zu färben, nur eine bloße Schattirung an.

Berg-

*) Es ist nicht gut die Säure auf den Indig zu gießen, man muß vielmehr umgekehrt operiren; die Säure zerstört sonst einen Theil des Indigo, und die Masse nimmt statt einer dunkelblauen, eine schwarzgraue Farbe an. Auch ist ein Pfund Vitriolöl gegen 8 Loth Indig viel zu wenig, es wird gegen 1 Theil Indig 4 bis 5 auch wohl 6 Theile Vitriolöl erfordert. H.

Bergmann empfiehlt es sehr, die Säure nur im höchsten Grade von Concentration zu gebrauchen. Er hat mit großem Erfolge sich solcher bedient, die sich, ihrer Schwere nach, zum Wasser wie 19 zu 10 verhielt. Ich habe Gelegenheit gehabt zu bemerken, daß, wenn die Schwefelsäure etwas Salpetersäure enthält, die Farbe des Indigo's sich zum Grünen neiget.

Guhlich hat vorgeschlagen, die Farbe des Gelbholzes, des Farbenglusters, des Curcuma und der Färbekörner (graine d'Avignon) durch essigsaure Citronensäure, oder durch Essigsäure schlechthin, wie jede andre Pflanzensäure zu extrahiren. Um seine essigsaure Citronensäure zu bereiten, schneidet er Citronen, von denen er die Schaalen abgeschält, in Stücken, besprengt sie mit gutem Essig, und unterwirft das Ganze einer Presse, um den Saft herauszuziehn, er filtrirt sodann durch ein Papier, setzt die Flüssigkeit der Sonne aus, um daß sie einen Bodensatz bilde, und filtrirt abermals das Ganze aus einem Sandbade, und destillirt, bis daß man Oelstreifen sich am Halse der Retorte zeigen sieht *).

Guhlich alaunt im Kalten 1 Pfund Seide zwölf Stunden hindurch, in einer Auflösung von 2 Unzen Alaun; und färbet warm in einem Bade von Curcuma und 1 Theile essigsaurer Citronensäure auf 3 Pfund Wasser.

Er präparirt die Wolle durch ein leichtes Alaunbad vor, zu welchem er ein wenig Salpetersäure thut, und macht das Farbebad aus Färbekörnern oder Gelbholz, in einer Pflanzensäure aufgelöst, und setzt ein wenig Zinnauflösung zu.

Der nämliche Künstler hat vorgeschlagen, die Farbe des Fernambukholzes so zu extrahiren, daß man die Späne desselben mit Essigsäure oder essigsaurer Citronensäure bedecke, worauf das Gemenge umgerüttelt wird, und vier und zwanzig Stunden stehen bleibt. Sodann klärt er die Flüssigkeit ab, und bewahrt sie auf, bis sie gebraucht wird. Auf den Rückstand gießt er neue Säure und fährt so fort, bis das Holz erschöpft ist.

Wenn man von dieser Flüssigkeit Gebrauch machen will; so verdünnt man sie mit Wasser, welches man so warm macht, daß man die Hand hineinhalten kann, gießt Zinnauflösung hinzu, bis sie feuerfarben wird, und rührt sie um, und taucht das schwach gegallete und alaunete Zeug hinein.

Salpeter- und oxydirte Salzsäure geben allen thierischen Substanzen eine gelbe Farbe. Man hat sich selbst der ersten dieser

*) Da die Citronsäure nicht destillirbar ist, so ist die Zubereitung einer Citronensäure haltigen Essigsäure auf dem angegebenen Wege ganz unnütz. H.

dieser beyden Säuren mit Erfolg bedient, um der Seide und Wolle ein sehr angenehmes Gelb mitzutheilen. Die Salpetersäure bringt die nämliche Wirkung auf die Färberröthe hervor; aber das von ihr entstehende Gelb schwindet mit der Säure, und die Färberröthe, dergestalt ihrer Farbe beraubt, gibt nichts destoweniger der Baumwolle eine rothe.

Vierter Artikel.

Von der Vorbereitung der Färbestoffe durch Oele.

Auch die Oele können mit zu den Auflösungsmitteln der Färbestoffe gerechnet werden. Das Olivenöl löset die Farbe der rothen Ochsenzunge (orcanette) auf. Leinöl ist das gewöhnlichste Auflösungsmittel bey der Composition der fetten Firnisse; und Terpenthinöl löst selbst Harze auf, und dient zur Bereitung der Harzfirnisse.

Der Alkohol ist beynahe das einzige Auflösungsmittel der Harze. Wir haben von seiner Anwendung bey Gelegenheit der Firnisse gesprochen.

Sechster Abschnitt.

Von der Bereitung der Beitzen.

Um einen der wichtigsten Theile der Färbekunst, da auf ihm die Fabrikation fester und zugleich schöner Farben beruhet, ordnungsmäßig vortragen zu können, werde ich die Beitzen in erdige und metallische eintheilen, und diesen Artikel mit einigen Bemerkungen über die Art wie man sie verbindet, um ihr Zusammenwirken zu veranlassen, beschließen.

Erster Artikel.

Von der Bereitung der erdigen Beitzen.

Kalk und Alaunerde sind die einzigen erdigen Stoffe, deren man sich zu Beitzen bedient *).

Man

*) Auch die Talkerde, die Baryterde und die Strontionerde geben sehr gute Beitzen ab, wenn solche im durch Säuren aufgelösten Zustande den Zeugen dargeboten werden. Eine nähere Erläuterung darüber findet man in meinem Magazin für Färber ꝛc. H.

Man gebraucht sie nur in dem Zustande ihrer Verbindung mit den Säuren und zuweilen mit den Alkalien.

Die schwefelsaure Alaunerde, oder der Alaun ist die gewöhnlichste Zusammensetzung der Alaunerde.

Man kennt im Handel fünf bis sechs Gattungen des Alauns, und in der jetzigen Zeit, wo man ihn in mehrern Etablissements aus allen seinen Bestandtheilen bereitet, kann man ihn in zwey Hauptclassen, den gediegenen und fabricirten Alaun eintheilen.

Alle Arten des Alauns haben gleiche Eigenschaften, wenn sie gut bereitet sind, man darf den schlechtesten nur auflösen und wieder kristallisiren lassen, um ihm die Eigenschaften des besten mitzutheilen. Dieß geschieht seit einiger Zeit im Handel, wo man den schlechten Spanischen und Lüttichschen Alaun für Römischen Alaun verkauft, nachdem man ihn zuvor durch eine zweyte Kristallisation gereiniget.

Alle Zeuge sind nicht gleich empfänglich für die verschiedenen Qualitäten des Alauns. Die Verschiedenheit dieser Salze erregt keine solche in den Farben, welche man der Wolle gibt, wird aber sehr merklich bey Seide und Baumwolle.

Der Römische Alaun verdiente den ersten Rang unter allen Arten des Alauns, weil die Kalzination, der man das Mineral unterwirft, welches schon im Schooße der Erde kalzinirt wird, die Grundstoffe desselben vollkommen vereinigt und verbunden hat.

Der Alaun wird zum Färben aller bekannten Zeuge gebraucht, aber die Art, wie man bey dem Alaunen verfährt, ist bey jedem verschieden.

Wenn man die Seide alaunen will, so läßt man 40 bis 50 Pfund Römischen Alaun in lauwarmem Wasser auflösen, gießt diese Auflösung in eine, bereits 40 bis 50 Eimer frischen Wassers enthaltende Tonne, und rührt sorgfältig um, um zu verhindern, daß der Alaun nicht gerinne oder kristallisire.

In dieß Alaunbad taucht man die in Strähne gewundene Seide, die man auf dem Cervillirstock hat ablaufen lassen, um das Gröbste der Seife hinwegzuschaffen.

Man taucht nun alle Strähne in den Alaun, und sieht darauf, daß die Bündel nicht untereinander verwirrt sind. In diesem Zustande läßt man sie vom Abend bis zum Morgen, wäscht sie, dreht sie mit Händen aus und kühlt sie im Flusse ab.

In einigen Werkstätten lässet man die Seidensträhne auf Stöcken und gibt ihnen zwey bis drey Eintauchungen in das Alaunbad, worauf man sie dann in dem Bade untertauchen und weichen läßt.

Man

Man kann 150 Pfund Seide in ein Bad, wie das eben beschriebene, thun. Wenn dieß aber schwach wird, welches der Färber am Geschmack erkennt; so löst er frischen Alaun darin auf, welches das Erneuern genannt wird.

Wenn das Bad anfängt, einen übeln Geruch anzunehmen, so alaunet man darin die Seide, welche zu dunkeln Farben, als braun, kastanienbraun u. s. w. bestimmt ist, und wirft es sodann weg.

Man alaunt gewöhnlich die Seide im Kalten, weil man bemerkt hat, daß das warme Alaunen den Glanz verdirbt.

Es ist mehr Vortheil dabey die Seide stark als schwach zu alaunen, weil ein starkes Alaunen die Farbe besser emporhebt, und sie übrigens auch gleichförmiger wird.

Es bildet sich eine Incrustation an den Wänden des Kübels, in welchem man alaunet, welches aus der Zersetzung des Alauns durch die Seife herrührt, die die Seide immer in größerer oder geringerer Quantität in sich enthält.

Wenn man Wolle alaunen will; so fängt man damit an, sie eine Stunde hindurch in einem Bade von Wasser und von Kleie kochen zu lassen, um alles Oel daraus zu scheiden, und wäscht sie in kaltem Wasser.

Man bringt sie nachher in eine Auflösung von Alaun, und läßt sie zwey Stunden hindurch darin kochen; dann nimmt man sie wieder heraus, läßt sie, nachdem man sie ausgedrückt, 12 bis 15 Stunden abtropfen und wäscht sie in kaltem Wasser aus.

Wenn man sie nicht augenblicklich färben will, bedeckt man sie mit einer nassen Leinwand, damit sie ihre Feuchtigkeit nicht verliere.

Bloß bey der Cramoisifarbe bedient man sich des Alauns allein zum Alaunen der Wolle. Bey allen andern Farben vermengt man ihn mit Weinsteinrahm, der seiner Wirkung nachhilft, wie wir bereits bemerkt, da wir von den Beitzen im Allgemeinen sprachen.

Wenn man die Wolle mit Krapp färben will, so alaunet man das Zeug in einem Bade, in welchem man 4 Unzen Alaun und 8 Unzen Weinsteinrahm auf 1 Pfund Wolle hat auflösen lassen.

Um die Wolle mit Wau zu färben, wird nach Scheffer damit angefangen, daß man sie mit Kleie kocht, und sodann zwey Stunden hindurch mit einem Viertheil Alaun und einem Zwölftheil Weinstein in kochendem Wasser einweichen läßt.

Man bedient sich beynahe des nämlichen Verfahrens, um mit Scharte und andern gelbfärbenden Pflanzen zu färben.

Man sieht aus allem Vorhergehenden, daß die Alaunung der Wolle durch Aufwallen geschieht, und daß man das Zeug nicht vollständig trocken werden lassen muß, bevor man es färbt.

Das Alaunen der Baumwolle unterscheidet sich wieder von dem der Seide und Wolle; hier, wenn das Roth von Adrianopel angewendet werden soll, geschieht jene Operation nur erst nach dem Gallen und schränkt sich bloß darauf ein, daß man ungefähr ein Fünftheil Alaun in lauwarmem Wasser auflöst und die Baumwolle durchzieht, ohne das Bad kochen zu lassen, indem man die Strähne einzeln in einer Portion des Bades die in eine Schüssel gegossen ist, herum nimmt. Nach dem Alaun läßt man die Wolle trocknen, und wäscht sie sodann mit außerordentlicher Sorgfalt aus, bevor man sie färbt.

Die Schwefelsäure ist nicht das einzige Auflösungsmittel, dessen man sich zum Auftragen der Alaunerde auf die Zeuge bedient. Die Essigsäure ist besser dazu zu gebrauchen; zu diesem Ende löst man 3 Pfund pulverisirten Alaun in 3 Pinten Wasser auf, thut in diese Auflösung 1 Pfund Bleyzucker, rührt die Flüssigkeit um, die sogleich eine sehr schöne weiße Farbe annimmt; und wirft nach und nach 2 Unzen Kreide und 2 Unzen Kali hinein; es entsteht dann ein lebhaftes Aufbrausen, man rüttelt hierauf das Gemenge um und läßt es nachher stehen.

Es bildet sich ein sehr weißer Bodensatz, welcher nichts ist als schwefelsaures Bley, vermengt mit etwas schwefelsaurem Kalk. Die oben aufschwimmende Flüssigkeit hält viel essigsaure Alaunerde und ein wenig unzersetzten Alaun in Auflösung.

Diese Beitze von Alaunerde ist es, deren sich die Leinwanddrucker bedienen, um das Roth des Krapps auf dem Zeuge zu befestigen. Sie verdient vor dem gemeinen Alaun den Vorzug in allen Operationen der Alaunung, weil außer dem Vorzug, den die Essigsäure vor der Schwefelsäure hat, die essigsaure Alaunerde auf dem Zeuge nicht kristallisirt, auch längere Zeit, und auf dasselbe seiner ganzen Masse nach, wirket.

Noch bedient man sich der Alkalien zur Auflösung der Alaunerde. Ich selbst habe beobachtet, daß die Farbe dadurch fester hält. Man gießt in das Alaunbad eine hinreichende Quantität Kali oder Natron, um die sich niederschlagende Alaunerde aufzulösen. In diesem Falle wird ein wahrhaftes Tripelsalz gebildet; denn die Schwefelsäure wird nicht frey gemacht, sondern bleibt mit der Alaunerde und dem Alkali in Verbindung, aber hierdurch selbst wird sie weniger anhänglich an die Alaunerde und die Zeuge, und die Adstringentien und Färbestoffe schlagen diese Erde leichter daraus nieder.

Die Kalksalze bilden sehr kräftige Beitzen, vorzüglich bey Cattunen und Hanf- und Flachsfäden, aber sie haben den Nachtheil, daß sie deren Farben beschmutzen, weßhalb die Färber sie verwerfen.

Pärner hat jedoch den kalzinirten schwefelsauren Kalk als Beitze gebraucht, um mit der Cochenille ein Nelkenblau zu bereiten, das in's Rothe spiele. Er läßt den kalzinirten Gips eine Stunde hindurch in einem Kessel aufsieden, in welchen man ihn nur erst dann thut, wenn das Wasser nur bloß noch laulich ist. Sodann taucht man das zuvor mit lauwarmem Wasser benetzte Tuch hinein, läßt es eine Stunde hindurch aufkochen, und vier und zwanzig Stunden, wenn es kalt geworden, darin stille stehn. Endlich componirt man das Bad aus Cochenille und Weinstein.

Wenn man Kochsalz mit dem Gips vermengt, so wird die Farbe, welche man durch die Cochenille gibt, klärer und röthlicher, und wenn man statt des Seesalzes, Zinnauflösung nimmt, so spielt die Farbe vielmehr in's Rothe.

Ich habe immer beobachtet, daß der Kalk eine solche Verwandtschaft zu allen Färbestoffen aus der Classe der Adstringentien habe, daß er sich mit ihnen verbindet, und ihre Farbe dergestalt erhöhet, daß, wenn man lebendigen Kalk mit einem starken wässerigen Decoct von der schwarzen nordamerikanischen Eiche (Quercitronrinde) vermengt, augenblicklich daraus ein Magma von prächtig gelber Farbe entsteht, welche sehr viel Fixität hat und deren man sich mit großem Vortheil beym Färben bedienen kann.

Auch ist es der Kalk, der bey Bereitung der Indigo- und Waidküpe dieser blauen Farbe Glanz und Fixität gibt.

Zweyter Artikel.

Von der Bereitung der metallischen Beitzen.

Die Metalloxyde haben eine sehr ausgezeichnete Verwandtschaft zu fast allen Zeugen: es gibt wenige Metallauflösungen, welche auf ihnen nicht einen sehr deutlichen Eindruck, ja oft eine fast unauslöschliche Spur zurücklassen.

Da

Da aber ein Oxyd, wenn es eine gute Beitze seyn soll, dem Farbestoff nur eine farblose Basis darbieten muß; so gibt es wenige, die dazu gebraucht werden können.

Man kann sich der gefärbten Oxyde nur zu dunkeln oder componirten Farben bedienen, von denen die Beitze sodann selbst ein Färbestoff wird. So verwandelt das Eisenoxyd auf Baumwolle das Roth der Färberröthe, nach den verschiedenen Verhältnissen in denen es angewendet wird, in Violett, Schwarzbraun oder Lilas.

Das Zinnoxyd scheint bis jetzt die vollkommenste Beitze unter allen denen, welche die Metalle liefern, abzugeben. Es wird hauptsächlich bey der Scharlachfärberey gebraucht, und mit diesem seinem Gebrauche werden wir uns sogleich beschäftigen.

Die Scharlachcomposition, welche nichts ist als eine Auflösung von Zinn in salpetersaurer Salzsäure, wird nicht auf eine und dieselbe Weise in den verschiedenen Werkstätten bereitet.

In Spanien löst man das Zinn in der Säure auf, ohne sie zu verdünnen; in Frankreich verdünnt man die Säure mit Wasser; Hellot räth zu gleichen Theilen Säure und Wasser; Macquer schlägt vor, vier Theile Säure und drey Wasser zu nehmen.

Auch in dem Verhältnisse des Zinnes finden Verschiedenheiten Statt; Hellot nimmt davon ein Sechszehntheil auf die Säure; Scheffer ein Viertheil; Pörner ein Achttheil; Macquer drey Theile, auf acht Säure *).

Die Auflösungen, welche am meisten Zinn enthalten, sind braun, und geben dunklere und trübere Farben; wenn man zur Seide aber nicht eine recht damit angefüllte Auflösung nehmen wollte, so würde die Farbe viel zu hell ausfallen.

Die Bereitung unterscheidet sich ferner in der Wahl der Säuren. Einige Färber nehmen, ohne alle Veränderung, das Scheidewasser, welches aus der Destillation oder Zersetzung des rohen Salpeters entsteht; aber diese Säure ist so verschieden, als der Salpeter selbst, das heißt, niemals von gleicher Qualität.

In vielen Färberwerkstätten hat man die Gewohnheit, Seesalz oder Salmiak im Scheidewasser aufzulösen; aber die Verhältnisse wechseln auch hier von einem Viertheil an bis zu einem

*) Ich bediene mich zum Scharlach gar keiner Salpetersäure, sondern bloß der reinen Salzsäure zur Auflösung des Zinns, und erhalte ein Scharlach, daß selbst das schönste Ecarlat de Gobelin hinter sich läßt. H.

einem Sechszehntheil, und da man die Qualität des Scheidewassers im Voraus nie gehörig beurtheilen kann, so ist es fast immer nur auf's Ungefähr, wie man die Gemenge bereitet. Bald also ist die Salzsäure in einem zu starken Verhältnisse, und sodann gibt die Composition trübe Farben; bald nicht in hinlänglicher Quantität darin, und alsdann schlägt die Säure nieder, und die Farbe wird mager.

Ich glaube, durch genaue Versuche, das gethan zu haben, daß das Verfahren, durch welches man die beste Composition erhält, darin bestehe, wenn man in reiner Salpetersäure, die 30 bis 32 Grade zeigt, im Keller, das Zehntheil ihres Gewichtes an raffinirtem Salmiak auflöst. Um diese Auflösung zu befördern, zerbröckelt man das Salz, und thut es in die Säure, und fügt einige Tage nachher, wenn die Auflösung geschehen, das Zinn im Verhältniß eines Achttheils zur Säure hinzu. Die Auflösung geht langsamer vor sich, und sobald sie beendiget ist, verdünnt man sie mit einem Viertheil ihres Gewichtes an Wasser, und bewahrt sie zum Gebrauche auf.

Die reine Salpetersäure, welche man zu dieser Composition gebraucht, ist in den Werkstätten der Destillateurs unter dem Namen Scheidewasser und Scheidewasser für die Hutmacher bekannt.

Die Beobachtung hat gelehrt, daß, wenn die Auflösung mit einem lebhaften Aufwallen geschieht, die Farbe weniger lebhaft und minder angenehm wird, als wenn sie langsam vor sich geht.

Wenn man ein Tuch zur Scharlachfarbe präparirt, so fängt man damit an, daß man in einen zinnernen Kessel, der mit Wasser angefüllt ist, 14 Quentchen gestoßenen Weinsteinrahm auf 1 Pfund Tuch thut; sobald das Bad im Aufwallen, und der Weinstein gehörig aufgelöst ist, thut man nach und nach 4 Quentchen Zinnauflösung auf 1 Pfund Tuch hinzu, und läßt es noch einige Minuten hindurch kochen. Sodann thut man das Tuch hinein, läßt es zwey Stunden kochen, zieht es wieder heraus, und trägt es zum Abtropfen hin.

Man kann die Schattirungen des Scharlachs willkührlich verändern, indem man mit den Verhältnissen der Zinnauflösung und des Weinsteinrahms wechselt. Der Weinstein macht seine Farbe klar, und vermehrt seine Festigkeit; wenn man ihn aber in zu großem Maaße nimmt, so macht er den Scharlach blaß, und raubt ihm sein lebendiges Ansehn. Es gibt wenige Färber, bey denen die Dosis, in der sie ihn anwenden, gleich wäre; doch schreibt Pörner die angeführte vor.

Wein=

Weinstein in kleiner Dosis macht die Farbe dunkel, die Zinnauflösung färbt sie orangeartig, und diese Resultate sind es, welche man zur Richtschnur annehmen kann, um die Schattirung zu erhalten, welche man hervorzubringen wünscht.

Die Zinnauflösung gibt der Cochenille auf der Seide nichts als ein feines Cramoisi. Man gebraucht diese Composition in dem Verhältnisse eines Sechszehntheils zu der Quantität der Cochenille, und die Cochenille in dem eines Achttheils zu dem Gewicht der Wolle.

Macquer hat sich davon überzeugt, daß, wenn man die Seide mit der Zinnauflösung benetzet, und sodann in einen Cochenilledecoct taucht, sie eine sehr schöne Farbe, voller Feuer, und in der Art des Saflorroths annehme.

Wenn man der Seide einen gelben Grund gibt, bevor man sie auf diese Weise mit Cochenille färbt, so erhält man ein feines ponceau, das eben so schön, und noch solider und ökonomischer als das Saflorroth ist.

Noch kann man sich mit Vortheil der Zinnauflösung bedienen, um die Farbe des Fernambukholzes zu erhöhen, und ihr mehr Solidität zu geben.

Seit einigen Jahren wendet man häufig das Zinnsalz (salzsaure Zinn) an, um die rothen Farben zu beleben, und ihnen zur Beitze zu dienen, sowohl auf Seide als auf Baumwolle.

Man kann auch die Nankingfarbe sehr genau nachahmen, wenn man die Baumwolle zu wiederholten Malen, und wechselsweise in einen Lohdecoct, und eine Auflösung von Zinnsalz taucht.

Herr Dambourney von Rouen hat sich häufig einer Wismuthauflösung bedient, welche bereits Herr de la Folie aus der nämlichen Stadt vorgeschlagen. Man löset zu derselben einen Theil Wismuth in vier Theilen Salpetersäure auf, thut dann diese Auflösung in das Weinstein enthaltende Bad, und gießt zu gleicher Zeit eine Auflösung von Seesalz darauf.

Herr Berthollet hat bewiesen, daß sich immer, die Auflösung möge geschehen, auf welche Weise sie wolle, durch die Beymengung des Wassers ein Niederschlag erzeuge, welcher die Färbestoffe braun macht.

Ich habe diese Beitze bey dem Rothfärben der Baumwolle, zu welchem ihr Verfertiger sie in Vorschlag gebracht hatte, versucht, aber keine größere Wirkung, als von einem durch die Salpetersäure säuerlich gemachten Wasser erhalten.

Das

Das Arsenikoxyd wird bey den Operationen der Färberey gleichfalls als Beitze gebraucht. Vogler scheint sich mit Vortheil der Auflösung dieses Oxyds durch Kali zum Rothfärben von Zwirn und Baumwolle bedient zu haben. Er verdünnt diese Composition mit zwey Theilen Wasser, und vermengt diese Auflösung mit einer durch Alaun gesättigten. Das Gemenge wird sogleich trübe und gallertartig, aber man gibt ihm seine Durchsichtigkeit wieder, indem man nach und nach von der Alaunauflösung hinzuthut. Zwirn und Baumwolle, die man zwölf Stunden in dieser Beitze liegen ließ, und dann wusch und trocknete, nahmen mit der Färberröthe eine sehr gesättigte Farbe an.

Die geschwefelten Arsenikarten, welche unter den Namen Operment, Realgar, Sandarak, gelber Arsenik, rother Arsenik u. s. w bekannt sind, werden in der Färberey, und vorzüglich zur Auflösung des Indigos gebraucht.

Man kann, statt des geschwefelten Arseniks, geschwefeltes Spießglanz nehmen; dieß letztere aber gibt der Farbe nicht die nämliche Lebhaftigkeit.

Auch des ätzenden Sublimats bedient man sich zuweilen in der Färberey; Wilson hat solches zur Composition der Beitze der Leinwanddrucker genommen, und zwar in dem Verhältnisse von einem Achttheil gegen den Bleyzucker.

Vogler hat dargethan, daß dieß Salz die Farbe der Färberröthe fester und dunkler macht.

Die Bleyoxyde disponiren die Zeuge, daß sie die Pflanzenfarben reichlich in sich aufnehmen, aber sie trüben den Glanz derselben. Vogler erhielt ein schönes Schwarz, indem er mit Bleysalz getränkten Zwirn und Baumwolle gallete, sie sodann in eine Auflösung von schwefelsaurem Kupfer that, und in einem Bade von Campecheholz aufkochen ließ.

Die wenig bekannt gewordene Wirkung des schwefelsauren Zinks beschränkt sich darauf, daß er nach und nach und gradweise die Färberröthe, die Cochenille und in der Regel alle Farben dunkler macht. Diese Wirkung wird durch die Berührung der Luft hervorgebracht, welches anzeigt, daß sein Oxyd beständig arbeitet, und Sauerstoff aufnimmt.

Unter der Zahl der Metalloxyde gibt es welche, die eine solche Verwandtschaft zu den Zeugen haben, daß sie sich auf eine sehr solide Weise darauf festsetzen, und man daraus fast unzerstörbare Farben bereiten kann.

Eisen-

Eisenoxyd, zum Beyspiel, obgleich es in einer Basis verwickelt ist, färbt ein Zeug, mit dem es in Berührung gebracht wird, nankingfarb, nußbraun oder chamois, und wenn die Theilchen des Eisenoxyds in einer Flüssigkeit suspendirt herumschwimmen, so darf man nur Baumwolle hineintauchen, um daß sie sich an derselben ansetzen, und darauf fest werden.

Man kann diese Eigenschaft benutzen, um Baumwolle, Flachs und Hanf nankingfarb, chamois, rostfarben und nußbraun zu färben. Man darf sie nur in eine Auflösung von schwefelsaurem Eisen, essigsaurem Eisen oder jedem andern Metallsalze von dieser Gattung, tauchen; die Farbe wird nach und nach, an der Luft, dunkel, und sie würde hart werden, wenn man nicht die Vorsicht gebrauchte, das nasse Zeug in eine Alaunauflösung, die sehr mit Kali geschwängert seyn muß, zu tauchen, ohne jedoch niederzuschlagen.

Wir haben bereits Gelegenheit gehabt, zu bemerken, daß das Eisenoxyd der Färberröthe zur Beitze dienen könne, um violett, schwarzbraun und lilas zu bilden.

Auch weiß man, daß dieß Oxyd die wesentliche Basis der schwarzen Farben ausmacht, so daß man es als das brauchbarste und nützlichste von allen ansehen kann, theils um an und für sich selbst Farben zu bilden, theils um bey dem Roth der Färberröthe, dem Gerbstoff und dem adstringirenden Stoffe zur Beitze zu dienen.

Die große Verschiedenheit zwischen diesem und dem Zinnoxyd besteht darin, daß dieß letztere die Farben lebhafter macht, die man darauf aufträgt, während das erstere die natürlichen Farben der Färbestoffe verändert, und nichts als zusammengesetzte Farben hervorbringt.

Die Bereitung der Eisenbeitze ist in jeder Werkstatt verschieden; einige nehmen das schwefelsaure Salz ohne irgend einen Zusatz; andre componiren selbst ihre Beitze zum Schwarz, und diese letzteren haben Recepte, welche fast alle darauf hinauslaufen, das Eisen im Essig auflösen zu lassen; endlich gibt es noch welche, die einen Decoct von einigen Pfunden Roggenmehl hinzuthun; so wie andre, die Urin, Heringslacke u. s. w. hineinnehmen.

Je älter die Compositionen sind, um desto besser sind sie; daß Genuesische Schwarz, welches seit langer Zeit einen großen Ruf hat, verdankt seine Vorzüglichkeit nur dem Alter der Composition, welche seit zwey bis dreyhundert Jahren mit einer wahrhaft religiösen Sorgfalt genährt und erhalten wird, und ein wahrhaftes Gemeindeeigenthum bildet.

Heut

Heut zu Tage nimmt man allgemein, statt der Schwefel-, Essig- und anderer Säuren, die branstige Holzsäure, die man aus der Destillation der Pflanzen in reichlichem Maaße erhält, und sich mit vieler Ersparniß an allen den Oertern verschaffen kann, wo die Verkohlung von Holze im Großen geschieht.

Diese Säure, die, nach der Analyse der Herren Fourcroy und Vauquelin, nichts ist, als Essigsäure, die eine gewisse Quantität Oel in Auflösung hält, hat zwiefache Vorzüge; zuerst den, daß sie dem Künstler ein gutes Auflösungsmittel zu einem geringen Preise liefert; und dann den, daß sie einen öligen Stoff mit sich führt, welcher eine vortreffliche Beitze für den Cattun abgibt. Es ist also nicht auffallend, daß man ihr den Vorzug bey Verfertigung der Beitze zum Schwarz gibt.

Es gibt Fälle, wo die Verwandtschaft der Beitzen durch andre Substanzen vorbereitet wird, die sie hervorbringen.

Der Alaun zersetzt sich schwer und unvollkommen auf den thierischen Zeugen, wenn nicht Weinsteinrahm seiner Wirkung zu Hülfe kommt.

Er zersetzt sich ferner nicht merklich auf Pflanzenmaterien; aber Oel und Galläpfel, in die man sie taucht, befördern diese Zersetzung.

Die complicirteste Beitze, die man in der Färbekunst kennt, ist die des Roths von Adrianopel (Türkischroth); man fängt damit an, daß man die Cattune mit einer Seifenauflösung benetzt, in der sich Oel im Uebermaaß befindet, und die mit thierischer Materie vermengt ist; man gallet und alaunt sie sodann, woraus ein Compositum der drey Stoffe (des Oeles, Gerbstoffes, und der Alaunerde) entstehet, welches dergestalt fest an der Baumwolle hänget, daß man es durch kein Waschen davon hinwegbringen kann *).

Siebenter Abschnitt.

Vom Färben der Zeuge.

Wir haben bereits gezeigt, auf welche Weise man die verschiedenen Färbestoffe extrahiren könne; wir haben ferner gelehrt,

*) Siehe mein Memoire über diese Beitze im 2ten Bande der Sammlung der Memoiren des Instituts †). Anm. d. V.

†) Verdeutscht findet sich dieser Aufsatz in Hermbstädt's Magazin für Färber ꝛc. H.

lehrt, mittelst welcher Verfahrungsarten man die Beitzen auf die Zeuge aufträgt, bevor man die Farbe darauf befestiget, und es kommt also jetzt nur noch darauf an, zu zeigen, wie man durch sie das Zeug färben könne.

Um daß ein Zeug in allen seinen Punkten gleichförmig und hinreichend gefärbt werde, sind Vorsichtsmaaßregeln erforderlich, welche wenige Färber inne haben, wenn sie nicht schon sehr geübt in ihrer Kunst sind.

Nachdem man die Beitze auf das Zeug aufgetragen, läßt man es am häufigsten trocken werden, und wäscht es sodann sorgfältig aus, um die Portion der Beitze, welche nicht in Verbindung getreten ist, heraus zu bringen; Flachs und Baumwolle werden auf diese Weise zu allen Farben, das einzige Indigoblau ausgenommen, vorbereitet. Die thierischen Zeuge aber werden noch feucht von der Beitze oder der Seife, die man ihnen gegeben, in's Färbebad getaucht, mit den Händen oder dem Nagel ausgedruckt, an die Luft gehängt und gefärbt.

Die Manipulation bey dem Färben von Tüchern ist nicht die nämliche, als die bey dem Färben von Wolle oder Garn; im erstern Falle bedient man sich einer Winde welche man auf den Kessel setzt, um das Zeug in das Bad zu tauchen, und mittelst deren es, sobald es in dasselbe hineinreicht, schnell darin herumgedreht wird, um daß alle Theile gleichförmig gefärbt werden. Zwey Menschen sind zu dieser Arbeit erforderlich, von denen einer die Winde in Bewegung setzt, während der andere das Zeug aufrollt, und es sorgfältig ausbreitet, damit alle Oberflächen desselben die Farbe gleichmäßig empfangen. Von dem Augenblicke an, wo das Bad zu kochen anfängt, taucht man das Zeug hinein, zuweilen bringt man ersteres nicht einmal zum Aufwallen, wie wir es im Augenblicke sehen werden:

Ist die Materie die gefärbt werden soll, in Fäden, so formt man Strähne daraus, welche man auf Stöcke leitet, mit welchen sie in den Kessel geführt werden.

Sobald das Bad fertig ist so bringt man jene Stöcke auf dem Kessel an und läßt sogleich eine Portion der Strähne in das Bad tauchen. Man hebt die Strähne mit einem spitzigen Stocke auf, und dreht sie so um, daß nach und nach alle Theile derselben im Bade naß werden.

Wenn man das Bad zum Aufwallen bringen will, zieht man Stricke durch die Strähne, befestiget diese Stricke an Stöcke, und läßt sie so lange im Bade als man für nöthig hält.

Dieß

Dieß Verfahren ist das gewöhnlichste, aber es erleidet in Rücksicht der verschiedenen Farben unzählige Modificationen, die man nothwendig kennen muß.

Wenn man Wolle färben will; so fängt man damit an, sie eine Stunde hindurch in ein Bad von Wasser und Kleie zu thun und aufwallen zu lassen; sodann wäscht man sie aus.

Soll die Wolle mit Färberröthe gefärbt werden; so gibt man ihr eine Beitze von Alaun und Weinstein, und röthet sie dann in einem Bade aus 4 Unzen Färberröthe auf das Pfund Wolle, thut das Zeug fast zu gleicher Zeit, als die Färberröthe hinein; heitzt das Bad nach und nach; dreht das Zeug sorgfältig um; läßt es einige Augenblicke hindurch, kochen, wäscht es, wenn man es aus dem Bade herausnimmt, aus, und hängt es zum Trocknen auf. Hellot nimmt ein halbes Pfund Färberröthe auf ein Pfund Wolle; er unterhält das Wässer eine Stunde lang, in einer Wärme, die der von kochendem nahe kommt, und läßt nur vier bis fünf Minuten kochen.

Man kann dieser Farbe einen größeren Glanz geben, wenn man zu dem ersten vorbereitenden, mit der Kleie angesetzten Bade, ein Achttheil an Weinsteinrahm hinzuthut.

Das Roth wird noch lebhafter wenn man ein wenig Zinnauflösung in die Beitze nimmt.

Wenn die Wolle scharlachroth gefärbt werden soll, so taucht man das Tuch, nachdem man es so wie wir es beschrieben durch die Beitze gezogen, und das Färbebad nach der angegebenen Methode bereitet, mittelst der Winde, und zwar so schnell als möglich hinein, und dreht es einige Minuten hindurch sehr geschwinde um, dann hält man mit der Bewegung inne und läßt das Tuch eine Stunde lang kochen; worauf man es auf die Winde trägt, wo es abtröpft, und kalt wird, dann es auswäscht und an einem dunkeln und luftigen Orte trocknen läßt.

Pärner hat bemerkt, daß die Farbe schöner werde, wenn man das Zeug acht und vierzig Stunden in seiner kaltgewordenen Beitze liegen lasse.

Noch kann man die Materien aus denen das Färbebad bestehen soll, besonders zubereiten und erst in dem Augenblicke in den Kessel gießen, wo man das Tuch hineinthut. Zu diesem Ende kocht man in einem kleinen zinnernen Gefäße auf 1 Pfund Wolle $1\frac{1}{2}$ Pfund Wasser, 2 Quentchen Weinstein und 1 Unze Cochenille. Sobald die Ebullition anfängt; so thut man 1 Unze Zinnauflösung hinzu, läßt es eine Viertelstunde mäßig aufkochen; nimmt das Gefäß vom Feuer ab und gießt diese Auflösung

sung in das kochende Wasser des großen Kessels in dem Augenblicke hinein, wo man das Tuch hineintauchen will.

Um die Wolle Küpenblau zu färben, befestiget man an den Seitenwänden der Küpe eiserne oder kupferne Reifen, welche mit Stricken an Haken angebunden werden, die sich auf den Rändern derselben befinden. Das Innere dieser Reifen ist mit einem Hamen garnirt, und wenn man die Wolle färben will, so legt man noch einen zweyten Hamen darauf. Diese Vorbereitungen sind nothwendig, damit das Zeug nicht den Bodensatz auf dem Grunde der Küpe aufrühre.

Sobald der Kessel mit seiner Bereifung versehen ist (so wird diese Vorrichtung genannt), so taucht man das zuvor in lauwarmem Wasser eingeweichte und stark ausgerungene Zeug hinein; und zieht es längere oder kürzere Zeit darin herum, je nachdem man die Farbe die ihm gegeben werden soll mehr oder weniger dunkel gegründet wünscht. Sodann nimmt man es heraus, dreht es über der Küpe aus, macht es auf und hängt es an die Luft.

Die grüne Farbe, die das Zeug bey dem Herausnehmen aus dem Bade an sich hat, verwandelt sich, durch Einwirkung der Luft, in Blau.

Man spült es in einer Wanne aus, um nicht den wenigen Indigo der mit abgegangen seyn kann, zu verlieren; wäscht es nachher in einem fließenden Wasser, und hängt es an einem schattigen und luftigen Orte zum Trocknen auf. Wenn die Farbe matt und schmutzig ist; so zieht man das gefärbte Zeug durch kochendes Wasser, um es von allem, wodurch es schmutzig werden kann, zu reinigen.

Zum Sächsischen Blau gibt man dem Tuche eine Beitze von 2½ Unzen Alaun und 1½ Unzen Weinsteinrahm auf 1 Pfund Tuch. Man läßt das Zeug eine Stunde hindurch im Bade aufkochen, und dann vier und zwanzig Stunden darin still stehen.

Man bereitet das Färbebad, indem man das Wasser zum Aufwallen bringt, 10 Quentchen Indigoauflösung auf ein Pfund Tuch in Schwefelsäure gießt, taucht das Tuch dann hinein, und läßt es zwanzig bis dreyßig Minuten kochen, bringt solches dann auf die Winde, und wäscht es sorgfältig aus.

Gelb färbt man in der Regel die Wolle mit einem Decoct von Waukraut. Da aber diese Pflanze ihren Färbestoff nur schwer von sich gibt, so nimmt man Alkalien zu Hülfe, um diese Farbenextraction zu befördern. Man kann jedoch die Alkalien auf diese Weise nur dann gebrauchen, wenn man Baum-

wolle

wolle und Zwirn bearbeitet, und man nimmt statt ihrer, Seesalz, Salmiak und Alaun, wenn man thierische Zeuge behandelt, die sich in den Alkalien auflösen würden. Es gibt Färber, die Kalk zur Belebung mehrerer gelben Färbestoffe, vorzüglich des gelben Eichenholzes (Quercitronrinde), nehmen.

Wenn man den Wau mit Seesalz, Gips oder Alaun kocht, so erhält man mehr oder weniger dunkle Schattirungen von Gelb; das Seesalz bringt die dunkelste hervor, und der Alaun gibt die klärste; der Salmiak färbt das Bad grünlich; der Weinstein macht dessen Farbe gelb, und der Vitriol braun.

Scheffer hat bemerkt, daß, wenn man die Wolle zwey Stunden hindurch mit einem Viertheil Zinnauflösung, und einem Viertheil Weinsteinrahm kochen läßt, sie sodann durch den Wau eine schöne Farbe erhält.

Pärner schlägt vor, das Zeug, wie zum Scharlach, zu präpariren, um der Farbe des Wau's mehr Glanz und größere Festigkeit zu geben.

Man muß wenigstens zwey Theile Wau nehmen, um einem Theil Wolle einen guten Farbegrund zu geben.

Das Schwarz, welches man in der Färberey wie eine Urfarbe betrachten kann, wird mittelst Vitriols und Galläpfeln auf die Wolle aufgetragen; da man aber auf diesem Wege nur langsam zu einem vollkommenen Schwarz gelangt, dieß übrigens auch nicht sehr solid ist; so nimmt man Tuch, welches zuvor, ehe man es in die Galläpfelauflösung taucht, in der man es zwey Stunden kochen läßt, dunkelblau gefärbt worden, thut es sodann in eine lauwarme Auflösung von schwefelsaurem Eisen, von dieser wieder in einen starken Decoct von Campecheholz, in dem es eine Stunde hindurch, fast bis zum Aufwallen, bleibt, aus diesem nochmals in die schwefelsaure Eisenauflösung, und so nach einander aus dem adstringenten in das Eisen- und aus dem Eisenbade in das adstringente, bis die Farbe die gewünschte Vollkommenheit hat.

Bergmann erhielt ein schönes Schwarz, indem er 100 Pfund blaue Wolle in einem ersten Bade von 8 Pfund Weinsteinrahm, 16 Pfund Vitriol, 2 Pfund Grünspan und 10 Pfund blauem Holze that, und nachher in einem Decoct von Bärentraube (arbutus uva ursi) kochte.

Man kann statt der Galläpfel auch Eichenrinde nehmen, wenn man Wolle behandelt: angenommen also, daß man ein Pfund Wolle zu bearbeiten hat, so läßt man 2 Quentchen 36 Gran Campecheholz eine Stunde hindurch in 6 Pfund Wasser

kochen,

kochen, thut das Zeug hinein, und läßt es die Nacht hindurch darinnen; am andern Tage nimmt man Campecheholz und Zeug heraus, erwärmt das Bad, und löst ein Drittheil von folgender Composition darin auf:

	Quentchen	Gran
Eisenrinde	2	6
Schwefelsaures Eisen	4	36
Grünspan	1	63
Gemeiner Gummi	0	67½

Wenn das Bad warm ist, thut man das Zeug hinein.

Drey Stunden später thut man das zweyte Drittheil der Composition hinzu, und bearbeitet das Zeug weiter, und wieder nach drey Stunden gießt man den Rest nach, und läßt es sechs Mal stark aufwallen, den andern Tag wäscht man das Zeug aus.

Wenn man bis zur Rothgluth kalzinirten Vitriol, statt des grünen, anwendet, so erhält man eine viel größere Wirkung, und das Schwarz wird unendlich schöner.

Die Verfahrungsarten, deren man sich zum Auftragen des Färbestoffs auf die Seide bedient, sind wesentlich von denen, die man bey der Wolle anwendet, verschieden.

Die dunkelblauen Farben, zum Beyspiel, können nicht auf der blauen Indigoküpe bereitet werden, weil man nie dahin gelangt, dieser Farbe Fülle genug zu geben.

Um also das Türkischblau zu erhalten, welches das vollste von allen ist, thut man die Seide in ein sehr starkes Bad von recht warmer Kräuterorseille, und zieht sie sodann durch die Küpe.

Bey dem feinen Blau, welches eben so dunkel und eben so solid ist, als das Königsblau, nimmt man Cochenille statt der Orseille.

Noch macht man eine Nachahmung des Königblau's, indem man sogleich die Seide in eine Auflösung von einer Unze Grünspan auf jedes Pfund Seide thut, und sie sodann auf ein Bad von Indischem Holze einweicht, wo sie eine nicht sehr solide blaue Farbe annimmt. Man macht sie fester, indem man sie durch die Küpe gehen läßt.

Die Seide, welche man blau färben will, wird gewöhnlich in einem Bade gekocht, welches aus 35 bis 40 Pfund Seife auf 100 Pfund Seide besteht; sie wird sorgfältig gewaschen. Man bringt sie in Strähnen auf Winden, und taucht diese in die Küpe, wo man sie bearbeitet, bis sie die Farbe, die man haben will, zeiget. Dann dreht man sie mit den Händen aus, hängt sie an die

die Luft, um sie zu vergrünen, wäscht sie, dreht sie wieder aus, und läßt sie auf der Stange trocknen.

Wenn man die Seide roh blau färben will, daß heißt, ohne daß sie zuvor gekocht ist, so wählt man dazu diejenige, die von Natur am weißesten, und taucht sie in Wasser, damit sie die Farbe besser annehme.

Die Seide, welche gelb gefärbt werden soll, wird mit 20 Pfund Seife auf 100 Pfund Seide gekocht. Man wäscht sie, alaunt sie, kühlt sie nochmals ab, und trägt sie auf Stöcken in das Bad.

Das gelbe Bad wird componirt, indem man 2 Pfund Wau für ein Pfund Seide eine Viertelstunde hindurch mit Wasser kochen läßt.

Man gießt das Bad dann durch einen Sieb, läßt es kalt werden, und sobald man die Hand hineinhalten kann, bringt man die Seide darin.

Man läßt den Wau ein zweytes Mal in frischem Wasser kochen, und wenn er gekocht hat, mengt man das erste Bad mit dem zweyten, und fährt fort, die Seide darin zu bearbeiten, indem man das Bad in einer etwas stärkeren Wärme erhält.

Um alle Farbe aus dem Wau zu extrahiren, und dem Gelben die Goldfarbe zu geben, thut man Pottasche in einen Kessel, in dem Verhältnisse von 1 Pfund dieser auf 20 Pfund Seide, gießt das zweyte ganz kochende Bad von Wau darauf und rührt die Asche um, um ihre Auflösung zu befördern. Wenn das Bad klar geworden, so wirft man nach und nach einige Näpfe voll daraus in das erste Bad, rührt um, und taucht die Seide wieder hinein, um sie von neuem darin zu bearbeiten.

Noch pflegt man die gelben Farben mit Orlean goldgelb zu machen.

Die Färbekörner, (Kreutzbeeren) deren man sich auch hierzu bedient, liefern eine weniger solide Farbe.

Das schönste Roth, welches man bis jetzt der Seide hat geben können, ist das, welches man ponceau nennt.

Man macht dieß ponceau, indem man auf dem Zeuge das Roth vom Saflor, welches von Kali in Auflösung erhalten wird, niederschlägt. Zu diesem Ende bringt man, wenn die Seide gewaschen, solche in Strähnen und auf Stöcke vertheilt in das Bad, nachdem vorher so viel Citronensaft hinzugekommen ist, bis die Farbe kirschbraun wird. Dann rührt man das Ganze um, und legt Seide hinein, die man so lange darin läßt, bis man bemerkt, daß sie die Farbe anziehe.

Um ein ponceau zu erhalten, das sich eben so lebhaft als satt macht, drückt man die Seide, wenn sie aus dem ersten Bade kommt, aus, und thut sie in ein zweytes. Man gebraucht so nach und nach fünf bis sechs Bäder, bis sie Feuerfarben wird.

Man belebt das ponceau indem man die Seide in einem lauwarmen mit Citronensafte gesäuertem Wasser weicht.

Man muß der Seide einen Grund von Orlean, von drey oder vier Schattirungen unter Aurorafarb geben, bevor man den Färbestoff des Saflors darauf aufträgt.

Man kann bis zu einem gewissen Grade das ponceau des Saflors durch Braunholz nachmachen; dieß nennt man *ratine* oder falsches ponceau, zum Unterschiede von dem feinen ponceau. Man gibt der gekochten Seide einen guten Grund von Orlean, wäscht, kühlt sie ab, alaunt sie und weicht sie in einem Bade von Brasilienholz ein, in welches ein wenig Seifenwasser gethan wird.

Bis jetzt hat man ohne Erfolg ein Mittel zu finden gesucht, um die Seide scharlachroth zu färben. Wie sorgfältig man auch dabey zu Werke gegangen, so blieb die Farbe der Cochenille immer matt: wenn man jedoch eine Zinncomposition nimmt, die so stark ist, daß ihre Säure sich recht merklich äußert und die Seide nach und nach in das Cochenillebad und in die saure Auflösung taucht, so erhält man eine Farbe von allen Eigenschaften des Scharlachs. Ich habe vor zehn Jahren in der medicinischen Schule in Montpellier Proben von Seide niedergelegt, welche mittelst des angegebenen Verfahrens scharlachroth gefärbt war. (Ich schreibe dieß 1806).

Es ist schwerer, der Seide eine schöne schwarze Farbe zu geben, als andern Körpern, auch sind alle Recepte hierzu mit einer so beträchtlichen Anzahl von Droguen angefüllt, daß es unmöglich ist, einem jeden seinen Gebrauch anzuweisen.

Ich habe jedoch ein solides, glänzendes und sehr sattes Schwarz erhalten; indem ich auf eine gute Gallung der Seide die Eisenauflösung folgen ließ, dann das Zeug auswusch, um es in einen Campechedecoct und aus diesem, in die Auflösung von Eisen und Grünspan zu thun. Man wiederholt dieß Manoeuvre bis daß das Schwarz schön hervorgeht. Ich gebrauche zu 100 Pfund Seide, 40 Pfund Galläpfel, 50 Pfund bis zur Rothgluth kalzinirten Vitriol, 50 Pfund Campecheholz und 10 Pfund Grünspan, drücke die Seide aus, wenn sie aus dem Gallbade kommt, lasse sie trocken werden, und schüttele sie stark

in

in der Hand, um ihr Luft zu geben, und die Galläpfel welche noch daran hängen, davon loszumachen. Das nämliche Manoeuvre mache ich auch beym Campechebade und wasche die Seide jedes Mal aus, nachdem ich sie in die Vitriolauflösung getaucht. In dem letzten Campechebade lasse ich 2 Unzen arabischen Gummi auf das Pfund Seide gerechnet, zergehen

Man gibt der schwarzen Seide ein sanfteres Ansehn; indem man die gefärbte Seide durch Seifenwasser zieht.

Ich habe bemerkt, daß, wenn man die gleichzeitige Wirkung der adstringirenden Pflanzen und der Galläpfel mit einander verbindet, man eine sanftere und angenehmere Farbe erhält. Die Rinde des Granatapfelbaumes, der Kreuzdorn, der Lerchenschwamm und die Eichenrinde können zu diesem Gebrauche dienen.

Obgleich man der Baumwolle alle bekannte Farben gibt, so kann man doch ihre feste Farbe nur die nennen, die man aus der Färberröthe zieht. Nachdem man die Baumwolle mit der dreyfachen Beitze, von der wir bereits gesprochen, und die aus Oel, adstringirendem Stoff und Alaunerde besteht, besprengt hat, so macht man ein Bad, in welches man beynahe 2 Pfund pulverisirter Färberröthe auf 1 Pfund Baumwolle thut. Hierin läßt man Ochsen- oder Hammelblut zergehen, und taucht, sobald das Bad lauwarm zu werden anfängt, die Baumwolle hinein. Man tränkt sie, indem man sie eine Stunde hindurch mit Stöcken in dem Bade behandelt; nachher aber bringt man das Bad zum Aufwallen, und thut die Baumwolle hinein, um sie eine Stunde darin kochen zu lassen und wäscht sie endlich sorgfältig aus.

Achter Abschnitt.

Von der Farbenmischung, oder von den zusammengesetzten Farben.

Es gibt wenig reine oder jungfräuliche Farben in der Natur, das Roth ist fast immer mit Gelb vermengt, der Scharlach und die Farben der Färberröthe sind aus diesen beyden Grundbestandtheilen zusammengesetzt.

Der Indigo, welcher das reinste Blau zu liefern scheint, ist immer durch gelbliche Materien verunreiniget, die man durch Auskochen fortschafft.

Aber, abgesehen von diesen natürlichen Vermischungen, bildet die Kunst täglich solche, und zwar in so zahlreichen

Schattirungen, daß die Scale der Verbindungen in das Unendliche gehet.

Wir werden uns hier bloß auf die Hauptvermischungen beschränken, die wir auf folgende reduciren können:

1) Die Vermischung von Blau und Gelb, welche alle Schattirungen zwischen dem gelblichen Grün, und dem in's Schwarze fallenden Dunkelgrün in sich begreift.

2) Die Vermischung von Roth und Blau, wozu die Farben von Dunkelviolett bis zum Lilas gehören.

3) Die Vermischung von Roth und Gelb, welche den Farbenkreis vom Scharlach bis zum Moschus und dem Tabaksbraun umschließt *).

I. Um auf Wolle die erste dieser Mischungen von Blau und Gelb hervorzubringen, fängt man damit an, dem Zeuge den blauen Grund, den man zu haben wünscht, zu geben; das Grün wird um so viel dunkler, als die Schicht von Blau stärker ist.

Wenn die Tücher in der Küpe den nöthigen blauen Grund erhalten haben, so gibt man ihnen eine Waubrühe wie zum gewöhnlichen Waufärben, und bereitet jenes Decoct von Wau, in welchem man das Zeug behandelt.

Man bräunet das Grün mit Campecheholz, und ein wenig schwefelsaurem Eisen.

Man trägt das Grün auf die Baumwolle durch ein beynahe gleiches Verfahren auf; aber ich habe es vortheilhafter gefunden, statt der Alaun- und Weinsteinbeitze, essigsaure Alaunerde zu nehmen.

Wenn man der Seide die grüne Farbe geben will, so alaunt man sie stark, nachdem man sie mit Seife gekocht, wäscht sie leicht am Flusse aus, und behandelt sie hierauf in einem Bade von Wau; und sobald sie den gehörigen Grund vom Wau bekommen, wäscht man sie, und behandelt sie in der Küpe wie zum Blau.

Um die Materie dunkler zu machen, und Abwechselung in ihren Ton zu bringen, thut man in das Bad vom Wau Brühe vom Gelbholz, von einem Fisatholzdecoct, vom Orlean u. s. w.

Man

*) Es scheint nicht, als ob in den componirten Farben eine Verbindung zwischen den Färbestoffen Statt findet, denn es reicht hin, wenn nur eine Berührung zwischen ihnen vorhanden ist; eine rothe Kette und ein blauer Einschlag geben ein violettes Gewebe. Gelb und Blau, auf gleiche Weise behandelt, machen Grün. Anm. des Verf.

Man nimmt lieber Scharte als Wau, wenn man sich des Küpenblaues bedient, weil die Farbe, welche diese gibt, von Natur in's Grüne spielt.

Das Grün, welches man durch die Auflösung von Indigo in Schwefelsäure erhält, ist unter dem Namen Sächsischgrün bekannt; es ist glänzender, aber weniger solid, als das eben beschriebene. Man gibt dem Tuche die nämliche Brühe, als bey dem Waugelb; man wäscht es, und läßt in dem nämlichen Bade anderthalb Stunden hindurch in Späne geschnittenes Gelbholz kochen. Dann kühlt man das Bad bis zu dem Punkte ab, daß man die Hand hineinhalten kann, gießt beynahe fünf Viertheil Pfund Indigoauflösung auf jedes Stück Tuch von 18 Ellen, taucht das Tuch hinein, und dreht zuerst schnell, dann langsamer um. Man hebt endlich das Tuch wieder heraus, bevor das Bad in Aufwallung ist.

Man kann statt des Gelbholzes auch Wau nehmen, und mit den Schattirungen bis in das Unendliche wechseln, wenn man die Verhältnisse der Ingredienzien verändert.

Wenn das Blau auf der Küpe gefärbt worden ist; so ist es solider, als das Gelb, daher kommt es, daß die grüne Farbe mit der Zeit blau wird, während wenn man Blau aus einer Auflösung von Indigo in Schwefelsäure bereitet, das Gelb am längsten Widerstand leistet.

II. Die Verbindung von Roth und Blau bildet violett, und alle davon abhängenden Nüancen; diese Verbindung ist von Natur im Campecheholze vorhanden, sie entwickelt sich in fast sämmtlichen *Lichens* durch die Gährung; aber fest zeigt sie sich in keinem dieser beyden Zustände.

Um ein schönes Violett auf die Wolle aufzutragen, färbt man das Tuch in der Küpe leicht blau; und läßt es hiernächst, anderthalb Stunden hindurch, in einem Bade von $2\frac{1}{2}$ Unze Alaun und 4 Quentchen Weinstein auf das Pfund Tuch, kochen. Man bereitet sodann ein Bad von 1 Unze Cochenille und 4 Quentchen Weinstein, in dem man das nun blau gefärbte Tuch anderthalb Stunden kochen läßt.

Wenn man Alaun und Weinstein zu dem Bade hinzuthut, welches zum Violettfärben gedient hat, so kann man alle Untergattungen der Schattirungen von Lila's, Taubenhalsfarbe, Malvenblau u. s. w. erhalten.

Poerner hält es für vortheilhaft, die saure Indigoauflösung anzuwenden: er bereitet 1 Pfund Tuch mit 3 Unzen Alaun, läßt es anderthalb Stunden kochen, und das Tuch dann die

ganze

ganze Nacht im Bade digeriren. Er componirt sein Färbebad aus $1\frac{1}{2}$ Unze Cochenille und 2 Unzen Weinstein, und läßt es drey Viertelstunden kochen, welchemnächst er $2\frac{1}{2}$ Unze Indigoauflösung hinzuthut. Er rührt es dann um, und läßt das Tuch eine Viertelstunde mäßig kochen.

Man unterscheidet zweyerley Arten von Violett bey der Seide, das feine und das falsche.

Um das erstere zu erhalten, färbt man die Seide wie bey dem Cramoisi, mit dem Unterschiede nur, daß man in das Bad weder Zinnauflösung, noch Weinstein nimmt. Man gebraucht zu einem schönen Violett 2 Unzen Cochenille auf 1 Pfund Seide. Sodann bringt man die Seide in eine Küpe, die mehr oder weniger stark ist. Man gibt dem Violett ein schöneres Ansehen, wenn man es in ein Bad von Orseille bringt.

Das schönste falsche Violett wird mit Orseille bereitet, man erkennt es leicht an der Eigenschaft, die es hat, durch Säuren roth zu werden.

Man gibt der Baumwolle ein solides und angenehmes Violett, wenn man es zuerst mit Färberröthe färbt und sodann in die Blauküpe bringt. Die Farbe wird nicht anders schön und lebhaft, als wenn das Roth mager und lebhaft erscheint.

Das wahre Violett für die Baumwolle wird aber hervorgebracht durch die Verbindung des Eisenoxyds mit dem Roth der Färberröthe. Man trägt das Oxyd auf die Baumwolle auf, bevor man das Bad der Färberröthe gibt.

Es ist schwer, diese Farbe recht gleichförmig zu erhalten, weil das auf die Baumwolle angesetzte Oxyd sich im Trocknen ungleich oxydirt. Um diesem Uebelstande zuvorzukommen, pflege ich die Baumwolle auszuwaschen, sobald sie die Eisenbeitze erhalten und tauche sie feucht in die Färberröthe.

Wenn man Alaun mit schwefelsaurem Eisen, das bis zur Rothgluth kalzinirt worden, in verschiedenen Verhältnissen verbindet, um die Beitze des Violetts zu bereiten; so erhält man alle Schattirungen die man wünscht.

Wenn man ein schönes Violett erhalten will; so muß man die Baumwolle, sobald als sie ihre Zubereitung mit Oel bekommen, in die eben beschriebene Beitze tauchen; sie sorgfältig auswaschen, sie in die Färberröthe legen, ohne sie kochen zu lassen, sie wieder auswaschen, sie in ein frisches Bad von Färberröthe bringen, eine Stunde darin kochen lassen und dann mit Seife waschen und beleben.

III. Das Gelb versetzt sich vollkommen mit dem Rothen, und die Färbekunst zeigt uns in dieser Hinsicht unendliche Nüancen.

Wenn man Fisatholz in einem Bade das zum Scharlachfärben gedient hat, kochen läßt, und es mit ein wenig Weinstein und Zinncomposition belebt; so bringt man nach und nach Granatfarbe, Kapucinerbraun, Orange, Jonquille u. s. w. hervor. Man thut Fisatholz oder Cochenille hinzu, je nachdem man die Schattirungen wünscht. Ja man nimmt selbst ein wenig Färberröthe zum Goldgelb und Zimmtbraun hinein.

Das Roth der Färberröthe verbindet sich sehr gut mit dem Gelb, und man kann es nach und nach, vom Orange bis zum Zimmtbraun hinab, steigern.

Wenn man, statt die lebendigen gelben Farben zu nehmen, sich Pflanzen von bräunlicher Farbe bedient; wie sie die meisten adstringirenden Pflanzen haben, so erhält man solidere, aber weniger klare Farben. Die Nußbaumwurzeln also, der Schmak, die äußerste Schaale der welschen Nüsse, geben Tabaksfarb, Kastanienbraun, Moschusfarb u. s. w. Kastanienbraun, Zimmtbraun, Weinhefenfarb wird die Seide mit Campecheholz, Fernambuk- und Fisatholz gefärbt; der Grund des Bades ist das Fisatholzdecoct, und man gießt ungefähr ein Viertheil Fernambuk- und ein Achttheil Campecheholzbrühe darauf. Man alaunt dann die Seide, und färbt sie auf diesem Bade.

Wenn man braune Schattirungen erhalten will, nimmt man ein größeres Maaß von dem Indianischen- als von dem Brasilienholze.

Poerner stellt unendliche Resultate über die Verbindung der Farben, je drey zu drey, auf. Man sieht ein, daß diese Vermischungen gränzenlos seyn müssen, aber es ist nur nöthig, die Wirkung jeder ursprünglichen Farbe zu kennen, um die einzusehen, welche die Vermischung hervorbringen wird.

Neunter Abschnitt.

Von der Kunst die Farben zu schönen oder zu beleben.

Es gibt wenige Farben, die man natürlich und ohne Veränderung auftragen kann. Die Kunst, sie zu verändern, sie zu beleben, ist es, wovon man den Ausdruck das Bad stärken, die Farbe schönen, gebraucht.

Dieser Theil der Färbekunst ist der zarteste und schönste. In ihm beruhen fast alle Geheimnisse der Färber.

Wir

Wir können hier bloß im Allgemeinen die Hauptverbesserungen oder Veränderungen, deren die Farben durch die Wirkung ungefärbter Körper auf sie fähig sind, skizziren. Die näheren Details findet man in den Werken, die von der Färbekunst allein handeln.

Die saure Zinnauflösung röthet die Cochenille und belebt das Decoct derselben.

Der Weinsteinrahm macht die Farbe des nämlichen Färbestoffes gelb und belebt sie.

Die Alaunauflösung verwandelt Scharlach in Cramoisi, und daher kommt es, daß das Tuch, welches man mit Alaun gebeitzt hat sich in dem zum Scharlach bereiteten Bade scharlachroth färbt.

Die Alkalien verwandeln den Scharlach in Violett.

Das Seesalz verwandelt das Roth der Cochenille in Schattirungen von Lila's, die in das Blau spielen.

Salmiak macht es dunkel, ohne ihm sein Roth zu rauben.

Vitriol verwandelt das Roth der Cochenille in Violett; warmes Wasser macht es Blau; indem es die Lebhaftigkeit des Rothes angreift.

Das Roth der Färberröthe kann die nämlichen Modificationen erfahren, obgleich auf eine minder merkliche Weise. Säuren färben es gelb und verwandeln es in Orange. Kalk und alle Kalksalze machen es matt.

Man bedient sich der Alkalien, um das Roth des Brasilienholzes zu Rosa zu machen und das falsche Cramoisi auf der Seide hervorzubringen.

Die Alkalien lassen das Roth des Saflors in das Gelbe spielen; durch Citronensaft kann man die ursprüngliche Farbe wieder herstellen.

Diese Alkalien entwickeln ferner die Farben in allen Pflanzen, welche man zum Gelbfärben gebraucht. Man bedienet sich selbst einer Auflösung von Kali, um die Farbe des Wau auf die Baumwolle aufzutragen.

Die Alkalien verhüllen in dem Orlean die rothe Farbe, die mit der gelben darin verbunden ist; die Säuren können aber ihre Wirkung wieder zerstören; so daß man mittelst dieser beyden Salze, die Farbe des Orleans vom blassesten Gelb, bis zum Orange schattiren kann.

Sie

Sie verwandeln ferner das Gelb, welches man auf Wolle und Seide durch Salpetersäure erhält, in ein solides Orange. Man darf diese beyden durch den Saflor gefärbten Stoffe nur in ein caustisches Alkali tauchen. Wenn man Säure zu 25 bis 28 Graden nimmt, so erhält man eine sehr schöne Farbe.

Noch gebraucht man die Alkalien, um das Violett aus dem Brasilianischen und Indianischen Holze, zu stärken; sie geben der Farbe des erstern ein reineres Ansehen, und beleben das Violett des Campecheholzes.

Seide die zum feinen Violett präparirt ist, kann durch ein wenig Arsenik, den man in das Cochenillebad thut, in Purpur verwandelt werden.

Die ganze Kunst, die Farbe zu stärken, läßt sich auf sehr einfache Grundsätze reduciren:

1) Wenn die rothen Farben rein sind, so machen die Säuren sie blaß oder orange, indem sie sie der gelben Farbe annähern.

Alaun, Weinsteinrahm, Zinnauflösung und Säuren bringen die nämliche Wirkung hervor.

2) Wenn die rothen Farben mit ein wenig nicht sehr solidem Blau vermengt sind; so erhöhen die Säuren die Farbe; indem sie das Blau zerstören oder röthen.

Wir sehen die Beyspiele hiervon am Fernambukholze und fast allem falschen Pflanzenroth.

3) Die Alkalien zerstören die harzigen rothen Farben, und entwickeln das mit ihnen vereinigte Gelb.

Sie verlöschen den rothen Ton des Orleans, so auch den des Saflors, und man stellt die rothen Farben durch Säuren wieder her.

4) Die Alkalien stellen das durch die Säuren roth gefärbte Violett wieder her, und zwar mit größerer Intensität als zuvor.

5) Das Seesalz und alle Kalksalze verwandeln die rothen Farben in ein bläuliches Cramoisi.

6) Das Eisen und alle seine Verbindungen machen die roth und gelben Farben braun, durch dieß Mittel erhält man die lange Reihe von braunen Schattirungen, die heut zu Tage fast alle übliche Farben umfassen.

Zehnter Abschnitt.

Vom Lebhaftmachen der Farben.

Die Schönheit der Farben hängt ohne Zweifel zuerst von der guten Wahl der Ingredienzien ab; aber die Art sie zu verbinden, und die Kunst sie zu beleben, machen die Wissenschaft des Färbers aus.

Ein

Ein gutes Waschen belebt die Farben, indem es dem Zeuge den ganzen Theil der Farbe raubt, der nicht in Verbindung getreten ist. Dieß Waschen muß in einem reinen und fließenden Wasser geschehen.

Man bedient sich der Alkalien, um gewisse Farben zu beleben, zum Beyspiel, um dem Roth von Adrianopel Glanz zu geben, läßt man die Baumwolle, die aus dem Bade in Färberröthe kommt, vier und zwanzig oder sechs und dreyßig Stunden in einer Natronlauge kochen, wäscht sie, und läßt sie nochmals in einer Seifeauflösung kochen.

Die violetten Farben, welche man mit Eisenoxyd und Färberröthe auf die Baumwolle aufträgt, werden ungefähr auf gleiche Weise lebhaft gemacht. Die Farbe die bey dem Herausziehn aus dem Bade schwarz erscheint, klärt sich ab, und bildet ein schönes Violett.

Es ist hierbey zu bemerken, daß das Violett sich durch die Wirkung der Alkalien in Roth, und durch die der Seife in Blau verwandelt.

Die Säuren haben gleichfalls ihren eigenthümlichen Gebrauch; wenn man die fein ponceau gefärbte Seide in lauwarmem, mit Citronensaft gesäuerten Wasser einweicht, so wird die Farbe dadurch glänzender, und fällt angenehmer in's Auge.

Man belebt das aus dem Orlean gezogene Orange durch Citronensäure.

Alle Säuren zerstören das violette Ansehn, welches zuweilen die Cochenille auf der Wolle annimmt, und geben der Farbe derselben einen Scharlachton.

Sie geben dem Roth der Färberröthe eine leichte gelbe Farbe.

Herr Hausmann hat vorgeschlagen, die Baumwolle, wie sie aus der Blauküpe kommt, in ein mit Schwefelsäure gesäuertes Wasser zu tauchen, und die Erfahrung gemacht, daß die Farbe in diesem Bade an Intensität gewinnt.

Die schwarzen Farben, welche man in eine Seifenauflösung, oder in ein Wasser taucht, das man eine lange Zeit hindurch mit etwas Oel umgerührt, nehmen eine sammetartige Beschaffenheit an.

Das Trocknen der Zeuge an der Sonne, oder an einem starken Lichte, trübt oder verzehrt delicate und lebhafte Farben. Das Trocknen im Schatten conservirt sie dagegen.

Fünf und zwanzigstes Kapitel.

Von der Gährung.

Unter dem Begriffe Gährung versteht man die innerliche Bewegung, die sich unter den Grundstoffen thierischer und vegetabilischer Körper erzeugt, wenn sie ihres Lebens beraubt sind; die Gährung zerstört die Körper, und veranlaßt neue Produkte.

Man hat sich hauptsächlich mit der Gährung beschäftiget, welche für die Künste nützliche Erzeugnisse liefert, und theilt diese in die Wein- und in die saure Gährung ein, nach Verschiedenheit des Resultats, welches sie darbietet.

Wir verdanken Herrn Fabroni aus Florenz die ersten genauen Begriffe über die Weingährung.

Die Ausarbeitung dieses berühmten Chemikers ist im Jahre 1785 von der öconomischen Akademie in Florenz gekrönt worden, und befindet sich in einer von ihm selbst bekannt gemachten kurzen Abhandlung über die Bereitung des Weins.

Er hat bewiesen, daß die Traube aus zwey Substanzen bestehe, die isolirt in jedem Korn derselben vorhanden sind, und die man nicht mit einander vermengen darf, ohne daß eine gährende Bewegung entstehe.

Eine dieser Substanzen ist der Zucker, der in den Zellen zwischen dem Centro und der Rinde sitzt.

Die andere ist eine vegeto-animalische, dem Gluten des Waitzens ähnliche Substanz, und befindet sich in den Membranen, welche die Zellen von einander scheiden, in denen die verschiedenen Flüssigkeiten sind.

Herr Fabroni hat sich davon überzeugt, daß der Traubensaft durch Stillstehen einen Bodensatz absetzt, der das Fünftheil seines Gewichtes ausmacht. Er fügt hinzu, daß, wenn man diesen Saft einer starken Wärme aussetzt, man dem Grundstoffe Consistenz gebe, und den Saft sodann durch das Filtrum ganz herausziehn könne.

Er behauptet ferner, daß, wenn der Saft von diesem Grundstoffe ganz frey gemacht worden, er keiner Gährung weiter fähig sey, und daß man ihm die Eigenschaft, zu gähren, nur dadurch wiedergeben könne, daß man ihn auflöse, und ihm etwas von dem erwähnten Grundstoffe zurückgäbe *).

Noch

*) Ich habe diese Resultate bestätigt gefunden, indem ich den Extract von Traubenmost, den man den harzigen nennt, in Wasser zergehen

Noch hat Herr Fabroni beobachtet, daß der glutinöse Theil des Waitzens den Bodensatz oder die vegeto-animalische Materie, von der wir eben gesprochen, ersetzen könne; die nämliche Bemerkung hat er auch von dem Pflanzensafte gemacht, der sich durch Wärme verdichtet; und von den Hollunderblüthen, welche den nämlichen Stoff enthalten.

Er hat bewiesen, daß der Schaum von gährendem Weine und Bierhefen die größte Analogie mit dieser vegeto-animalischen Materie haben.

Herr Thénard hat ähnliche Beobachtungen an dem Saft von Johannisbeeren, Kirschen und mehreren anderen Früchten gemacht.

Der Hefen ist also eine vegeto-animalische Substanz.

Es ergibt sich aus den Beobachtungen von Herrn Seguin, daß ein geringer Unterschied zwischen den Bierhefen und den Fruchthefen Statt findet; Bierhefen, welche man mit warmem Wasser digeriren läßt, lösen sich darin auf, und diese Auflösung geräth mit dem Zucker in Gährung; während Fruchthefen sich durch Wärme coaguliren, welches darauf hinzudeuten scheint, daß der Eyweißstoff dem Bierhefen fremd, oder viel weniger häufig, darin vorhanden ist. Diese Verschiedenheiten in den Wirkungen zeigen Modificationen in der Natur der Substanzen, nicht aber eine verschiedenartige Natur selbst, an. Der nämliche Chemiker hat zwey Zustände in dem Pflanzen-Eyweißstoffe, dem Grundstoffe der Gährung, wahrgenommen; einen, in dem er auflöslich ist, wie in allen Fruchtsäften; einen andern, in dem der Faserstoff zur Entwickelung gekommen, und dadurch den Hefen unauflöslich macht. So hat Herr Bertholler bestätiget, daß gekochte oder getrocknete Hefen minder schnell mit dem Zucker gähren, und daß der Gluten viel besser in Gährung geriethe, wenn man ein wenig Weinstein u. s. w. hinzuthäte.

Man kann also diese vegeto-animalische Materie als den Keim oder Sauerteig der Gährung betrachten.

Von dem Augenblicke an, wo diese Materie durch Auspressen der Trauben, oder durch eine künstliche Vermengung mit dem Zucker vermengt wird, sieht man die Gährung beginnen. Es erzeugt sich zuerst viel Kohlensäure, welche auf allen Punkten der

zergehen ließ; dieser zergangene Most gähret nicht, sondern fault; wenn man aber Hefen darin auflöst, und ihn einer Temperatur von 20 Graden nach dem Reaumurschen Thermometer aussetzt, so gährt und producirt er eine weinartige Flüssigkeit. A. d. V.

der Masse in Blasen in die Höhe steigen, die über der Masse zerplatzen; dann wird die Flüssigkeit trübe, verliert nach und nach ihren zuckerigen, und nimmt einen weinartigen Geschmack an; es entsteht ein Schaum auf der Oberfläche; es schlägt sich eine spinnenwebartige Materie nieder, und die Flüssigkeit wird klar; endlich hält die Gährung inne, und wenn man sie wieder in den Gang bringen will, so rüttelt man die Flüssigkeit um, und läßt Bodensatz und Schaum dadurch wieder in derselben zergehen.

Der Schaum und der Bodensatz bestehen fast ganz aus dem vegeto-animalischen Theile; die Hefe selbst ist fast ganz daraus zusammengesetzt. Rouelle hat viel Ammonium aus dieser letztern Substanz gezogen, und Herr Proust die größte Analogie derselben mit den thierischen Materien nachgewiesen.

Wenn die weinartige Flüssigkeit sich zu Boden gesetzt hat, oder klar geworden ist, so wird die Gährung fast null; man kann sie in dem Augenblicke anhalten, wo sie sehr unruhig ist, wenn man den Most filtrirt. Man stellt sie wieder her, wenn man die Hefe, die am Filter zurückgeblieben ist, in der Flüssigkeit zergehen läßt.

Aus diesen Thatsachen hat Herr Berthollet den Schluß gezogen, daß die Hefe viel wirksamer ist, wenn sie nur in der Flüssigkeit suspendirt, als wenn sie darin aufgelöst ist.

Lavoisier hat die bekannten Resultate der Versuche über die Gährung berechnet, und es folgt aus dieser Berechnung, daß 100 Theile Zucker nur ungefähr $\frac{1}{72}$ trockne Bierhefen verzehren, daß sich ein wenig mehr als 35 Theile Kohlensäure erzeugen, und die weinartige Flüssigkeit nahe an 58 Alkohol producirt.

Wenn man die Resultate, welche die Weingährung darstellt, analysirt, so sieht man hauptsächlich darin das Spiel und die wechselseitige Wirkung beyder Substanzen, des Hefens und des Zuckers. Das erste und bedeutendste Produkt dieser Wirkung ist die Erzeugung der Kohlensäure, welche, sich zu bilden, fortfährt, bis die Flüssigkeit sehr weinartig wird.

Die Beraubung des Sauer- und des Kohlenstoffes, die nothwendige Folge der Produktion der Kohlensäure muß natürlicherweise machen, daß der Wasserstoff die Oberhand gewinnt, und die gährende Masse auf den Punkt gelangen, wo sie nichts mehr ist, als eine entzündliche Flüssigkeit. Diese nothwendige Folge der Gährung ist um so leichter zu begreifen, als der Zucker nach Lavoisiers Berechnung 0,64 Sauerstoff enthält.

Nach den aufgestellten Grundsätzen ist ferner leicht einzusehen, daß die Verhältnisse zwischen dem Sauerteige und Zucker große Verschiedenheiten im Produkte hervorbringen müssen.

Die vollkommenste Gährung wird also diejenige seyn, bey welcher die beyden Grundstoffe in solchen Verhältnissen stehen, daß nach ihrer Beendigung weder Zucker noch Sauerteig übrig bleibt.

Wenn aber eines von beyden in der ursprünglichen und natürlichen Composition der Traube vorhanden ist, so bekommt alsdann die gegohrene Flüssigkeit die Eigenschaft, die wir darstellen müssen.

Wenn der Zucker im Uebermaaße, oder in zu großer Menge vorhanden ist, so wird aller Bierhefen aufgezehrt, ohne daß die Flüssigkeit ihren zuckerigen Geschmack verliert; so daß eine Portion Zucker nach der Gährung in der geistigen Flüssigkeit aufgelöst bleibt, und der Masse einen Zuckergeschmack mittheilt; man findet dieß bey allen sogenannten Likör-Weinen, welche aus den süßesten Trauben gezogen werden.

Man darf nicht fürchten, daß die gezuckerten Weine sauer werden, dieß erfolgt nicht allein aus dem Grunde nicht, weil die Hefe erschöpft, und kein Stoff mehr für die Gährung da ist, sondern auch, weil der Zucker der Flüssigkeit gewissermaaßen zur Conservation dient.

Wenn, im Gegentheil der vegeto-animalische Theil vorherrscht, so muß man die Gährung von dem Augenblicke an anhalten, wo der Zucker verzehrt ist; ohne dieß wird die Flüssigkeit durch die Wirkung der Hefe auf die anderen, in ihr enthaltenen Substanzen sauer gemacht.

Man hat die Gewohnheit, die Gährung anzuhalten, indem man den abgeklärten Wein von seinen Hefen abgießt, ihn mit Hausenblase reinigt, die Gefäße, in denen er enthalten ist, sorgfältig zupfropft, ihn an einen kalten Ort stellt, und ihn schwefelt. Alle diese Proceduren haben den Zweck, entweder den zurückbleibenden Sauerteig zu extrahiren, oder dessen Wirkung zu verzögern oder ihn zu coaguliren, um die Wirkung desselben zu zerstören.

Die eben aufgestellte Theorie über die spirituöse Gährung leitet auf einem natürlichen Wege zu der von der Essigerzeugung; denn von dem Augenblicke an, wo der Zuckerstoff absorbirt ist, überträgt sich der Sauerteig, wenn solcher noch in der Flüssigkeit vorhanden ist, auf die andern Stoffe, und producirt Essigsäure.

Es

Es folgt hieraus, daß, wenn man Hefen in zu großem Maaße zu einem Decocte von Roggenmehl thut, die Gährung, nachdem sie den wenigen Alkohol, den die kleine Quantität Zucker, die der Roggen enthält, zu liefern im Stande ist, entwickelt, die gährende Masse sogleich in das Saure umschlagen läßt. Man kann hierüber einen Versuch machen, der keinem Zweifel Raum läßt.

Ich nahm Roggenmehl, und machte mit kaltem Wasser einen Teig daraus.

Dann rührte ich diesen Teig nach und nach mit kochendem Wasser ein, und gab ihm die Consistenz eines Breyes, der sich mit der Spatel, wie Syrup in Fäden ziehen ließ.

Hierin mengte ich sorgfältig Bierhefen, in dem Verhältnisse von 2 auf 100.

Das Gemenge fing hierauf augenblicklich an zu schwellen, es entwickelte sich viel Kohlensäure, und in einigen Stunden legte sich die Bewegung.

Die Flüssigkeit roch nach Alkohol.

Ich rührte das Gemenge um, und nach einigen Stunden nahm es einen sehr merklich sauren Character an. Die Säure vermehrt sich mit jedem Tage, und nimmt vierzehn Tage hindurch zu, vorzüglich, wenn man die Vorsicht gebraucht, das Gemenge oft umzurühren.

Die Gährung der Körner unterscheidet sich wenig von der des Traubensaftes, und wenn man sie dieser letztern nahe bringt, so findet man eine Bestätigung der aufgeklärten Grundsätze.

Der Zucker ist entweder gar nicht oder in zu kleiner Quantität in den Körnern vorhanden, um die Resultate einer Weingährung erwarten zu können, wenn man sie ohne ein vorhergängiges Keimen dahin bringen will.

Das Keimen entwickelt den Zuckerstoff in allen Körnern, weil nach den Versuchen des Herrn Th. v. Saussüre sich bey dieser Operation Kohlensäure producirt, welche aus der Verbindung des Sauerstoffes der Atmosphäre mit dem Kohlenstoff der Körner entsteht, so daß durch die Entfernung des Kohlenstoffs, der Zuckerstoff sich bildet.

In diesem Zustande aber muß man mit der Zersetzung der Körner inne halten, wenn man will, daß sie zur Weingährung taugen soll; denn nach diesem ersten Akt des Keimens, zerstören den Wachsthum der Pflanze und die fernere Zersetzung des nicht in der Erde befindlichen Saamens den entstandenen Zucker, und

und erzeugen andre Stoffe. Auch in den Brauereyen, hält man, nachdem man das Keimen der Körner durch Befeuchtung derselben mit Wasser befördert, dessen Fortschritte dadurch inne, daß man sie dörret, oder einer Wärme von 40 bis 42 Graden so lange aussetzt, bis sie trocken sind. In diesem Zustande mahlt man sie, extrahirt sodann daraus alle auflösliche Stoffe, indem man warmes Wasser zuerst von 40 oder 45, dann von 80 Graden darüber gießt; und nachdem man diese verschiedenen Infusionswasser zwey oder drey Stunden mit Hopfen kochen lassen, gießt man sie in Tröge, damit sie kalt werden. Sodann thut man sie in einen Kübel, wo man frische Hefe in dem Verhältnisse von 1 Unze (trocken) auf 160 Pfund Infusion auffüllt. Man läßt bis zu dem Augenblicke gähren, wo sich die Masse senkt, dann zieht man sie aus dem Kübel ab, und läßt sie den Schaum ausstoßen; die Hefe ist geschwängert mit ein wenig Bier, das vielen Hopfen enthält, nicht sauer wird, und einen sehr scharfen Geschmack hat. Man nennt ihn Würze (purure).

Der Hopfen dient zu zwiefachem Gebrauche bey dieser Operation: er verhindert die saure Gährung, und er erhöht den schleimigen und faden Geschmack, den das Bier ohne ihn haben würde. Wir haben bereits bey dem Artikel Essig oder Essigsäure gesehen, daß man bey Fabrikation des Bieressigs, das Getraide ohne Hopfen kochen läßt. Der Artikel Essigsäure (oben in diesem Bande) gibt die größten Details über die Essiggährung *).

*) Man wird in der Kunst den Wein zu bereiten, die im Kurzem auf die gegenwärtige Chemie u. s. w. folgen soll, alle mögliche Details über die Gährung und die Anwendung der eben mitgetheilten Grundsätze auf alle Phänomene finden, die bey den Weinen, von der Gährung an, die sie erzeugt, bis zu ihrem Verderben, vorkommen. Anm. des Verf.

Register

zu

Chaptals Chemie in ihrer Anwendung auf Künste und Handwerke.

A.

B.

C.

D.

E.

F.

G.

H.

J.

K.

L.

M.

P.

T.

U.

V.

W.

Y.

Z.

Verbesserungen

im Vorberichte des Verfassers.

Seite	V	Zeile 25	statt Erfahrungsarten, l. Verfahrungsarten.
—	VI	— 33	st. Füßig, l. Flüßig.
—	VII	— 11	st. das, l. daß.
—	X	— 6	fällt das = zwischen Reglements und Bezug weg.
—	Ibid.	— 16	kömmt hinter Vermögen ein Komma.
—	XII.	— 32	statt könnten, l. können.
—	XIII.	— 21	fällt hinter hindurch das Komma weg.
—	Ibid.	am Ende:	statt ihrer, l. ihre.
—	XIV.	— 16	fällt hinter Menschen das Komma weg.
—	XV.	— 33	statt Tage, l. Lage.
—	Ibid.	— 35	kömmt hinter Protection, ein Komma.
—	XVI.	— 4	kömmt hinter befestigen, ein Komma.
—	Ibid.	— 5	statt des Punktes hinter untersagen ein Komma und statt des großen U in und ein kleines u.
—	Ibid.	— 31	st. der, l. den.
—	XXI.	— 20	st. Geschworne, l. Geschwornen.
—	XXII.	— 11	st. schöne l. Schöne.
—	Ibid.	— 25	st. vorbereitet, l. vorbereiten.
—	XXVI.	— 11	st. um des Willen, l. um deswillen.

Verbesserungen

im ersten Bande.

Seite	1	Zeile	9	statt	ihren, lese man ihrer.
—	2	—	36	—	deßselben, l. m. dasselbe.
—	10	—	17	—	Strontian, l. m. Strontion.
—	18	—	18	—	Geyton, l. m. Guyton.
—	23	—	24	—	äußere, l. m. äußern.
—	45	—	10	—	Mongas, l. m. Megéz.
—	50	—	22	—	Ronie, l. m. Romé.
—	62	—	28	—	die Thonerde, l. m. der Thon.
—	Ibid.	—	29	—	sie, l m. er die einzige Erde.
—	Ibid.	—	30	—	solche, l. m. solchen.
—	Ibid.	—	36	—	solchen, l. m. denselben.
—	76	—	1	—	eben, l. m. aber.
—	156	—	25	—	Tafel II., l. m. Tafel I. Fig. 1.
—	159	—	16	—	ergeben, l. m. geben.
—	160	—	5	—	die spec. Schwere, l. m. das specifische Gewicht.
—	165	—	14	—	Cravford, l. m. Crawford.
—	167	—	10	—	Cravford, l. m. Crawford.
—	168	—	17	—	den Ammoninm, l. m. das Ammonium.
—	170	—	40	—	Merkur, l. m. Quecksilber.
—	249	—	40	—	Bleystiften, l. m. Bleystifte.
—	252	—	35	—	Eisengröße, l. m. Eisengröse.
—	261	—	37	—	Spinöter, l. m. Spiauter.
—	263	—	38	—	Merkosit, l. m. Markosit.
—	272	—	20	—	Ungerschen, l. m. Ungarischen.
—	325	—	14	—	hoervea, l. m. Hebea.
—	326	—	15	—	Doublet, l. m. d'Aublet.
—	392	—	17	—	Kupfertafel, l. Kupfertafeln.

Im zweiten Bande.

Seite	19	Zeile	33	statt	Oxygedirte, l. m. Oxydirte.
—	44	—	35	—	Humor, l. m. Humus.
—	191	—	40	—	Ralgar, l. m. Realgar.
—	193	—	34	—	Zefra, l. m. Zafra.
—	Ibid	—	35	—	Zefra, l. m. Zafra.
—	Ibid.	—	40	—	Zefra, l. m. Zafra.
—	194	—	42	—	Hasselbach, l. m. Querbach.
—	324	—	41	—	Schlüter, l. m. Schlüter's.
—	508	—	20	—	6 Quentchen, l. m. 6 Pfund.
—	Ibid.	—	43	—	9 Quentchen, l. m. 6 Pfund.
—	523	—	6	—	Eisenrinde, l. m. Eichenrinde.

FSC
www.fsc.org
MIX
Papier | Fördert gute Waldnutzung
FSC® C083411

Kolibri 360 GmbH
Ferdinand-Jühlke-Straße 7
99095 Erfurt, Deutschland
produktsicherheit@kolibri360.de